U0258878

“十三五”国家重点出版物出版规划项目

FLUORINATED LIQUID CRYSTALS' SYNTHESIS AND MESOMORPHIC PROPERTIES

含氟液晶

合成及液晶性研究

闻建勋　主编

中国科学技术大学出版社

内 容 简 介

本书主要分为两大部分:第一部分全面总结我国30年来含氟液晶的研究进展,并介绍液晶的分类,液晶的分子理论,液晶相变与测试方法,液晶分子结构与液晶性,液晶的氟化学等;第二部分重点阐述各种含氟液晶的特点、合成方法及应用,比如甾类液晶、含氟非极性液晶、含氟极性液晶、含氟铁电液晶、含氟偶氮液晶、聚合物梳形含氟液晶等。

本书适合液晶相关领域的研究人员参考使用,也可供感兴趣的读者阅读。

图书在版编目(CIP)数据

含氟液晶合成及液晶性研究/闻建勋主编.—合肥:中国科学技术大学出版社,2021.11
"十三五"国家重点出版物出版规划项目
安徽省文化强省建设专项资金项目
ISBN 978-7-312-05123-4

Ⅰ.含… Ⅱ.闻… Ⅲ.液晶—研究 Ⅳ.O753

中国版本图书馆CIP数据核字(2020)第265054号

含氟液晶合成及液晶性研究
HAN FU YEJING HECHENG JI YEJING XING YANJIU

出版 中国科学技术大学出版社
安徽省合肥市金寨路96号,230026
http://www.press.ustc.edu.cn
https://zgkxjsdxcbs.tmall.com
印刷 安徽国文彩印有限公司
发行 中国科学技术大学出版社
经销 全国新华书店
开本 787 mm×1092 mm 1/16
印张 29
字数 688千
版次 2021年11月第1版
印次 2021年11月第1次印刷
定价 128.00元

本书编写人员

闻建勋	第1篇,第2篇第4～6、16、18、21章
闻宇清	第1篇
沈悦海	第2篇第1、4、6章
田民权	第2篇第2、3章
杨永刚	第2篇第7、10章
陈锡敏	第2篇第8、9章
李衡峰	第2篇第11、15、16、20章
王　侃	第2篇第12章
陈宝铨	第2篇第13、17、20章
肖智勇	第2篇第17、19章
刘克刚	第2篇第14章
王建新	第2篇第19章
田瑞文	第2篇第21章

自　　序

我们写这本专著，纯属偶然。十多年前，母校中国科学技术大学为了庆祝建校50周年，决定出资支持建校以来50位校友各写一本书。很幸运，我的研究工作被大家推举了，条件是作者中必须有一部分校友。我在中国科学院上海有机化学研究所工作35年，共培养了19位研究生，其中有15人参加了含氟液晶的研究，他们是郭志红（硕）、胡月青（硕）、田民权（硕）、余洪斌（硕）、徐岳连（硕）、尹慧勇（硕）、杨永刚（博）、陈锡敏（博）、陈宝铨（博）、沈悦海（博）、唐赓（硕）、陈浩（硕）、刘克刚（硕）、李衡峰（博）、王侃（硕）。退休后我建立了两人实验室小公司，继续研究含氟液晶材料及其在显示器件上的应用。与华东理工大学合作培养了5位硕士研究生，他们是李子明（硕）、孙冲（硕）、戴修文（硕）、曹秀英（硕）、王建新（硕）。研究生中有4人为中国科大本科毕业，加上我的妻子田瑞文系中国科大毕业(6010(1))，这样参加本次工作的中国科大本科毕业生达到6人。

我曾经在日本理化学研究所的生体高分子物理研究室从事聚偏氟乙烯铁电材料的压电及热电性研究(1981～1984年)，后在日本京都大学得到理学博士学位。由于该工作已经完成，我回国后一时无合适工作可做。1986年刚好争取到国家首批“863计划”项目——“含氟高分子的非线性光学材料研究”，这是有机所争取到的唯一的一项“863计划”项目。1988年，我向黄维垣所长建议同时做含氟液晶。黄先生是国际著名的氟化学权威人士，我的提议立刻得到他的支持，他说这是基础性工作，必须有研究生参与。由于液晶材料是涉及物理与化学两方面的交叉学科，而有机所招的研究生是针对有机化学合成的，他建议我到中国科大去挑选合适的学生，因为中国科大是中科院所属的学校。我到中国科大后向应用化学系的潘才元主任说明来意，他拿出可推荐的学生名册让我挑。我说分数多少无所谓，希望是能吃苦的学生，有机合成是很辛苦的工作。他推荐了福建考生郭志红，不过该生已报考了北京的化学所。我说我和他见见面，说不定他和有机所有缘。见了郭志红，我对他说：“液晶显示是高科技。我对液晶不太懂，一点经验也没有，但是我认为这很有趣，可以通过实践学习。有机所是中国氟化学中心，我们有条件。因为是创新性工作，风险很大，没有把握会成功，弄不好是交学费。你敢不敢和我一道去冒风险，你考虑一下明天回答我。”他说：“不必考虑了，我愿意到上海有机所。”于是，1988年下半年，郭志红拿着硕士研究生录取通知书高高兴兴来上海报到了。

有机所的规矩是硕士生第一年不选择导师，先上一年基础课。但由于郭志红是我要来的，于是他一边上基础课，一边开始研究工作。开始时依据文献熟悉一些常规的液晶合成的实验方法。到了1989年他立刻进入正题，利用我们研究组在“863计划”项目中合成的含氟中间体，很快就得到了一些成果。这或许就是“不要命的上中国科大”的劲头吧。然而，我对液晶的鉴定没有经验,不敢轻易发表文章。当年下半年,我随中科院化学所所长钱人元院士到欧洲访问,途中偶然谈到含氟液晶问题。他很感兴趣,建议我把织构照片寄给他看看。钱先生看后说,该照片是典型的向列相液晶,非常美丽。郭志红硕士毕业后,到美国名校继续攻读博士学位,生物有机化学方向。

1991年在深圳召开全国第六届液晶会议时,我们研究组提交了6篇含氟液晶的文章,其中的含氟铁电液晶在会议上引起轰动,与会代表们称它为“中国液晶研究从单纯模仿外国产品到独立创新的里程碑”。1992年,我们研究组成功申请中国第一个含氟液晶专利,包括78个化合物的完整的合成方法及液晶性数据。1996年,我在国际液晶学会会长、日本东京工业大学福田敦夫教授的桌子上看到对各国液晶研究的介绍。有一段介绍中国液晶的英文,说中国液晶材料的代表是上海有机所的“2,3,5,6-四氟代二苯乙炔”衍生物。

多年来,我经常回想起自己在大学受的教育及黄维垣院士在研究方面的培养。怎样看待学校教育?爱因斯坦十分同意一个调皮学生对教育的定义:“如果你忘记了你在学校里学到的一切,那么所剩下的就是教育。”我反思自己如果忘记在中国科大学到的课本上的一切,剩下的是什么呢?大概会有以下几点吧:(1)华罗庚的学习方法:从薄到厚,又从厚到薄。这是一进中国科大的大门他就反复教导我们的中国科大学生的“座右铭”。他说:“聪明在于勤奋,天才在于积累,养成自主学习好习惯。”(2)钱三强院士关于学习的振聋发聩的讲话。他说,85分是好学生,100分不是好学生,要把15%的时间留给自己,去图书馆阅读与思考教科书上没有的东西。这些话写在学校黑板报上,他鼓励学生向教育争自由。(3)李四光有一句名言——“要有自信”。他在开学典礼上介绍了他在留学时学习骑自行车的经历。总感到学不会,让人扶着后座。有一天他回头看后面扶车的人,发现人家早已放手了,他一紧张摔下自行车,他发现自己已经学会了。从此就可以自由骑车了,他明白了做事一定要有自信。我认为学校教了我6个字:自学,自由,自信。

1962年陈毅从日内瓦开会回来,郭沫若校长请他在中国科大作了一个与美国代表团谈判经过的报告。我在中国科大有幸听到革命老前辈的报告。陈老总讲完后,郭老感叹说:“外交部长不好当啊!”陈老总立刻回答说:“不好当也可以好当。如果上衣两个口袋中,一个放满美元,另一个放颗原子弹,这样的外长谁都好当。”稍停顿一下又说,“没有这两个东西不论谁都不好当!”他又提高嗓门用四川话喊道:“要两个都得有,少一个都不行!”不少中国科大学生毕业后喜欢干军工是有道理的。我毕业进入社会后,这些话对我帮助很大,无论是搞研究时,还是遇到难以克服的困难时,都增强了克服困难的勇气。

液晶材料用于显示技术有3个阶段:20世纪70～80年代是扭曲向列相液晶显示(TN-LCD),90年代是超扭曲显示,2000年以后是薄膜晶体管液晶显示(TFT-LCD)。混合物中以各种性质的含氟液晶为主。90年代时,我们以1,4-四氟亚苯炔为主广泛研究各种超级扭曲向列液晶(STN液晶),同时研究了含氟铁电液晶、含氟蓝相液晶、含氟香蕉形液晶,开发出文献中没有的新液晶1500多种,这些工作当时处于国际先进之列。例如,含氟香蕉形液晶是非手性的反铁电液晶,我们在*Liq. Cryst.*杂志上报道过的反铁电自发极化数据据美国同行测定达到当时国际最高水平。

我从1984年回国到2001年退休,都碰到科研经费非常紧张的时候。我们研究组与外国大公司共同研究,合成他们需要的化合物样品挣回的委托研究经费占我们研究费用的一半。我们研究组的项目不少,但每个项目经费较少,且往往不能准时到位,因而时常出现账户赤字。为了保证工作,可以继续领药品及试剂,按照所里的规定每月扣除我 20%的工资。当然,我本人及研究生从来没有奖金。直到退休,我的工资才从 2400 元变回 2900 元。

2001 年我退休后,为了 TFT 液晶研究能够继续进行,注册了一个只有夫妻两人的小公司,借用华东理工大学 40 m^2 的两间实验室。没有人投资,上海的奉贤化工开发区为我垫资,以后用赚的钱还本付息。我们给日本大公司开发过新品,也与一家民营企业合作过,把这个经费用于指导华东理工大学的硕士生研究 TFT 液晶。终于在 2012 年,我们在向列相含氟高温液晶领域的研究得到突破,打破了国外大公司对我们的专利垄断,成功制备了优良的 TFT-LCD 用的混合液晶。那时我刚好 72 岁。我 76 岁时与福建一家公司合作,把这类 TFT 混晶工业化,在平板显示器的制备上也取得成功。我们发明的三氟甲基端基的四环含氟液晶,据查是当时文献报道的液晶性最好的纯向列相液晶。这些发明是很偶然的,但绝不是简单弯道超车的幸运,而是我连续 25 年研究积累的结果。我们在国内最早研究含氟液晶,引领了国内的研究工作,最后经过 30 年把自己的基础研究转化成具有中国氟化学特点的本土化液晶产品。我 80 岁时,又发明了一种具有中国氟化学特点的负性液晶。我正在考虑今后的工业化问题。

我们用毒性很大且易爆炸的氟气直接氟化,使世界著名的日本 DIC 株式会社的一种三氟取代萘液晶可以工业化制备。为此,日本液晶学会前会长高津晴义先生在日本液晶学会核心杂志上著文,对我们的工作方法给予充分的肯定与称赞。他写道:“通常使用的氟化试剂,不但价格高而且用量大,所以效率不高。如果用氟气直接氟化,没办法控制反应。一般常识认为萘环会分解,这是氟化学专家的一致见解。但是,中国的闻建勋先生把直接氟化反应做成功了。由于反应了的三氟萘中间体在所选溶剂中不溶解,以结晶体的形式析出,因此进一步的副反应就无法进行下去。他将 5 升的反应釜与氟气铜瓶连接在一起,进行量产。我们到现场观察时,又惊讶又感激的心情混杂在一起。我们痛感,如果过分受常识限制,就可能没有突破。”

我感谢我一生工作中得到过很多老师、同事以及学生们的帮助。我感谢有机所的戴立信院士,我从年轻时起直到现在,一直在先生的提携及鼓励下,得以不断有所进步。我也要借此机会感谢有机所高级工程师胡裕杰先生多年来在液晶测试工作中给予我的大力帮助。

现在庆贺母校飞速发展,我代表执笔者中的老校友及共同奋斗的同事们,盼望比我们年轻的校友们不断取得更大的日新月异的成就。

中国科学院上海有机化学研究所研究员

闻建勋　谨识

2020 年 10 月

目　　录

第 2 篇 液晶实验方法及结果

第1篇
液 晶 基 础

第 1 章　液晶的发现

1888 年 3 月 14 日，奥地利植物学家 Friedrich Reinitzer 写给德国年轻物理学家 Otto Lehmann 的一封信，是促成液晶发展的一个重要的里程碑[1,2]。

自然界里的物质可以以气体、液体或固体中任一状态存在。气体与液体可以用密度的差别加以区别，但是由于密度是连续量，因此气体与液体的界限无法绝对定义。只要由气体到液体的相变可以观察到，气体与液体的区别就是明了的，然而在临界温度以上就不能区别了。液体与固体当然可以用硬度加以区别，但是，因为玻璃又可以叫作固溶体，所以可以认为用“对称性”来区别液体与晶体是恰当的。物质从一种状态转变为另一状态时的相变温度是明确的、固有的数值。液体沸点的数值强烈依赖压力，但是，由固体到液体的转变温度（熔点）的压力依存性为每 100 大气压 1 ℃左右，因此可以忽略。即便是光谱及色谱技术高度发达的今天，测定熔点的技术用作有机化合物纯度的测定及化合物的鉴定，仍然是很重要的方法之一。

Reinitzer 教授为了研究植物中胆甾醇的功能，利用天然胆甾醇合成了苯甲酸酯与乙酸酯。虽然这些天然胆甾醇经过仔细纯化，但是结构并不清楚。他在实验时发现胆甾醇酯类出现异乎寻常的双熔点现象。在这两个温度之间熔体显示双折射及珍珠光泽。他请教著名晶体学家 v. Zepharovich，后者也感到十分为难，建议他写信给年仅 31 岁的著名晶体学家 Otto Lehmann。于是 Reinitzer 从奥匈帝国统治的布拉格，将这两种胆甾醇酯样品寄给在亚琛工业大学的 Otto Lehmann 教授，并写了一封信：“我受 v. Zepharovich 博士的鼓励，冒昧地给你寄上一封信，随信寄去两种物质，请你更加严密地研究它们的物理异构现象。两种物质都显示如此显著并且美丽的现象，以至于我期望它们也会使你非常感兴趣……该化合物有两个熔点。它在 143.5 ℃熔化为云雾状，然而完全是液体状熔体，在 178.5 ℃突然变得完全透明。在将它冷却时，出现紫色及蓝色，之后它们马上消失，又变为云雾状液体。再继续冷却，重新显示紫色与蓝色以后，该物质立刻固化为白色的结晶体。冷却时的云雾状是星状聚集体引起的。而固体熔化时的云雾状不是晶体引起的，而是在熔体中形成的油状条纹引起的……”

Reinitzer 在信中描述的是胆甾醇的苯甲酸酯，结构如图 1.1.1 所示。

长年以来，物理学家 Lehmann 曾试图证明一个物质不仅存在不同的结晶形态，其液体也存在不同的形态。因此他最初也同意 Reinitzer 的意见，即混浊的熔化物质是这种存在的东西，因为没有明确的理由可显示这是化学异构现象，所以双折射的结晶糊状物是由各向同性的液体构成的，即是物理学的异构现象。研究继续进行了一年半以后，Lehmann 证明了不存在能够引起双折射的晶体混入的可能性。但是，即便如此，结晶性有序的、只存在结晶状态中的可能性是人所周知的概念，不能被舍弃。因此，无法得出被观察的液体具有在晶体中具有的典型的性质的结论。

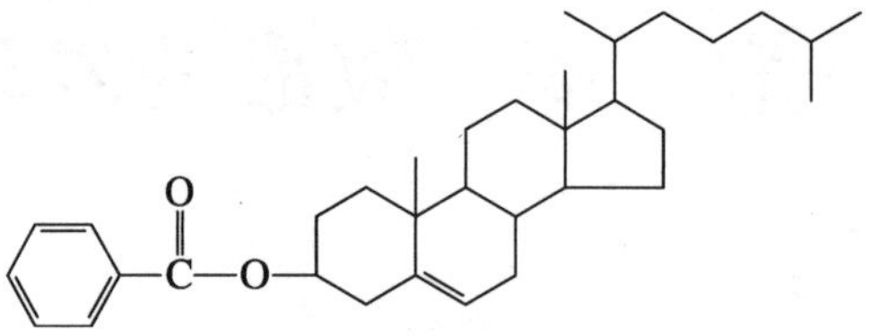

图 1.1.1 苯甲酸胆甾醇酯的分子结构

这样，被观察的样品以“流动的晶体”“表观的液体”“结晶性的液体”等表现方式被利用。此后进行了系统的研究，至 1903 年，被研究的物质的数目有 30 个左右，1907 年增加到 100 个以上。随着既显示液体又显示结晶的性质的物质数目的增加，物理解析也更为明确，而且涉及更多方面。

不久后，Lehmann 和 Vorlander 在同一物质中发现了不同的液晶状态连续产生的现象。如锡等固体，随着温度上升对应变化为不同的结晶形态。这种现象可以用 1822 年 Mitscherlich 对于元素有同素体（allotropy）提出的多晶型（polymorphism）这一名词来形容。Vorlander 对于某种化合物各向同性的熔融体，很注意地过冷却，即只在各向同性准稳定性形成之后可以明确观测到液晶相。他发现单独存在时不是液晶的化合物，混合之后也可以形成液晶相。

第 2 章　液晶的定义及分类

2.1　液晶的定义

下面以早期合成的著名液晶 4-甲氧基苄叉-4′-正丁基苯胺(MBBA)(图 1.2.1)为例,对液晶的状态加以说明。MBBA 晶体熔点 $T_m = 22$ ℃,47 ℃时混浊的白色液体变为透明的液体,这个相变温度称为清亮点(clearing point)。

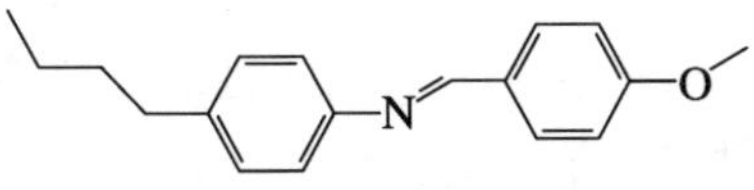

图 1.2.1　MBBA 的分子结构[3]

呈现液晶状态的该物质是由长的棒状分子组成的。该物质熔化时,即便分子重心位置的长距离有序(long range order)失去了,但是分子取向的长程有序仍然还保持着。这就是所谓的液晶。因此液晶也叫作有序的液体(ordered liquid)或者各向异性的液体(anisotropic liquid)。液晶起因于取向有序的各向异性,有赖于分子形状及分子间力的自发因素(spontaneous),并非某种外力诱导的结果。高分子浓溶液由于流动(剪切变形)引起分子取向,可以看到光学各向异性(流动双折射),但是停止流动后,这种取向立刻消失,说明此时的取向状态不是自发产生的现象。

2.2　液晶的分类

液晶由于兼有液体的流动性和晶体的光学各向异性,是极为特殊的状态,因此被称为物质的"第 4 态"。有些人讨厌液晶的这个叫法,直接使用名称"中间相"(mesomorphic phase)或"中介相"(mesophase)。

20 世纪初期,液晶的磁场效应及电场效应得到了研究。也开始用 X 射线研究液晶相。1922 年,法国物理学家 Friedel 根据显微镜观察研究[4],提出至今还在广泛使用的将液晶分为 3 种类型的说法:(1) 向列相(nematic);(2) 近晶相(smectic);(3) 胆甾相(cholesteric)。1923 年,Friedel 等人得到有用的结果,由于当时缺少关于液晶结构形态的一般模型,有许多术语及表现方式被采用。Friedel 用 X 射线衍射的结果推断了若干液晶形态。[4]为了避免在分子构造与液晶相之间引起混乱,他在 1931 年提出了"织构"(texture)这一术语[5]。时至今日,"织构"仍然在许多场合用于显微镜表现液晶的外观。Friedel为了取代使用"液晶"一词而出现的矛盾的表现方式又引入了"介晶性"(mesomorphism)这个术语,但是由于"液晶"这一表现法更能表示化合物的性状而使"液晶"一词被广泛普及。

依据液晶生成的方式不同,液晶可以分为溶致型(lyotropic)和热致型(thermotropic)。后者是分子具有一定形状的物质,是由外界温度变化造成的;而前者是由于溶液浓度变化形成的。

1. 向列相液晶

向列相液晶[6]具有典型的液晶性质:

(1) 分子重心没有长程有序性,因而其X射线衍射花样无Bragg衍射峰,相邻分子重心的位置与一般液体相似。稍微有点厚度的向列相液晶样品在显微镜下观察时可以发现丝状的东西在游动,说明向列相黏度低。"nematic"这个词在希腊语中是"丝"的意思。

(2) 分子的取向有一定的有序性。分子倾向平行于某个公共方向排列,这个择优方向通常用指向矢(director)来表示。它在所有宏观性质(各种张量)中反映出来。例如,在光学上向列相是单轴介质,其光轴与 $\boldsymbol{n}$ 平行。指向矢的方向是光学的异常轴,设平行方向为 $\boldsymbol{n}_{/\!/}$,垂直方向为 $\boldsymbol{n}_{\perp}$,$\boldsymbol{n}_{/\!/}(\equiv \boldsymbol{n}_e) > \boldsymbol{n}_{\perp}(\equiv \boldsymbol{n}_0)$,即是正的一轴性,折射率的差别很大。已知所有向列相材料都具有绕 $\boldsymbol{n}$ 轴完全旋转对称性。

(3) 指向矢 $\boldsymbol{n}$ 和 $-\boldsymbol{n}$ 的状态不可区分向上与向下的偶极矩数目相等,整个系统是非铁电性的。

(4) 指向矢的方向在空间是任意的,实际上可以由很小外力确定,这就是旋转破损。

(5) 只有左边与右边不可区分的材料,才能呈现向列相。

2. 胆甾相液晶

胆甾相液晶[6]在热力学上与向列相类似,甚至无法区别。光学上是一轴性,是负的($\boldsymbol{n}_e < \boldsymbol{n}_0$)液晶。由于最初发现的液晶是胆甾醇的苯甲酸酯,故起名为胆甾相液晶。但是,由于后来合成了大量的含有不对称原子的液晶,因此也称为手性(chiral)向列相液晶(N^*)。

胆甾相液晶的分子排列呈螺旋状结构。指向矢量 $\boldsymbol{n}$ 在一个平面内取一定的方向,在与这个平面相邻的平面里,与刚才考虑的平面里的指向矢量 $\boldsymbol{n}$ 之间稍微有些扭转。扭转角度与这两个平面间的间隔成比例增加。N(向列相)平面回转360°,平面间产生螺距,因为指向矢 $\boldsymbol{n}$ 与 $-\boldsymbol{n}$ 相等,物理性质以 $P/2$ 为周期变化,所以可以认为胆甾相液晶是以 $P/2$ 为厚度的层状结构。它的光学异常轴与螺旋轴一致,因而与层面垂直。

3. 近晶相液晶

"smectic"这个词在希腊语中是"黏土"的意思,意为如黏土一样,黏度特别大。在显微镜下观察时,依据织构花样与其他的相区别。这是由于是层状结构,近晶相液晶[7]层的厚度与分子长度(或者分子长度的2倍)相当。在层内分子重心呈无规则排列取向。分子垂直层面时(SmA)是光学一轴性(异常轴在层面法线),倾斜的时候(SmC)是二轴性。可以说近晶相液晶有一维(层法线方向)长程有序,这意味着近晶相液晶有柔软晶体的特点。在近晶相液晶层内的分子排列,有很多具有各种不同程度的有序的排列。

近晶相液晶是由棒状分子组成的,分子排列成层,层内分子长轴相互平行,其方向可以垂直于平面或与层平面倾斜排列。目前已经发现了 15 种近晶相和 9 种扭曲近晶相。后来又发现了许多有意义的手性液晶相，如反铁电相 SmC_A^*。

4. 蓝相液晶

对于一些具有胆甾相的化合物，偶尔会有蓝相[8]（blue phase）出现。蓝相的温度范围很窄，一般小于 1 ℃。蓝相也是立方相，迄今发现了 3 种蓝相，即 BPⅠ，BPⅡ和 BPⅢ。普遍的看法是 BPⅠ是体心立方，BPⅡ是简单立方，BPⅢ又称为蓝雾，无结构对称性。蓝相具有螺旋结构，螺矩比一般的胆甾相小，它在光学上各向同性，但有很强的旋光性。

图 1.2.2 为液晶的分类图。

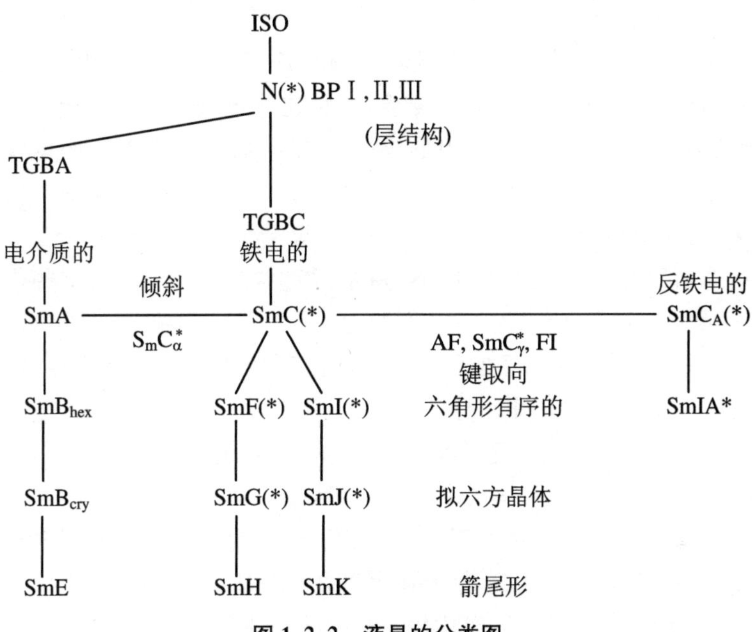

图 1.2.2　液晶的分类图

第 3 章　液晶核与取代基结构的影响

3.1　相变理论

根据普通向列相液晶的范德华理论，向列相-各向同性之间的相变（$T_{N\text{-}I}$）是色散力与各向异性排除体积(excluded volume)的结合。[9]将这些想法与单体二量体平衡相结合可以提出对某些极性液晶 $T_{N\text{-}I}$值的解释。当形成一个二量体时，两个单体的重叠程度取决于永久偶极矩的伸长量（与共轭总计有关），并且也与分子中可能被极化的部分所产生的诱导偶极有关。这两个效应常常要结合，但是并不是必须要结合。

用 X 射线衍射方法研究液晶的 CN（氰基）衍生物时，揭示出在这些化合物的近晶相中不仅存在一种层结构，而且在具有一个周期为 $d>L$ 的向列相中，也会有周期性的质量起伏（波动）。在一些情况下，同时存在有两种不匹配层结构。它们有两种周期 d_1 及 d_2，在这里，$d_1<L$ 且 $L<d_2<2L$，L 表示分子长度。

介电测定及 X 射线衍射测定 CN 衍生物的液晶性时发现，在单体与二量体的系统间的平衡，倾向于二量体一方，二量体决定液晶的性质。

近来，X 射线衍射研究显示对液晶性 OCF_3 衍生物以及对双烷基弱极性化合物仅存在周期为 d_1 的单层结构。而 OCF_3 分子基团明显与烷基不同，具有相当清楚的纵向偶极矩（$\mu=2.36$ D）。这导致一种可能，即卤代化合物的液晶性是由它们的单体决定的。这个模型可以用于解释卤代化合物的液晶行为。较之相应的氰基衍生物，它们具有较低的熔点和清亮点。

3.2　末端基效应

比较液晶的清亮点：反式-4-烷基-(4′-卤素取代苯基)环己烷，通常表现出低熔点，但是含卤素取代基为 $COCF_2C_3H_7$，$CH{=}CF_2$ 除外，一般的单碳原子与双碳原子卤化物都不出现液晶相。若再引入一个 1,4-亚苯基到分子中，产生三元环的 4-卤代-4′-(反式-4-烷基环己基)联苯，则导致形成高温向列相，与相同取代基的化合物比较，熔点会升高。

对于如下分子式的化合物：

C_5H_{11}—(环己基)—(苯基)—(苯基)—Z

清亮点按下面的顺序升高：

$$SCF_3<SCHF_2<CF_3<OCF_3<F<OCH_2CH=CF_3<CH=CF_2$$

对于以下通式的化合物：

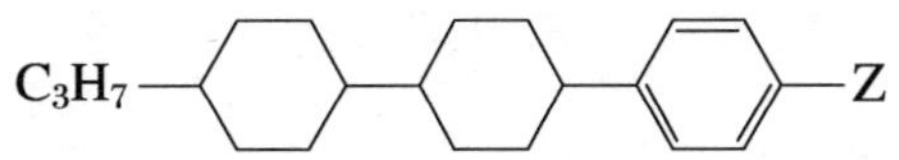

C_3H_7—⟨环己基⟩—⟨环己基⟩—⟨苯基⟩—Z

清亮点的升高取决于末端取代基的形式，排序如下：

$$CF_3<SCF_3<OCF_2Cl<OCF_3<F<OCHF_2<Cl<COCF_2CH_2<COCF_2C_3H_7<CH=CF_2$$

这说明分子中存在 C═C 双键以及它们处于链烯基位置会强烈影响卤代化合物的液晶性。

对烷基及链烯键中引入氧原子可轻微地改变两者的清亮点，对链烯键中引入氧原子的情况可足够地减低近晶相的热稳定性。若在末端引入氟原子，会使熔点及清亮点上升。烷基上的二氟取代减低清亮点，并且升高熔点。已知往液晶分子中引入氯乙烯基结构会有力地增加向列相的稳定性。

3.3　刚性液晶核结构效应

在反式-4-(4′-卤代苯基)环己烷中，用烷基撑取代苯基而生成反式-4-烷基-(反式-4′-卤代环己基)环己烷，增加了末端卤代取代基长度，结果出现近晶相：

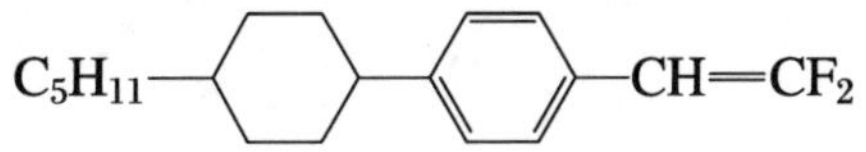

C_5H_{11}—⟨环己基⟩—⟨苯基⟩—$CH=CF_2$

Cr 9.2 ℃ N 60.2 ℃ I

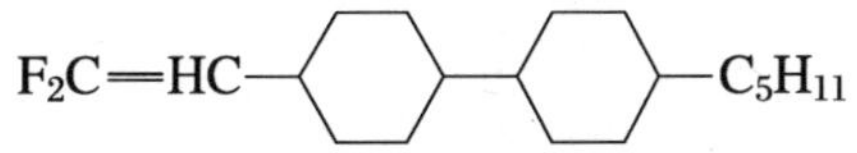

$F_2C=HC$—⟨环己基⟩—⟨环己基⟩—C_5H_{11}

Cr 1.5 ℃ S 49.2 ℃ N 62.1 ℃ I

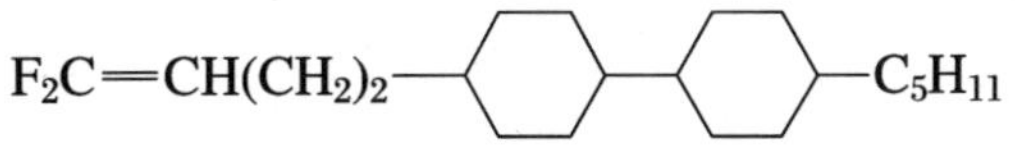

$F_2C=CH(CH_2)_2$—⟨环己基⟩—⟨环己基⟩—C_5H_{11}

Cr 22.8 ℃ S 85.7 ℃ I

而当反式 1,4-环己撑被 1,4-双环(2,2,2)辛烯基取代而产生反式-4-烷基-(反式-4′-二氟代甲氧基苯基)环己烷时，产生的化合物与相应的卤代-4′-(反式-4-烷基环己基酸苯)比较，1-[反式-4-(反式-4-烷基环己基)环己基]-4-卤代苯通常出现高的清亮点及宽温向列相。若反式-1,4-环己基被环己烯取代，则熔点及清亮点下降。

3.4　杂原子的影响

反式-1,3-二噁-2,5-digl(二基)，吡啶-2,5-二基，嘧啶-2,5-二基等基团引入卤代液晶的分子结构中对液晶性的影响十分明显。若将吡啶基或嘧啶基引入液晶中，则难以得到高电压保持率，故无法应用于 AMLCD 及 TFT-PDLCD 模式中。

在已知的四环以下的卤代液晶化合物中，对于有相同取代基的四环化合物显示最强的向列相热稳定性。

3.5 桥键的重要性

液晶分子结构引入不同的连接键，对于三环及四环化合物的场合影响最明显，叁键及乙撑连接键在卤代液晶的刚性核的位置与顺序对液晶性有相反的影响。乙撑连接键基团增加了分子柔软性，它引起有效的增宽现象并减低分子间相互吸引作用，降低熔点及液晶的清亮点。而乙炔桥键可增大分子的 π 电子共轭长度，增强了分子可极化性，从而增强了向列相的热稳定性。

第 2 篇第 2 章的表 2.2.4 表示一组具有不同四单元桥键基团化合物的中间相态（mesogen），说明桥键的本质影响液晶分子的液晶行为。近晶相由于氧原子在桥键中的存在而消失。

苯环侧向的单个及多重卤素取代对分子的液晶性有相当大的影响，结果减弱了近晶及向列相的热稳定性，这是因为侧向取代基可使分子变宽及减弱分子间相互作用。烷基中引入氟原子轻微减低熔点与清亮点，烷基中引入双氟原子减低清亮点及升高熔点。

第 4 章　液晶的物理性质与测试方法

4.1　液晶的认知与相变

液晶相的形成可用简单的实验方法认定。但精确的液晶相观测及认知是利用偏光显微镜观察液晶状态的特征光学织构(optical texture)。加热两种液晶,使其混融,依混合的状态可识别同种或异种液晶。用任何比例都可以形成混合均一相的两组分,可视为同种液晶相。

除了上述观察方法外,还可以利用示差热分析、X 射线衍射、介电常数的各向异性、磁各向异性等电的或磁的方法测定及双折射测定膨胀计方法,作为决定相变温度、液晶相态结构解析的定量手段。

在液晶相态的研究中,可以认为显微镜的观察是最重要的。液晶的织构方面,它的相的性质及分子排列结构包含许多信息[9-10]。

4.2　分子排列结构

1. 近晶相液晶、向列相液晶、胆甾相液晶

近晶相液晶中棒状分子呈层状结构,每个分子垂直于层面,或者处于一定的角度。因而在所有的场合,构成的分子互相平行。由于分子层中分子之间的结合比较弱,相互之间易于滑动,因此近晶相液晶表示出二维的流体性质。在此液晶中,垂直于分子层方向的光速比平行层面方向的光速要慢,也就是说分子轴向的光速慢,即显示光学上的正双折射。而且与通常的液体相比,黏性明显更大。

向列相液晶的场合,棒状分子相互平行排列,分子轴方向保持不变。近晶相液晶中出现的层状结构已不存在。光学上仍旧是正双折射。与近晶相液晶相比较,黏度小,易于流动。这种流动性是基于在向列相的场合,各分子长轴方向比较自由,易于流动。

胆甾相液晶与近晶相一样有层状结构,但是层内的分子排列与向列相液晶相似。分子长轴在层内平行排列。这里的特征是各层的分子轴方向与相邻的分子轴有一点点位错,作为液晶构成了螺旋构造。因而螺距相当于可见光的波长等级。胆甾相液晶有旋光性、选择性光散射和偏光二色性等光学性质,都是基于螺旋构造的。因而它与向列相及近晶相不同,光学上有负的双折射特征。

2. 热致型液晶

热致型液晶分为互变液晶与单变液晶。

互变液晶是在相变温度液晶相与晶体之间互变，或者与各向同性液体之间互变，或者相邻的液晶相之间在相变温度发生互变。

单变液晶是升温时未出现的液晶相在降温时由于过冷却出现。

3. 重入型液晶与多重的重入相变液晶

根据以往的液晶相变的常识，向列相位于近晶相的高的温度侧，但是1975年，在某种双成分的混合液晶的各向同性液体的冷却过程中，出现了各向同性液体—向列相—近晶相—向列相这类奇怪的相变，为O. Cladis所发现，即在近晶相的低温侧再次出现向列相。

这种显示了以前出现的相再现的相变现象的液晶，被命名为重入(reentrant)相变型液晶。

目前不仅有重入相变型液晶，许多单一液晶也可见到重入相变现象。因而已经确认液晶化合物的场合存在多重的重入现象[11]。

4.3 液晶的重要物理性质

4.3.1 静态的介电性质

$$\Delta\varepsilon = \frac{NhF}{\varepsilon_0}\left[\Delta\alpha - F\frac{\mu^2}{2k_BT}(1 - 3\cos^2\beta)\right]S \tag{1}$$

式中，$h = 3\varepsilon^*/(2\varepsilon^*+1)$，$\varepsilon^* = (\varepsilon_{/\!/}+2\varepsilon_{\perp})/3$；$\Delta\alpha = \alpha_{/\!/}-\alpha_{\perp}$；$F$是空腔反作用场(the cavity reaction field)；μ是分子永久偶极矩；β是μ与分子长轴之间夹角；N是单位体积分子数目；k_B是玻尔兹曼常数；S是向列相的Saupe有序度参数。式(1)称为Maier-Meier方程式，表示介电常数各向异性$\Delta\varepsilon$与单一分子物理性质的关系。$\Delta\varepsilon = \varepsilon_{/\!/}-\varepsilon_{\perp}$，$\varepsilon_{/\!/}$与$\varepsilon_{\perp}$分别表示向列相的指向矢平行和垂直时的介电常数。

从式(1)知$\Delta\varepsilon$取决于指向矢参数S：

$$S = \frac{3\cos^2\theta - 1}{2} \tag{2}$$

极性液晶的温度依赖性$\Delta\varepsilon(T)$基本上随S/T变化，它导致$|\Delta\varepsilon|$随温度减低而增大。只有在一个不断减低的温度$T/T_{N\text{-}I}$下，才能对具有不同向列相-各向同性状态的相变的液晶的介电性质、光学性质及黏弹性进行有意义的比较。

液晶核的变化，随着整体液晶的分子极化性的增加而增大。

表1.4.1是若干液晶的介电常数的测定结果。

如果用1,4-环己烯撑(1,4-cyclohexenylene)代替反式-1,4-亚环己基(trans-1,4-cyclohexene)，则液晶核的刚性增大，$\Delta\varepsilon$增大，原因是液晶整体的极化度升高了。

表1.4.2是某些链烯基化合物的介电常数的测定结果。

链烯基化合物的介电常数的奇-偶效应也可以利用链序参数加以解释。在偶数位置上有双键的化合物与末端奇数位置上有双键的化合物比较，前者的 Δε 远远大于后者的 Δε。

表 1.4.1　若干液晶的介电常数的测定结果

分子结构	介电常数
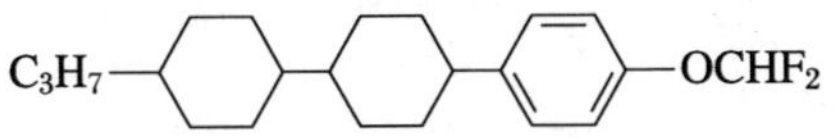 C_3H_7— —$OCHF_2$	Δε = 2.2
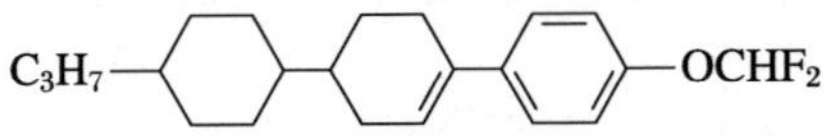 C_3H_7— —$OCHF_2$	Δε = 3.6

表 1.4.2　某些链烯基化合物的介电常数的测定结果

分子结构	介电常数
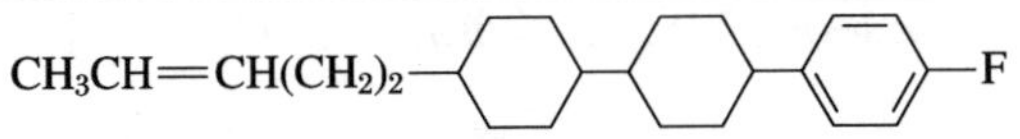 $CH_3CH{=}CH(CH_2)_2$— —F	Δε = 1.65
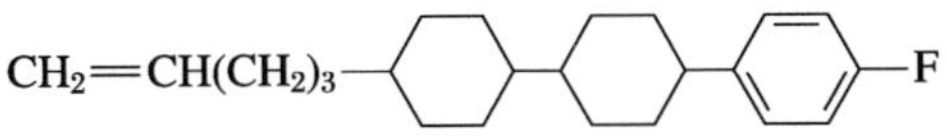 $CH_2{=}CH(CH_2)_3$— —F	Δε = 1.19

下面讨论侧向取代基的效应。

(a) 向液晶分子侧位引入 F 原子，对介电各向异性 Δε 有很大影响。这可以解释为各个 F 偶极子与此方向有关，产生对全体分子偶极矩的贡献。

(b) 桥键的引入：在分子结构中引入亚乙基键，减低了介电各向异性。这是由于它破坏了分子整体的共轭，从而减少了分子的极化度。

(c) 卤化液晶：具有不同清亮点的卤化液晶介电各向异性数据，是从主体液晶材料的溶液外推得来的。因此，这些外推的结果不具有重要价值。然而对于作为液晶材料组分的非液晶化合物及近晶相液晶，这是粗略界定其介电性质(包括光学及弹性系数)的唯一可用的方法。

不幸的是，某些化合物从许多不同的主体材料的溶液外推得到的介电各向异性的数据存在差异，妨碍了对其性质的准确比较。外推结果存在差异是因为不同的主体材料改变了分子间相互作用，以及混合物溶液的特点与理想溶液存在偏差，或者是还有别的什么原因。

表 1.4.3 是双环己基苯基液晶核的化合物的端基的极性对 Δε 的影响。

表 1.4.3　双环己基苯基液晶核的化合物的端基的极性对 Δε 的影响

对位端基	CN	CF_3	$OCHF_2$	OCF_3	Cl	F
Δε	4.05	2.56	2.46	2.36	1.58	1.47

表 1.4.3 中的数据指出严格的化学结构，可以把 Δε 近似值与端基偶极矩的大小以同样顺序排列。

4.3.2 光学性质

折射系数与电极化之间的表观关系可服从下式：

$$\frac{n^{*2}-1}{n^{*2}+2}=\frac{N\alpha^{*}}{3\varepsilon_0} \tag{3}$$

式中，平均极化率 $\alpha^{*}=(\alpha_{/\!/}+2\alpha_{\perp})/3$；平均折射率 $n^{*2}=(n_e^2+2n_o^2)/3$，n_o是常光的折射率，n_e是非常光的折射率。

式(3)指出芳香化合物及液晶(有三键基团)高度共轭的 π 电子体系具有 π 电子极化率，双折射为 $\Delta n=n_e-n_o=n_{/\!/}-n_{\perp}$，和分子的可极化性 $\Delta\alpha=\alpha_{/\!/}-\alpha_{\perp}$ 的各向异性数值大小有关。它与非芳香化合物和非乙炔基团的化合物及相应的氰基衍生物比较，卤化液晶显示低的 Δn。原因是卤化作用减少了 π 体系的有效共轭长度，导致紫外吸收光谱的共振波长比相应氰基衍生物的更短。

4.3.3 黏弹性质

扭曲向列型效应是当今主流，用于有源矩阵显示。它们需要正介电各向异性的向列相液晶。正介电各向异性的大小强烈影响 TN-AMLCD 的阈值电压(V_{90})：

$$V_{90}\propto\pi\sqrt{\frac{\kappa}{\varepsilon_0\Delta\varepsilon}} \tag{4}$$

式中，κ 是弹性常数，$\kappa=K_1+(K_3-2K_2)/4$。式(4)很明显指出，希望 $\Delta\varepsilon$ 值尽可能高，并且 κ 值应尽可能低。

AMLCD 操作响应时间可以区分为上升时间(t_{on})与下降时间(t_{off})：

$$t_{on}\propto\frac{\eta d^2}{\Delta\varepsilon E-\kappa\pi^2} \tag{5}$$

$$t_{off}\propto\frac{\eta d^2}{\kappa\pi^2} \tag{6}$$

式中，η 对应于相应旋转黏度 γ_1；E 为施加电压；d 为液晶盒的间隙。对于优秀的 AMLCD 操作，上升时间与下降时间应尽可能短。

$$t_{on}=\frac{1}{\gamma_1}\left[\varepsilon_0\Delta\varepsilon E^2-\frac{K(l^2-1)}{a^2}\right] \tag{7}$$

$$t_{off}=\frac{\gamma_1 a^2}{K(l^2-1)} \tag{8}$$

式中，a 和 l 分别是椭球形液滴的长轴和外形比例(the aspect ratio of ellipsoidal droplets)；K 是有效的弹性常数；E 是施加的电压；γ_1为旋转黏度。

从式(5)～(8)可总结出 AMLCD 与 PDLCD 响应时间与黏弹性之间的很强的关系。

实验表明，某些卤化液晶黏弹性是可以直接测定的。许多液晶的动态黏度是从不同的溶液中外推出来的，即从不同的主体液晶中外推得到。对于某些化合物动态黏度存在的差别，可以解释为介电性质的环境的影响。

液晶结构改变时，利用短的端基及缺少侧向取代基，可使极性与可极化度降至最低，最后达到黏度最小的结果。

已知卤化液晶与相应氰基衍生物相比，有较低的黏度。这说明卤化液晶单体对黏度的影响是主要的因素。

4.3.4　卤化液晶的稳定性

表征 AMLCD 显示器的一个最重要的参数是 RC 时间常数。这是由于液晶元件在有源矩阵中作为电容负荷。对非线性元件，它在寻址的周期中是有负荷的。通过液晶元件的电压不应有可感知的下降变化，在下一次寻址周期恢复之前，该液晶 RC 时间值应比显示器的帧画面时间足够大。为了保证电压的下降小于 5%，在整个工作温度范围内，对一个20 ms的画面，该 RC 时间必须大于 200 ms。

液晶时间常数用式(9)表示：

$$\tau_{RC} = \varepsilon_0 \varepsilon_r \rho_{LCD} \tag{9}$$

式中，LCD 电阻率 $\rho_{LCD} > 10^{13}\ \Omega \cdot cm$。时间常数的确定有两个因素：液晶材料本体的电阻率，以及使用的取向膜聚酰亚胺(polyimide)的类型。

本体电阻率 ρ 与时间常数对于一给定的化合物是接近线性关系。而且已经确定，增加液晶的平均介电常数 ε^* 导致时间常数减少，并且本体电阻率减少。

与 AMLCD 性能直接相关的特性是在一个寻址脉冲之后和下一个寻址脉冲之前单个像素上的实际电压之比。保持率可以通过同时监测施加于 TFT 的驱动电压的 RMS 值及图像元电极上的实际电压来确定。研究表明，大的 AMLCD 电荷保持率，不仅要求高电阻的液晶材料能抵抗高温及 UV 辐射，而且也能随 TFT 驱动电压的增加而增大。

已知氰基衍生物因热及光电而降解，它们无足够的稳定性，无法用于 AMLCD 及 TFT-PDLC。这可以用测定疏水参数 Φ 加以解释：

$$\Phi = \lg P_x - \lg P_h \tag{10}$$

在辛醇/H_2O 体系中，P_x 是取代苯衍生物的分配系数，P_h 是母体化合物苯的相应系数。与正疏水参数相比，负疏水参数的化合物更易溶于水而不是辛醇，并且对杂质离子表现出更强的溶合能力：在这些方面，具有正的 Φ 值的卤素端基比氰基液晶更好地适用于 AMLCD 及 PDLCD。

第 5 章　液晶的分子论

5.1　术语“液晶性”的含义

“液晶性”这个术语并无严格规定，一般是指在某种温度范围成为液晶状态的性质。在某种场合使用“液晶性大”这个说法，往往指的是液晶温度范围的上限高的意思。

为了有宽的液晶温度范围，当然希望温度上限高下限低。下限(熔点)是由晶体的自由能决定的，可以说与液体状态无关，因而比较液晶性的大小，应该测定液晶温度范围上限，即清亮点(变为各向同性液体时的相变温度)的高低。这样的决定液晶性的方法，即便液晶性大，即清亮点高，如果熔点高，会出现液晶状态无法观察到的情况(实际上，大多数液晶化合物是这个情况，即大多数液晶化合物在室温时呈晶体状态)。反之，即便液晶性小，如果熔点低，出现液晶状态不可否认往往与实感不符。化学分子结构与液晶性的关系极为微妙，特别是对于液晶的相态种类，即包括向列相、近晶相的 A，B，C 等存在。不言而喻的是，在某种范围得到的经验规则，往往并不适用于其他范围。

5.2　液晶分子的基本结构

英文文献中的液晶专业术语如图 1.5.1 所示。

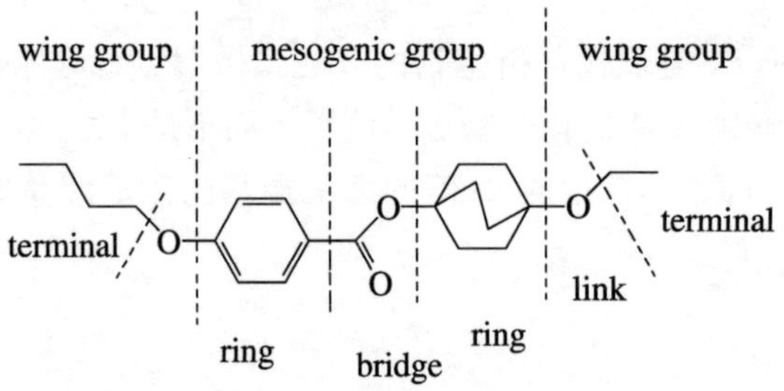

图 1.5.1　英文文献中的液晶专业术语

除了盘状液晶之外，几乎所有的液晶都是棒状的，或者长条板状的。液晶分子由以下几部分构成：(1) 中间基(mesogenic group)，一般也称为液晶核(core)，是液晶的刚性骨架。中间基中有环状结构，例如苯环或者其他环状结构。环状结构往往用桥键(bridge)连接。

(2) 侧链(wing group),分别处于中间基的两端,由端基(terminal)与连接键(link)组成。端基可以直接与中间基连接,或者通过连接键与中间基结合在一起。

液晶核中的环通常为苯环、六元杂环及反式环己烷环。若六元环的数目增加,则液晶性也增加,一般至少有两个环才呈现液晶性。常见的桥键如图 1.5.2 所示。

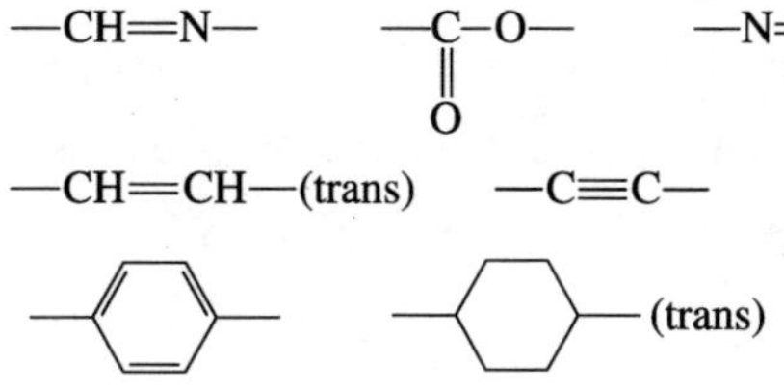

—CH═N—　　—C(═O)—O—　　—N═N—(trans)

—CH═CH—(trans)　　—C≡C—

—(C₆H₄)—　　—(C₆H₁₀)—(trans)

图 1.5.2　常见的桥键

此处的主链的原子数为偶数,这样分子全体的形状大致能够成一条直线。在奇数的场合,由于只产生曲折形状,液晶性会下降,除非其他的结构部分的液晶性增大,否则液晶性会消失。

5.3　分子间引力与液晶种类的关系

向列相、近晶相及胆甾相液晶的分子排列有一个共同点,即分子的长轴相互平行排列。因为这种有规则的排列,某化合物显示液晶性的必要要求如下:(1) 该分子结构的几何形状适合于液体状态平行排列;(2) 液晶在熔解后为了维持平行排列,保持足够的分子间引力。

从以上两个要求出发,呈现液晶性的化合物持有棒状或者板状的形状,而且必须要有永久偶极子和易极化的化学基团(官能基)。以向列相液晶为例,结晶结构熔解之后,也不会立刻变为各向同性的液体,由于棒状分子末端间与侧面间存在适度的分子间引力的平衡,液晶分子可以保持独特的分子排列。

某化合物显示的液晶类型,可以理解为取决于分子侧面间引力与末端间引力的相对强度。如果侧面间引力较之末端间的占优势,则呈现近晶相液晶;如果引力比较处于相反的场合,则呈现向列相液晶。在近晶相液晶中,液晶分子形成层状结构,于是分子垂直于层面排列,各层之内分子之间可以比较自由地滑动。另一方面,在向列相液晶的场合,分子在长轴方向自由滑动,不形成分子层状结构。

5.4　分子论

5.4.1　相变

液晶是三维空间中失去一维以上平移有序的长度取向有序体系。液晶和其他凝聚态体系一样,理论分别为分子论和唯象理论(连续体理论)。前者是基于分子角度的统计力学来解释体系的结构和性质的理论,后者是把体系看作连续体,描述其体系客观性质的理论。

液晶和液态一样,其分子论不可能从开始就严密展开,而是只能基于单一模型的平均场来近似展开。对向列相液晶有三种理论模型,第一种是只考虑分子间各向异性引力的 Maier-Saupe 模型;第二种是只考虑分子间存在排斥力的 Onsager 模型;第三种即包括考虑前两种模型的新模型。用这些理论模型解释相变现象和有序性能。

由棒状分子组成的液晶可以具有各种液晶相。分子间的各向异性作用使分子整齐排列。下面叙述液晶相变微观机理,即有关的分子间排斥力与引力作用及两者的综合效应[12]。

5.4.2 向列相的自由能

不限于液晶,所有的宏观物质,在设定的条件(温度、体积及外场等)之下,都落到自由能最小的状态(热力学第二定律)。因而,要了解液晶处于怎样的有序结构下是稳定的,或者在什么情况下异相间的转变会发生,就必须知道自由能。自由能的计算是液晶分子论的中心问题。至于自由能,若知道液晶之间的作用力,那么根据统计力学可以立刻写出计算公式。这里首先考虑模型。考察分子的轴对称头与尾无区别的刚体粒子。

假设分子形状近似为长 L,直径为 D,两端为半球形的圆柱体。i、j 分子间的作用力的位能为

$$\phi_{ij} = \begin{cases} +\infty, & i\text{、}j\ \text{分子互相重叠在一起的情况} \\ -C(r_{ij}) - A(r_{ij})P_2(\cos\theta_{ij}), & \text{其他情况} \end{cases} \tag{1}$$

式(1)的第一行表示分子间刚性的排斥力,仅仅作为分子间力加以考察的模型是 Onsager 理论。第二行表示所谓的范德华力,其中第一项是不取决于分子方位的部分;第二项是对 i、j 分子的长轴间的角度 θ_{ij} 有依赖性,很明显两分子平行($\theta_{ij}=0$)时为最小;r_{ij} 是分子间重心的距离,$C(r_{ij})$及 $A(r_{ij})$是它的函数,为正量。N 相(向列相)分子间的引力位能,以此方式给出的模型,是 Maier-Saupe 模型。它是只考虑引力的 MS 理论。一般而言,作为有序度的函数来计算体系的自由能,即所谓的"对称破坏位能方法"是方便的。

1. Onsager 排斥力模型

$$\Gamma = \frac{5\pi n\Delta\nu}{32} \tag{2}$$

式(2)不考虑引力,相当于只考虑排斥力的 Onsager 模型。这时在 $\Gamma=\Gamma_c$ 条件下,式(3)给出临界分子数浓度 n_c:

$$n_c = \frac{32\Gamma_c}{5\pi\Delta\nu} \tag{3}$$

排除体积依赖于分子的形状与方位。已知浓度小于临界,即 $n<n_c$ 时,出现 I 相(各向同性);如果 $n>n_c$,则 N 相(向列相)是稳定的;当斥力的体系达到 $n=n_c$ 时,N-I 相变就发生了。这是伴随浓度变化产生的液晶(溶致性液晶)。

若浓度用体积分数 $c = n\nu_m$（ν_m 为分子体积）表示，设 ν_m、$\Delta\nu$ 给出，则 $n\nu_m$ 的临界值作为分子形状的函数是可以表示的。若分子长度 $L = l + 2r$ 与宽度 $D = 2r$ 之比十分大的情况下：$\Delta\nu = 2DL^2$，$\nu_m = \pi D^2 L/4$。作为相变的分界的数值，$n_c\nu_m = 3.63D/L$ 可以得到。最初用 Onsager 模型得到的该式结果，与多肽等化合物的棒状粒子溶液的观察值相当一致。

2. Maier-Saupe 引力模型

Maier-Saupe 模型完全无视排斥力，由式(4)表示：

$$\Gamma = \frac{\widetilde{A}}{k_B T} \tag{4}$$

在此场合，由 $\Gamma = \Gamma_c$ 求出相变温度：

$$T_c = \frac{\widetilde{A}}{k_B \Gamma_c} \tag{5}$$

伴随温度变化的一次相变产生。$T > T_c$ 是 I 相，$T < T_c$ 是 N 相。

式(6)叙述液晶相变微观机理：

$$\Gamma = \frac{5\pi n \Delta\nu}{32} + \frac{\widetilde{A}}{k_B T} \tag{6}$$

这里，$n = N/V$ 表示分子数浓度。

由前所述，$\nu(\theta_{ij})$ 是由于刚体排斥力的原因，j 分子被 i 分子排斥而无法接近的部分体积，被称为排除体积。排除体积依赖于分子的形状与方位。如果分子的类似两端半球形的圆柱体，长度为 l，半径为 r，则排除体积 $\nu(\theta_{ij})$ 与分子体积 ν_m 可以分别用式(7)与式(8)表示：

$$\nu(\theta_{ij}) = 8\nu_m + \Delta\nu(\sin\theta_{ij}) \tag{7}$$

$$\nu_m = \pi r^2 l + 4\pi r^3/3, \quad \Delta\nu = 4rl^2 \tag{8}$$

很明显，i 分子与 j 分子相互平行（$\theta_{ij} = 0$）时，排除体积最小。

5.5　取向能

下面讨论取向能 Γ 与 N-I 相变。

已知式(6)中定义的量 Γ 是由两项组成的。表示排除体积效应的第一项，浓度 c 越高就越大。表示引力效应的第二项，温度越低则越大。如果两者之和超过 $\Gamma_c = 4.54$，则产生 N-I 相变。以后若 Γ 值增加，有序参数就会增大。于是，把 Γ 称为分子的取向能（orienting power）是很恰当的。用这种模型，因为温度下降而产生的温度相变（热致性相变）及浓度增加而出现浓度相变（溶致性相变）都是可以得到的。相对的相变温度 T_c 及相变浓度 C_c，依条件 $\Gamma = \Gamma_c$ 决定。但是使用 $\nu_m = \pi D^2 L/4 + \pi D^3/6$，由 T_c 和浓度 C_c 的分子形状依存性可以预想，L/D 越大，取向越容易。这些很妥当的结果是可以得到的。而且，上面得到的计算值，实际测定为 $S_c = 0.2 \sim 0.4$，与相变熵为 0.5 cal/mol · deg 大致相当。

第6章　实用液晶材料开发与变迁

6.1　液晶发现初期

液晶的发现刺激了科学界热心的研究，合成了大量的新的液晶，从1940年到1950年中期，研究的液晶数目从1000个左右增加到2000个左右，积累了大量的基础知识。基于这些知识，推导出形成液晶所必要的分子结构的基本原理，可以了解结构与物性的关系。

图1.6.1所示为重要的向列相液晶的分子结构。

随着时间的推移，液晶技术的应用仍在不断被探索。但是，最初Lehmann怀抱的巨大期待并没有得到满足，液晶不过是一种单纯的珍稀物品，80年间没有找到应用的可能。合成液晶的开创者Vorlander在1924年给出了以下说法："对于液晶是否有应用于工业的可能性的问题，我受到了许多质疑。在我看来，想不到有什么可能性。尽管如此，对于研究人员，这些物质提供了非常多的信息。"

到了1966年，德国一家杂志还出现了以下的大标题："液晶是完全无用的研究领域吗？"但是科学家们并不泄气。Keller开发了最初的室温液晶MBBA。[14]

6.2　TN效应的应用

1963年Williams[15]发表了电场施加时向列液晶条状花样的畴效应(DS效应)及主客效应(GH效应)的显示器件的论文。1971年Schadt等人[16]发表了扭曲向列型效应(TN效应)的论文，Hareng提出了双折射效应(ECB效应)。

TN效应在实用上极为重要，现在使用的显示器主要是利用TN效应。

对于这些显示器件，首先应用的是图1.6.1中的(1)、(2)，所谓的席夫碱Nn型(介电常数各向异性值为负值)化合物。1969年开发的MBBA(4-甲氧基苄叉-4′-丁基苯胺，p-methoxybenzylidene-p′-butylaniline)以及EBBA(4-乙氧基苄叉-4′-丁基苯胺，p-ethoxybenzylidene-p′-butylaniline)，它们都是在室温时出现向列相(例如，MBBA在20～41 ℃出现向列相)，介电常数各向异性值为负(−0.5)，很适合DS方式与ECB方式。以TN方式的发表为契机提高了Np型的必要性。令人瞩目的是，1970年开发的PEBAB(4-乙氧基苄叉-4′-氨基苯氰，p-ethoxybenzylidene-p′-aminobenzonitrile及其同系物)有宽的向列相，而且介电常数各向异性值很大($\Delta\varepsilon = 15 \sim 20$)，适合低电压驱动。但是由于席夫碱易于水解，因

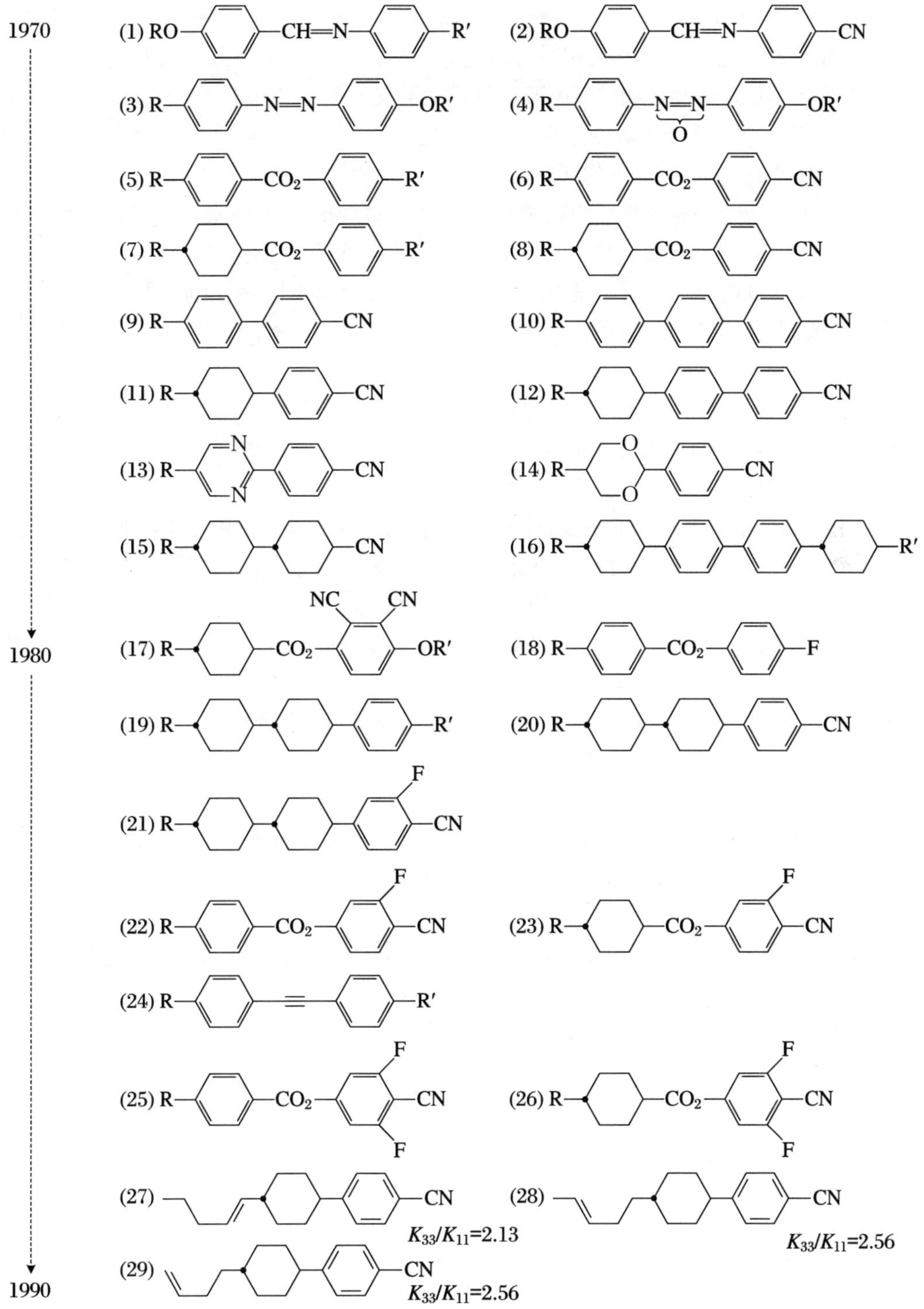

1970

(1) RO CH═N R′　(2) RO CH═N CN

(3) R N═N OR′　(4) R N═N O OR′

(5) R CO_2 R′　(6) R CO_2 CN

(7) R CO_2 R′　(8) R CO_2 CN

(9) R CN　(10) R CN

(11) R CN　(12) R CN

(13) R N N CN　(14) R O O CN

(15) R CN　(16) R R′

1980

(17) R CO_2 NC CN OR′　(18) R CO_2 F

(19) R R′　(20) R CN

(21) R F CN

(22) R CO_2 F CN　(23) R CO_2 F CN

(24) R R′

(25) R CO_2 F CN F　(26) R CO_2 F CN F

(27) CN K_{33}/K_{11}=2.13　(28) CN K_{33}/K_{11}=2.56

1990

(29) CN K_{33}/K_{11}=2.56

图 1.6.1　重要的向列相液晶的分子结构

此在使用上受到了限制。为改善它们的化学稳定性，1970 年开发了偶氮苯基(3)及氧化偶氮苯(4)，由于结构为反式的显示液晶性，波长在 400～500 nm 范围内有吸收而呈黄色，在 UV 作用下变为顺式，因此在使用时为防止劣化有必要使用黄色滤膜，对实用不利。

作为化学稳定的化合物，1970 年初期开发了安息香酸苯酯(5)(6)，将化学不稳定的偶氮键改为酯键，Nn 型、Np 型各种各样的双环化合物、高温范围下的向列相的三环化合物也被开发。特别是 1972 年开发的(6)有极大的 $\Delta\varepsilon$($\Delta\varepsilon>20$)，被用于 TN 型。

上面的化合物都只用苯环构成主骨架，而苯环以外的环，特别是环己烷环的苯基环己酸酯(7)(8)，在 1974 年开始出现。在室温附近显示向列相并具有比较小的双折射的化合物(5)(6)有显著低的黏性。特别是 Nn 型化合物(7)有显著低的黏性($\eta<20$ cst)，与 Np 型材料混合，调制用于 TN 方式的优秀的组成物。苯基环己烷羧酸酯，即使到现在也是工业上常用的重要化合物。

差不多同时期更为稳定的化合物氰基联苯(9)被开发了。在室温附近显示向列相，并具有低黏度($\eta<40$ cst)和大的双折射及 $\Delta\varepsilon$ 值($\Delta n=0.2$，$\Delta\varepsilon>10$)，是一种实用的液晶。

旧时开发的氰基三联苯基(10)是可达到高温度范围(200 ℃以上)的向列相化合物。当时利用(9)(10)搭载液晶板的手表、计算机达到工业化水平，是一种至今实用的重要化合物。

随着显示器件的开发，对材料的要求也愈加严格。包括低温范围的宽温向列相液晶，更低的驱动电压，实现更高速响应的低黏度液晶的要求提高了。为解决此问题，1977 年开发了氰基苯基环己烷(PCH)(11)。PCH 的黏度对应氰基联苯的 1/2，而且室温附近有向列相，$\Delta\varepsilon$ 相当。氰基联苯环己烷类(12)的开发，包含了与 PCH 相互补充的高温区域。液晶中的减黏剂黏度低十分重要，PCH 的开发在 −30 ℃也有高速驱动的液晶组合物有可能配制成功。PCH 是现在使用较多的杰出的化合物之一。

从 1977 年开始报道有杂环的向列相液晶，如苯基嘧啶类(13)和苯基二噁类(14)。持有氰基的场合，为使杂环偶极子与氰基方向一致，可引起极大的 $\Delta\varepsilon$。

对应的 Nn 型液晶在室温附近有较宽温度。其他的杂环化合物也被提及，但实用的没有。

1978 年氰基双环己烷(15)被报道，是完全不含芳环的特殊化合物。现在证明(15)不含芳环，却呈现向列相的可能性。由于 Δn 极小，可用于满足所谓的第一最小条件的液晶组成物的调制。该器件品质高的有广视角。

20 世纪 70 年代开发了许多实用的向列相液晶，现在成为实用的基本化合物。由于该时期大量地开发实用的向列相液晶，其基本骨架(主骨架)几乎已尽数被网罗了，因此此后的发展主要是探讨取代基和结合基的种类和数目，以向满足物性的要求方面转变[13]。

6.3 TN 模式的液晶材料的发展期(20 世纪 80 年代前半期)

20 世纪 80 年代材料开发的主要内容是 70 年代以前已经开发的液晶的基本化合物的修饰，即探讨取代基与结合基，当然具有独特结构的化合物已提出许多，但是实用化的很少。

1979 年开发了四环化合物(16),它是具有高清亮点(>280 ℃)的材料,黏度低,作为高温用材料很有用。

有大的介电常数各向异性的化合物被开发了很多,但具有负的大的介电常数各向异性的化合物几乎没有看到。1980 年报道的双氰基化合物(17)具有负的大的介电常数各向异性($\Delta\varepsilon \approx -20$),十分适合于 GH 模式低电压驱动。

氰基以外的取代基被讨论,前述的 Np 型化合物未必是含氰基的化合物,含氰基的化合物黏度高,难以实现高速响应。1981 年报道了氟化苯酯(18),它比含氰基的化合物黏度低,实现了高速响应。

1982 年、1983 年氰基苯基双环己烷(19)(20)被开发了出来。对应的联苯(12)相比较向列相宽广、黏度低、与其他液晶相溶性好,现在常常作为基本的材料使用。在邻位有氟的化合物(21)也开发出来了。与(20)比较,向列相移向低温,氟原子的偶极子对增大 $\Delta\varepsilon$ 有贡献,驱动电压低电压化。

1983 年邻位被氟原子取代的氰基取代的苯酯(22)(23)被开发了出来。1990 年初,多数氟原子在侧位上取代的酯类(25)(26)也被开发了出来,确认它们具有更大的 $\Delta\varepsilon$ 值。Δn 大的材料的开发在 1971 年有化合物二苯乙炔(tolane)的报道,其双折射 $\Delta n > 0.2$。当初对其稳定性有疑问,1985 年确认可以在稳定范围内使用,$\Delta n \cdot d$ 的值保持一定,将液晶盒厚度减低,可以减少相应响应时间。

6.4　STN 模式的提倡与 TFT 模式的兴起

1984 年 Schaffer 等人的超扭曲向列型效应(STN)被报道,其对材料的物性要求大大不同。STN 模式用手性化合物对组成物进行大量掺杂,盒中液晶在 240°～270°扭曲,得到大的倾斜角,所以是灵活运用双折射的器件。在 TN 模式中不能实现的大显示容量、对比度的提高、视角的改善成为可能。STN 模式是 20 世纪 90 年代显示器的主流,多用于个人电脑的显示器。

STN 模式的出现和工业化是今日液晶产业兴隆的原动力,这是毫无疑问的。但是为了使 STN 模式更加有活力地被使用,即大的显示容器高对比度等在不损失其他物性的前提下更加显示出来,因此要求弹性系数比特别是弯曲/展曲比(K_{33}/K_{11})大、$\Delta\varepsilon/\Delta\varepsilon_{\perp}$ 小的材料是必要的。TN 模式 K_{33}/K_{11} 小则有利于低电压驱动。STN 模式完全是相反的特征。

弹性系数与分子结构的关系,已有许多的讨论。即认为分子长轴和短轴的长度比(l/d)大的化合物,或者末端有氰基者,K_{33}/K_{11} 大。

1985 年 Schadt 等人认为持有链基的 K_{33}/K_{11} 特别大,这与以往的常识大大脱离,因而开发了各种链烯基化合物研究结构与物性的相关性。特别是双键的位置与 K_{33}/K_{11} 关系最深刻,不饱和键在 1 位及 3 位的化合物比在 2 位的化合物断裂的要多。许多作为 STN 材料使用的链烯基化合物,都是在奇数位置有不饱和键。

重要的链烯化合物见图 1.6.1,在实用中很重要。主链不离开前述的液晶范围,侧链换成链烯基，则 K_{33}/K_{11} 增大，向列性提高，这是已知的事实。现在用链烯化合物作为 STN 材料是最优秀的。

6.5 TFT 模式的液晶材料

TFT 与 STN 是并行进行研究的。对 TFT 模式展开了热烈的研讨，开始与 STN 模式比较。TFT 模式成本高，但无串音失真效应，可得到高精细的画像，适用于手提电脑的彩色显示器件，随着市场价格的下降，它的应用急速扩大了。原理是活用 TN 效应，因此，必需的物性也与 STN 不同。但是最重要的、不可或缺的是高的稳定性。材料稳定性高低是对电压保持率这一物性值进行比较，电压保持率低的材料，则 TFT 会劣化，对比度低下，无法避免引起残像现象。所以 TN 及 STN 模式中利用的氰基化合物在此不能使用。后者不存在充分的稳定性，因为有很大的 $\Delta\varepsilon$，易于进入离子性杂质。几种已开发的含氟化合物突然受到瞩目。氟化物稳定性(电压保持率)高，黏度低，Δn 变小，对于在第一最小的场合中利用十分适合。图 1.6.2 中列出了重要的氟材料。

首先受人瞩目的是单氟化合物(30)(31)以及继续开发的双氟化合物(32)(33)(35)～(38)。由于它们的侧位导入氟原子，因此折射率的各向异性值有若干减少。黏度则略有上升，介电常数各向异性值与单氟类比较，增大 30%以上，有利于低电压驱动。

随着对取代基的探讨，1990 年三氟甲氧基及二氟甲氧基(39)～(41)被开发出来了。与三氟化合物有同等的介电常数各向异性值 $\Delta\varepsilon$ 而且黏度低的优秀化合物已开发出来。持有大的 $\Delta\varepsilon$ 性能的反面，有太大黏度，难以实用。1990 年报道的三氟化合物(42)长宽比(l/d)的减少，造成向列相的低温侧移动。由此产生的材料与二氟化合物比较，其 $\Delta\varepsilon$ 变大，且弹性系数小，所以阈值电压显著下降。由于介电常数各向异性值并不显著增大，可调制低电压驱动用组合物，用于下一代的 TFT 材料。

1989 年德国科学家发表了一种新的含有—CF_2O—桥键的新型含氟液晶(DE-A4006921，1989)推动了 TFT-LCD 的发展。因为 TFT-LCD 用液晶材料除了要求低的电压阈值、快速响应及高度稳定性之外，还要求高的电荷保持率。低阈值液晶材料应具有介电各向异性($\Delta\varepsilon$)和小的弹性常数(k)；快速响应液晶材料必须具有低的旋转黏度(γ^1)；高电荷保持率的液晶分子中不能含有强极性基团。目前尚不清楚弹性常数与分子结构的关系，所以只好用 $\Delta\varepsilon$ 大小来设计低阈值液晶材料分子。一般认为，$\Delta\varepsilon$ 越大则黏度越大，这样低阈值与快速响应之间是矛盾的，为此德国科学家将—CF_2O—引入某些液晶分子，在相同的 $\Delta\varepsilon$ 情况下得到低黏点的液晶材料。—CF_2O—的引入，并不影响电荷保持率。

(30) 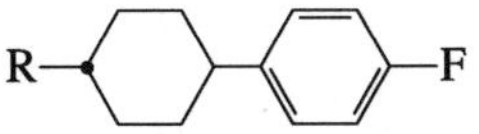 [1980]

(31) 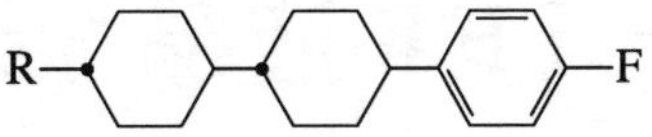 [1982]

(32) 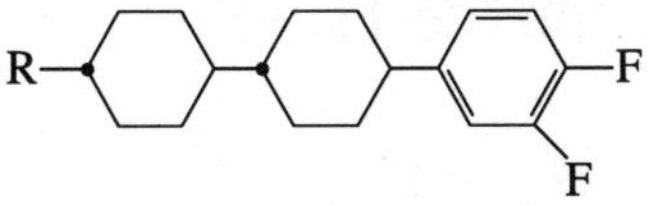 [1982]

(33) 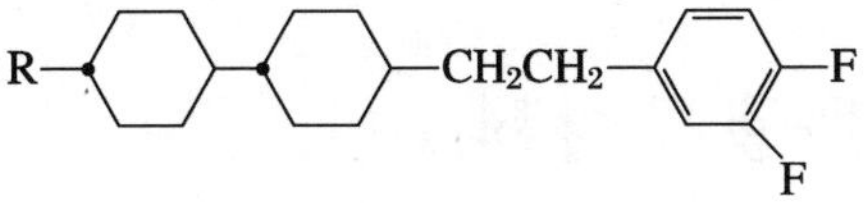 [1984]

(34) 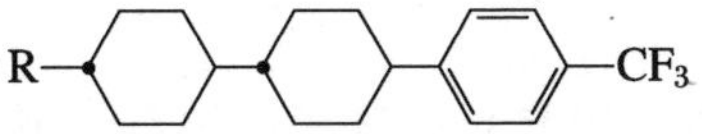 [1984]

(35) 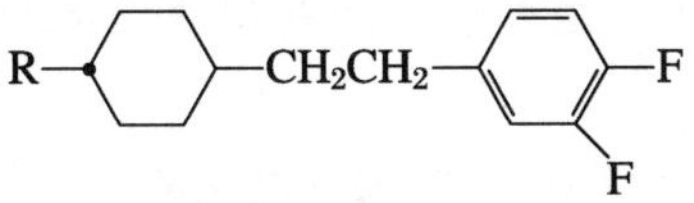 [1986]

(36) 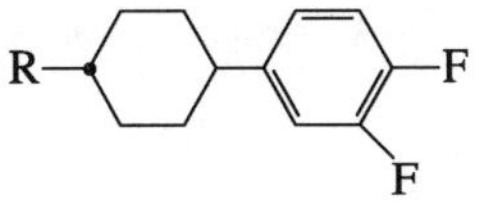 [1986]

(37) 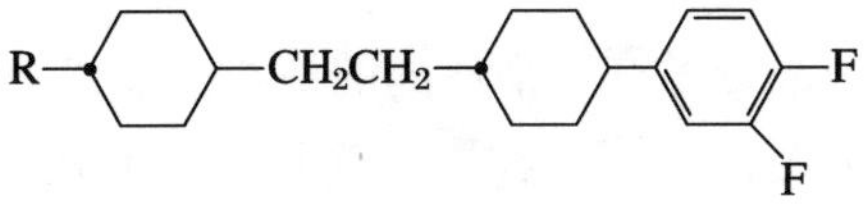 [1986]

(38) 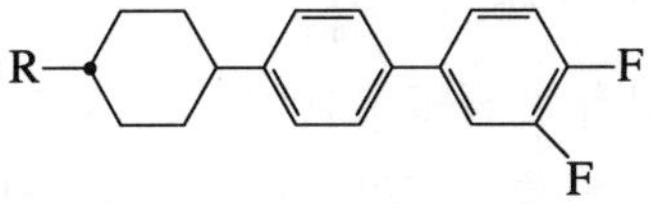 [1990]

(39) 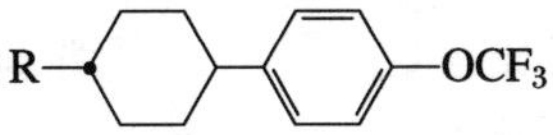 [1990]

(40) 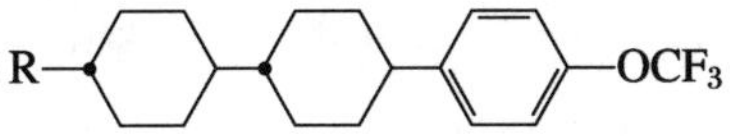 [1990]

(41) 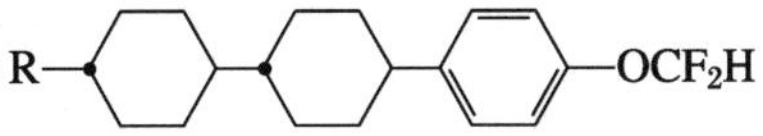 [1990]

(42) 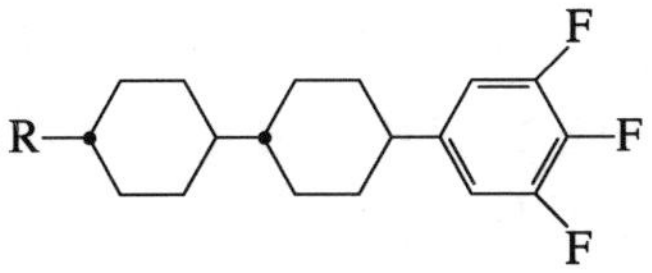 [1990]

(43) 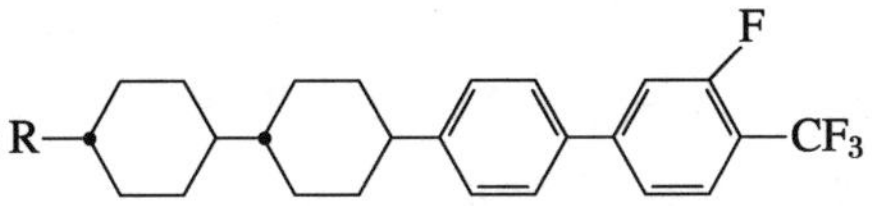 [2012]

图 1.6.2　重要的氟液晶材料的分子结构

第7章 用于TFT液晶显示模式的含氟液晶化学

7.1 重要含氟系列液晶材料

最晚不迟于1925年，氟化的向列相液晶化合物已经有报道，但是直到20世纪80年代液晶的氟化学研究才趋于活跃，提供了足够多的向列相液晶化合物的例子，得以评价氟取代基团对液晶性能的影响。

不同类型的氟原子取代的代表性液晶化合物可以用来显示物理性质的变化。氟原子具有最大的电负性。氢原子的范德华半径为1.20 Å，氟原子的为1.47 Å。尽管意味着氟取代能产生明显的立体效应，但是尺寸的影响并不太严重，以致完全破坏紧密的堆砌结构，而后者对于高的中间相稳定性是必需的。

原则上，将氟原子导入液晶分子有3个不同的地点。取代基的导入可以是端基，即分子链的末端，以及刚性分子核的侧面。第3种取代途径十分有用，可以细分为以下几种情况：取代基接近分子核的中心，或者远离分子核的末端。

第1种氟取代的向列液晶是末端有氟原子取代基。尽管产生了互变相液晶，但氟原子在稳定液晶性的效果方面不如其他的端基，例如，—Cl、—Br、—CH_3、—NO_2。毫不奇怪，之后约30年关于液晶砌块的氟取代的研究没有受到关注。直到20世纪80年代初，随着对影响中间相稳定性因素的了解的深入，末端氟原子取代才重新得到评价。与其他的取代基比较，尽管氟原子末端取代物清亮点稍微低，但是仍然可以得到能够接受的清亮点。这些化合物的可用性不仅来自中间相的范围，还来自适度的正值介电常数各向异性及相当低的黏度。

第2种氟取代涉及三氟甲基基团的出现。三氟甲基引人注目而且很有特征，用外推的方法得到N-I值，虽然受到强烈压缩，甚至低于氟原子的衍生物，但是它们的近晶相稳定了。

TFT液晶材料用于TFT器件，由于使用矩阵驱动，决定选择与非选择信号灯时间极短，信号脉冲进入之后，TFT器件的输出电压施加到液晶盒上，在成为负荷的像素电极之间，在下一个脉冲到来的一定时间，其电压必须保持稳定。

在液晶盒中，时间常数（$\tau = CR$：液晶的电容成分×电阻成分）越大，就越能保持电压稳定，所以作为液晶材料，介电常数大与电阻大的性质都是必要的。电阻率尽可能大的材料被探寻，但是介电常数大引起电阻率变小的倾向。较之介电常数大一个数量级，电阻率增大一个数量级是容易做到的。评价保持电压的能力时，采用电压保持率测定方法。

含有氰基（—CN）的化合物的液晶材料，在测定高温侧及长期信赖性测试方面，由于电压保持率低下，显示品质方面对比度下降，因此产生了画面上雪花般闪烁的问题。为此，初期并联大容量的电容器以便维持电压保持率，已实用于小型携带电视机中。

最初由于重视对比度而在盒的设计方面采用第二最小。为了改善色彩再现性而采用多重间隙方式。后来为了改善视角及色泽，而探讨用第一最小。为了解决盒的厚度工艺问题而采用第一最小。对于第一最小的方式，必须用 Δn 小的材料。已知含氟材料 Δn 小，而且黏度也小。含氟液晶与氰基化合物比较，电阻率高且在高温范围也可以保持电压保持率。因此判断氟系化合物最适用于 TFT 模式显示。

7.2　含氟液晶的特征

用于液晶显示器(LCD)的含氟液晶，不仅要求高对比度、高精度、高速响应及大的视角，还要求携带使用时消耗电力低。

(1) 为提高对比度，要求提高液晶盒的电压保持率，因而作为液晶材料必须具备高的电阻率；有必要改善提高化合物的纯度及电子性杂质纯度的技术。

(2) 有关高精度，要有 TFT 器件的高精细度形成技术。液晶盒要有去取向面的平坦化技术，相邻电极间的距离要近，因为受到横向来的电场的影响，倒转区域(reverse domain)减小。选择液晶材料有高的预倾角(初期液晶分子排列角度)的化合物。

(3) 为使显示器响应速度快，要使用黏度小的液晶。液晶盒的间隙厚度薄，则有利于使响应速度快，因而盒的厚度的均一性材料十分重要。

(4) 关于宽视角化，利用取向分割法、光学补偿膜法。此外，还发展新的面内开关法(IPS)、垂直取向法(VA)，以及光学补偿弯曲取向法。

(5) 在低消耗电力方面，希望用低电压驱动的材料，因而开发大的 $\Delta\varepsilon$ 的材料。

7.3　液晶相

(1) 对于双环己基苯类化合物，其特征是末端取代基为氟原子，另一端为烷基，不存在近晶相。若取代的氟原子增加，则向列相的清亮点下降，并且向列相幅度变窄。若取代基为 2 个氟原子，则向列相区间为从室温到 100 ℃以上的温度。这种液晶材料由于组成物(FB-01)有宽的液晶相(6～113 ℃)，可用它作为母体评价其他材料的黏度(η)及介电常数各向异性值($\Delta\varepsilon$)。

(2) 电压保持率：氟取代化合物最优的特点是电压保持率。低于清亮点 T_c(75 ℃)的温度的电压保持率，氰基液晶与氟系液晶没什么区别。在 T_c 附近有巨大变化，在电压保持率的场合，对比度下降，产生雪花斑点。因而电压保持率对对比度及长期品质信赖性影响很大，所以电压保持率是氟系液晶最重要的特征。它对 TFT-LCD 画质的提高有贡献，对液晶显示的发展也有重要贡献。

(3) 黏度:在 $\Delta\varepsilon$ 为正的材料中,氟系化合物的另一特征是黏度低。

(4) 双折射性质(Δn):一般来说,氟系化合物的 Δn 小。Δn 小的材料,Δn 对波长依存性也小,屏幕背景变化小,色泽的再现性好。从高速响应方面来看,盒厚变薄,要求 Δn 大一些,而用于反射型显示器,要求 Δn 小一些。

(5) 介电常数各向异性与阈值:烷基-双环己基-三氟苯由于三氟取代,向列相移向低温,与二氟化合物比较,介电常数各向异性增大,由于弹性常数变小,阈值电压显著下降。

第 8 章　氟端链液晶的化学

8.1　有全氟碳链的液晶

1. 立体效应

氟原子所占有的空间仅大于氢，与氢以外所有其他元素的原子相比是最小的。范德华半径较之氢仅大十分之一左右，共价键半径与氯等其他元素相比要小得多。因而在多数场合下，分子中的C—H 键即使代之以C—F 键，也没有大的立体变化，生物体有可能照原样使其进入代谢反应。我们称之为氟元素的伪拟效应(mimic effect)。由于这是唯有氟才有的效应，因此在思考含氟活性物质的生理作用时是重要的。

2. 电子效应

氟在所有元素中具有最强的电负性，往往与其他元素强烈地结合成键且吸引键合的电子。特别是在C—F 键中的F 原子，作为取代基显示出强烈的吸电子性，使周围的电子密度下降。生理活性分子在生物体内有可能受到氧化等攻击的作用，若成为反应点的位置或者周边位置用氟取代，会使受攻击的位置成为被阻断的形状，变得难以分解。可以说这样的阻断效应(block effect)也是氟原子所特有的，与上述的伪拟效应一道成为产生生理活性的重要特点。

现在含氟生理活性分子以芳香族氟化物即氟代苯类为结构成分的居多。应该注意的是在这样的场合，作为氟的取代效应，邻位的电子密度大大下降，而对位的电子密度几乎不下降。如果是三氟甲基取代的场合，不仅是邻位、间位的 π 电子，而且出现芳香环的电子密度全部下降的效应。如植物保护剂，关系到用在室外有可能不断受到日光直射的药剂，在分子设计时，若芳香环的 π 电子密度下降，可使分子对光氧化反应稳定，因而导入三氟甲基是一个有效的方法。

棒状液晶分子的基本结构包括由刚直的芳香环、饱和环构成的液晶核和两端为控制分子刚直性及静电性质的末端基。

本书将拥有各种各样结构的碳化氢链总称为 Rh，氟碳链以 Rf 标识。大部分的液晶分子有一个或两个末端是饱和碳氢化物、卤素、氰基、硝基。因此，这样的分子在液晶状态时含有饱和碳氢链和末端取代基的芳香环部分，分子间作用力将对液晶性，即热稳定性及分子排列产生很大的影响。本章中采用的分子在液晶核末端上有 Rf，另外一个末端由 Rh 或者卤素、氰基等(Rx)构成。Rf 和芳香环、Rh、卤素、氰基、硝基等之间在静电性质、几何结构的性质上有很大的差别，可以预测它们会对分子的液晶性产生大的影响。众所周知，特别是已知

Rf之间有产生氟原子的高电负性的强分子间作用力(范德华力)在起作用。也就是在Smart的著作中可以看到的亲氟效应(fluorophilic effect)。同时,Rf和Rh之间的疏氟效应(fluorophobic effect)就起作用[17]。这些效应就是与水-碳氢化合物混合系中的亲水性、疏水性对应的分子间作用力,在本章中都认为是作用于Rf-Rf间、Rf-Rh间、芳香环间起作用的分子间作用力。

如图1.8.1中的液晶的分子结构所示,分子内亲氟部分和疏氟部分共存,本章的一个目的就是明确它们的相互作用给液晶性带来怎样的效果。

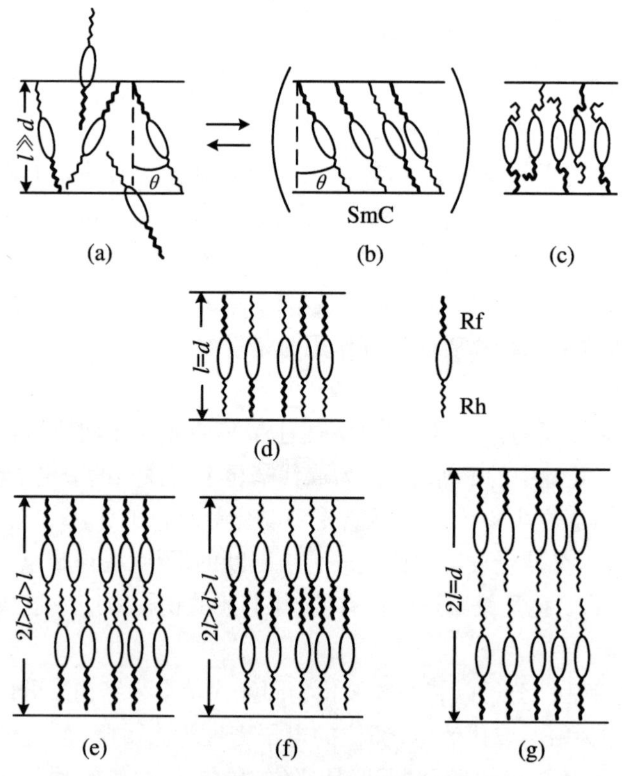

图1.8.1 近晶相分子排列模型[17]

含有Rf的液晶物质的开发,一直持续至今。早期的一些例子请参考D. Demus的著作[5],其中引用了几个例子。

液晶核像联苯(biphenyl)、苯甲酸苯酯(phenyl benzoate)那样二环性液晶核上带有Rf的衍生物被频繁地研究着。共同点是,都是由于Rf的导入,使得Sm,特别是SmA和SmB的发现变得显著,伴随着Rf的伸长,清亮点显著上升。由相变温度和Rf、Rh的长度的关系可以明白,除了清亮点的Rf的链长依存性,也依存于液晶核部分的物理性质。也就是,液晶核为联苯、苯甲酸苯酯这样的二环性化合物在$n=4\sim10$的范围内清亮点以10℃/CF_2 unit左右上升。分子内不含极性官能基的体系为8℃/CF_2 unit,依存性低。还有,分子内含有很多羟基的化合物中,伴随着n的增加,SmA-I相变温度急速上升。为了发现它的液晶性,Rf部分和羟基之间的氢键会以某种形式参与其中。另一方面,可以看到,伴随着Rh部分的m

的增加，SmA-I 相变温度明显有降低的倾向。通过伴随着 Rh 的伸长 Rh 侧面方向的短距离的相互作用的增加，产生的并进秩序增加这个一般概念，结果中看到的倾向似乎相反。结果就是，可以认为 Rh 的伸长是和占据分子全体的 Rf 的占比的减少有关的。在本章后面的部分中会提到，这和液晶核末端上含有 CF_3 基的化合物的场合形成了对照。

总结一下，对于液晶的热稳定性的 Rf 的效果，$(CF_2)_n$ 中 n 的增加使得液晶相的热稳定性上升，$(CH_2)_m$ 中 m 的增加则使得它降低了。

其次，讨论一下对含有 Rf 的化合物的 Sm 相的层结构的 Rf 的效果。考虑面间隔和分子长的差，试着分了四类。考虑到前面记述的 Rf 和 Rh 部分的亲氟效应、疏氟效应，可以用模型表示。

两端是长链 Rh 的化合物的多数是 SmA 相，大家都知道面间隔 = 分子长，但是在 Rf 化合物中显示的例子也属于它。Rf 占据分子全体的比例小，近晶 Rf 短的时候，单层(monolayer)结构(图 1. 8. 1(d))容易取得。Rf 占据分子全体的比例大，近晶随着 Rf 变长，面间隔>分子长，也就是，形成了部分双层(partially bilayer)结构。部分双层结构在含有 Rh 的极性液晶化合物中屡屡被发现[6]。这时候，有可能是图 1. 8. 1(e)和(f)中显示的两种分子排列。图 1. 8. 1(e)中，形成了 Rh 部分在层内重叠，Rf 部分在近晶层面集结的结构。图 1. 8. 1(f)中，形成了 Rf 部分在层内重叠，Rh 部分在近晶层表面覆盖的结构。图 1. 8. 1(e)这样的结构中，层面成为了亲氟空间，层间的相互作用可能会起到更强的作用。这样的模型在化合物 $F(CF_2)_nCH_2CH_2O-C_6H_4-C(=O)-O-C_mH_{2m+1}$ 等的 SmA 模型中被提出来了。另一方面，图 1. 8. 1(f)中 Rf 的部分上的侧面方向的分子间相互作用会对这个层结构起到安定化作用。[17]

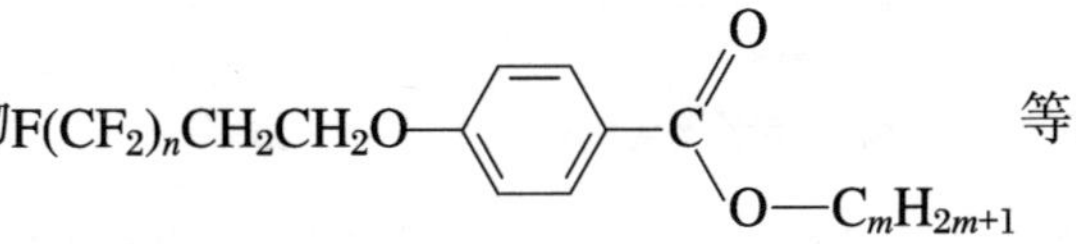

所谓双层(bilayer)分类的物质，严密地说是部分双层(partially bilayer)，分子的很少的部分重叠着排列。如图 1. 8. 1(g)所示，在这个层排列中 Rf 部分和 Rh 部分是完全的相分离结构。迄今为止报道的例子中，完全的双层排列很少。

问题是，面间隔<分子长度的时候，也可以表现为“$d<l$”结构。关于“$d>l$”结构，我们也在 SmA 相中见过面间隔比分子长度短 1～2 Å 的例子。这种层结构，基本上出现在单层中。[18,19]

8.2　对于三氟甲基的液晶性的效果

正如迄今为止所叙述的那样，在拥有 Rf 的化合物中，不用说也知道 Rf 的刚性，由于高的电负性而产生的强分子侧面方向的相互作用会提高分子的液晶性。这并不能认为是因为 Rf 部分全体的效果。一旦用氢取代了 Rf 末端的 CF_3 基的 1 个氟，有时候液晶性就会显著变化。比如，将末端的 CF_3 变为 CF_2H，有时 SmA-I 相变温度上升，有时下降，效果会根据体系的不同而各式各样。不管怎样，由于长的 Rf 的末端的轻微的变化也会对液晶性带来相当强的影响，因此显示出在近晶相层面附近的分子间相互作用对层结构乃至它的热稳定性造成了不小的影响。

因此，考虑对于短的 Rf 的液晶性的效果。用芳香族置换 CF_3 基后的化合物是同族体，只显示 SmA 相。为了直接观察末端 CF_3 基的液晶性的效果，在图 1.8.2 中画出了对于碳原子数为 m 的化合物 50 和 55（$Rx=4\text{-}CF_3$）的相变温度。

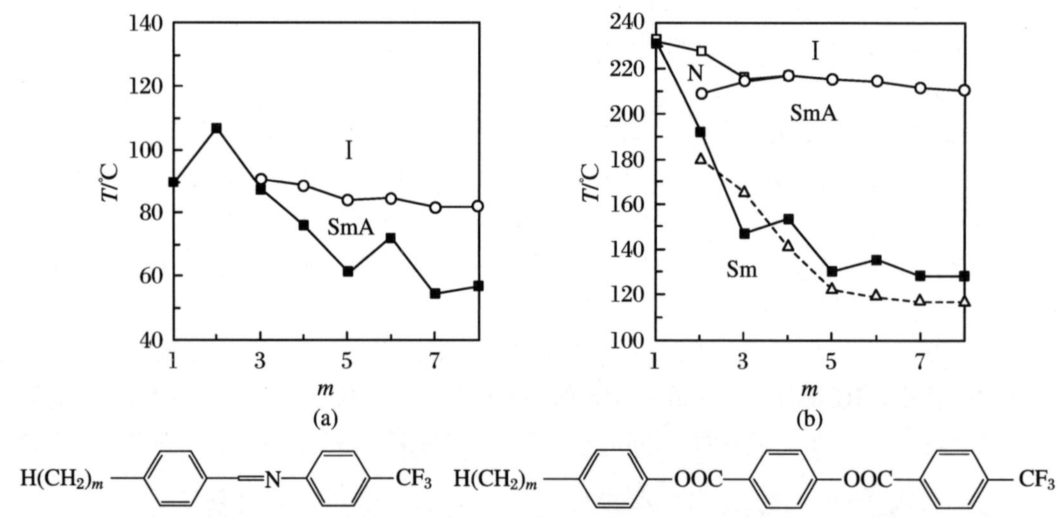

图 1.8.2 相变温度与化合物 50(a)、55(b)的碳氢端链的碳原子数 m 的关系

化合物 50 从丙氧基(propoxy)同系物中，只发现了 SmA 相，SmA-I 相变温度几乎不依赖于碳链长（图 1.8.2(a)）。化合物 55 也显示出了完全一样的倾向（图 1.8.2(b)）。化合物 55 的末端 CF_3 基的效果显著，虽然 SmA-I 相变温度达到了 200 ℃以上，几乎不受碳链伸长的影响。另一方面，熔点和高次的 Sm 相的相变温度受到 Rh 链长效果的强烈影响。试着用具有长的 Rf 的化合物 $F(CF_2)_n(CH_2)_mO$—⟨苯环⟩—CO—⟨苯环⟩—$O(CH_2)_mH$ 比较一下图 1.8.2(b)的结果，化合物苯甲酸苯酯衍生物有双环的骨骼，末端因为有 $F(CF_2)_8CH_2CH_2O$ 基，和碳链的短的同族体化合物 55 一样，显示出了高的 SmA-I 相变温度。但是，该化合物的 SmA-I 相变温度随着碳链伸长会降低，伴随有 SmC 相的发现。总之，末端 Rf 和末端 CF_3 对于液晶性多少会有些不同。因此，用 X 射线小角散乱推定了化合物 55 的 SmA 相层结构后发现，SmA 相的面间隔通过同系物比比较分子长了 2～2.2 Å。还有，因为面间隔约以 1.2 Å/CH_2 unit 的速度在增加，我们知道了末端碳链的平均长轴对于层面是垂直配置的。考虑了这些实验结果，化合物 55 的 SmA 相如图 1.8.2(b)中显示的那样，被认为是末端 CF_3 基从层面露出的部分双层结构。这里应该也是在近晶层面附近的亲氟效果会提高液晶性。另一方面，化合物 55 除了 SmA 以外，低温领域发现了高次的 Sm 相。如图 1.8.2(b)所示，正如 Sm 相的热稳定性的碳链依赖性和结晶相的情况类似，而且，从 X 射线求出面间隔，25.3 Å 是计算出的分子长，比 23.1 Å 仅仅长了 2 Å。还有，在 $2\theta=21.0°$(4.2 Å)和 19.4°

(4.6 Å)处看到了尖锐的峰值。从这些可以知道，这个高次的 Sm 在层内是由软垫物(herringbone)充填的部分双层排列。考虑到热举动，这个系中伴随着 SmA-Sm，由末端 CF_3 基部分在层面集合的部分双层结构，成为了 CF_3 基完全被包括在层内的部分双层。而且，在末端上有 CF_3 或 CF_2H 的化合物中发现了晶体 E 相，它的层结构被报道为单层。

图 1.8.3 这样的层结构是不是在分子末端有 CF_3 的化合物固有的东西呢？在这里，显示出有类似的取代基的化合物 55 和 56(图 1.8.4)的近晶性。

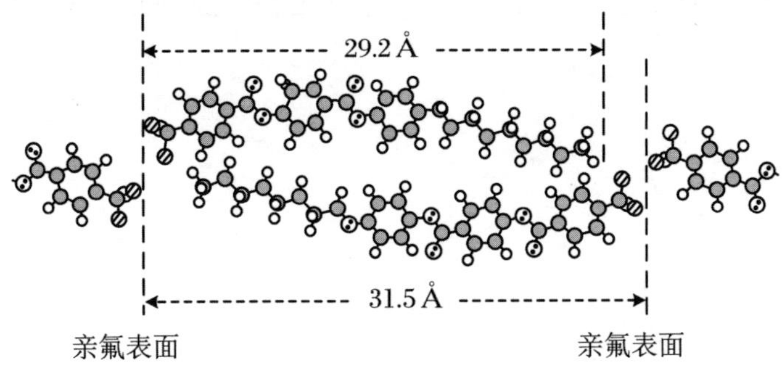

图 1.8.3　化合物 56 的分子排列[17]

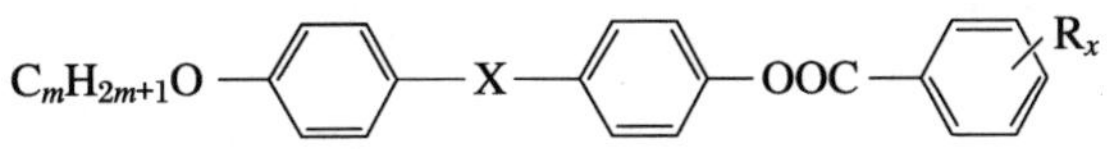

$C_mH_{2m+1}O$—⟨苯环⟩—X—⟨苯环⟩—OOC—⟨苯环⟩—R_x

X=OOC 55　　(m=4～8)

X=COO 56

R_x=2, 3, 4-CF_3; 4-Cl, Br; 4-OCF_3

图 1.8.4　化合物 55、56 的分子结构[17]

比较了 56 和 55 之后，就可以发现液晶核内的酯的排列方向虽然不同，但是这种时候也可以通过在末端导入 CF_3，很显著地出现 SmA 相。而且，SmA-I 相变温度也高。SmA 的面间隔和化合物 55 拥有一个共通的倾向，就是比由计算求得的分子长 2 Å。于是，和酯基的排列方向无关，SmA 相中可能应该形成图 1.8.3 这样的部分双层结构。OCF_3 基衍生物虽然在很少的温度范围内，但还是观察到了 N 相。还有，OCF_2H 的衍生物中见不到 SmA 相，但是发现了 SmC 相。这样的取代效果，与其说是取代基对芳香环部分的贡献，不如说是由在层面附近的这些取代基间的相互作用的不同引起的。将 CF_3 移动到 3 位，液晶相变温度在 100 ℃以上降低，虽然可以发现 N 相，但是依然无法代替可以显著地发现 SmA 相。将 CF_3 基移到 2 位，液晶相变温度就更低了，即使在过冷却状态也不显示 SmA 相。

还有，如图 1.8.3 显示的那样，部分双层结构的形成并非 CF_3 化合物所特有的，这个可以看 55、56 的面间隔的值。分子末端带有氯、溴的化合物的面间隔，比计算出来的分子长度长 1.5～3.6 Å。这些衍生物的 SmA 相也是形成了图 1.8.3 中的部分双层，层面表面上的这些取代基之间的相互作用也对近晶层起到了安定化的作用。

但是，图 1.8.3 所示的部分双层结构被看作和液晶核末端上有极性取代基的化合物的 Sm 相的层结构共同的东西。

自从20世纪80年代末以来,作为碳氢链的分支链,关于CF_3的衍生物的报道很多,原因是除了它们有反铁电相之外,应用性也帮了大忙,非常多的衍生物被合成出来。反铁电相的发现,可以认为是基于CF_3基部分的偶极子力矩的极性相互作用的原因,也有CF_3基部分上的立体阻碍引起了分子结构变化的说法。反铁电性液晶的场合,如前一章叙述的那样,用CF_2H、CFH_2取代CF_3,用CFH_2基取代使得很少的分子的性质发生变化,不但有铁电性质,而且在热物性上也有强影响。与前面陈述的对于SmA相的CF_3的近晶层面附近的相互作用的效果对应,也许在分子侧面方向的CF_3与近旁的静电分子间相互作用和反铁电相的发现有关。

第1篇参考文献

[1] REINITZER F. Monatsh. Chem.,1888:421.
[2] LEHMANN B O. Z. Phyzik. Chem. Liquid Crystal,1889,4:462.
[3] KELKER H,SCHEURLE B. Angew. Chem.,1969,81:903.
[4] FRIEDEL G. Ann. Physique.,1923,18:273.
[5] DEMUS D,RICHTER L. Textures of Liquid Crystals. Weinheim:Verlag Chemie,1978.
[6] DE GENNES P G.液晶物理学.孙政民,王新九,译.上海:上海翻译出版公司,1990:8-14.
[7] DE GENNES P G.液晶物理学.孙政民,王新九,译.上海:上海翻译出版公司,1990:15-21.
[8] ROS M B,SERRANO J L,DE LA FUENTE M L,FOLCIA M R. J. Mater. Chem.,2005,15:5093-5098.
[9] PETROV V F. Liq. Cryst.,1995,19:729-741.
[10] BROWN G H,SHAW W G. Chem. Rev.,1957,57:1049.
[11] HARDOUIN F,SIGAUD G,ACHARD M F,GASPAROUS H. Solid state Commun,1979:265.
[12] 冈野光治,小林骏介.液晶(基础篇).东京:培风馆,1988.
[13] 宫泽和利.实用液晶材料的变迁.日刊,1995,11:19-25.
[14] KELKER H,HATZ R. Chem. Ing. Tech.,1973,45:1005.
[15] WILLIAMS R. J. Chem. Phys.,1963,39:384.
[16] SCHADT M,HELFRICH W. Appl. Pys. Lett.,1971,18:127.
[17] TAKENAKA S,OKAMOTO H. EKISHO,2000,4:337-350.
[18] BANKS R E,SMART B E,TATLOW J C. Organofluorine Chemistry:Principles and Commercial Applications. New York:plenum,1994:57.
[19] DEMUS D,DEMUS H. Flussige Kristalle in tabellen,1976;
DEMUS D,KASCHKE H. Flussige Kristalle in tabellen II,1984.

第2篇

液晶实验方法及结果

第 1 章　含氟甾体液晶

1.1　引言

甾类化合物是最早发现的一类液晶[1]。自 19 世纪以来，甾类化合物的化学结构与液晶性质间的关系一直受到关注，研究者们已合成了多种甾类液晶[2]。目前甾类液晶的主要用途是作为液晶配方中的添加剂，在非手性的向列相(N)液晶中引入手性[3]。此外，近年来发现含有甾体结构片段的异二核液晶(steryl-containing hetero-dimer liquid crystals)具有复杂的相变性质，常呈现多种新相态，如蓝相和 TGB 相(twist grain boundary phases)等，是目前较热门的研究领域[4]。

一般来说，甾类液晶可划分为三个结构单元，即 3β-取代基、17β-侧链和甾核。甾核中的四个环均为刚性的反式稠合，3β-取代基和 17β-侧链位于甾核所处的平面内，使整个分子呈较规则的带状。甾类液晶的立体构型符合棒状分子液晶化合物的结构特征，即包含一个刚性核和一个或两个柔性侧链，其中刚性核可以是甾核本身，如胆甾烯基己酸酯(2)(图 2. 1. 1)；也可以包括 3β-取代基，如胆甾烯基苯甲酸酯(1)(图 2. 1. 1)，苯基可视为刚性核的一部分。

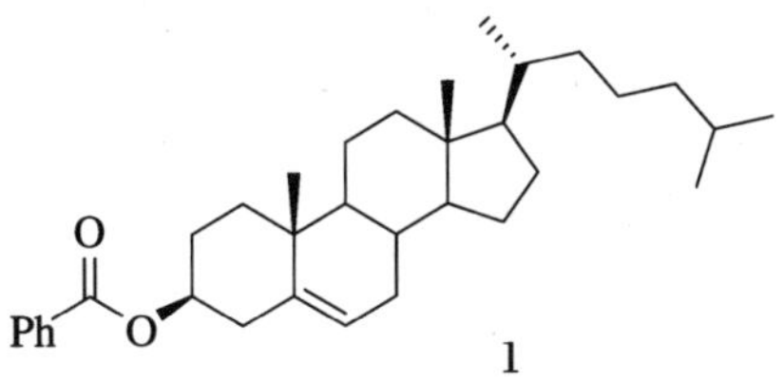

Ph　O　1

Cr 150.5 N* 182.6 I

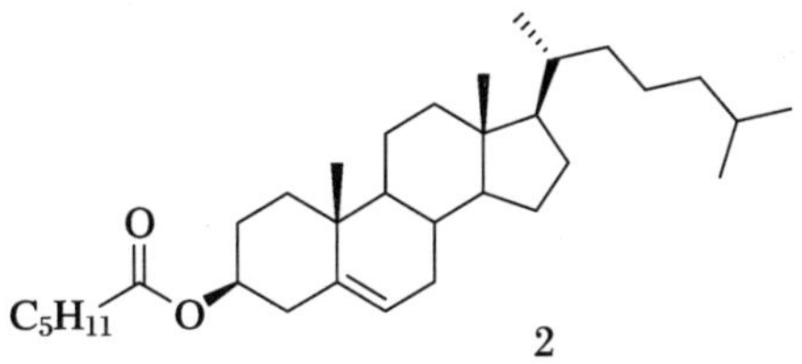

C_5H_{11}　O　2

Cr 99.5 N* 101.5 I

图 2. 1. 1　胆甾烯基苯甲酸酯(1)和己酸酯(2)

在相变性质方面，甾类液晶有其独特之处，分子间侧向作用力通常较弱，而末端作用力较强，因此多呈现手性向列相(N^*)，也称胆甾相(Ch)，只有当分子中存在较长端链时才出现近晶相(Sm)。这可能由甾类液晶结构上的特殊性引起。首先，甾核基本上是饱和的碳氢体系，可极化性弱，削弱了分子间相互作用；其次，甾核上的 18-和 19-角甲基与分子平面垂直，使分子间不易形成紧密堆积；另外，与 1,4-环己基和连二环己基等对称的液晶核不同，甾核的 D 环一带形状并不规则，虽然 21-甲基的存在限制了 17-侧链的自由旋转，使其能保持在甾核所处平面内，但也在一定程度上增加了整个分子的宽度，影响了分子间的侧向作用力。

甾类液晶的制备一般以天然的甾体化合物为原料，其中胆甾醇最为常用。胆甾醇本身并非液晶化合物，但经酯化等修饰后具有良好的液晶性，因此目前对胆甾醇衍生物的认识已比较深入。另一方面，由于天然甾体化合物来源较为有限，且甾体的结构改造比较困难，因此制约了对其他结构类型的甾类液晶的研究。尽管在 20 世纪六七十年代因液晶逐渐实用化而掀起的研究热潮中，甾类液晶的研究也曾有一个小高峰，涌现了一些开拓性的工作，如 Pohlmann 等对 17-侧链构效关系的研究[5]，但总的来说，在甾核和 17-侧链的构效关系方面仍有待更深入的研究。

我们小组在甾类液晶方面主要进行了如下工作[6]：

(1) 氟取代效应的研究。近年来含氟液晶的研究受到广泛关注，我们小组自 1992 年起[7]在该领域也进行了大量的工作，基于这些工作，我们将氟取代引入甾类液晶中，以考察其构效关系。

(2) 甾类液晶 3β-取代基的影响。我们在 3β-酰氧基中引入氟代芳基和全氟烷基等含氟官能团，以考察其构效关系。

(3) 甾类液晶 17-侧链的影响。我们选择猪去氧胆酸(5)等适当的天然甾类前体，通过对甾醇 17-侧链的改造，考察其构效关系。

常见天然甾醇示例如图 2.1.2 所示，目标化合物的分子结构设计如图 2.1.3 所示。

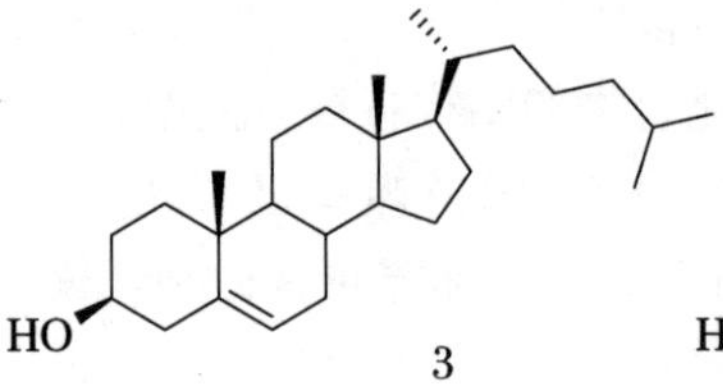

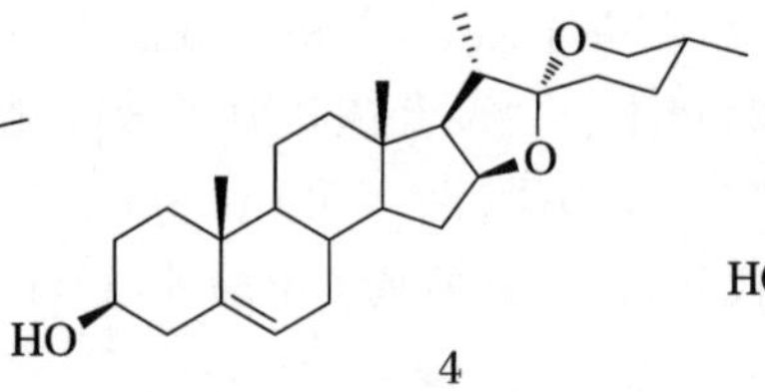

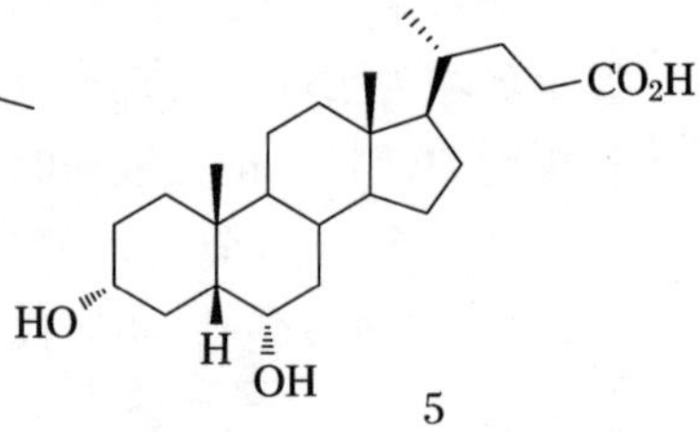

图 2.1.2　常见天然甾醇示例：胆甾醇(3)、薯蓣皂苷元(4)、猪去氧胆酸(5)

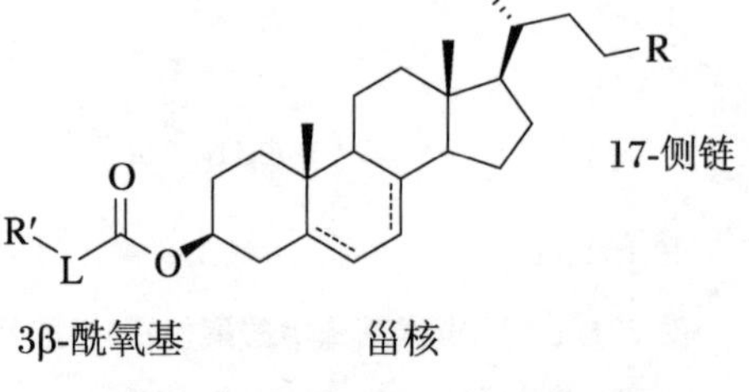

图 2.1.3　甾类液晶分子结构设计

① 3β-酰氧基的修饰：羧酸酯、碳酸酯、氨基甲酸酯；② 甾核的修饰：B 环双键；
③ 17-侧链的修饰：烷基、全氟烷基、芳基、烷氧羰基

1.2　化合物的合成路线

目标化合物的制备通法如图 2.1.4 所示。甾醇羧酸酯类化合物可由相应的甾醇和羧酸经酯化反应得到。胆甾烯基碳酸酯和氨基甲酸酯可由胆甾烯基氯甲酸酯和相应的苯酚或苯胺反应得到。

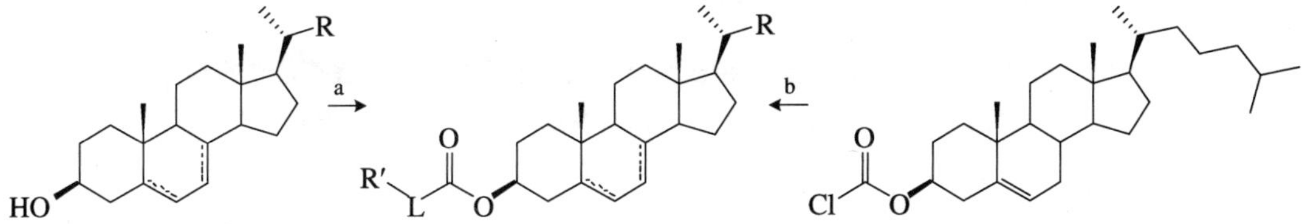

羧酸酯　　碳酸酯和氨基甲酸酯

图 2.1.4　甾醇羧酸酯、碳酸酯和氨基甲酸酯的制备通法

反应试剂和条件：a. DCC，催化量 DMAP，THF（羧酸酯制备）；

b. Et_3N，CH_2Cl_2（碳酸酯和氨基甲酸酯制备）

目标化合物制备所需关键中间体的合成方法如下。以多氟溴苯为原料，可经格氏试剂的不同反应，得到多氟苯甲酸、多氟肉桂酸和多氟苯酚等中间体（图 2.1.5）。含全氟烷基的苯甲酸、苯酚和苯胺等中间体则由相应的芳基碘化合物与全氟碘代烷反应得到（图 2.1.6）。17-侧链全氟烷基化的甾醇的合成系由猪去氧胆酸出发，经 4 步反应转化为 3β-羟基-5-胆烯酸，再经脱羧和全氟烷基加成等步骤得到（图 2.1.7）；而 17-侧链烷基化的甾醇则通过 3β-羟基-5-胆烯酸 17-侧链的还原和铜催化的格氏反应获得（图 2.1.8）。另外，3β-羟基-5-胆烯酸的同系列直链烷基酯可通过酸催化酯化和羧酸盐的烷基化反应得到（图 2.1.9）。

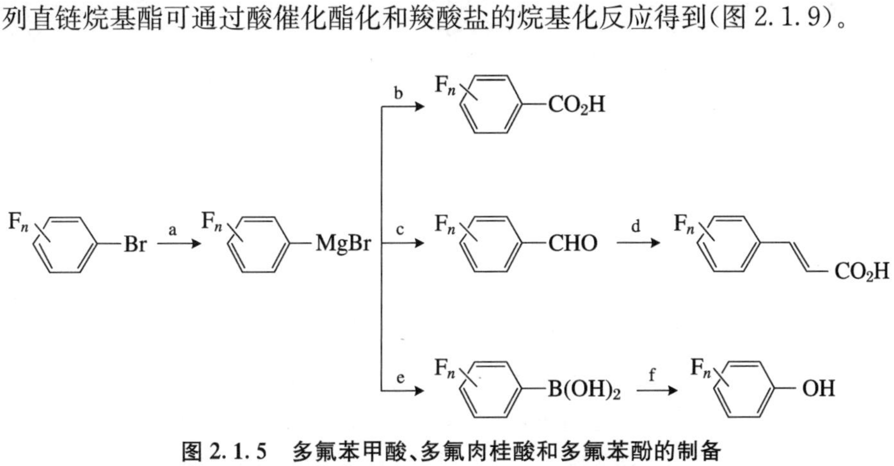

图 2.1.5　多氟苯甲酸、多氟肉桂酸和多氟苯酚的制备

反应试剂和条件：a. Mg，THF。b. CO_2，0 ℃。c. DMF，0 ℃。d. $CH_2(CO_2H)_2$，哌啶，吡啶，r.t. − 115 ℃。e. 1) $B(OCH_3)_3$，− 78 ℃；2) aq. HCl。f. H_2O_2，Et_2O

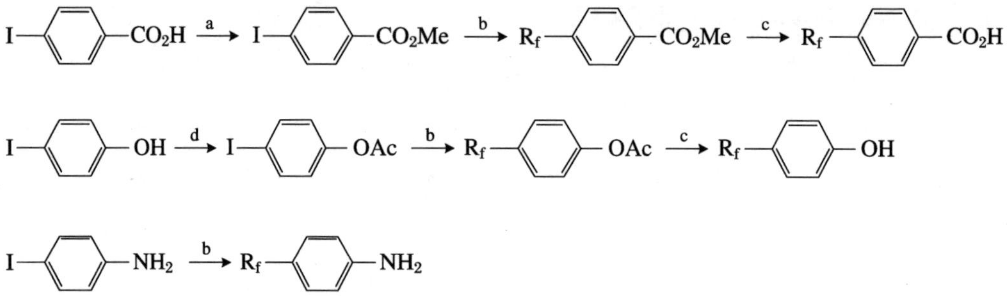

图 2.1.6 4-全氟烷基苯甲酸、4-全氟烷基苯酚和 4-全氟烷基苯胺的制备

反应试剂和条件：a. 催化量 H_2SO_4，MeOH；b. R_fI，Cu，DMF，120 ℃；

c. KOH，MeOH；d. AcCl，Et_3N，CH_2Cl_2

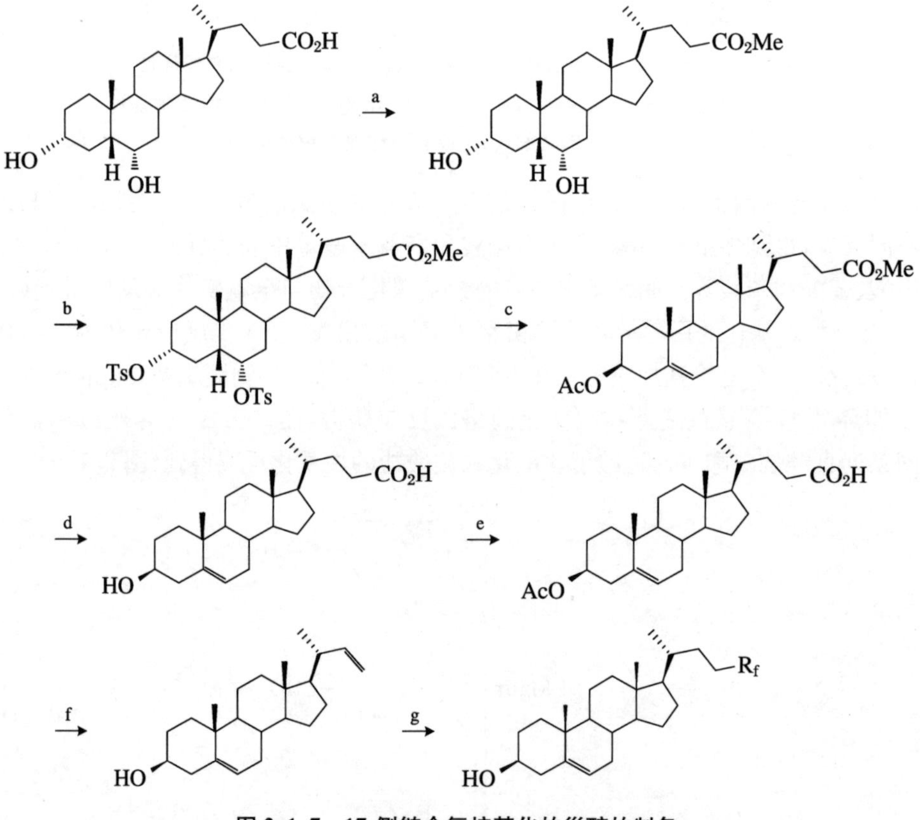

图 2.1.7 17-侧链全氟烷基化的甾醇的制备

反应试剂和条件：a. 催化量 H_2SO_4，MeOH。b. TsCl，吡啶。c. KOAc，DMF-H_2O，110 ℃。d. KOH，MeOH。e. Ac_2O，吡啶。f. 1) $Pd(OAc)_4$-$Cu(OAc)_2$，苯-吡啶，回流；2) KOH，MeOH。g. 1) R_fI，$Na_2S_2O_4$-$NaHCO_3$，CH_2Cl_2-H_2O，40 ℃；2) $LiAlH_4$，THF

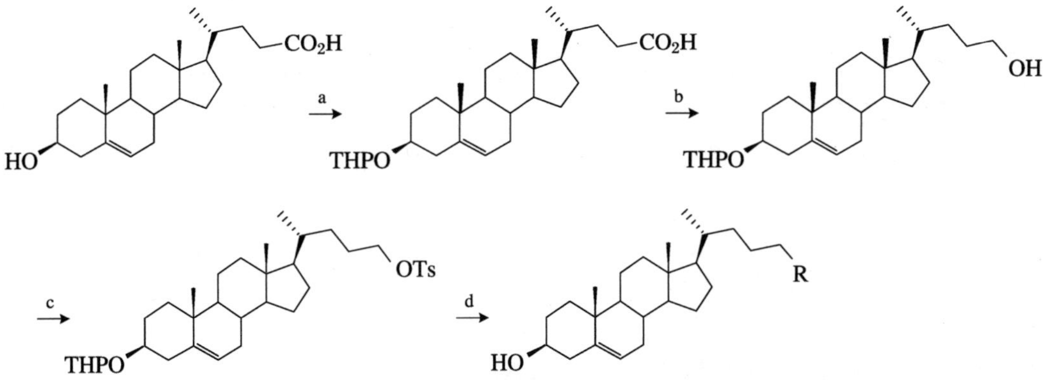

图 2.1.8　17-侧链烷基化的甾醇的制备

反应试剂和条件：a. 二氢吡喃，TsOH，CH_2Cl_2。b. $LiAlH_4$，THF。c. TsCl，Et_3N，CH_2Cl_2。d. 1）RMgBr，Li_2CuCl_4，THF；2）HCl

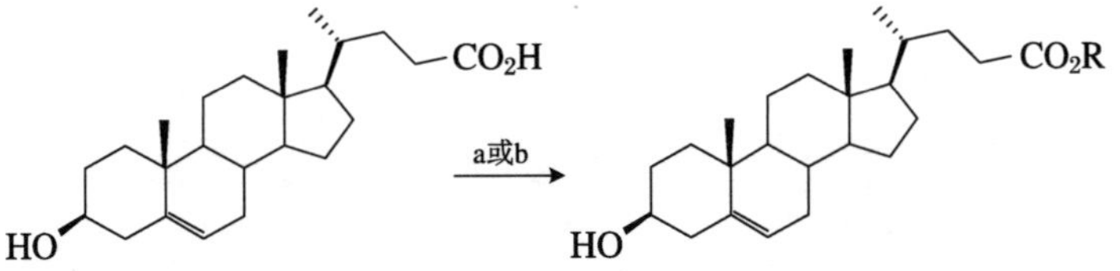

图 2.1.9　3β-羟基-5-胆烯酸酯的制备

反应试剂和条件：a. 催化量 H_2SO_4，MeOH；b. RBr，K_2CO_3，催化量 18-冠醚-6，DMF

1.3　化合物的相变研究

我们通过偏光显微镜观察和差示扫描量热法（DSC），较系统地研究了甾类化合物结构对其液晶性能的影响[8-16]。

1.3.1　酰基片段含氟代芳基的甾类液晶

1. 甾醇多氟苯甲酸酯（化合物 A）

甾醇多氟苯甲酸酯（A）的分子结构和相变温度见表 2.1.1。这些化合物均呈手性向列相（N^*）。

对于胆甾烯基酯化合物（A1），对比 A1-35 与 A1-345 可看出 3β-苯甲酰氧基中对位氟代对化合物相变性质的影响。与 A1-35 相比，A1-345 的熔点较高，但清亮点升高更多，液晶相温区变宽。这可能是由于对位氟处在分子的轴向上，增大了分子的长宽比。另一方面，由化合物 A1-34 和 A1-345 可看出间位氟代的影响。与胆甾烯基 4-氟苯甲酸酯（Cr 152～154 ℃ N^* 227 ℃ I）相比，A1-34 的熔点基本不变，清亮点有所下降；A1-345 的清亮点进一步下降，熔点则有所上升。这是由于间位氟处于侧向，它的引入使分子的宽度增加，长宽比减小，导致液晶性下降。

表 2.1.1 甾醇多氟苯甲酸酯(A)的分子结构和相变温度

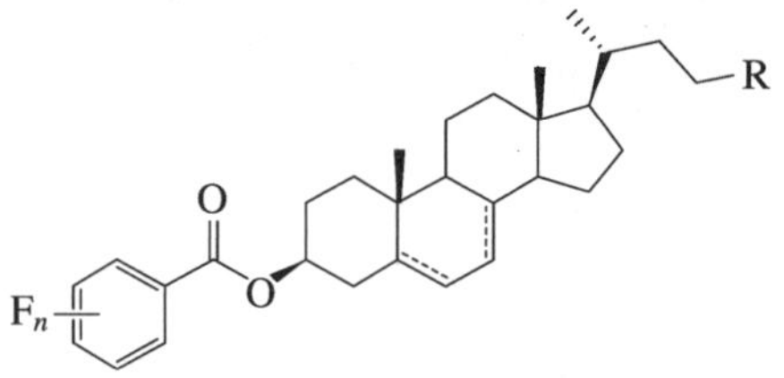

化合物	B环	F_n	R	相变温度/℃
A1-34	Δ^5	3,4-F_2	*i*-Bu	Cr 154.1 N* 211.8 I 211.0 N* 121.4 Recr
A1-35	Δ^5	3,5-F_2	*i*-Bu	Cr 156.9 N* 160.9 I 159.8 N* 126.7 Recr
A1-345	Δ^5	3,4,5-F_3	*i*-Bu	Cr 171.2 N* 192.4 I 190.1 N* 129.5 Recr
A2-34	饱和	3,4-F_2	*i*-Bu	Cr 139.7 N* 192.8 I 191.4 N* 120.0 Recr
A2-35	饱和	3,5-F_2	*i*-Bu	Cr 150.3 I 135.9 N* 119.5 Recr
A2-345	饱和	3,4,5-F_3	*i*-Bu	Cr 155.0 N* 174.3 I 173.8 N* 126.2 Recr
A3-34	$\Delta^{5,7}$	3,4-F_2	*i*-Bu	Cr 155.1 N* 212.7 I①
A3-35	$\Delta^{5,7}$	3,5-F_2	*i*-Bu	Cr 136.8 N* 176.0 I①
A4-4	Δ^5	4-F	—CO_2Me	Cr 157.5 N* 232.0 I 227.7 N* 85.7 Recr
A4-34	Δ^5	3,4-F_2	—CO_2Me	Cr 189.8 N* 216.1 I 212.4 N* 136.0 Recr
A4-35	Δ^5	3,5-F_2	—CO_2Me	Cr 206.8 I 162.0 N* 92.2 Recr
A4-345	Δ^5	3,4,5-F_3	—CO_2Me	Cr 194.8 I 188.2 N* 149.3 Recr
A5-4	饱和	4-F	—CO_2Me	Cr 160.4 N* 215.8 I 210.5 N* 106.8 Recr
A5-35	饱和	3,5-F_2	—CO_2Me	Cr 151.3 I 121.8 N* 72.3 Recr

注 ① 熔解过程中逐渐分解。

通过进一步的分析可看出化合物A1中对位和间位氟代影响的相对强弱。化合物A1-34同时含有对位和间位氟,其液晶性好于非氟母体胆甾烯基苯甲酸酯(Cr 145.8℃ N* 180.7℃ I),说明对位氟对液晶相的稳定作用比间位氟对液晶相的抑制作用强得多。

我们对其他棒状分子液晶体系的研究表明,当多氟苯环通过炔基、酰氧基、酯基和丙烯酯基与分子刚性核的其他部分连接时,氟取代位置的变化对液晶相态及其热稳定性有较大影响。一般而言,对位取代能改善液晶相的热稳定性,而邻、间位取代均在不同程度上对液晶性不利,这与我们在甾醇多氟苯甲酸酯系列中观察到的现象一致。不同之处在于,甾醇多氟苯甲酸酯只呈现手性向列相,而在其他棒状分子液晶体系中,氟代位置的不同有时会使相态发生改变。

胆甾烷基和7-去氢胆甾烯基多氟苯甲酸酯(A2和A3)也具有相似的规律。对于胆甾烷基酯,由于饱和碳架的可极化性较低,与其胆甾烯基类似物相比,熔点和清亮点均下降,液晶相温区变窄。其中,胆甾烷基3,5-二氟苯甲酸酯A2-35转变为单变液晶。而对于7-去氢胆甾烯基酯,尽管化合物本身受热不稳定,但7-双键的引入增大了分子的可极化性,使液晶性有所提高。

17-侧链上末端基团的变化对化合物的液晶性有很大的影响。与 A1 相比，A4 的熔点明显升高，而 N* -I 相变点变化不大，使部分化合物（A4-35 和 A4-345）成为单变液晶。这可能由 24-酯基体积较大，在侧链自由旋转时需要更大的空间，减小了分子间作用力而引起。有趣的是，氟代位置的不同对 A4 液晶性的影响较 A1 显著得多。A4-4 的液晶相温区宽度与胆甾烯基 4-氟苯甲酸酯（Cr 152～154 ℃ N* 227 ℃ I）相仿，但对于 A4-34，一个间位氟的引入使液晶相温区急剧变窄。

化合物 A5 与 A4 相比，熔点升高，清亮点降低，液晶性进一步下降，这同样由 B 环中双键的饱和减弱了分子间作用力而导致。

2. 甾醇多氟肉桂酸酯（化合物 B）

甾醇多氟肉桂酸酯系列化合物也呈手性向列相（表 2.1.2）。与多氟苯甲酸酯（A）相比，本系列化合物的液晶性较好，熔点降低，清亮点提高，使液晶相温区大幅扩展。分子中刚性核较长应是这一现象的原因。

表 2.1.2　甾醇多氟肉桂酸酯（B）的分子结构和相变温度

B

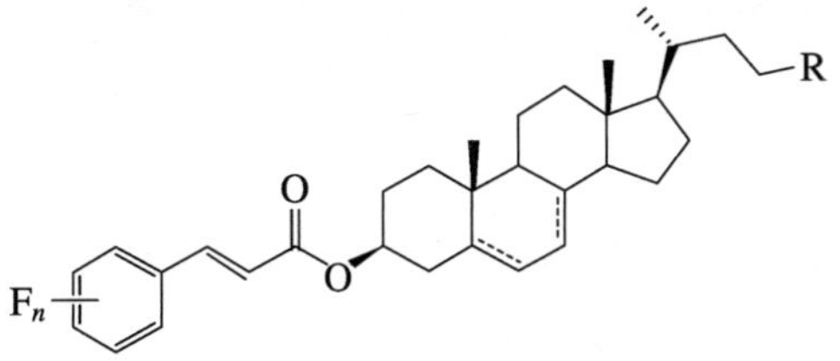

F_n　O　O　R

化合物	B 环	F_n	R	相变温度/℃
B1-34	Δ^5	3,4-F_2	*i*-Bu	Cr 148.4 N* 229.7 I 227.6 N* 104.3 Recr
B1-35	Δ^5	3,5-F_2	*i*-Bu	Cr 143.4 N* 188.1 I 186.3 N* 103.0 Recr
B1-345	Δ^5	3,4,5-F_3	*i*-Bu	Cr 149.4 N* 222.1 I 220.6 N* 112.2 Recr
B2-34	饱和	3,4-F_2	*i*-Bu	Cr 153.1 N* 222.8 I 220.9 N* 102.3 Recr
B2-35	饱和	3,5-F_2	*i*-Bu	Cr 154.4 N* 174.3 I 173.8 N* 121.5 Recr
B2-345	饱和	3,4,5-F_3	*i*-Bu	Cr 164.6 N* 209.8 I 209.5 N* 144.3 Recr
B3-34	$\Delta^{5,7}$	3,4-F_2	*i*-Bu	Cr 132.6 N* 226.7 I①
B3-35	$\Delta^{5,7}$	3,5-F_2	*i*-Bu	Cr 117.6 N* 198.5 I①
B3-345	$\Delta^{5,7}$	3,4,5-F_3	*i*-Bu	Cr 136.4 N* 214.9 I①
B4-34	Δ^5	3,4-F_2	—CO_2Me	Cr 172.7 N* 241.3 I 239.8 N* 130.6 Recr
B4-35	Δ^5	3,5-F_2	—CO_2Me	Cr 161.8 N* 180.2 I 175.2 N* 102.8 Recr
B4-345	Δ^5	3,4,5-F_3	—CO_2Me	Cr 196.7 N* 222.3 I 220.3 N* 145.8 Recr
B5-34	饱和	3,4-F_2	—CO_2Me	Cr 158.7 N* 224.6 I 222.6 N* 105.6 Recr
B5-345	饱和	3,4,5-F_3	—CO_2Me	Cr 170.1 N* 208.0 I 203.7 N* 116.2 Recr

注　① 熔解过程中逐渐分解。

本系列中B环饱和度对液晶性的影响随着侧链末端基团的改变而呈现不同的趋势。对于胆甾醇衍生物B1、B2和B3,B环饱和度的增加使化合物的熔点上升,清亮点降低,液晶相温区变窄;但在胆酸衍生物B4和B5中,B环的饱和使熔点和清亮点同时下降,液晶相温区宽度基本不变。

此外,与化合物A相比,本系列中氟代位置变化对液晶性的影响较不明显。因此,反式双键的引入增长了分子的刚性核,使氟原子的位置变化对分子长宽比的影响相对减弱。

3. 甾醇氟代4-烷氧基苯甲酸酯(化合物C)

对于棒状分子液晶,在分子中引入侧向氟原子一般会降低清亮点温度,甾醇氟代4-烷氧基苯甲酸酯系列化合物亦不例外(表2.1.3)。同侧二氟取代的化合物C1与非氟母体胆甾烯基4-烷氧基苯甲酸酯(表2.1.4)相比,清亮点均有所下降,其中短碳链的化合物因熔点降幅更大,液晶相温区得以扩展,但长碳链的化合物则相反。此外,C1中的侧向氟代也抑制了近晶相的出现。上述现象可能由侧向氟取代使分子的长宽比减小,分子间的距离增大,分子间侧向作用力减弱而导致。

表2.1.3 甾醇氟代4-烷氧基苯甲酸酯(C)的分子结构和相变温度

C

X O Y R O $H_{2n+1}C_nO$

化合物	B环	n	R	X	Y	相变温度/℃
C1-3	Δ^5	3	i-Bu	F	F	Cr 127.6 N* 241.1 I 239.1 N* 97.6 Recr
C1-4	Δ^5	4	i-Bu	F	F	Cr 112.7 N* 237.4 I 235.3 N* 88.9 Recr
C1-5	Δ^5	5	i-Bu	F	F	Cr 108.9 N* 228.4 I 224.8 N* 84.8 Recr
C1-8	Δ^5	8	i-Bu	F	F	Cr 144.9 N* 205.9 I 203.1 N* 71.8 Recr
C2-3	饱和	3	i-Bu	F	F	Cr 164.6 N* 227.1 I 225.3 N* 145.9 Recr
C2-4	饱和	4	i-Bu	F	F	Cr 169.5 N* 222.9 I 220.5 N* 147.9 Recr
C2-5	饱和	5	i-Bu	F	F	Cr 159.2 N* 213.3 I 211.0 N* 142.1 Recr
C3-10	Δ^5	10	i-Bu	H	F	Cr 123.5 SmA 178.4 N* 194.7 I 193.1 N* 174.5 SmA 49.2 Recr
C3-12	Δ^5	12	i-Bu	H	F	Cr 133.1 SmA 175.5 N* 187.5 I 183.1 N* 170.5 SmA <30 Recr
C4-10	Δ^5	10	i-Bu	F	H	Cr 111.4 N* 203.9 I 202.7 N* 89.0 Recr
C4-12	Δ^5	12	i-Bu	F	H	Cr 117.4 N* 195.1 I 193.5 N* 54.4 Recr
C5-3	Δ^5	3	—CO_2Me	F	F	Cr 105.3 N* 238.9 I 236.0 N* <50.0 Recr
C6-3	饱和	3	—CO_2Me	F	F	Cr 131.3 N* 225.4 I 222.8 N* 87.8 Recr
C6-4	饱和	4	—CO_2Me	F	F	Cr 127.4 N* 220.1 I 217.8 N* 88.6 Recr
C6-5	饱和	5	—CO_2Me	F	F	Cr 119.2 N* 211.5 I 209.4 N* 92.8 Recr

表 2.1.4　胆甾烯基 4-烷氧基苯甲酸酯的相变温度(℃)

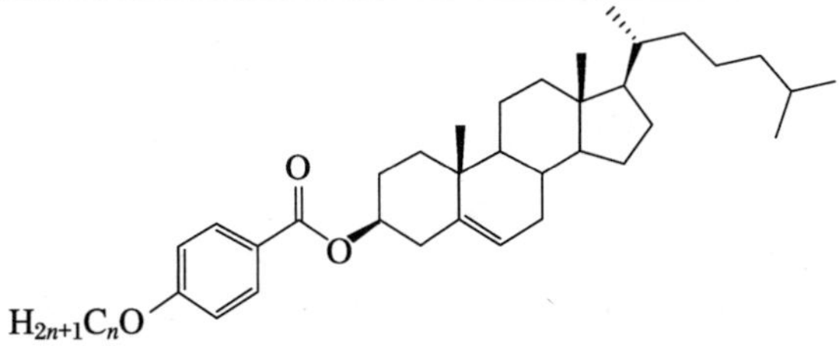

$H_{2n+1}C_nO$

n	Cr-S	S-Ch	Ch-I	n	Cr-S	S-Ch	Ch-I
1	—	180	268	7	138.5	160.5	222
2	—	149.5	265	8	138	171.5	220.5
3	—	141	253	9	128	176	213
4	—	134	248	10	110	177.5	209
5	—	148.5	136.5	12	128.5	179.5	200.5
6	—	150	234.5	16	92	170.5	179.5

有趣的是,苯环上的单氟取代呈现非常不同的影响。与胆甾烯基 4-烷氧基苯甲酸酯相比,间位氟代的化合物 C3 清亮点降低,熔点升高,仍出现近晶相;而邻位氟代的化合物 C4 则相变温度相差不大,但近晶相消失。

此系列中,胆甾烷基酯 C2 与胆甾烯基酯 C1 相比,B 环双键的饱和降低了液晶性,熔点上升,清亮点下降,导致液晶相温区变窄。

对于胆酸衍生物,化合物 C5 和 C6 的对比也显示 B 环双键的饱和使液晶相温区变窄。这与肉桂酸酯类似物 B4 和 B5 中的现象有所区别。

值得注意的是,胆酸衍生物 C5 和 C6 的清亮点与胆甾醇衍生物 C1 和 C2 相仿,但熔点低 20～40 ℃,使液晶相温区比后者更宽。这一现象显示了胆酸衍生物的特殊性,其侧链中的酯基在本系列中比烷基更有利于化合物的液晶性。

4. 胆甾醇氟代苯基碳酸酯(化合物 D)

胆甾醇氟代苯基碳酸酯系列化合物均呈单变的手性向列相(表 2.1.5)。与胆甾烯基多氟苯甲酸酯(A1)相比,化合物 D 的液晶性明显下降。这可能是刚性的酯基被柔性的碳酸酯基代替使刚性核缩短而致。

在此系列中,氟取代对各化合物的 N* -I 相变温度的影响由高到低排序如图 2.1.10 所示。

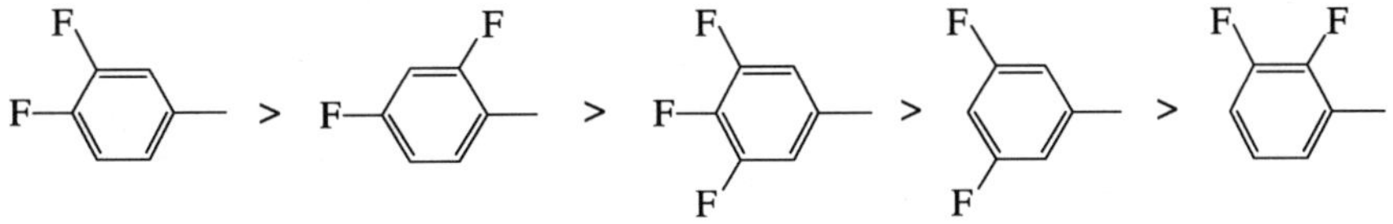

F F > F F > F F F > F F > F F

图 2.1.10　氟取代对各化合物的 N* -I 相变温度的影响由高到低排序

表 2.1.5　胆甾醇氟代苯基碳酸酯(D)的分子结构和相变温度

化合物	F_n	相变温度/℃
D1-23	2,3-F_2	Cr 124.2 I 64.8 N* 61.2 Recr
D1-24	2,4-F_2	Cr 141.2 I 111.0 N* 79.2 Recr
D1-34	3,4-F_2	Cr 126.4 I 114.5 N* 87.4 Recr
D1-35	3,5-F_2	Cr 111.8 I 71.8 N* 51.4 Recr
D1-345	3,4,5-F_3	Cr 125.6 I 98.5 N* 71.8 Recr

可以看出，在该系列中轴向上的对位氟能稳定液晶相，提高 N*-I 相变温度，而侧向上的间位氟和邻位氟则均对液晶性不利，其中邻位氟使液晶性下降更加明显。

1.3.2　酰基片段含全氟烷基的甾类液晶

1. 胆甾烯基 4-全氟烷基苯甲酸酯(化合物 E)

甾醇 4-全氟烷基苯甲酸酯系列化合物均为互变液晶(表 2.1.6)，且主要呈近晶相。在胆甾烯基酯 E1 中，氟碳链较短的化合物 E1-4 除近晶 A 相外，还有一个温区很窄的手性向列相；而氟碳链较长的化合物 E1-6 手性向列相消失，呈近晶 A 相和更加有序的近晶 B 相。化合物 E1-8 在 DSC 测定中，在熔点之上有两个热焓较大的吸热峰，表明有两个近晶相，但在偏光显微镜观测中难以观察到清楚的织构，尚无法确认其具体归属。

表 2.1.6　胆甾烯基 4-全氟烷基苯甲酸酯(E)的分子结构和相变温度

化合物	n	B 环	相变温度/℃
E1-4	4	Δ^5	Cr 129.0 SmA 190.3 N* 190.8 I 189.3 N* 188.5 SmA 97.7 Recr
E1-6	6	Δ^5	Cr 121.4 SmB 138.2 SmA 215.8 I 211.0 SmA 132.0 SmB <30 Recr
E1-8	8	Δ^5	Cr 135.5 Sm_1 145.8 Sm_2 143.9 S_1<30 Recr①
E2-6	6	饱和	Cr 147.2 SmB 175.9 N* 176.7 I 176.6 N* 175.6 SmB 142.9 Recr②

注　① 清亮点超出检测范围；

② 相变温度以偏光显微镜观察测定(升降温速率为 2 ℃/min)。

与胆甾烯基苯甲酸酯相比，化合物 E1 不仅液晶相温区扩展，相态也发生改变。这可能是由于氟碳链的亲氟憎油特性，使分子间作用力的对比发生了变化，侧向吸引力增强，有利于形成更加有序的相态。

本系列中唯一的胆甾烷基酯 E2-6 呈近晶 B 相和手性向列相。与 E1-6 对照显示了甾核中 Δ^5-双键的影响。E2-6 的液晶相温区较 E1-6 窄得多，且出现了一个温区很窄的胆甾相，表明 Δ^5-双键的饱和减弱了分子间作用力；但同时 SmB 相温区变宽，可能是因氟碳链对分子间作用力的贡献相对增加引起。

2. 胆甾烯基 4-全氟烷基苯基碳酸酯和氨基甲酸酯(化合物 F)

与含有氟碳链的苯甲酸酯系列(化合物 E)相似，在胆甾烯基 4-全氟烷基碳酸酯系列(化合物 F1)中，氟碳链对液晶相的稳定作用相当明显(表 2.1.7)。含三氟甲基的碳酸酯 F1-1 呈单变的手性向列相，而氟碳链长度超过 4 个碳原子的化合物均为互变液晶，且氟碳链越长，液晶相温区越宽。另一方面，氟碳链的增长也有利于形成更加有序的液晶相。化合物 F1-4 具有互变的近晶 A 相和手性向列相，而氟碳链更长的 F1-6 和 F1-8 呈互变的近晶 A 相和单变的近晶 B 相。这些现象也是由氟碳链的特殊性质而引起的。

表 2.1.7 胆甾烯基 4-全氟烷基苯基碳酸酯和氨基甲酸酯(F)的分子结构和相变温度

F $F_{2n+1}C_n$ X O O

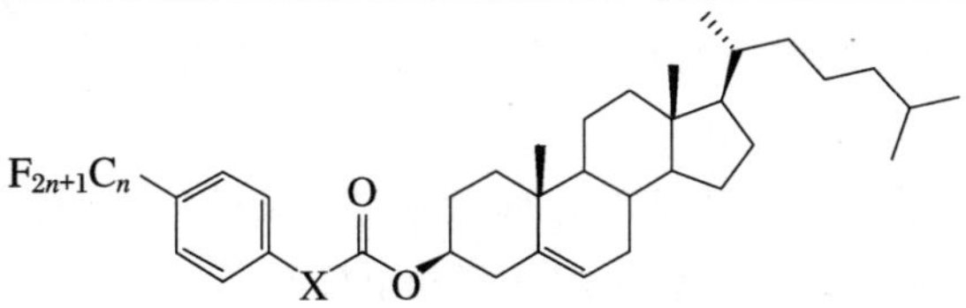

化合物	X	n	相变温度/℃
F1-1	O	1	Cr 126.0 I 117.4 N* 76.4 Recr
F1-4	O	4	Cr 105.4 SmA 112.0 N* 119.4 I 117.7 N* 109.8 SmA <30 Recr
F1-6	O	6	Cr 100.3 SmA 148.5 I 146.6 SmA 45.5 SmB <30 Recr
F1-8	O	8	Cr 122.4 SmA 172.0 I 169.8 SmA 59.1 SmB <30 Recr
F2-6	NH	6	Cr 145.7 SmA 160.3 I 154.6 SmA 125.0 Recr
F2-8	NH	8	Cr 155.9 SmA 186.6 I 182.6 SmA 136.7 Recr

本系列中的氨基甲酸酯(化合物 F2)的相变性质与其碳酸酯类似物有所区别，仅呈互变的近晶 A 相。这可能由 N—H 键对分子间作用力的贡献引起。

1.3.3 含改造 17-侧链的甾类液晶

1. 侧链全氟烷基甾醇多氟苯甲酸酯(化合物 G)

17-侧链全氟烷基甾醇多氟苯甲酸酯系列(化合物 G)均为互变手性向列相液晶(表 2.1.8)。与相应的胆甾烯基酯类似物(化合物 A)相比，化合物 G 的熔点较低，清亮点较高，胆甾相温区变宽，这说明侧链上引入氟碳链有利于形成液晶相。与其他含有全氟烷基的化合物相似，氟碳链的增长使清亮点上升，液晶相温区扩展。

表 2.1.8 23-全氟烷基甾醇多氟苯甲酸酯(G)的分子结构和相变温度

G

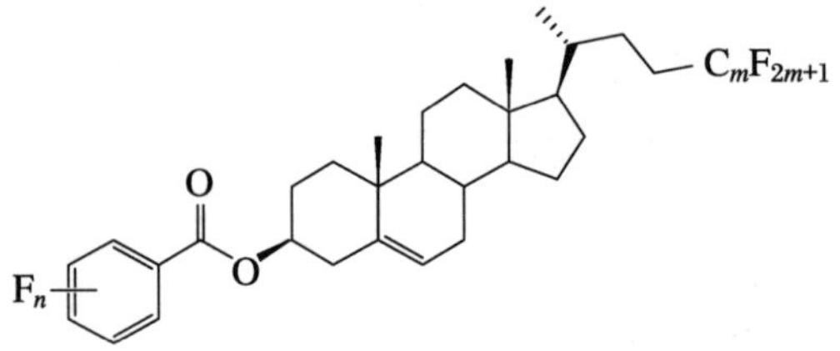

C_mF_{2m+1}

F_n

化合物	m	F_n	相变温度/℃
G4-4	4	4-F	Cr 199.7 N* 234.3 I 230.9 N* 177.0 Recr
G4-35	4	3,5-F_2	Cr 170.4 N* 189.7 I 186.5 N* 148.1 Recr
G4-345	4	3,4,5-F_3	Cr 188.9 N* 201.5 I 195.7 N* 176.5 Recr
G6-0	6	—	Cr 175.3 N* 239.7 I 236.1 N* 142.8 Recr
G6-4	6	4-F	Cr 197.3 N* 243.2 I 240.3 N* Recr
G6-345	6	3,4,5-F_3	Cr 182.1 N* 206.9 I 203.8 N* 157.1 Recr

在此系列中，3β-酰氧基中对位氟的引入能提高液晶性，而侧向氟的引入则相反，这一现象与前述各系列呈现的规律相同。

2. 侧链全氟烷基甾醇 2,3-二氟-4-烷氧基苯甲酸酯(化合物 H)

侧链全氟烷基甾醇 2,3-二氟-4-烷氧基苯甲酸酯系列(化合物 H)的相变性质(表 2.1.9)与我们的其他甾类液晶系列相比非常特殊，手性向列相消失，且样品在熔解后黏度仍很大，在偏光显微镜观测中难以观察到清楚的织构，无法确认液晶相的具体归属。目前认为，该系列化合物呈近晶相，且温区非常宽(清亮点超过分解温度)，但其具体性质尚待进一步研究。

表 2.1.9 23-全氟烷基甾醇 2,3-二氟-4-烷氧基苯甲酸酯(H)的分子结构和相变温度

H

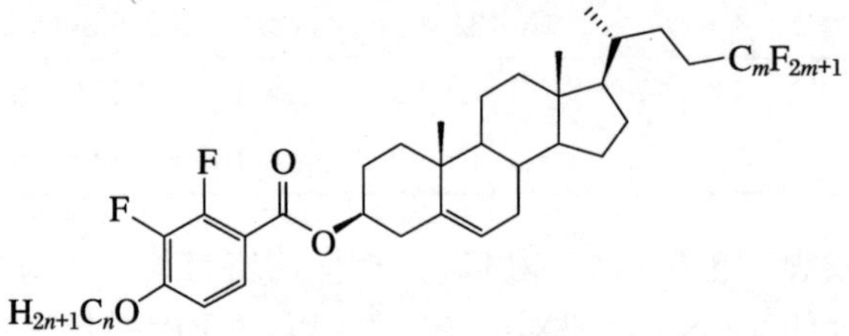

C_mF_{2m+1}

$H_{2n+1}C_nO$

化合物	m	n	相变温度/℃
H4-5	4	5	Cr_1 90.3 Cr_2 111.9 Sm_1 70.2 Recr①
H6-3	6	3	Cr_1 99.8 Cr_2 112.1 Sm_1 80.3 Recr①
H6-4	6	4	Cr_1 87.0 Cr_2 91.5 Sm_1 63.3 Recr①
H6-5	6	5	Cr 116.1 Sm_1 80.9 Recr①

注 ① 清亮点超出检测范围。

通过对比化合物 H 与 G 的相变性质，可以看出当侧链带有全氟烷基时，3β-酰氧基中引入烷基链有利于形成近晶相。这可能是由于两端的烷基链和氟碳链使分子具有较强的双亲性，有利于形成层状排列。

3. 侧链全氟烷基甾醇直链烷酸酯(化合物 J)

与化合物 G 和 H 相比，直链烷酸酯系列(化合物 J)因分子中刚性核较短，液晶相的热稳定性大为降低(表 2.1.10)。与胆甾烯基直链烷酸酯相似，化合物 J 也呈胆甾相和近晶相，但清亮点较高，液晶性更强。此外，本系列化合物更易形成近晶相，当烷基链较短时，化合物呈胆甾相，而长碳链的化合物则胆甾相消失，呈互变近晶 A 相，表明全氟烷基的引入明显影响了化合物的相变性质。

表 2.1.10　23-全氟烷基甾醇直链烷酸酯(J)的分子结构和相变温度

J

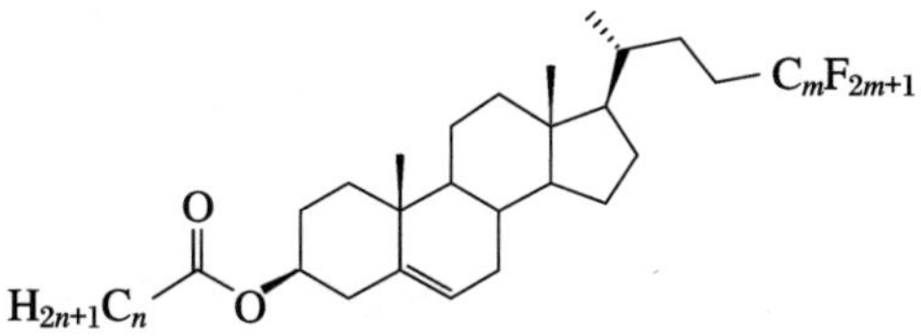

$H_{2n+1}C_n$　O　C_mF_{2m+1}

化合物	m	n	相变温度/℃
J4-7	4	7	Cr 132.3 SmA 134.0 I 133.0 SmA 102.3 Recr①
J6-3	6	3	Cr 118.0 N* 171.7 I 169.8 N* 102.4 Recr
J6-6	6	6	Cr 144.4 SmA 161.9 I 160.0 SmA 120.4 Recr
J6-7	6	7	Cr 124.6 SmA 159.3 I 156.4 SmA 103.2 Recr
J6-8	6	8	Cr 109.4 SmA 154.1 I 149.4 SmA 78.0 Recr

注　① 相变温度以偏光显微镜观察测定(升降温速率为 2 ℃/min)。

4. 侧链全氟烷基化甾醇(化合物 K)

值得一提的是，侧链全氟烷基化甾醇本身也可能具有液晶性(表 2.1.11)。氟碳链较长的化合物 K6 呈单变手性向列相，表明全氟烷基的引入能促使分子形成更加有序的排列。

表 2.1.11　23-全氟烷基化甾醇(K)的分子结构和相变温度

K

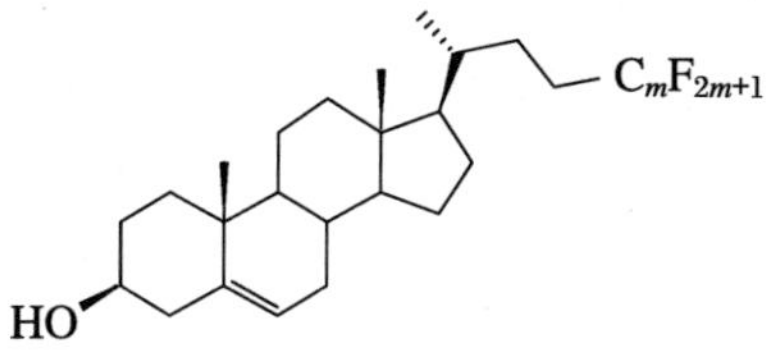

HO　C_mF_{2m+1}

化合物	m	相变温度/℃
K4	4	熔点 139.0
K6	6	Cr 161.9 I 151.5 N* 150.3 Cr

5. 侧链烃基化甾醇取代苯甲酸酯(化合物 L)

本系列化合物均呈互变手性向列相(表 2.1.12)。其中,侧链直链烷基化的化合物(L1-1、L1-2、L2-1)与胆甾烯基类似物相比,熔点和清亮点降低,而液晶相温区则变宽。这一现象与 Pohlmann 等的报道一致。[5]另一方面,与前述侧链全氟烷基化的化合物相比,侧链直链烷基化的化合物的熔点和清亮点均较低,且不易形成近晶相,显示了氟碳链和碳氢链对相变性质的不同影响。

表 2.1.12 侧链烃基化甾醇取代苯甲酸酯(L)的分子结构和相变温度

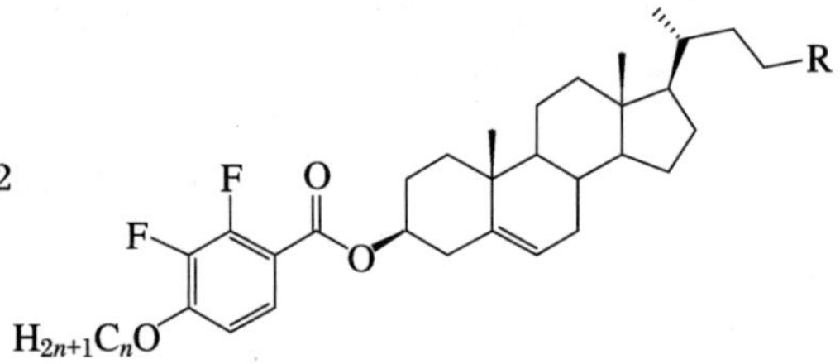

化合物	R	相变温度/℃
L1-1	n-C_4H_9	Cr 136.6 N* 206.6 I 201.0 N* 103.6 Recr
L1-2	n-C_6H_{13}	Cr 137.4 N* 204.5 I 201.5 N* 89.3 Recr
L1-3	Bn	Cr 154.6 N* 201.8 I 198.4 N* 124.4 Recr
L2-1	n-C_6H_{13}	Cr 101.3 N* 209.0 I 203.5 N* 59.7 Recr
L2-2	Bn	Cr 142.2 N* 218.1 I 214.4 N* 91.7 Recr

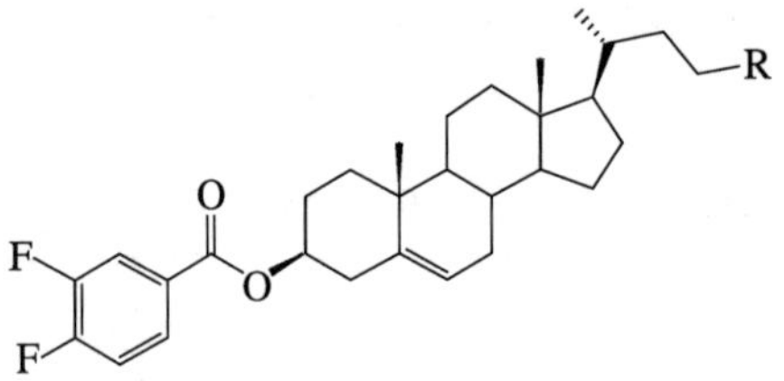

此系列中,侧链上带有苯基的化合物(L1-3、L2-2)与胆甾烯基类似物比较,熔点上升,清亮点下降,胆甾相温区变窄,表明侧链上的苯基对化合物的液晶性不利。这可能由于侧链的碳碳键自由旋转时,碳链末端的苯环需要比烷基更大的空间,使分子间不易形成有序排列,导致液晶性下降。

6. 胆酸侧链直链烷基酯(化合物 M)

与其甲基酯类似物 A4-34 对比,胆酸侧链直链烷基酯(M)的液晶性减弱(表 2.1.13)。但碳氢链长度的增加对清亮点和熔点有不同的影响,清亮点逐渐下降,无明显的奇偶效应,而熔点则先下降后上升,显示化合物的晶体结构可能有改变。与侧链为直链烷基的化合物 L1-1 和 L1-2 相比,本系列中的侧链酯基明显削弱了化合物的液晶性。

表 2.1.13 3β-3,4-二氟苯甲酰氧基-5-胆烯酸直链烷基酯(M)的分子结构和相变温度

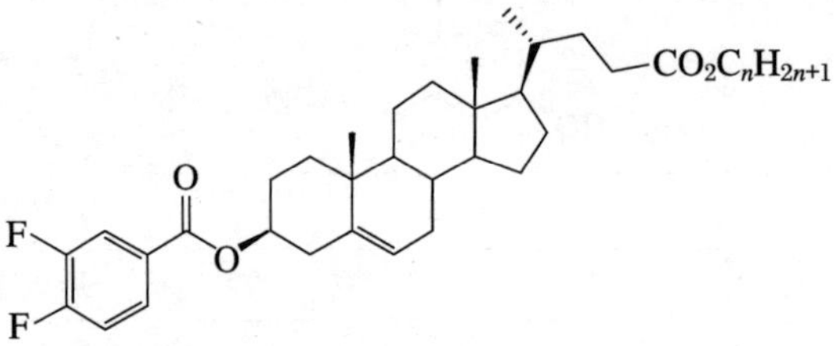

续表

化合物	F_n	n	相变温度/℃
M5	3,4-F_2	5	Cr 158.0 I 152.2 N* 138.0 Recr
M6	3,4-F_2	6	Cr 131.2 N* 145.2 I 143.6 N* 104.3 Recr
M7	3,4-F_2	7	Cr 106.4 N* 137.4 I 135.9 N* 74.8 Recr
M8	3,4-F_2	8	Cr 114.6 N* 130.5 I 128.8 N* 82.1 Recr
M9	3,4-F_2	9	Cr 117.4 N* 125.3 I 122.5 N* 89.1 Recr
M10	3,4-F_2	10	Cr 121.4 I 119.3 N* 102.0 Recr

1.4 典型中间体和目标化合物的合成方法

1. 3,4-二氟苯甲酸

在一干燥的 100 mL 三颈瓶上装置恒压滴液漏斗，氮气保护下加入镁屑(385 mg，16.0 mmol)、无水 THF(15 mL)和一粒碘，在滴液漏斗中加入 3,4-二氟溴苯(3.00 g,1.76 mL，15.5 mmol)和无水 THF(15 mL)。搅拌下将大约三分之一的 3,4-二氟溴苯溶液加入瓶中，待反应引发后，于 20 min 内滴入剩余溶液。室温搅拌 2 h，镁屑消失，生成浅棕黄色格氏试剂溶液。将所得溶液以冰盐浴冷却至约 −15 ℃，通入经浓硫酸干燥的二氧化碳气体，控制气体流量使反应液温度低于 0 ℃。30 min 后，加入稀盐酸，乙酸乙酯萃取，有机层以饱和食盐水洗涤，无水硫酸钠干燥后蒸除溶剂，柱层析得到白色晶体 5.935 g，产率 85%。

^{1}H NMR($CDCl_3$, TMS) δ: 11.86(s,1H), 7.89(m,2H), 7.24(m,1H)。^{19}F NMR($CDCl_3$, TFA) δ: 52.0(m,1F), 59.6(m,1F)。

2. 4-全氟己基苯甲酸甲酯

对碘苯甲酸甲酯(1.00 g,3.82 mmol)溶于 10.0 mL 无水 DMF 中，氮气保护下加入活性铜粉(0.97 g,15.3 mmol)和全氟碘己烷(0.87 mL,1.79 g,4.02 mmol)，加热至 125 ℃反应 10 h。反应液冷却后过滤，滤液加入乙酸乙酯，以水洗涤两次，有机层以饱和食盐水洗涤，无水硫酸钠干燥后蒸除溶剂，柱层析得到白色固体 1.59 g，产率 92%。

3. 4-全氟己基苯甲酸

对全氟己基苯甲酸甲酯(1.43 g,3.15 mmol)、氢氧化钾(0.70 g,12.5 mmol)、甲醇(20 mL)和 THF(10 mL)混合，室温搅拌一天后倾入稀盐酸中，乙酸乙酯萃取 3 次，有机层合并，以饱和食盐水洗涤，无水硫酸钠干燥后蒸除溶剂得到淡黄色固体。乙醇重结晶得到白色片状晶体 1.02 g，产率 74%。

MS(m/z): 440(M^+)。

4. 胆甾烯基 4-全氟己基苯甲酸酯

胆甾醇(70 mg,0.181 mmol)、对-全氟己基苯甲酸(78 mg,0.177 mmol)、DCC(50 mg,0.242 mmol)和 DMAP(2 mg)共溶于邻氯三氟甲基苯中(4.0 mL)，加热至 120～130 ℃搅拌

两天。反应液中加入乙酸乙酯，过滤，有机层以饱和食盐水洗涤，无水硫酸钠干燥后蒸除溶剂，柱层析得到白色固体 84 mg，产率 59%。

^{1}H NMR($CDCl_3$，TMS) δ：8. 19(d，2H，J = 8. 1 Hz)，7. 68(d，2H，J = 8. 1 Hz)，5. 55(d，1H，J = 4. 5 Hz)，4. 94(m，1H)。^{19}F NMR($CDCl_3$，TFA) δ：3. 5(m，3F)，34. 0(m，2F)，44. 5(m，4F)，48. 5(m，4F)。元素分析：$C_{40}H_{49}F_{13}O_2$。理论值(%)：C 59. 40，H 6. 11，F 30. 54；实测值(%)：C 59. 47，H 6. 21，F 30. 40。

5. 3β-羟基-5-胆烯酸

猪去氧胆酸甲酯(35. 0 g，85. 7 mmol)和 TsCl(75. 0 g，396 mmol)溶于吡啶(130 mL)中，室温搅拌两天。反应液倾入冰冷的稀盐酸中，搅拌 3 min 后抽滤，冰水洗涤后干燥。所得浅棕色 3α，6α-二对甲苯磺酰氧基猪去氧胆酸甲酯粗品和碳酸钾(80 g)与 DMF-H_2O(10∶1，500 mL)混合，加热至 110 ℃反应 5 h。反应液冷却后倾入冰冷的水中，抽滤，冰水洗涤后干燥。所得白色 3β-乙酰氧基-5-胆烯酸甲酯粗品与氢氧化钾(20. 0 g)溶于甲醇(300 mL)中，室温搅拌一天。反应液倾入冰冷的稀盐酸中，滤出固体，冰水洗涤后干燥。所得固体以乙酸乙酯重结晶两次得到淡黄色 3β-羟基-5-胆烯酸纯品 18. 0 g。三步总产率为 56. 1%。

MS(m/z)：374(M^+)。IR(KBr，ν，cm^{-1})：3352，2938，1697。

6. 3β-乙酰氧基-5-胆烯酸

3β-羟基-5-胆烯酸(10. 0 g，26. 7 mmol)溶于吡啶(15 mL)中，加入乙酸酐(15 mL)，室温搅拌一天。反应液倾入冰冷的稀盐酸中，抽滤，冰水洗涤后干燥得到淡黄色固体 10. 9 g，产率 98. 0%。

7. 24-降-5，22-胆二烯-3β-醇乙酸酯

在一 500 mL 三颈瓶上接蒸馏装置，瓶中加入 3β-乙酰氧基-5-胆烯酸(9. 96 g，23. 9 mmol)、二水合乙酸铜(Ⅱ)(1. 2 g，6. 0 mmol)、吡啶(25 mL)和苯(400 mL)，加热蒸出部分溶剂至馏出液澄清。稍冷后将蒸馏装置改为回流冷凝管，氮气保护下加热回流，分两次加入四乙酸铅(22. 0 g，49. 7 mmol)，之间间隔 12 h，反应 24 h 后中止。反应液稍冷，以一粗短硅胶柱过滤，乙酸乙酯洗涤。滤液以稀盐酸和饱和食盐水洗涤，无水硫酸钠干燥后蒸除溶剂，柱层析得到产物 5. 70 g，回收原料 2. 87 g，转化率 71. 2%，产率 90. 4%。

IR(KBr，ν，cm^{-1})：1733。^{1}H NMR($CDCl_3$，TMS) δ：5. 67(m，1H)，5. 37(d，1H，J = 4. 94 Hz)，4. 86(m，2H)，4. 60(m，1H)。元素分析：$C_{25}H_{38}O_2$。理论值(%)：C 81. 03，H 10. 34；实测值(%)：C 80. 96，H 10. 62。$[\alpha]_D^{20}$ = 69. 0(C = 1. 025，$CHCl_3$)。

8. 24-降-5，22-胆二烯-3β-醇

24-降-5，22-胆二烯-3β-醇乙酸酯(5. 70 g，15. 4 mmol)溶于甲醇(150 mL)中，加入氢氧化钾(3. 50 g，62. 5 mmol)，室温搅拌一天后倾入水和乙酸乙酯中。有机层以饱和食盐水洗涤，无水硫酸钠干燥后蒸除溶剂，柱层析得到 24-降-5，22-胆二烯-3β-醇 4. 94 g，产率 98%。乙醇重结晶得到鳞片状白色晶体。

^{1}H NMR($CDCl_3$，TMS) δ：5. 67(octa，1H，J_1 = 17. 01 Hz，J_2 = 10. 00 Hz，J_3 = 8. 29 Hz)，5. 35(d，1H，J = 5. 29 Hz)，4. 87(m，2H)，3. 53(m，1H)。

9. 17β-(1-甲基-2-碘-3-全氟己基)丙基-5-雄甾烯-3β-醇

24-降-5,22-胆二烯-3β-醇(1.046 g,3.18 mmol)溶于氯仿(10 mL)中,加入水(50 mL),氮气保护下加热至 40 ℃。取 88%连二硫酸钠(5.20 g,26.3 mmol)和碳酸氢钠(2.60 g,30.9 mmol)混合均匀,与全氟碘己烷(0.75 mL,1.547 g,3.35 mmol)一起分 3 次加入,之间间隔 8 h,共反应 24 h。冷却,补加氯仿和水,分出有机层,以饱和食盐水洗涤,无水硫酸钠干燥后蒸除溶剂,柱层析得到白色固体 1.242 g,产率 50.4%。

MS(m/z):774(M^+)。^{19}F NMR($CDCl_3$,TFA) δ:3.8(m,3F),36.2(m,2F),44.9(s,2F),45.9(m,2F),46.6(m,2F),49.3(m,2F)。

10. 17β-(1-甲基-3-全氟己基)丙基-5-雄甾烯-3β-醇

17β-(1-甲基-2-碘-3-全氟己基)丙基-5-雄甾烯-3β-醇(1.242 g,1.60 mmol)溶于无水 THF(20 mL)中,常温下滴入氢化锂铝(200 mg,5.27 mmol)与无水 THF(10 mL)的混合物中,反应 5 h 后缓慢加入稀盐酸中止反应。乙酸乙酯萃取两次,有机层合并,以饱和食盐水洗涤,无水硫酸钠干燥后蒸除溶剂,柱层析得到白色固体 0.963 g,产率 93%。

MS(m/z):649($M^+ +1$)。IR(KBr,ν,cm^{-1}):3378,2940,1467,1237,1193。^{1}H NMR($CDCl_3$,TMS) δ:5.35(d,1H,J = 4.55 Hz),3.73(m,1H),3.54(m,1H)。^{19}F NMR($CDCl_3$,TFA) δ:3.86(m,3F),37.64(m,2F),45.08(s,2F),46.02(s,2F),46.51(m,2F),49.29(m,2F)。

11. 3β-(2-四氢吡喃氧基)-5-胆烯-24-醇

3β-羟基-5-胆烯酸(7.00 g,18.7 mmol)溶于二氯甲烷(50 mL)中,冰浴冷却下加入二氢吡喃(5.5 mL)和 TsOH(200 mg)。反应结束后,反应液以 5% $NaHCO_3$ 溶液和饱和食盐水洗涤,无水硫酸钠干燥后蒸除溶剂。所得白色固体溶于无水 THF(80 mL)中,常温下滴入氢化锂铝(2.00 g,52.7 mmol)与无水 THF(60 mL)的混合物中,反应 5 h 后缓慢加入饱和氯化铵溶液中止反应。乙酸乙酯萃取两次,有机层以饱和食盐水洗涤,无水硫酸钠干燥后蒸除溶剂,柱层析得到白色固体 7.73 g,两步产率 92.0%。

MS(m/z):342,327,255,213,147,85。IR(KBr,ν,cm^{-1}):3397,2939,1467。^{1}H NMR($CDCl_3$,TMS) δ:5.46(d,1H,J = 6.3 Hz),4.72(m,1H),4.04(t,2H,J = 6.3 Hz),3.50(m,1H)。

12. 3β-(2-四氢吡喃氧基)-5-胆烯-24-醇对甲苯磺酸酯

3β-(2-四氢吡喃氧基)-5-胆烯-24-醇(2.00 g,4.50 mmol)溶于二氯甲烷(10 mL)中,加入 TsCl(1.20 g,6.29 mmol)和三乙胺(1.00 mL,0.726 g,7.17 mmol),室温搅拌一天。反应液以水和饱和食盐水洗涤,无水硫酸钠干燥后蒸除溶剂,柱层析得到白色固体 2.57 g,产率 95%。

MS(m/z):496,481,374,255,213,145。IR(KBr,ν,cm^{-1}):2941,1598,1467,1361,1177。

13. 24-戊基-5-胆烯-3β-醇

正溴戊烷(0.37 mL,451 mg,2.98 mmol)溶于无水 THF(5.0 mL)中,滴入镁屑(80 mg,3.29 mmol)与无水 THF(5.0 mL)的混合物中,室温反应 2 h。所得格氏试剂溶液以冰盐浴

冷至约 − 10 ℃,加入 Li_2CuCl_4-THF 溶液(0.1 mol/L,2.0 mL),搅拌 15 min 后滴入 3β-(2-四氢吡喃基)-5-胆烯-24-醇对甲苯磺酸酯(300 mg,0.501 mmol)的无水 THF(5.0 mL)溶液。保温反应 2 h,升至室温反应 3 h。加入稀盐酸中止反应,乙酸乙酯萃取,有机层以饱和食盐水洗涤,无水硫酸钠干燥后蒸除溶剂,柱层析得到白色固体 163 mg,产率 79%。

MS(m/z):415(M^+ + 1)。^{1}H NMR($CDCl_3$,TMS) δ:5.36(d,1H,J = 4.5 Hz),3.54(m,1H)。

14. 3β-羟基-5-胆烯酸甲酯

3β-羟基-5-胆烯酸(2.254 g,6.02 mmol)与甲醇(80 mL)和浓硫酸(5.0 mL)混合,室温搅拌一天。反应液倾入水中,乙酸乙酯萃取两次,有机层以饱和食盐水洗涤,无水硫酸钠干燥后蒸除溶剂,柱层析得到产物 2.292 g,产率 98%。

MS(m/z):388(M^+)。IR(KBr,ν,cm^{-1}):3364.7,2936.2,1739.6。

15. 3β-羟基-5-胆烯酸辛酯

3β-羟基-5-胆烯酸(400 mg,1.07 mmol)溶于 DMF(3.0 mL)中,加入正溴辛烷(0.45 mL,500 mg,2.59 mmol)、碳酸钾(400 mg,2.89 mmol)和 18-冠醚-6(5 mg),室温搅拌两天。反应液倾入水中,乙酸乙酯萃取,有机层以饱和食盐水洗涤,无水硫酸钠干燥后蒸除溶剂,柱层析得到白色固体 473 mg,产率 91%。

MS(m/z):486(M^+)。

参考文献

[1] REINITZER F. Monatsh. Chem.,1888,9:421.

[2] THIEMANN T,VILL V. J. Phys. Chem. Ref. Data,1997,26:291.

[3] COLLINS A N,SHELDRAKE G N,CROSBY J. Chirality in Industry Ⅱ:Developments in the Commercial Manufacture and Applications of Optically Active Compounds. New York:John Wiley & Sons,1997:263-286.

[4] YELAMAGGAD C V,SHANKER G,HIREMATH U S,PRASAD S K. J. Mater. Chem.,2008,18:2927.

[5] ELSER W,POHLMANN J L W,BOYD P R. Mol. Cryst. Liq. Cryst.,1971,13:255.

[6] (a) 沈悦海.理学博士学位论文,中国科学院上海有机化学研究所,1999.
(b) 陈浩.理学硕士学位论文,中国科学院上海有机化学研究所,1999.
(c) 刘克刚.理学硕士学位论文,中国科学院上海有机化学研究所,2001.

[7] 闻建勋,陈齐,郭志红,徐岳连,田民权,胡月青,余洪斌,张亚东.中国发明专利,92108444.7,1992.

[8] SHEN Y H,CHEN X M,WEN J X. Mol. Cryst. Liq. Cryst.,2011,537:76.

[9] CHEN X M,SHEN Y H,WEN J X. Mol. Cryst. Liq. Cryst.,2010,528:138.

[10] SHEN Y H,WEN J X. J. Fluorine Chem.,2002,113:13.

[11] WANG K,SHEN Y H,YANG Y G,WEN J X. Liq. Cryst.,2001,28:1579.

[12] WEN J X,CHEN H,SHEN Y H. Liq. Cryst.,1999,26:1833.

[13]　SHEN Y H, WEN J X. Liq. Cryst., 1999, 26: 1421.
[14]　王侃,沈悦海,韩腾,闻建勋.液晶与显示,2002,16:279.
[15]　刘克刚,李衡峰,沈悦海,王侃,闻建勋.液晶与显示,2002,16:181.
[16]　王侃.理学硕士学位论文,中国科学院上海有机化学研究所,2000.

第 2 章　2,3,5,6-四氟联苯基嵌入的正介电各向异性的三环及四环液晶

2.1　引言

自从 1888 年在甾类化合物中发现液晶现象以来[1]，研究者们详细研究了化学结构与液晶性质之间的关系，合成了多种多样的液晶化合物[2]。特别是对热致型液晶而言，为了使分子结构保持一定的刚性，在液晶核结构中引入苯环是最常用的手段。为了进一步改善液晶的材料性能，在液晶核的苯环结构中引入单氟或双氟取代基多有报道[3-5]。但是，含全氟苯环的液晶化合物较为少见[6-7]。

我们研究小组在含氟液晶方面做了许多开创性的工作，本章主要介绍含 2,3,5,6-四氟联苯基的液晶化合物的合成和性能研究结果。图 2.2.1 和图 2.2.2 为所要介绍的系列液晶化合物的分子结构。

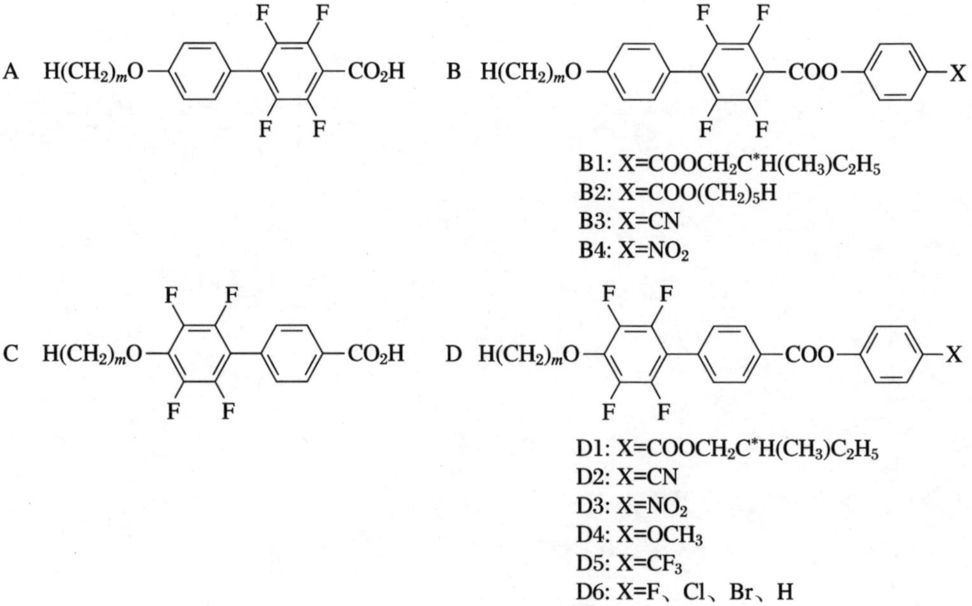

A　$H(CH_2)_mO$–C₆H₄–C₆F₄–CO_2H

B　$H(CH_2)_mO$–C₆H₄–C₆F₄–COO–C₆H₄–X

B1: X=$COOCH_2C^*H(CH_3)C_2H_5$
B2: X=$COO(CH_2)_5H$
B3: X=CN
B4: X=NO_2

C　$H(CH_2)_mO$–C₆F₄–C₆H₄–CO_2H

D　$H(CH_2)_mO$–C₆F₄–C₆H₄–COO–C₆H₄–X

D1: X=$COOCH_2C^*H(CH_3)C_2H_5$
D2: X=CN
D3: X=NO_2
D4: X=OCH_3
D5: X=CF_3
D6: X=F、Cl、Br、H

图 2.2.1　A、B、C 和 D 系列化合物的分子结构

E　$H(CH_2)_mO$–[苯环]–[2,3,5,6-四氟苯环]–C≡C–[苯环]–X

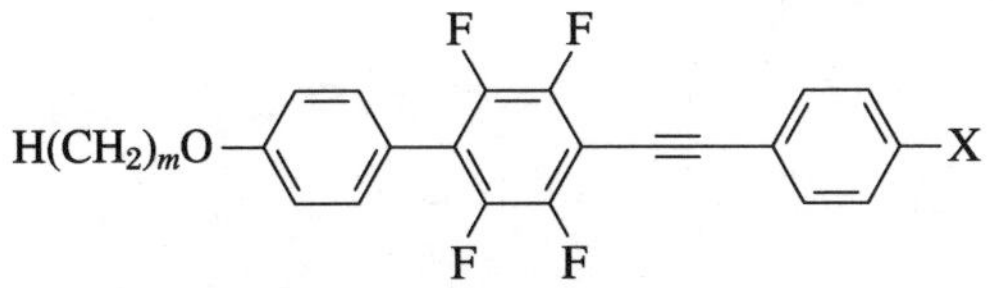

E1: X=$COOCH_2C^*H(CH_3)C_2H_5$
E2: X=Br
E3: X=CN
E4: X=NO_2
E5: X=$COO(CH_2)_nH$
E6: X=$OOCC^*H(Cl)C^*H(CH_3)C_2H_5$

F　$H(CH_2)_mO$–[苯环]–[2,3,5,6-四氟苯环]–C≡C–[2,3,5,6-四氟苯环]–X

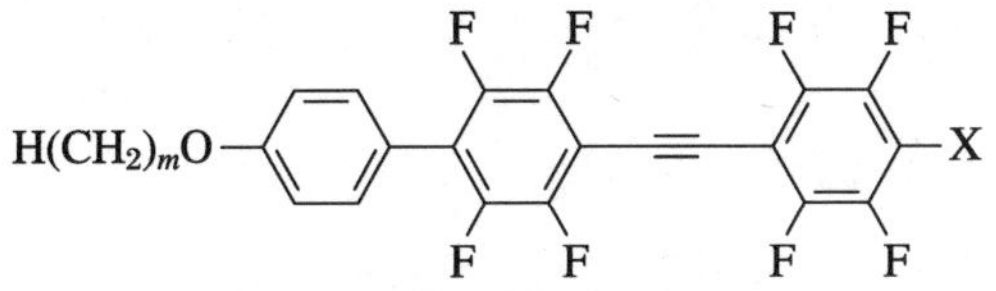

F1: X=$OCH_2C^*H(CH_3)C_2H_5$
F2: X=$O(CH_2)_7H$

G　$H(CH_2)_mO$–[苯环]–[2,3,5,6-四氟苯环]–C≡C–[苯环]–COO–[苯环]–X

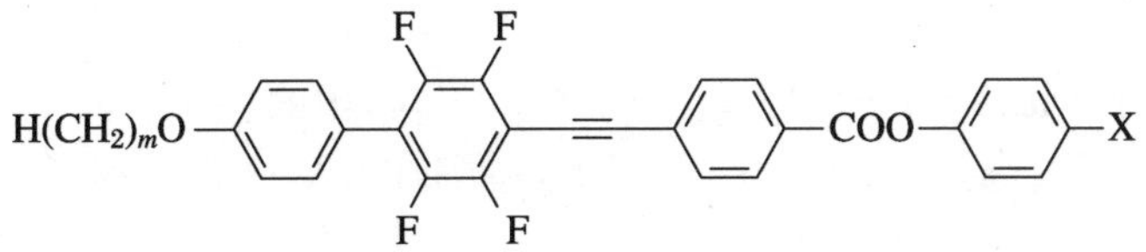

G1: X=$COOCH_2C^*H(CH_3)C_2H_5$
G2: X=$COO(CH_2)_4H$
G3: X=Cl

H　$H(CH_2)_mO$–[苯环]–[2,3,5,6-四氟苯环]–C≡C–[苯环]–CH_2O–[苯环]–$COOCH_2C^*H(CH_3)C_2H_5$

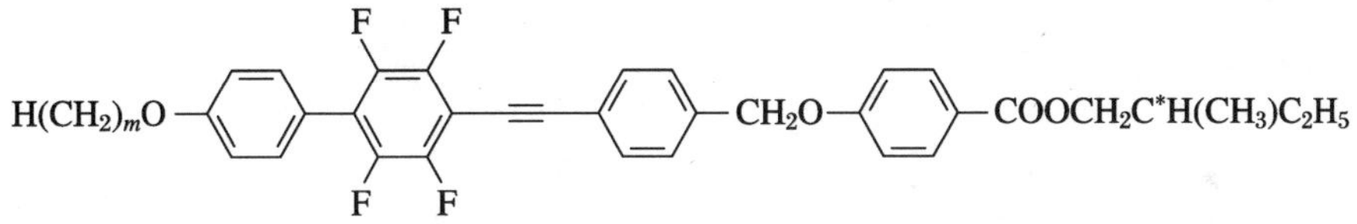

图 2.2.2　E、F、G 和 H 系列化合物的分子结构

上述液晶化合物的分子设计主要基于以下几个有利因素。

首先，由于氟原子和氢原子的体积差异相对较小，用氟原子取代氢原子不太可能导致液晶分子的中心苯环基团（比如联苯基）的共平面性因立体位阻效应而被破坏，也就是说，所设计的含全氟苯环的分子出现液晶相的可能性很大。

其次，由于含氟化合物的分子间相互作用相对较小，这就导致设计的液晶化合物具有较低的黏度，能为相应的液晶显示/开关器件提供更快的响应速度。

再者，由于含氟化合物具有较高的脂溶性，能轻易地与其他有机化合物相混合，这一点对液晶的应用来说非常重要。一般而言，在液晶的实际应用中，它们必须与其他有机化合物相混合，形成低熔点的混合物后方可直接利用。

最后，由于氟原子的强电负性能够极大地改变含全氟苯环分子的电子云分布和可极化性等电子结构因素，氟取代前后液晶分子的性能变化有助于人们加深对液晶科学的理解，因此，含 1,4-四氟亚苯基的新液晶化合物的合成与性能研究在基础科学方面有着极其重要的意义。

基于以上理由，我们尝试合成了多个系列的含1,4-四氟亚苯基的新型液晶化合物，利用偏光显微镜和差示扫描量热法(DSC)，研究了它们的液晶性能，总结了分子结构和液晶性能之间的相互关系，并发现了一些性能优良的液晶化合物[8-15]。

2.2 化合物的合成路线

2.2.1 A、B、C和D系列化合物的合成路线

A、B、C和D系列目标化合物的合成通法如图2.2.3～图2.2.5所示。首先，将乙炔与乙基溴化镁反应制成乙炔基溴化镁后，再与三甲基氯硅烷反应制成三甲基硅乙炔(中间体1)。然后，将五氟氯苯制成格氏试剂后与碘反应，得到五氟碘苯(中间体2)。在三苯基膦氯化钯和碘化亚铜的催化下，中间体1与中间体2偶合得到关键中间体3。另一方面，在强碱的作用下将4-溴苯酚烷基化，得到中间体4($m=5$～10)。将中间体4制成格氏试剂后与中间体3反应，得到中间体5。在甲醇和碱的作用下，中间体5脱去保护基后生成关键中间体6。

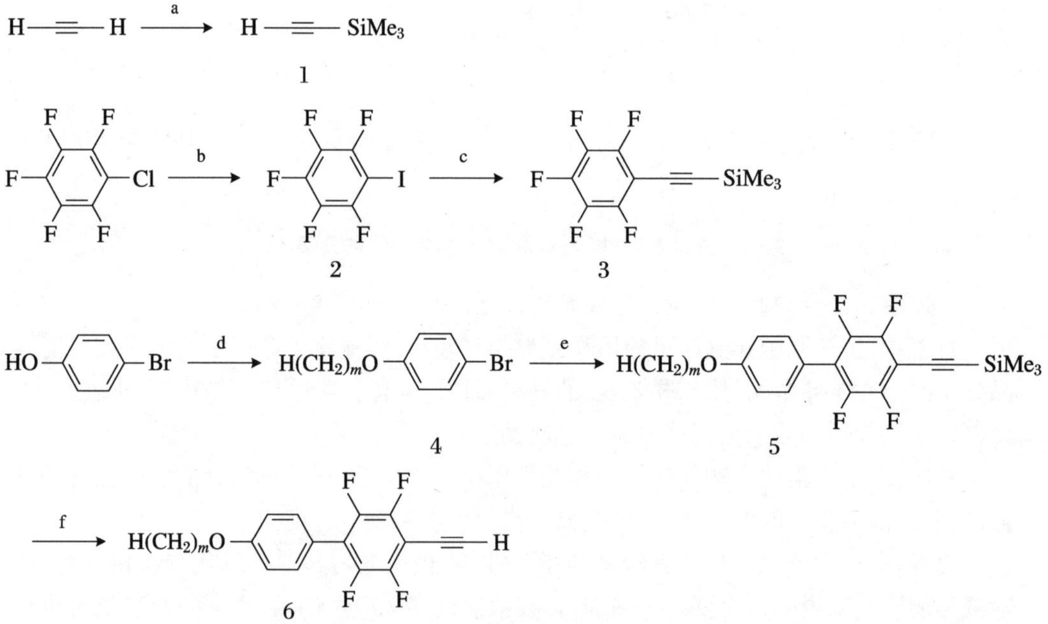

H—≡—H —a→ H—≡—$SiMe_3$ (1)

图2.2.3 关键中间体3和6的合成

反应试剂和条件：a. 1) C_2H_5MgBr/THF，0 ℃；2) $ClSiMe_3$/THF，0 ℃。

b. 1) Mg/THF，−10 ℃；2) I_2/THF。c. 中间体1，$Pd(PPh_3)_2Cl_2$，CuI，Et_3N。

d. 1) NaOH，DMF，100 ℃；2) $H(CH_2)_mBr$，120 ℃。e. 1) Mg/THF；2) 中间体3。

f. $NaOH/H_2O$，CH_3OH，CH_3COCH_3，r.t.

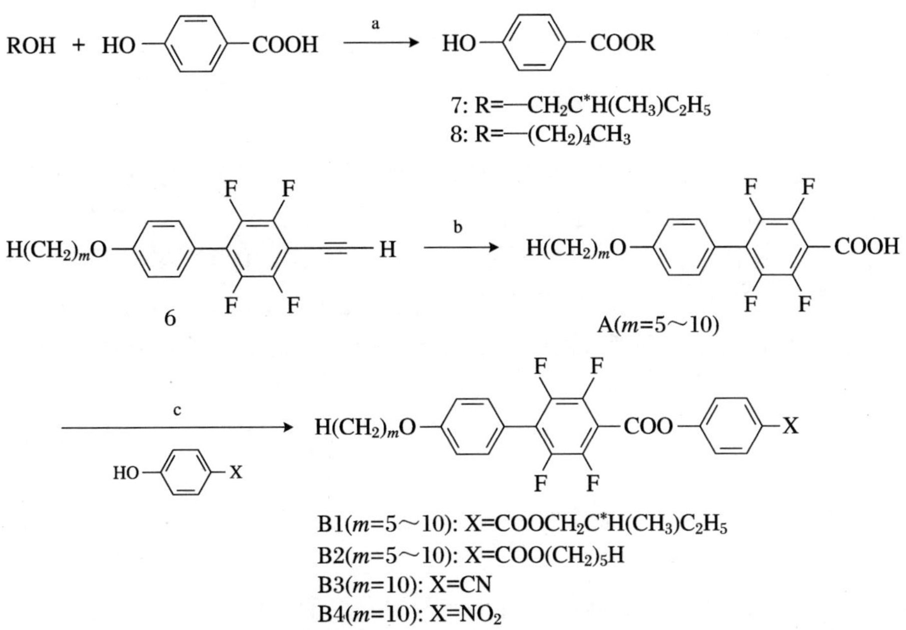

7: R=—$CH_2C^*H(CH_3)C_2H_5$

8: R=—$(CH_2)_4CH_3$

6

A(m=5～10)

B1(m=5～10): X=$COOCH_2C^*H(CH_3)C_2H_5$

B2(m=5～10): X=$COO(CH_2)_5H$

B3(m=10): X=CN

B4(m=10): X=NO_2

图 2.2.4　A 和 B 系列化合物的合成

反应试剂和条件：a. $SOCl_2$，0～70 ℃；b. $KMnO_4$/NaOH，1，4-二氧六环/H_2O；c. DCCI/PPY，Et_2O(或 CH_2Cl_2)，r.t.

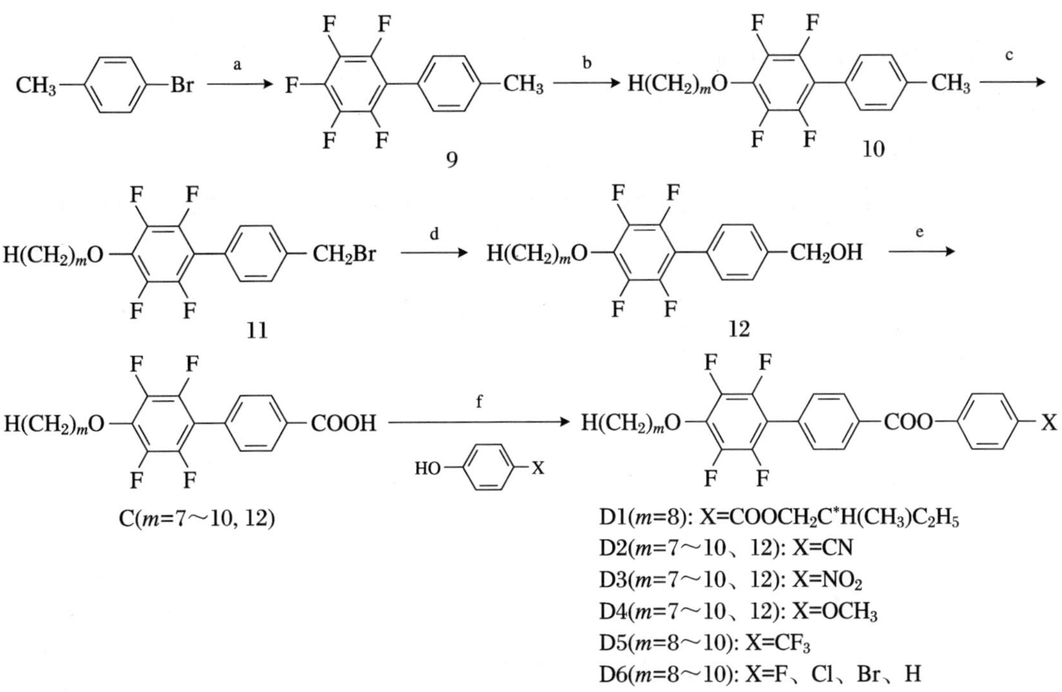

9

10

11

12

C(m=7～10, 12)

D1(m=8): X=$COOCH_2C^*H(CH_3)C_2H_5$

D2(m=7～10、12): X=CN

D3(m=7～10、12): X=NO_2

D4(m=7～10、12): X=OCH_3

D5(m=8～10): X=CF_3

D6(m=8～10): X=F、Cl、Br、H

图 2.2.5　C 和 D 系列化合物的合成

反应试剂和条件：a. 1) Li/Et_2O；2) C_6F_6/Et_2O。b. $H(CH_2)_mOH$/THF，NaOH，35～40 ℃。c. NBS/AIBN，CCl_4，回流。d. NaOH/H_2O，THF。e. $KMnO_4$/NaOH，1，4-二氧六环/H_2O。f. DCCI/PPY，Et_2O，r.t.

如图2.2.4所示，在二氯亚砜的作用下，手性异戊醇或正戊醇与4-羟基苯甲酸发生酯化反应，分别生成中间体7和8。中间体6在碱性高锰酸钾溶液的氧化下形成A系列目标化合物。在催化剂的作用下，化合物A再与对位取代酚发生酯化反应，得到B系列目标化合物。

C和D系列目标化合物的合成如图2.2.5所示。4-溴甲苯与锂反应制成锂试剂后，再与全氟苯反应，制成中间体9。在强碱的存在下，正烷基醇与中间体9发生亲核取代反应生成中间体10。把中间体10用NBS和AIBN溴化，得到中间体11。中间体11在水解后生成甲醇衍生物12。该中间体在碱性高锰酸钾溶液的氧化下形成C系列目标化合物。在催化剂的作用下，化合物C再与对位取代酚发生酯化反应，生成D系列目标化合物。

2.2.2 E和F系列化合物的合成路线

E和F系列化合物的合成路线分别如图2.2.6和图2.2.7所示。在二氯亚砜的作用下，手性异戊醇或正戊醇与4-碘苯甲酸发生酯化反应，分别生成中间体13和14。在催化剂的作用下，具有双手性中心的脂肪酸与4-碘苯酚发生酯化反应，得到中间体15。在三苯基膦氯化钯和碘化亚铜的催化下，中间体6与对位取代的碘苯偶合得到E系列目标化合物。通过类似的钯催化偶合反应可以制成F系列目标化合物。在这里，合成F所需的中间体16和17是通过中间体2与手性异戊醇或正庚醇之间的亲核取代反应而形成的。

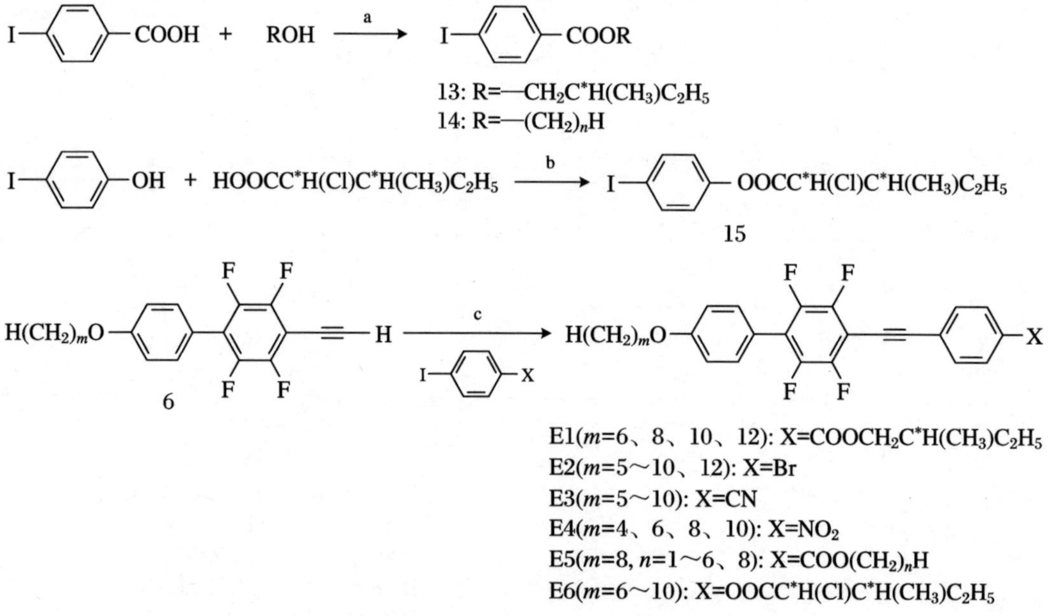

I—⟨苯环⟩—COOH + ROH —a→ I—⟨苯环⟩—COOR

13: R=—$CH_2C^*H(CH_3)C_2H_5$
14: R=—$(CH_2)_nH$

I—⟨苯环⟩—OH + $HOOCC^*H(Cl)C^*H(CH_3)C_2H_5$ —b→ I—⟨苯环⟩—$OOCC^*H(Cl)C^*H(CH_3)C_2H_5$

15

$H(CH_2)_mO$—⟨苯环⟩—⟨四氟苯环 F F F F⟩—≡—H (6) —c, I—⟨苯环⟩—X→ $H(CH_2)_mO$—⟨苯环⟩—⟨四氟苯环 F F F F⟩—≡—⟨苯环⟩—X

E1(*m*=6、8、10、12): X=$COOCH_2C^*H(CH_3)C_2H_5$
E2(*m*=5～10、12): X=Br
E3(*m*=5～10): X=CN
E4(*m*=4、6、8、10): X=NO_2
E5(*m*=8, *n*=1～6、8): X=$COO(CH_2)_nH$
E6(*m*=6～10): X=$OOCC^*H(Cl)C^*H(CH_3)C_2H_5$

图2.2.6 E系列化合物的合成

反应试剂和条件：a. $SOCl_2$，0～70 ℃；b. DCCI/DMAP，CH_2Cl_2，r. t.；

c. $Pd(PPh_3)_2Cl_2$，CuI，Et_3N，回流

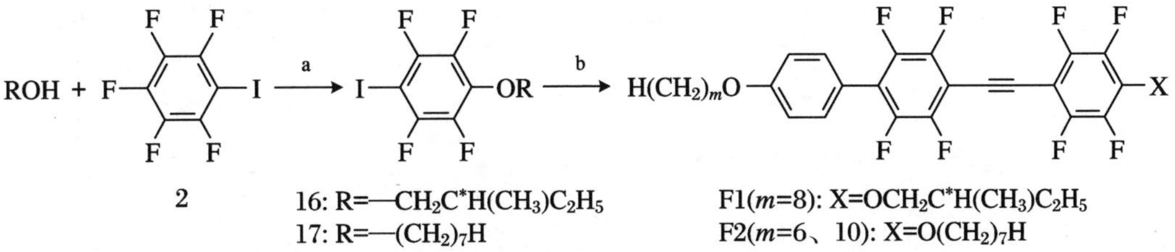

ROH + 2 →(a) 16: R=—$CH_2C^*H(CH_3)C_2H_5$；17: R=—$(CH_2)_7H$ →(b) F1(*m*=8): X=$OCH_2C^*H(CH_3)C_2H_5$；F2(*m*=6、10): X=$O(CH_2)_7H$

图 2.2.7　F 系列化合物的合成

反应试剂和条件：a. NaOH，THF；b. 中间体 6，$Pd(PPh_3)_2Cl_2$，CuI，Et_3N，回流

2.2.3　G 和 H 系列化合物的合成路线

G 和 H 系列化合物的合成路线分别如图 2.2.8 和图 2.2.9 所示。首先，在催化剂 PPY 和脱水剂 DCCI 的作用下，4-碘苯甲酸与相应的对位取代酚发生酯化反应，生成中间体 18～20。在三苯基膦氯化钯和碘化亚铜的催化下，中间体 6 与 4-碘苯甲酸-4-取代苯酯偶合，得到 G 系列目标化合物。

如图 2.2.9 所示，把 4-碘甲苯用 NBS 和 AIBN 溴化，得到中间体 21。该中间体与中间体 7 在碱性条件下发生取代反应，形成中间体 22。在三苯基膦氯化钯和碘化亚铜的催化下，中间体 6 与中间体 22 偶合，得到 H 系列目标化合物。

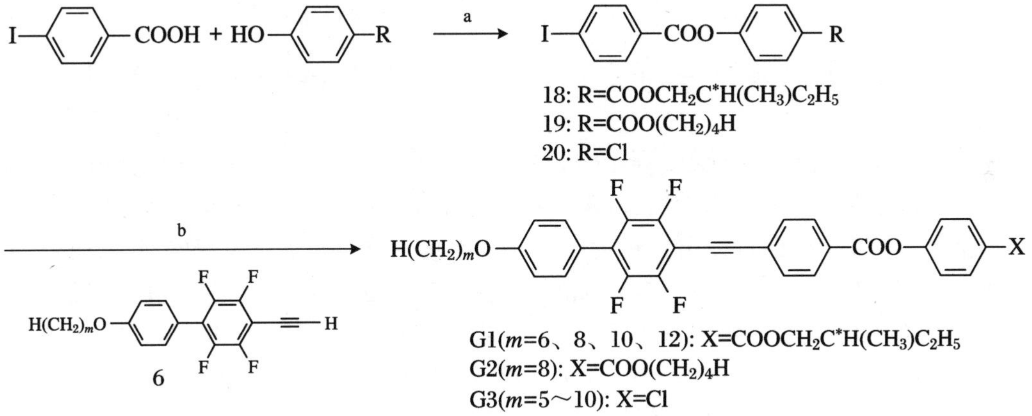

18: R=$COOCH_2C^*H(CH_3)C_2H_5$
19: R=$COO(CH_2)_4H$
20: R=Cl

G1(*m*=6、8、10、12): X=$COOCH_2C^*H(CH_3)C_2H_5$
G2(*m*=8): X=$COO(CH_2)_4H$
G3(*m*=5～10): X=Cl

图 2.2.8　G 系列化合物的合成

反应试剂和条件：a. DCCI/PPY，Et_2O，r. t.；b. $Pd(PPh_3)_2Cl_2$，CuI，Et_3N，回流

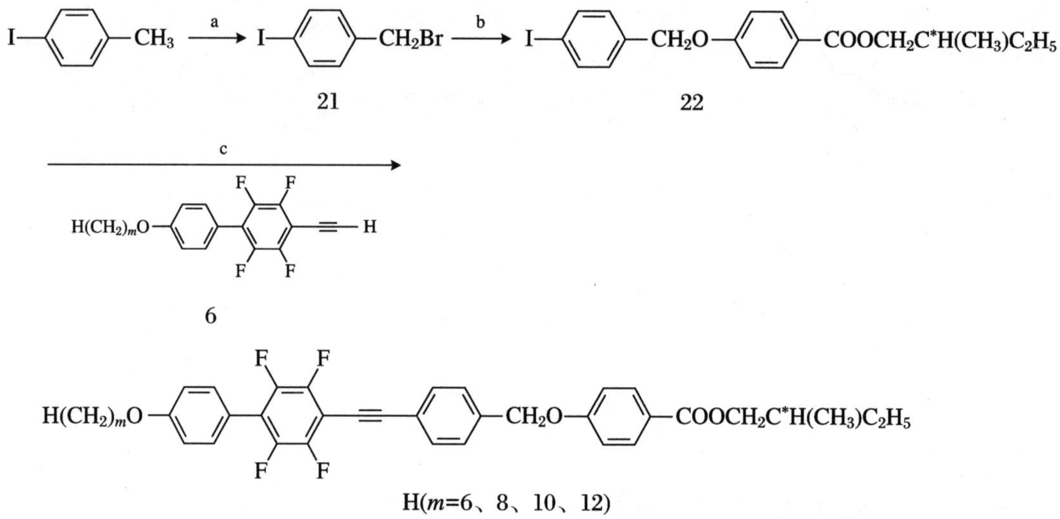

$$I-C_6H_4-CH_3 \xrightarrow{a} I-C_6H_4-CH_2Br\ (\mathbf{21}) \xrightarrow{b} I-C_6H_4-CH_2O-C_6H_4-COOCH_2C^*H(CH_3)C_2H_5\ (\mathbf{22})$$

$$\xrightarrow[\text{H(CH}_2)_m\text{O}-C_6H_4-C_6F_4-C\equiv C-H\ (\mathbf{6})]{c} H(CH_2)_mO-C_6H_4-C_6F_4-C\equiv C-C_6H_4-CH_2O-C_6H_4-COOCH_2C^*H(CH_3)C_2H_5$$

H(m=6、8、10、12)

图 2.2.9 H 系列化合物的合成

反应试剂和条件：a. NBS/AIBN，CCl_4，回流；b. 中间体 7，NaOH，DMF；c. $Pd(PPh_3)_2Cl_2$，CuI，Et_3N，回流

2.3 化合物的相变研究

2.3.1 四氟联苯-4-基甲酸（A 和 C 系列化合物）的液晶性质研究

A 系列化合物的相变温度列于表 2.2.1 中。相变研究表明，该系列化合物主要呈现向列相。不过，随着烷氧基链的增长，该系列化合物的熔点和液晶相的相对热稳定性呈现反常的变化。烷氧基链的碳原子数 m 为 5、6 和 8 的化合物只呈现出单变向列相，而 m 为 7、9 和 10 的化合物则呈现互变向列相。此外，奇偶效应也是反常的，也就是，m 为奇数的化合物的液相到向列相的相变温度高于相邻的 m 为偶数的化合物的同种相变温度。这是由于羧基之间的分子间氢键效应导致该系列分子形成二聚体，增大了分子长度，抵消了由于苯环四氟化而导致的宽度增大效应，其结果是分子间吸引力还足以使该系列分子出现液晶性。不过，苯环四氟化破坏了联苯基的共平面性，导致两个苯环之间的平面角随着烷氧基链的不同而变化。这些影响因素的综合效果导致该系列化合物出现反常的相变性质。

C 系列化合物的相变温度亦列于表 2.2.1 中。该系列化合物没有液晶性。显然，离羧基较远的苯环四氟化对液晶相稳定性的破坏作用更大。这是由于离羧基较远的苯环四氟化而导致的宽度增大效应和联苯基的非共平面性更为显著，无法被分子的二聚化效应所抵消，其结果是分子间吸引力不足以使该系列分子出现液晶性。

根据 Gray 等人的研究工作[16]，4′-正烷氧基联苯-4-基甲酸呈现出高度稳定的液晶相（见表 2.2.2）。对联苯-4-基甲酸而言，苯环四氟化的结果是，熔点降低，液晶相（特别是近晶相）的稳定性变差，液晶相范围变窄。尽管如此，侧向多氟取代也为低温液晶的合成研究提供了一个方向。

表 2.2.1　四氟联苯-4-基甲酸(A 和 C 系列化合物)的分子结构和相变温度①

A　$H(CH_2)_mO$–(苯环)–(2,3,5,6-四氟苯环)–CO_2H　　C　$H(CH_2)_mO$–(2,3,5,6-四氟苯环)–(苯环)–CO_2H

化合物	*m*	相变温度/℃	降温向列相宽/℃
A	5	Cr 147.3②— I 147.0 N 124.8 Recr	22.2
	6	Cr 143.8②— I 143.3 N 124.3 Recr	19.0
	7	Cr 134.3 N 152.2 I 150.0 N 119.5 Recr	30.5
	8	Cr 129.0②— I 128.3 N 113.0 Recr	15.3
	9	Cr 144.1 N 152.0 I 149.3 N 122.5 Recr	26.8
	10	Cr 130.7 N 153.6 I 148.0 N 121.0 Recr	27.0
C	8	Cr 174.0②— I — 172.7③ Recr	0

注　① Cr：结晶相；N：向列相；I：各向同性液体。
② 该温度的相变为结晶相→各向同性的液相。
③ 该温度的相变为各向同性的液相→结晶相。

表 2.2.2　4′-正烷氧基联苯-4-基甲酸的分子结构和相变温度①

A′　$H(CH_2)_mO$–(苯环)–(苯环)–CO_2H

化合物	*m*	相变温度/℃	近晶相宽/℃	向列相宽/℃
A′	5	Cr 227.5 Sm 229.5 N 275 I	2	45.5
	6	Cr 213 Sm 243 N 272.5 I	30	29.5
	7	Cr 194.5 Sm 251 N 265.5 I	56.5	14.5
	8	Cr 183 Sm 255 N 264.5 I	72	9.5
	9	Cr 176 Sm 256.5 N 258.5 I	80.5	2.0
	10	Cr 172.5 Sm 256.5 N 257 I	84	0.5

注　① Cr：结晶相；Sm：近晶相；N：向列相；I：各向同性液体。

2.3.2　2,3,5,6-四氟联苯-4-基甲酸-4-取代苯酯(B 系列化合物)的液晶性质研究

B 系列化合物的相变温度列于表 2.2.3 中。对具有手性中心的 B1 系列而言，大部分化合物呈现互变的胆甾相和单变的手性近晶 C 相。不过，烷氧基链的碳原子数 *m* 为 10 的化合物呈现出互变的胆甾相、近晶 A 相和手性近晶 C 相。就末端烷氧基链的影响而论，随着 *m* 从 5 增大到 7，该系列化合物的熔点先是上升，然后随着 *m* 的继续增大而下降。降温胆

甾相宽和清亮点也呈现类似的变化趋势。不过,当末端烷氧基链足够长($m \geqslant 10$)时,近晶相的形成趋势增大,熔点和清亮点有升高的倾向。对非手性的B2系列而言,其相变行为随末端烷氧基链的增长而变化的趋势更加复杂。m为5、7、8和9的化合物呈现互变的向列相和近晶A相,m为6的化合物只呈现互变的向列相,而m为10的同系物却呈现互变的近晶A相和单变的近晶C相,没有出现向列相。我们认为,苯环四氟化破坏了联苯基的共平面性,导致了两个苯环之间的平面角随着烷氧基链的不同而变化。这个效应导致了B1和B2系列化合物的相变行为没有规律性。另外,值得注意的是枝化的末端碳链使得近晶A相的温度范围变窄,但有助于近晶C相的形成。

表2.2.3 2,3,5,6-四氟联苯-4-基甲酸-4-取代苯酯(B系列化合物)的分子结构和相变温度①

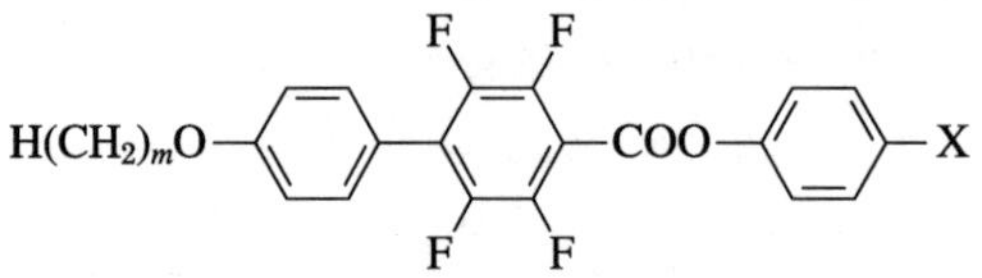

$H(CH_2)_mO$-⟨苯环⟩-⟨四氟苯环(F,F,F,F)⟩-COO-⟨苯环⟩-X

B1: X=$COOCH_2C^*H(CH_3)C_2H_5$
B2: X=$COO(CH_2)_5H$
B3: X=CN
B4: X=NO_2

化合物	m	相变温度/℃	Ch或N的相宽/℃②
B1	5	Cr 90.0 Ch 99.6 I 97.6 Ch 90.0 SmC* 72.3 Recr	6.6
	6	Cr 95.1 Ch 109.9 I 108.9 Ch 89.2 SmC* 79.0 Recr	19.7
	7	Cr 105.5 Ch 112.8 I 112.2 Ch 101.2 SmC* 93.3 Recr	11.0
	8	Cr 101.6 Ch 112.0 I 110.6 Ch 100.4 SmC* 81.9 Recr	10.2
	9	Cr 89.2 Ch 94.9 I 92.7 Ch 80.9 SmC* 70.8 Recr	11.8
	10	Cr 90.0 SmA 98.7 Ch 103.9 I 102.6 Ch 98.6 SmA 96.1 SmC* 70.6 Recr	4.0
B2	5	Cr 97.8 SmA 101.0 N 121.0 I 120.4 N 100.8 SmA 67.5 Recr	19.6
	6	Cr 82.4 N 102.8 I 102.1 N 75.7 Recr	26.4
	7	Cr 98.4 SmA 108.7 N 119.0 I 118.3 N 108.5 SmA 90.0 Recr	9.8
	8	Cr 100.4 SmA 116.0 N 121.8 I 121.1 N 115.1 SmA 88.0 Recr	6.0
	9	Cr 93.2 SmA 113.9 N 117.5 I 117.1 N 113.7 SmA 84.0 Recr	3.4
	10	Cr 87.0 SmA 113.3 I 113.0 SmA 86.8 SmC 81.7 Recr	0
B3	10	Cr 100.0 SmA 111.0 N 149.9 I 147.3 N 120.1 SmA 87.5 Recr	27.2
B4	10	Cr 80.7 SmA 140.5 N 142.8 I 141.8 N 139.4 SmA 56.0 Recr	2.4

注 ① Cr:结晶相;SmA:近晶A相;SmC:近晶C相;SmC*:手性近晶C相;Ch:胆甾相;N:向列相;I:各向同性液体。
② 该数据为降温过程中的胆甾相或向列相的相宽。

B3和B4系列化合物呈现互变的向列相和近晶A相。对B系列而言,当联苯基一侧的末端烷氧基链的碳原子数m固定为10时,另一侧的末端取代基X对不同的液晶相形成的影响力排序如下:

有助于向列相形成的排序为:$CN > COOCH_2C^*H(CH_3)C_2H_5 > NO_2 > COO(CH_2)_5H$。

有助于近晶相形成的排序为:$NO_2 > CN > COO(CH_2)_5H > COOCH_2C^*H(CH_3)C_2H_5$。

2.3.3　2,3,5,6-四氟联苯-4′-基甲酸-4-取代苯酯(D 系列化合物)的液晶性质研究

表 2.2.4 展示了 D 系列化合物的相变温度。D1、D5 和 D6 系列化合物没有液晶性。对 D2 和 D3 系列而言,当末端烷氧基链较短($m \leqslant 8$)时,只呈现互变向列相。随着末端烷氧基链的增长($m = 9$、10),同时出现向列相和近晶 A 相。当末端烷氧基链足够长($m \geqslant 12$)时,向列相完全消失,只有近晶 A 相存在。对 D4 系列而言,随着末端烷氧基链的增长其相态不变,只呈现互变向列相,而且降温向列相宽的变化不大。这三个系列化合物的熔点和清亮点虽说随着末端烷氧基链的增长呈下降趋势,但变化并不规则,清亮点的变化没有出现正常的奇偶效应。我们认为,苯环四氟化破坏了联苯基的共平面性,导致了两个苯环之间的平面角随着烷氧基链的不同而变化。这个效应导致了 D2～D4 系列化合物的相变行为没有出现很强的规律性。

表 2.2.4　2,3,5,6-四氟联苯-4′-基甲酸-4-取代苯酯(D 系列化合物)的分子结构和相变温度①

$H(CH_2)_mO$–(2,3,5,6-四氟苯基)–(苯基)–COO–(苯基)–X

D1: X=$COOCH_2C^*H(CH_3)C_2H_5$
D2: X=CN
D3: X=NO_2
D4: X=OCH_3
D5: X=CF_3
D6: X=F、Cl、Br、H

化合物	*m*	相变温度/℃	向列相宽/℃②
D1	8	Cr 85.1 I 84.0 Recr	0
D2	7	Cr 119.5 N 145.8 I 144.8 N 116.2 Recr	28.6
	8	Cr 114.5 N 131.0 I 130.4 N 111.8 Recr	18.6
	9	Cr 115.8 N 132.6 I 132.4 N 111.4 Recr	21.0
	10	Cr 116.7 SmA 124.4 N 136.1 I 135.1 N 123.5 SmA 113.3 Recr	11.6
	12	Cr 114.6 SmA 129.3 I 128.8 SmA 111.7 Recr	0
D3	7	Cr 120.1 N 128.5 I 127.5 N 97.0 Recr	30.5
	8	Cr 119.2 N 126.7 I 124.6 N 88.7 Recr	35.9
	9	Cr 105.5 N 113.1 I 110.7 N 92.1 SmA 84.3 Recr	18.6
	10	Cr 106.7 SmA 112.6 N 121.4 I 119.8 N 110.0 SmA 84.3 Recr	9.8
	12	Cr 103.8 SmA 115.5 I 113.9 SmA 86.1 Recr	0
D4	7	Cr 115.1 N 133.0 I 132.0 N 98.8 Recr	33.2
	8	Cr 109.9 N 135.2 I 134.4 N 91.0 Recr	43.4
	9	Cr 105.9 N 128.4 I 127.4 N 92.3 Recr	35.1
	10	Cr 99.9 N 127.3 I 125.8 N 89.0 Recr	36.8
	12	Cr 99.3 N 118.4 I 117.3 N 83.8 Recr	33.5

注　① Cr:结晶相;N:向列相;SmA:近晶 A 相;I:各向同性液体。

② 该数据为降温过程中的向列相的相宽。

从D系列化合物的相变行为可以看出，末端极性基团为OCH_3、CN和NO_2的化合物具有较好的液晶性，有助于向列相形成的末端取代基的排序为OCH_3＞CN＞NO_2；而末端基团为$COOCH_2C^*H(CH_3)C_2H_5$、CF_3、F、Cl、Br和H的化合物则不具有液晶性。这可能是由于分子长度及末端极性不同所造成的。

分别比较B1和D1系列、B3和D2系列以及B4和D3系列的相变行为，我们发现，对联苯-4-基甲酸-4-取代苯酯而言，当两侧的末端取代基相同时，四氟苯环的位置对液晶性能有很大的影响。与四氟苯环处于液晶核中央的化合物相比，四氟苯环处于液晶核一侧的化合物具有较低的清亮点和较窄的液晶相温度范围。这个现象与考察A和C系列所得到的结果相同，我们推测的原因亦同前。因此，我们可以得出如下结论：当四氟苯环处于液晶核一侧时，不利于液晶相的热稳定性；而当四氟苯环处于液晶核中央时，则有利于液晶相的形成，提高液晶相的热稳定性。

2.3.4　1-(4-取代苯基)-2-(2,3,5,6-四氟联苯-4-基)乙炔(E系列化合物)的液晶性质研究

E系列化合物的相变温度列于表2.2.5～表2.2.7中。具有手性中心的E1系列化合物呈现互变的胆甾相和单变的手性近晶C相，而且，随着末端烷氧基链的增长，清亮点呈下降趋势，降温胆甾相的相宽增大、手性近晶C相的相宽变窄的趋势也比较明显，熔点的变化没有规律可言。对E2系列而言，当末端烷氧基链较短($m\leqslant 9$)时，只呈现互变向列相。随着末端烷氧基链的增长($m\geqslant 10$)，同时出现互变的向列相和单变的近晶A相。该系列化合物的熔点虽说随着末端烷氧基链的增长有下降趋势，但变化并不规则；不过，清亮点的变化呈现反常的奇偶效应，也就是，m为奇数的化合物的清亮点高于相邻的m为偶数的化合物的清亮点。另外，向列相的相宽随着末端烷氧基链的增长呈下降趋势。E4系列化合物的相变行为与E2系列相似。对E3系列而言，随着末端烷氧基链的增长其相态不变，只呈现互变向列相，而且降温向列相宽的变化不是很大。该系列化合物的熔点与清亮点的变化跟E2系列相似。这3个系列化合物的相变行为所呈现的不规则性与A～D系列所观察到的现象相同，我们推测的原因亦同前。

从表2.2.6可以看出，对非手性的E5系列而言，随着末端烷氧基链的增长其相态不变，只呈现互变向列相，而且降温向列相宽随末端烷氧基链的增长而变窄。该系列化合物的清亮点的变化呈现反常的奇偶效应，也就是，m为奇数的化合物的清亮点高于相邻的m为偶数的化合物的清亮点。这个系列化合物的相变行为所呈现的不规则性与A～D系列所观察到的现象相同，我们推测的原因亦同前。

从表2.2.7可以看出，具有双手性中心的E6系列化合物呈现互变的胆甾相和蓝相。其清亮点随着末端烷氧基链的增长而趋于降低，且具有较为正常的奇偶效应。此外，其降温胆甾相宽受末端烷氧基链长度的影响不大。从E1和E6系列的比较中可以看出，双手性中心的引入导致分子间的距离增大，不利于分子的层状堆积，即不利于近晶相的形成，而有利于胆甾相的形成。当胆甾相的螺距足够小时，出现蓝相。据此可以推测E6系列化合物的螺距

比E1系列小。

表2.2.5　2,3,5,6-四氟联苯-4-基乙炔类化合物(E1～E4系列化合物)的分子结构和相变温度①

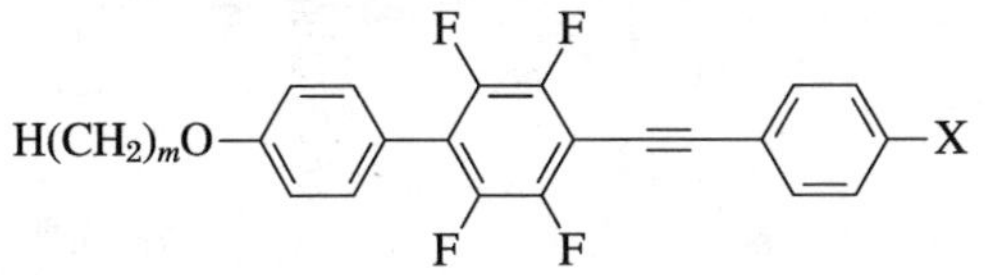

$H(CH_2)_mO$–[2,3,5,6-四氟联苯]–C≡C–C₆H₄–X

E1: $X=COOCH_2C^*H(CH_3)C_2H_5$
E2: X=Br
E3: X=CN
E4: $X=NO_2$

化合物	*m*	相变温度/℃	Ch或N的相宽/℃②
E1	6	Cr 108.4 Ch 132.4 I 132.1 Ch 131.3 SmC* 92.7 Recr	0.8
	8	Cr 114.8 Ch 128.6 I 127.6 Ch 127.2 SmC* 94.7 Recr	0.4
	10	Cr 106.1 Ch 126.6 I 121.5 Ch 119.4 SmC* 87.5 Recr	2.1
	12	Cr 110.4 Ch 116.9 I 115.7 Ch 112.5 SmC* 84.5 Recr	3.2
E2	5	Cr 112.3 N 186.2 I 185.5 N 81.4 Recr	104.1
	6	Cr 102.0 N 182.4 I 182.3 N 80.9 Recr	101.4
	7	Cr 107.3 N 169.2 I 169.6 N 84.2 Recr	85.4
	8	Cr 103.1 N 168.6 I 168.4 N 80.7 Recr	87.7
	9	Cr 99.7 N 167.8 I 168.7 N 74.6 Recr	94.1
	10	Cr 106.4 N 156.4 I 156.4 N 91.9 SmA 87.2 Recr	64.5
	12	Cr 103.0 N 143.7 I 143.0 N 93.9 SmA 84.9 Recr	49.1
E3	5	Cr 119.5 N 216.3 I 216.0 N 101.2 Recr	114.8
	6	Cr 113.9 N 192.5 I 191.8 N 93.9 Recr	97.9
	7	Cr 128.6 N 201.4 I 200.7 N 109.8 Recr	90.9
	8	Cr 107.0 N 192.1 I 192.1 N 86.9 Recr	105.2
	9	Cr 102.7 N 185.2 I 184.9 N 84.7 Recr	100.2
	10	Cr 101.3 N 177.8 I 177.5 N 85.5 Recr	92.0
E4	4	Cr 139.0 N 204.1 I 204.0 N 105.3 Recr	98.7
	6	Cr 103.8 N 190.9 I 190.6 N 77.3 Recr	113.3
	8	Cr 96.0 N 177.6 I 176.9 N 89.2 Recr	87.7
	10	Cr 84.8 SmA 147.7 N 168.6 I 168.4 N 147.7 SmA 68.2 Recr	20.7

注　① Cr:结晶相;SmA:近晶A相;SmC*:手性近晶C相;Ch:胆甾相;N:向列相;I:各向同性液体。

② 该数据为降温过程中的胆甾相或向列相的相宽。

表 2.2.6 2,3,5,6-四氟联苯-4-基乙炔类化合物(E5 系列化合物)的分子结构和相变温度①

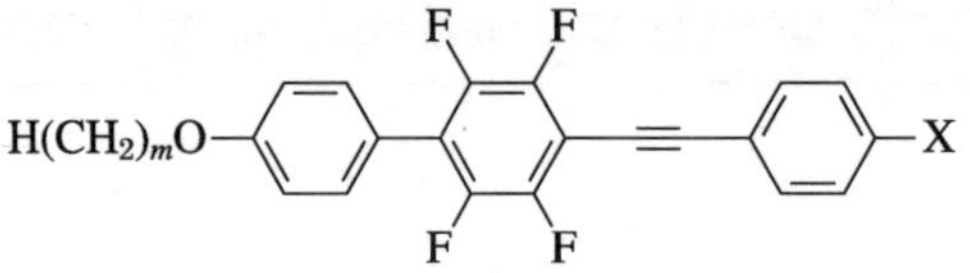

$H(CH_2)_mO$-[结构式]-X E5: $X=COO(CH_2)_nH$

化合物	*m*	*n*	相变温度/℃	降温向列相宽/℃
E5	8	1	I 193.0 N 102.8 Recr	90.2
	8	2	I 164.3 N 109.3 Recr	55.0
	8	3	I 154.1 N 97.9 Recr	56.2
	8	4	I 134.4 N 98.1 Recr	36.3
	8	5	I 135.1 N 99.0 Recr	36.1
	8	6	I 131.8 N 94.8 Recr	37.0
	8	8	I 120.8 N 90.5 Recr	30.3

注 ① N:向列相;I:各向同性液体。

表 2.2.7 2,3,5,6-四氟联苯-4-基乙炔类化合物(E6 系列化合物)的分子结构和相变温度①

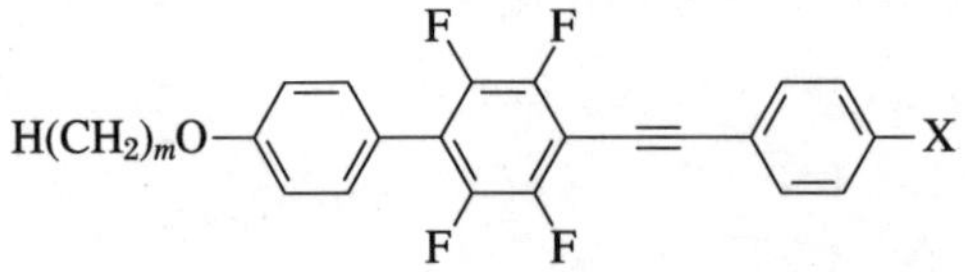

$H(CH_2)_mO$-[结构式]-X E6: $X=OOCC^*H(Cl)C^*H(CH_3)C_2H_5$

化合物	*m*	相变温度/℃	Ch 的相宽/℃②
E6	6	Cr 108.7 Ch 130.6 BP 130.8 I 130.6 BP 130.3 Ch 94.1 Recr	36.2
	7	Cr 111.1 Ch 122.8 BP 123.3 I 121.9 BP 121.4 Ch 94.3 Recr	27.1
	8	Cr 110.2 Ch 126.8 BP 127.2 I 126.3 BP 125.8 Ch 95.6 Recr	30.2
	9	Cr 106.8 Ch 121.4 BP 121.8 I 121.1 BP 120.6 Ch 92.7 Recr	27.9
	10	Cr 107.2 Ch 119.7 BP 120.0 I 119.7 BP 119.4 Ch 89.3 Recr	30.1

注 ① Cr:结晶相;Ch:胆甾相;BP:蓝相;I:各向同性液体。

② 该数据为降温过程中的胆甾相的相宽。

分别比较 B1 和 E1 系列、B2 和 E5 系列、B3 和 E3 系列以及 B4 和 E4 系列的相变行为,我们发现,当分子结构的其他部分相同时,中心桥键的种类对液晶性能有很大的影响。炔键作为中心桥键有利于提高清亮点,加大液晶相存在的温度范围;而酯基作为中心桥键则降低清亮点,缩小液晶相的温度范围。

2.3.5 1-(4-全氟苯基)-2-(2,3,5,6-四氟联苯-4-基)乙炔(F 系列化合物)的液晶性质研究

F 系列化合物的相变温度列于表 2.2.8 中。具有手性中心的 F1 系列化合物只呈现单

变的胆甾相，且降温胆甾相宽较窄。而非手性的 F2 系列化合物呈现互变的向列相，且液晶相范围大大加宽。值得注意的是枝化的末端碳链使得液晶相的热稳定性大大降低，不利于液晶相的形成。

表 2.2.8　2,3,5,6-四氟联苯-4-基乙炔类化合物（F 系列化合物）的分子结构和相变温度①

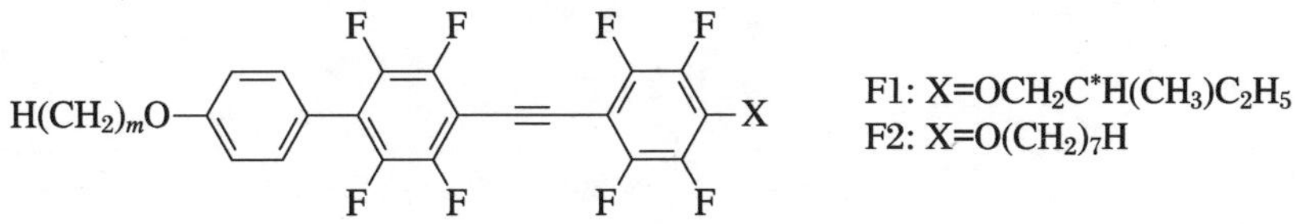

$H(CH_2)_mO$–C₆H₄–C₆F₄–C≡C–C₆F₄–X

F1: $X=OCH_2C^*H(CH_3)C_2H_5$
F2: $X=O(CH_2)_7H$

化合物	m	相变温度/℃	降温 Ch 或 N 的相宽/℃
F1	8	Cr 89.0 I 79.5 Ch 72.1 Recr	7.4
F2	6	Cr 80.7 N 131.5 I 129.0 N 67.9 Recr	61.1
	10	Cr 85.3 N 124.7 I 121.5 N 67.6 Recr	53.9

注　① Cr：结晶相；I：各向同性液体；Ch：胆甾相；N：向列相。

2.3.6　2,3,5,6-四氟联苯-4-基乙炔类衍生物（G 和 H 系列化合物）的液晶性质研究

G 系列化合物的相变温度列于表 2.2.9 中。具有手性中心的 G1 系列化合物呈现互变的胆甾相、近晶 A 相和手性近晶 C 相，而且，随着末端烷氧基链的增长，清亮点呈下降趋势，降温胆甾相的相宽变窄的趋势也比较明显，但近晶 A 相和手性近晶 C 相的相宽变化没有规律可言。G2 和 G3 系列化合物都呈现互变的向列相和近晶 A 相。对 G3 系列而言，随着末端烷氧基链的增长，熔点和清亮点都呈下降趋势，但清亮点的变化呈现反常的奇偶效应，也就是，m 为奇数的化合物的清亮点高于相邻的 m 为偶数的化合物的清亮点。另外，向列相的相宽随着末端烷氧基链的增长呈下降趋势，但变化并不规则。这个系列化合物的相变行为所呈现的不规则性与 A～D 系列所观察到的现象相同，我们推测的原因亦同前。

比较 G1 和 E1 系列的相变行为，我们发现，在分子结构的其他部分相同的情况下，G1 系列化合物的液晶核部分多了一个苯环和一个酯基，其分子长宽比增大，导致了其熔点与 E1 系列化合物相比变化不大，但清亮点大幅度提高，液晶相（特别是胆甾相和近晶 A 相）的温度范围也随着大幅度加宽，液晶的热稳定性良好。

H 系列化合物的相变温度列于表 2.2.10 中。具有手性中心的 H 系列化合物只呈现互变的胆甾相和近晶 A 相，而且，随着末端烷氧基链的增长，熔点和清亮点都呈下降趋势，胆甾相的相宽变窄的趋势也比较明显。比较 H 和 G1 系列的相变行为，我们发现，当分子结构的其他部分相同时，与酯基作为中心桥键相比，醚键作为中心桥键则进一步降低了清亮点，缩小了液晶相存在的温度范围。

表 2.2.9 2,3,5,6-四氟联苯-4-基乙炔类衍生物(G系列化合物)的分子结构和相变温度①

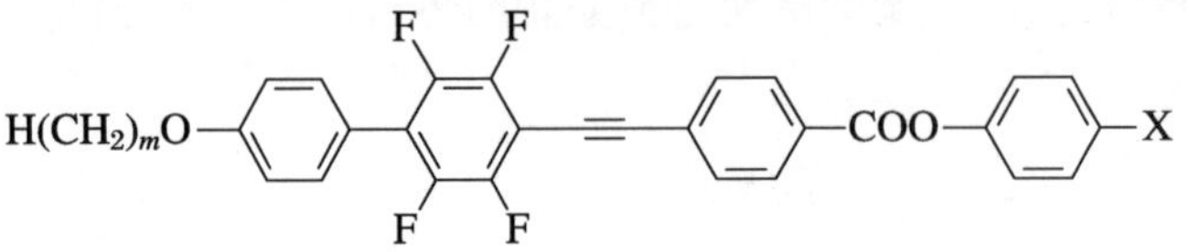

$H(CH_2)_mO$–(苯环)–(2,3,5,6-四氟苯环)–C≡C–(苯环)–COO–(苯环)–X

G1: $X=COOCH_2C^*H(CH_3)C_2H_5$
G2: $X=COO(CH_2)_4H$
G3: X=Cl

化合物	*m*	相变温度/℃	Ch或N的相宽/℃②
G1	6	Cr 106.5 SmC* 210.9 SmA 229.2 Ch 271.0 I I 268.9 Ch 201.3 SmA 107.0 SmC* 60.8 Recr	67.6
	8	Cr 105.6 SmC* 190.8 SmA 227.6 Ch 259.7 I I 258.3 Ch 223.1 SmA 94.8 SmC* 65.6 Recr	35.2
	10	Cr 93.5 SmC* 189.0 SmA 225.1 Ch 241.6 I I 239.9 Ch 214.1 SmA 130.5 SmC* 62.5 Recr	25.8
	12	Cr 109.0 SmC* 211.6 SmA 220.1 Ch 237.4 I I 227.3 Ch 210.6 SmA 99.6 SmC* 60.8 Recr	16.7
G2	8	Cr 108.9 SmA 239.3 N 268.0 I 266.2 N 220.3 SmA 74.1 Recr	45.9
G3	5	Cr 134.0 SmA 242.6 N 315.0 I 300.0 N 232.3 SmA 127.9 Recr	67.7
	6	Cr 129.3 SmA 250.0 N 302.0 I 286.0 N 237.5 SmA 120.2 Recr	48.5
	7	Cr 126.1 SmA 255.0 N 296.8 I 280.0 N 239.0 SmA 116.5 Recr	41.0
	8	Cr 122.7 SmA 252.5 N 294.0 I 275.3 N 224.8 SmA 110.1 Recr	50.5
	9	Cr 120.5 SmA 257.5 N 289.0 I 286.0 N 245.0 SmA 114.0 Recr	41.0
	10	Cr 118.2 SmA 257.7 N 274.1 I 268.0 N 240.5 SmA 102.0 Recr	27.5

注 ① Cr:结晶相;SmA:近晶A相;SmC*:手性近晶C相;Ch:胆甾相;N:向列相;I:各向同性液体。

② 该数据为降温过程中的胆甾相或向列相的相宽。

表 2.2.10 2,3,5,6-四氟联苯-4-基乙炔类衍生物(H系列化合物)的分子结构和相变温度①

H $H(CH_2)_mO$–(苯环)–(2,3,5,6-四氟苯环)–C≡C–(苯环)–CH_2O–(苯环)–$COOCH_2C^*H(CH_3)C_2H_5$

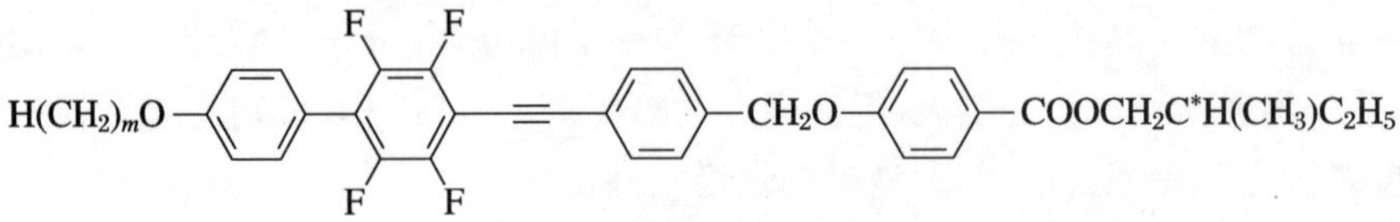

化合物	*m*	相变温度/℃	胆甾相的相宽/℃
H	6	Cr 132.5 Ch 192.9 I	60.4
	8	Cr 132.4 Ch 191.9 I	59.5
	10	Cr 119.1 SmA 155.3 Ch 179.7 I	24.4
	12	Cr 86.2 SmA 165.5 Ch 185.2 I	19.7

注 ① Cr:结晶相;SmA:近晶A相;Ch:胆甾相;I:各向同性液体。

2.4　典型中间体和目标化合物的合成方法

1. 三甲基硅乙炔(中间体 1)

乙基溴化镁的制备：在一个干燥的 500 mL 三颈瓶上装磁力搅拌子、氮气进气头、冷凝管(带液封)、100 mL 滴液漏斗，然后加入镁屑(24 g,0.99 mol)和 270 mL 无水 THF。通入氮气 5 min 后，通过漏斗加入 3 mL 溴乙烷，稍加热后引发反应，出现回流后，开始滴加 60 mL 溴乙烷，控制滴加速度以使反应体系保持温和回流为宜，约 1.5 h 加完，溴乙烷的总用量为 63 mL(90 g,0.83 mol)。加完溴乙烷后，加热反应体系以保持缓慢回流 1 h，然后冷却至室温备用。

在一个干燥的 1000 mL 三颈瓶上装磁力搅拌子、低温温度计和 500 mL 滴液漏斗(带液封)，通过二口连接管装上乙炔进气头和氮气进气头。在通氮气下加入 250 mL 新制备的无水 THF，然后把上述新制备的乙基溴化镁溶液转移至滴液漏斗。用乙醇干冰浴把反应体系冷却至 0 ℃，在搅拌下通入纯化过的乙炔气体，同时缓慢滴加乙基溴化镁溶液。每次滴加 3～5 mL，出现大量的小气泡(乙烷)。待反应产生的小气泡(乙烷)减少而出现大气泡(乙炔)时，进行下一次滴加。随着反应的进行，反应体系中出现越来越多的灰色悬浮物，但不影响搅拌情况。滴加完毕后，保持反应温度为 0 ℃，继续通入乙炔 2 h。然后由滴液漏斗缓慢滴加 90.0 mL 三甲基氯硅烷(77.4 g,0.713 mol)，滴加时间为 1 h，反应体系的温度保持在 0 ℃。加完后撤去冷浴装置，把反应混合物密封，在室温下搅拌反应 24 h。然后加入由冰水配成的饱和氯化铵水溶液 200 mL，回温至室温后，分出有机层，用水洗至体积不再减少为止，加入无水硫酸钠干燥，蒸馏，得刺激性的无色液体 47.8 g，产率 67.1%，沸点 52～54 ℃。

^{1}H NMR(Neat/TMS) δ：0.15(s,9H,3×CH_3)；2.20(s,1H)。

2. 五氟碘苯(中间体 2)

在一个干燥的 500 mL 三颈瓶上装磁力搅拌子、液封、低温温度计和氮气进气头。在氮气保护下加入镁屑(3.3 g,0.14 mol)和 190 mL 无水 THF，通氮气 5 min 后再加入五氟氯苯 16 mL(25 g,0.125 mol)。反应混合物在氮气保护下于室温中搅拌，10 min 后温度慢慢上升，溶液由无色透明逐渐变黄，待溶液的黄色较明显时，把反应瓶放入乙醇/干冰浴中，冷却至 − 10 ℃。保持这个温度反应，反应体系的颜色逐渐加深，并有白色晶体形成。反应 1.5 h 后，放热现象不再明显，此时分批加入碘(36 g,0.14 mol)，并把反应温度控制在 − 5～ − 10 ℃之间。加完碘后继续搅拌 15 min，反应体系颜色由褐色变为黄色，并不断加深，当出现红棕色时说明反应已结束。然后，缓慢加入由 30 mL 浓盐酸和 40 mL 水配成的溶液，反应体系分层。分出下面的有机相，水相用乙醚(2×100 mL)萃取，合并有机相，有机层用 10%的硫代硫酸钠溶液(3×50 mL)洗 3 次，再用水洗至中性。有机层用无水硫酸钠干燥后，蒸去乙醚和 THF，减压蒸馏得无色透明液体 28.6 g，产率 78.6%，沸点 75～77 ℃(32.5 mmHg)。

^{19}F NMR(CCl_4/TFA) δ：41.2(d,2F,J = 18.8 Hz)，74.4(t,1F,J = 18.8 Hz)，81.5(m,2F)。

3. 1-五氟苯基-2-三甲基硅基乙炔(中间体3)

在氮气保护下，在一个装有 $Pd(PPh_3)_2Cl_2$（2.0 g，2.85 mmol）和 CuI（0.92 g，4.83 mmol）的500 mL三颈瓶中加入新蒸的无水三乙胺(280 mL)、五氟碘苯(53.3 g，0.181 mol)和三甲基硅乙炔(23.1 g，0.235 mol)。通氮气5 min后，在30～35 ℃下搅拌反应，10 min后，出现大量的棕色沉淀，反应液由黄色变棕色。48 h后，氟谱检测表明五氟碘苯已经完全转化为目标产物。然后，把反应液过滤，并用乙醚洗涤沉淀，有机相用水洗至中性，再用无水硫酸钠干燥。通过减压蒸馏除去溶剂，所得残留物经真空蒸馏得无色透明液体40.1 g，产率83.5%，沸点56～58 ℃(1 mmHg)。

^{1}H NMR(CCl_4/TMS) δ：0.13(s，CH_3)。^{19}F NMR(CCl_4/TFA) δ：59.63(m，2F)，76.33(t，1F)，85.9(m，2F)。MS：264(M^+，100)。元素分析：理论值(%)：C 50.00，H 3.14，F 35.99；实测值(%)：C 49.88，H 3.38，F 36.35。

4. 1-溴-4-正戊氧基苯(中间体4，*m*=5)

在一个500 mL圆底烧瓶中装磁力搅拌子，加入4-溴苯酚(23.4 g，135 mmol)、氢氧化钠(5.85 g，146 mmol)和N，N-二甲基甲酰胺(70 mL)。反应混合物加热至100 ℃直至氢氧化钠完全溶解。然后加入70 mL苯，加热蒸馏除去苯和水。再加入70 mL苯，继续蒸馏，直至蒸馏液变透明。待过量的苯完全除去后，在冷却至100 ℃的搅拌反应液中一次性加入1-溴戊烷(19.0 mL，22.7 g，150 mmol)，立即有大量的白色沉淀生成，同时反应液由棕色变成黄色。反应混合物在120 ℃下搅拌5 h，然后冷却至室温。在搅拌下加入150 mL乙醚和100 mL水以溶解沉淀，分出有机相，经水(3×50 mL)洗后用无水硫酸钠干燥。通过减压蒸馏除去溶剂，所得残留物经真空蒸馏得淡黄色液体25.7 g，产率78.1%，沸点98～100 ℃(2 mmHg)。

^{1}H NMR(CCl_4/TMS) δ：0.85(t，3H，J=5.0 Hz，CH_3)，1.05～1.97(m，6H)，3.80(t，2H，J=6.0 Hz，OCH_2)，6.63(d，2H)/7.25(d，2H)(AA′BB′，J=8.4 Hz，H_{arom})。

5. 1-三甲基硅基-2-[4-(4-正戊氧基苯基)-2，3，5，6-四氟苯基]乙炔(中间体5，*m*=5)

在一个干燥的50 mL三颈瓶上装磁力搅拌子、氮气进气头、10 mL滴液漏斗和冷凝管(带液封)，然后加入镁屑(0.66 g，27.2 mmol)、6 mL无水THF和一小粒碘(作为引发剂)。在干燥的氮气流保护下，通过漏斗缓慢滴加中间体4(m=5)(4.40 g，18.11 mmol)溶解于4 mL无水THF的溶液中，加热引发反应，直至碘的棕红色消失。反应热使反应体系保持轻微回流，中间体4的滴加时间为30 min。滴加完毕后，给反应体系加热，使之在搅拌下保持回流1 h，然后冷却至室温备用。在灰色浑浊的反应液中有大量的白色晶体沉淀生成。

在另一个干燥的50 mL三颈瓶上装磁力搅拌子、氮气进气头、滴液漏斗和冷凝管(带液封)，加入中间体3(4.0 g，15.1 mmol)和3 mL无水THF。在氮气保护下，把上述新制备的格氏试剂转移至滴液漏斗，并在30 min内滴加到搅拌的反应液中。反应体系逐渐变成棕色，在室温下搅拌3 h，然后加热回流40 min，冷却至室温，加入5%盐酸水溶液30 mL酸化。用乙醚(3×40 mL)萃取产物，合并有机相，有机层用水洗至中性，再用无水硫酸钠干燥。通过减压蒸馏除去溶剂，所得残留物经硅胶柱层析法纯化，用纯石油醚(沸点60～90 ℃)作淋洗剂，得淡黄色固体3.28 g，产率53.1%。

^{1}H NMR(CCl_4/TMS) δ：0.10(s，9H，$Si(CH_3)_3$)，0.77(t，3H，J=5.0 Hz，CH_3)，0.97

~1.99(m,6H),3.68(t,2H,J = 6.0 Hz,OCH_2),6.85($AA'BB'$,4H,H_{arom})。^{19}F NMR (CCl_4/TFA) δ:59.45(m,2F),66.75(m,2F)。

6. 4′-正戊氧基-2,3,5,6-四氟联苯-4-基乙炔(中间体6,m = 5)

在一个干燥的50 mL三颈瓶上装磁力搅拌子,然后加入中间体5(m = 5)(2.10 g,5.14 mmol)、甲醇(6 mL)、丙酮(25 mL)和0.2 mol/L氢氧化钠水溶液(3 mL)。反应混合物在室温下搅拌24 h,然后在真空中除去有机溶剂,所得产物用乙醚萃取,合并有机相。有机层用水洗至中性,再用无水硫酸钠干燥。通过减压蒸馏除去溶剂,所得残留物用丙酮/甲醇重结晶,得白色片状结晶1.62 g,产率93.6%,熔点79.0 ℃。

^{1}H NMR(CCl_4/TMS) δ:0.73(t,3H,J = 5.0 Hz,CH_3),0.99~1.90(m,6H),3.35(s,1H,C≡CH),3.70(t,2H,J = 6.0 Hz,OCH_2),6.90($AA'BB'$,4H,H_{arom})。^{19}F NMR(CCl_4/TFA) δ:59.70(m,2F),66.70(m,2F)。

7. 4′-正戊氧基-2,3,5,6-四氟联苯-4-基甲酸[A(m = 5)]

在一个250 mL圆底烧瓶上装磁力搅拌子和回流冷凝管,加入中间体6(m = 5)(1.29 g,3.84 mmol)、高锰酸钾(12.2 g,77.2 mmol)、氢氧化钠(500 mg,12.5 mmol)、水(80 mL)和1,4-二氧六环(120 mL)。搅拌加热,使之回流5 h。TLC分析表明反应已达饱和。然后将反应混合物冷却至室温,滴加饱和的亚硫酸钠溶液和浓盐酸以溶解所形成的棕色沉淀。用乙醚(3×20 mL)萃取产物,合并有机相,用水洗至中性,再用无水硫酸钠干燥。通过减压蒸馏除去溶剂,所得残留物用乙醚/石油醚重结晶,得白色固体650 mg,产率47.4%,熔点147.3 ℃。

^{1}H NMR(CD_3COCD_3/TMS) δ:0.30(t,3H,CH_3),0.48~1.60(m,6H),3.40(s,1H,COOH),3.50(t,2H,OCH_2),6.47(d,2H)/6.86(d,2H)($AA'BB'$,J = 8.0 Hz,H_{arom})。^{19}F NMR(CD_3COCD_3/TFA) δ:65.52(m,2F),67.85(m,2F)。IR(KBr,cm^{-1}):2960,2870,1710,1645,1610,1520,1480,1415,1320,1295,1255,1185,1170,1020,995,840,720,640,630。MS(m/z,%):356(M^+,52.35),287(100.00),242(38.41)。

以下化合物的合成路线与此化合物相似。

8. 4′-正己氧基-2,3,5,6-四氟联苯-4-基甲酸[A(m = 6)]

白色固体,产率45.8%,熔点143.8 ℃。

^{1}H NMR(CD_3COCD_3/TMS) δ:0.31(t,3H,CH_3),0.50~1.61(m,8H),3.41(s,1H,COOH),3.51(t,2H,OCH_2),6.48(d,2H)/6.89(d,2H)($AA'BB'$,J = 8.0 Hz,H_{arom})。^{19}F NMR(CD_3COCD_3/TFA) δ:65.59(m,2F),67.79(m,2F)。IR(KBr,cm^{-1}):2960,2870,1710,1640,1615,1520,1480,1415,1315,1300,1255,1185,1170,1030,995,840,720,640,630。MS(m/z,%):370(M^+,32.46),286(100.00),242(98.41)。

9. 4′-正庚氧基-2,3,5,6-四氟联苯-4-基甲酸[A(m = 7)]

白色固体,产率71.4%,熔点134.3 ℃。

^{1}H NMR(CD_3COCD_3/TMS) δ:0.30(t,3H,CH_3),0.50~1.64(m,10H),3.42(s,1H,COOH),3.53(t,2H,OCH_2),6.50(d,2H)/6.92(d,2H)($AA'BB'$,J = 8.0 Hz,H_{arom})。^{19}F NMR(CD_3COCD_3/TFA) δ:65.52(m,2F),67.67(m,2F)。IR(KBr,cm^{-1}):2960,2870,

1710,1640,1610,1520,1480,1415,1320,1295,1250,1185,1170,1030,991,840,720,640,626。MS(m/z,%):384(M^+,72.80),286(100.00),242(21.74)。

10. 4′-正辛氧基-2,3,5,6-四氟联苯-4-基甲酸[A(m=8)]

白色固体,产率 42.2%,熔点 129.0 ℃。

^{1}H NMR(CD_3COCD_3/TMS) δ:0.35(t,3H,CH_3),0.53～1.64(m,12H),3.42(s,1H,COOH),3.53(t,2H,OCH_2),6.50(d,2H)/6.92(d,2H)(AA′BB′,J=8.0 Hz,H_{arom})。^{19}F NMR(CD_3COCD_3/TFA) δ:65.62(m,2F),67.81(m,2F)。IR(KBr,cm^{-1}):2960,2870,1710,1640,1610,1520,1480,1415,1310,1295,1250,1185,1170,1030,990,840,720,640,626。MS(m/z,%):399(M^+,100.00),286(69.75),242(8.62)。

11. 4′-正壬氧基-2,3,5,6-四氟联苯-4-基甲酸[A(m=9)]

白色固体,产率 50.6%,熔点 144.1 ℃。

^{1}H NMR(CD_3COCD_3/TMS) δ:0.35(t,3H,CH_3),0.53～1.64(m,14H),3.43(s,1H,COOH),3.54(t,2H,OCH_2),6.52(d,2H)/6.94(d,2H)(AA′BB′,J=8.0 Hz,H_{arom})。^{19}F NMR(CD_3COCD_3/TFA) δ:65.62(m,2F),67.80(m,2F)。IR(KBr,cm^{-1}):2960,2870,1710,1640,1610,1520,1478,1415,1313,1295,1250,1185,1170,1030,991,840,721,640,626。MS(m/z,%):412(M^+,51.69),286(100.00),242(21.45)。

12. 4′-正癸氧基-2,3,5,6-四氟联苯-4-基甲酸[A(m=10)]

白色固体,产率 57.1%,熔点 130.4 ℃。

^{1}H NMR(CD_3COCD_3/TMS) δ:0.37(t,3H,CH_3),0.60～1.74(m,16H),3.44(s,1H,COOH),3.55(t,2H,OCH_2),6.55(d,2H)/6.97(d,2H)(AA′BB′,J=8.0 Hz,H_{arom})。^{19}F NMR(CD_3COCD_3/TFA) δ:65.67(m,2F),67.82(m,2F)。IR(KBr,cm^{-1}):2960,2870,1710,1643,1610,1520,1480,1415,1313,1295,1250,1185,1170,1024,991,840,722,640,626。MS(m/z,%):426(M^+,14.01),286(100.00),242(34.17)。

13. 4-羟基苯甲酸(s)-2-甲基丁酯(中间体 7)

在一个干燥的 50 mL 三颈瓶上装磁力搅拌子、滴液漏斗和接氯化钙干燥管的回流冷凝管,加入 4-羟基苯甲酸(2.8 g,20 mmol)和(s)-(-)-2-甲基-1-丁醇(5.0 g,57 mmol)。搅拌并冷却反应混合物至 0 ℃,在 5 min 内滴加 2.0 mL 氯化亚砜(3.3 g,28 mmol),伴有大量放热和刺激性气体生成。然后让反应体系升温至室温,在 30～35 ℃下搅拌反应 3 h,在 60 ℃下搅拌反应 21 h。TLC 分析表明反应已达饱和。过量的醇通过真空蒸馏回收,所得残留物溶解于 80 mL 乙醚中。所得溶液用 10%碳酸氢钠水溶液(3×50 mL)洗涤,再用水(3×40 mL)洗至中性,用无水硫酸钠干燥。通过减压蒸馏除去溶剂,所得残留物经硅胶柱层析法纯化,用石油醚(沸点 60～90 ℃)/乙酸乙酯(体积比为 7∶3)作淋洗剂,得淡黄色油状液体 2.86 g,产率 67.2%。

^{1}H NMR(CCl_4/TMS) δ:0.95～2.0(m,9H),4.13(d,2H,J=6.0 Hz,OCH_2),6.90(d,2H)/7.93(d,2H)(AA′BB′,J=8.0 Hz,O—C_6H_4—COO),8.24(s,1H,OH)。

14. 4′-正戊氧基-2,3,5,6-四氟联苯-4-基甲酸-4-[(s)-2-甲基丁氧羰基]苯酯[B1(m=5)]

在一个干燥的 50 mL 圆底烧瓶中加入化合物 A(m=5)(200 mg,0.56 mmol)、中间体 7

(175 mg,0.84 mmol)、N,N-二环己基碳二亚胺(DCCI)(173 mg,0.84 mmol)、4-吡咯烷基吡啶(PPY)(12 mg,0.081 mmol)和无水乙醚(15 mL)。让反应混合物隔绝空气,在室温下搅拌 48 h。TLC 分析表明反应已达饱和。然后滤去所生成的白色沉淀,所得滤液用水(3×15 mL)和 5%醋酸(3×15 mL) 洗涤,再用水(3×15 mL)洗至中性,用无水硫酸钠干燥。通过减压蒸馏除去溶剂,所得残留物经硅胶柱层析法纯化,用石油醚(沸点 60～90 ℃)/乙酸乙酯(体积比为 30∶1)作淋洗剂,得白色结晶 193 mg,产率 63.0%,熔点 84.6 ℃。

^{1}H NMR($CDCl_3$/TMS) δ:0.75～1.05(m,9H,3×CH_3),1.05～1.95(m,9H),3.98(t,2H,J=6.0 Hz,OCH_2),4.15(d,2H,J=6.0 Hz,$COOCH_2$),6.98(d,2H)/7.45(d,2H)(AA′BB′,J=8.0 Hz,O—C_6H_4—C_6F_4),7.32(d,2H)/8.12(d,2H)(AA′BB′,J=8.0 Hz,COO—C_6H_4—COO)。^{19}F NMR($CDCl_3$/TFA) δ:61.10(m,2F),64.80(m,2F)。IR(KBr,cm^{-1}):2940,2870,2830,1755,1715,1605,1518,1500,1490,1408,1380,1320,1260,1220,1190,1160,1100,1010,980,840,800,745,682,624。MS(m/z,%):546(M^+,7.78),348(100.00),269(28.92)。

15. 4-羟基苯甲酸正戊酯(中间体 8)

在一个干燥的 50 mL 三颈瓶上装磁力搅拌子、滴液漏斗和接氯化钙干燥管的回流冷凝管,加入 4-羟基苯甲酸(5.6 g,41 mmol)和 1-戊醇(12.8 g,145 mmol)。搅拌并冷却反应混合物至 0 ℃,在 10 min 内滴加 5.0 mL 氯化亚砜(8.2 g,69 mmol),伴有大量放热和刺激性气体生成。然后让反应体系升温至室温,在 30～35 ℃下搅拌反应 3 h,在 60 ℃下搅拌反应 28 h。TLC 分析表明反应已达饱和。过量的醇通过真空蒸馏回收,所得残留物溶解于 80 mL 乙醚中。粗产物溶液用 10%碳酸氢钠水溶液(3×50 mL)洗涤,再用水(3×40 mL)洗至中性,用无水硫酸钠干燥。通过减压蒸馏除去溶剂,所得残留物经硅胶柱层析法纯化,用石油醚(沸点 60～90 ℃)/乙酸乙酯(体积比为 7∶3)作淋洗剂,得淡黄色油状液体 7.38 g,产率 87.4%。

^{1}H NMR(CCl_4/TMS) δ:0.70(t,3H,CH_3),0.90～1.80(m,6H,$(CH_2)_3$),4.04(t,2H,J=6.0 Hz,OCH_2),6.64(d,2H)/7.66(d,2H)(AA′BB′,J=8.0 Hz,O—C_6H_4—COO),8.13(s,1H,OH)。

16. 4′-正己氧基-2,3,5,6-四氟联苯-4-基甲酸-4-(正戊氧羰基)苯酯[B2(m=6)]

在一个干燥的 50 mL 圆底烧瓶中加入化合物 A(m=6)(250 mg,0.68 mmol)、中间体 8(210 mg,1.00 mmol)、N,N-二环己基碳二亚胺(DCCI)(254 mg,1.23 mmol)、4-吡咯烷基吡啶(PPY)(12 mg,0.081 mmol)和无水二氯甲烷(15 mL)。让反应混合物隔绝空气,在室温下搅拌 72 h。TLC 分析表明反应已达饱和。然后滤去所生成的白色沉淀,所得滤液用水(3×15 mL)和 5%醋酸(3×15 mL)洗涤,再用水(3×15 mL)洗至中性,用无水硫酸钠干燥。通过减压蒸馏除去溶剂,所得残留物经硅胶柱层析法纯化,用石油醚(沸点 60～90 ℃)/乙酸乙酯(体积比为 30∶1)作淋洗剂,得白色结晶 181 mg,产率 47.9%,熔点 82.4 ℃。

^{1}H NMR($CDCl_3$/TMS) δ:0.81～1.16(m,6H,2×CH_3),1.16～2.21(m,14H),4.08(t,2H,J=6.0 Hz,OCH_2),4.38(t,2H,J=6.0 Hz,$COOCH_2$),7.11(d,2H)/7.54(d,2H)(AA′BB′,J=8.0 Hz,O—C_6H_4—C_6F_4),7.43(d,2H)/8.26(d,2H)(AA′BB′,J=8.0 Hz,COO—C_6H_4—COO)。^{19}F NMR($CDCl_3$/TFA) δ:61.33(m,2F),65.00(m,2F)。IR

(KBr,cm^{-1}):2950,2890,2820,1740,1710,1605,1518,1520,1497,1465,1410,1390,1330,1275,1235,1180,1160,1105,1020,985,834,798,740,680,620。MS(m/z,%):560(M^+,30.23),354(100.00),269(49.08)。

B3 和 B4 化合物的合成路线与 B1 和 B2 化合物相似。

17. 4-五氟苯基甲苯(中间体 9)

在一个干燥的 500 mL 三颈瓶上装磁力搅拌子、氮气进气头、200 mL 滴液漏斗和冷凝管(带液封),然后加入锂屑(3.0 g,0.43 mol)和 100 mL 绝对乙醚。在干燥的氮气流保护下,通过漏斗缓慢滴加 4-溴甲苯(33.0 g,0.19 mol)溶解于 100 mL 绝对乙醚的溶液中,滴加时间为 10 min。反应热使反应体系保持轻微回流,同时反应液颜色逐渐变为棕色。滴加完毕后,在室温下搅拌 70 min 备用。

在另一个干燥的 500 mL 三颈瓶上装磁力搅拌子、氮气进气头、300 mL 滴液漏斗和冷凝管(带液封),加入 20 mL 六氟苯(32 g,0.17 mol)和 100 mL 绝对乙醚。在氮气保护下,把上述新制备的锂试剂转移至滴液漏斗,并在 45 min 内缓慢滴加到搅拌的反应液中。反应热使反应体系保持轻微回流,同时反应液颜色逐渐变为黄色浑浊。滴加完毕后,在室温下搅拌 36 h,然后加入 10%盐酸水溶液 50 mL 和水 200 mL 以溶解灰色沉淀。分出有机相,水相用乙醚(3×60 mL)萃取。把有机相合并,用水洗至中性,再用无水硫酸钠干燥。通过减压蒸馏除去溶剂,所得残留物经硅胶柱层析法纯化,用石油醚(沸点 60~90 ℃)作淋洗剂,得白色片状结晶 26.63 g,产率 60.0%,熔点 118.6 ℃。

^{1}H NMR(CCl_4/TMS) δ:2.48(s,3H,CH_3),7.40(s,4H,H_{arom})。^{19}F NMR(CCl_4/TFA) δ:66.30(d,2F,J=18.8 Hz),79.30(t,1F,J=18.8 Hz),85.30(m,2F)。

18. 4′-甲基-4-正辛氧基-2,3,5,6-四氟联苯(中间体 10)

在一个 25 mL 圆底烧瓶上装磁力搅拌子和回流冷凝管,加入中间体 9(400 mg,1.55 mmol)、1-辛醇(1.08 g,8.33 mmol)、氢氧化钠(200 mg,5.0 mmol)和 10 mL 四氢呋喃,在 35~40 ℃下搅拌反应 17 h。^{19}F NMR 分析表明反应已经完成。然后在搅拌下加入 20 mL 水,用乙醚(3×20 mL)萃取产物。把有机相合并,用水洗至中性,再用无水硫酸钠干燥。通过减压蒸馏除去溶剂,所得残留物经硅胶柱层析法纯化,用石油醚(沸点 60~90 ℃)作淋洗剂,得白色片状结晶 507 mg,产率 88.9%。

^{1}H NMR(CCl_4/TMS) δ:0.95(t,3H,J=5.0 Hz,CH_3),1.15~2.15(m,12H),2.47(s,3H,—C_6H_4—CH_3),4.25(t,2H,J=6.0 Hz,OCH_2),7.35(s,4H,H_{arom})。^{19}F NMR(CCl_4/TFA) δ:69.90(m,2F),82.31(m,2F)。

19. 4′-溴甲基-4-正辛氧基-2,3,5,6-四氟联苯(中间体 11)

在一个干燥的 25 mL 三颈瓶上装磁力搅拌子和接氯化钙干燥管的回流冷凝管,加入中间体 10(507 mg,1.38 mmol)、N-溴代琥珀酰亚胺(NBS)(250 mg,1.39 mmol)、偶氮二异丁腈(AIBN)(30 mg,0.183 mmol)和 5 mL 无水四氯化碳(经五氧化二磷干燥)。搅拌加热,使之回流 13 h。TLC 分析表明反应已达饱和。然后将反应混合物冷却至室温,滤去所生成的白色悬浮物,并用四氯化碳洗涤。所得滤液通过减压蒸馏浓缩,所得残留物经硅胶柱层析法纯化,用石油醚(沸点 60~90 ℃)作淋洗剂,回收 79 mg 中间体 10,得产物(白色片状结晶)

453 mg,产率 87.1%。

^{1}H NMR(CCl_4/TMS) δ:0.81(t,3H,J=5.0 Hz,CH_3),1.00～2.00(m,12H),4.17(t,2H,J=6.0 Hz,OCH_2),4.37(s,2H,CH_2Br),7.33(s,4H,H_{arom})。^{19}F NMR(CCl_4/TFA) δ:67.85(m,2F),80.01(m,2F)。

20. 4-正辛氧基-2,3,5,6-四氟联苯-4′-基甲醇(中间体 12)

在一个 25 mL 圆底烧瓶上装磁力搅拌子和回流冷凝管,加入中间体 11(453 mg,1.01 mmol)、氢氧化钠(200 mg,5.0 mmol)、3.0 mL 水和 5.0 mL 四氢呋喃。搅拌加热,使之回流 10 h。TLC 分析表明反应已达饱和。然后将反应混合物冷却至室温,用乙醚(3×20 mL)萃取产物。把有机相合并,用水洗至中性,再用无水硫酸钠干燥。通过减压蒸馏除去溶剂,所得残留物经硅胶柱层析法纯化,用石油醚(沸点 60～90 ℃)/乙酸乙酯(体积比为 3∶1)作淋洗剂,回收 290 mg 中间体 11,得产物(白色固体)105 mg,产率 75.0%。

^{1}H NMR(CCl_4/TMS) δ:0.77(t,3H,J=5.0 Hz,CH_3),0.93～2.00(m,12H),2.72(s,1H,OH),4.10(t,2H,J=6.0 Hz,OCH_2),4.60(s,2H,CH_2OH),7.20(s,4H,H_{arom})。^{19}F NMR(CCl_4/TFA) δ:67.80(m,2F),80.10(m,2F)。

21. 4-正辛氧基-2,3,5,6-四氟联苯-4′-基甲酸[C(m=8)]

在一个 25 mL 圆底烧瓶上装磁力搅拌子和回流冷凝管,加入中间体 12(100 mg,0.26 mmol)、高锰酸钾(400 mg,2.53 mmol)、碳酸钠(200 mg,1.89 mmol)、水(5.0 mL)和 1,4-二氧六环(10.0 mL)。搅拌加热,使之回流 12 h。TLC 分析表明反应已经完成。然后将反应混合物冷却至室温,滴加饱和的亚硫酸钠溶液和浓盐酸以溶解所形成的棕色沉淀。用乙醚(3×20 mL)萃取产物,合并有机相,用水洗至中性,再用无水硫酸钠干燥。通过减压蒸馏除去溶剂,所得残留物用乙醚/石油醚重结晶,得白色固体 99 mg,产率 90.8%,熔点 174.0 ℃。

^{1}H NMR(CD_3COCD_3/TMS) δ:0.52(t,3H,CH_3),0.68～1.87(m,12H),3.00(s,1H,COOH),3.92(t,2H,J=6.0 Hz,OCH_2),7.22(d,2H)/7.78(d,2H)(AA′BB′,J=8.0 Hz,H_{arom})。^{19}F NMR(CD_3COCD_3/TFA) δ:69.15(m,2F),81.33(m,2F)。IR(KBr,cm^{-1}):2940,2850,1700,1615,1500,1482,1425,1404,1390,1321,1300,1284,1260,1195,1090,990,862,805,760。MS(m/z,%):398(M^+,6.54),286(100.00),269(10.50)。

22. 4-正辛氧基-2,3,5,6-四氟联苯-4′-基甲酸-4-[(s)-2-甲基丁氧羰基]苯酯[D1(m=8)]

在一个干燥的 25 mL 圆底烧瓶中加入化合物 C(m=8)(72 mg,0.18 mmol)、中间体 7(40 mg,0.19 mmol)、N,N-二环己基碳二亚胺(DCCI)(50 mg,0.24 mmol)、4-吡咯烷基吡啶(PPY)(3 mg,0.02 mmol)和无水乙醚(5 mL)。让反应混合物隔绝空气,在室温下搅拌 96 h。TLC 分析表明反应已达饱和。然后滤去所生成的白色沉淀,所得滤液用水(3×10 mL)和 5%醋酸(3×10 mL)洗涤,再用水(3×10 mL)洗至中性,用无水硫酸钠干燥。通过减压蒸馏除去溶剂,所得残留物经硅胶柱层析法纯化,用石油醚(沸点 60～90 ℃)/乙酸乙酯(体积比为 9∶1)作淋洗剂,得白色结晶 79 mg,产率 74.5%,熔点 84.1 ℃。

^{1}H NMR(CCl_4/TMS) δ:0.75～1.95(m,24H),4.10(m,4H,2×OCH_2),7.13(d,2H)/7.98(d,2H)(AA′BB′,J=8.0 Hz,C_6F_4—C_6H_4—COO),7.47(d,2H)/8.17(d,2H)

(AA′BB′, J = 8.0 Hz, COO—C_6H_4—COO)。^{19}F NMR(CCl_4/TFA) δ: 69.45(m, 2F), 81.63(m, 2F)。IR(KBr, cm^{-1}): 2950, 2910, 2850, 1740, 1712, 1602, 1500, 1480, 1405, 1390, 1270, 1208, 1164, 1092, 1068, 1020, 980, 890, 855, 762, 725, 702。MS(m/z, %): 588(M^+, 1.26), 381(100.00), 269(26.13)。

中间体13和14的合成方法与中间体7和8相似。

中间体15的合成方法与B1和B2化合物相似。

23. 1-(4-溴苯基)-2-(4′-正十二烷氧基-2,3,5,6-四氟联苯-4-基)乙炔[E2(m = 12)]

在一个干燥的50 mL三颈瓶上装磁力搅拌子、氮气进气头、回流冷凝管及液封,加入1-溴-4-碘苯(49 mg, 0.173 mmol)、中间体6(m = 12)(70 mg, 0.172 mmol)、$Pd(PPh_3)_2Cl_2$(7 mg, 0.010 mmol)和CuI(4 mg, 0.021 mmol)。在干燥的氮气保护下,往反应体系中加入新蒸的无水三乙胺5 mL,在30~35 ℃下搅拌反应24 h,伴有棕色沉淀生成。TLC分析表明反应已经完成。然后滤去所生成的沉淀,并用乙醚洗涤,所得滤液用水洗至中性,再用无水硫酸钠干燥。通过减压蒸馏除去溶剂,所得残留物经硅胶柱层析法纯化,用石油醚(沸点60~90 ℃)作淋洗剂,得淡黄色固体。再用丙酮/甲醇重结晶两次,得白色结晶57 mg,产率58.9%,熔点103.0 ℃。

^{1}H NMR(CCl_4/TMS) δ: 0.90~1.90(m, 23H), 3.94(t, 2H, OCH_2), 6.89(d, 2H)/7.36(d, 2H)(AA′BB′, J = 8.0 Hz, O—C_6H_4—C_6F_4), 7.44(s, 4H, C≡C—C_6H_4—Br)。^{19}F NMR(CCl_4/TFA) δ: 59.45(m, 2F), 66.30(m, 2F)。IR(KBr, cm^{-1}): 2940, 2850, 1612, 1522, 1500, 1485, 1414, 1395, 1290, 1250, 1182, 1170, 1070, 1030, 980, 840, 825, 760, 720, 630。MS(m/z, %): 590(M^+ + 1, 39.72), 588(M^+ − 1, 32.05), 422(100.00), 420(98.67)。

E系列其他化合物的合成方法与此化合物相似。

24. 4-((s)-2-甲基丁氧基)-2,3,5,6-四氟-1-碘苯(中间体16)

在一个50 mL圆底烧瓶上装磁力搅拌子和回流冷凝管,加入五氟碘苯(2.21 g, 7.48 mmol)、氢氧化钠(0.60 g, 15 mmol)、(s)-(-)-2-甲基-1-丁醇(0.72 g, 8.18 mmol)和四氢呋喃(10 mL)。搅拌加热,使之回流4 h。^{19}F NMR分析表明反应已经完成。然后在搅拌下加入30 mL乙醚和30 mL水,分出有机相,水相用乙醚(3×15 mL)萃取。把有机相合并,用饱和氯化钠水溶液洗至中性,再用无水硫酸钠干燥。通过减压蒸馏除去溶剂,所得残留物经硅胶柱层析法纯化,用石油醚(沸点60~90 ℃)作淋洗剂,得无色液体2.60 g,产率95.6%。

^{1}H NMR(CCl_4/TMS) δ: 0.75~2.08(m, 9H), 4.03(d, 2H, J = 6.0 Hz, OCH_2)。^{19}F NMR(CCl_4/TFA) δ: 44.70(d, 2F, J = 18.8 Hz), 76.90(d, 2F, J = 18.8 Hz)。

25. 1-[4-((s)-2-甲基丁氧基)-2,3,5,6-四氟苯基]-2-(4′-正辛氧基-2,3,5,6-四氟联苯-4-基)乙炔[F1(m = 8)]

在一个干燥的50 mL三颈瓶上装磁力搅拌子、氮气进气头、回流冷凝管及液封,加入中间体16(82 mg, 0.227 mmol)、中间体6(m = 8)(85 mg, 0.225 mmol)、$Pd(PPh_3)_2Cl_2$(8 mg, 0.011 mmol)和CuI(4 mg, 0.021 mmol)。在干燥的氮气保护下,往反应体系中加入新蒸的无水三乙胺5 mL,搅拌加热,使之回流2 h,伴有棕色沉淀生成。TLC分析表明反应已经完成。然后滤去所生成的沉淀,并用乙醚洗涤,所得滤液用水洗至中性,再用无水硫酸钠干燥。

通过减压蒸馏除去溶剂，所得残留物经硅胶柱层析法纯化，用石油醚（沸点 60～90 ℃）作淋洗剂，得淡黄色固体。再用丙酮/甲醇重结晶两次，得白色结晶 88 mg，产率 64.0%，熔点 89.5 ℃。

^{1}H NMR（CCl_4/TMS）δ：0.65～2.09（m，24H），4.00（d，2H，J = 6.0 Hz，OCH_2），4.25（t，2H，J = 6.0 Hz，OCH_2），7.15（AA′BB′，4H，O—C_6H_4—C_6F_4）。^{19}F NMR（CCl_4/TFA）δ：59.37（m，4F），66.85（m，2F），79.85（m，2F）。IR（KBr，cm^{-1}）：2950，2910，1850，1605，1518，1495，1470，1440，1390，1290，1251，1180，1070，980，840，760。MS（m/z，%）：612（M^+，9.41），542（9.56），430（100.00）。

F2 化合物的合成路线与 F1 化合物相似。

26. 4-碘苯甲酸-4-氯苯酯（中间体 20）

在一个 250 mL 圆底烧瓶中加入 4-碘苯甲酸（6.20 g，25.0 mmol）、4-氯苯酚（3.60 g，14.4 mmol）、N，N-二环己基碳二亚胺（DCCI）（6.20 g，28.0 mmol）、4-吡咯烷基吡啶（PPY）（370 mg，2.50 mmol）和无水乙醚（150 mL）。让反应混合物隔绝空气，在室温下搅拌 72 h。TLC 分析表明反应已达饱和。然后滤去所生成的白色沉淀，所得滤液用水（3×40 mL）和 5%醋酸（3×40 mL）洗涤，再用水（3×40 mL）洗至中性，用无水硫酸钠干燥。通过减压蒸馏除去溶剂，所得残留物用丙酮/甲醇重结晶，得白色片状结晶 4.80 g，产率 53.6%，熔点 128.0 ℃。

^{1}H NMR（$CDCl_3$/TMS）δ：7.22（d，2H）/7.48（d，2H）（AA′BB′，J = 8.4 Hz，COO—C_6H_4—Cl），7.95（s，4H，I—C_6H_4—COO）。

27. 4-（4′-正戊氧基-2，3，5，6-四氟联苯-4-基乙炔基）苯甲酸-4-氯苯酯［G3（m = 5）］

在一个干燥的 50 mL 三颈瓶上装磁力搅拌子、氮气进气头、回流冷凝管及液封，加入中间体 20（342 mg，0.954 mmol）、中间体 6（m = 5）（337 mg，1.00 mmol）、$Pd(PPh_3)_2Cl_2$（35 mg，0.050 mmol）和 CuI（19 mg，0.10 mmol）。在干燥的氮气保护下，往反应体系中加入新蒸的无水三乙胺 15 mL，搅拌加热，使之回流 4 h，伴有棕色沉淀生成。TLC 分析表明反应已经完成。然后滤去所生成的沉淀，并用氯仿洗涤，所得滤液用水洗至中性，再用无水硫酸钠干燥。通过减压蒸馏除去溶剂，所得残留物经硅胶柱层析法纯化，用石油醚（沸点 60～90 ℃）/乙酸乙酯（体积比为 20∶1）作淋洗剂，得淡黄色固体。再用丙酮/甲醇重结晶两次，得白色片状结晶 392 mg，产率 72.5%，熔点 134.0 ℃。

^{1}H NMR（$CDCl_3$/TMS）δ：0.89（t，3H，CH_3），1.09～1.74（m，4H），1.82（m，2H，CH_2），4.00（t，2H，J = 5.0 Hz，OCH_2），7.01（d，2H）/7.17（d，2H）（AA′BB′，J = 8.0 Hz，O—C_6H_4—C_6F_4），7.20（m，4H，O—C_6H_4—Cl），7.70（d，2H）/8.18（d，2H）（AA′BB′，J = 8.0 Hz，C≡C—C_6H_4—COO）。^{19}F NMR（$CDCl_3$/TFA）δ：59.20（m，2F），66.30（m，2F）。IR（KBr，cm^{-1}）：2960，2880，1745，1618，1520，1482，1418，1260，1215，1080，981，935，880，860，842，820，805，768，692，532。MS（m/z，%）：568（M^+ +1，2.80），566（M^+ −1，7.88），439（100.00）。

以下化合物的合成路线与此化合物相似。

28. 4-(4′-正己氧基-2,3,5,6-四氟联苯-4-基乙炔基)苯甲酸-4-氯苯酯[G3(*m*=6)]

白色片状结晶,产率74.2%,熔点129.3℃。

^{1}H NMR($CDCl_3$/TMS) δ:0.90(t,3H,CH_3),1.07～1.72(m,6H),1.82(m,2H,CH_2),4.01(t,2H,*J*=5.0 Hz,OCH_2),7.01(d,2H)/7.17(d,2H)(AA′BB′,*J*=8.0 Hz,O—C_6H_4—C_6F_4),7.21(m,4H,O—C_6H_4—Cl),7.70(d,2H)/8.17(d,2H)(AA′BB′,*J*=8.0 Hz,C≡C—C_6H_4—COO)。^{19}F NMR($CDCl_3$/TFA) δ:59.24(m,2F),66.37(m,2F)。IR(KBr,cm^{-1}):2960,2880,1745,1620,1520,1485,1415,1265,1215,1080,980,935,880,860,844,820,805,770,694,530。MS(*m*/*z*,%):582(M^++1,2.38),580(M^+−1,5.93),453(100.00)。

29. 4-(4′-正庚氧基-2,3,5,6-四氟联苯-4-基乙炔基)苯甲酸-4-氯苯酯[G3(*m*=7)]

白色片状结晶,产率74.3%,熔点126.1℃。

^{1}H NMR($CDCl_3$/TMS) δ:0.92(t,3H,CH_3),1.05～1.75(m,8H),1.84(m,2H,CH_2),4.03(t,2H,*J*=5.0 Hz,OCH_2),7.02(d,2H)/7.18(d,2H)(AA′BB′,*J*=8.0 Hz,O—C_6H_4—C_6F_4),7.22(m,4H,O—C_6H_4—Cl),7.72(d,2H)/8.19(d,2H)(AA′BB′,*J*=8.0 Hz,C≡C—C_6H_4—COO)。^{19}F NMR($CDCl_3$/TFA) δ:59.29(m,2F),66.45(m,2F)。IR(KBr,cm^{-1}):2940,2870,1740,1618,1520,1485,1415,1260,1215,1080,980,935,880,860,840,820,805,768,692,530。MS(*m*/*z*,%):596(M^++1,2.46),594(M^+−1,6.03),467(100.00)。

30. 4-(4′-正辛氧基-2,3,5,6-四氟联苯-4-基乙炔基)苯甲酸-4-氯苯酯[G3(*m*=8)]

白色片状结晶,产率68.9%,熔点122.7℃。

^{1}H NMR($CDCl_3$/TMS) δ:0.93(t,3H,CH_3),1.10～1.70(m,10H),1.84(m,2H,CH_2),4.04(t,2H,*J*=5.0 Hz,OCH_2),7.02(d,2H)/7.18(d,2H)(AA′BB′,*J*=8.0 Hz,O—C_6H_4—C_6F_4),7.23(m,4H,O—C_6H_4—Cl),7.73(d,2H)/8.20(d,2H)(AA′BB′,*J*=8.0 Hz,C≡C—C_6H_4—COO)。^{19}F NMR($CDCl_3$/TFA) δ:59.33(m,2F),66.50(m,2F)。IR(KBr,cm^{-1}):2930,2860,1740,1614,1520,1482,1415,1262,1216,1080,980,935,880,860,840,820,805,768,692,530。MS(*m*/*z*,%):610(M^++1,2.20),608(M^+−1,6.69),481(100.00)。

31. 4-(4′-正壬氧基-2,3,5,6-四氟联苯-4-基乙炔基)苯甲酸-4-氯苯酯[G3(*m*=9)]

白色片状结晶,产率67.7%,熔点120.5℃。

^{1}H NMR($CDCl_3$/TMS) δ:0.95(t,3H,CH_3),1.10～1.75(m,12H),1.85(m,2H,CH_2),4.05(t,2H,*J*=5.0 Hz,OCH_2),7.03(d,2H)/7.19(d,2H)(AA′BB′,*J*=8.0 Hz,O—C_6H_4—C_6F_4),7.25(m,4H,O—C_6H_4—Cl),7.73(d,2H)/8.20(d,2H)(AA′BB′,*J*=8.0 Hz,C≡C—C_6H_4—COO)。^{19}F NMR($CDCl_3$/TFA) δ:59.43(m,2F),66.58(m,2F)。IR(KBr,cm^{-1}):2930,2860,1740,1618,1518,1485,1418,1262,1216,1080,980,935,880,860,841,820,805,766,692,530。MS(*m*/*z*,%):624(M^++1,1.42),622(M^+−1,4.69),495(100.00)。

32. 4-(4′-正癸氧基-2,3,5,6-四氟联苯-4-基乙炔基)苯甲酸-4-氯苯酯[G3(*m* = 10)]

白色片状结晶,产率 66.8%,熔点 118.2 ℃。

^{1}H NMR(CDCl$_3$/TMS) δ:0.96(t,3H,CH$_3$),1.06～1.75(m,14H),1.86(m,2H,CH$_2$),4.07(t,2H,*J* = 5.0 Hz,OCH$_2$),7.04(d,2H)/7.20(d,2H)(AA′BB′,*J* = 8.0 Hz,O—C$_6$H$_4$—C$_6$F$_4$),7.27(m,4H,O—C$_6$H$_4$—Cl),7.73(d,2H)/8.20(d,2H)(AA′BB′,*J* = 8.0 Hz,C≡C—C$_6$H$_4$—COO)。^{19}F NMR(CDCl$_3$/TFA) δ:59.52(m,2F),66.68(m,2F)。IR(KBr,cm^{-1}):2940,2870,1742,1618,1518,1485,1418,1261,1218,1080,980,935,880,860,841,820,805,768,692,530。MS(*m*/*z*,%):638(M$^+$ +1,1.15),636(M$^+$ −1,3.69),509(100.00)。

化合物 G1、G2 和 H 的合成路线与化合物 G3 相似。

参考文献

[1] REINITZER F. Monatschefte für Chemie,1888,9:421.

[2] BROWN G H,WEBER G. Chem. Rev.,1957,57:1049.

[3] REIFFENRATH V,KRAUSE J,PLACH H F,et al. Liq. Cryst.,1989,5:159.

[4] PUCH C,ANDERSSON S K,PERCEC V. Liq. Cryst.,1991,10:229.

[5] HIRD M,GRAY G W,TOYNE K J. Liq. Cryst.,1992,4:531.

[6] GOLDMACHER J,BARTON L A. J. Org. Chem.,1967,32:476.

[7] GRAY G W. Mol. Cryst. Liq. Cryst.,1969,7:127.

[8] 闻建勋,陈齐,郭志红,徐岳连,田民权,胡月青,余洪斌,张亚东.中国发明专利,92108444.7,1992.

[9] WEN J X,XU Y L,TIAN M Q,CHEN Q. Ferroelectrics,1993,148:129.

[10] WEN J X,TIAN M Q,CHEN Q. J. Fluorine Chem.,1994,67:207.

[11] WEN J X,TIAN M Q,GUO Z H,CHEN Q. Mol. Cryst. Liq. Cryst.,1996,275:27.

[12] LU J Q,TIAN M Q,CHEN Q,WEN J X. Liq. Cryst.,1995,18:101.

[13] XU Y L,HU Y Q,CHEN Q,WEN J X. Liq. Cryst.,1995,18:105.

[14] 田民权.理学硕士学位论文,中国科学院上海有机化学研究所,1992.

[15] 陈锡敏.理学博士学位论文,中国科学院上海有机化学研究所,1999.

[16] GRAY G W,HARTLEY J B,JONES B. J. Chem. Soc.,1955:1412.

第 3 章　4′-[(4-正烷氧基-2,3,5,6-四氟苯基)乙炔基]苯甲酸苯酯衍生物

3.1　引言

液晶的发现[1]使得液晶化合物的化学结构与液晶性质之间的构效关系逐渐成为研究热点[2],特别是对实现液晶的平板显示等实际应用来说,这样的构效关系研究就显得尤为重要。随着热致型液晶的扭曲向列型效应(TN 效应)的发现[3],液晶的显示器应用成为现实。对显示品质和响应速度的追求,使得人们不断探寻介电常数各向异性值(Δε)很大且黏度低的液晶材料。

由于氟原子具有最大的电负性、仅比氢原子略大的体积和较低的可极化度,在液晶分子中用氟原子取代氢原子不但不太可能导致液晶相发生较大的变化,而且由于含氟化合物的分子间相互吸引作用较小,所设计的含氟液晶化合物可望具有较低的黏度,能够相应地提高液晶显示的响应速度。另一方面,为了增大液晶分子的 Δε,在位于液晶核的长轴方向上的苯环结构中引入一个或两个氟原子是一种有效的手段[4-6]。不过,引入全氟苯环的液晶化合物在 1990 年之前还鲜有报道[7-8]。

基于以上这些原因,我们设计和合成了可望获得介电正性的含 1,4-四氟亚苯基的二苯乙炔类液晶化合物(图 2.3.1),并利用偏光显微镜和 DSC 研究了它们的液晶性能,对液晶性能与分子结构之间的相互关系进行了总结,获得了一些性能优良的液晶化合物[9-13]。

I　$H(CH_2)_mO$—(2,3,5,6-四氟苯基)—≡—(苯基)—COO—(苯基)—X

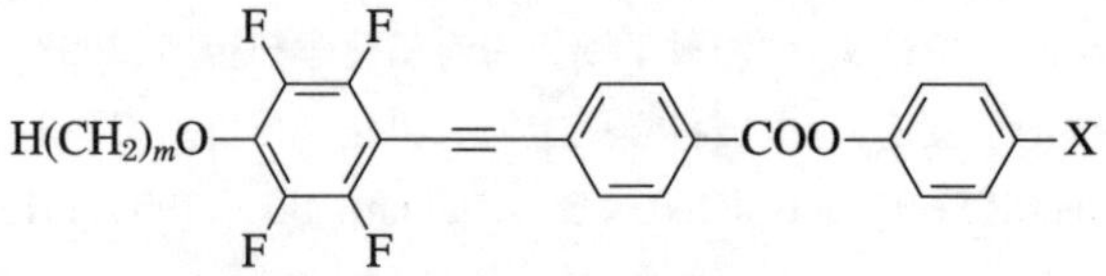

I1: $X=COOCH_2C^*H(CH_3)C_2H_5$
I2: $X=COO(CH_2)_5H$
I3: X=Cl
I4: X=H
I5: X=CN
I6: $X=NO_2$
I7: $X=OCH_3$

图 2.3.1　I 系列化合物的分子结构

3.2　I 系列化合物的合成路线

I 系列化合物的合成通法如图 2.3.2 所示。中间体 3 的合成请参见上一章。

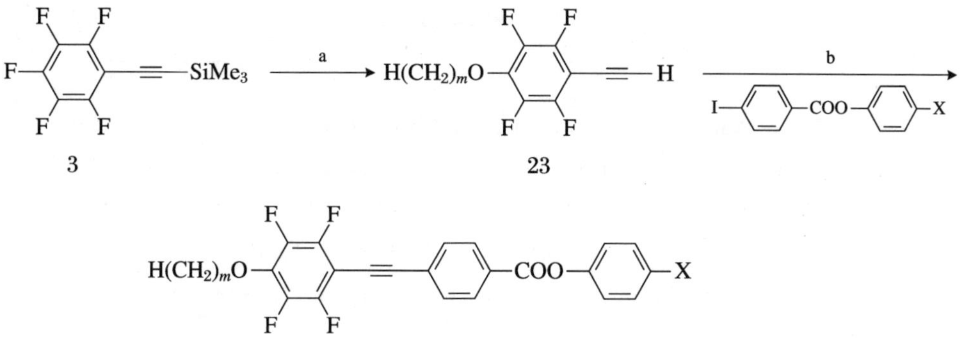

$I1(m=1\sim9、12)$: $X=COOCH_2C^*H(CH_3)C_2H_5$
$I2(m=1\sim8)$: $X=COO(CH_2)_5H$
$I3(m=3\sim8)$: $X=Cl$
$I4(m=3\sim8)$: $X=H$
$I5(m=8)$: $X=CN$
$I6(m=8)$: $X=NO_2$
$I7(m=8)$: $X=OCH_3$

图 2.3.2　I 系列化合物的合成

反应试剂和条件：a. $H(CH_2)_mOH$, K_2CO_3, DMF, r. t.；b. $Pd(PPh_3)_2Cl_2$, CuI, Et_3N, 回流

在碳酸钾的作用下，中间体 3 与相应的醇在 DMF 中发生亲核取代反应，生成关键中间体 4-烷氧基-2,3,5,6-四氟苯乙炔(23)。在三苯基膦氯化钯和碘化亚铜的催化下，中间体 23 与 4-碘苯甲酸-4-取代苯酯偶合，得到 I 系列目标化合物。

3.3　I 系列化合物的相变研究

I 系列化合物的相变温度列于表 2.3.1 和表 2.3.2 中。对具有手性中心的 I1 系列化合物而言，大部分化合物呈现互变的胆甾相、近晶 A 相和手性近晶 C 相。不过，末端烷氧基链的碳原子数 m 为 1 的化合物只呈现互变的胆甾相和单变的手性近晶 C 相，m 为 2 和 3 的化合物呈现单变的手性近晶 C 相和互变的胆甾相和近晶 A 相。就端链的影响而论，随着末端烷氧基链的增长，该系列化合物的熔点下降，近晶 A 相和手性近晶 C 相的热稳定性升高，而胆甾相的热稳定性降低。

表 2.3.1 四氟化二苯乙炔类化合物(I1 和 I2 系列化合物)的分子结构和相变温度①

$H(CH_2)_mO$—(2,3,5,6-四氟苯环, F F / F F)—≡—(苯环)—COO—(苯环)—X

I1: $X=COOCH_2C^*H(CH_3)C_2H_5$
I2: $X=COO(CH_2)_5H$

化合物	m	相变温度/℃	Ch 或 N 的相宽/℃②
I1	1	Cr 100.8 Ch 162.4 I 162.0 Ch 100.5 SmC* 72.7 Recr	61.5
	2	Cr 95.4 SmA 110.3 Ch 174.7 I 174.2 Ch 109.6 SmA 95.1 SmC* 58.8 Recr	64.6
	3	Cr 93.6 SmA 118.0 Ch 164.4 I 164.1 Ch 117.2 SmA 93.4 SmC* 62.2 Recr	46.9
	4	Cr 90.4 SmC* 90.8 SmA 136.0 Ch 169.2 I 168.8 Ch 135.7 SmA 90.6 SmC* 73.7 Recr	33.1
	5	Cr 89.5 SmC* 90.0 SmA 124.7 Ch 153.1 I 152.9 Ch 124.2 SmA 89.7 SmC* 70.6 Recr	28.7
	6	Cr 88.8 SmC* 89.8 SmA 132.8 Ch 154.7 I 154.5 Ch 132.4 SmA 89.5 SmC* 70.3 Recr	22.1
	7	Cr 77.8 SmC* 78.6 SmA 129.6 Ch 147.5 I 147.2 Ch 129.0 SmA 78.0 SmC* 61.6 Recr	18.2
	8	Cr 75.4 SmC* 77.7 SmA 129.4 Ch 144.8 I 144.4 Ch 129.1 SmA 77.2 SmC* 58.8 Recr	15.3
	9	Cr 74.0 SmC* 80.0 SmA 128.3 Ch 139.3 I 139.2 Ch 128.0 SmA 79.6 SmC* 53.3 Recr	11.2
	12	Cr 72.9 SmC* 81.6 SmA 127.4 Ch 132.1 I 132.0 Ch 127.0 SmA 81.2 SmC* 54.4 Recr	5.0
I2	1	Cr 97.8 N 170.3 I 169.4 N 86.8 Recr	82.6
	2	Cr 97.5 SmA 124.6 N 179.7 I 179.1 N 123.6 SmA 73.0 Recr	55.5
	3	Cr 87.7 SmA 135.2 N 174.9 I 174.3 N 134.5 SmA 68.4 Recr	39.8
	4	Cr 86.3 SmA 149.1 N 177.1 I 176.4 N 148.6 SmA 64.0 Recr	27.8
	5	Cr 82.5 SmA 149.5 N 168.6 I 168.3 N 149.3 SmA 64.8 Recr	19.0
	6	Cr 76.3 SmA 149.9 N 164.1 I 163.4 N 149.2 SmA 62.3 Recr	14.2
	7	Cr 75.5 SmA 146.1 N 156.6 I 156.0 N 145.6 SmA 57.3 Recr	10.4
	8	Cr 65.4 SmA 145.0 N 153.1 I 153.0 N 144.8 SmA 58.0 Recr	8.2

注 ① Cr:结晶相;SmA:近晶A相;SmC*:手性近晶C相;Ch:胆甾相;N:向列相;I:各向同性液体。
② 该数据为降温过程中的胆甾相或向列相的相宽。

此外,当烷氧基链不太长($m<8$)时,清亮点的变化呈现有规律的奇偶效应;但随着烷氧基链的进一步增长($m\geqslant 8$),清亮点呈下降趋势。值得注意的是,该系列四氟化液晶化合物具有很宽的液晶相温度范围和良好的相序列,是一类非常有应用前景的铁电液晶材料。

对非手性的I2系列而言,除了 m 为1的化合物只呈现互变的向列相外,其余的化合物均呈现互变的向列相和近晶A相。随着末端烷氧基链的增长,该系列化合物的熔点下降,近晶A相的热稳定性升高,而向列相的热稳定性降低。此外,当烷氧基链不太长($m<6$)时,清亮点的变化呈现有规律的奇偶效应;但随着烷氧基链的进一步增长($m\geqslant 6$),清亮点呈下降趋势。

表 2.3.2　四氟化二苯乙炔类化合物(I3～I7 系列化合物)的分子结构和相变温度①

$H(CH_2)_mO$—(2,3,5,6-四氟苯基)—≡—(苯基)—COO—(苯基)—X

I3: X=Cl
I4: X=H
I5: X=CN
I6: $X=NO_2$
I7: $X=OCH_3$

化合物	m	相变温度/℃	降温向列相宽/℃
I3	3	Cr 130.1 N 209.1 I 208.6 N 113.4 SmA 84.0 Recr	95.2
	4	Cr 113.4 SmA 132.4 N 207.0 I 206.1 N 131.5 SmA 92.1 Recr	74.6
	5	Cr 112.0 SmA 141.8 N 194.0 I 193.5 N 140.5 SmA 94.5 Recr	53.0
	6	Cr 108.4 SmA 150.1 N 189.1 I 188.2 N 149.6 SmA 92.1 Recr	38.6
	7	Cr 106.2 SmA 153.0 N 182.8 I 182.2 N 152.4 SmA 88.5 Recr	29.8
	8	Cr 100.3 SmA 155.0 N 178.4 I 177.8 N 154.5 SmA 92.0 Recr	23.3
I4	3	Cr 142.5 I 98.0 N 95.6 Recr	2.4
	4	Cr 129.8 I 107.2 N 95.0 Recr	12.2
	5	Cr 123.2 I 99.0 N 85.8 Recr	13.2
	6	Cr 117.4 I 102.0 N 80.0 Recr	22.0
	7	Cr 108.9 I 99.0 N 74.5 Recr	24.5
	8	Cr 105.3 I 101.4 N 62.1 Recr	39.3
I5	8	Cr 88.9 SmA 141.2 N 203.0 I 202.5 N 140.5 SmA 85.5 Recr	62.0
I6	8	Cr 81.6 SmA 131.1 N 182.7 I 182.2 N 130.3 SmA 67.3 Recr	51.9
I7	8	Cr 100.4 N 184.4 I 184.1 N 58.2 Recr	125.9

注　① Cr:结晶相;SmA:近晶 A 相;N:向列相;I:各向同性液体。

端基为 Cl 的 I3 系列化合物的相变行为与 I2 系列有些相似,m 为 3 及其以下的化合物只呈现互变的向列相和单变的近晶 A 相,而 m 为 4 以上的化合物呈现互变的向列相和近晶 A 相。随着末端烷氧基链的增长,该系列化合物的熔点下降,近晶 A 相的热稳定性升高,而向列相的热稳定性降低。此外,清亮点随着烷氧基链的增长而下降,但清亮点的变化呈现反常的奇偶效应,也就是,m 为奇数的化合物的清亮点高于相邻的 m 为偶数的化合物的清亮点。

端基为 H 的 I4 系列化合物只呈现单变的向列相。随着末端烷氧基链的增长,该系列化合物的熔点下降,而降温向列相的热稳定性升高。此外,液相到向列相的相变温度的变化呈现出正常的奇偶效应。端基为 CN 的 I5 系列和端基为 NO_2 的 I6 系列化合物均呈现互变的向列相和近晶 A 相,而端基为 OCH_3 的 I7 系列化合物只呈现互变的向列相。I2、I3、I5、I6 和 I7 系列化合物都具有很宽的液晶相温度范围,它们都是很有潜力的液晶材料。

从 I 系列化合物的相变行为可以看出,位于同一侧的不同末端基团对液晶性能有很大的影响。对 I 系列而言,当四氟苯环一侧的末端烷氧基链的碳原子数 m 固定为 8 时,另一侧的末端取代基 X 对不同的液晶相形成的影响力排序如下：

有助于向列相形成的基团排序为 $OCH_3 > CN > NO_2 > Cl > COOCH_2C^*H(CH_3)C_2H_5 > COO(CH_2)_5H > H$。

有助于近晶相形成的基团排序为 $COO(CH_2)_5H > COOCH_2C^*H(CH_3)C_2H_5 > NO_2 \approx Cl > CN \gg OCH_3 \approx H$。

此外，有助于降低熔点的基团排序为 $COO(CH_2)_5H > COOCH_2C^*H(CH_3)C_2H_5 > NO_2 > CN > Cl \approx OCH_3 > H$。

3.4 典型中间体和目标化合物的合成方法

1. 1-五氟苯基-2-三甲基硅基乙炔(中间体 3)

请参见上一章。

2. 4-甲氧基-2,3,5,6-四氟苯乙炔(中间体 23, *m* = 1)

在一个 50 mL 圆底烧瓶上装磁力搅拌子，然后加入中间体 3(1.0 g,3.78 mmol)、碳酸钾(1.0 g,7.24 mmol)、甲醇(0.4 mL,10 mmol)和 DMF(2.0 mL)。反应混合物在室温下搅拌 72 h，氟谱检测表明反应已经结束。然后在搅拌下加入 30 mL 乙醚和 30 mL 水，分离有机相，水相用乙醚(3×15 mL)萃取，合并有机相，用水洗至中性，再用无水硫酸钠干燥。通过减压蒸馏除去溶剂，所得残留物经硅胶柱层析法纯化，用石油醚(沸点 60～90 ℃)作淋洗剂，得白色针状结晶 0.69 g，产率 89.3%，熔点 58.0 ℃。

^{1}H NMR(CCl_4/TMS) δ:3.48(s,1H,C≡CH),4.15(s,3H,OCH_3)。^{19}F NMR(CCl_4/TFA) δ:60.33(d,2F,J = 18.8 Hz),81.00(d,2F,J = 18.8 Hz)。

3. 4-[2-(4-甲氧基-2,3,5,6-四氟苯基)乙炔基]苯甲酸-4-[(*s*)-2-甲基丁氧羰基]苯酯[I1(*m* = 1)]

在一个干燥的 50 mL 三颈瓶上装磁力搅拌子、氮气进气头、回流冷凝管及液封，加入中间体 18(460 mg,1.06 mmol)、中间体 23(*m* = 1)(220 mg,1.08 mmol)、$Pd(PPh_3)_2Cl_2$(40 mg,0.057 mmol)和 CuI(22 mg,0.116 mmol)。在干燥的氮气保护下，往反应体系中加入新蒸的无水三乙胺 20 mL，搅拌加热，使之回流 2 h，伴有棕色沉淀生成。TLC 分析表明反应已经完成。然后滤去所生成的沉淀，并用乙醚洗涤，所得滤液用水洗至中性，再用无水硫酸钠干燥。通过减压蒸馏除去溶剂，所得残留物经硅胶柱层析法纯化，用石油醚(沸点 60～90 ℃)/乙酸乙酯(体积比为 9∶1)作淋洗剂，得淡黄色固体。再用丙酮/甲醇重结晶，得白色片状结晶 460 mg，产率 85.2%，熔点 100.8 ℃。

^{1}H NMR(CCl_4/TMS) δ:0.92～1.92(m,9H),4.00(d,2H,J = 6.0 Hz,$COOCH_2$),4.15(s,3H,OCH_3),7.30(d,2H)/8.12(d,2H)(AA′BB′,J = 8.0 Hz,O—C_6H_4—COO),7.72(d,2H)/8.22(d,2H)(AA′BB′,J = 8.0 Hz,C≡C—C_6H_4—COO)。^{19}F NMR(CCl_4/TFA) δ:60.07(m,2F),80.50(m,2F)。IR(KBr,cm^{-1}):2975,1742,1715,1609,1520,1505,1490,1435,1262,1202,1166,1128,1075,1019,989,892,860,768,698。MS

(m/z,%):514(M^+,2.34),307(100.00)。元素分析:理论值(%):C 65.37,H 4.31,F 14.77;实测值(%):C 65.45,H 4.01,F 14.68。

I系列其他化合物的合成方法与此化合物相似。

4. 4-[2-(4-乙氧基-2,3,5,6-四氟苯基)乙炔基]苯甲酸-4-[(*s*)-2-甲基丁氧羰基]苯酯[I1($m=2$)]

白色片状结晶,产率95.5%,熔点95.4℃。

^{1}H NMR(CCl_4/TMS) δ:0.87～1.84(m,12H),4.02(d,2H,$J=6.0$ Hz,$COOCH_2$),4.17(t,2H,$J=6.0$ Hz,OCH_2),7.24(d,2H)/8.10(d,2H)(AA′BB′,$J=8.0$ Hz,O—C_6H_4—COO),7.64(d,2H)/8.19(d,2H)(AA′BB′,$J=8.0$ Hz,C≡C—C_6H_4—COO)。^{19}F NMR(CCl_4/TFA) δ:60.10(m,2F),80.13(m,2F)。IR(KBr,cm^{-1}):2980,2880,1740,1725,1610,1520,1500,1480,1450,1410,1400,1286,1212,1174,1115,1075,1021,985,895,860,766,694。MS(m/z,%):528(M^+,4.05),321(100.00)。元素分析:理论值(%):C 65.91,H 4.58,F 14.38;实测值(%):C 65.80,H 4.33,F 14.17。

5. 4-[2-(4-正丙氧基-2,3,5,6-四氟苯基)乙炔基]苯甲酸-4-[(*s*)-2-甲基丁氧羰基]苯酯[I1($m=3$)]

白色片状结晶,产率87.2%,熔点93.6℃。

^{1}H NMR(CCl_4/TMS) δ:0.87～1.97(m,14H),4.01(d,2H,$J=6.0$ Hz,$COOCH_2$),4.15(t,2H,$J=6.0$ Hz,OCH_2),7.24(d,2H)/8.10(d,2H)(AA′BB′,$J=8.0$ Hz,O—C_6H_4—COO),7.64(d,2H)/8.19(d,2H)(AA′BB′,$J=8.0$ Hz,C≡C—C_6H_4—COO)。^{19}F NMR(CCl_4/TFA) δ:60.15(m,2F),80.13(m,2F)。IR(KBr,cm^{-1}):2950,2850,1740,1720,1605,1516,1500,1490,1441,1405,1390,1260,1200,1164,1110,1066,1015,981,890,855,761,690。MS(m/z,%):542(M^+,3.64),337(100.00)。元素分析:理论值(%):C 66.42,H 4.83,F 14.01;实测值(%):C 66.60,H 4.74,F 13.68。

6. 4-[2-(4-正丁氧基-2,3,5,6-四氟苯基)乙炔基]苯甲酸-4-[(*s*)-2-甲基丁氧羰基]苯酯[I1($m=4$)]

白色片状结晶,产率84.6%,熔点90.4℃。

^{1}H NMR(CCl_4/TMS) δ:0.87～2.00(m,16H),4.00(d,2H,$J=6.0$ Hz,$COOCH_2$),4.15(t,2H,$J=6.0$ Hz,OCH_2),7.17(d,2H)/8.03(d,2H)(AA′BB′,$J=8.0$ Hz,O—C_6H_4—COO),7.60(d,2H)/8.12(d,2H)(AA′BB′,$J=8.0$ Hz,C≡C—C_6H_4—COO)。^{19}F NMR(CCl_4/TFA) δ:59.90(m,2F),79.67(m,2F)。IR(KBr,cm^{-1}):2950,2860,1738,1712,1602,1518,1500,1490,1442,1404,1390,1260,1200,1164,1106,1070,1014,982,884,854,760,685。MS(m/z,%):556(M^+,3.94),349(100.00)。元素分析:理论值(%):C 66.90,H 5.07,F 13.65;实测值(%):C 67.18,H 4.96,F 13.37。

7. 4-[2-(4-正戊氧基-2,3,5,6-四氟苯基)乙炔基]苯甲酸-4-[(*s*)-2-甲基丁氧羰基]苯酯[I1($m=5$)]

白色片状结晶,产率85.2%,熔点89.5℃。

^{1}H NMR(CCl_4/TMS) δ:0.90～1.90(m,18H),4.05(d,2H,$J=6.0$ Hz,$COOCH_2$),

4.20(t, 2H, J = 6.0 Hz, OCH_2), 7.18(d, 2H)/8.01(d, 2H)(AA′BB′, J = 8.0 Hz, O—C_6H_4—COO), 7.60(d,2H)/8.10(d,2H)(AA′BB′, J = 8.0 Hz, C≡C—C_6H_4—COO)。^{19}F NMR(CCl_4/TFA) δ:60.00(m,2F),79.83(m,2F)。IR(KBr,cm^{-1}):2950,2850,1740,1720,1604,1518,1500,1490,1441,1405,1390,1260,1204,1165,1115,1070,1015,980,884,854,760,723,688。MS(m/z,%):570(M^+,5.11),363(100.00)。元素分析:理论值(%):C 67.36,H 5.30,F 13.32;实测值(%):C 67.11,H 5.05,F 13.18。

8. 4-[2-(4-正己氧基-2,3,5,6-四氟苯基)乙炔基]苯甲酸-4-[(*s*)-2-甲基丁氧羰基]苯酯[I1(m = 6)]

白色片状结晶,产率 89.3%,熔点 88.8 ℃。

^{1}H NMR(CCl_4/TMS) δ:0.90~1.88(m,20H),4.10(d,2H, J = 6.0 Hz, $COOCH_2$), 4.23(t, 2H, J = 6.0 Hz, OCH_2), 7.23(d, 2H)/8.06(d, 2H)(AA′BB′, J = 8.0 Hz, O—C_6H_4—COO), 7.65(d,2H)/8.15(d,2H)(AA′BB′, J = 8.0 Hz, C≡C—C_6H_4—COO)。^{19}F NMR(CCl_4/TFA) δ:60.00(m,2F),79.80(m,2F)。IR(KBr,cm^{-1}):2950,2850,1740,1720,1604,1518,1500,1490,1442,1405,1390,1270,1202,1166,1112,1070,1016,980,885,854,760,721,688。MS(m/z,%):584(M^+,5.11),378(100.00)。元素分析:理论值(%):C 67.80,H 5.52,F 13.00;实测值(%):C 67.61,H 5.56,F 12.71。

9. 4-[2-(4-正庚氧基-2,3,5,6-四氟苯基)乙炔基]苯甲酸-4-[(*s*)-2-甲基丁氧羰基]苯酯[I1(m = 7)]

白色片状结晶,产率 86.3%,熔点 77.8 ℃。

^{1}H NMR(CCl_4/TMS) δ:0.85~1.90(m,22H),4.04(d,2H, J = 6.0 Hz, $COOCH_2$), 4.17(t, 2H, J = 6.0 Hz, OCH_2), 7.14(d, 2H)/7.97(d, 2H)(AA′BB′, J = 8.0 Hz, O—C_6H_4—COO), 7.57(d,2H)/8.07(d,2H)(AA′BB′, J = 8.0 Hz, C≡C—C_6H_4—COO)。^{19}F NMR(CCl_4/TFA) δ:60.00(m,2F),79.82(m,2F)。IR(KBr,cm^{-1}):2950,2840,1734,1716,1602,1519,1500,1490,1442,1406,1395,1261,1202,1162,1118,1066,1015,981,884,855,760,720,688。MS(m/z,%):598(M^+,6.75),392(100.00)。元素分析:理论值(%):C 68.22,H 5.73,F 12.69;实测值(%):C 68.17,H 5.60,F 12.41。

10. 4-[2-(4-正辛氧基-2,3,5,6-四氟苯基)乙炔基]苯甲酸-4-[(*s*)-2-甲基丁氧羰基]苯酯[I1(m = 8)]

白色片状结晶,产率 92.3%,熔点 75.4 ℃。

^{1}H NMR(CCl_4/TMS) δ:0.85~1.90(m,24H),4.00(d,2H, J = 6.0 Hz, $COOCH_2$), 4.15(t, 2H, J = 6.0 Hz, OCH_2), 7.11(d, 2H)/7.93(d, 2H)(AA′BB′, J = 8.0 Hz, O—C_6H_4—COO), 7.51(d,2H)/8.01(d,2H)(AA′BB′, J = 8.0 Hz, C≡C—C_6H_4—COO)。^{19}F NMR(CCl_4/TFA) δ:60.03(m,2F),79.83(m,2F)。IR(KBr,cm^{-1}):2960,2850,1738,1720,1606,1521,1505,1494,1448,1410,1400,1265,1205,1165,1116,1068,1018,982,888,859,764,722,692。MS(m/z,%):612(M^+,2.29),405(100.00)。元素分析:理论值(%):C 68.62,H 5.92,F 12.40;实测值(%):C 68.31,H 6.17,F 12.34。

11. 4-[2-(4-正壬氧基-2,3,5,6-四氟苯基)乙炔基]苯甲酸-4-[(*s*)-2-甲基丁氧羰基]苯酯[I1(*m*=9)]

白色片状结晶,产率90.4%,熔点74.0℃。

^1H NMR(CCl_4/TMS) δ:0.90～1.90(m,26H),4.06(d,2H,J=6.0 Hz,$COOCH_2$),4.20(t,2H,J=6.0 Hz,OCH_2),7.20(d,2H)/8.03(d,2H)(AA′BB′,J=8.0 Hz,O—C_6H_4—COO),7.61(d,2H)/8.13(d,2H)(AA′BB′,J=8.0 Hz,C≡C—C_6H_4—COO)。^{19}F NMR(CCl_4/TFA) δ:60.00(m,2F),79.83(m,2F)。IR(KBr,cm^{-1}):2950,2840,1736,1718,1602,1518,1500,1490,1441,1404,1390,1262,1197,1162,1110,1065,1018,984,890,855,760,720,686。MS(m/z,%):626(M^+,2.16),419(100.00)。元素分析:理论值(%):C 69.00,H 6.11,F 12.13;实测值(%):C 68.98,H 6.20,F 11.84。

12. 4-[2-(4-正十二烷氧基-2,3,5,6-四氟苯基)乙炔基]苯甲酸-4-[(*s*)-2-甲基丁氧羰基]苯酯[I1(*m*=12)]

白色片状结晶,产率90.8%,熔点72.9℃。

^1H NMR(CCl_4/TMS) δ:0.85～1.90(m,32H),3.97(d,2H,J=6.0 Hz,$COOCH_2$),4.10(t,2H,J=6.0 Hz,OCH_2),7.10(d,2H)/7.93(d,2H)(AA′BB′,J=8.0 Hz,O—C_6H_4—COO),7.51(d,2H)/8.03(d,2H)(AA′BB′,J=8.0 Hz,C≡C—C_6H_4—COO)。^{19}F NMR(CCl_4/TFA) δ:60.30(m,2F),79.97(m,2F)。IR(KBr,cm^{-1}):2950,2830,1740,1720,1602,1518,1500,1490,1442,1405,1390,1260,1198,1164,1105,1066,1015,980,890,855,760,720,690。MS(m/z,%):668(M^+,1.56),461(100.00)。元素分析:理论值(%):C 70.04,H 6.63,F 11.36;实测值(%):C 69.96,H 6.52,F 11.09。

13. 4-[2-(4-甲氧基-2,3,5,6-四氟苯基)乙炔基]苯甲酸-4-(正戊氧羰基)苯酯[I2(*m*=1)]

白色片状结晶,产率83.7%,熔点97.8℃。

^1H NMR($CDCl_3$/TMS) δ:0.82～1.98(m,9H),4.20(s,3H,OCH_3),4.35(t,2H,J=6.0 Hz,$COOCH_2$),7.50(d,2H)/8.27(d,2H)(AA′BB′,J=8.0 Hz,O—C_6H_4—COO),7.85(d,2H)/8.37(d,2H)(AA′BB′,J=8.0 Hz,C≡C—C_6H_4—COO)。^{19}F NMR($CDCl_3$/TFA) δ:60.07(m,2F),79.75(m,2F)。IR(KBr,cm^{-1}):2970,2860,1740,1715,1608,1518,1500,1490,1420,1260,1210,1160,1105,1070,1010,980,852,760,688。MS(m/z,%):514(M^+,1.34),307(100.00)。元素分析:理论值(%):C 65.37,H 4.31,F 14.77;实测值(%):C 65.55,H 4.04,F 14.58。

14. 4-[2-(4-乙氧基-2,3,5,6-四氟苯基)乙炔基]苯甲酸-4-(正戊氧羰基)苯酯[I2(*m*=2)]

白色片状结晶,产率81.9%,熔点97.5℃。

^1H NMR($CDCl_3$/TMS) δ:0.84～2.04(m,12H),4.22(t,2H,J=6.0 Hz,$COOCH_2$),4.37(t,2H,J=6.0 Hz,OCH_2),7.44(d,2H)/8.25(d,2H)(AA′BB′,J=8.0 Hz,O—C_6H_4—COO),7.78(d,2H)/8.34(d,2H)(AA′BB′,J=8.0 Hz,C≡C—C_6H_4—COO)。^{19}F NMR($CDCl_3$/TFA) δ:60.06(m,2F),79.83(m,2F)。IR(KBr,cm^{-1}):2950,2860,

1737,1708,1601,1515,1500,1488,1440,1392,1380,1260,1201,1162,1104,1062,1015,986,880,858,765,690。MS(m/z,%):528(M^+,4.05),321(100.00)。元素分析:理论值(%):C 65.91,H 4.58,F 14.38;实测值(%):C 65.70,H 4.36,F 14.27。

15. 4-[2-(4-正丙氧基-2,3,5,6-四氟苯基)乙炔基]苯甲酸-4-(正戊氧羰基)苯酯[I2(m=3)]

白色片状结晶,产率87.6%,熔点87.7℃。

^{1}H NMR($CDCl_3$/TMS) δ:0.85~2.07(m,14H),4.21(t,2H,J=6.0 Hz,$COOCH_2$),4.35(t,2H,J=6.0 Hz,OCH_2),7.42(d,2H)/8.25(d,2H)(AA′BB′,J=8.0 Hz,O—C_6H_4—COO),7.78(d,2H)/8.34(d,2H)(AA′BB′,J=8.0 Hz,C≡C—C_6H_4—COO)。^{19}F NMR($CDCl_3$/TFA) δ:60.05(m,2F),79.83(m,2F)。IR(KBr,cm^{-1}):2950,2860,1738,1720,1606,1515,1504,1492,1442,1410,1390,1272,1204,1168,1115,1075,1019,984,898,858,766,692。MS(m/z,%):542(M^+,1.05),335(100.00)。元素分析:理论值(%):C 66.42,H 4.83,F 14.01;实测值(%):C 66.66,H 4.54,F 13.78。

16. 4-[2-(4-正丁氧基-2,3,5,6-四氟苯基)乙炔基]苯甲酸-4-(正戊氧羰基)苯酯[I2(m=4)]

白色片状结晶,产率95.9%,熔点86.3℃。

^{1}H NMR($CDCl_3$/TMS) δ:0.85~2.00(m,16H),4.20(t,2H,J=6.0 Hz,$COOCH_2$),4.35(t,2H,J=6.0 Hz,OCH_2),7.37(d,2H)/8.18(d,2H)(AA′BB′,J=8.0 Hz,O—C_6H_4—COO),7.75(d,2H)/8.27(d,2H)(AA′BB′,J=8.0 Hz,C≡C—C_6H_4—COO)。^{19}F NMR($CDCl_3$/TFA) δ:60.00(m,2F),79.70(m,2F)。IR(KBr,cm^{-1}):2955,2860,1742,1721,1602,1515,1504,1490,1442,1408,1390,1268,1195,1164,1120,1072,1015,985,895,856,764,752,690。MS(m/z,%):556(M^+,1.30),349(100.00)。元素分析:理论值(%):C 66.90,H 5.07,F 13.65;实测值(%):C 67.08,H 4.86,F 13.47。

17. 4-[2-(4-正戊氧基-2,3,5,6-四氟苯基)乙炔基]苯甲酸-4-(正戊氧羰基)苯酯[I2(m=5)]

白色片状结晶,产率74.7%,熔点82.5℃。

^{1}H NMR($CDCl_3$/TMS) δ:0.90~1.90(m,18H),4.35(t,2H,J=6.0 Hz,$COOCH_2$),4.40(t,2H,J=6.0 Hz,OCH_2),7.37(d,2H)/8.16(d,2H)(AA′BB′,J=8.0 Hz,O—C_6H_4—COO),7.77(d,2H)/8.26(d,2H)(AA′BB′,J=8.0 Hz,C≡C—C_6H_4—COO)。^{19}F NMR($CDCl_3$/TFA) δ:60.00(m,2F),79.67(m,2F)。IR(KBr,cm^{-1}):2960,2870,1740,1722,1605,1517,1505,1495,1445,1408,1395,1270,1195,1168,1130,1075,1018,985,896,766,756,694。MS(m/z,%):570(M^+,1.40),363(100.00)。元素分析:理论值(%):C 67.36,H 5.30,F 13.32;实测值(%):C 67.21,H 5.17,F 13.08。

18. 4-[2-(4-正己氧基-2,3,5,6-四氟苯基)乙炔基]苯甲酸-4-(正戊氧羰基)苯酯[I2(m=6)]

白色片状结晶,产率74.3%,熔点76.3℃。

^{1}H NMR($CDCl_3$/TMS) δ:0.90~1.88(m,20H),4.28(t,2H,J=6.0 Hz,$COOCH_2$),

4.41(t,2H,J = 6.0 Hz,OCH_2),7.43(d,2H)/8.22(d,2H)(AA′BB′,J = 8.0 Hz,O—C_6H_4—COO),7.80(d,2H)/8.32(d,2H)(AA′BB′,J = 8.0 Hz,C≡C—C_6H_4—COO)。^{19}F NMR($CDCl_3$/TFA) δ:60.07(m,2F),79.80(m,2F)。IR(KBr,cm^{-1}):2950,2860,1742,1723,1602,1516,1505,1492,1442,1410,1390,1264,1200,1162,1110,1070,1018,985,895,859,764,752,690。MS(m/z,%):584(M^+,1.11),378(100.00)。元素分析:理论值(%):C 67.80,H 5.52,F 13.00;实测值(%):C 67.69,H 5.46,F 12.81。

19. 4-[2-(4-正庚氧基-2,3,5,6-四氟苯基)乙炔基]苯甲酸-4-(正戊氧羰基)苯酯[I2(m = 7)]

白色片状结晶,产率 73.3%,熔点 75.5 ℃。

^{1}H NMR($CDCl_3$/TMS) δ:0.85~1.90(m,22H),4.24(t,2H,J = 6.0 Hz,$COOCH_2$),4.37(t,2H,J = 6.0 Hz,OCH_2),7.32(d,2H)/8.12(d,2H)(AA′BB′,J = 8.0 Hz,O—C_6H_4—COO),7.68(d,2H)/8.22(d,2H)(AA′BB′,J = 8.0 Hz,C≡C—C_6H_4—COO)。^{19}F NMR($CDCl_3$/TFA) δ:60.00(m,2F),79.72(m,2F)。IR(KBr,cm^{-1}):2970,2860,1740,1722,1606,1518,1498,1485,1445,1410,1394,1274,1196,1168,1130,1076,1019,985,898,859,766,755,724,694。MS(m/z,%):598(M^+,1.68),392(100.00)。元素分析:理论值(%):C 68.22,H 5.73,F 12.69;实测值(%):C 68.27,H 5.55,F 12.45。

20. 4-[2-(4-正丙氧基-2,3,5,6-四氟苯基)乙炔基]苯甲酸-4-氯苯酯[I3(m = 3)]

白色片状结晶,产率 82.2%,熔点 130.1 ℃。

^{1}H NMR($CDCl_3$/TMS) δ:0.92(t,3H,J = 4.8 Hz,CH_3),1.40~2.10(m,2H,CH_2),4.31(t,2H,J = 6.0 Hz,OCH_2),7.21(d,2H)/7.43(d,2H)(AA′BB′,J = 8.4 Hz,O—C_6H_4—Cl),7.70(d,2H)/8.20(d,2H)(AA′BB′,J = 8.0 Hz,C≡C—C_6H_4—COO)。^{19}F NMR($CDCl_3$/TFA) δ:60.22(m,2F),79.84(m,2F)。IR(KBr,cm^{-1}):2980,2900,1735,1610,1520,1500,1445,1410,1395,1288,1210,1130,1080,1020,990,885,865,816,770,700。MS(m/z,%):462(M^+,1.52),464(M^+ + 2,0.58),335(100.00)。元素分析:理论值(%):C 62.28,H 3.27,F 16.42;实测值(%):C 62.29,H 3.14,F 16.28。

21. 4-[2-(4-正丁氧基-2,3,5,6-四氟苯基)乙炔基]苯甲酸-4-氯苯酯[I3(m = 4)]

白色片状结晶,产率 88.4%,熔点 113.4 ℃。

^{1}H NMR($CDCl_3$/TMS) δ:0.94(t,3H,J = 4.8 Hz,CH_3),1.20~2.00(m,4H),4.30(t,2H,J = 6.0 Hz,OCH_2),7.20(d,2H)/7.44(d,2H)(AA′BB′,J = 8.4 Hz,O—C_6H_4—Cl),7.71(d,2H)/8.21(d,2H)(AA′BB′,J = 8.0 Hz,C≡C—C_6H_4—COO)。^{19}F NMR($CDCl_3$/TFA) δ:60.20(m,2F),79.80(m,2F)。IR(KBr,cm^{-1}):2950,2880,1735,1610,1518,1504,1490,1445,1408,1395,1310,1285,1210,1125,1085,1020,985,885,866,820,770,700,515。MS(m/z,%):476(M^+,1.88),478(M^+ + 2,0.64),350(100.00)。元素分析:理论值(%):C 62.97,H 3.59,F 15.94;实测值(%):C 62.75,H 3.32,F 16.15。

22. 4-[2-(4-正戊氧基-2,3,5,6-四氟苯基)乙炔基]苯甲酸-4-氯苯酯[I3(m = 5)]

白色片状结晶,产率 88.1%,熔点 112.0 ℃。

^{1}H NMR($CDCl_3$/TMS) δ:0.93(t,3H,J = 4.8 Hz,CH_3),1.16~2.06(m,6H),4.31

(t,2H,$J=6.0$ Hz,OCH_2),7.21(d,2H)/7.43(d,2H)(AA′BB′,$J=8.4$ Hz,O—C_6H_4—Cl),7.70(d,2H)/8.20(d,2H)(AA′BB′,$J=8.0$ Hz,C≡C—C_6H_4—COO)。^{19}F NMR($CDCl_3$/TFA) δ:60.22(m,2F),79.84(m,2F)。IR(KBr,cm^{-1}):2980,2880,1740,1610,1520,1505,1495,1450,1412,1400,1270,1210,1145,1085,1020,990,885,862,820,770,695,515。MS(m/z,%):490(M^+,1.30),492(M^++2,0.42),363(100.00)。元素分析:理论值(%):C 63.62,H 3.90,F 15.48;实测值(%):C 63.83,H 3.65,F 15.66。

23. 4-[2-(4-正己氧基-2,3,5,6-四氟苯基)乙炔基]苯甲酸-4-氯苯酯[I3($m=6$)]

白色片状结晶,产率77.5%,熔点108.4 ℃。

^{1}H NMR($CDCl_3$/TMS) δ:0.94(t,3H,$J=4.8$ Hz,CH_3),1.20～2.07(m,8H),4.34(t,2H,$J=6.0$ Hz,OCH_2),7.20(d,2H)/7.46(d,2H)(AA′BB′,$J=8.4$ Hz,O—C_6H_4—Cl),7.72(d,2H)/8.22(d,2H)(AA′BB′,$J=8.0$ Hz,C≡C—C_6H_4—COO)。^{19}F NMR($CDCl_3$/TFA) δ:60.17(m,2F),79.78(m,2F)。IR(KBr,cm^{-1}):2970,2880,1742,1614,1520,1505,1495,1450,1414,1400,1270,1210,1145,1080,1020,990,885,862,820,772,696,520。MS(m/z,%):504(M^+,1.30),506(M^++2,0.41),377(100.00)。元素分析:理论值(%):C 64.23,H 4.19,F 15.05;实测值(%):C 64.08,H 4.00,F 15.26。

24. 4-[2-(4-正庚氧基-2,3,5,6-四氟苯基)乙炔基]苯甲酸-4-氯苯酯[I3($m=7$)]

白色片状结晶,产率79.0%,熔点106.2 ℃。

^{1}H NMR($CDCl_3$/TMS) δ:0.94(t,3H,$J=4.8$ Hz,CH_3),1.15～2.07(m,10H),4.33(t,2H,$J=6.0$ Hz,OCH_2),7.21(d,2H)/7.47(d,2H)(AA′BB′,$J=8.4$ Hz,O—C_6H_4—Cl),7.70(d,2H)/8.23(d,2H)(AA′BB′,$J=8.0$ Hz,C≡C—C_6H_4—COO)。^{19}F NMR($CDCl_3$/TFA) δ:60.17(m,2F),79.80(m,2F)。IR(KBr,cm^{-1}):2950,2880,1742,1614,1520,1505,1491,1450,1412,1400,1272,1210,1145,1080,1020,986,885,862,820,772,698,518。MS(m/z,%):518(M^+,8.31),520(M^++2,2.41),392(100.00)。元素分析:理论值(%):C 64.81,H 4.47,F 14.64;实测值(%):C 64.65,H 4.32,F 14.36。

25. 4-[2-(4-正辛氧基-2,3,5,6-四氟苯基)乙炔基]苯甲酸-4-氯苯酯[I3($m=8$)]

白色片状结晶,产率80.2%,熔点100.3 ℃。

^{1}H NMR($CDCl_3$/TMS) δ:0.93(t,3H,$J=4.8$ Hz,CH_3),1.10～2.10(m,12H),4.31(t,2H,$J=6.0$ Hz,OCH_2),7.22(d,2H)/7.47(d,2H)(AA′BB′,$J=8.4$ Hz,O—C_6H_4—Cl),7.72(d,2H)/8.23(d,2H)(AA′BB′,$J=8.0$ Hz,C≡C—C_6H_4—COO)。^{19}F NMR($CDCl_3$/TFA) δ:60.10(m,2F),79.70(m,2F)。IR(KBr,cm^{-1}):2950,2880,1742,1614,1520,1505,1495,1440,1412,1400,1290,1230,1145,1080,1010,986,885,862,820,762,698,515。MS(m/z,%):532(M^+,1.02),534(M^++2,0.32),405(100.00)。元素分析:理论值(%):C 65.36,H 4.73,F 14.26;实测值(%):C 65.06,H 4.65,F 14.46。

26. 4-[2-(4-正丙氧基-2,3,5,6-四氟苯基)乙炔基]苯甲酸苯酯[I4($m=3$)]

白色片状结晶,产率81.7%,熔点142.5 ℃。

^{1}H NMR($CDCl_3$/TMS) δ:1.05(t,3H,$J=5.0$ Hz,CH_3),1.45～2.23(m,2H,CH_2),4.28(t,2H,$J=6.0$ Hz,OCH_2),7.35(m,5H,O—C_6H_5),7.72(d,2H)/8.23(d,2H)

(AA′BB′, J = 8.0 Hz, C≡C—C_6H_4—COO)。^{19}F NMR($CDCl_3$/TFA) δ:60.16(m,2F),79.66(m,2F)。IR(KBr,cm^{-1}):2955,2860,1735,1602,1515,1502,1487,1441,1410,1395,1270,1200,1130,1080,1020,990,880,765,741,690。MS(m/z,%):428(M^+,24.67),336(100.00)。元素分析:理论值(%):C 67.29,H 3.76,F 17.74;实测值(%):C 67.02,H 3.53,F 17.46。

27. 4-[2-(4-正丁氧基-2,3,5,6-四氟苯基)乙炔基]苯甲酸苯酯[I4(m = 4)]

白色片状结晶,产率 91.1%,熔点 129.8 ℃。

^{1}H NMR($CDCl_3$/TMS) δ:1.02(t,3H, J = 5.0 Hz, CH_3),1.20～2.10(m,4H),4.32(t,2H, J = 6.0 Hz, OCH_2),7.33(m,5H,O—C_6H_5),7.70(d,2H)/8.23(d,2H)(AA′BB′, J = 8.0 Hz, C≡C—C_6H_4—COO)。^{19}F NMR($CDCl_3$/TFA) δ:60.16(m,2F),79.83(m,2F)。IR(KBr,cm^{-1}):2960,2850,1735,1602,1516,1503,1487,1441,1410,1395,1265,1200,1135,1080,990,880,766,740,690。MS(m/z,%):442(M^+,5.10),350(100.00)。元素分析:理论值(%):C 67.87,H 4.10,F 17.18;实测值(%):C 67.89,H 3.81,F 17.37。

28. 4-[2-(4-正戊氧基-2,3,5,6-四氟苯基)乙炔基]苯甲酸苯酯[I4(m = 5)]

白色片状结晶,产率 81.1%,熔点 123.2 ℃。

^{1}H NMR($CDCl_3$/TMS) δ:0.96(t,3H, J = 5.0 Hz, CH_3),1.15～2.10(m,6H),4.31(t,2H, J = 6.0 Hz, OCH_2),7.33(m,5H,O—C_6H_5),7.70(d,2H)/8.23(d,2H)(AA′BB′, J = 8.0 Hz, C≡C—C_6H_4—COO)。^{19}F NMR($CDCl_3$/TFA) δ:60.16(m,2F),79.83(m,2F)。IR(KBr,cm^{-1}):2950,2860,1732,1601,1516,1503,1486,1442,1410,1392,1265,1200,1140,1080,985,860,765,740,690。MS(m/z,%):456(M^+,12.76),364(100.00)。元素分析:理论值(%):C 68.42,H 4.42,F 16.65;实测值(%):C 68.70,H 4.71,F 16.37。

29. 4-[2-(4-正己氧基-2,3,5,6-四氟苯基)乙炔基]苯甲酸苯酯[I4(m = 6)]

白色片状结晶,产率 80.1%,熔点 117.4 ℃。

^{1}H NMR($CDCl_3$/TMS) δ:0.90(t,3H, J = 5.0 Hz, CH_3),1.10～2.10(m,8H),4.30(t,2H, J = 6.0 Hz, OCH_2),7.33(m,5H,O—C_6H_5),7.70(d,2H)/8.23(d,2H)(AA′BB′, J = 8.0 Hz, C≡C—C_6H_4—COO)。^{19}F NMR($CDCl_3$/TFA) δ:60.16(m,2F),79.83(m,2F)。IR(KBr,cm^{-1}):2940,2850,1732,1600,1516,1503,1485,1440,1410,1390,1266,1200,1130,1080,982,860,764,740,690。MS(m/z,%):470(M^+,3.47),377(100.00)。元素分析:理论值(%):C 68.93,H 4.71,F 16.15;实测值(%):C 69.20,H 4.61,F 16.27。

30. 4-[2-(4-正庚氧基-2,3,5,6-四氟苯基)乙炔基]苯甲酸苯酯[I4(m = 7)]

白色片状结晶,产率 92.9%,熔点 108.9 ℃。

^{1}H NMR($CDCl_3$/TMS) δ:0.86(t,3H, J = 5.0 Hz, CH_3),1.06～2.10(m,10H),4.31(t,2H, J = 6.0 Hz, OCH_2),7.33(m,5H,O—C_6H_5),7.70(d,2H)/8.23(d,2H)(AA′BB′, J = 8.0 Hz, C≡C—C_6H_4—COO)。^{19}F NMR($CDCl_3$/TFA) δ:60.17(m,2F),79.84(m,2F)。IR(KBr,cm^{-1}):2940,2850,1735,1604,1518,1503,1490,1440,1410,1390,1270,1200,1135,1080,985,860,764,740,690。MS(m/z,%):484(M^+,0.97),392(100.00)。元素分析:理论值(%):C 69.41,H 4.99,F 15.69;实测值(%):C 69.38,H 4.71,F 15.87。

31．4-[2-(4-正辛氧基-2,3,5,6-四氟苯基)乙炔基]苯甲酸苯酯[I4($m=8$)]

白色片状结晶，产率72.5%，熔点105.3℃。

^{1}H NMR($CDCl_3$/TMS) δ:0.81(t,3H,$J=5.0$ Hz,CH_3),1.02～2.10(m,12H),4.30(t,2H,$J=6.0$ Hz,OCH_2),7.33(m,5H,O—C_6H_5),7.71(d,2H)/8.24(d,2H)(AA′BB′,$J=8.0$ Hz,C≡C—C_6H_4—COO)。^{19}F NMR($CDCl_3$/TFA) δ:60.15(m,2F),79.83(m,2F)。IR(KBr,cm^{-1}):2940,2850,1735,1604,1518,1503,1494,1441,1410,1390,1270,1200,1135,1080,985,860,764,740,690。MS(m/z,%):498(M^+,0.43),405(100.00)。元素分析:理论值(%):C 69.87,H 5.26,F 15.24;实测值(%):C 69.72,H 5.17,F 15.27。

32．4-[2-(4-正辛氧基-2,3,5,6-四氟苯基)乙炔基]苯甲酸-4-硝基苯酯[I6($m=8$)]

白色结晶，产率72.0%，熔点81.6℃。

^{1}H NMR($CDCl_3$/TMS) δ:0.90(t,3H,$J=5.0$ Hz,CH_3),1.17～2.07(m,12H),4.33(t,2H,$J=6.0$ Hz,OCH_2),7.35(d,2H)/7.62(d,2H)(AA′BB′,$J=8.0$ Hz,O—C_6H_4—NO_2),7.75(d,2H)/8.27(d,2H)(AA′BB′,$J=8.0$ Hz,C≡C—C_6H_4—COO)。^{19}F NMR($CDCl_3$/TFA) δ:60.17(m,2F),79.67(m,2F)。IR(KBr,cm^{-1}):2940,2850,1730,1605,1518,1503,1480,1435,1415,1380,1340,1255,1200,1135,1060,1000,980,892,855,760,680。MS(m/z,%):543(M^+,1.82),405(100.00)。

33．4-[2-(4-正辛氧基-2,3,5,6-四氟苯基)乙炔基]苯甲酸-4-甲氧基苯酯[I7($m=8$)]

白色结晶，产率70.0%，熔点100.4℃。

^{1}H NMR($CDCl_3$/TMS) δ:0.92(t,3H,$J=5.0$ Hz,CH_3),1.10～2.05(m,12H),3.85(s,3H,OCH_3),4.33(t,2H,$J=6.0$ Hz,OCH_2),6.95(d,2H)/7.20(d,2H)(AA′BB′,$J=8.4$ Hz,O—C_6H_4—O),7.71(d,2H)/8.24(d,2H)(AA′BB′,$J=8.0$ Hz,C≡C—C_6H_4—COO)。^{19}F NMR($CDCl_3$/TFA) δ:60.16(m,2F),79.70(m,2F)。IR(KBr,cm^{-1}):2940,2850,1730,1605,1518,1503,1484,1440,1410,1390,1260,1190,1125,1075,980,870,860,820,810,764,690。MS(m/z,%):528(M^+,4.69),405(100.00)。

参考文献

[1] REINITZER F. Monatschefte für Chemie,1888,9:421.
[2] BROWN G H,et al. Chem. Rev.,1957,57:1049.
[3] SCHADT M,HELFRICH W. Appl. Phys. Lett.,1971,18:127.
[4] REIFFENRATH V,KRAUSE J,PLACH H F,WEBER G. Liq. Cryst.,1989,5:159.
[5] PUCH C,ANDERSSON S K,PERCEC V. Liq. Cryst.,1991,10:229.
[6] HIRD M,GRAY G W,TOYNE K J. Liq. Cryst.,1992,4:531.
[7] GOLDMACHER J,BARTON L A. J. Org. Chem.,1967,32:476.
[8] GRAY G W. Mol. Cryst. Liq. Cryst.,1969,7:127.
[9] 闻建勋,陈齐,郭志红,徐岳连,田民权,胡月青,余洪斌,张亚东.中国发明专利,92108444.7,1992.

[10] WEN J X,XU Y L,TIAN M Q,CHEN Q. Ferroelectrics,1993,148:129.
[11] WEN J X,TIAN M Q,CHEN Q. Liq. Cryst.,1994,16:445.
[12] WEN J X,TIAN M Q,YU H B,GUO Z H,CHEN Q. J. Mater. Chem.,1994,4:327.
[13] 田民权.理学硕士学位论文,中国科学院上海有机化学研究所,1992.

第 4 章　2,3,5,6-四氟二苯乙炔的苯甲酸酯衍生物

4.1　引言

自从 Friedel G 确定了液晶的定义和分类,在之后的 30 年里液晶的研究有了较大发展[1,2],如:1922～1933 年间,Mair W[3]、Friedel G 及 Oseen C W[4]等创立了液晶连续体理论,研究了外场对液晶的影响,测量了液晶的电导率,并开展了化学合成和物理实验互动。1933～1945 年间,Mair W[3]等测量了液晶的介电常数,Vorlander D[5]研究了同系列液晶态物质热力学性质变化的一般规律。但是,直到 20 世纪 50 年代,液晶的研究尚未有重大突破,与其他学科也联系不多。直到 60 年代,液晶研究状况才发生了本质变化。1963 年,Willians 发现向列相液晶的畴结构之后,液晶研究重新受到人们的重视。Heilmier G H[6]研究了向列相液晶的电光性质和其他现象。Gray G W[7]发表了专著 *Molecular Structure and Properties of Liquid Crystals*。液晶的应用也飞速发展起来。

液晶分子的特殊分子排列,使得它在宏观上有一般化合物不可替代的优点。液晶用作色谱固定液,可提高色谱选择性和分离效率;液晶态功能分离膜具有选择性渗透性能及良好的分离效率。特别是在电子工业中,液晶作为信息材料,有功耗低、驱动电压小、明亮环境下显示等优越性,因而在电子显示器技术和微电子学方面得到越来越广泛的应用。如今,彩色高清晰度大屏幕显示,便是液晶应用的完美体现。液晶显示材料已从广泛使用的扭曲向列型(TN)和宾主型(GH)转变为超扭曲向列型(STN),但它们有色彩不够鲜明、响应速度不够快等缺点。1980 年出现了铁电液晶显示器件。因此,如何开发出一些新的性能优良的液晶材料成了液晶界的热门话题。

1968 年,第一个含氟液晶分子问世[8]。含氟液晶的研究在 20 世纪 70 年代前,人们涉足得并不多。但 70 年代后,由于液晶应用的飞速发展,人们把注意力集中到了开发新型液晶材料上。含氟液晶以其独特的优良性能开始崭露头角,从而引起了关注。

大多数液晶分子,刚性核由苯环连接构成,因此,在核中的苯环上引入氟原子,是研究的一个方向。Gray 等在这方面做了许多有意义的工作[9-14],他们用一个或两个氟原子取代液晶分子苯环上的氢,得到了以下有价值的结果:

(1) 由于氟原子体积较小,与氢原子相似,而且氟的电负性高,故氟取代氢,降低了分子的熔点和黏度,有利于液晶相的形成。

(2) 增加了垂直于分子长轴方向上的介电各向异性。$\Delta\varepsilon$ 绝对值增大,有利于应用。

(3) 变化分子的长宽比,降低了 K_{33}/K_{11} 值[15],但也有增加 K_{33}/K_{11} 值的情况[16]。K_{33}、K_{11} 是描述液晶分子弹性形变的物理量,K_{33}/K_{11} 比值小的液晶,适用于多路驱动。

(4) 近晶相稳定性下降,向列相稳定性上升,并有很宽的向列相。但也有相反情况[17],在三联苯分子中引入一个氟,有利于倾斜的近晶相(G,I)的形成[11];引入两个氟原子,有利于近晶 C 相的形成[9,18,19],这在液晶应用中,形成了很有用的铁电液晶材料。

(5) 含有氰基的液晶分子,氟的引入使分子原有的反平行排列被破坏,获得了高的 $\Delta\varepsilon$ 值。[20-24]

(6) 氟的分子横向引入,使分子具有高负的 $\Delta\varepsilon$ 值,有很好的应用前景。

关于含有全氟取代苯环的液晶分子研究,直到 20 世纪 80 年代开展得尚不多[25]。其中大多是从全氟苯甲酸出发合成的一些含全氟苯甲酸酯的液晶分子,这些分子同样也显示出了熔点低、黏度低、热稳定性高、自发极化大、响应速度快的特点,应用价值相当大。

我们研究组以五氟氯苯为原料,合成了一系列含有全氟苯乙炔基的液晶分子[25-27],发现所合成的含有全氟苯乙炔基的分子,不仅可降低分子的熔点,而且有利于向列相的形成。本章进一步研究全氟苯乙炔基对分子液晶性的影响。

4.2 合成的新型含氟液晶化合物

A1(A1-6～A1-9)　NC—C₆H₄—COO—C₆F₄—C≡C—C₆H₄—OR　R=n-C_mH_{2m+1}(m=6～9)

A2(A2-4～A2-9)　Cl—C₆H₄—COO—C₆F₄—C≡C—C₆H₄—OR　R=n-C_mH_{2m+1}(m=4～9)

A3(A3-4～A3-8)　RO—C₆H₄—COO—C₆F₄—C≡C—C₆H₄—CN　R=n-C_mH_{2m+1}(m=4～8)

A4　n-$C_6H_{13}O$—C₆H₄—COO—C₆F₄—C≡C—C₆H₄—OC_5H_{11}

B1(B1-4～B1-9)　NC—C₆H₄—COO—C₆H₄—C≡C—C₆F₄—OR　R=n-C_mH_{2m+1}(m=4～9)

B2(B2-4～B2-9)　Cl—C₆H₄—COO—C₆H₄—C≡C—C₆F₄—OR　R=n-C_mH_{2m+1}(m=4～9)

B3(B3-2～B3-8) CH_3O–C₆H₄–COO–C₆H₄–C≡C–(F)–OR R=n-C_mH_{2m+1}(m=2～8)

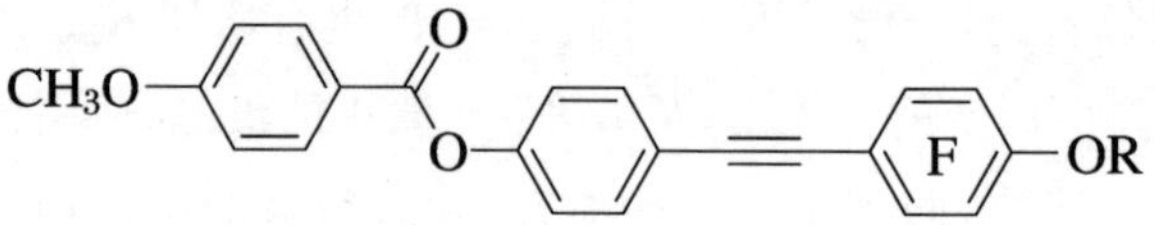

B5(B5-4～B5-9) NO_2–C₆H₄–COO–C₆H₄–C≡C–(F)–OR R=n-C_mH_{2m+1}(m=4～9)

B6 CH_3–C₆H₄–COO–C₆H₄–C≡C–(F)–OC_8H_{17}-n

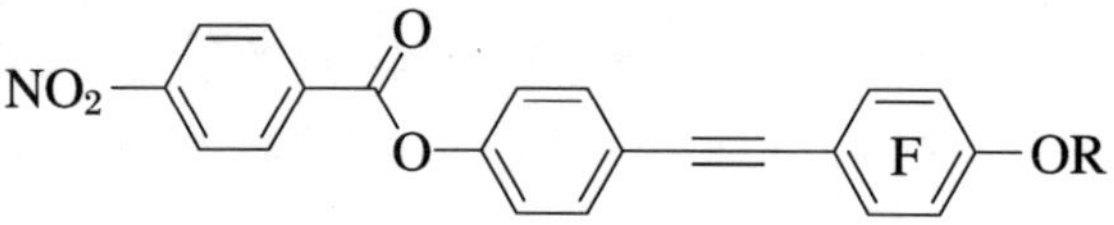

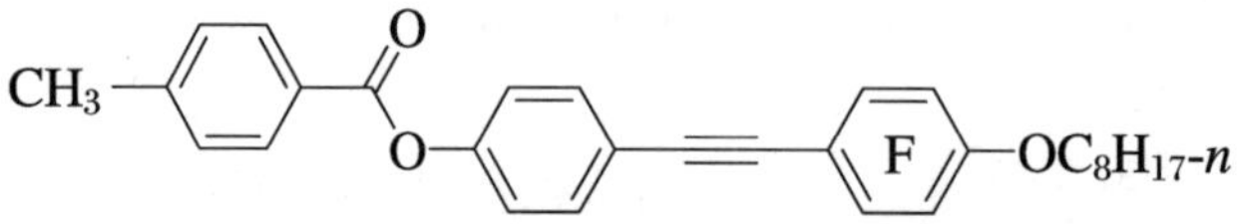

以上化合物中的 R 均为正烷基。

C1 NC–C₆H₄–COO–C₆H₄–C≡C–(F)–OC_8H_{17}

C2 Cl–C₆H₄–COO–C₆H₄–C≡C–(F)–OC_8H_{17}

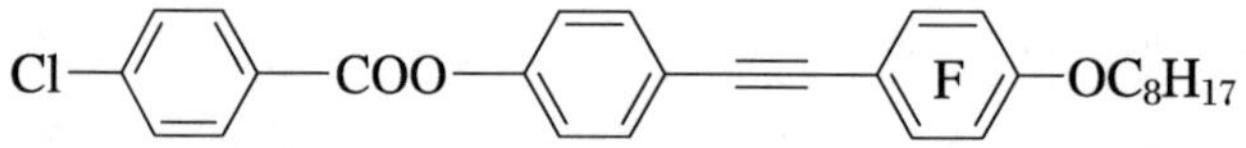

4.3 目标分子的合成路线

目标分子的合成路线如图 2.4.1～图 2.4.8 所示。

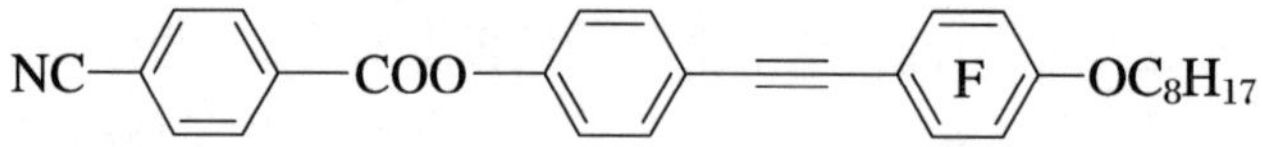

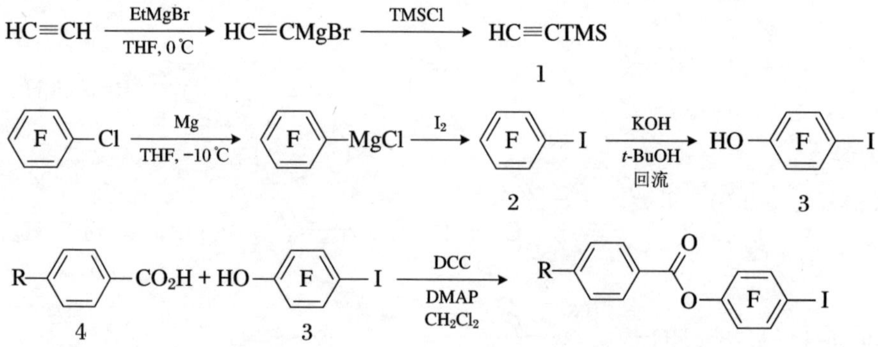

HC≡CH —(EtMgBr; THF, 0℃)→ HC≡CMgBr —(TMSCl)→ HC≡CTMS (1)

(F)–Cl —(Mg; THF, −10℃)→ (F)–MgCl —(I_2)→ (F)–I (2) —(KOH; t-BuOH, 回流)→ HO–(F)–I (3)

R–C₆H₄–CO_2H (4) + HO–(F)–I (3) —(DCC; DMAP, CH_2Cl_2)→ R–C₆H₄–COO–(F)–I

5a R=CN 5b R=Cl

5d R=n-C_mH_{2m+1}O(m=4～8)

图 2.4.1 化合物 5a、5b、5d 的合成

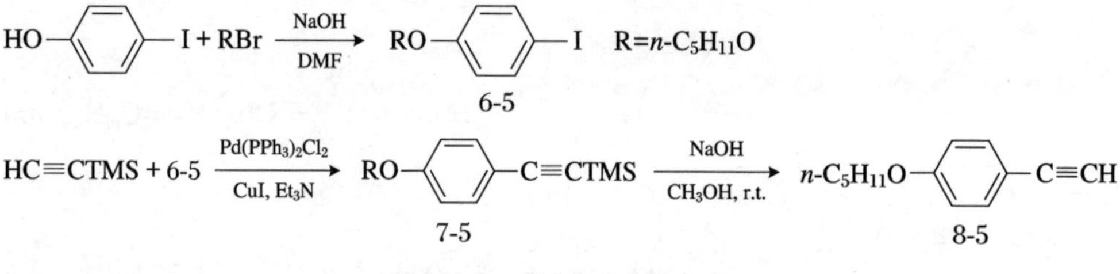

HO–C₆H₄–I + RBr —(NaOH; DMF)→ RO–C₆H₄–I (6-5) R=n-C_5H_{11}O

HC≡CTMS + 6-5 —($Pd(PPh_3)_2Cl_2$; CuI, Et_3N)→ RO–C₆H₄–C≡CTMS (7-5) —(NaOH; CH_3OH, r.t.)→ n-C_5H_{11}O–C₆H₄–C≡CH (8-5)

图 2.4.2 化合物 8-5 的合成

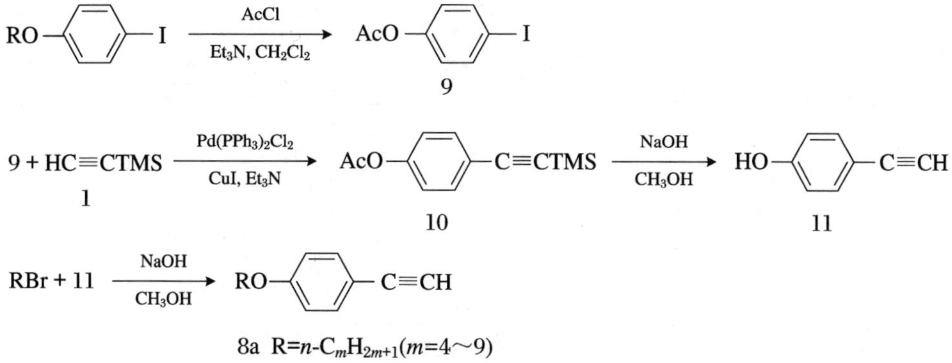

RO—⟨⟩—I $\xrightarrow[\text{Et}_3\text{N, CH}_2\text{Cl}_2]{\text{AcCl}}$ AcO—⟨⟩—I (9)

9 + HC≡CTMS (1) $\xrightarrow[\text{CuI, Et}_3\text{N}]{\text{Pd(PPh}_3)_2\text{Cl}_2}$ AcO—⟨⟩—C≡CTMS (10) $\xrightarrow[\text{CH}_3\text{OH}]{\text{NaOH}}$ HO—⟨⟩—C≡CH (11)

RBr + 11 $\xrightarrow[\text{CH}_3\text{OH}]{\text{NaOH}}$ RO—⟨⟩—C≡CH

8a　R=n-C_mH_{2m+1}(m=4～9)

图 2.4.3　化合物 8a 的合成

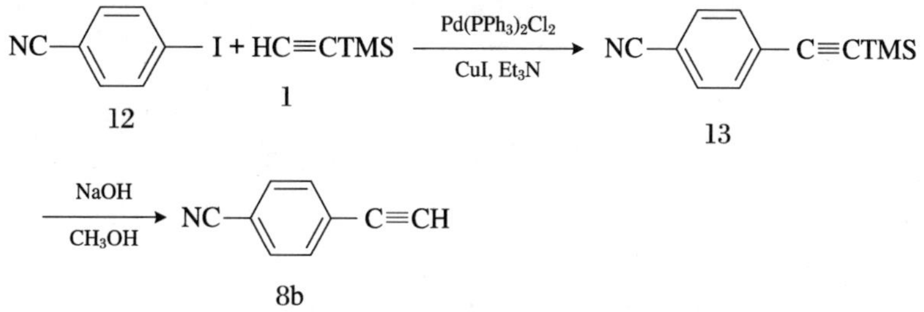

NC—⟨⟩—I (12) + HC≡CTMS (1) $\xrightarrow[\text{CuI, Et}_3\text{N}]{\text{Pd(PPh}_3)_2\text{Cl}_2}$ NC—⟨⟩—C≡CTMS (13)

$\xrightarrow[\text{CH}_3\text{OH}]{\text{NaOH}}$ NC—⟨⟩—C≡CH (8b)

图 2.4.4　化合物 8b 的合成

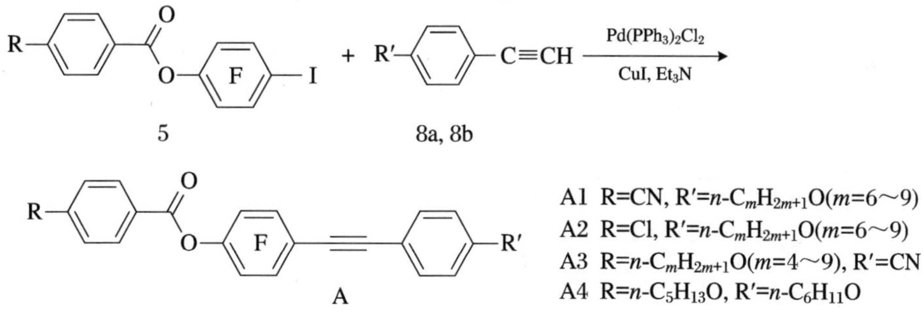

R—⟨⟩—C(=O)O—⟨F⟩—I (5) + R′—⟨⟩—C≡CH (8a, 8b) $\xrightarrow[\text{CuI, Et}_3\text{N}]{\text{Pd(PPh}_3)_2\text{Cl}_2}$

R—⟨⟩—C(=O)O—⟨F⟩—C≡C—⟨⟩—R′ (A)

A1　R=CN, R′=n-C_mH_{2m+1}O(m=6～9)
A2　R=Cl, R′=n-C_mH_{2m+1}O(m=6～9)
A3　R=n-C_mH_{2m+1}O(m=4～9), R′=CN
A4　R=n-C_5H_{13}O, R′=n-C_6H_{11}O

图 2.4.5　化合物 A 的合成

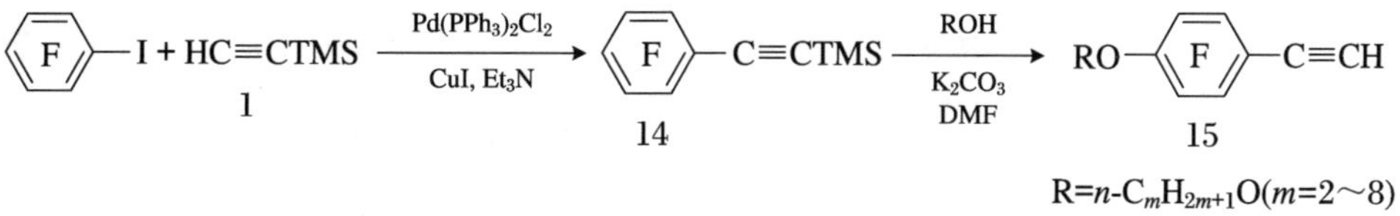

⟨F⟩—I + HC≡CTMS (1) $\xrightarrow[\text{CuI, Et}_3\text{N}]{\text{Pd(PPh}_3)_2\text{Cl}_2}$ ⟨F⟩—C≡CTMS (14) $\xrightarrow[\text{K}_2\text{CO}_3\text{, DMF}]{\text{ROH}}$ RO—⟨F⟩—C≡CH (15)

R=n-C_mH_{2m+1}O(m=2～8)

图 2.4.6　化合物 15 的合成

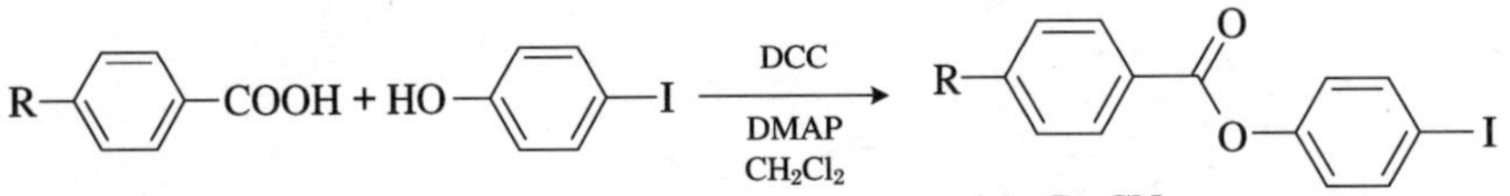

R—⟨苯环⟩—COOH + HO—⟨苯环⟩—I —(DCC; DMAP, CH_2Cl_2)→ 16

4a R=CN
4b R=Cl
4c $R=CH_3$
4d $R=n\text{-}C_mH_{2m+1}O$(m=5、6)
4e $R=NO_2$

16a R=CN
16b R=Cl
16c $R=CH_3$
16d $R=n\text{-}C_mH_{2m+1}O$(m=5、6)
16e $R=NO_2$

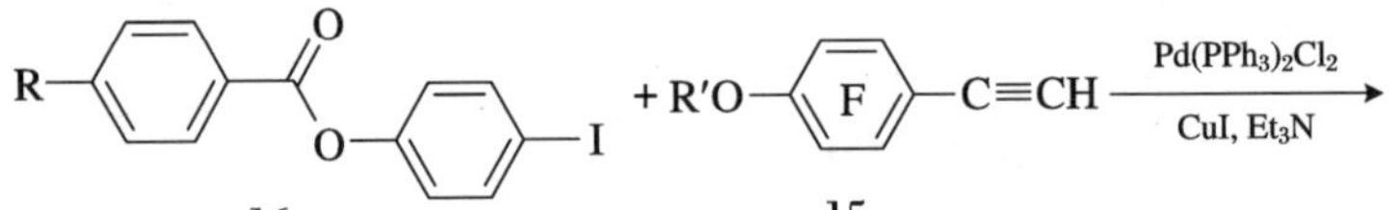

16 + 15 —($Pd(PPh_3)_2Cl_2$; CuI, Et_3N)→ B

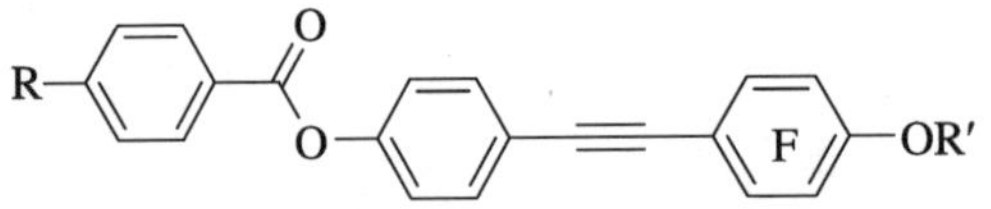

B1 R=CN, $R'=n\text{-}C_mH_{2m+1}O$(m=4～9)
B2 R=Cl, $R'=n\text{-}C_mH_{2m+1}O$(m=4～9)
B3 $R=CH_3$, $R'=n\text{-}C_mH_{2m+1}O$(m=2～9)
B4 $R=n\text{-}C_mH_{2m+1}O$(m=5、6), $R'=n\text{-}C_8H_{17}O$
B5 $R=NO_2$, $R'=n\text{-}C_mH_{2m+1}O$(m=4～9)
B6 $R=CH_3$, $R'=n\text{-}C_8H_{17}O$

图 2.4.7 化合物 B 的合成

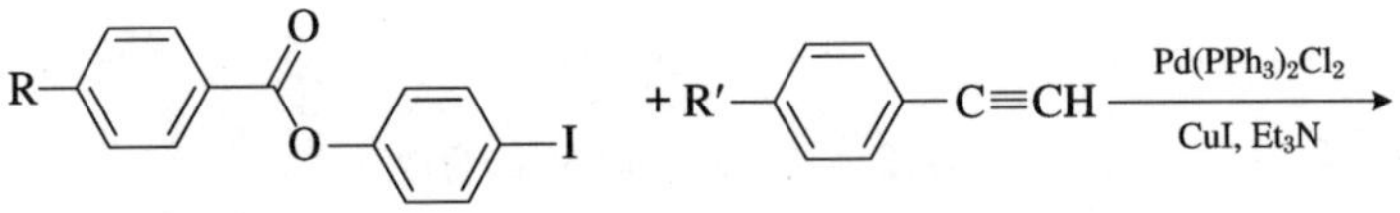

16 + R'—⟨苯环⟩—C≡CH —($Pd(PPh_3)_2Cl_2$; CuI, Et_3N)→ C

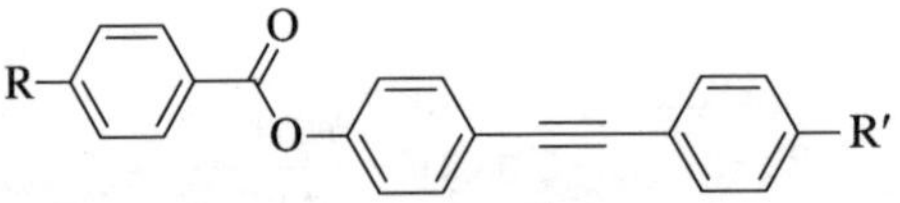

C1 R=CN, $R'=n\text{-}C_8H_{17}O$
C2 R=Cl, $R'=n\text{-}C_8H_{17}O$

图 2.4.8 化合物 C 的合成

Sonogashira 交叉偶联反应在机理上与 Heck 反应及 Suzuki-Miyaura 反应类似，在 Pd 配合物催化下形成 C—C 键(图 2.4.9)。

催化循环由物种 $Pd(0)L_2$(Pd-1)开始。Pd-1 的形成，是由一个 Pd(Ⅱ)配合物 Pd-2 经碱诱导的配体 X 和炔基交换后接下来 Pd(Ⅱ)的炔基配合物 Pd-3 发生还原消除而生成的。该过程中还有一个副产物二炔生成，但该副反应可以采用 Pd(0)配合物，如 $Pd(PPh_3)_4$ 为催化剂来予以抑制。Pd-1 对 R^1—X 进行氧化加成(第一步)，接下来在 CuI 催化和碱诱导下在 Pd(Ⅱ)配合物 Pd-2 中 X 被炔基根取代(第二步)。最后，生成的 Pd(Ⅱ)配合物 Pd-4 发生还原消除(最可能的是来自于 *syn* 重排过程)给出二取代炔和再进入催化循环的物种 $Pd(0)L_2$。

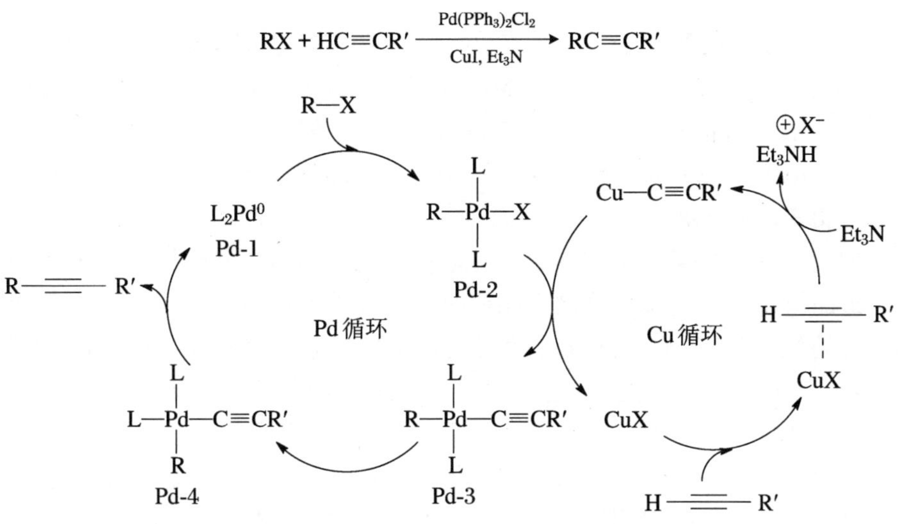

图 2.4.9　Sonogashira 偶联反应及其机理

4.4　化合物的相变研究

本工作主要从一类已知的全碳氢炔类液晶出发,设计并合成了相应的十个系列含四氟亚苯基的苯环系列液晶分子,同时合成了两类全碳氢的对应的液晶分子,通过偏光显微镜观察及差示扫描量热法对这些分子的液晶性进行了研究。

相变研究的基本方法:

对于热致性液晶,一般来说,是通过考察液晶分子的物理性能随温度的变化情况来研究其相态的。鉴别液晶化合物的相变温度,通常有三种方法:

(1) 毛细管熔点法[28]。将样品放于一毛细管中,加热后,当晶体变成近晶相时,样品变黏稠,成为一种不透明的液滴黏于管壁。当样品变成向列相或胆甾相时,样品变成流动的混浊状液体。对于同一样品,不可能既出现向列相,又出现胆甾相,当样品成为各向同性的液体时,呈透明液状。因此,可以根据样品的形态、透明度的变化来确定相变温度。当各向同性液体降温成为液晶相时,亦可用此方法。

(2) DTA 及 DSC 热分析法(差示扫描量热法)。这种方法是在程序控制温度变化的条件下,测量在各温度下输入到试样(A)和参比物(B)的热量差,DTA 曲线记录的是试样和参比物在接受相同能量的条件下二者的温度差,在 DSC 中,温度可以是正也可以是负。

(3) 偏光显微镜观察法。它根据液晶在偏光显微镜下出现的特殊光学织构(texture)来判断液晶相。所谓织构,是在偏振光下,通过显微镜观察到的薄层液晶所呈现的一种图案,由于液晶是各向异性的,所以在正交偏振光下呈现透明态或彩色花纹,即亮场。当它受热变为各向同性后,视场则变为暗场,这种由明到暗变化的温度区间,就是清亮点。各种各样的纹理织构的产生是液晶化合物在中间相态(mesophase)中存在缺陷(defect)[29]造成的,不同的液晶相中存在不同的缺陷，因而产生不同的织构。实质上，织构是液晶中缺陷织态的形貌，所以可根据织构来区别各种液晶相，并对不同的相态进行归属。液晶中最重要的缺陷是向错[30]，在向列相中，向错形成典型的纹影织构（Schlieren texture）和丝状织构（marbled texture）[31]，在胆甾相中，向错线常成束状，形成油状条纹[32]；在近晶相中，典型的织构是焦锥织构（focal conic texture）[33]。根据不同温度下液晶在正交偏振光下的织构变化，可以确定液晶的相变温度和相态。

比较这三种方法，毛细管熔点法虽然简单方便，但它的结果粗糙，人为因素很大，从固态转变为近晶相，或者从近晶相到向列相或胆甾相时，很难准确地判断出一个相变点。另外，对各种近晶相的相互转变，这种方法是无法判断的。因此，这种方法已不常用。至于热分析法，虽然这种方法能准确测定液晶的相变温度及相变时的热焓 ΔH 和熵变 ΔS，但从谱图上不能确定各种相态。同时，一些热焓变化微小的相变过程往往由于仪器的灵敏度不够而被忽略。因此，它不能单独作为液晶相态研究的手段。偏光显微镜观察法比较直观、准确。热分析法试样与参比物的温度始终保持相等，不论试样中是否发生吸热或放热反应。热分析法可以用于测定相变温度及相变时热焓和熵变，推断相的结构、有序程度等，和偏光显微镜观察法联用，可以比较完全地确定升降温过程中出现的所有相变，被认为是判断液晶相和相变温度的可靠方法。

4.4.1 不同方法测量结果

A1 和 A3 相变研究见表 2.4.1～表 2.4.3。

表 2.4.1 A1 系列化合物的分子结构、DSC 分析相变温度(℃)和热焓变化结果(J/g)

A1 NC–(C₆H₄)–C(=O)–O–(C₆H₃F)–C≡C–(C₆H₄)–OR R=n-C_mH_{2m+1}(m=6～9)

化合物	$C_1 \to C_2$	$C_2 \to N$	$N \to I$	$I \to N$	$N \to C$
A1-6	—	102.5 (−61.08)	228.5 (−2.51)	220.5 (1.92)	54.2 (36.29)
A1-7	58.5 (−2.51)	114.3 (−54.10)	209.4 (−2.64)	201.3 (1.38)	54.7 (34.55)
A1-8	—	116.0 (−35.02)	185.7 (−1.61)	176.8 (1.35)	51.8 (23.01)
A1-9	77.1 (−17.17)	118.4 (−50.40)	200.8 (−2.26)	193.2 (1.23)	86.3

表 2.4.2　A3 系列化合物的偏光显微镜观测相变温度(℃)

化合物	C→N	[N]	N→I	I→N	N→C
A3-4	146.5	87.7	234.2	234.1	98.1
A3-5	99.0	114.5	213.5	214.2	40.0
A3-6	90.4	107.6	208.0	207.7	49.2
A3-7	84.0	114.0	198.0	198.5	39.0
A3-8	77.3	115.8	193.1	192.7	46.9

注　[N]为升温时向列相温度范围。

表 2.4.3　A3 系列化合物的分子结构、DSC 分析相变温度(℃)和热焓变化结果(J/g)

A3　$n\text{-}C_mH_{2m+1}O$—⟨苯环⟩—COO—⟨F⟩—C≡C—⟨苯环⟩—CN

化合物	C_1→C_2	C_2→N	N→I	I→N	N→C
A3-4	125.4 (−7.13)	152.9 (−66.92)	245.7 (−2.74)	241.7 (1.15)	97.6 (61.93)
A3-5	—	126.5 (−61.93)	232.6 (−2.05)	229.1 (2.50)	82.7 (54.27)
A3-6	—	133.0 (−81.69)	223.4 (−1.44)	221.1 (1.66)	87.0 (76.44)
A3-7	—	107.7 (−59.09)	209.3 (−2.31)	205.2 (2.02)	70.8 (51.57)
A3-8	—	104.4 (−85.63)	204.8 (−1.83)	201.2 (2.17)	58.6 (70.81)

很明显,用 DSC 测定的清亮点大大高于用偏光显微镜测定的数值。A3-4 的差别是 10 ℃,而其他同系物的温度差别可以高达 20 ℃。

4.4.2　A3 系列化合物的相变行为

为了考察四氟亚苯基引入后对化合物液晶性的影响,从一类已知化合物 D1 出发设计了化合物 A3,比较它们的相变行为。

为此合成了没有氟原子取代的化合物 D1(特点是没有氟取代基)。

A3　$n\text{-}C_mH_{2m+1}O$—⟨苯环⟩—COO—⟨F⟩—C≡C—⟨苯环⟩—CN

D1　$n\text{-}C_mH_{2m+1}O$—⟨苯环⟩—COO—⟨苯环⟩—C≡C—⟨苯环⟩—CN

1. 偏光显微镜观察

以A3-4为例,说明A3化合物的相变特征。

相变的重入现象观测:

升温过程:升温至146.5℃,晶体开始熔化,原先彩色射线状晶形织构被浅黄色视场代替,样品流动,最后成为浅黄底色,中间夹杂许多黑色线状图案。随温度升高,图案变得明显,直到234.2℃,视场中出现许多不连续黑点,并迅速遮盖整个视场,最后完全成为暗场。此时的样品已成为各向同性的液体。但对于D1类分子,当$m=5$、6时,有单变的近晶相出现。当$m=7$、8时,为互变的近晶相、向列相液晶,升高温度,出现近晶A相,出现单变的近晶相,先出现向列相。当$m=9$、10时,在较低温度,先出现了向列相,升高温度出现近晶A相,随着温度的进一步升高,又出现向列相,这种反常的相变行为称作重入相现象。D1类化合物的相变范围较宽,当$m=8$时,熔点为88℃,清亮点为248℃。

降温过程:从240℃开始降温,至234.1℃时,黑色视野出现了许多不连续的亮点,伴随有小纹影,迅速长大,铺满整个视野,纹影随温度降低而更清晰。这种织构一直保持到98.4℃,样品迅速成为晶体,为彩色散射状织构。从升降温过程中呈现的织构判断,A3-4的液晶相为向列相,A3-4的相变行为概括如下:它的织构是典型的向列相液晶丝状织构。

2. 差示扫描量热法(DSC)测试

从A3-4的升降温过程的DSC数据,可以直观地得到化合物的相变温度和相变温度区间,以及相变时热效应大小。

以上观测结果表明,A3类化合物是一类互变向列相液晶,相变温度范围较宽,当$m=4$～8时,N相范围在90～116℃之间,热稳定性较好。随着末端碳链数的增加,清亮点(c. p.)和熔点(m. p.)下降,相变范围稍有增加,例如,当$m=4$时,熔点为146.5℃,清亮点为234.2℃,升温时N相范围为91.7℃;当$m=8$时,熔点为77.3℃,清亮点为193.1℃,升温时N相范围为115.8℃。

D1类化合物与A3的结构相似,不同的是D1所含的苯环为全碳氢苯环,也是一类液晶分子。化合物A3与化合物D1的相变行为如图2.4.10所示。D1类化合物的相变温度很高,相变范围较宽,例如,当$m=8$时,熔点为86℃,清亮点为248℃。

氟取代效应的影响:化合物A3、D1的相变行为,从A3与D1两类分子的相态研究结果的比较,可以发现四氟亚苯基引入分子,对其液晶性有较大影响,可以归纳为以下几点:

(1) 与D1相比,当$m=4$～8时,A3是一类互变向列相液晶分子,没有近晶相,而D1中,当$m=5$时,即出现了近晶相。分子出现何种相态最终取决于分子间末端作用力和分子间侧向作用力的相对大小,当分子间侧向作用力占优势时,出现近晶相;当分子间末端作用力占优势时,则呈现向列相。近晶相的稳定性与分子的极性、分子间偶极-偶极相互作用、分子间的诱导力和色散力关系比较密切。而向列相的稳定性,相对这些因素的影响要小些。氟苯环引入分子后,氟原子的强电负性改变了原有分子的极化率,氟原子之间的排斥作用降低了分子的侧向作用力,导致近晶相消失,使A3只出现向列相。

(2) D1类分子有重入向列相现象,而A3类分子没有。Cladis等人认为[34],分子出现重入相,是由分子取向时的反平行排列形成双层分子结构(bilayer structure)引起的。分子末端含氰基的液晶分子,由于氰基间的吸引作用,可能出现这种现象。对于 A3,虽然末端有氰基,但是氟原子引入分子后氰基之间的吸引力不再产生,分子取向时不再有双层分子结构,因此没有重入相出现。

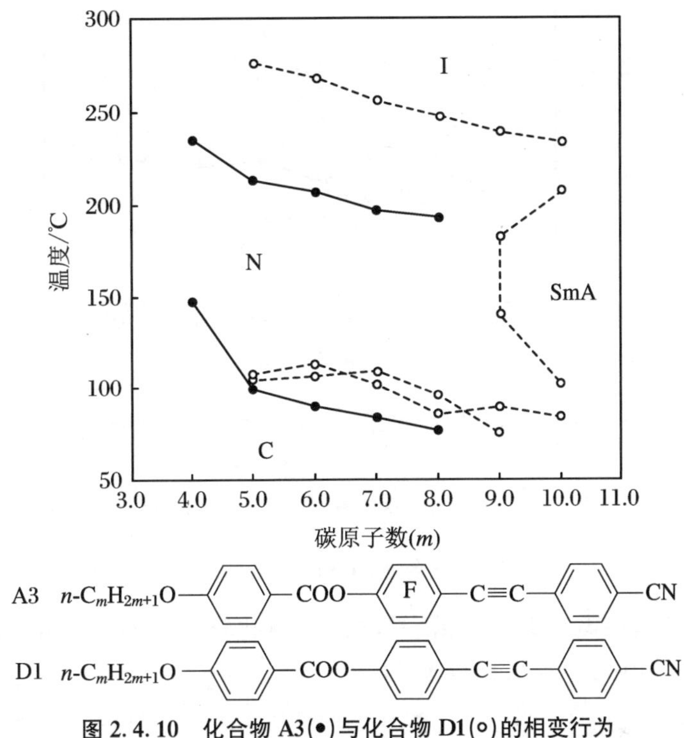

图 2.4.10　化合物 A3(•)与化合物 D1(∘)的相变行为

(3) 可以直观地看到,A3 类分子的清亮点、熔点比 D1 类分子都要低,尤其是清亮点下降很多。例如,当 $m=6$ 时,清亮点为 60.0 ℃。这一结果与其他含氟液晶的结果相似,无论是苯环中含单取代或多取代氟原子,均出现了熔点、清亮点降低的现象,这是含氟液晶的一大特点。氟原子的引入,改变了分子原有的电子云分布,分子间的引力减小,黏度降低。而且,清亮点的降低并未对液晶的热稳定性有太大影响,分子的相态范围仍很宽,如 A3 中,当 $m=6$ 时,向列相温度范围为 107.6 ℃。

综上所述,在分子刚性核中心引入全氟苯环,可以降低分子的黏度,也可以提高液晶分子的热稳定性,对于含极性末端取代基的分子,氟苯环的引入有利于向列相的形成。

4.4.3　化合物 A1 的相变行为研究以及 A1 与 A3 的相变行为

比较 A1 与 A3,从分子结构与液晶性关系来说,前面我们已经看到末端氰基对分子液晶性有很大影响。为了考察末端基位置对含氟液晶的影响,从不同末端基位置的角度对 A1 与 A3 这两类分子的相变进行比较(图 2.4.11)。

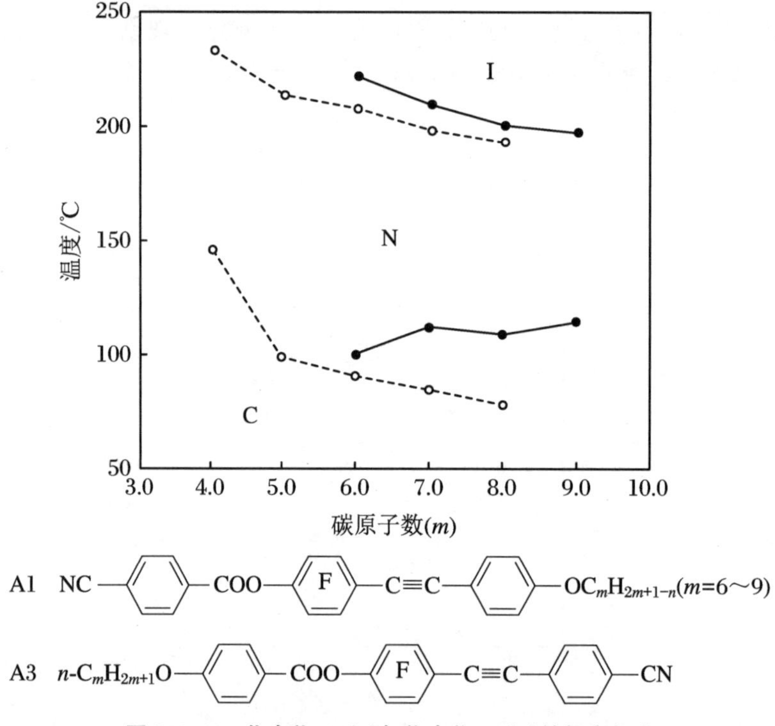

图 2.4.11　化合物 A1(●)与化合物 A3(○)的相变行为

化合物 A1 是一类互变向列相液晶，相变温度比较高，向列相的温度范围较宽。例如，当 $m=6$ 时，向列相温度范围从 82.6 ℃到 122.4 ℃。现在，将 A1 与 A3 进行比较，考察不同末端基的位置对分子液晶性的影响。随着末端链长度的增加，清亮点下降，A1 也没有出现重入相现象。例如，当 $m=6$ 时，A3-6 的清亮点为 208 ℃，向列相的温度范围达到 107.6 ℃；A1-6 的清亮点为 222.5 ℃，向列相的温度范围为 122.4 ℃。相对于相同的末端链长的分子，A1 的清亮点比 A3 的略高，向列相的温度范围相对小。化合物的 N→I 温度取决于分子极化率，由于端基参与共轭，分子极化各向异性增加，分子的刚性也增加。此两者的效应是液晶的清亮点升高。

A1 与 A3 的分子中氰基与烷氧基的氧原子都参与分子的共轭，但是作用的方向相反。实验结果证明，A3 的末端位置对刚性核中心的含氟苯环分子的液晶性是有利的。

4.4.4　化合物 A1、B1、C1(Ⅰ类分子)与 A2、B2、C2(Ⅱ类分子)的相变行为研究

1. Ⅰ类分子

我们把末端含有氰基的如 A1、B1、C1 这一类芳基联结的炔类分子称作Ⅰ类分子。B1 系列化合物偏光显微镜观测结果见表 2.4.4。它们的相变行为如图 2.4.12 所示。

表 2.4.4　B1 系列化合物的分子结构和偏光显微镜观测相变行为结果(℃)

B1　CN—⟨苯环⟩—C(=O)—O—⟨苯环⟩—C≡C—⟨F⟩—OR　R=n-C_mH_{2m+1}(m=4～9)

化合物	C→SmC	[SmC]	SmC→N	[N]	N→I	I→N	N→SmC	SmC→C
B1-4	111.2	—	—	144.4	256.8	256.6	—	103.3
B1-5	111.9	—	—	120.9	232.8	232.8	—	87.8
B1-6	106.6	—	—	120.4	227.0	226.9	—	95.5
B1-7	104.1	27.9	132.0	92.7	224.7	224.7	131.4	97.5
B1-8	102.4	54.5	156.9	57.9	214.8	215.9	156.0	92.2
B1-9	103.5	73.7	177.2	30.0	207.2	206.9	178.7	87.3

注　[SmC]为升温时近晶 C 相温度范围;[N]为升温时向列相温度范围。

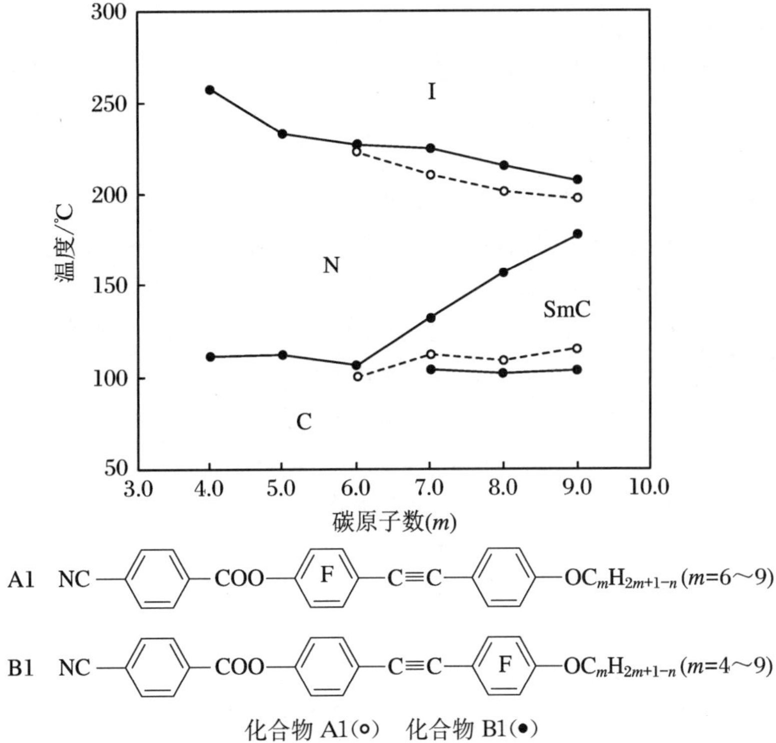

图 2.4.12　含氟苯环位置对 I 类分子的液晶性影响

从上面的观测结果得知,A1 类分子的氟苯环在分子刚性核中心,当 m = 6～9 时,为互变向列相液晶,相变范围较宽,在 82～122 ℃之间,N→I 相变温度较高,在 197～223 ℃之间。B1 类分子的氟苯环在分子刚性核一侧,当 m = 4～6 时,为互变向列相液晶,在 207～256 ℃之间。化合物 C1 是为了与 A1、B1 做比较而合成的一个不含氟的液晶分子,它在升温过程中只出现向列相，而在降温过程中不仅出现了向列相，还有近晶C相出现，N→I温度较高，当 $m=8$ 时，为250.4℃。

以上结果表明，对末端含强极性基氰基的Ⅰ类分子，在刚性核中心引入全氟苯环，不利于近晶相的形成，而在刚性核一侧引入全氟苯环，有利于近晶相的形成。这也表明，处于刚性核中心的全氟苯，对分子的侧向作用力影响较大；处于刚性核一侧的全氟苯，对分子的末端作用力影响较大，且当 m 增大时，分子末端距中心部分极化率高的芳香环越远，分子间末端吸引力越小，分子侧向作用力相对增大，导致近晶相稳定上升。

以A1-8、B1-8、C1做比较，可以看到，氟苯环的引入降低了分子的清亮点，虽然清亮点降低很多，ΔT(A-C)=50.0℃，ΔT(B-C)=35.6℃，但相变范围仍很宽，A1-8的向列相范围为91.8℃，B1-8的向列相范围为57.9℃，近晶C相的范围为54.5℃，而化合物C1降低温度时的近晶C相范围只有18.0℃，且为单变近晶C相。可见，氟苯环的引入有利于液晶相的形成，且分子的热稳定性较大。

2. Ⅱ类分子

Ⅱ类分子与Ⅰ类分子的区别是有一个端基为Cl原子，其他结构相同。原来A1、B1、C1的CN端基为极性较弱的氯原子代替。

讨论含氟苯环位置对Ⅱ类分子的液晶性影响：以上观测结果表明，非含氟的C2是一个有互变向列相和单变近晶C相的液晶分子，相变温度较高，N→I的温度为218.0℃，向列相温度范围较宽，升温时为85.4℃。对于A2类分子，当 $m=4$～9时，是一类互变向列相液晶，C→N相变温度较高，在91～126℃之间，N→I相变温度较低，在162～187℃之间，随着末端碳链的增长，向列相热稳定性降低。例如，升温过程中向列相温度范围，当 $m=5$ 时，为91.6℃；当 $m=9$ 时，为50.1℃。对于B2类分子，当 $m=4$～8时，是互变向列相液晶，C→N相变温度在66～92℃之间，N→I相变温度在177～214℃之间，随着末端碳链 m 的增长，向列相热稳定性降低，例如，升温过程向列相温度范围，当 $m=4$ 时，为121.4℃；当 $m=8$ 时，为98.9℃。B2-9是一个具有互变向列相和单变近晶C相的液晶分子，C→N相变温度，升温时为80.5℃，N→I相变温度在173.0℃附近。升温过程中向列相温度范围为92.5℃，降温时，N→SmC相变温度为78.6℃，SmC相温度范围为16.6℃。

从化学结构上看，A2类分子氟苯环位于分子刚性核中心，B2类分子氟苯环位于分子刚性核一侧，C2则为没有氟取代的相应分子，这些结构上的差异导致了分子液晶性的差异，首先，氟苯环的引入使分子的清亮点有所降低，以 $m=8$ 为例，A2-8的清亮点为167.0℃，B2-8的清亮点为179.0℃，而C2的清亮点为218.0℃，A2-8较C2降低了51℃，B2-8较C2降低了38.3℃。其次，在分子刚性核一侧引入氟苯环有利于近晶相的形成，而在分子刚性核中心引入氟苯环不利于近晶相的形成。例如，当 $m=9$ 时，A2-9不出现近晶相，为互变向列相液晶，B2-9则仍有单变的近晶C相出现。另外，对B2而言，虽然氟苯环的引入降低了分子的清亮点，但分子的相变温度范围非但没有减小，反而有所增大，B2-8升温过程中向列相范围为98.9℃，C2的为85.4℃；对A2而言，随着氟苯环的引入，向列相范围有所降低，A2-8升温过程中向列相范围为51.8℃。因此，与前述的结果一致，分子中用四氟苯乙炔代替苯炔，大大利于分子液晶性的改善。

4.4.5 Ⅰ类分子与Ⅱ类分子的液晶性的比较

设计Ⅰ类分子与Ⅱ类分子的目的在于讨论四氟亚苯基对液晶核作用的影响。

与Ⅰ类分子不同，Ⅱ类分子的端基取代基为极性较小的氯原子。它没有像氰基那样参与分子的共轭，因此，Ⅱ类分子的刚性小，分子极化各向异性小。这两个因素都导致了清亮点的降低。例如，C2的清亮点比C1低81.6℃，A2、B2比A1、B1中相对应的分子的清亮点都要低。此外，B1与B2相比，B2中，当 $m=9$ 时才有单变近晶C相出现；而B1中，当 $m=6$ 时就有互变近晶C相出现了。这说明，对于像B2这样含小的极性的末端基，它不参与分子共轭。氟苯环的引入对分子的侧向作用力影响较大，由于分子末端作用力占主导地位，不利于近晶相的形成。

C2偏光显微镜观测结果见表2.4.5，A2、B2和C2相变研究分别见表2.4.6～表2.4.8。

表2.4.5 C2系列化合物的分子结构和偏光显微镜观测相变行为结果(℃)

C2 Cl–C₆H₄–C(=O)–O–C₆H₄–C≡C–C₆H₄–OC_8H_{17}

化合物	C→N	[N]	N→I	I→N	N→SmC	[SmC]	SmC→C
C2	132.6	85.4	218.0	217.8	137.5	35.8	101.7

注 [N]为升温时向列相温度范围；[SmC]为降温时近晶C相温度范围。

表2.4.6 A2系列化合物的分子结构、DSC分析相变温度(℃)和热焓变化结果(J/g)

A2 Cl–C₆H₄–C(=O)–O–C₆F₄–C≡C–C₆H₄–OR R=n-C_mH_{2m+1}(m=4～9)

化合物	Cl→N	N→I	I→N	N→C
A2-4	138.6 (52.19)	179.6 (−0.93)	177.5 (1.62)	107.0 (47.05)
A2-5	95.5 (−67.28)	178.3 (−2.71)	163.5 (2.62)	57.0 (40.00)
A2-6	93.2 (−67.60)	176.9 (−4.40)	174.0 (4.20)	71.4 (63.30)
A2-7	111.9 (−64.96)	177.9 (−2.38)	175.0 (2.53)	72.3 (61.37)
A2-8	112.8 (−61.00)	161.7 (−2.02)	160.6 (1.95)	86.8 (56.52)
A2-9	116.4 (−56.48)	159.6 (−1.84)	156.2 (1.77)	83.3 (57.61)

表 2.4.7 B2 系列化合物的分子结构、DSC 分析相变温度(℃)和热焓变化结果(J/g)

B2 Cl—C₆H₄—C(=O)O—C₆H₄—C≡C—C₆H₃(F)—OR　R=n-C_mH_{2m+1}(m=4～9)

化合物	C1→C2	C2→N	N→I	I→N	N→C
B2-4	—	94.5 (−62.92)	214.7 (−1.63)	212.7 (1.85)	74.3 (47.08)
B2-5	—	68.6 (−39.39)	178.1 (−8.73)	178.3 (0.98)	54.6 (32.98)
B2-6	—	85.1 (−68.01)	196.0 (−1.38)	193.5 (1.80)	63.5 (48.91)
B2-7	65. (−20.04)	82.8 (−59.75)	187.7 (−1.90)	185.2 (1.62)	61.4 (57.90)
B2-8	—	82.7 (−47.34)	181.8 (−1.38)	178.7 (1.44)	63.5 (45.60)
B2-9	55.6 (−18.16)	82.4 (−51.23)	174.8 (−1.73)	172.4 (1.24)	58.9 (48.37)

表 2.4.8 C2 系列化合物的 DSC 分析相变温度(℃)和热焓变化结果(J/g)

化合物	C1→N	N→I	I→N	N→C
C2	130.4 (−96.95)	219.0 (−2.27)	216.0 (2.95)	103.7 (87.16)

随着末端链增长，近晶相稳定性增加，向列相稳定性降低，例如，当 $m=4$ 时，没有近晶相出现，向列相温度范围为 109.0 ℃；当 $m=6$ 时，降温过程中出现了 SmC 相，升温过程中向列相温度范围为122.9 ℃；当 $m=9$ 时，为互变 SmC-N 相液晶，升温过程中近晶 C 相温度范围为 80.0 ℃，向列相温度范围只有 30.0 ℃。

B5 和 B1 同是含有强极性的末端基，分别为硝基与氰基，因此在相变行为上，它们显示了一些相似的性质，它们均在末端碳链足够长时出现了互变近晶 C 相，它们的相变温度均较高。向列相稳定性随末端碳链的增长而下降，近晶相稳定性随末端碳链间碳链的增长而升高。它们的不同点在于 B5 的各个化合物的清亮点与熔点比相应的 B1 化合物都要低。虽然硝基同样参与分子共轭，但是它的体积效应大使 B5 分子末端的作用力比 B1 小，造成了上述现象。

B3 类化合物是一类互变向列相液晶，相变范围较宽，热稳定性较好，向列相范围在 115～137 ℃之间。从图 2.4.13 中我们可以看到，B2 的清亮点略小于 B3，这是由于 B3 中的末端基为甲氧基，其中的氧参与了分子的共轭，与 B2 类化合物相比，B3 分子的刚性略大于 B2。

将 B3 与 B6 比较。B3-8 与 B6 只相差一个氧原子，两个分子的性质却有天壤之别。B3-8 是一个液晶性相当好的液晶分子，C→N 温度为 77.3 ℃，N→I 温度为 193.1 ℃，向列相温度范围有115.8℃之宽,而B6却是个熔点很低的普通晶体。这一现象表明,对B类分子,末端基对分子的液晶性起了相当大的作用。

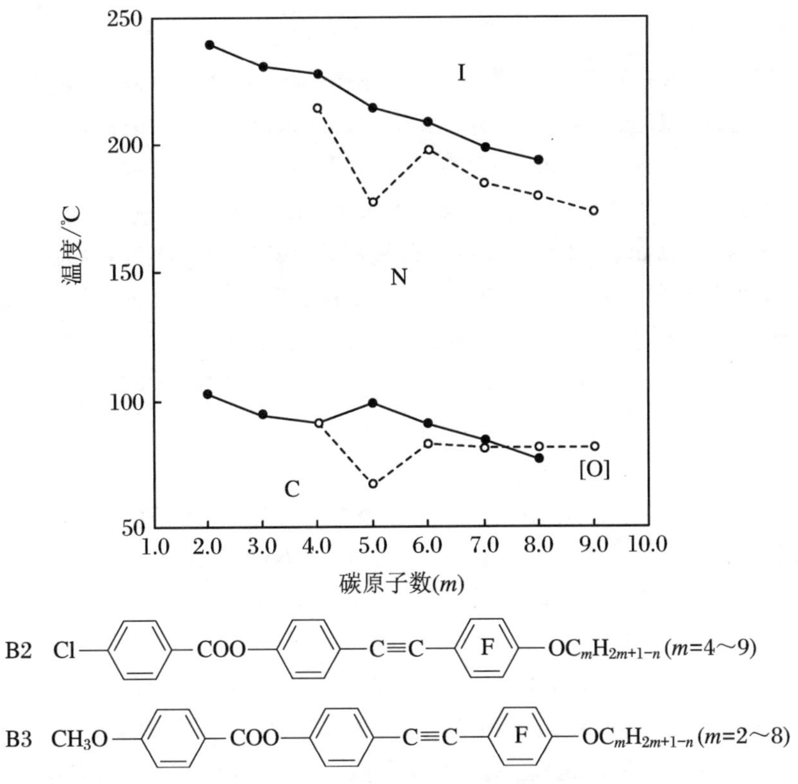

图2.4.13　B2(○)与B3(●)系列化合物的相变温度与端基碳数目关系

[O]为降温时的N→SmC温度

研究结果表明,在酯炔类分子刚性核中引入全氟苯环,对分子液晶性有以下影响:

(1) 当全氟苯环在分子刚性核一侧时:

a. 降低了分子的清亮点。

b. 分子的相变范围较宽,液晶热稳定性较好。

c. 有利于近晶C相的形成,液晶热稳定性好。

d. 极性端基有利于近晶C相的形成,相变温度较高。

e. 分子两个末端链为长碳链烷氧基,分子清亮点降低,有利于近晶相的形成。

f. 末端基参与分子共轭,分子刚性增大,清亮点升高。

(2) 当全氟苯环在分子刚性核中心时:

a. 降低了分子的清亮点。

b. 分子的相变范围较宽,液晶热稳定性较好。

c. 有利于向列相的形成,液晶热稳定性较好。

d. 末端基参与分子共轭,分子刚性增大,清亮点升高。

4.5 典型化合物的合成方法

1. 4-(4-正烷氧基苯基)乙炔基-2,3,5,6-四氟苯基-4′-氰基苯甲酸酯(A1-6)

利用一只50 mL三口烧瓶,附有气体进口、回流冷凝器及鼓泡器,瓶内放入一个电磁搅拌器。加入210.5 mg(0.5 mmol)4-碘代-2,3,5,6-四氟苯基-4′-氰基(Ⅰ)苯甲酸酯(5a)、20 mg(0.03 mmol)$Pd(PPh_3)_2Cl_2$、11.5 mg(0.06 mmol)碘化亚铜及15 mL无水三乙胺。在氮气保护下加入101 mg(0.5 mmol)4-正己氧基苯基乙炔(8a-b)搅拌反应混合物。回流4 h。TLC分析表明反应已经完成。过滤出沉淀物,用乙醚洗涤,用水洗滤液,用无水Na_2SO_4干燥,然后浓缩并减压蒸馏。得到的残留物用硅胶柱层析法纯化,用石油醚(沸点60~90 ℃)/乙酸乙酯(体积比为40∶1)作淋洗剂,得到黄色固体,再用丙酮/甲醇重结晶得到白色结晶体(A1-6)100 mg,产率40%。

^1H NMR($CDCl_3$/TMS)(90M) δ:8.321(d,2H),1/7.851(d,2H)(AA′BB′,$J=9$ Hz,CNC_6H_4),7.52(d,2H)/7.20(d,2H)(AA′BB′,$J=9$ Hz,$C{\equiv}CC_6H_4$),4.00(t,2H,$J=6$ Hz,OCH_2),0.8~2.0(m,11H,$(CH_2)_4CH_3$))。IR(KBr,cm^{-1}):2900,2850,2200,1760,1600,1515,1490,1440,1400,1325,1250,1230,1175,1105,1040,1015,990,860。^{19}F NMR($CDCl_3$/TFA)(60M) δ:59.2(d,2F,$J=18.8$ Hz),75.5(d,2F,$J=18.8$ Hz)。元素分析:理论值(%):C 67.88,H 4.24,N 2.83,F 15.35;实测值(%):C 67.54,H 4.0,N 2.72,F 16.05。MS(m/z):495(M^+),130(CNArCO),281($OCF_4C{\equiv}CC_6H_4O+1$)。

2. 4-(4-正丁氧苯基)乙炔基-2,3,5,6-四氟苯基-4′-氯甲苯甲酸酯(A2-4)

在有进气口、鼓泡器和回流冷凝器的干燥的50 mL三口烧瓶中,放入一个旋转磁子,加入250 mg(0.58 mmol)4-碘-2,3,5,6-四氟苯基-4′-氯苯酸酯(56)、20 mg(0.03 mmol)$Pd(PPh_3)_2Cl_2$、11.5 mg(0.06 mmol)碘化亚铜及15 mL无水三乙胺。加入101 mg(0.58 mmol)4-正丁氧基苯乙炔(8a-4)后,在氮气保护下搅拌此混合物,回流4 h。TLC分析表明反应已经完成。过滤出沉淀物,用乙醚洗涤。用水洗滤液,并用干燥的Na_2SO_4干燥。然后浓缩滤液及减压蒸馏,用硅胶柱层析法提纯,用石油醚(沸点60~90 ℃)/乙酸乙酯(体积比为100∶1)作淋洗剂,得到黄色固体,再用丙酮/甲醇重结晶得到白色晶体(A2-4)190 mg,产率76.5%。

^1H NMR($CDCl_3$/TMS)(90M) δ:8.18(d,2H)/7.54(d,4H)/6.91(d,2H)($J=7.5$ Hz,H_{arom}),4.04(t,2H,$J=6$ Hz,OCH_2),0.8~2.0(m,7H,$(CH_2)_2CH_3$)。^{19}F NMR($CDCl_3$/TFA)(60M) δ:59.81(d,2F,$J=18.8$ Hz),76.0(d,2F,$J=18.8$ Hz)。IR(KBr,cm^{-1}):2900,2850,2200,1760,1590,1510,1490,1440,1400,1320,1250,1170,1100,1090,1030,1000,980,845。MS(m/z):476(M^+),139(ClArCO−1),281($OC_6F_4C{\equiv}RCC_6H_4O+1$)。

3. 4-(4-氰代苯基)乙炔基-2,3,5,6-四氟苯基-4′-正丁氧基苯甲酸酯(A3-4)

在有进气口、回流冷凝器、鼓泡器的干燥的50 mL三口烧瓶中,放入一个磁搅拌子。三口烧瓶内加入234 mg(0.5 mmol)4-碘-2,3,5,6-四氟苯基-4′-正丁氧基苯甲酸酯(5d-4)、

20 mg(0.03 mmol)Pd(PPh_3)$_2$$Cl_2$、11.5 mg(0.06 mmol)CuI 及无水三乙胺。再加入 63.5 mg (0.5 mmol)4-氰基苯乙炔，在氮气保护下搅拌，混合物在 60 ℃下加热 6 h。TLC 分析表明反应已经完成。过滤出沉淀物，用乙醚洗涤。滤液用水洗，然后用无水的 Na_2SO_4 干燥，浓缩再减压蒸馏。用硅胶柱层析法提纯，淋洗剂为石油醚(沸点 60～90 ℃)/乙酸乙酯(体积比为 60∶1)，得到黄色固体，再用丙酮/甲醇重结晶得到白色晶体(A3-4)200 mg，产率 85.6%。

4. 4-(4-正丁氧基-2,3,5,6-四氟苯基)乙炔苯基-4′-氰基苯甲酸酯(B1-4)

在有进气口、回流冷凝器及鼓泡器的干燥的 50 mL 三口烧瓶中，放有磁搅拌子。瓶内放入 234 mg (0.5 mmol) 4-碘代-2,3,5,6-四氟苯基-4′-氰基苯甲酸酯(16-4)、20 mg (0.03 mmol)Pd(PPh_3)$_2$$Cl_2$、11.5 mg(0.06 mmol)CuI 及 20 mL 无水三乙胺。加入 148 mg (0.06 mmol)4-正丁氧基-2,3,5,6-四氟苯乙炔，在氮气保护下搅拌。将混合物回流 6 h。TLC 分析表明反应已经完成。过滤出沉淀物并用乙醚洗。用水洗滤液后，用无水 Na_2SO_4 干燥、浓缩及减压蒸馏，残留物用硅胶柱层析法提纯，淋洗剂为石油醚(沸点 60～90 ℃)/乙酸乙酯(体积比为 40∶1)，得到黄色固体，用石油醚重结晶后得到白色晶体(B1-4)210 mg，产率 78.9%。

5. 4-(4-正丁氧基 2,3,5,6-四氟苯基)乙炔苯基-4′-氯代苯甲酸酯(B2-4)

在一只干燥的 50 mL 的三口烧瓶中装有进气口、回流冷凝器及鼓泡器，放入一个磁搅拌子。瓶内加入 180 mg(0.5 mmol)4-碘代苯基-4′-氯代苯甲酸酯(16-b)、20 mg(0.03 mmol) Pd(PPh_3)$_2$$Cl_2$、11.5 mg(0.06 mmol)碘化亚铜及 20 mL 无水三乙胺，再加入 123 mg (0.05 mmol)4-正丁氧基 2,3,5,6-四氟苯乙炔在氮气下搅拌。形成的混合物回流 5 h。TLC 分析表明反应已经完成。滤去沉淀并用乙醚洗涤。滤液用水洗，然后用无水 Na_2SO_4 干燥。残留物的纯化使用硅胶柱层析法，淋洗剂为石油醚(沸点 60～90 ℃)/乙酸乙酯(体积比为 40∶1)，得到黄色固体，用石油醚重结晶后得到白色晶体(B2-4)205 mg，产率 85.9%。

6. 4-(4-正丁氧基 2,3,5,6-四氟苯基)乙炔苯基-4′-硝基苯甲酸酯(B5-4)

在一只干燥的 50 mL 的三口烧瓶中装有进气口、回流冷凝器及鼓泡器，瓶内放入一个磁搅拌子。瓶内加入 250 mg (0.68 mmol) 4-碘代苯基-4′-硝基苯甲酸酯(16b)、20 mg (0.03 mmol)Pd(PPh_3)$_2$$Cl_2$、11.5 mg(0.06 mmol)碘化亚铜及 20 mL 三乙胺。在氮气保护下加入 167 mg 4-正丁氧基-2,3,5,6-四氟苯乙炔搅拌混合物，回流 5 h。TLC 分析表明反应已经完成。滤去沉淀并用乙醚洗涤。用水洗滤液，无水 Na_2SO_4 干燥。浓缩并减压蒸馏。残留物用硅胶柱层析法提纯，淋洗剂为石油醚(沸点 60～90 ℃)/乙酸乙酯(体积比为 40∶1)，得到黄色固体，用石油醚重结晶后得到白色晶体(B5-4)265 mg，产率 80.0%。

4.6　结论

比较含氟与不含氟分子的液晶性，就以下几个方面进行讨论：

(1) 四氟亚甲基取代苯环对分子液晶性的影响。

(2) 四氟亚苯基取代在不同位置对分子液晶性的影响。

(3) 不同的末端取代基对分子液晶性的影响。

(4) 不同取代基长度对分子液晶性的影响。

通过这些讨论,试图了解在所合成的这类炔酯类液晶分子中四氟苯环对分子液晶性的影响,以及各种不同末端基的分子的液晶性,以期从中得到性能优良的液晶材料和一些有益的结论,为今后工作的开展提供便利。研究结果表明,在酯炔类分子刚性核中引入2,3,5,6-四氟亚苯基环,对分子液晶性有以下影响[35]:

(1) 当全氟苯环在分子刚性核一侧时:

a. 降低了分子的清亮点。

b. 极性端基有利于近晶C相的形成,相变温度较高。

c. 分子两个末端链为长碳链烷氧基,分子清亮点降低,有利于近晶相的形成。

d. 末端基参与分子共轭,分子刚性增大,清亮点升高。

(2) 当全氟苯环在分子刚性核中心时:

a. 降低了分子的清亮点。

b. 分子的相变范围较宽,液晶热稳定性较好。

c. 有利于向列相的形成,液晶热稳定性较好。

d. 末端基参与分子共轭,分子刚性增大,清亮点升高。

参考文献

[1] (a) REINITZER F. Monatsh. Chem.,1889:421.
(b) LEHMANN B O. Z. Phyzik. Chem.,1889,4:462.

[2] FRIEDEL G. Ann. Phys. (Paris),1922,9 (18):273.

[3] MAIR W. Phys. Zs,1944,45:285.

[4] OSEEN C W. Trans. Faraday. Soc.,1933,29:883.

[5] VORLANDER D. Chemische Krystallographie der Flussigkeiten. Akadem Verlagsanstalt, 1924:90.

[6] HEILMIER G H. Proc. IEEE.,1968,56:1168.

[7] GRAY G W. Molecular Structure and Properties of Liquid Crystals. Academic Press,1962.

[8] (a) DEMUS D,Zaschke H. Flussige Kristalle in Tabellen. Spriager-Vorlag,1974.
(b) GRAY G W. Mol. Cryst.,1966,1:333.

[9] GRAY G W,HIRD M,LACEY D,TOYPE K J. J. Chem. Soc. Perkin Trans.,1989,Ⅱ:2041.

[10] GRAY G W,HIRD M,LACEY D,TOYPE K J. Mol. Cryst. Liq. Cryst.,1989,172:166.

[11] GRAY G W,HIRD M,LACEY D,TOYPE K J. Mol. Cryst. Liq. Cryst.,1991,196:221.

[12] GRAY G W,HIRD M,LACEY D,TOYPE K J. Mol. Cryst. Liq. Cryst.,1991,204:43.

[13] HIRD M G,GRAY G W,TOYNE K J. Liq. Cryst.,1992,1:631.

[14] OSMAN,M A. Mol. Cryst. Liq. Cryst.,1985,128:45.

[15] TOYPE K J. Thermotropic Liquid Crystals(Wileg),1987.

[16] VANCHEIER C,VINET F,MAISER N. Liq. Cryst.,1989,5:141.
[17] BALKWILL P H,BISHOP D I,PEARON A C,SAGE I C. Mol. Cryst. Liq. Cryst.,1986,123:1.
[18] RIFERTH V,KRUSE J,PLACH H J,WEBER C. Liq. Cryst.,1989,5:159.
[19] KELLY S M. Liq. Cryst.,1989,6:171.
[20] KELLY S M. Helv. Chim. Acta.,1984,67:1572.
[21] KELLY S M,SCHAD H P. Helv. Chim. Acta.,1984,67:1580.
[22] SCHAD H P,KELLY S M. Chem. Phys.,1984,81:1514.
[23] SCHAD H P,KELLY S M. J. Phys. (Paris),1985,46:1395.
[24] KELLY S M,SCHAD H P. Helv. Chim. Acta.,1985,68:1444.
[25] (a) 闻建勋,陈齐,郭志红,徐岳连,田民权,胡月青,余洪斌,张亚东.中国发明专利,92108444.7,1992.
(b) XU Y L,CHEN Q,WEN J X. Liq. Cryst.,1994,15:916.
(c) WEN J X,XU Y L,CHEN Q. J. Fluorine Chem.,1994,66:15.
(d) XU Y L,WANG W L,CHEN Q,WEN J X. J. Chin. Chem.,1994,12:169.
(e) 郭志红.理学硕士学位论文,中国科学院上海有机化学研究所,1991.
(f) 徐岳连.理学硕士学位论文,上海交通大学(中国科学院上海有机化学所联合培养),1992.
(g) 胡月青.理学硕士学位论文,中国科学院上海有机化学研究所,1992.
(h) 田民权.理学硕士学位论文,中国科学院上海有机化学研究所,1992.
[26] ZHANG Y D,WEN J X. Syntheses,1990:727.
[27] ZHANG Y D,WEN J X,DU W Y. J. Fluorine Chem.,1990,49:293.
[28] DE GENNES P G. The Physics of Liquid Crystals. Oxford:Clarendon Press,1974.
[29] KLEMAN M. Points,Lignes,Parois dans les Fluides Anisotropes et les Solides Cristallins, Orsay: Les Edition de Physiques,1978,Vol. (1),(2).
[30] DEMUS D,RICHTER L. The Texture of Liquid Crystals. Leipzig:VEB Deutscher Verlag für Grundstoff industries,1978.
[31] LAGERWALL S T,STEBLER B. Liquid Crystals,1980:233.
[32] GRAY G W,GOODBY J W. Smectic Liquid Crystals-Texture and Structures,1984.
[33] TINH N H,POURRERE A,DESTRADE C. Mol. Cryst. Liq. Cryst.,1980,62:125.
[34] CLAIDIS P E,BAGARDUS R K,ADSEN D. Phys. Rev.,1978,18:2292.
[35] 余洪斌.理学硕士学位论文,中国科学院上海有机化学研究所,1994.

第5章 含氟非极性液晶及其在混晶改性中的应用

5.1 引言

由于液晶分子中的氢原子被氟原子取代后，液晶性及其他物理性质发生显著的变化，因此氟代液晶在显示技术上的应用得到广泛的研究。大量的氟代液晶，例如一氟代、二氟代及三氟代的化合物在20世纪80年代到90年代初，已被科学界及产业界进行系统研究。但是对于苯环上对称的四氟取代物的研究报道不多。我们从80年代末期开始这方面工作，研究它们的新化合物合成方法及分子结构变化对液晶性质的影响。

在STN液晶混合物材料的配方中，提出了降低黏度的要求。高温液晶的清亮点高，在混合物中少量添加就可以提高清亮点。它们多是三环及四环的化合物，由于它们引起黏度上升，因此人们希望有长分子的低黏度物质。减黏剂的作用是使黏度下降，分子结构应与中温液晶相类似，使它们可以在清亮点以下10℃左右使用。但是高温液晶与减黏剂作用是互相矛盾的效应。在液晶的范围内，除了黏度之外，与介电各向异性($\Delta\varepsilon$)、双折射(Δn)有关的特性要求也要达到。为此有必要选择不同的液晶单晶，配合不同液晶材料的组成。

引入多氟代苯环或烷基到液晶化合物中，可以生产液晶材料，它们有黏弹性及其他物理性质，与碳氢化合物大大不同。许多一氟、二氟或三氟取代物的液晶化合物[1-7]已经合成成功。但只有少数的液晶材料含有多氟苯环[8,9]，我们在20世纪90年代初期合成了一些新的液晶，在液晶核结构中有2,3,5,6-四氟苯基[10]。在早期的论文中，我们报道了四个系列新的含氟液晶，例如，4′-正烷氧基-2,3,5,6-四氟联苯-4-基甲酸显示较窄的向列相区域[11]，1-[(4-正烷氧基-2,3,5,6-四氟苯基)乙炔基]-4-[(4-((*S*)-2′-甲基丁氧基)-2,3,5,6-四氟苯基)乙炔基]苯显示胆甾相[12]，4-[2′-(4-正烷氧基-2,3,5,6-四氟苯基)乙炔基]苯甲酸-4-((*S*)-2′-甲基丁氧羰基)苯酯显示手性近晶C相、近晶A相和胆甾相[13]，4-[2′-(4-正烷氧基-2,3,5,6-四氟苯基)乙炔基]苯甲酸-4-溴苯酯显示向列相及近晶相[14]。

作为起始原料的1-五氟苯基-2-三甲基硅乙炔(A)的合成见过去发表的文献[15]。4-烷氧基-2,3,5,6-四氟苯乙炔可以用作对化合物A进行亲核反应[16]。4′-甲基苯基的碘代苯甲酸酯，用温和釜法酯化反应[17]，将4-碘苯甲酸与4-甲基苯酚用DCCI、PPY作为催化剂在无水二氯甲烷中进行酯化。最后偶合反应用$Pd(PPh_3)_2Cl_2$、CuI作为催化剂在无水EtN中进行。液晶相变用标准方法进行[18,19]。

我们将乙炔基化合物催化加氢变为有亚乙基桥键的液晶核结构中含2,3,5,6-四氟亚乙基的化合物[20-24]。

在以前研究积累的基础上，我们系统研究了以下几类类似的非极性液晶，它们是含有2,3,5,6-四氟亚苯基的二苯乙炔化合物。由于二苯乙炔结构一般黏度低，含氟结构分子对称，两末端是双烷基或烷基/烷氧基衍生物，具有很小的分子偶极矩，通常具有很小的正或负Δε，是所谓的非极性液晶，有利于降低黏度。

5.2　非极性分子液晶目标化合物

B-a-2-2　C_2H_5O—F—CH_2CH_2—COO—OC_2H_5

B-a-2-3　C_3H_7O—F—CH_2CH_2—COO—OC_2H_5

B-a-2-4　C_4H_9O—F—CH_2CH_2—COO—OC_2H_5

B-a-2-5　$C_5H_{11}O$—F—CH_2CH_2—COO—OC_2H_5

B-a-2-5*　C_2H_5—HC(CH_3)—CH_2—O—F—CH_2CH_2—COO—OC_2H_5

B-a-3-2　C_2H_5O—F—CH_2CH_2—COO—OC_3H_7

B-a-3-3　C_3H_7O—F—CH_2CH_2—COO—OC_3H_7

B-a-3-4　C_4H_9O—F—CH_2CH_2—COO—OC_3H_7

B-a-3-5　$C_5H_{11}O$—F—CH_2CH_2—COO—OC_3H_7

B-a-4-2　C_2H_5O—F—CH_2CH_2—COO—OC_4H_9

B-a-4-3　C_3H_7O—F—CH_2CH_2—COO—OC_4H_9

B-a-4-4　C_4H_9O—F—CH_2CH_2—COO—OC_4H_9

B-a-4-5 $C_5H_{11}O$—(F)—CH_2CH_2—( )—COO—( )—OC_4H_9

B-a-5-2 C_2H_5O—(F)—CH_2CH_2—( )—COO—( )—OC_5H_{11}

B-a-5-5 $C_5H_{11}O$—(F)—CH_2CH_2—( )—COO—( )—OC_5H_{11}

B-b-2-2 C_2H_5O—(F)—≡—( )—COO—( )—OC_2H_5

B-b-2-3 C_3H_7O—(F)—≡—( )—COO—( )—OC_2H_5

B-b-2-4 C_4H_9O—(F)—≡—( )—COO—( )—OC_2H_5

B-b-2-5 $C_5H_{11}O$—(F)—≡—( )—COO—( )—OC_2H_5

B-b-3-2 C_2H_5O—(F)—≡—( )—COO—( )—OC_3H_7

B-b-3-3 C_3H_7O—(F)—≡—( )—COO—( )—OC_3H_7

B-b-3-4 C_4H_9O—(F)—≡—( )—COO—( )—OC_3H_7

B-b-3-5 $C_5H_{11}O$—(F)—≡—( )—COO—( )—OC_3H_7

B-b-4-2 C_2H_5O—(F)—≡—( )—COO—( )—OC_4H_9

B-b-4-3 C_3H_7O—(F)—≡—( )—COO—( )—OC_4H_9

B-b-4-4 C_4H_9O—(F)—≡—( )—COO—( )—OC_4H_9

B-b-4-5 $C_5H_{11}O$—(F)—≡—( )—COO—( )—OC_4H_9

B-b-5-2 C_2H_5O—(F)—≡—( )—COO—( )—OC_5H_{11}

B-b-5-3 C_3H_7O—(F)—≡—( )—COO—( )—OC_5H_{11}

B-b-5-4 C_4H_9O—(F)—≡—( )—COO—( )—OC_5H_{11}

B-b-5-5　$C_5H_{11}O$—⟨F⟩—≡—⟨⟩—COO—⟨⟩—OC_5H_{11}

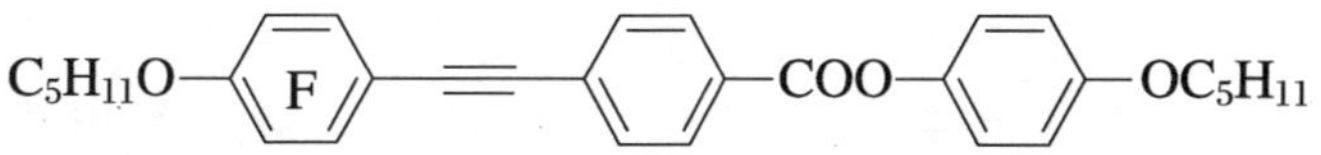

5.3　化合物的典型合成路线

合成路线设计：首先将对烷氧基苯酚和对碘苯甲酸在 DCC、DMAP 条件下进行酯化反应得到对碘苯甲酸(对烷氧基)苯酯；将五氟溴苯制成格氏试剂再与碘单质反应得到五氟碘苯，将五氟碘苯通过 Sonogashira 偶联得到五氟苯炔类中间体，再在碱的条件下脱去三甲基硅并同时通过亲核取代反应，得到对烷氧基全氟苯乙炔。得到的对烷氧基全氟苯乙炔和对碘苯甲酸(对烷氧基)苯酯，通过 Sonogashira 偶联得到全氟二苯乙炔类目标化合物 B-b。目标化合物 B-b 通过 Pd/C 催化加氢得到目标化合物 B-a(图 2.5.1)。具体路线如图 2.5.2 所示。

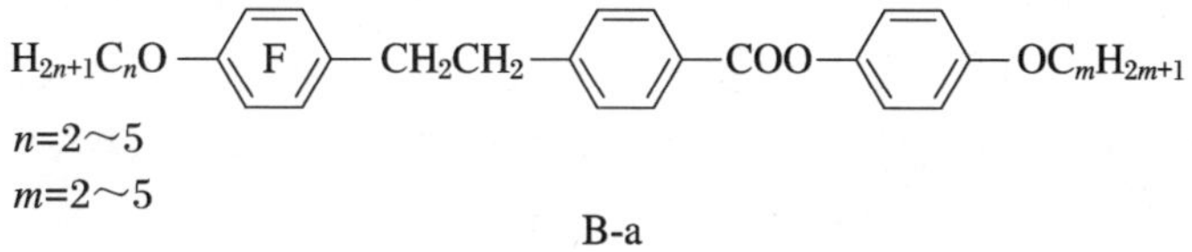

$H_{2n+1}C_nO$—⟨F⟩—CH_2CH_2—⟨⟩—COO—⟨⟩—OC_mH_{2m+1}

$n=2\sim5$

$m=2\sim5$

B-a

$H_{2n+1}C_nO$—⟨F⟩—≡—⟨⟩—COO—⟨⟩—OC_mH_{2m+1}

$n=2\sim5$

$m=2\sim5$

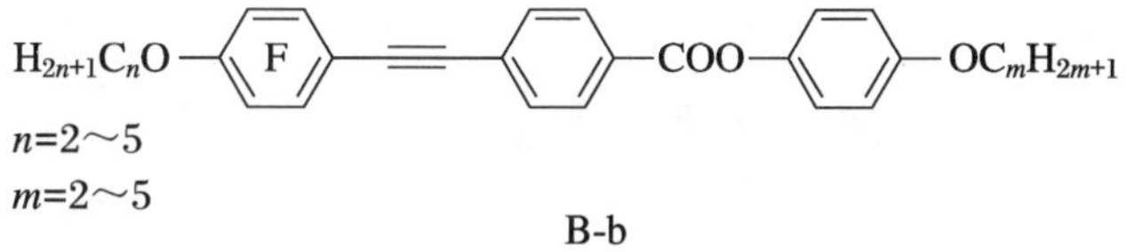

B-b

图 2.5.1　B-a 和 B-b 的分子结构

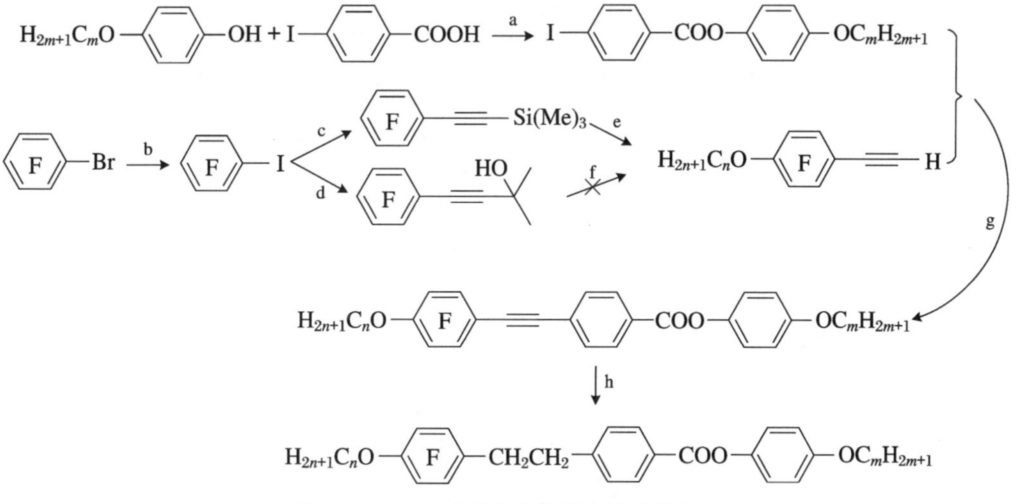

图 2.5.2　B-a 系列化合物的合成路线探索

反应试剂和条件：a. DCC，DMAP，THF；b. Mg，THF，I_2；c. $Pd(PPh_3)_2Cl_2$，CuI，Et_3N，三甲基硅乙炔；d. $Pd(PPh_3)_2Cl_2$，CuI，Et_3N，2-甲基-3-丁炔-2-醇；e. $C_nH_{2n+1}OH$，K_2CO_3，DMF；f. $C_nH_{2n+1}OH$，K_2CO_3，DMF；g. $Pd(PPh_3)_2Cl_2$，CuI，Et_3N；h. Pd/C，H_2，甲苯

中间产物对烷氧基全氟苯乙炔有两种合成方法(图 2.5.2):步骤 e 和步骤 f。将两者比较,全氟苯基三甲基硅乙炔中的三甲基比较容易离去,容易得到目标产物,但是原料三甲基硅乙炔比较贵;而步骤 f,原料 2-甲基-3-丁炔-2-醇比较便宜且 d 步骤反应产率高,但是步骤 f 不反应。

对于五氟碘苯的制备,一般在低温(0 ℃左右)下制备格氏试剂,较高温度时格氏试剂会和母体自身偶合从而降低产率,反应机理如图 2.5.3 所示。

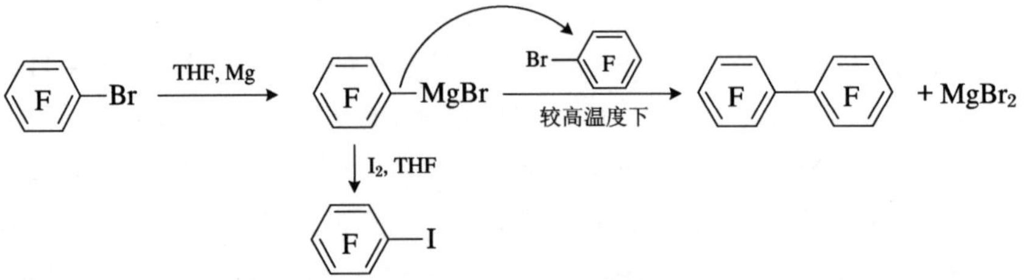

图 2.5.3　反应机理

五氟溴苯中对位氟原子的吸电子作用,使得苯上的溴原子容易离去,所以格氏试剂容易与其发生亲核反应。但是此反应温度不能太低,温度太低会抑制格氏反应的进行。在第一步反应中涉及 Keck 酯化反应,一般在大环自身缩合时比较常用,我们在合成酯类化合物时也用到了此类反应,Keck 反应机理如图 2.5.4 所示。

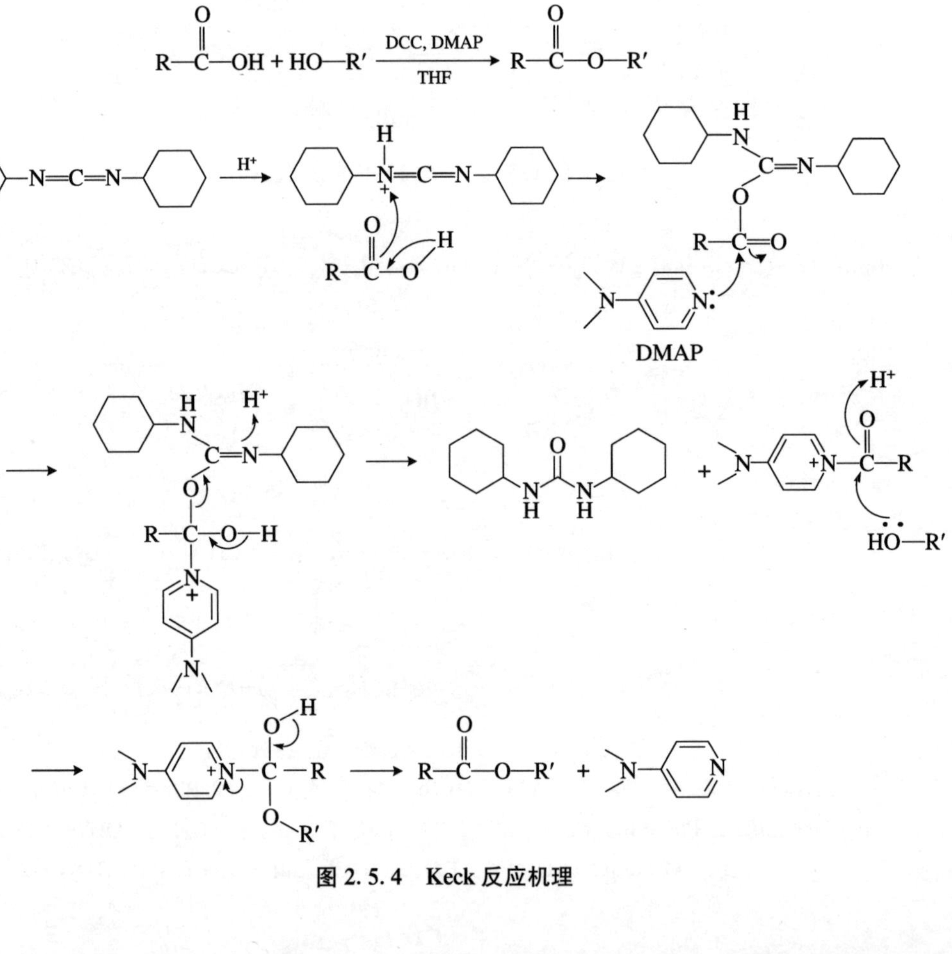

图 2.5.4　Keck 反应机理

5.4 化合物的相变研究

5.4.1 B-a 系列化合物

B-a 系列化合物的分子结构如图 2.5.5 所示。

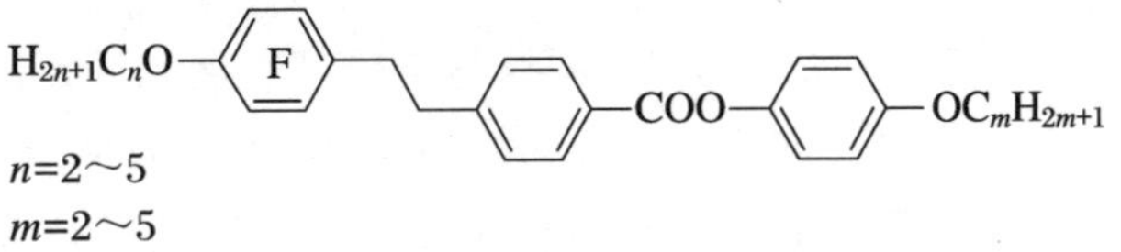

$H_{2n+1}C_nO$ F COO OC_mH_{2m+1}

$n=2\sim5$

$m=2\sim5$

图 2.5.5　B-a 系列化合物的分子结构

以化合物 B-a-2-2($m=2,n=2$)为例对 B-a 系列化合物进行讨论。

偏光显微镜观察:将装有样品的载玻片放入热台中,以 5 ℃/min 的升温速度加热,偏光 90°观察。在 121 ℃ 时样品开始熔化,视场出现暗场,变为各向同性的液体。在降温过程中,当温度降到 110 ℃ 时,出现丝状结构的亮场,继续降温,77 ℃时变成晶体状态。经观察,在降温的过程中只有向列相一种液晶相态存在。利用偏光显微镜观察化合物 B-a-2-2 的纹影织构。

通过偏光显微镜观察发现,B-a 系列化合物都具有液晶性,且都为向列相液晶。其研究结果见表 2.5.1。

表 2.5.1　B-a 系列化合物的相变研究结果

化合物	m	n	相变温度/℃
B-a-2-2	2	2	Cr 119.48 I 113.46 N 88.18 Cr
B-a-2-3	2	3	Cr_1 113.68 Cr_2 118.30 I 107.30 N 89.18 Cr
B-a-2-4	2	4	Cr 119.45 I 111.88 N 86.96 Cr
B-a-2-5	2	5	Cr 104.86 I 104.06 N 78.73 Cr
B-a-2-5*	2	5*	Cr_1 99.75 Cr_2 103.85 I 87.55 N 77.96 Cr
B-a-3-2	3	2	Cr 110.09 I 94.94 N 83.55 Cr
B-a-3-3	3	3	Cr 105.54 I 90.95 N 79.65 Cr
B-a-3-4	3	4	Cr 105.51 I 97.14 N 81.50 Cr
B-a-3-5	3	5	Cr 94.89 I 90.15 N 78.77 Cr
B-a-4-2	4	2	Cr 99.28 N 103.49 I 102.35 N 67.37 Cr
B-a-4-3	4	3	Cr 104.49 I 99.28 N 80.63 Cr
B-a-4-4	4	4	Cr 102.44 N 105.29 I 104.02 N 73.14 Cr

续表

化合物	m	n	相变温度/℃
B-a-4-5	4	5	Cr 98.66 I 97.75 N 74.34 Cr
B-a-5-2	5	2	Cr 94.48 N 97.11 I 95.73 N 66.79 Cr
B-a-5-3	5	3	Cr 101.97 I 93.38 N 81.19 Cr
B-a-5-4	5	4	Cr 100.84 I 97.24 N 72.33 Cr
B-a-5-5	5	5	Cr 95.48 I 93.00 N 74.36 Cr

注 Cr:结晶相;N:向列相;I:各向同性液体;*:手性化合物分子。

从表2.5.1中可以看出:所有的B-a系列化合物都有液晶性,且只有向列相。B-a系列化合物大部分都是单变液晶。同系列化合物的相变温度具有奇偶效应。分子的链接桥键为亚乙基,有很好的柔韧性,形成的化合物也具有很好的柔性,使得分子的宽度变宽,分子内的相互作用力减弱,所以分子的熔点和清亮点都相对B-b降低。B-a液晶化合物的转变黏度很低,响应速度快,可适用于STN-LCD的减黏部分。

5.4.2 B-b系列化合物

B-b系列化合物的分子结构如图2.5.6所示。

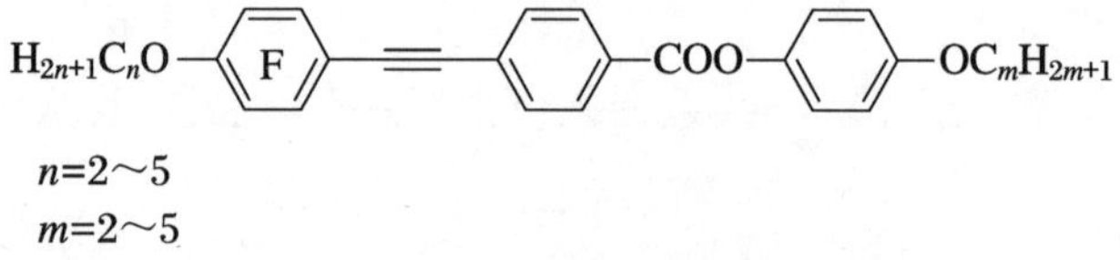

$H_{2n+1}C_nO$—(F-苯环)—≡—(苯环)—COO—(苯环)—OC_mH_{2m+1}

$n=2\sim5$
$m=2\sim5$

图2.5.6 B-b系列化合物的分子结构

以化合物B-b-4-2($m=4$, $n=2$)为例对B-b系列化合物进行讨论。

偏光显微镜观察:将装有样品的载玻片放入热台中,以5℃/min的升温速度加热,偏光90°观察,在125℃时样品开始熔化,并出现颜色鲜艳的亮场,当温度继续升温到218℃时,变为各向同性的液体。在降温过程中,当温度降到210℃时出现丝状结构的亮场,继续降温,79℃时变成晶体状态。经观察,在升温和降温的过程中只有向列相一种液晶相态存在,为互变液晶。利用偏光显微镜观察化合物B-b-4-2的纹影织构,显示它是向列相。

化合物B-b-4-2的DSC测试结果如图2.5.7所示。

经检测,B-b系列化合物都具有液晶性,且都呈现出与化合物B-b-4-2相似的相态变化。其研究结果见表2.5.2。

从表2.5.2中可以看出:所有的B-b系列化合物都只有向列相,并且向列相的温度范围很宽,都具有很高的清亮点。末端烷氧基链越短,液晶化合物的清亮点越高。以乙炔为链接桥键,由于π电子的相互作用,化合物分子的共轭性增加,得到的向列相液晶化合物具有很高的热稳定性。作为显示材料可以应用于STN-LCD,但不适用于TFT-LCD。由于分子刚

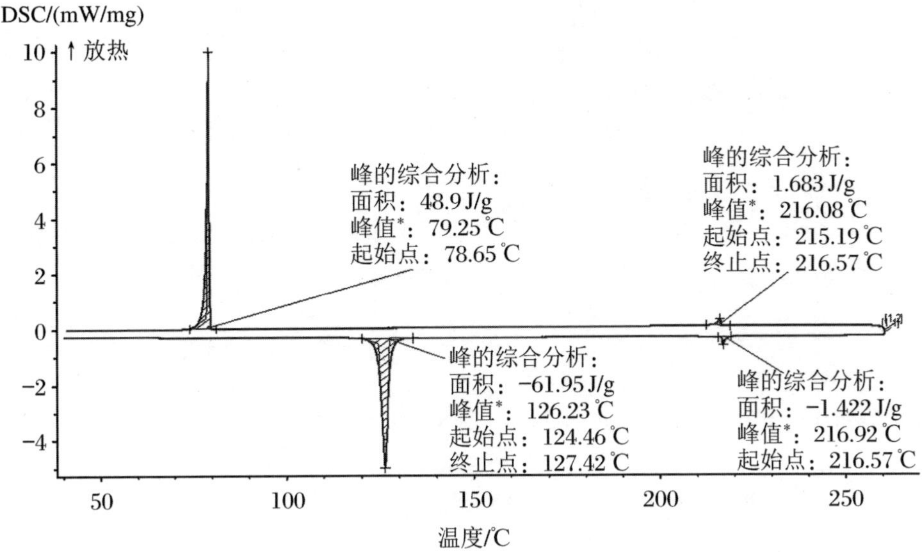

图 2.5.7　化合物 B-b-4-2 的 DSC 测试结果

表 2.5.2　B-b 系列化合物的相变研究结果

化合物	m	n	相变温度/℃
B-b-2-2	2	2	Cr 141.99 N 243.30 I 242.54 N 99.29 Cr
B-b-2-3	2	3	Cr 118.66 N 233.34 I 231.87 N 86.13 Cr
B-b-2-4	2	4	Cr 116.59 N 227.67 I 226.59 N 80.92 Cr
B-b-2-5	2	5	Cr 115.89 N 213.50 I 212.85 N 66.73 Cr
B-b-2-5*	2	5*	Cr 96.12 N 190.03 I 189.34 N 58.61 Cr
B-b-3-2	3	2	Cr 121.80 N 222.33 I 221.17 N 91.25 Cr
B-b-3-3	3	3	Cr 121.37 N 214.95 I 213.71 N 96.71 Cr
B-b-3-4	3	4	Cr 123.04 N 211.46 I 210.47 N 96.97 Cr
B-b-3-5	3	5	Cr 121.67 N 198.30 I 197.36 N 84.74 Cr
B-b-4-2	4	2	Cr 126.23 N 216.92 I 216.08 N 79.25 Cr
B-b-4-3	4	3	Cr 114.72 N 210.76 I 209.79 N 83.34 Cr
B-b-4-4	4	4	Cr 105.21 N 207.32 I 207.10 N 78.11 Cr
B-b-4-5	4	5	Cr 106.92 N 196.80 I 196.00 N 78.59 Cr
B-b-5-2	5	2	Cr 101.38 N 203.24 I 202.24 N 65.92 Cr
B-b-5-3	5	3	Cr 112.38 N 197.27 I 196.38 N 83.77 Cr
B-b-5-4	5	4	Cr 103.76 N 196.97 I 196.17 N 69.89 Cr
B-b-5-5	5	5	Cr 99.21 N 186.91 I 185.90 N 74.81 Cr

注　Cr：结晶相；N：向列相；I：各向同性液体；*：手性化合物分子。

性比较强，具有二苯乙炔结构，因此分子的清亮点和双折射比较高。引入全氟苯环结构，分子的极性并没有增加，但氟的引入降低了分子的黏度，所以该化合物为快速高双折射液晶，可作为双频液晶器件材料应用于高速光学领域。

5.5 B系列化合物的合成方法

5.5.1 合成路线

B系列化合物的合成路线如图2.5.8所示。

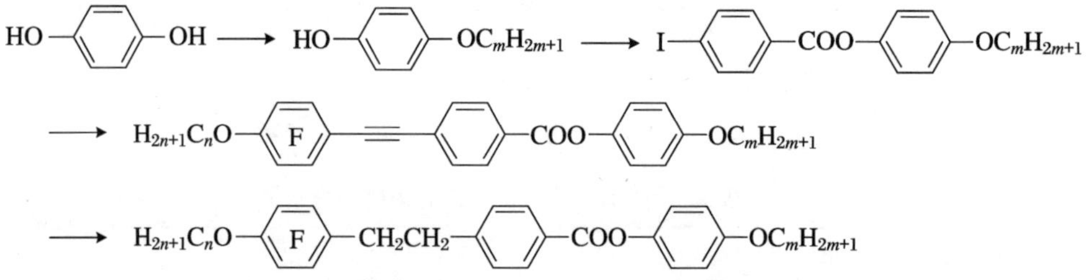

HO—⟨苯环⟩—OH ⟶ HO—⟨苯环⟩—OC_mH_{2m+1} ⟶ I—⟨苯环⟩—COO—⟨苯环⟩—OC_mH_{2m+1}

⟶ $H_{2n+1}C_nO$—⟨F⟩—≡—⟨苯环⟩—COO—⟨苯环⟩—OC_mH_{2m+1}

⟶ $H_{2n+1}C_nO$—⟨F⟩—CH_2CH_2—⟨苯环⟩—COO—⟨苯环⟩—OC_mH_{2m+1}

图2.5.8 B系列化合物的合成路线

反应试剂和条件：a. $C_mH_{2m+1}Br$，NaOH，CH_3OH，r.f.；或$C_mH_{2m+1}Br$，K_2CO_3，DMF. b. DCC，DMAP，THF，对碘苯甲酸. c. $Pd(PPh_3)_2Cl_2$，CuI，Et_3N，对烷氧全氟苯乙炔. d. Pd/C，H_2，甲苯

5.5.2 合成方法

1. 对乙氧基苯酚(图2.5.9)

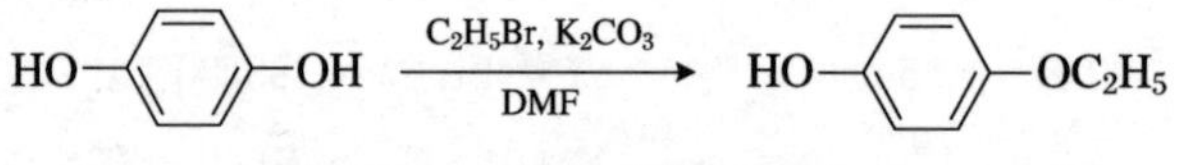

HO—⟨苯环⟩—OH $\xrightarrow[\text{DMF}]{C_2H_5Br,\ K_2CO_3}$ HO—⟨苯环⟩—OC_2H_5

图2.5.9 对乙氧基苯酚的合成

将22 g(200 mmol)对苯二酚、22 g(202 mmol)溴乙烷、29 g(210 mmol)碳酸钾和120 mL DMF加入250 mL干燥的三口烧瓶中，磁力搅拌，温度控制在70 ℃左右，反应3 h。TLC分析表明反应已经完成。冷却，加盐酸使溶液pH$<$4，用乙酸乙酯(4×100 mL)萃取，合并有机相，减压蒸去溶剂，得固体黏稠物溶于氢氧化钠水溶液使呈碱性，用乙酸乙酯(3×50 mL)萃取，无机相加盐酸使呈酸性，用乙酸乙酯萃取得有机相，用水泵减压蒸去溶剂，得到固体黏稠物用油泵减压蒸馏，收集102～104 ℃/1 mmHg的馏分，得到无色晶体5 g，产率18%，熔点66.1～68.1 ℃。

MS(m/z，%)：138.1(M^+，48.72)，110.0(100.00)。^1H NMR(400 MHz，$CDCl_3$) δ：1.38(t，J=7.0 Hz，3H)，3.97(q，J=7.0 Hz，2H)，6.74～6.80(m，4H)。

2. 对正丙氧基苯酚(图 2. 5. 10)

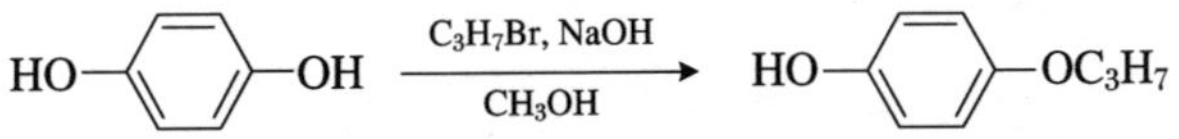

$$HO-C_6H_4-OH \xrightarrow[CH_3OH]{C_3H_7Br,\ NaOH} HO-C_6H_4-OC_3H_7$$

图 2. 5. 10　对正丙氧基苯酚的合成

将 6. 6 g(0. 06 mol)对苯二酚、35 mL 甲醇、1. 2 g(0. 03 mol)氢氧化钠和 8 mL 水加入 100 mL 的三口烧瓶中，磁力搅拌使反应原料混合均匀。滴加 3. 65 g(0. 03 mol)正溴丙烷，滴完加热回流反应，5 h 后点板，反应完全。旋干甲醇，得固体溶于 70 mL 的水中，滴加盐酸使 pH<4，析出灰色固体。用石油醚/乙酸乙酯(体积比为 3∶1)的淋洗剂过柱，所得粗产品用少量正己烷重结晶，得到白色固体产物 2. 9 g，产率 64%，熔点 56. 3～58. 1 ℃。

^{1}H NMR(400 MHz，氘代 DMSO) δ：0. 95(t，J = 7. 4 Hz，3H)，1. 63～1. 71(m，2H)，3. 80(t，J = 6. 6 Hz，2H)，6. 63～6. 67(m，2H)，6. 71～6. 75(m，2H)，8. 87(s，1H)。

3. 丁氧基苯酚(图 2. 5. 11)

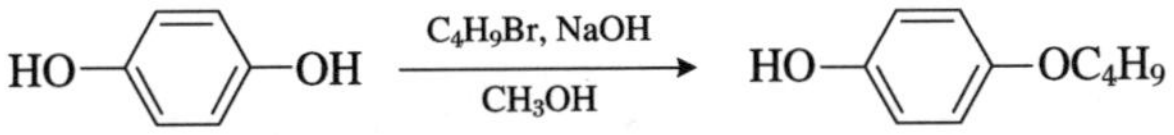

$$HO-C_6H_4-OH \xrightarrow[CH_3OH]{C_4H_9Br,\ NaOH} HO-C_6H_4-OC_4H_9$$

图 2. 5. 11　丁氧基苯酚的合成

投料：4. 4 g(0. 04 mol)对苯二酚，2. 7 g(0. 02 mol)正溴丁烷，35 mL 甲醇，0. 8 g(0. 02 mol)氢氧化钠和 8 mL 水。产量 1. 6 g，产率 48%，熔点 66. 3～69. 0 ℃。

^{1}H NMR(400 MHz，氘代 DMSO) δ：0. 92(t，J = 7. 2 Hz，3H)，1. 36～1. 45(m，2H)，1. 60～1. 67(m，2H)，3. 84(t，J = 6. 4 Hz，2H)，6. 64～6. 74(m，4H)，8. 87(s，1H)。

4. 对正戊氧基苯酚(图 2. 5. 12)

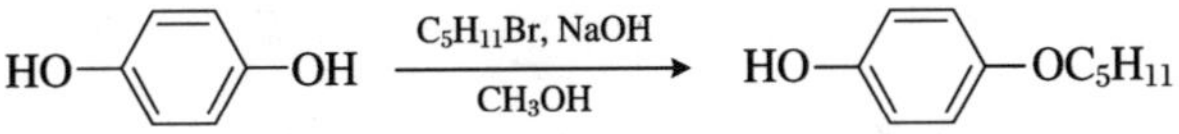

$$HO-C_6H_4-OH \xrightarrow[CH_3OH]{C_5H_{11}Br,\ NaOH} HO-C_6H_4-OC_5H_{11}$$

图 2. 5. 12　对正戊氧基苯酚的合成

投料：13. 2 g(0. 12 mol)对苯二酚，9. 06 g(0. 06 mol)正溴戊烷，70 mL 甲醇，2. 4 g(0. 06 mol)氢氧化钠和 8 mL 水。产量 5. 7 g，产率 51%，熔点 49. 1～51. 3 ℃。

^{1}H NMR(400 MHz，氘代 DMSO) δ：0. 89(t，J = 7. 0 Hz，3H)，1. 32～1. 38(m，4H)，1. 62～1. 69(m，2H)，3. 83(t，J = 6. 4 Hz，2H)，6. 63～6. 67(m，2H)，6. 70～6. 74(m，2H)，8. 86(s，1H)。

5. 对碘苯甲酸(对乙氧基)苯酯(图 2. 5. 13)

$$HO-C_6H_4-OC_2H_5 + I-C_6H_4-COOH \xrightarrow[THF]{DCC,\ DMAP} I-C_6H_4-COO-C_6H_4-OC_2H_5$$

图 2. 5. 13　对碘苯甲酸(对乙氧基)苯酯的合成

在氮气保护下将 5. 40 g(22 mmol)对碘苯甲酸、3. 00 g(22 mmol)对乙氧基苯酚、5. 74 g(27. 60 mmol)DCC、50 mg DMAP 和 70 mLTHF 加入 100 mL 干燥的三口烧瓶中，常温下磁

力搅拌反应。24 h后TLC跟踪至反应完全。静置,过滤,白色固体用二氯甲烷洗,抽滤瓶中有机液分别用5%的醋酸洗、盐水洗、水洗,得有机相用无水硫酸钠干燥,减压蒸去溶剂。用石油醚/二氯甲烷(体积比为1∶1)的淋洗剂过柱,再用石油醚/乙酸乙酯重结晶,得到白色固体5.80 g,产率72%,熔点135.1~136.7 ℃。

MS(m/z,%):368(M^+,15.62),230.9(100.00)。^1H NMR(400 MHz,$CDCl_3$) δ:1.42(t,J=7 Hz,3H),4.04(q,J=7 Hz,2H),6.92(d,J=9.0 Hz,2H),7.10(d,J=9.0 Hz,2H),7.85~7.91(m,4H)。

同类化合物的合成方法与对碘苯甲酸(对乙氧基)苯酯的合成方法相同。

(1) 对碘苯甲酸(对丙氧基)苯酯(图2.5.14)

投料:2.0 g(8.1 mmol)对碘苯甲酸,1.13 g(7.4 mmol)对正丙氧基苯酚,1.69 g(8.2 mmol) DCC,100 mg DMAP和70 mL THF。产量1.82 g,产率64%,熔点132.0~133.3 ℃。

MS(m/z,%):382(M^+,15.62),230.9(100.00)。^1H NMR(400 MHz,$CDCl_3$) δ:0.97(t,J=7.6 Hz,3H),1.70~1.79(m,2H),3.86(t,J=6.6 Hz,2H),6.86(d,J=9.2 Hz,2H),7.03(d,J=9.2 Hz,2H),7.78~7.84(m,4H)。

$I-C_6H_4-COO-C_6H_4-OC_3H_7$

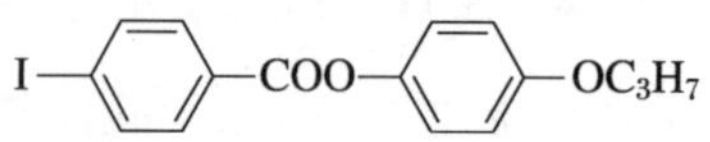

图2.5.14　对碘苯甲酸(对丙氧基)苯酯

(2) 对碘苯甲酸(对正丁氧基)苯酯(图2.5.15)

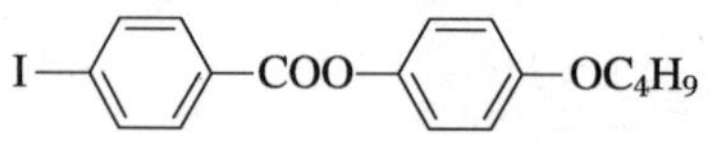

$I-C_6H_4-COO-C_6H_4-OC_4H_9$

图2.5.15　对碘苯甲酸(对正丁氧基)苯酯

投料:2.24 g(9.0 mmol)对碘苯甲酸,1.5 g(9.0 mmol)对正丁氧基苯酚,2.1 g(10.1 mmol)DCC,80 mg DMAP和70 mL THF。产量2.2 g,产率62%,熔点125.7~127.1 ℃。

MS(m/z,%):396(M^+,13.47),230.9(100.00)。^1H NMR(400 MHz,$CDCl_3$) δ:0.91(t,J=7.4 Hz,3H),1.38~1.48(m,2H),1.67~1.74(m,2H),3.90(t,J=6.6 Hz,2H),6.85(d,J=9.2 Hz,2H),7.03(d,J=9.2 Hz,2H),7.78~7.84(m,4H)。

(3) 对碘苯甲酸(对正戊氧基)苯酯(图2.5.16)

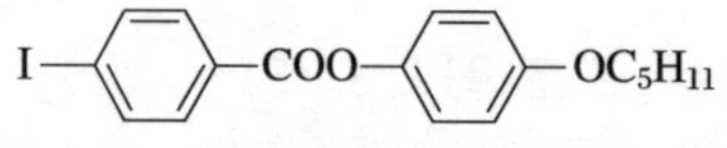

$I-C_6H_4-COO-C_6H_4-OC_5H_{11}$

图2.5.16　对碘苯甲酸(对正戊氧基)苯酯

投料:2.48 g(10.0 mmol)对碘苯甲酸,1.8 g(10.0 mmol)对正戊氧基苯酚,2.1 g(10.1 mmol)DCC,100 mg DMAP和70 mL THF。产量2.4 g,产率59%,熔点115.5~116.5 ℃。

MS(m/z,%):410(M^+,12.70),230.9(100.00)。^1H NMR(400 MHz,$CDCl_3$) δ:0.87(t,J=7.2 Hz,3H),1.27~1.41(m,4H),1.69~1.76(m,2H),3.90(t,J=6.6 Hz,2H),

6.85(d,J=8.8 Hz,2H),7.03(d,J=9.2 Hz,2H),7.78～7.84(m,4H)。

6. 4-[(4-乙氧基-2,3,5,6-四氟苯基)乙炔基]苯甲酸(对乙氧基)苯酯(B-b-2-2)(图2.5.17)

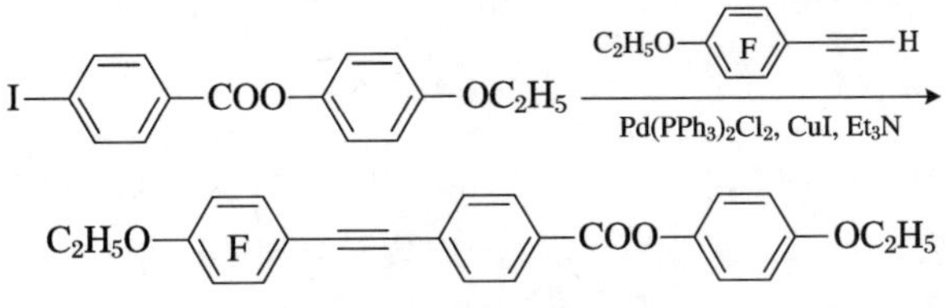

图2.5.17　B-b-2-2的合成

将315.7 mg(1.45 mmol)对乙氧基全氟苯乙炔、400 mg(1.09 mmol)对碘苯甲酸(对乙氧基)苯酯、40 mg $Pd(PPh_3)_2Cl_2$、34 mg CuI和60 mL三乙胺在氮气保护下加入100 mL的三口烧瓶中,磁力搅拌,在回流下反应。5 h后TLC跟踪至反应完全。冷却,抽滤,用甲基叔丁基醚洗固体,再用水(50 mL×5)萃取得黄色有机相,用无水硫酸钠干燥,减压蒸去溶剂。用石油醚/乙酸乙酯(体积比为40∶1)的淋洗剂过柱,再用石油醚重结晶,得到白色固体0.35 g,产率70%。

MS(m/z,%):458(M^+,8.21),321(100.00)。^1H NMR(400 MHz,$CDCl_3$) δ:1.44(q,J=7.0 Hz,6H),4.05(q,J=7.0 Hz,2H),4.37(q,J=7.0 Hz,2H),6.93(d,J=9.2 Hz,2H),7.12(d,J=8.8 Hz,2H),7.69(d,J=8.4 Hz,2H),8.20(d,J=8.0 Hz,2H)。IR(KBr,ν_{max},cm^{-1}):3445,2940,1730,1605,1486,1260,1190,1125,996,944,877,808,764,704,600。

同类化合物的合成方法与4-[(4-乙氧基-2,3,5,6-四氟苯基)乙炔基]苯甲酸(对乙氧基)苯酯的合成方法相同。

(1) 4-[(4-正丙氧基-2,3,5,6-四氟苯基)乙炔基]苯甲酸(对乙氧基)苯酯(B-b-2-3)(图2.5.18)

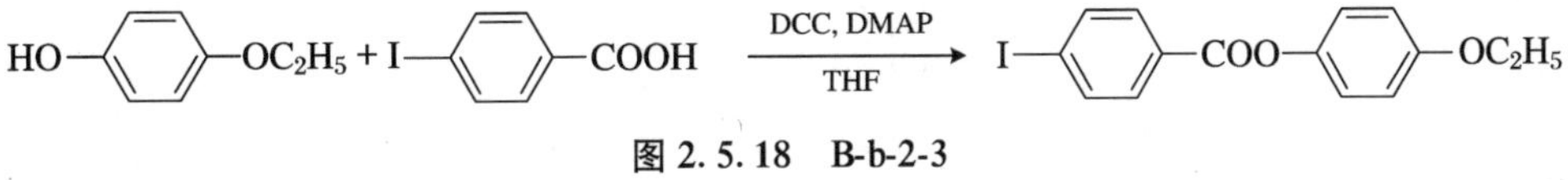

图2.5.18　B-b-2-3

投料:336 mg(1.20 mmol)对正丙氧基全氟苯乙炔,400 mg(1.09 mmol)对碘苯甲酸(对乙氧基)苯酯,40 mg $Pd(PPh_3)_2Cl_2$,24 mg CuI和60 mL三乙胺。产量0.40 g,产率78%。

MS(m/z,%):472(M^+,9.23),335(100.00)。^1H NMR(400 MHz,$CDCl_3$) δ:1.06(t,J=7.4 Hz,3H),1.43(t,J=7.0 Hz,3H),1.78～1.87(m,2H),4.05(q,J=7.0 Hz,2H),4.26(t,J=6.6 Hz,2H),6.94(d,J=9.2 Hz,2H),7.13(d,J=9.2 Hz,2H),7.69(d,J=8.4 Hz,2H),8.20(d,J=8.0 Hz,2H)。IR(KBr,ν_{max},cm^{-1}):3445,2940,1730,1605,1486,1260,1190,1125,996,944,877,808,764,704,600。

(2) 4-[(4-正丁氧基-2,3,5,6-四氟苯基)乙炔基]苯甲酸(对乙氧基)苯酯(B-b-2-4)(图2.5.19)

投料:280 mg(1.14 mmol)对正丁氧基全氟苯乙炔,400 mg(1.09 mmol)对碘苯甲酸(对

乙氧基)苯酯,40 mg $Pd(PPh_3)_2Cl_2$,34 mg CuI 和 60 mL 三乙胺。产量 0.37 g,产率 70%。

C_4H_9O—[F]—≡—[苯环]—COO—[苯环]—OC_2H_5

图 2.5.19 B-b-2-4

MS(*m/z*,%):486(M^+,6.77),349(100.00)。^1H NMR(400 MHz,$CDCl_3$) δ:0.99(t, *J* = 7.4 Hz,3H),1.43(t,*J* = 7.0 Hz,3H),1.47~1.52(m,2H),1.75~1.82(m,2H),4.05(q,*J* = 7.0 Hz,2H),4.30(t,*J* = 6.6 Hz,2H),6.94(d,*J* = 8.8 Hz,2H),7.13(d,*J* = 9.2 Hz,2H),7.69(d,*J* = 8.0 Hz,2H),8.20(d,*J* = 8.4 Hz,2H)。IR(KBr,ν_{max},cm^{-1}):3445,2940,1730,1605,1486,1260,1190,1125,996,944,877,808,764,704,600。

(3) 4-[(4-正戊氧基-2,3,5,6-四氟苯基)乙炔基]苯甲酸(对乙氧基)苯酯(B-b-2-5)(图 2.5.20)

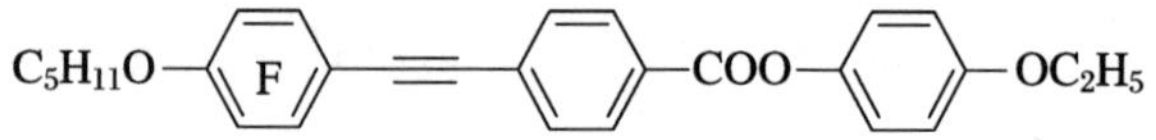

$C_5H_{11}O$—[F]—≡—[苯环]—COO—[苯环]—OC_2H_5

图 2.5.20 B-b-2-5

投料:290 mg(1.14 mmol)对正戊氧基全氟苯乙炔,400 mg(1.09 mmol)对碘苯甲酸(对乙氧基)苯酯,40 mg $Pd(PPh_3)_2Cl_2$,40 mg CuI 和 60 mL 三乙胺。产量 0.44 g,产率 82%。

MS(*m/z*,%):500(M^+,6.25),363(100.00)。^1H NMR(400 MHz,$CDCl_3$) δ:0.94(t, *J* = 7.0 Hz,3H),1.36~1.48(m,7H),1.77~1.84(m,2H),4.05(q,*J* = 7.0 Hz,2H),4.29(t,*J* = 6.4 Hz,2H),6.94(d,*J* = 8.8 Hz,2H),7.13(d,*J* = 9.2 Hz,2H),7.69(d,*J* = 8.4 Hz,2H),8.20(d,*J* = 8.4 Hz,2H)。IR(KBr,ν_{max},cm^{-1}):3445,2940,1730,1605,1486,1260,1190,1125,996,944,877,808,764,704,600。

(4) (*S*)-4-[(4-(2-甲基)丁氧基-2,3,5,6-四氟苯基)乙炔基]苯甲酸(对乙氧基)苯酯(B-b-2-5*)(图 2.5.21)

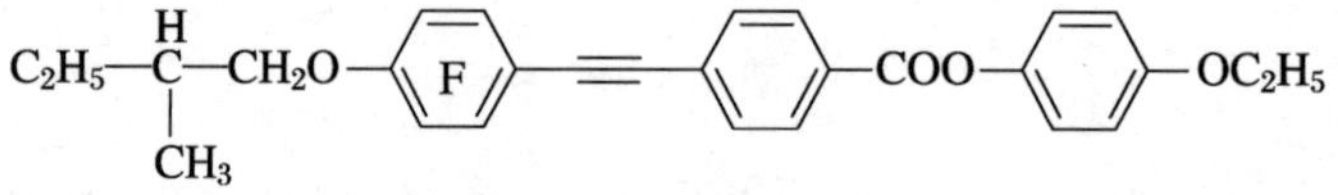

C_2H_5—CH(CH_3)—CH_2O—[F]—≡—[苯环]—COO—[苯环]—OC_2H_5

图 2.5.21 B-b-2-5*

投料:1.20 g(4.62 mmol)1-乙炔基-4-(2-甲基)丁氧基全氟苯,1.65 g(4.48 mmol)对碘苯甲酸(对乙氧基)苯酯,122 mg $Pd(PPh_3)_2Cl_2$,134 mg CuI 和 100 mL 三乙胺。产量 1.64 g,产率 71%。

MS(*m/z*,%):500(M^+,9.50),363(100.00)。^1H NMR(400 MHz,$CDCl_3$) δ:0.96(t, *J* = 7.4 Hz,3H),1.04(d,*J* = 6.8 Hz,3H),1.23~1.34(m,1H),1.43(t,*J* = 7.0 Hz,3H),1.56~1.63(m,1H),1.83~1.91(m,1H),4.02~4.10(m,3H),4.14~4.18(m,1H),6.94(d,*J* = 8.8 Hz,2H),7.13(d,*J* = 9.2 Hz,2H),7.69(d,*J* = 8.4 Hz,2H),8.20(d,*J* = 8.4 Hz,2H)。IR(KBr,ν_{max},cm^{-1}):3445,2940,1730,1605,1486,1260,1190,1125,996,944,877,808,764,704,600。

(5) 4-[(4-乙氧基-2,3,5,6-四氟苯基)乙炔基]苯甲酸(对丙氧基)苯酯(B-b-3-2)(图 2.5.22)

C_2H_5O—⟨F⟩—≡—⟨ ⟩—COO—⟨ ⟩—OC_3H_7

图 2.5.22　B-b-3-2

投料:240 mg(1.1 mmol)对乙氧基全氟苯乙炔,390 mg(1.02 mmol)对碘苯甲酸(对丙氧基)苯酯,40 mg $Pd(PPh_3)_2Cl_2$,60 mg CuI 和 70 mL 三乙胺。产量 0.35 g,产率 73%。

MS(m/z,%): 472.1 (M^+, 9.02), 321.0 (100.00)。^1H NMR (400 MHz, $CDCl_3$) δ:0.98(t,J=7.4 Hz,3H),1.38(t,J=7.0 Hz,3H),1.71～1.80(m,2H),3.86(t,J=6.4 Hz,2H),4.30(q,J=7.0 Hz,2H),6.87(d,J=9.2 Hz,2H),7.05(d,J=8.8 Hz,2H),7.62 (d,J=8.8 Hz,2H),8.13(d,J=8.4 Hz,2H)。IR(KBr,ν_{max},cm^{-1}):3445,2940,1730,1605,1486,1260,1190,1125,996,944,877,808,764,704,600。

(6) 4-[(4-正丙氧基-2,3,5,6-四氟苯基)乙炔基]苯甲酸(对正丙氧基)苯酯(B-b-3-3)(图 2.5.23)

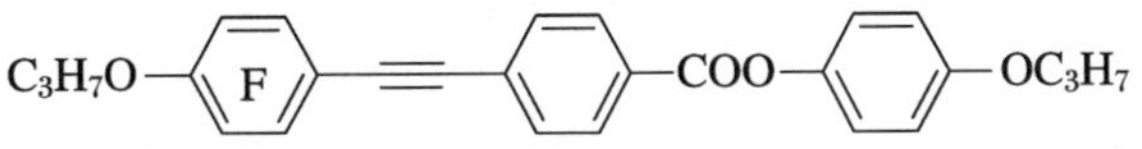

C_3H_7O—⟨F⟩—≡—⟨ ⟩—COO—⟨ ⟩—OC_3H_7

图 2.5.23　B-b-3-3

投料:260 mg(1.12 mmol)对正丙氧基全氟苯乙炔,390 mg(1.02 mmol)对碘苯甲酸(对正丙氧基)苯酯,60 mg $Pd(PPh_3)_2Cl_2$,60 mg CuI 和 70 mL 三乙胺。产量 0.4 g,产率 81%。

MS(m/z,%): 486.2 (M^+, 6.59), 335.1 (100.00)。^1H NMR (400 MHz, $CDCl_3$) δ:0.96～1.01(m,6H),1.71～1.80(m,4H),3.86(t,J=6.6 Hz,2H),4.19(t,J=6.6 Hz,2H),6.87(d,J=9.2 Hz,2H),7.05(d,J=8.8 Hz,2H),7.62(d,J=8.4 Hz,2H),8.13(d,J=8.4 Hz,2H)。IR(KBr,ν_{max},cm^{-1}):3445,2940,1730,1605,1486,1260,1190,1125,996,944,877,808,764,704,600。

(7) 4-[(4-正丁氧基-2,3,5,6-四氟苯基)乙炔基]苯甲酸(对正丙氧基)苯酯(B-b-3-4)(图 2.5.24)

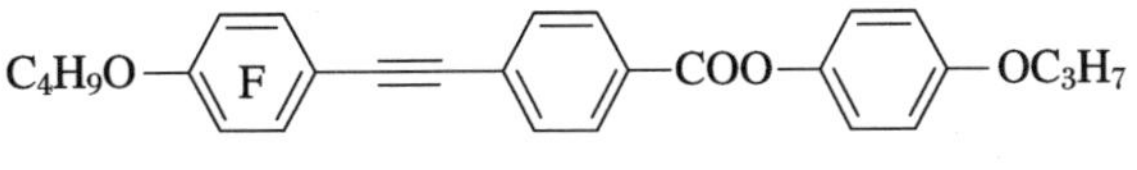

C_4H_9O—⟨F⟩—≡—⟨ ⟩—COO—⟨ ⟩—OC_3H_7

图 2.5.24　B-b-3-4

投料:290 mg(1.18 mmol)对正丁氧基全氟苯乙炔,394 mg(1.03 mmol)对碘苯甲酸(对正丙氧基)苯酯,58 mg $Pd(PPh_3)_2Cl_2$,100 mg CuI 和 70 mL 三乙胺。产量 0.25 g,产率 48%。

MS(m/z,%): 500.2 (M^+, 7.21), 349.1 (100.00)。^1H NMR (400 MHz, $CDCl_3$) δ:0.92(t,J=7.4 Hz,3H),0.98(t,J=7.6 Hz,3H),1.41～1.47(m,2H),1.68～1.78(m,4H),3.86(t,J=6.6 Hz,2H),4.23(t,J=6.6 Hz,2H),6.87(d,J=8.8 Hz,2H),7.05(d,

$J=9.2$ Hz,2H),7.62(d,$J=8.4$ Hz,2H),8.13(d,$J=8.4$ Hz,2H)。IR(KBr,ν_{max},cm^{-1}):3445,2940,1730,1605,1486,1260,1190,1125,996,944,877,808,764,704,600。

(8) 4-[(4-正戊氧基-2,3,5,6-四氟苯基)乙炔基]苯甲酸(对正丙氧基)苯酯(B-b-3-5)(图2.5.25)

$C_5H_{11}O$—⟨F⟩—≡—⟨ ⟩—COO—⟨ ⟩—OC_3H_7

图2.5.25 B-b-3-5

投料:290 mg(1.12 mmol)对正戊氧基全氟苯乙炔,390 mg(1.02 mmol)对碘苯甲酸(对正丙氧基)苯酯,47 mg $Pd(PPh_3)_2Cl_2$,60 mg CuI 和 70 mL 三乙胺。产量0.33 g,产率67%。

MS(m/z,%):514.2(M^+,9.02),363.1(100.00)。^1H NMR(400 MHz,$CDCl_3$)δ:0.87(t,$J=7.2$ Hz,3H),0.98(t,$J=7.6$ Hz,3H),1.27~1.42(m,4H),1.70~1.80(m,4H),3.86(t,$J=6.6$ Hz,2H),4.22(t,$J=6.6$ Hz,2H),6.87(d,$J=8.8$ Hz,2H),7.05(d,$J=9.2$ Hz,2H),7.62(d,$J=8.4$ Hz,2H),8.13(d,$J=8.4$ Hz,2H)。IR(KBr,ν_{max},cm^{-1}):3445,2940,1730,1605,1486,1260,1190,1125,996,944,877,808,764,704,600。

(9) 4-[(4-乙氧基-2,3,5,6-四氟苯基)乙炔基]苯甲酸(对正丁氧基)苯酯(B-b-4-2)(图2.5.26)

C_2H_5O—⟨F⟩—≡—⟨ ⟩—COO—⟨ ⟩—OC_4H_9

图2.5.26 B-b-4-2

投料:220 mg(1.01 mmol)对乙氧基全氟苯乙炔,400 mg(1.01 mmol)对碘苯甲酸(对正丁氧基)苯酯,60 mg $Pd(PPh_3)_2Cl_2$,60 mg CuI 和 60 mL 三乙胺。产量0.28 g,产率57%。

MS(m/z,%):486(M^+,8.83),321.1(100.00)。^1H NMR(400 MHz,$CDCl_3$)δ:0.92(t,$J=7.4$ Hz,3H),1.36~1.46(m,5H),1.68~1.75(m,2H),3.90(t,$J=6.6$ Hz,2H),4.30(q,$J=7.0$ Hz,2H),6.87(d,$J=9.2$ Hz,2H),7.05(d,$J=8.8$ Hz,2H),7.62(d,$J=8.0$ Hz,2H),8.13(d,$J=8.4$ Hz,2H)。IR(KBr,ν_{max},cm^{-1}):3445,2940,1730,1605,1486,1260,1190,1125,996,944,877,808,764,704,600。

(10) 4-[(4-正丙氧基-2,3,5,6-四氟苯基)乙炔基]苯甲酸(对正丁氧基)苯酯(B-b-4-3)(图2.5.27)

C_3H_7O—⟨F⟩—≡—⟨ ⟩—COO—⟨ ⟩—OC_4H_9

图2.5.27 B-b-4-3

投料:235 mg(1.01 mmol)对正丙氧基全氟苯乙炔,400 mg(1.01 mmol)对碘苯甲酸(对正丁氧基)苯酯,60 mg $Pd(PPh_3)_2Cl_2$,60 mg CuI 和 60 mL 三乙胺。产量0.35 g,产率69%。

MS(m/z,%):500(M^+,9.38),335.1(100.00)。^1H NMR(400 MHz,$CDCl_3$)δ:0.92(t,$J=7.2$ Hz,3H),0.99(t,$J=7.4$ Hz,3H),1.38~1.48(m,2H),1.67~1.80(m,4H),

3.90(t,J=6.6 Hz,2H),4.19(t,J=6.4 Hz,2H),6.86(d,J=9.2 Hz,2H),7.05(d,J=8.8 Hz,2H),7.62(d,J=8.4 Hz,2H),8.21(d,J=8.0 Hz,2H)。IR(KBr,ν_{max},cm^{-1}):3445,2940,1730,1605,1486,1260,1190,1125,996,944,877,808,764,704,600。

(11) 4-[(4-正丁氧基-2,3,5,6-四氟苯基)乙炔基]苯甲酸(对正丁氧基)苯酯(B-b-4-4)(图2.5.28)

C_4H_9O—(F)—≡—( )—COO—( )—OC_4H_9

图2.5.28　B-b-4-4

投料:200 mg(0.81 mmol)对正丁氧基全氟苯乙炔,400 mg(1.01 mmol)对碘苯甲酸(对正丁氧基)苯酯,60 mg $Pd(PPh_3)_2Cl_2$,100 mg CuI 和 60 mL 三乙胺。产量 0.30 g,产率58%。

MS(m/z,%):514(M^+,8.39),349.1(100.00)。^{1}H NMR(400 MHz,$CDCl_3$) δ:0.92(t,J=7.4 Hz,6H),1.39～1.47(m,4H),1.68～1.75(m,4H),3.91(t,J=6.4 Hz,2H),4.23(t,J=6.4 Hz,2H),6.87(d,J=9.2 Hz,2H),7.05(d,J=8.8 Hz,2H),7.62(d,J=8.0 Hz,2H),8.13(d,J=8.4 Hz,2H)。IR(KBr,ν_{max},cm^{-1}):3445,2940,1730,1605,1486,1260,1190,1125,996,944,877,808,764,704,600。

(12) 4-[(4-正戊氧基-2,3,5,6-四氟苯基)乙炔基]苯甲酸(对正丁氧基)苯酯(B-b-4-5)(图2.5.29)

$C_5H_{11}O$—(F)—≡—( )—COO—( )—OC_4H_9

图2.5.29　B-b-4-5

投料:290 mg(1.12 mmol)对正戊氧基全氟苯乙炔,436 mg(1.10 mmol)对碘苯甲酸(对正丁氧基)苯酯,60 mg $Pd(PPh_3)_2Cl_2$,60 mg CuI 和 60 mL 三乙胺。产量0.31 g,产率53%。

MS(m/z,%):528(M^+,7.92),363.1(100.00)。^{1}H NMR(400 MHz,$CDCl_3$) δ:0.87(t,J=7.2 Hz,3H),0.92(t,J=7.4 Hz,3H),1.27～1.46(m,6H),1.68～1.77(m,4H),3.90(t,J=6.4 Hz,2H),4.22(t,J=6.4 Hz,2H),6.87(d,J=8.8 Hz,2H),7.05(d,J=8.8 Hz,2H),7.62(d,J=8.4 Hz,2H),8.12(d,J=8.4 Hz,2H)。IR(KBr,ν_{max},cm^{-1}):3445,2940,1730,1605,1486,1260,1190,1125,996,944,877,808,764,704,600。

(13) 4-[(4-乙氧基-2,3,5,6-四氟苯基)乙炔基]苯甲酸(对正戊氧基)苯酯(B-b-5-2)(图2.5.30)

C_2H_5O—(F)—≡—( )—COO—( )—OC_5H_{11}

图2.5.30　B-b-5-2

投料:218 mg(1.0 mmol)对乙氧基全氟苯乙炔,410 mg(1.0 mmol)对碘苯甲酸(对正戊氧基)苯酯,80 mg $Pd(PPh_3)_2Cl_2$,100 mg CuI 和 60 mL 三乙胺。产量 0.22 g,产率 44%。

MS(m/z,%):500(M^+,8.64),321.0(100.00)。^1H NMR(400 MHz,$CDCl_3$) δ:0.87(t,J = 7.2 Hz,3H),1.30～1.40(m,7H),1.70～1.76(m,2H),3.90(t,J = 6.6 Hz,2H),4.30(q,J = 7.0 Hz,2H),6.87(d,J = 9.2 Hz,2H),7.05(d,J = 8.8 Hz,2H),7.62(d,J = 8.0 Hz,2H),8.13(d,J = 8.4 Hz,2H)。IR(KBr,ν_{max},cm^{-1}):3445,2940,1730,1605,1486,1260,1190,1125,996,944,877,808,764,704,600。

(14) 4-[(4-正丙氧基-2,3,5,6-四氟苯基)乙炔基]苯甲酸(对正戊氧基)苯酯(B-b-5-3)(图 2.5.31)

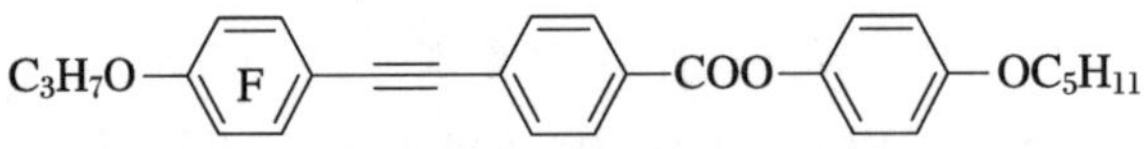

C_3H_7O—(F)—≡—(苯环)—COO—(苯环)—OC_5H_{11}

图 2.5.31 B-b-5-3

投料:250 mg(1.08 mmol)对正丙氧基全氟苯乙炔,410 mg(1.0 mmol)对碘苯甲酸(对正戊氧基)苯酯,22 mg $Pd(PPh_3)_2Cl_2$,80 mg CuI 和 70 mL 三乙胺。产量 0.30 g,产率 58%。

MS(m/z,%):514(M^+,6.60),335.1(100.00)。^1H NMR(400 MHz,$CDCl_3$) δ:0.87(t,J = 7.2 Hz,3H),0.99(t,J = 7.4 Hz,3H),1.29～1.43(m,4H),1.70～1.78(m,4H),3.90(t,J = 6.6 Hz,2H),4.19(t,J = 6.6 Hz,2H),6.87(d,J = 9.2 Hz,2H),7.05(d,J = 8.8 Hz,2H),7.62(d,J = 8.4 Hz,2H),8.13(d,J = 8.4 Hz,2H)。IR(KBr,ν_{max},cm^{-1}):3445,2940,1730,1605,1486,1260,1190,1125,996,944,877,808,764,704,600。

(15) 4-[(4-正丁氧基-2,3,5,6-四氟苯基)乙炔基]苯甲酸(对正戊氧基)苯酯(B-b-5-4)(图 2.5.32)

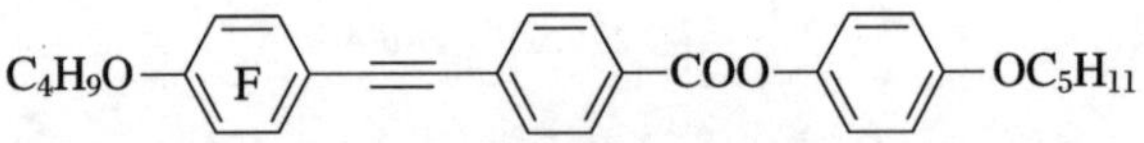

C_4H_9O—(F)—≡—(苯环)—COO—(苯环)—OC_5H_{11}

图 2.5.32 B-b-5-4

投料:290 mg(1.18 mmol)对正丁氧基全氟苯乙炔,410 mg(1.00 mmol)对碘苯甲酸(对正戊氧基)苯酯,60 mg $Pd(PPh_3)_2Cl_2$,60 mg CuI 和 70 mL 三乙胺。产量 0.3 g,产率 57%。

MS(m/z,%):528.2(M^+,4.39),349.1(100.00)。^1H NMR(400 MHz,$CDCl_3$) δ:0.85～0.93(m,6H),1.29～1.47(m,6H),1.68～1.76(m,4H),3.90(t,J = 6.6 Hz,2H),4.23(t,J = 6.6 Hz,2H),6.86(d,J = 8.8 Hz,2H),7.05(d,J = 9.2 Hz,2H),7.62(d,J = 8.4 Hz,2H),8.13(d,J = 8.4 Hz,2H)。IR(KBr,ν_{max},cm^{-1}):3445,2940,1730,1605,1486,1260,1190,1125,996,944,877,808,764,704,600。

(16) 4-[(4-正戊氧基-2,3,5,6-四氟苯基)乙炔基]苯甲酸(对正戊氧基)苯酯(B-b-5-5)(图 2.5.33)

$C_5H_{11}O$—(F)—≡—(苯环)—COO—(苯环)—OC_5H_{11}

图 2.5.33 B-b-5-5

投料：290 mg(1.12 mmol)对正戊氧基全氟苯乙炔，410 mg(1.00 mmol)对碘苯甲酸(对正戊氧基)苯酯，27 mg $Pd(PPh_3)_2Cl_2$，80 mg CuI 和 70 mL 三乙胺。产量 0.42 g，产率 78%。

MS(m/z,%)：542.2(M^+,6.96)，363.1(100.00)。^1H NMR(400 MHz，$CDCl_3$) δ：0.87(t，J = 7.0 Hz，6H)，1.29～1.42(m，8H)，1.70～1.77(m，4H)，3.90(t，J = 6.6 Hz，2H)，4.22(t，J = 6.6 Hz，2H)，6.86(d，J = 9.2 Hz，2H)，7.05(d，J = 8.8 Hz，2H)，7.62(d，J = 8.4 Hz，2H)，8.12(d，J = 8.4 Hz，2H)。IR(KBr，ν_{max}，cm^{-1})：3440，2940，1730，1605，1486，1260，1190，1125，996，944，877，808，764，704，600。

7. 4-[(4-乙氧基-2,3,5,6-四氟苯基)乙基]苯甲酸(对乙氧基)苯酯(B-a-2-2)(图2.5.34)

将 0.30 g 4-[(4-乙氧基-2,3,5,6-四氟苯基)乙炔基]苯甲酸(对乙氧基)苯酯、催化量的 Pd/C 和 200 mL 甲苯加入反应釜中，加氢，控制温度在 40 ℃左右，5 h 后反应完全。用石油醚/乙酸乙酯(体积比为 10∶1)的淋洗剂过柱，得白色固体。用石油醚重结晶，得到白色固体 0.29 g，产率 96%。

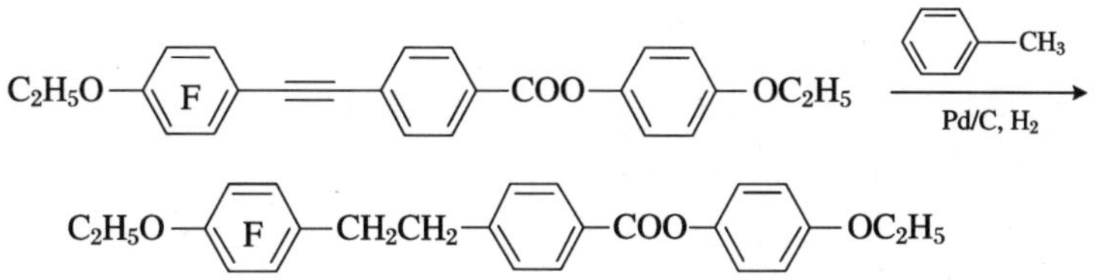

$$C_2H_5O-\langle F \rangle-C\equiv C-\langle\bigcirc\rangle-COO-\langle\bigcirc\rangle-OC_2H_5 \xrightarrow[Pd/C,\ H_2]{\text{甲苯}} C_2H_5O-\langle F \rangle-CH_2CH_2-\langle\bigcirc\rangle-COO-\langle\bigcirc\rangle-OC_2H_5$$

图 2.5.34　B-a-2-2

MS(m/z,%)：462(M^+,6.93)，325(100.00)。^1H NMR(400 MHz，$CDCl_3$) δ：1.42(q，J = 7.0 Hz，6H)，2.94～3.03(m，4H)，4.04(q，J = 7.0 Hz，2H)，4.26(q，J = 7.0 Hz，2H)，6.92(d，J = 8.8 Hz，2H)，7.11(d，J = 8.8 Hz，2H)，7.30(d，J = 8.0 Hz，2H)，8.11(d，J = 8.0 Hz，2H)。IR(KBr，ν_{max}，cm^{-1})：3444，2981，1731，1653，1610，1577，1505，1492，1390，1277，1247，1191，1174，1024，972，943，877，852，807，704，637，607。

同类化合物的合成方法与 4-[(4-乙氧基-2,3,5,6-四氟苯基)乙基]苯甲酸(对乙氧基)苯酯的合成方法相同。

(1) 4-[(4-正丙氧基-2,3,5,6-四氟苯基)乙基]苯甲酸(对乙氧基)苯酯(B-a-2-3)(图 2.5.35)

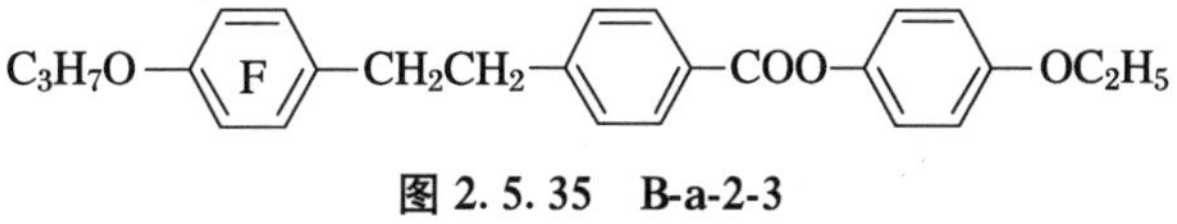

$$C_3H_7O-\langle F \rangle-CH_2CH_2-\langle\bigcirc\rangle-COO-\langle\bigcirc\rangle-OC_2H_5$$

图 2.5.35　B-a-2-3

投料：0.40 g 4-[(4-正丙氧基-2,3,5,6-四氟苯基)乙炔基]苯甲酸(对乙氧基)苯酯，催化量的 Pd/C，过量的氢气和 200 mL 甲苯。产量 0.34 g，产率 85%。

MS(m/z,%)：476(M^+,6.16)，339(100.00)。^1H NMR(400 MHz，$CDCl_3$) δ：1.04(t，J = 7.4 Hz，3H)，1.43(t，J = 6.8 Hz，3H)，1.73～1.85(m，2H)，2.94～3.02(m，4H)，4.04(q，J = 7.0 Hz，2H)，4.15(t，J = 6.6 Hz，2H)，6.93(d，J = 9.2 Hz，2H)，7.11(d，J = 9.2 Hz，2H)，7.30(d，J = 8.2 Hz，2H)，8.11(d，J = 8.2 Hz，2H)。IR(KBr，ν_{max}，cm^{-1})：3445，2966，

1734,1655,1610,1507,1493,1416,1390,1267,1197,1176,1110,1075,1021,982,940,855,801,766,703,642,613。

(2) 4-[(4-正丁氧基-2,3,5,6-四氟苯基)乙基]苯甲酸(对乙氧基)苯酯(B-a-2-4)(图 2.5.36)

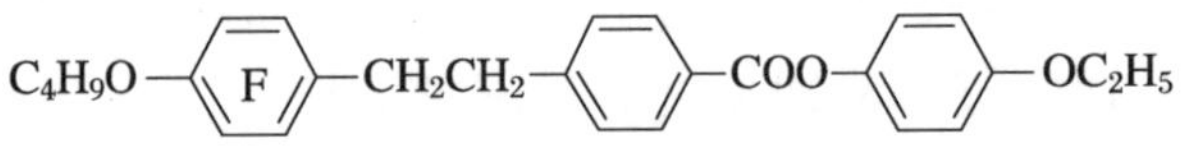

C_4H_9O—⟨F⟩—CH_2CH_2—⟨⟩—COO—⟨⟩—OC_2H_5

图 2.5.36 B-a-2-4

投料:0.33 g 4-[(4-正丁氧基-2,3,5,6-四氟苯基)乙炔基]苯甲酸(对乙氧基)苯酯,催化量的 Pd/C,过量的氢气和 200 mL 甲苯。产量 0.31 g,产率 93%。

MS(m/z,%):490(M^+,6.29),353(100.00)。^1H NMR(400 MHz,$CDCl_3$) δ:0.97(t,J = 7.4 Hz,3H),1.42(t,J = 7.0 Hz,3H),1.47～1.53(m,2H),1.72～1.79(m,2H),2.94～3.03(m,4H),4.04(q,J = 7.0 Hz,2H),4.19(t,J = 6.6 Hz,2H),6.92(d,J = 9.0 Hz,2H),7.11(d,J = 9.0 Hz,2H),7.30(d,J = 8.0 Hz,2H),8.11(d,J = 8.0 Hz,2H)。IR(KBr,ν_{max},cm^{-1}):3444,2963,1733,1652,1609,1494,1418,1387,1274,1247,1193,1173,1118,1072,1028,989,944,878,861,767,707,643,615。

(3) 4-[(4-正戊氧基-2,3,5,6-四氟苯基)乙基]苯甲酸(对乙氧基)苯酯(B-a-2-5)(图 2.5.37)

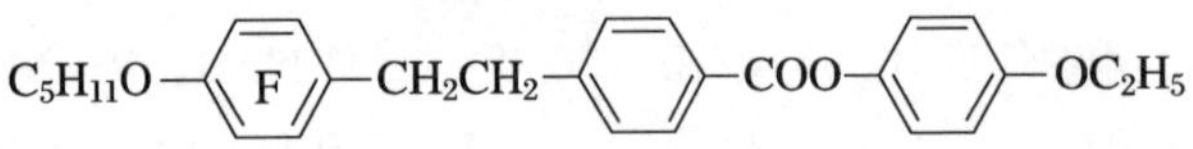

$C_5H_{11}O$—⟨F⟩—CH_2CH_2—⟨⟩—COO—⟨⟩—OC_2H_5

图 2.5.37 B-a-2-5

投料:0.42 g 4-[(4-正戊氧基-2,3,5,6-四氟苯基)乙炔基]苯甲酸(对乙氧基)苯酯,催化量的 Pd/C,过量的氢气和 200 mL 甲苯。产量 0.37 g,产率 88%。

MS(m/z,%):504(M^+,5.20),367(100.00)。^1H NMR(400 MHz,$CDCl_3$) δ:0.93(t,J = 7.2 Hz,3H),1.32～1.50(m,7H),1.74～1.80(m,2H),2.92～3.06(m,4H),4.04(q,J = 7.0 Hz,2H),4.18(t,J = 6.6 Hz,2H),6.93(d,J = 8.8 Hz,2H),7.11(d,J = 8.8 Hz,2H),7.30(d,J = 8.0 Hz,2H),8.11(d,J = 8.0 Hz,2H)。IR(KBr,ν_{max},cm^{-1}):3443,2961,1731,1653,1611,1505,1493,1417,1391,1277,1247,1191,1135,1116,1076,1046,994,950,878,854,808,763,704,599,524。

(4) (S)-4-[(4-(2-甲基)丁氧基-2,3,5,6-四氟苯基)乙基]苯甲酸(对乙氧基)苯酯(B-a-2-5*)(图 2.5.38)

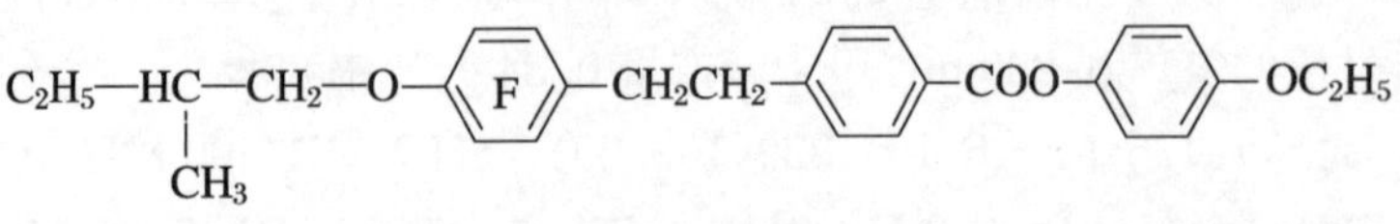

C_2H_5—HC(CH_3)—CH_2—O—⟨F⟩—CH_2CH_2—⟨⟩—COO—⟨⟩—OC_2H_5

图 2.5.38 B-a-2-5*

投料:1.60 g 4-[(4-丙氧基-2,3,5,6-四氟苯基)乙炔基]苯甲酸(对乙氧基)苯酯,催化量的 Pd/C，过量的氢气和 250 mL 甲苯。产量 1.50 g，产率 93%。

MS(m/z，%)：504(M^+，5.88)，367(100.00)。^1H NMR(400 MHz，$CDCl_3$) δ：0.95(t，J = 7.4 Hz，3H)，1.03(d，J = 6.8 Hz，3H)，1.43(t，J = 7.0 Hz，3 Hz)，1.52～1.62(m，2H)，1.78～1.90(m，1H)，2.91～3.02(m，4H)，3.95～4.07(m，4H)，6.93(d，J = 8.8 Hz，2H)，7.11(d，J = 8.8 Hz，2H)，7.30(d，J = 8.0 Hz，2H)，8.11(d，J = 8.0 Hz，2H)。IR(KBr，ν_{max}，cm^{-1})：3444，2966，1731，1653，1611，1505，1493，1418，1390，1278，1246，1192，1176，1129，1077，1025，996，944，877，808，764，704，600，524。

(5) 4-[(4-乙氧基-2，3，5，6-四氟苯基)乙基]苯甲酸(对丙氧基)苯酯(B-a-3-2)(图 2.5.39)

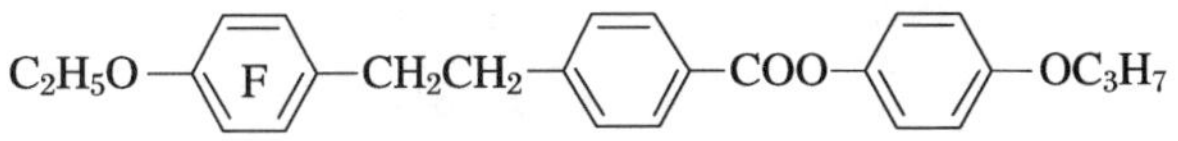

C_2H_5O—(F)—CH_2CH_2—(苯环)—COO—(苯环)—OC_3H_7

图 2.5.39 B-a-3-2

MS(m/z，%)：476.2(M^+，6.80)，325.1(100.00)。^1H NMR(400 MHz，$CDCl_3$) δ：0.98(t，J = 7.4 Hz，3H)，1.33(t，J = 7.0 Hz，3H)，1.71～1.79(m，2H)，2.87～2.96(m，4H)，3.86(t，J = 6.6 Hz，2H)，4.12(q，J = 7.0 Hz，2H)，6.86(d，J = 9.2 Hz，2H)，7.04(d，J = 9.2 Hz，2H)，7.22(d，J = 8.0 Hz，2H)，8.04(d，J = 8.4 Hz，2H)。IR(KBr，ν_{max}，cm^{-1})：3444，2961，1731，1653，1611，1505，1493，1418，1390，1278，1246，1192，1176，1129，1077，1025，996，944，877，808，764，704，600，524。

(6) 4-[(4-正丙氧基-2，3，5，6-四氟苯基)乙基]苯甲酸(对正丙氧基)苯酯(B-a-3-3)(图 2.5.40)

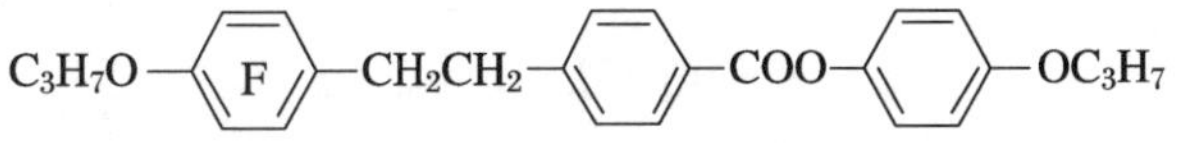

C_3H_7O—(F)—CH_2CH_2—(苯环)—COO—(苯环)—OC_3H_7

图 2.5.40 B-a-3-3

MS(m/z，%)：490.2(M^+，8.45)，339.1(100.00)。^1H NMR(400 MHz，$CDCl_3$) δ：0.95～0.99(m，6H)，1.68～1.79(m，4H)，2.87～2.96(m，4H)，3.86(t，J = 6.4 Hz，2H)，4.08(t，J = 6.6 Hz，2H)，6.86(d，J = 9.2 Hz，2H)，7.04(d，J = 8.8 Hz，2H)，7.23(d，J = 8.0 Hz，2H)，8.04(d，J = 8.4 Hz，2H)。IR(KBr，ν_{max}，cm^{-1})：3444，2966，1731，1653，1611，1505，1493，1418，1390，1278，1246，1192，1176，1129，1077，1025，996，944，877，808，764，704，600，524。

(7) 4-[(4-正丁氧基-2，3，5，6-四氟苯基)乙基]苯甲酸(对正丙氧基)苯酯(B-a-3-4)(图 2.5.41)

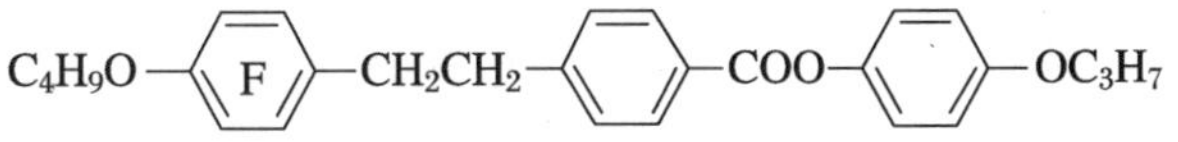

C_4H_9O—(F)—CH_2CH_2—(苯环)—COO—(苯环)—OC_3H_7

图 2.5.41 B-a-3-4

MS(m/z,%):504.2(M^+,8.18),353.1(100.00)。^1H NMR(400 MHz,$CDCl_3$) δ:0.90(t,J=7.4 Hz,3H),0.98(t,J=7.6 Hz,3H),1.38～1.48(m,2H),1.65～1.78(m,4H),2.87～2.96(m,4H),3.86(t,J=6.6 Hz,2H),4.12(t,J=6.6 Hz,2H),6.86(d,J=9.2 Hz,2H),7.04(d,J=9.2 Hz,2H),7.23(d,J=8.4 Hz,2H),8.04(d,J=8.0 Hz,2H)。IR(KBr,ν_{max},cm^{-1}):3444,2966,1731,1653,1611,1505,1493,1418,1390,1278,1246,1192,1176,1129,1077,1025,996,944,877,808,764,704,600,524。

(8) 4-[(4-正戊氧基-2,3,5,6-四氟苯基)乙基]苯甲酸(对正丙氧基)苯酯(B-a-3-5)(图2.5.42)

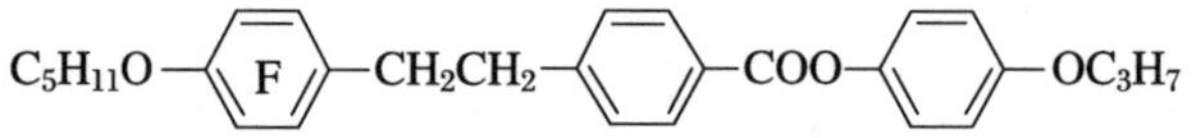

$C_5H_{11}O$—⟨F⟩—CH_2CH_2—⟨⟩—COO—⟨⟩—OC_3H_7

图2.5.42 B-a-3-5

MS(m/z,%):518.2(M^+,7.71),367.1(100.00)。^1H NMR(400 MHz,$CDCl_3$) δ:0.86(t,J=7.2 Hz,3H),0.97(t,J=7.4 Hz,3H),1.27～1.41(m,4H),1.66～1.79(m,4H),2.87～2.95(m,4H),3.86(t,J=6.6 Hz,2H),4.11(t,J=6.4 Hz,2H),6.86(d,J=9.2 Hz,2H),7.04(d,J=8.8 Hz,2H),7.23(d,J=8.4 Hz,2H),8.04(d,J=8.4 Hz,2H)。IR(KBr,ν_{max},cm^{-1}):3444,2966,1731,1653,1611,1505,1493,1418,1390,1278,1246,1192,1176,1129,1077,1025,996,944,877,808,764,704,600,524。

(9) 4-[(4-乙氧基-2,3,5,6-四氟苯基)乙基]苯甲酸(对正丁氧基)苯酯(B-a-4-2)(图2.5.43)

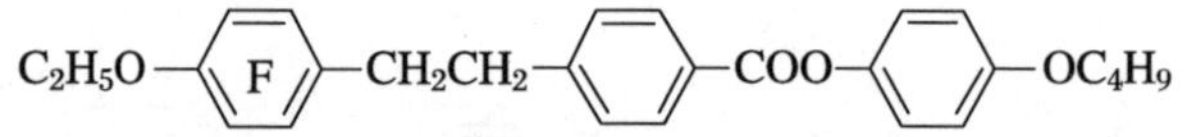

C_2H_5O—⟨F⟩—CH_2CH_2—⟨⟩—COO—⟨⟩—OC_4H_9

图2.5.43 B-a-4-2

MS(m/z,%):490.2(M^+,7.35),325.1(100.00)。^1H NMR(400 MHz,$CDCl_3$) δ:0.91(t,J=7.4 Hz,3H),1.34(t,J=7.0 Hz,3H),1.38～1.48(m,2H),1.67～1.74(m,2H),2.87～2.97(m,4H),3.90(t,J=6.6 Hz,2H),4.19(q,J=7.0 Hz,2H),6.86(d,J=9.2 Hz,2H),7.04(d,J=8.8 Hz,2H),7.23(d,J=8.0 Hz,2H),8.04(d,J=8.0 Hz,2H)。IR(KBr,ν_{max},cm^{-1}):3444,2966,1731,1653,1611,1505,1493,1418,1390,1278,1246,1192,1176,1129,1077,1025,996,944,877,808,764,704,600,524。

(10) 4-[(4-正丙氧基-2,3,5,6-四氟苯基)乙基]苯甲酸(对正丁氧基)苯酯(B-a-4-3)(图2.5.44)

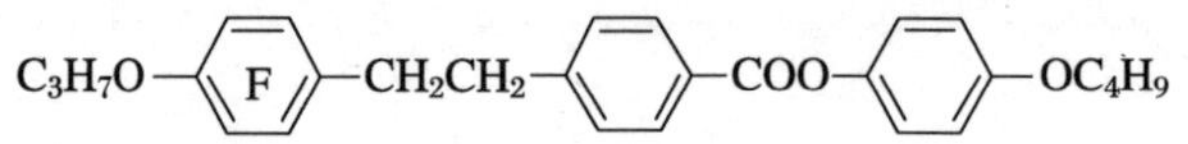

C_3H_7O—⟨F⟩—CH_2CH_2—⟨⟩—COO—⟨⟩—OC_4H_9

图2.5.44 B-a-4-3

MS(m/z,%):504.2(M^+,6.52),339.1(100.00)。^1H NMR(400 MHz,$CDCl_3$) δ:0.98(t,J=7.4 Hz,3H),1.04(t,J=7.4 Hz,3H),1.46～1.55(m,2H),1.74～1.84(m,

4H),2.94～3.04(m,4H),3.97(t,J = 6.4 Hz,2H),4.15(t,J = 6.6 Hz,2H),6.93(d,J = 9.2 Hz,2H),7.11(d,J = 8.8 Hz,2H),7.30(d,J = 8.4 Hz,2H),8.11(d,J = 8.4 Hz,2H)。IR(KBr,ν_{max},cm^{-1}):3444,2966,1731,1653,1611,1505,1493,1418,1390,1278,1246,1192,1176,1129,1077,1025,996,944,877,808,764,704,600,524。

(11) 4-[(4-正丁氧基-2,3,5,6-四氟苯基)乙基]苯甲酸(对正丁氧基)苯酯(B-a-4-4)(图2.5.45)

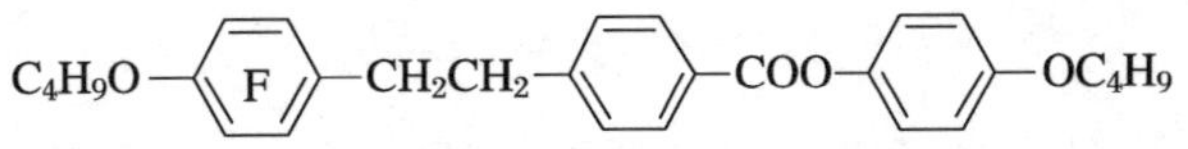

C_4H_9O—(F)—CH_2CH_2—⟨⟩—COO—⟨⟩—OC_4H_9

图2.5.45　B-a-4-4

MS(m/z,%):518.2(M^+,5.52),353.1(100.00)。^1H NMR(400 MHz,$CDCl_3$) δ:0.88～0.93(m,6H),1.38～1.48(m,4H),1.65～1.74(m,4H),2.87～2.95(m,4H),3.90(t,J = 6.4 Hz,2H),4.12(t,J = 6.4 Hz,2H),6.86(d,J = 9.2 Hz,2H),7.04(d,J = 9.2 Hz,2H),7.23(d,J = 8.4 Hz,2H),8.04(d,J = 8.0 Hz,2H)。IR(KBr,ν_{max},cm^{-1}):3444,2966,1731,1653,1611,1505,1493,1418,1390,1278,1246,1192,1176,1129,1077,1025,996,944,877,808,764,704,600,524。

(12) 4-[(4-正戊氧基-2,3,5,6-四氟苯基)乙基]苯甲酸(对正丁氧基)苯酯(B-a-4-5)(图2.5.46)

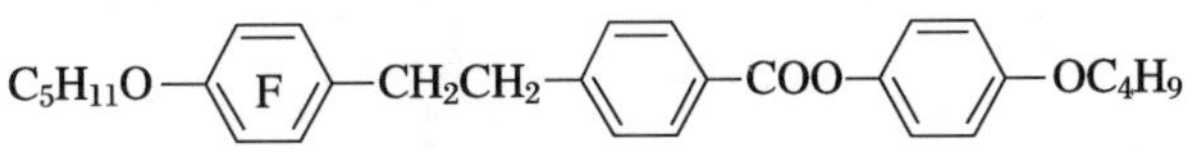

$C_5H_{11}O$—(F)—CH_2CH_2—⟨⟩—COO—⟨⟩—OC_4H_9

图2.5.46　B-a-4-5

MS(m/z,%):532.2(M^+,6.37),367.1(100.00)。^1H NMR(400 MHz,$CDCl_3$) δ:0.86(t,J = 7.2 Hz,3H),0.91(t,J = 7.4 Hz,3H),1.26～1.48(m,6H),1.66～1.74(m,4H),2.87～2.95(m,4H),3.90(t,J = 6.6 Hz,2H),4.11(t,J = 6.4 Hz,2H),6.85(d,J = 9.2 Hz,2H),7.04(d,J = 8.8 Hz,2H),7.22(d,J = 8.4 Hz,2H),8.03(d,J = 8.0 Hz,2H)。IR(KBr,ν_{max},cm^{-1}):3444,2966,1731,1653,1611,1505,1493,1418,1390,1278,1246,1192,1176,1129,1077,1025,996,944,877,808,764,704,600,524。

(13) 4-[(4-乙氧基-2,3,5,6-四氟苯基)乙基]苯甲酸(对正戊氧基)苯酯(B-a-5-2)(图2.5.47)

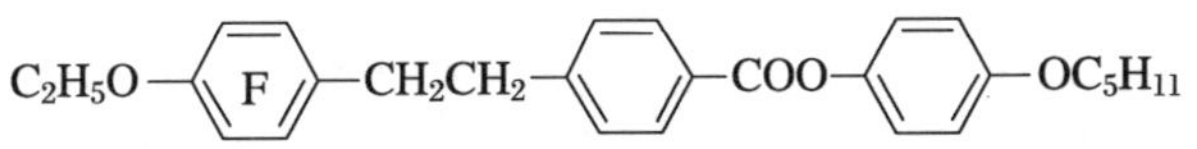

C_2H_5O—(F)—CH_2CH_2—⟨⟩—COO—⟨⟩—OC_5H_{11}

图2.5.47　B-a-5-2

MS(m/z,%):504.2(M^+,6.67),325.1(100.00)。^1H NMR(400 MHz,$CDCl_3$) δ:0.87(t,J = 7.0 Hz,3H),1.29～1.42(m,7H),1.69～1.76(m,2H),2.87～2.96(m,4H),3.89(t,J = 6.6 Hz,2H),4.19(q,J = 7.2 Hz,2H),6.86(d,J = 8.8 Hz,2H),7.04(d,J = 9.2 Hz,2H),7.23(d,J = 8.4 Hz,2H),8.04(d,J = 8.4 Hz,2H)。IR(KBr,ν_{max},cm^{-1}):3444,

2966,1731,1653,1611,1505,1493,1418,1390,1278,1246,1192,1176,1129,1077,1025,996,944,877,808,764,704,600,524。

(14) 4-[(4-正丙氧基-2,3,5,6-四氟苯基)乙基]苯甲酸(对正戊氧基)苯酯(B-a-5-3)(图2.5.48)

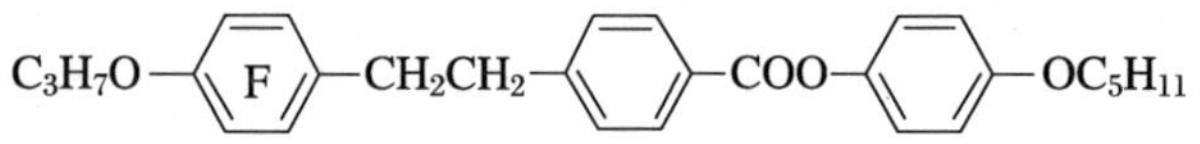

C_3H_7O—⟨F⟩—CH_2CH_2—⟨⟩—COO—⟨⟩—OC_5H_{11}

图2.5.48 B-a-5-3

MS(m/z,%):518.2(M^+,7.16),339.1(100.00)。^1H NMR(400 MHz,$CDCl_3$) δ:0.87(t,J = 7.0 Hz,3H),0.97(t,J = 7.4 Hz,3H),1.27~1.42(m,4H),1.68~1.77(m,4H),2.87~2.96(m,4H),3.89(t,J = 6.6 Hz,2H),4.08(t,J = 6.4 Hz,2H),6.86(d,J = 8.8 Hz,2H),7.04(d,J = 8.8 Hz,2H),7.23(d,J = 8.4 Hz,2H),8.04(d,J = 8.4 Hz,2H)。IR(KBr,ν_{max},cm^{-1}):3444,2966,1731,1653,1611,1505,1493,1418,1390,1278,1246,1192,1176,1129,1077,1025,996,944,877,808,764,704,600,524。

(15) 4-[(4-正丁氧基-2,3,5,6-四氟苯基)乙基]苯甲酸(对正戊氧基)苯酯(B-a-5-4)(图2.5.49)

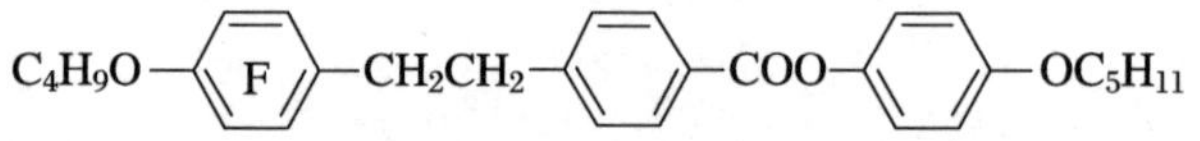

C_4H_9O—⟨F⟩—CH_2CH_2—⟨⟩—COO—⟨⟩—OC_5H_{11}

图2.5.49 B-a-5-4

MS(m/z,%):532.2(M^+,6.08),353.1(100.00)。^1H NMR(400 MHz,$CDCl_3$) δ:0.85~0.92(m,6H),1.28~1.48(m,6H),1.64~1.76(m,4H),2.87~2.95(m,4H),3.89(t,J = 6.4 Hz,2H),4.12(t,J = 6.6 Hz,2H),6.85(d,J = 8.8 Hz,2H),7.04(d,J = 8.8 Hz,2H),7.23(d,J = 8.4 Hz,2H),8.04(d,J = 8.0 Hz,2H)。IR(KBr,ν_{max},cm^{-1}):3444,2966,1731,1653,1611,1505,1493,1418,1390,1278,1246,1192,1176,1129,1077,1025,996,944,877,808,764,704,600,524。

(16) 4-[(4-正戊氧基-2,3,5,6-四氟苯基)乙基]苯甲酸(对正戊氧基)苯酯(B-a-5-5)(图2.5.50)

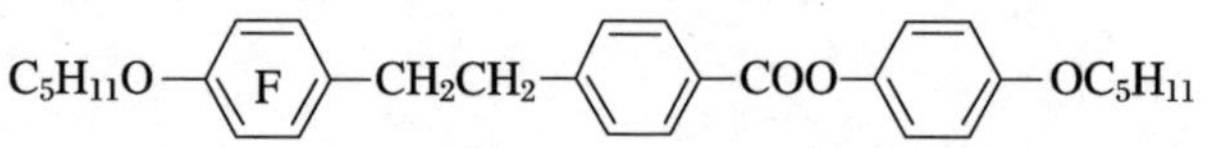

$C_5H_{11}O$—⟨F⟩—CH_2CH_2—⟨⟩—COO—⟨⟩—OC_5H_{11}

图2.5.50 B-a-5-5

MS(m/z,%):546.2(M^+,6.36),367.1(100.00)。^1H NMR(400 MHz,$CDCl_3$) δ:0.84~0.89(m,6H),1.26~1.41(m,8H),1.66~1.76(m,4H),2.87~2.95(m,4H),3.89(t,J = 6.4 Hz,2H),4.11(t,J = 6.6 Hz,2H),6.84(d,J = 8.8 Hz,2H),7.04(d,J = 9.2 Hz,2H),7.23(d,J = 8.0 Hz,2H),8.04(d,J = 8.4 Hz,2H)。IR(KBr,ν_{max},cm^{-1}):3444,2966,1731,1653,1611,1505,1493,1418,1390,1278,1246,1192,1176,1129,1077,1025,996,944,877,808,764,704,600,524。

5.6　非极性化合物在改善 STN 黏度中的应用

5.6.1　减黏剂

实用液晶材料全是混合物，其结构成分(化学结构除外)可以方便地分为三类：(1) 中温液晶；(2) 高温液晶(或长分子液晶)；(3) 减黏剂[25]。

所谓中温液晶是液晶材料中的主要部分，熔点(C-N 点)充其量不过 50 ℃，没有清亮点(N-I 点)超过它很多的情况，60 ℃以上就可以了。因为它是主要成分，为了不让响应速度变慢，黏度不能太高，否则就不合格了。因此使用化学结构为 2 元环的化合物。作为中温液晶，制备 Np 材料和 Nn 材料一般是必要的。

因为高温液晶清亮点高，少量添加后就能提高混合系的清亮点，所以化学结构采用 3～4 元环。因为引起了黏度的上升，所以最好利用长分子且黏度低的物质。减黏剂就是为了降低黏度使用的，所以化学结构和中温液晶类似，是 2 元环物质。若有能力降低黏度，在低于它自身的清亮点 10 ℃附近这样的情况下也能被使用。高温液晶和减黏剂的效果是相互矛盾的。

除了液晶温度范围和黏度之外，为了应对关于介电常数各向异性(Δε)、双折射(Δn)等特性上的要求，有必要选择具有不同特性的液晶单晶。基于应用材料要求的特性，根据配方经验决定液晶材料的组成。

配方实例如下：

减黏剂 A″、B″、C″(图 2.5.51)清亮点并不怎么低，而且是可以作为黏度低的减黏剂受到关注的液晶物质。A″：$n=3$，$m=2$ 和 $n=3$，$m=4$ 的适量混合物(清亮点 34 ℃)中，$\eta=11$ cst，$\Delta\varepsilon=-0.3$，$\Delta n=0.09$。B″：除去 Δn 是 0.04 的低点，有几乎同程度的黏度。C″：$n=3$，$m=2$ 的化合物 40%和 $n=3$，$m=4$ 的化合物 60%的混合物(清亮点 33 ℃)中，$\eta=11.8$ cp(22 ℃)，$\Delta\varepsilon=-0.27$。当然作为实用液晶材料并非黏度就是一切，需对应于具体使用目的，考虑其他的要因，比如 Δε。

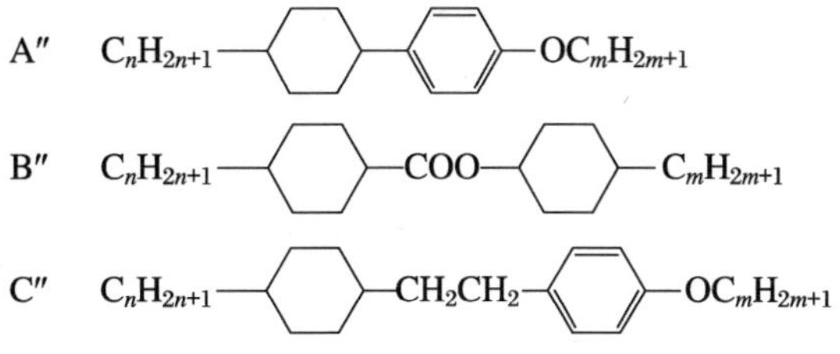

A″　C_nH_{2n+1}—⟨环己基⟩—⟨苯基⟩—OC_mH_{2m+1}

B″　C_nH_{2n+1}—⟨环己基⟩—COO—⟨环己基⟩—C_mH_{2m+1}

C″　C_nH_{2n+1}—⟨环己基⟩—CH_2CH_2—⟨苯基⟩—OC_mH_{2m+1}

图 2.5.51　减黏剂 A″、B″、C″的分子结构

5.6.2 STN 混合物的黏度改良

我们1995年合成了一类含氟二苯乙炔的减黏剂。作为对比，我们使用Merck公司的几个市场销售的STN液晶混合物。

Merck公司当时新近推出的ZLI-5300-000/-100以及ZLI-5400-000/-100 STN新体系就是为改善响应时间而设计的多瓶混合物。该工作的主要目的是保持 K_{33}/K_{11} 与 $\Delta\varepsilon/\Delta\varepsilon_{\perp}$ 以增加陡度及 d/p 值，达到改善响应特性和提高产品合格率的目的。该快速STN体系的特点是在全部浓度范围内 K_{33}/K_{11} 可调，Δn 可随盒厚而定，并保持最佳黏度值，实现在全部显示面积上有恒定的阈值电压，同时允许在陡度与开关行为方面选取适合的组合，满足快速显示要求[26]。

直到1995年为止，我们课题组共合成80多个化合物，它们具有单一的向列相，温度范围可以达到50～100℃。从中筛选出2种化合物PF-5020与PF-3020，作为减黏剂。而手性添加剂的作用是将混合物形成单晶分子有一定倾斜角的有序排列，防止位错现象发生，改善混合物液晶的品质。理想的手性添加剂是单纯的互变液晶，与液晶混合物其他组分相溶性良好。

1. 手性掺杂剂(表2.5.3)

表2.5.3 新型手性向列液晶的结构及相变温度(℃)

$C_2H_5C^*H(CH_3)CH_2O$—⟨F⟩—C≡C—⟨⟩—COO—⟨⟩—$O(CH_2)_nH$

n	K	——	N*	——	I	ΔT_N
1		107.3		178.5		71.2
2		95.8		193.3		97.5
3		107.8		171.0		63.2
4		107.2		173.7		66.5
5		110.3		163.4		53.1
6		107.1		164.5		57.4
7		106.5		160.9		54.4
8		112.2		157.4		45.2

2. PF-5020($n=2$)手性添加剂的性能与制备

名称：

4″-乙氧基苯基-4-[(4′-(S)-2-甲基丁氧基-2,3,5,6-四氟苯基)乙炔基]苯甲酸酯

4″-ethoxyphenyl-4-[(4′-(S)-2-methoxybutoxy-2,3,5,6-tetrafluorophenyl)ethynyl] benzoate

结构式：

(S)-(-)—$C_2H_5C^*H(CH_3)CH_2O$—⟨F⟩—C≡C—⟨⟩—COO—⟨⟩—OCH_2CH_3

液晶相变/℃：

$$K \underset{62.4}{\overset{95.8}{\rightleftharpoons}} N^* \underset{193.0}{\overset{193.3}{\rightleftharpoons}} I \quad \Delta T_N = 97.5$$

合成路线如图 2.5.52 所示。

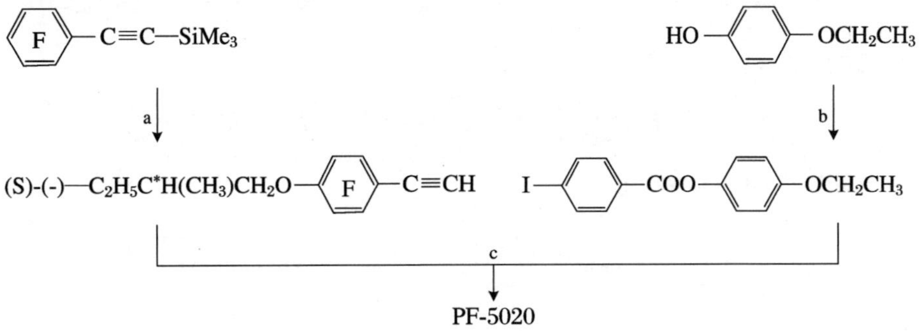

图 2.5.52　PF-5020 合成路线

反应试剂和条件：a. (*S*)-(-)—$C_2H_5C^*H(CH_3)CH_2OH$，K_2CO_3，DMF，r. t.；b. I—C_6H_4—COOH，$SOCl_2$，甲苯，吡啶，回流；c. CuI，Et_3N，$Pd(PPh_3)_2Cl_2$，回流

新型含氟向列液晶的结构及相变温度见表 2.5.4。

表 2.5.4　新型含氟向列液晶的结构及相变温度(℃)

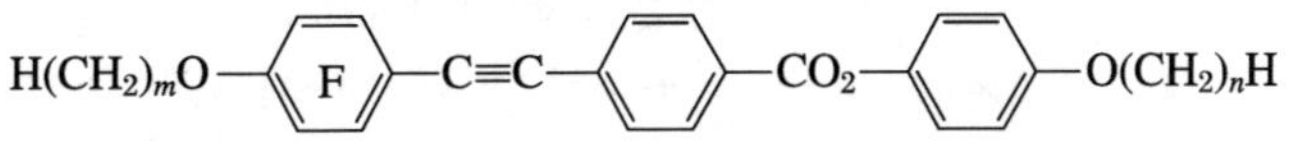

H(CH$_2$)$_m$O—(F-benzene)—C≡C—(benzene)—CO$_2$—(benzene)—O(CH$_2$)$_n$H

m	*n*	C	——	N	——	I	重结晶	ΔT_N
1	1		147.2		238.7		109.6	91.5(129.1)
2	1		111.6		240.1		67.8	128.5(172.3)
3	1		110.4		226.9		64.1	116.5(162.3)
3	2		111.1		222.9		85.0	111.8(137.9)
4	1		114.4		220.8		70.8	106.4(150.0)
5	1		116.4		206.9		70.4	90.5(136.5)
6	1		116.1		200.2		66.4	81.4(133.8)
7	1		114.0		189.8		69.8	75.8(120.0)
8	1		100.4		184.4		58.2	84.0(126.2)
5	8		98.5		164.0		83.3	65.5(80.7)
8	2		107.1		191.6		83.6	84.5(108.0)
8	3		93.7		176.0		78.5	82.3(97.5)
8	5		91.4		164.6		76.4	73.2(88.2)

3. PF-3020(*m* = 3, *n* = 2)改性用减黏剂的性能与制备

名称：

4″-乙氧基苯基-4-[(4′-正丙氧基-2,3,5,6-四氟苯基)乙炔基]苯甲酸酯

4″-ethoxyphenyl-4-[(4′-n-propyl-2,3,5,6-tetrafluorophenyl)ethynyl]benzoate

结构式：

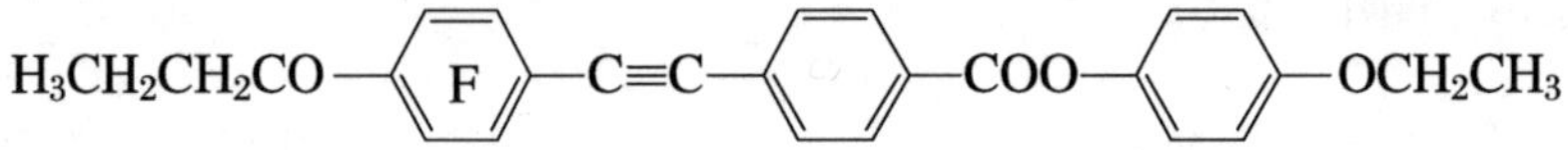

$$H_3CH_2CH_2CO-\langle F \rangle-C\equiv C-\langle \rangle-COO-\langle \rangle-OCH_2CH_3$$

液晶相变/℃：

$$K \underset{85.0}{\overset{111.1}{\rightleftharpoons}} N^* \underset{228.5}{\overset{229.3}{\rightleftharpoons}} I \quad \Delta T_N = 116.5$$

合成路线如图 2.5.53 所示。

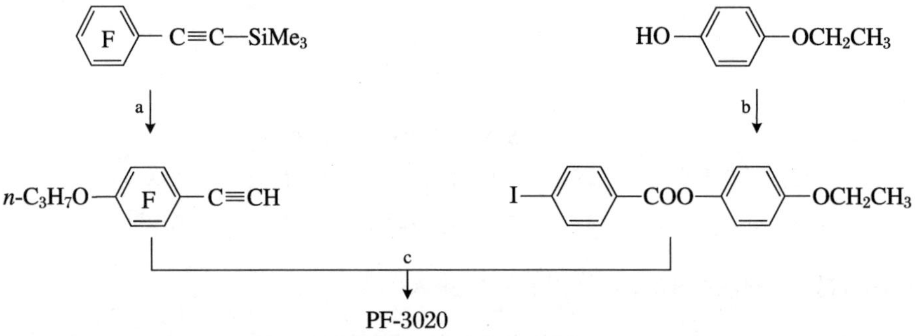

$$\langle F \rangle-C\equiv C-SiMe_3 \xrightarrow{a} n\text{-}C_3H_7O-\langle F \rangle-C\equiv CH$$

$$HO-\langle \rangle-OCH_2CH_3 \xrightarrow{b} I-\langle \rangle-COO-\langle \rangle-OCH_2CH_3$$

$$\xrightarrow{c} \text{PF-3020}$$

图 2.5.53 PF-3020 合成路线

反应试剂和条件：a. n-C_3H_7OH，K_2CO_3，DMF，r. t.；

b. I—C_6H_4—COOH，DCC，PPY，EtO_2；c. CuI，Et_3N，$Pd(PPh_3)_2Cl_2$，回流

5.6.3 改性液晶的研究结果

将 PF-5020、PF-3020 与 ZLI-5400-100 STN 液晶配伍，其中改性液晶 YST-30、YST-35 经长春物理所检测，具有良好的 STN 特性，其电光性能如图 2.5.54 所示，改性液晶材料的配方组成和性能见表 2.5.5 和表 2.5.6。[26]

表 2.5.5 YST-35 和 YST-30

组成(wt%)	YST-35	YST-30
ZLI-5400-100	76.2	95.2
ZLI-5300-100	19.0	—
PF-3020	4.8	4.8
PF-5020	0.45	0.68
螺距(μm)	15	10
T_c/℃	73.2	85.1
T_m/℃	<−40	<−40

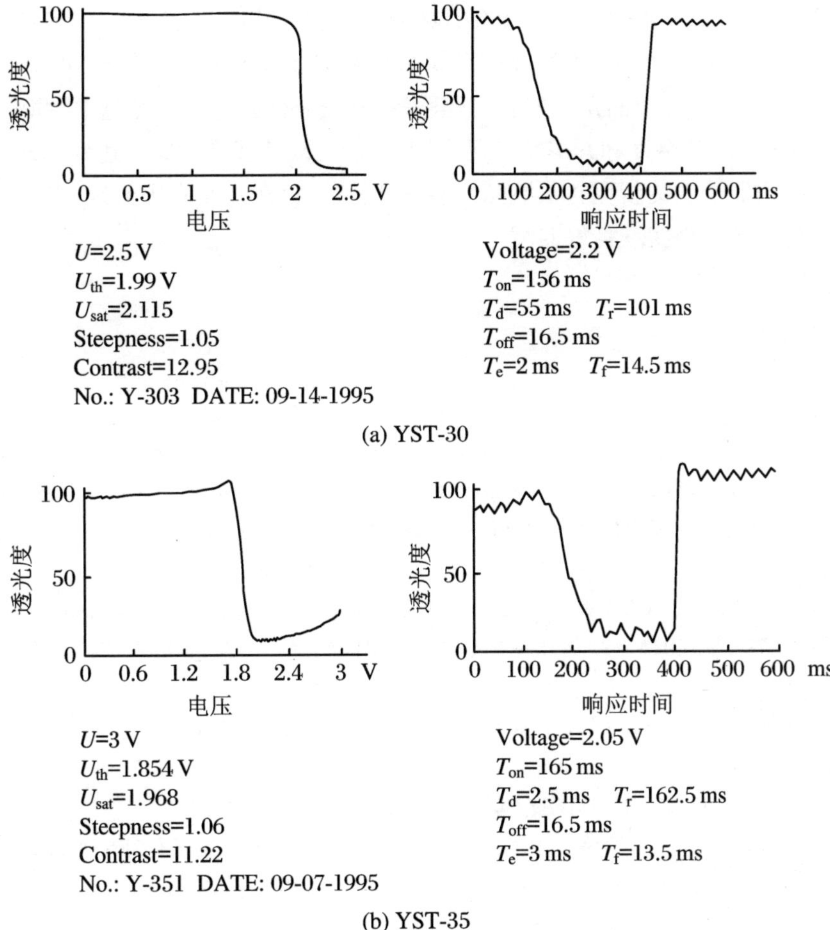

图 2.5.54　器件响应速度测定

U_{th}：阈值；U_{sat}：饱和电压；Steepness：陡度；Contrast：对比度；

T_f：透光度从 90%降到 10%的时间；T_d：延迟时间；T_r：上升时间

表 2.5.6　改性液晶的配方的性能

	ZLI-5400-100	YST-30	YST-35	ZLI-5300-050	LIXON4200LA
T_c/℃（清亮点）	73.0	85.1	73.2	72.3	79.2
T_m/℃（熔点）	<−40	<−40	<−40	<−40	<−20
Twist/℃（扭曲角）	240	240	220	220	240
Gap/μm（盒间隙）	5.0	6.5	6.4	6.6	6.1
Pitch/μm（螺距）	10.9*	9.8	14.7	14.0	8.2
d/p（陡度）	0.46*	0.66	0.44	0.47	0.74
V_{th}/V（阈值）	1.84	1.99	1.654	1.82	2.25
$(V_{90}/V_{10}-1)\cdot 100\%$/%	6.5	6.28	6.15	11.5	4.0
$T_{on}+T_{off}$/ms（响应时间）	240	172.5	181.5	270	288

表2.5.6为基础液晶ZLI-5400-100、改性液晶YST-35、YST-30和商品STN液晶（>1/200 duty）ZLI-5300-050（Merck公司）、LIXON4200LA（Chisso公司）间的性能比较情况。从中可以看出，在扭曲角、盒间隙、螺距等条件相近的情况下，经过PF-5020、PF-3020改性，ZLI-5400-100的陡度和开关特性已有明显改善，改性液晶性能已达到国外同类新产品水平。它展示研制成功的新型含氟液晶性能有其特色，存在开发应用前景，也反映改性液晶能与现行器件工艺条件实现良好匹配。

参考文献

[1] GRAY G W，HTIRD M，LACEY D，TOYNE K J. J. Chem. Soc. Perkin. Trans.，1989，2041：2.

[2] GRAY G W，HTIRD M，LACEY D，TOYNE K J. Mol. Cryst. Liq. Cryst.，1990，191：1.

[3] REIFFENRATH V，KRAUSE J，PLACH H J，WEBER G. Liq. Cryst.，1989，5：159.

[4] FEAROW J E，GRAY G W，IFILL A D，TOYNE K J. Mol. Cryst. Liq. Cryst.，1985，124：89.

[5] CHAN L K M，GRAY G W，LACEY D. Mol. Cryst. Liq. Cryst.，1983，123：185.

[6] CHAN L K M，GRAY G W，LACEY D，SRITHANRATANA T. Mol. Cryst. Liq. Cryst.，1987，150：335.

[7] CHAN L K M，GRAY G W，LACEY D，TOYNE K J. Mol. Cryst. Liq. Cryst.，1988，158：209.

[8] GRAY G W. Mol. Cryst. Liq. Cryst.，1970，7：127.

[9] COLDMANCHER J，BARTON L A. J. Org. Chem.，1967，32：476.

[10] 闻建勋，陈齐，郭志红，徐岳连，田民权，胡月青，余洪斌，张亚东. 中国发明专利，92108444.7，1992.

[11] WEN J X，TIAN M Q，CHEN Q. J. Fluorine Chem.，1994，67：207.

[12] WEN J X，TIAN M Q，CHEN Q. J. Fluorine Chem.，1994，68：117.

[13] WEN J X，TIAN M Q，CHEN Q. Liq. Cryst.，1994，16：445.

[14] XU Y L，CHEN Q，WEN J X. Liq. Cryst.，1993，15：915.

[15] ZHANG Y D，WEN J X. J. Fluorine Chem.，1990，47：533.

[16] ZHANG Y D，WEN J X. J. Fluorine Chem.，1990，49：293.

[17] HASSNER A，ALEXANIAN V. Tetrahdren Lett.，1976，40：470.

[18] GRAY G W，COODBY J W. Smectic Liquid Crystals，Textures and Structures（Leonard Hill），1984.

[19] XU Y L，WANG W L，CHEN Q，WEN J X. Chinese J. Chem.，1994，12：169，173.

[20] 田民权. 理学硕士学位论文，中国科学院上海有机化学研究所，1992.

[21] 郭志红. 理学硕士学位论文，中国科学院上海有机化学研究所，1991.

[22] 胡月青. 理学硕士学位论文，中国科学院上海有机化学研究所，1992.

[23] 徐岳连. 理学硕士学位论文，上海交通大学（上海有机化学研究所联合培养），1992.

[24] 戴修文. 工学硕士学位论文，华东理工大学（上海天问化学有限公司联合培养），2012.

[25] (a) 冈野光治，小林骏介. 液晶（基础篇）. 东京：培风馆，1988：194.
(b) 冈野光治，小林骏介. 液晶（基础篇）. 东京：培风馆，1988：200-201.

[26] 黄锡珉. 液晶显示技术的开发与产业化[J]. 液晶与显示，2002，17(6)：403-414.

第6章 含有2,3,5,6-四氟亚苯基结构单元的铁电液晶

6.1 引言

1975年Meyer发现了手性液晶C相存在铁电性质[1,2]。1980年Clark和Lagerwall设计铁电液晶电光器件[3],引起了学术界和工业界的浓厚兴趣。铁电液晶显示有两个显著优点,即高速度(微秒级)和记忆性。这是向列相液晶所不具备的,所以对它的研究仍在迅速进行中,较重要的是Rieker等人[4]发现了近晶层中的人字形结构以及Chandani等人[5]发现了反铁电相的存在。Shibaev等人[6]以及Thomson-CSF研究组[7]开展了对铁电高分子液晶的研究。传统的看法认为形成铁电相的液晶物质应当满足以下几个条件[8,9]:

(1) 出现近晶相,而且分子倾角(对近晶层法线的倾角)不为零。

(2) 要求有不对称碳原子,而且不是外消旋体。

(3) 要求分子有偶极矩,特别是垂直于分子长轴的偶极矩不为零。

Goodby认为铁电液晶化合物应该具有如下特征:① 烷基-芳基-烷基体系。② 强的末端横向偶极。③ 至少有两个芳香环。④ 有手性中心,降低对称性并产生铁电性。尽管铁电性需要自发极化,但相比无机材料来说,自发极化一般不大,仅为压电陶瓷PZT的百分之一左右。

总的来说,铁电相是分子的空间形状和偶极特点两个因素相互作用的结果。由于含氟液晶化合物化学性质稳定,氟化烷基的偶极矩大,氟化物分子间作用力小,排列容易,因此能出现铁电相。绝大多数含氟端链铁电液晶的手性中心都不在全氟链上,而在碳氢链上,这不但增加了手性近晶C相的范围,压缩了近晶A相,同时还显示了很大的自发极化[10]。到目前为止,在铁电液晶中,含氟链同铁电性有着非常密切的关系,特别是反铁电相、亚铁电相等出现,但是目前其规律尚不清楚。

1992年,Tournilhac发现不含手性的氟碳链分子($F(CF_2)_8(CH_2)_{11}OC_6H_4C_6H_4COOCH_2CF_3$)中也有铁电性[11-13]:

Cr 95 ℃ SmA 113 ℃ I 113 ℃ SmA 92 ℃ SmX

这种现象可能与氟碳链的螺旋状构象有关。这个发现标志着非手性铁电液晶的诞生。

1996年,Niori等人发现了香蕉形状分子有铁电性[14,15]。此后人们合成了很多这类化合物[16-20],但只有不多的几种有液晶性。它们多为席夫碱,对光、热及水敏感,化学性质不稳定。困难在于这类分子的性质不仅仅取决于形状,还取决于电荷分布、偶极矩和共轭性[21]。一般认为这类分子之所以呈现铁电性,可能是由于两条链的扭曲排列导致了不对称

环境[25,26]。

正是多氟非手性铁电液晶和香蕉形非手性铁电液晶的发现,使人们认识到手性中心并不是铁电性的必要条件[22],分子形状也能诱导出不对称因素[23,24],产生铁电性。

6.2　目标化合物

A

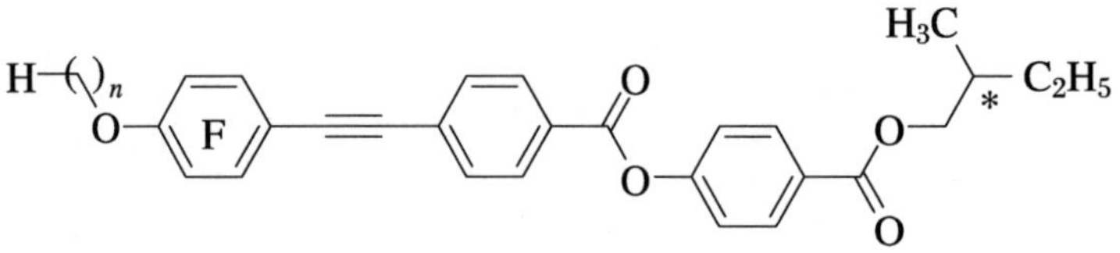

B

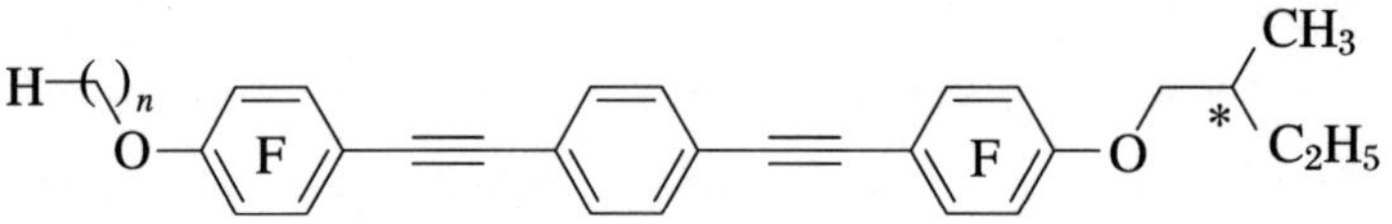

C

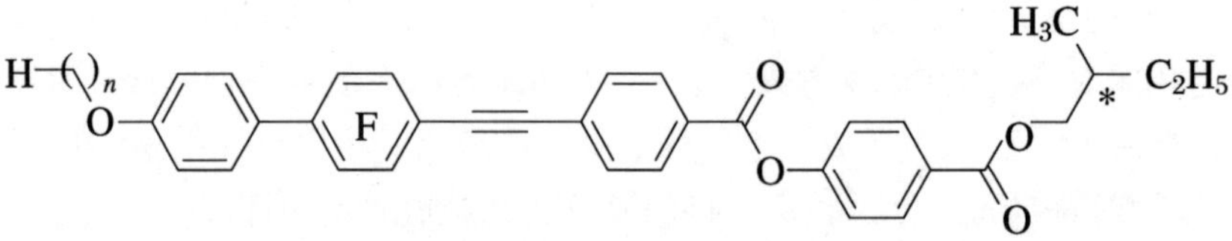

D

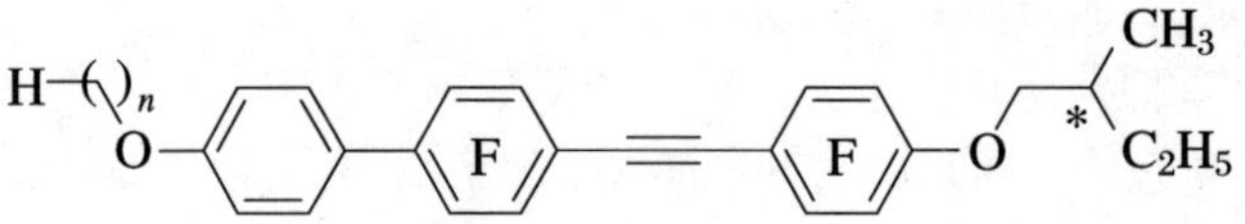

E

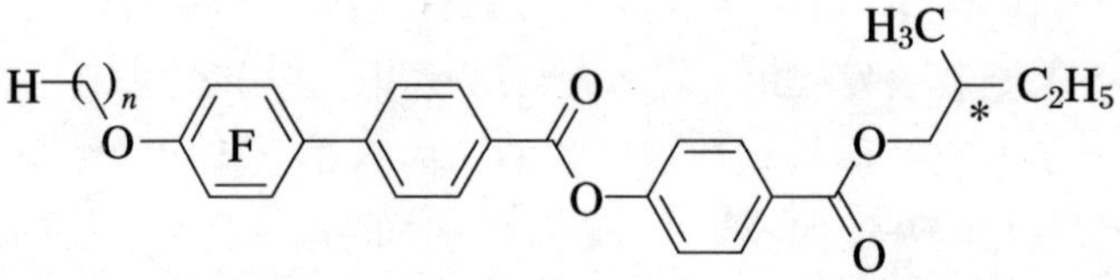

F

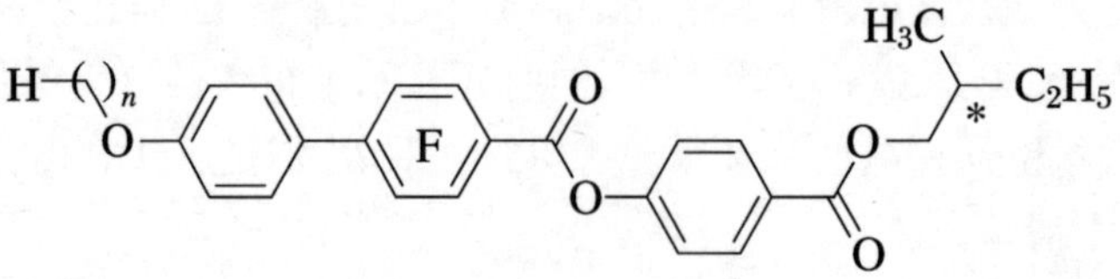

G

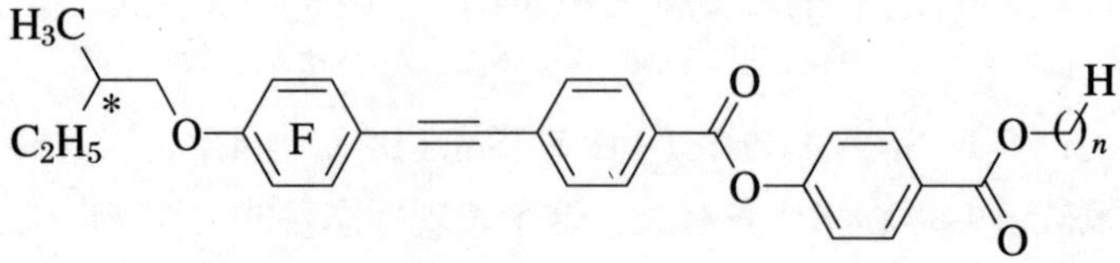

H

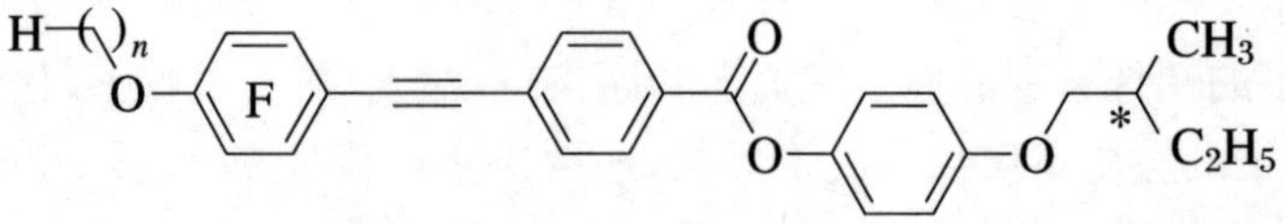

6.3　化合物的合成路线

目标化合物代表性合成路线如图 2.6.1 所示。

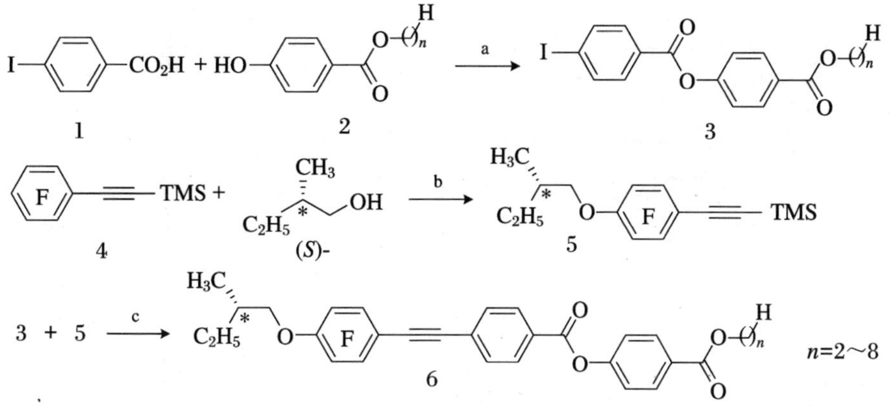

R = C_2H_5，n-C_3H_7，n-C_4H_9，n-C_5H_{11}，n-C_6H_{13}，n-C_7H_{15}，n-C_8H_{17}

图 2.6.1　目标化合物代表性合成路线

反应试剂和条件：a. DCCI，PPY，Et_2O，r. t.；b. K_2CO_3，DMF；c. CuI，Et_3N，$Pd(PPh_3)_2Cl_2$，沸腾

6.4　化合物的相变研究

1. A 系列化合物

A 系列化合物的相变温度见表 2.6.1。

表 2.6.1　A 系列化合物的分子结构和相变温度(℃)

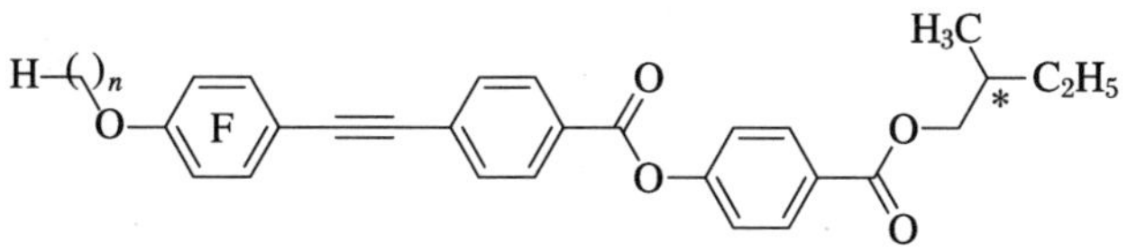

n	C→SmC*	SmC*→SmA	SmA→Ch	Ch→I	I→Ch	Ch→SmA	SmA→SmC*	SmC*→C
2	(C→SmA)	95.4	110.3	174.7	174.2	109.6	95.1	58.8
3	(C→SmA)	93.6	118.0	164.4	164.1	117.2	93.4	62.2
4	90.4	90.8	136.0	169.2	168.8	135.7	90.6	73.7
5	89.5	90.0	124.7	153.1	152.9	124.2	89.7	70.6
6	88.8	89.8	132.8	154.7	154.5	132.4	89.5	70.3

续表

n	C→SmC*	SmC*→SmA	SmA→Ch	Ch→I	I→Ch	Ch→SmA	SmA→SmC*	SmC*→C
7	77.8	78.6	129.6	147.5	147.2	129.0	78.0	61.6
8	75.4	77.7	129.4	144.8	144.4	129.1	77.2	58.8
9	74.0	80.0	128.3	139.3	139.2	128.0	79.6	53.3
12	72.9	81.6	127.4	132.1	132.0	127.0	81.2	54.4

注 C:结晶相;SmC*:铁电相;SmA:近晶A相;Ch:胆甾相。以下各表中,符号意义同。

首先讨论对于同样的液晶核,手性端链不同的取代位置对液晶性的影响。

A系列与G系列液晶化合物,就是这样的情况。A系列中烷氧基取代基与2,3,5,6-四氟亚苯基的4-位连接,手性碳原子端链与碳氢苯环的4-位连接。烷氧基的碳数为$n=2$、3时,近晶C*(铁电性)升温时不出现,只是在降温时出现。在$n=3\sim12$时,从高温开始依次出现胆甾相、近晶A相、铁电性。A系列化合物的清亮点略高于G系列化合物。然而G系列的优点是没有近晶A相,SmC*稳定性较好,不但高温可以达到130℃,而且温度区间高达40℃。而A系列化合物的温度区间不过5℃左右。看来不对称的碳原子距离极性的结构近,有利于SmC*形成取代基。

如果是同样的两个取代基[27,28],对调取代的位置,结果很清楚,手性基团与四氟亚苯基连接的结构液晶性好。

2. B系列化合物

B系列化合物的相变温度见表2.6.2。

表2.6.2 B系列化合物的分子结构和相变温度(℃)

H—( )$_n$—O—⟨F⟩—≡—⟨ ⟩—≡—⟨F⟩—O—CH$_2$—C*H(CH$_3$)(C$_2$H$_5$)

n	C→Ch	Ch→I	I→Ch	Ch→C
5	(C→I) 129.0		(I→C) 128.4	
6	114.1	122.3	121.1	112.1
7	107.3	128.6	128.0	105.3
8	106.3	135.8	135.6	106.0
9	99.1	112.8	112.4	97.0
12	89.2	95.7	84.9	94.5

B系列化合物只出现Ch(胆甾相),说明四氟亚苯基利于压缩SmA。缺少—COO—极性基团,对SmC*的产生不利。

3. C系列化合物

C系列化合物的相变温度见表2.6.3。

表 2.6.3 C 系列化合物的分子结构和相变温度(℃)

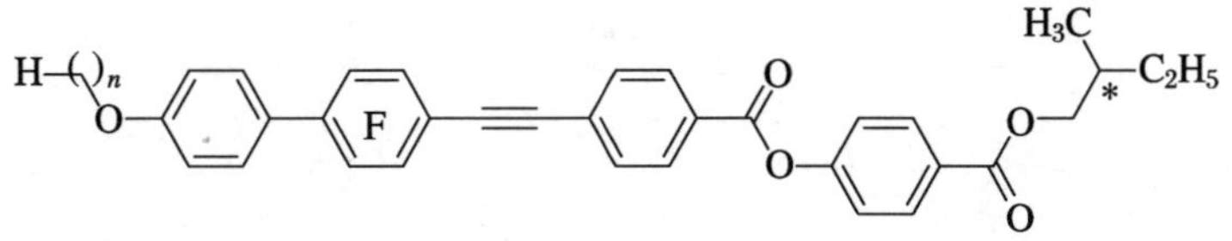

n	C→SmC*	SmC*→SmA	SmA→Ch	Ch→I	I→Ch	Ch→SmA	SmA→SmC*	SmC*→C
6	106.5	210.9	229.2	271.0	268.9	201.3	107.0	60.8
8	105.6	190.8	227.6	259.7	258.3	223.1	94.8	65.6
10	93.5	189.0	225.1	241.6	239.9	214.1	130.5	62.5
12	109.0	211.6	220.1	237.4	237.3	210.6	99.6	60.8

C 系列化合物是四环结构,具有 Ch-SmA-SmC* 相序列。与 A 系列化合物的区别是增加了一个苯环。不但清亮点提高了 100 ℃,而且对铁电性非常有利,温度区间达到 100 ℃,SmA 的温度范围大大缩小。这说明液晶核的长度增加有利于铁电性的稳定。

4. D 系列化合物

D 系列化合物的相变温度见表 2.6.4。

表 2.6.4 D 系列化合物的分子结构和相变温度(℃)

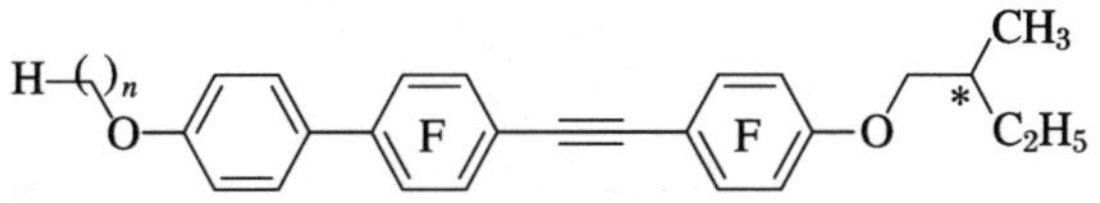

Ch→I	I→Ch	Ch→C
89.0(T_m)	79.5	72.1

D 系列化合物升温过程不存在液晶相,冷冻时出现 Ch(胆甾相)。理由很简单,氟原子对液晶核的取代,不利于液晶的形成。

5. E 系列化合物

E 系列化合物的分子结构如图 2.6.2 所示。

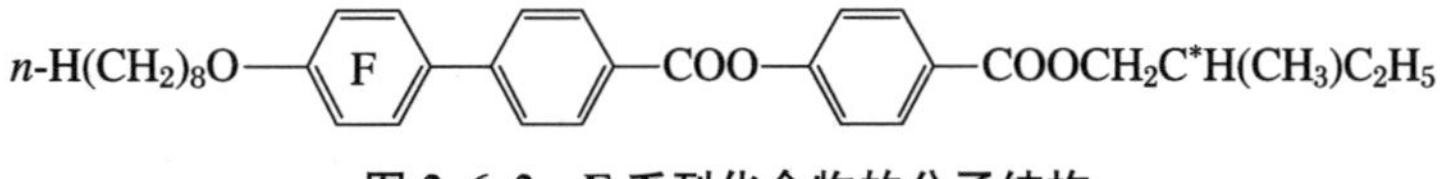

n-H(CH$_2$)$_8$O—⟨F⟩—⟨ ⟩—COO—⟨ ⟩—COOCH$_2$C*H(CH$_3$)C$_2$H$_5$

图 2.6.2 E 系列化合物的分子结构

我们发现 E 系列化合物不出现任何液晶相,为了解释这个现象,从结构着眼进行分析。

根据 Gray 的报道[28],4′-n-烷氧基联苯-4-羧酸不显示任何稳定液晶相。烷氧基联苯羧酸有好的液晶相,而 2,3,5,6-取代的四氟苯没有液晶性。从表 2.6.5 的数据可知,四氟取代的烷氧基联苯羧酸的液晶性,不如没有取代的。

表 2.6.5 联苯甲酸侧向多氟取代对液晶相温度范围的影响(℃)

化合物	m. p.	c. p.	N①	SmA
$H(CH_2)_8O$—⟨⟩—⟨⟩—CO_2H	183.0	264.5	95	72.0
$H(CH_2)_8O$—⟨⟩—⟨F⟩—CO_2H	129.0	129.0	(15.3)②	—
$H(CH_2)_8O$—⟨F⟩—⟨⟩—CO_2H	174.0	174.0	—	—

注 ① 中间相的温度测定是利用降温过程中得到的数据进行确定的。

② 中间相是单变的。

6. F 系列化合物

F 系列化合物的相变温度见表 2.6.6。

表 2.6.6 F 系列化合物的分子结构和相变温度(℃)

$H(CH_2)_nO$—⟨⟩—⟨F⟩—COO—⟨⟩—COO—$CH_2C^*H(CH_3)C_2H_5$

n	C→Ch	Ch→I	I→Ch	Ch→SmC*	SmC*→C
5	90.0	99.6	97.6	91.0	72.3
6	95.1	109.9	108.9	89.2	79.0
7	105.5	112.8	112.2	101.2	93.3
8	101.6	112.0	110.6	100.4	81.9
9	89.2	94.9	92.7	80.9	70.8
10	(Ch→SmA) (SmA→Ch) 98.7	103.9	102.6	(Ch→SmA) 98.6 (SmA→SmC*) 96.1	70.6

F 系列化合物与 E 系列化合物的比较:结构的不同只是四氟亚苯基的位置,它们的分子量与基元素组成没有丝毫不同,然而 E 系列化合物不是液晶。F 系列化合物中有的化合物($m=5\sim9$)是单变液晶的 SmC*,而且 Ch 是互变的液晶。

7. G 系列化合物

G 系列化合物的相变温度见表 2.6.7。

见前面与 A 系列化合物的讨论。手性化合物与四氟亚苯基联结,以及分子间—COO—的存在对产生 SmC* 有利。G 系列化合物比 A 系列化合物的铁电性有利。四氟亚苯基在液晶核末端及极性大,对出现铁电性有利。

表 2.6.7　G 系列化合物的分子结构和相变温度(℃)

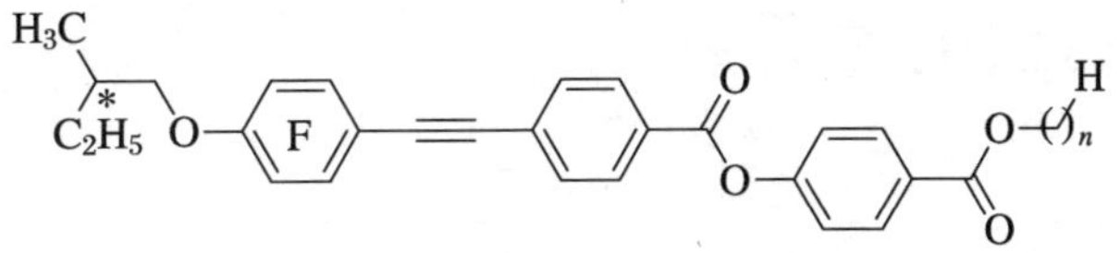

n	C→SmC*	SmC*→Ch	Ch→I	I→Ch	Ch→SmC*	SmC*→C
2	107.1	132.9	171.8	171.4	130.5	92.8
3	104.1	133.5	161.6	161.6	130.9	88.7
4	105.8	122.0	138.6	138.6	122.3	94.4
5	103.6	127.5	141.4	141.4	126.1	84.9
6	93.9	122.2	132.4	132.4	123.3	76.4
7	85.4	125.2	133.8	133.7	124.6	71.8
8	84.3	110.5	118.6	118.4	108.1	67.1

8. H 系列化合物

H 系列化合物的相变温度见表 2.6.8。

表 2.6.8　H 系列化合物的分子结构和相变温度(℃)

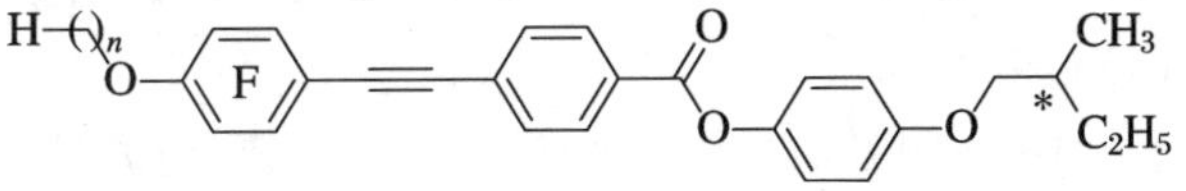

n	C→Ch	Ch→I	I→Ch	Ch→SmC*	SmC*→C
1	81.3	148.8	148.8	(Ch→C) 60.1	
2	91.8	166.8	166.2	(Ch→C) 68.6	
3	108.1	160.1	159.6	(Ch→C) 66.1	
4	98.7	162.2	161.6	(Ch→C) 70.8	
5	102.4	150.6	150.1	(Ch→C) 83.4	
6	81.4	136.3	136.2	78.1	62.6
7	98.6	137.8	137.2	(Ch→C) 78.8	
8	85.6	136.3	135.9	82.0	64.2
9	82.2	131.3	131.2	83.4	62.5

我们曾经把 H 系列化合物的两个取代基两端位置对调，合成的化合物同素异构体液晶性大不一样。尽管都是胆甾相，$n=2$ 时 H 系列化合物的清亮点为 193.3 ℃，它的同素异构体的清亮点为 166.2 ℃。由于 1,4-四氟亚苯基不利于近晶相的形成，因此只在 H 系列化合物的 $n=6$、8、9 时出现单变的 SmC*。

6.5 液晶的铁电性研究

液晶的铁电性研究见参考文献[29]~[31]。

TFBPEB 的分子结构如图 2.6.3 所示。

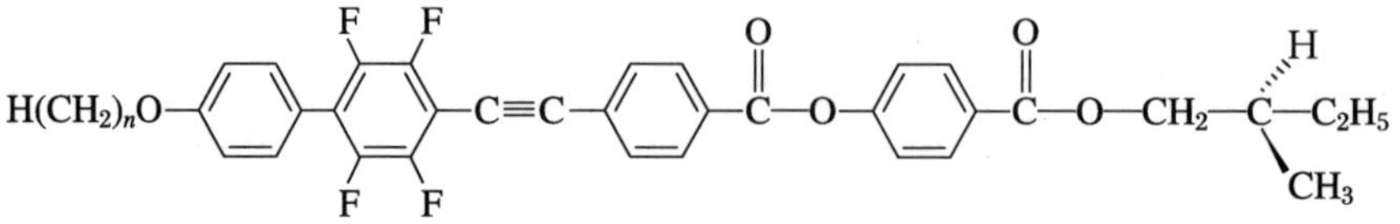

$H(CH_2)_nO-C_6H_4-C_6F_4-C\equiv C-C_6H_4-\overset{O}{\overset{\|}{C}}-O-C_6H_4-\overset{O}{\overset{\|}{C}}-O-CH_2-CH(CH_3)-C_2H_5$

$n=6$ 6TFBPEB

$n=9$ 9TFBPEB

$n=12$ 12TFBPEB

图 2.6.3 TFBPEB 的分子结构

4′-[(4-(s)-2′-甲基丁氧基羰基)苯基]-4″-[(4′-n-烷氧基-2,3,5,6-(1,1′)四氟联苯基)乙炔基]苯甲酸酯($n=6$、9、12)

8TFPEB 及 8TFBPEB 的 SmC* 及其他中间相态用电量测定方法,将极化量对电场滞回曲线作图,与其他方法相结合。另外还要观察 DSC 数据、偏光显微镜织构图,特征干涉条纹图或随分子倾角光透过的波动。

设备为 Olympus BH2 偏光显光镜、Mettler 热台、FP5 控温仪、热分析仪(DSC-50 差动扫描量热仪/TGA-50 热失重分析仪/TA-501 热数据分析仪(岛津))。

电滞回线的测定(图 2.6.4)利用的是极化量的微分值 dP_s/dt 的积分。由全部电流计算对电场回线,利用正弦波形。

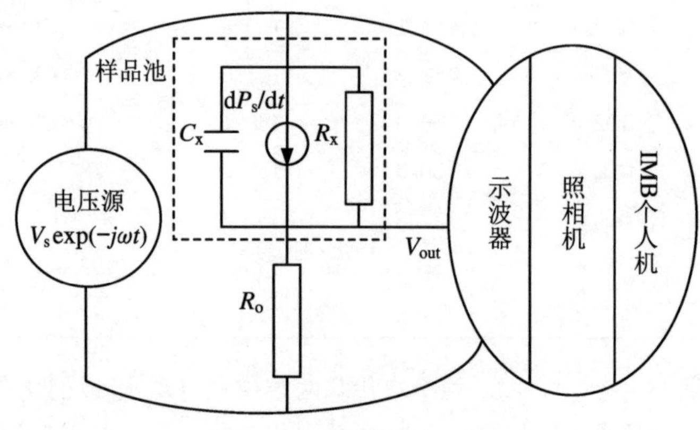

图 2.6.4 电滞回线的测定

正弦形外电场的产生采用 XD-7 低频信号源,带有电放大器(上海无线电二十六厂)。电滞回线的显示器采用 Xin-Jian 2235 100 MHz 示波器。用 IBM 个人机处理。

三种化合物的中间相相变见表 2.6.9，除了 6TFBPEB 具有单变性质，即 SmC*，只在冷却时出现 SmC* 之外，其他两个化合物都具有互变液晶的特点，有 SmA 与胆甾相 N*。6TFBPEB 冷却低于 58 ℃为晶体，冷却低于 98.5 ℃为 SmC*。SmA 低于 231 ℃、高于 271 ℃为各向同性，低于 270 ℃为 N*。用以上方法可以测定三种化合物的铁电温度区域。

表 2.6.9　6TFBPEB、9TFBPEB 及 12TFBPEB 的中间相相变

化合物	相变温度/℃
6TFBPEB	$\mathrm{C}\xrightarrow{104}\mathrm{SmA}$；$\mathrm{C}\xleftarrow[58]{}\mathrm{SmC^*}\underset{98.5}{\overset{100}{\rightleftharpoons}}\mathrm{SmA}\underset{231}{\overset{232}{\rightleftharpoons}}\mathrm{N^*}\underset{270}{\overset{271}{\rightleftharpoons}}\mathrm{I}$
9TFBPEB	$\mathrm{C}\underset{60}{\overset{101}{\rightleftharpoons}}\mathrm{SmC^*}\underset{168}{\overset{169}{\rightleftharpoons}}\mathrm{SmA}\underset{225.7}{\overset{225.8}{\rightleftharpoons}}\mathrm{N^*}\underset{248}{\overset{249}{\rightleftharpoons}}\mathrm{I}$
12TFBPEB	$\mathrm{C}\underset{85}{\overset{108}{\rightleftharpoons}}\mathrm{SmC^*}\underset{147}{\overset{149}{\rightleftharpoons}}\mathrm{SmA}\underset{210}{\overset{212}{\rightleftharpoons}}\mathrm{N^*}\underset{221}{\overset{222}{\rightleftharpoons}}\mathrm{I}$

注　SmC*：手性近晶 C 相；SmA：近晶 A 相；N*：手性向列相（即胆甾相）；I：液体；C：固态。

如图 2.6.5 所示，由 $\mathrm{d}D/\mathrm{d}t$ 和 E，利用电场 5.6 MV/m 和 6TFBPEB，在 $T_c - T$（单位：℃）为 1、4、9、22 的条件下，P_s（单位：C/m²）为 0.5×10^{-6}、4.2×10^{-6}、7.25×10^{-6}、8.7×10^{-6}。由这些结果我们可得到 6TFBPEB 的铁电性特征。

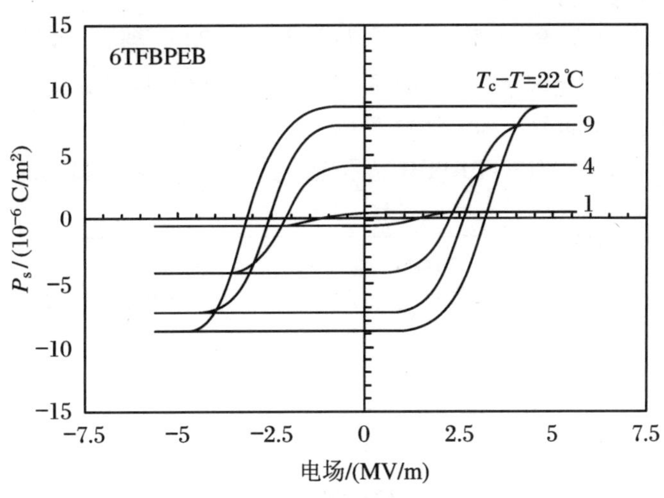

图 2.6.5　P_s 对 E 的曲线

图 2.6.6 显示的实验数据，如所期待，当观察温度 T 接近以及低于 T_c 时，三个样品的 T 下降时 θ 迅速变大，观察 θ 的温度依赖性，居里点也可以得到。这与从 P_s 值得到的一致。9TFBPEB 具有 θ 的饱和值，大约 10 ℃，当 T 在此范围内从 110 ℃达到 150 ℃，而且在 T 低于 90 ℃时，为 15 ℃左右，6TFBPEB 及 12TFBPEB 饱和值分别为 5.5～16 ℃。

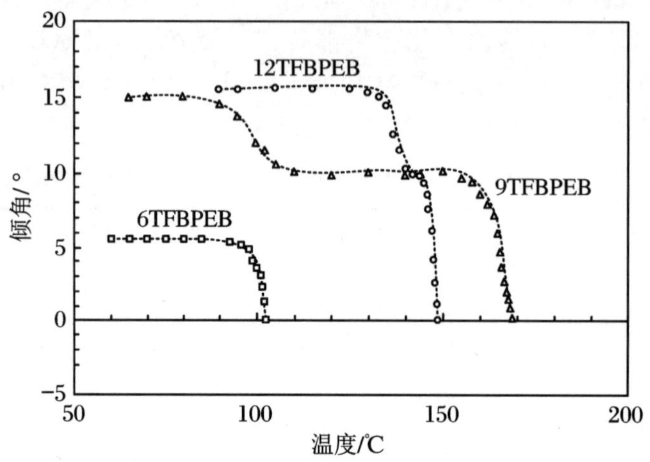

图 2.6.6 倾角 θ 的温度依赖性(对液晶 nTFBPEB,电场强度 5.6 MV/m)

倾角确定为显微镜台旋转角的半值。对于施加的正、负电场,相对于两个相应的消光(吸光)状态之间发生旋转。通常认为对应 SmC* 铁电中间相的两个状态,它对称围绕法线面排列

可以看到 9TFBPEB 在 100 ℃左右,角度可迅速增大,而 12TFBPEB 发生在 137 ℃附近。在这两个化合物中也可以出现 P_s 的温度依赖性,原因不明。如上所述,dD/dt 对 E 的电滞回线可出现电流峰值,C* 间转变的居里点,如本章所示,是观测 dD/dt 对 E 的电滞回线,有可能有效地鉴定铁电相液晶。

随着温度的升高 P_s 下降,在 T 达到 T_c 时 P_s 达到 0,居里点 T_c 对 6TFBPEB、9TFBPEB 及 12TFBPEB 分别为 98.5 ℃、168 ℃及 147 ℃居里温度。

P_s 迅速增加,在低于 T_c 时,随着 T 降低,在温度 T_c-T 为 10 ℃左右时,9TFBPEB 显示出 P_s 的极大值,而同时 6TFBPEB 显示出的极大值为三者中最小的。如图 2.6.7 所示。

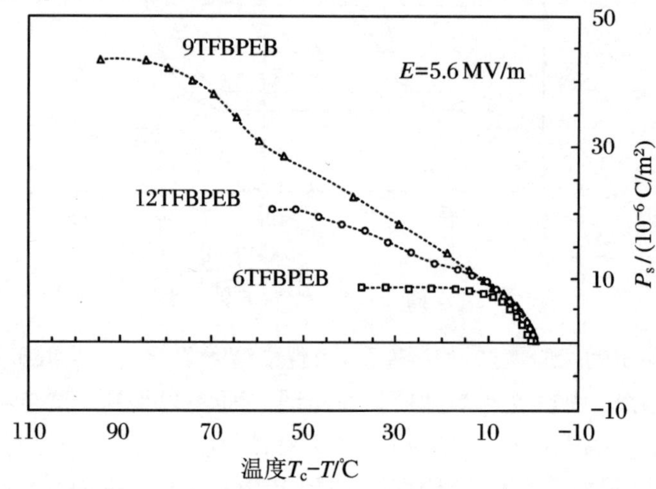

图 2.6.7 nTFBPEB 的 P_s(自发极化)温度依赖性(在同样的场强 5.6 MV/m 条件下)

6.6 典型化合物的合成方法

见参考文献[32]。

4-[(*s*)-2′-甲基丁氧基-2,3,5,6-四氟苯基]乙炔(5)

1-五氟苯基-2-三甲基硅乙炔(5.134 g,20 mmol)、碳酸钠(3.49 g,24 mmol)、(5)-(-)-2-甲基-1-丁醇(2.72 g,30 mmol)、DMF(20 mL),室温反应30 h。利用^{19}F NMR分析,指出反应完全。粗产物用硅胶柱层析法纯化,使用石油醚(沸点60～90 ℃)作淋洗剂,得到化合物(5)3.38 g,产率76.5%。

^{1}H NMR(CCl_4/TMS) δ:0.86～2.16(m,9H,烷基),3.63(s,1H,C≡C),4.31(d,2H,J=6.0 Hz,OCH_2)。^{19}F NMR(CCl_4/TFA) δ:60.5(m,2F,F_{arom}),80.3(m,2F,F_{arom})。

4′-[(*n*-乙氧基羰基)苯基]-4″-[(4-(*s*)-2′-甲基丁氧基-2,3,5,6-四氟苯基)乙炔基]苯甲酸酯(6-1)

4-[(*s*)-2′-甲基丁氧基-2,3,5,6-四氟苯基]乙炔(5)(260 mg,1 mmol)、4-(乙氧基羰基)4′-苯基碘代苯甲酸酯(0.396 g,1 mmol)、二(三苯基膦)二氯化钯(40 mg,0.057 mmol)及碘化亚铜(Ⅰ)(22 mg,0.116 mmol)的混合物,搅拌下,在干燥氮气中,加入20 mL无水三乙胺。形成的混合物搅拌2 h。薄膜色谱指出反应完全。产生的沉淀物过滤,乙醚洗,用水洗过滤物,用无水Na_2SO_4干燥并且蒸出溶剂。用硅胶柱层析法纯化,使用石油醚(沸点60～90 ℃)/乙酸乙酯(体积比为20∶1)作淋洗剂,用丙酮/甲醇重结晶得到白色片状乙炔的酯类晶体,得到化合物(6-1)380 mg,产率69.0%,熔点107.1 ℃。

4′-[(*n*-丙氧羰基)苯基]-4″-[(4-(*s*)-2′-甲基丁氧基-2,3,5,6-四氟苯基)乙炔基]苯甲酸酯(6-2)

熔点104.1 ℃。

H NMR($CDCl_3$/TMS) δ:0.80～1.96(m,14H,alkyl),4.11(d,2H,J=5.4 Hz,OCH_2),4.30(t,2H,7.2 Hz,$COOCH_2$),7.30(d,2H,Aril ortho to OCOAr),8.10(d,2H,ArH ortho to COOR)(AABB,J=8.0 Hz),7.68(d,2H,ArH ortho to C≡C),8.16(d,2H,ArH ortho to COOAr)(AA′BB,J=8.0 Hz)。^{19}F NMR($CDCl_3$/TFA) δ:60.58(m,2F,F_{arom}),80.33(m,2F,P_{arom})。IR(KBr,cm^{-1}):3000(CH),1758(COOR),1734(COOAr),16201(Ar),1508(Frarom)。MS(m/z):542(M^+),364,293,265,237,216。元素分析:$C_{30}H_{26}F_4O_5$。理论值(%):C 66.42,H 4.80,F 14.02;实测值(%):C 66.40,H 4.50,F 13.98。

4′-[(*n*-丁氧羰基)苯基]-4″-[(4-(*s*)-2′-甲基丁氧基-2,3,5,6-四氟苯基)乙炔基]苯甲酸酯(6-3)

熔点105.8 ℃。

IR(KBr,cm^{-1}):3020(CH),1760(COOR),1736(COOAn),1624(Ar),1508(F_{arom})。MS(m/z):556(M^*),363,293,265,237,217。元素分析:$C_{31}H_{28}F_4O_5$。理论值(%):66.91,

H 5.04,F 13.67;实测值(%):C 66.89,H 4.75,F 13.44。

4′-[(*n*-戊氧基羰基)苯基]-4″-[(4-(*s*)-2′-甲基丁氧基-2,3,5,6-四氟苯基)乙炔基]苯甲酸酯(6-4)

熔点 103.6 ℃。

IR(KBr,cm^{-1}):2990(CH),1740(COOR),1718(COOAn),1608(Ar),1510(F_{arom})。MS(*m*/*z*):570(M),363,293,265,237,217。元素分析:$C_{32}H_{30}F_4O_5$。理论值(%):C 67.33,H 5.26,F 3.33;实测值(%):C 67.45,H 5.50,F 3.30。

4′-[(*n*-己氧基羰基)苯基]-4″-[(4-(*s*)-2′-甲基丁氧基-2,3,5,6-四氟苯基)乙炔基]苯甲酸酯(6-5)

熔点 93.9 ℃。

IR(KBr,cm^{-1}):290(CH),1740(COOR),1718(COOAr),1608(Ar),1490(F_{arom})。MS(*m*/*z*):584(M^+),364,293,265,237,217。元素分析:$C_{33}H_{32}F_5O_4$。理论值(%):C 67.81,H 5.48,F 13.01;实测值:C 67.62,H 5.31,F 13.00。

4′-[(*n*-庚氧基羰基)苯基]-4″-[(4-(*s*)-2′-甲基丁氧基-2,3,5,6-四氟苯基)乙炔基]苯甲酸酯(6-6)

熔点 85.4 ℃。

IR(KBr,cm^{-1}):3020(CH),1760(COOR),1730(COOAr),1624(Ar),1510(F_{arom})。MS(*m*/*z*):598(M′),363,293,265,237,217。元素分析:$C_{34}H_{34}F_4O_5$。理论值(%):C 68.22,H 5.69,F 12.71;实测值(%):C 68.18,H 5.91,F 12.61。

4′-[(*n*-庚氧基羰基)苯基]-4″-[(4-(*s*)-2′-甲基丁氧基-2,3,5,6-四氟苯基)乙炔基]苯甲酸酯

熔点 84.3 ℃。

IR(KBr,cm^{-1}):2900(CH),1740(COOR),1720(COOAr),1600(Ar),1490(F_{arom})。MS(*m*/*z*):612(M^+),363,293,265,237,217。元素分析:$C_{35}H_{36}F_4O_5$。理论值(%):C 68.63,H 6.88,F 12.41;实测值(%):C 68.67,H 6.08,F 12.09。

参考文献

[1] MEYER R B. J. Phys. (Paris),1975,36:69.

[2] MEYER R B. Mol. Cryst. Liq. Cryst.,1977,40:33.

[3] CLARK N A,LAGERWALL S T. Appl. Phys. Lett.,1980,36:899.

[4] RIEKER T P. Phys. Rev. Lett.,1987,59:2658.

[5] CHANDANI A D L. Jpn. J. Appl. Phys.,1988,27:1729.

[6] SHIBAEV V P. Polym. Bull.,1984,12:299.

[7] DUBOIS J C. Mol. Cryst. Liq. Cryst.,1986,137:349.

[8] 野平博之.有机合成化学,1991,49:467.

[9] YOSHINO K. Jpn. J. Appl. Phys.,1987,26:177.
[10] BLINOV L M,KONONOV S G,TOURNILHAC F. Mol. Cryst. Liq. Cryst. Sect. C,1994,3:229.
[11] TOURNILHAC F,BLINOV L M,SIMON J,YABLONSKY S V. Nature,1992,359:621.
[12] TOURNILHAC F,BOSIO L,NICOUD J F,SIMON J. Chem. Phys. Lett.,1998,145:452.
[13] TOURNILHAC F,SIMON J. Ferroelectricse,1991,114:283.
[14] NIORI T,SEKINE T,FURUKAWA J W T,TAKEZOE H. J. Mater. Chem.,1996,6:1231.
[15] SEKINE T,NIORI T,WATANABE J,FURUKAWA T,CHAI S W,TAKEZOE H. J. Mater. Chem,1997,7:1307.
[16] LINK D R,NATALE G,SHAO R,MACLENNAN J E,CLARK N A,KORBLOVA E,WALBA D M. Science,1997,278:1924.
[17] JAKLI A,RAUCH S,LOTZSCH D,HEPPKE G. Phys. Rev.,1998,6:6737.
[18] SHEN D,DIELE S,PELZL G,WIRTH I,TSCHIERSKE C. J. Mater. Chem.,1999,9:661.
[19] BEDD J P,NGUYEN H T,ROUILLON J C,MARCEROU J P,SIGAUD G,BAROIS P. Mol. Cryst. Liq. Cryst.,1999,332:163.
[20] WEISSFLOG W,LISCHKA C,DIELE S,PELZL G,WIRTH I. Mol. Cryst. Liq. Cryst.,1999,328:101.
[21] NGUYEN H T,ROUILLON J C,MARCERON J P,BEDEL J P,BAROIS P,SARMENTO S. Mol. Cryst. Liq. Cryst.,1999,328:177.
[22] HEPPKE G,MORO D. Science,1998,279:1872.
[23] SHEN D,DIELE S,WIRT I,TSCHIERSKE C. Chem. Comm.,1998:2573.
[24] KENTISCHER F,MACDONALD R,WARNICK P,HEPPKE G. Liq. Cryst.,1998,25:341.
[25] 田民权.理学硕士学位论文,中国科学院上海有机化学研究所,1992.
[26] 徐岳连.理学硕士学位论文,上海交通大学(上海有机化学研究所联合培养),1922.
[27] WEN J X,XU Y L,TIAN M Q,CHEN Q. Ferroelectrics,1993,148:129.
[28] GRAY G W,HARTLEY J B,JONES B. J. Chem. Soc.,1955:1412.
[29] WANG X S,WEN J X. Ferroelectrics,1998,207:431.
[30] WANG X S,WEN J X. Mol. Cryst. Liq. Cryst.,1997,300:9.
[31] WANG X S,WEN J X. Jpn. J. Appl. Phys.,1997,36:2218.
[32] XU Y L,CHEN Q,WEN J X. Mol. Cryst. Liq. Cryst.,1994,241:243.

第 7 章　含氟端链取代手性液晶的铁电性

7.1　引言

手性液晶化合物一般会产生手性近晶 C 相，即通常所说的铁电相。已经介绍过在近晶相液晶中发现有九种近晶相。分子结构的特点是在相应分子的柔性端链上引进手性链形成的。

1976 年 Meyer 等人详细分析了化合物 DOBAMBC 的 SmC* 相的对称性，认为它具有铁电性，即液晶分子的偶极自发沿着一个方向排列，发生自发极化，形成一个铁电性的 SmC*，并证明了他们的推测。图 2.7.1 表示该化合物的分子结构及相变温度。

$$C_{10}H_{21}O-C_6H_4-CH{=}N-C_6H_4-CH{=}CHCOOCH_2\overset{*}{C}H(CH_3)C_2H_5$$

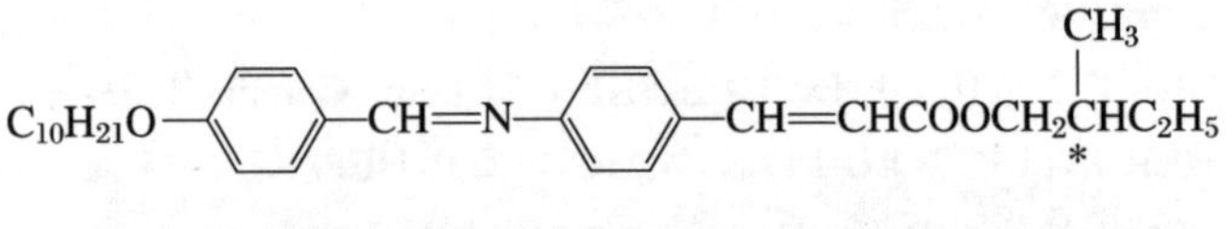

Cr 76　SmC* 93　SmA 117　I 117　SmA 93　SmC* 61.5 S_I*

图 2.7.1　DOBAMBC 的分子结构及相变温度(℃)

实际上第一个铁电液晶出现在 1909 年，是 Huth 首先合成出来的[1]，如图 2.7.2 所示。

$$R-C_6H_4-CH{=}N-C_6H_4-N{=}CH-C_6H_4-R$$

$R = -CH{=}CHCOOCH_2C^*H(CH_3)C_2H_5$

图 2.7.2　第一个铁电液晶的分子结构

只是当时不了解 SmC* 相的分子排列结构，更没有人注意它的分子结构。后来经过研究，Shibaev 等人认为形成铁电性液晶物质需要满足以下几个条件：

(1) 要出现近晶相，而且分子倾角 θ(对近晶层法线的倾角)不等于零。

(2) 要求有不对称原子，而不是外消旋体。

(3) 要求分子有偶极矩，特别是垂直于分子长轴的偶极矩分量不等于零。

铁电液晶分子中具有不对称分子，倾角 θ 保持一定，分子长轴方向或者方位角在每层中以一定的角度旋转，形成旋转结构，因而垂直于分子长轴的极化在每一层面朝着平行于层面的方向逐层旋转[2]。

铁电液晶的自发极化一般不大，仅为压电陶瓷(PZT)的百分之一左右。具有以下几个特征：

(a) 烷基—芳基—烷基体系。

(b) 强的末端横向偶极。

(c) 一般至少有两个芳香环。

(d) 一般存在手性中心,减低对称性并产生铁电性。

铁电近晶相的形成受两个因素的制约,一个是分子的空间形状,另一个是它的偶极特点。两者相互作用对铁电液晶的形成及特点有许多影响。

关于含氟液晶,无论是基础研究还是应用研究,从 20 世纪 80 年代后期开始,已经积累了大量的数据[3-10]。氟原子的取代反应,促使液晶化合物由近晶 A 相转变为近晶 C 相,特别引人瞩目[8-10]。压制或者消除有序的近晶相[8-10],影响介电各向异性、黏度、双折射等性质。至今已经开发了大量的一个或两个氟原子取代苯环为片段的液晶化合物[3-10],但是,含对称的四氟亚苯基的化合物不多[11-23]。我们集中研究了这些含氟液晶[22-27]和含氟端链化合物及铁电液晶[28-31]。

就目前来看,将含氟链引入合成铁电液晶,国内外都很少有报道。我们利用含氟链易形成近晶相,尤其是易形成倾斜近晶相的特点,预计能得到一些性能优异的铁电液晶化合物。与此同时,我们再次观察了分子结构中单个或多个氟原子的改变对液晶性的影响[31-36]。

7.2 目标化合物

7.2.1 N 系列液晶

N

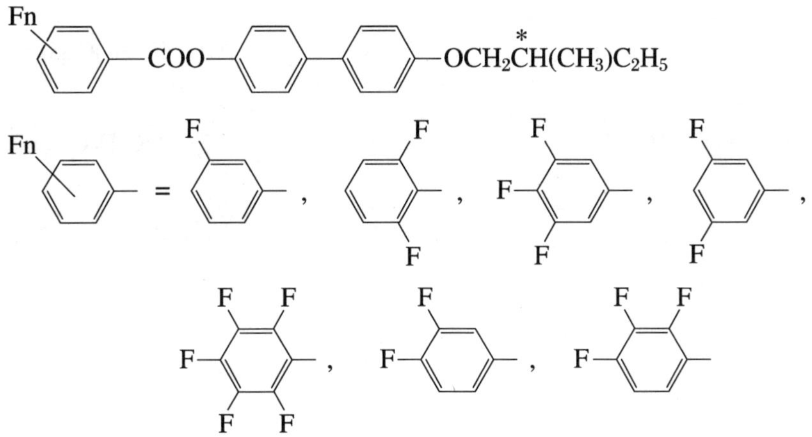

7.2.2 O 系列液晶

O1

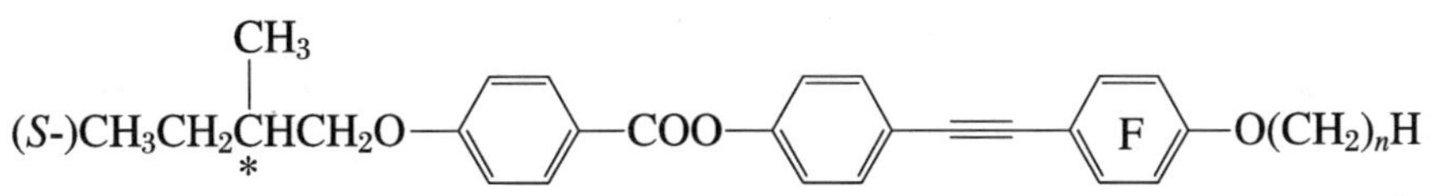

$n=4\sim9$

O2 (*S*-)$CH_3CH_2\overset{*}{C}H(CH_3)CH_2OOC$—COO—≡—F—$O(CH_2)_nH$

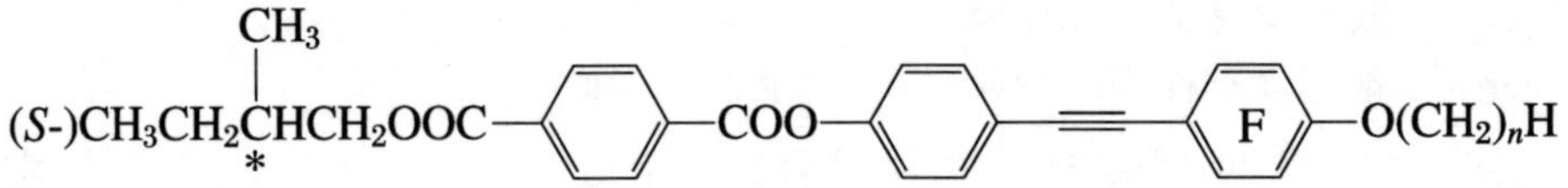

n=4～7、9

O3 (*S*-)$CH_3CH_2\overset{*}{C}H(CH_3)CH_2O$—COO—≡—$O(CH_2)_8H$

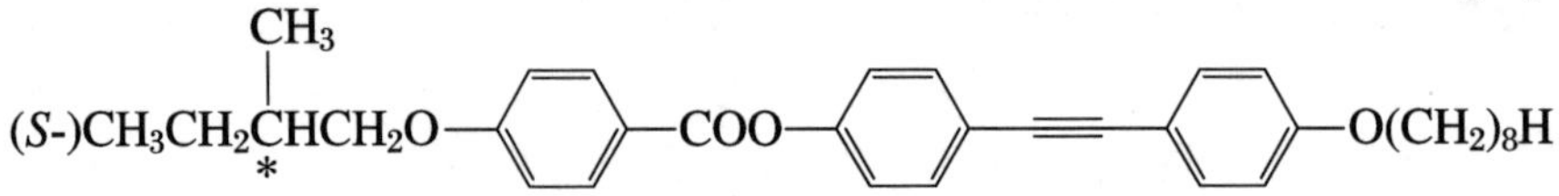

O4 (*S*-)$CH_3CH_2\overset{*}{C}H(CH_3)CH_2O$—($O_2N$)—COO—≡—$O(CH_2)_8H$

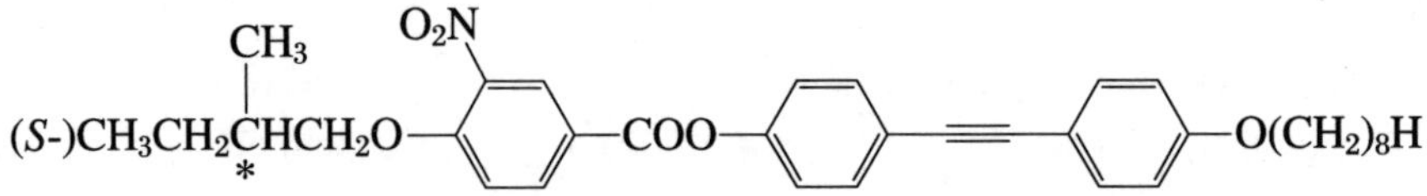

O5 (*S*-)$CH_3CH_2\overset{*}{C}H(CH_3)CH_2O$—($O_2N$)—COO—≡—F—$O(CH_2)_nH$

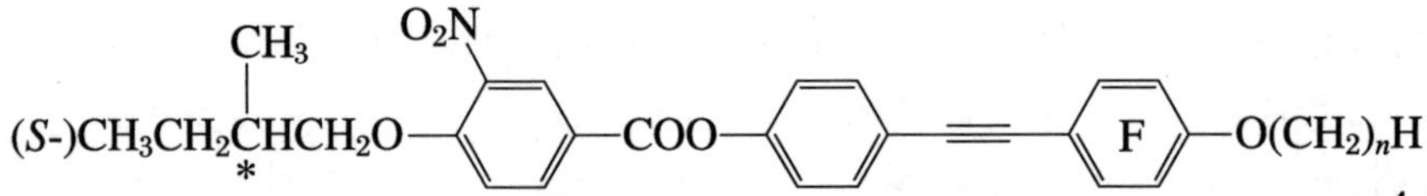

n=4、7、8

O6 (*S*-)$CH_3CH_2\overset{*}{C}H(CH_3)CH_2O$——COO—≡—F—$O(CH_2)_nH$

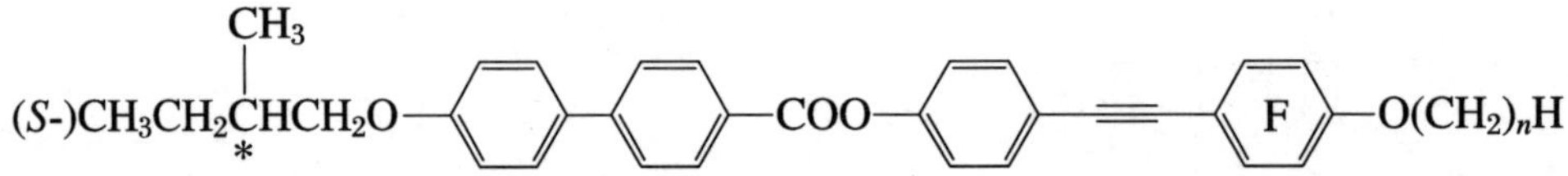

n=7～8

7.2.3 P 系列液晶

P1 (*S*-)$Cl(CF_2)_4(CH_2)_{11}O$—COO—$COOC^*H(CH_3)C_6H_{13}$

P2 (*R*-)$Cl(CF_2)_6(CH_2)_{11}O$—COO——$OC^*H(CH_3)C_6H_{13}$

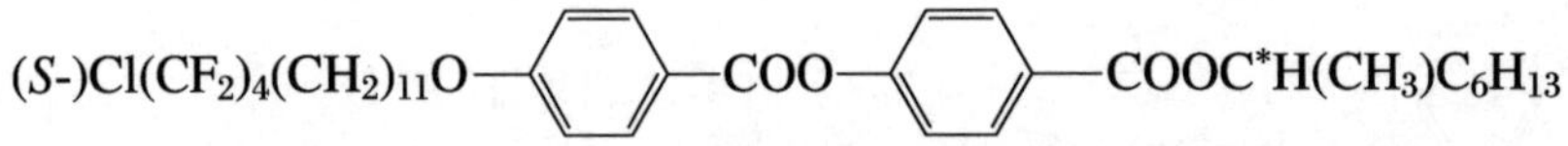

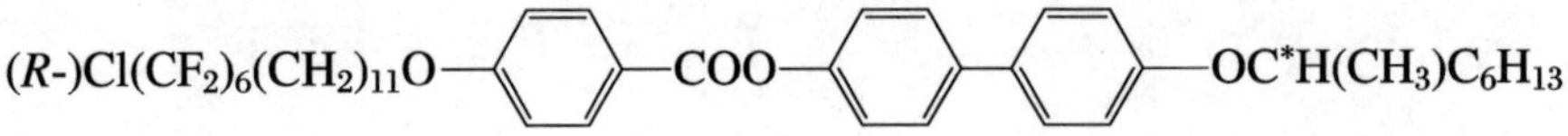

P3 (*R*-)$C_8F_{17}C_2H_4OOC$—COO——$OC^*H(CH_3)C_6H_{13}$

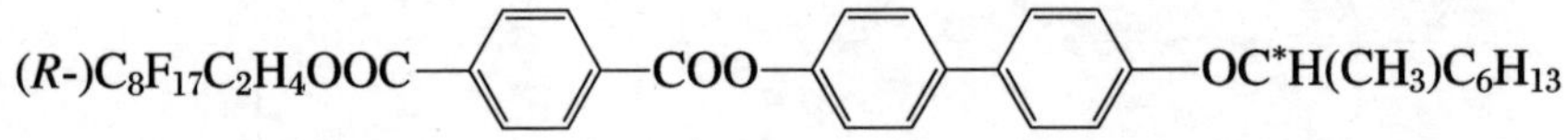

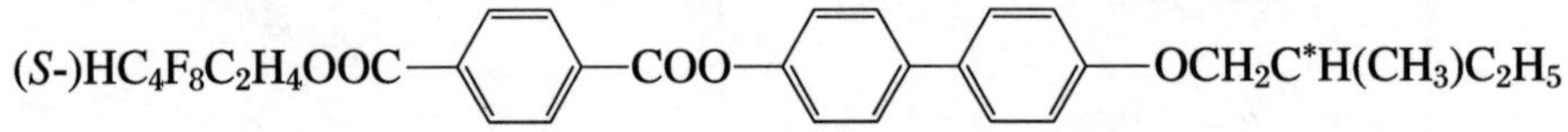

P4 (*S*-)$HC_4F_8C_2H_4OOC$—COO——$OCH_2C^*H(CH_3)C_2H_5$

P5 $HC_4F_8CH_2OOC$—COOCh

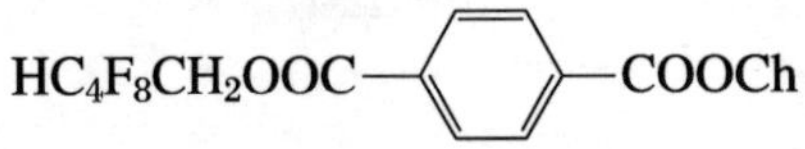

7.2.4 Q 系列液晶

$H(CH_2)_nO$—A—COO—$OC^*H(CH_3)COOCH_2CH_2(CF_2)_mX$

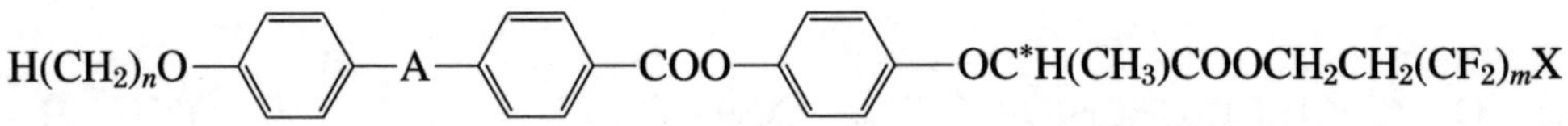

n = 4～10、12

A=单键　Q1, $m=4$, X=H; Q3, $m=4$, X=Cl; Q5, $m=6$, X=H; Q7, $m=6$, X=Cl; Q9, $m=8$, X=F

A=叁键　Q2, $m=4$, X=H; Q4, $m=4$, X=Cl; Q6, $m=6$, X=H; Q8, $m=6$, X=Cl; Q10, $m=8$, X=F

7.3 化合物的合成路线

7.3.1 N 系列液晶的合成路线

HO—C6H4—C6H4—OH $\xrightarrow{a}$ CH_3COO—C6H4—C6H4—OH (76) $\xrightarrow{b}$

CH_3COO—C6H4—C6H4—$OCH_2\overset{*}{C}H(CH_3)C_2H_5$ (77) $\xrightarrow{c}$

HO—C6H4—C6H4—$OCH_2\overset{*}{C}H(CH_3)C_2H_5$ (78)

含氟苯甲酸+78 $\xrightarrow{d}$ (Fn)C6H4—COO—C6H4—C6H4—$OCH_2\overset{*}{C}H(CH_3)C_2H_5$

N系列

7.3.2 O 系列液晶的合成路线

CH_3OOC—C6H4—OH $\xrightarrow{a}$ CH_3OOC—C6H4—$OCH_2\overset{*}{C}H(CH_3)C_2H_5$ (79) $\xrightarrow{b}$

HOOC—C6H4—$OCH_2\overset{*}{C}H(CH_3)C_2H_5$ (80) $\xrightarrow{c}$

I—C6H4—OOC—C6H4—$OCH_2C^*H(CH_3)C_2H_5$ (81) $\xrightarrow{d}$ O1

$ClOC-C_6H_4-COCl \xrightarrow{a} HOOC-C_6H_4-COOCH_2\overset{*}{C}H(CH_3)C_2H_5$ (82) $\xrightarrow{b}$

$I-C_6H_4-OOC-C_6H_4-COOCH_2\overset{*}{C}H(CH_3)C_2H_5$ (83) $\xrightarrow{c}$ O2

$H(H_2C)_4O-C_6H_4-C\equiv$ (84) + 81 $\xrightarrow[Pd(PPh_3)_4Cl_2,\ CuI]{THF,\ Et_3N}$ O3

$CH_3OOC-C_6H_4-OH \xrightarrow{a} CH_3OOC-C_6H_3(NO_2)-OH$ (85) $\xrightarrow{b}$

$CH_3OOC-C_6H_3(NO_2)-OCH_2\overset{*}{C}H(CH_3)C_2H_5$ (86) $\xrightarrow{c}$ $HOOC-C_6H_3(NO_2)-OCH_2\overset{*}{C}H(CH_3)C_2H_5$ (87)

$\xrightarrow{d}$ $I-C_6H_4-OOC-C_6H_3(NO_2)-OCH_2\overset{*}{C}H(CH_3)C_2H_5$ (88)

84 + 88 $\xrightarrow{e}$ O4

$H(H_2C)_4O-C_6H_3F-C\equiv$ + 88 $\xrightarrow{e}$ O5

$HOOC-C_6H_4-C_6H_4-OCH_2CH(CH_3)C_2H_5 \xrightarrow{d}$

$I-C_6H_4-OOC-C_6H_4-C_6H_4-OCH_2CH(CH_3)C_2H_5$ (89)

$H(CH_2)_nO-C_6H_3F-C\equiv$ (62) + 89 $\xrightarrow{e}$ O6

7.3.3　P 系列液晶的合成路线

$CH_3OOC-C_6H_4-OH \xrightarrow{a} HOOC-C_6H_4-OBn \xrightarrow{b}$

$BnO-C_6H_4-COOC^*H(CH_3)C_6H_{13} \xrightarrow{c} (S\text{-})HO-C_6H_4-COOC^*H(CH_3)C_6H_{13}$

$\xrightarrow{d}$ P1

$76 + (S\text{-})C_6H_{13}C^*H(CH_3)OH \xrightarrow{a} (R\text{-})C_6H_{13}C^*HCH_3CO-C_6H_4-C_6H_4-OOCCH_3$ (93)

$\xrightarrow{b} (R\text{-})C_6H_{13}C^*HCH_3CO-C_6H_4-C_6H_4-OH$ (94) $\xrightarrow{c}$ P2

$C_6F_{13}C_2H_4OH + ClOC-C_6H_4-COCl \xrightarrow{g} HOOC-C_6H_4-COOC_2H_4C_6F_{13}$ (95)

$\xrightarrow[94]{d}$ P3

$H_3COOC-C_6H_4-OH + (S\text{-})C_6H_{13}C^*H(CH_3)OH \xrightarrow{e}$

$H_3COOC-C_6H_4-OC^*H(CH_3)C_6H_{13}$ (96) $\xrightarrow{f} HOOC-C_6H_4-OC^*H(CH_3)C_6H_{13}$ (97)

$HOOC-C_6H_4-COOCH_2(CF_2)_4H$ (54) $+ 78 \xrightarrow{d}$ P4

$78 + HOCh \xrightarrow{d}$ P5

7.3.4 Q系列液晶的合成路线

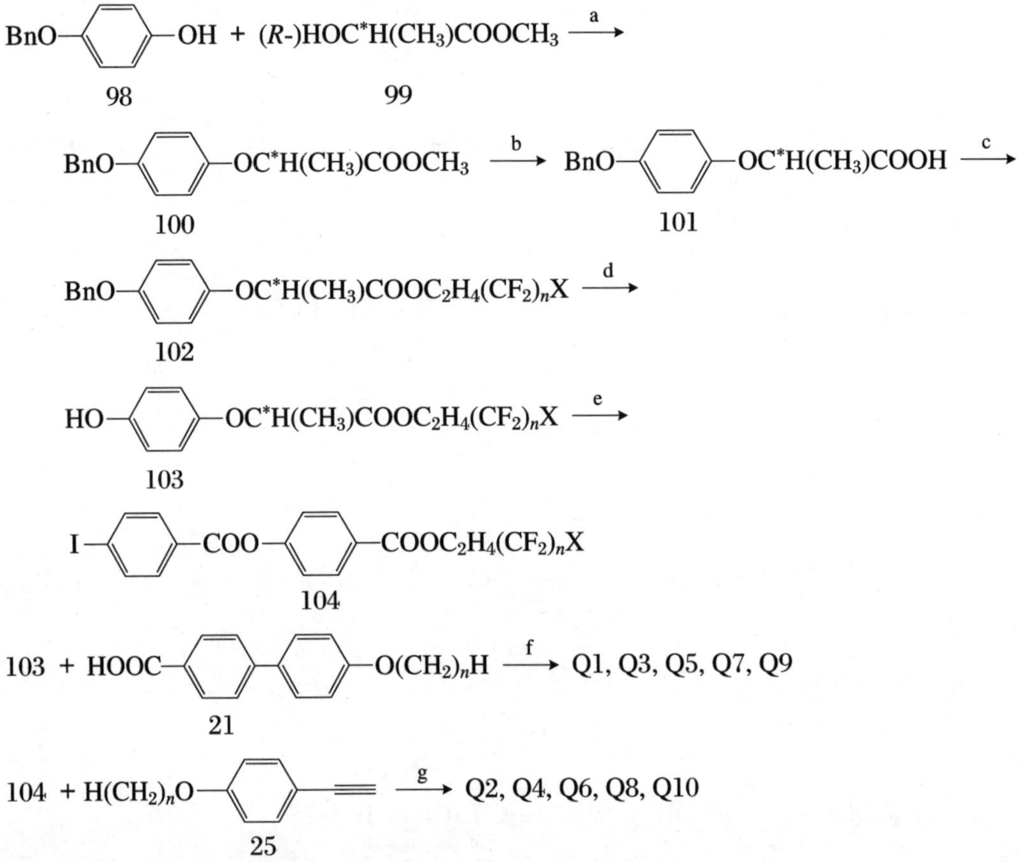

BnO—C_6H_4—OH + (*R*-)$HOC^*H(CH_3)COOCH_3$ $\xrightarrow{a}$

98 99

BnO—C_6H_4—$OC^*H(CH_3)COOCH_3$ $\xrightarrow{b}$ BnO—C_6H_4—$OC^*H(CH_3)COOH$ $\xrightarrow{c}$

100 101

BnO—C_6H_4—$OC^*H(CH_3)COOC_2H_4(CF_2)_nX$ $\xrightarrow{d}$

102

HO—C_6H_4—$OC^*H(CH_3)COOC_2H_4(CF_2)_nX$ $\xrightarrow{e}$

103

I—C_6H_4—COO—C_6H_4—$COOC_2H_4(CF_2)_nX$

104

103 + HOOC—C_6H_4—C_6H_4—$O(CH_2)_nH$ $\xrightarrow{f}$ Q1, Q3, Q5, Q7, Q9

21

104 + $H(CH_2)_nO$—C_6H_4—≡ $\xrightarrow{g}$ Q2, Q4, Q6, Q8, Q10

25

Q1, Q2, n=4, X=H; Q3, Q4, n=4, X=Cl; Q5, Q6, n=6, X=H;

Q7, Q8, n=6, X=Cl; Q9, Q10, n=8, X=F

7.4 化合物的相变研究

7.4.1 N系列化合物的相变研究

N (Fn)C_6H_4—COO—C_6H_4—C_6H_4—$OCH_2C^*H(CH_3)C_2H_5$

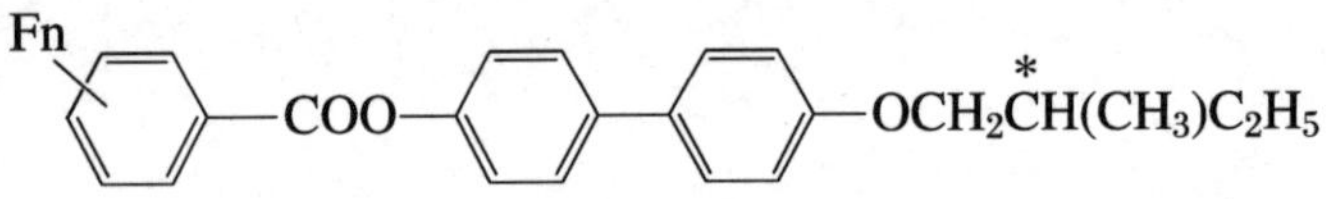

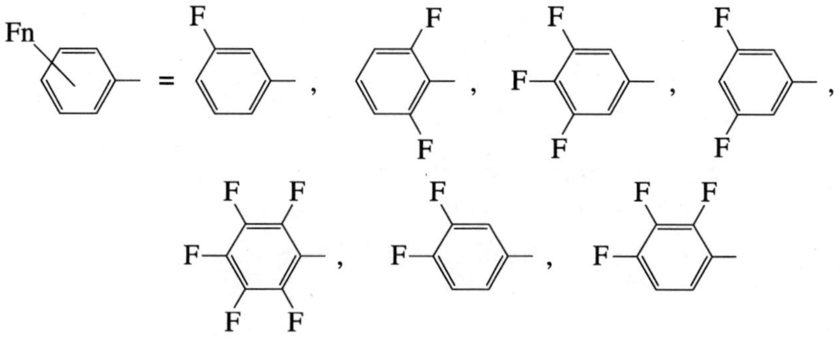

N 系列化合物的相变温度见表 2.7.1。

表 2.7.1 N 系列化合物的相变温度

化合物	相变温度/℃
3FCB5*	Cr 112.2 SmA 115.8 I 114.1 SmA 95.5 Recr
34FCB5*	Cr 129.6 SmA 175.4 I 173.6 SmA 108.1 Recr
35FCB5*	Cr 130.9 SmA 132.9 I 130.7 SmA 108.9 Recr
26FCB5*	Cr 194.3 I 64.3 Recr
234FCB5*	Cr 97.9 SmA 162.0 I 160.0 SmA 80.7 Recr
345FCB5*	Cr 100.4 SmA 165.9 I 164.0 SmA 92.0 Recr
23456FCB5*	Cr 114.6 SmA 125.3 I 123.5 SmA 96.8 Recr

注 Cr:结晶相;SmA:近晶 A 相;I:液体;Recr:重结晶。除了 3FCB5* 在 15 ℃/min 降温时出现 SmC* 外,其他全是近晶 A 相。

7.4.2 O3～O9 系列化合物的相变(℃)研究

O3 (S-)$CH_3CH_2\overset{*}{C}H(CH_3)CH_2O$—⟨苯环⟩—COO—⟨苯环⟩—≡—⟨苯环⟩—$O(CH_2)_nH$

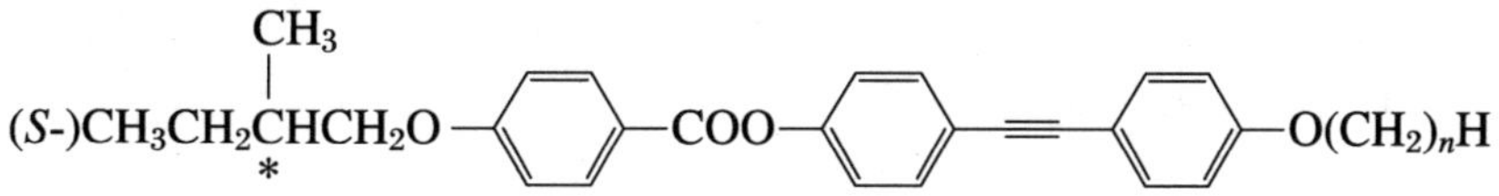

Cr 112.0 Ch 183.6 I 181.5 Ch 96.0 Recr

O4 (S-)$CH_3CH_2\overset{*}{C}H(CH_3)CH_2O$—⟨苯环($O_2N$)⟩—COO—⟨苯环⟩—≡—⟨苯环⟩—$O(CH_2)_nH$

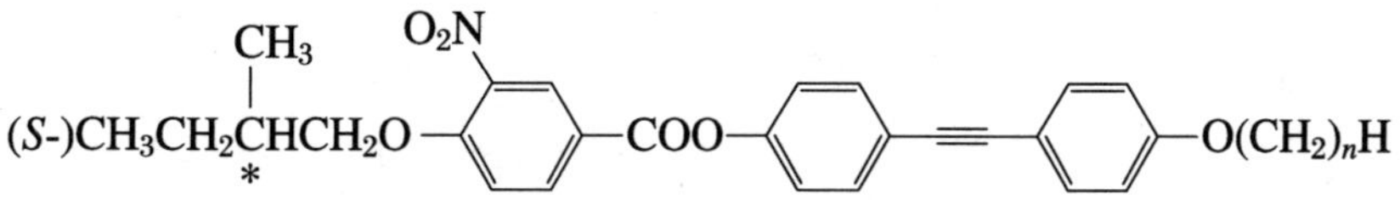

Cr 102.5 Ch 143.4 I 142.0 Ch 79.5 Recr

O5 (*S*-)$CH_3CH_2C^*H(CH_3)CH_2O$—(3-NO_2)C_6H_3—COO—C_6H_4—C≡C—(F)—$O(CH_2)_nH$

$n=4$ Cr 99. 2 I 97. 8 Ch 74. 7 Recr

$n=7$ Cr 108. 6 I 108. 1 Ch 69. 2 Recr

$n=8$ Cr 102. 7 I 96. 5 Ch 67. 5 Recr

O6 (*S*-)$CH_3CH_2C^*H(CH_3)CH_2O$—C_6H_4—C_6H_4—COO—C_6H_4—C≡C—(F)—$O(CH_2)_nH$

$n=7\sim8$

$n=7$ Cr 104. 9 SmA 206. 9 Ch 264. 5 BP 265. 7 I 264. 6 BP 262. 3 Ch 202. 5 SmA 84. 8 Recr

$n=8$ Cr 112. 0 SmA 206. 8 Ch 262. 1 I 260. 4 Ch 204. 0 SmA 86. 7 Recr

O7 (*R*-)$C_6H_{13}C^*H(CH_3)O$—C_6H_4—COO—C_6H_4—C≡C—C_6H_4—$O(CH_2)_nH$

Cr 52. 2 Ch 127. 5 I 127. 5 Ch 48. 5 SmC* 34. 8 Recr

O8 (*R*-)$C_6H_{13}C^*H(CH_3)O$—C_6H_4—COO—C_6H_4—C≡C—(F)—$O(CH_2)_nH$

Cr 25. 0 Ch 42. 5 I 41. 2 Ch 3. 0 Recr

O9 (*R*-)$C_6H_{13}C^*H(CH_3)O$—(3-NO_2)C_6H_3—COO—C_6H_4—C≡C—C_6H_4—$O(CH_2)_nH$

Cr 77. 6 Ch 88. 0 BP 88. 5 I 88. 5 BP 88. 0 Ch 57. 6 SmC* 40. 7 Recr

7.4.3 O1 系列化合物的相变研究

O1 系列化合物的相变温度见表 2. 7. 2。

表 2. 7. 2 O1 系列化合物的相变温度

化合物	n	相变温度/℃
5* F4	4	Cr 102. 1 Ch 151. 7 I 149. 8 Ch 69. 4 Recr
5* F5	5	Cr 93. 8 Ch 141. 1 I 139. 9 Ch 53. 4 Recr
5* F6	6	Cr 86. 4 Ch 140. 1 I 138. 7 Ch 45. 8 Recr
5* F7	7	Cr 71. 7 Ch 133. 2 I 131. 9 Ch 42. 1 Recr
5* F8	8	Cr 70. 6 Ch 133. 2 I 131. 3 Ch 34. 8 Recr
5* F9	9	Cr 71. 9 Ch 127. 2 I 125. 8 Ch 45. 4 Recr

注 Cr:结晶相;Ch:胆甾相;I:液体;Recr:重结晶。

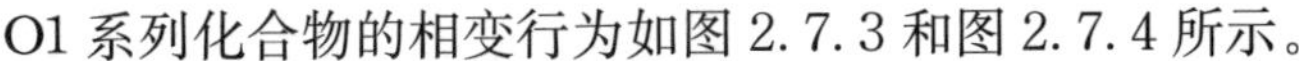
O1 系列化合物的相变行为如图 2.7.3 和图 2.7.4 所示。

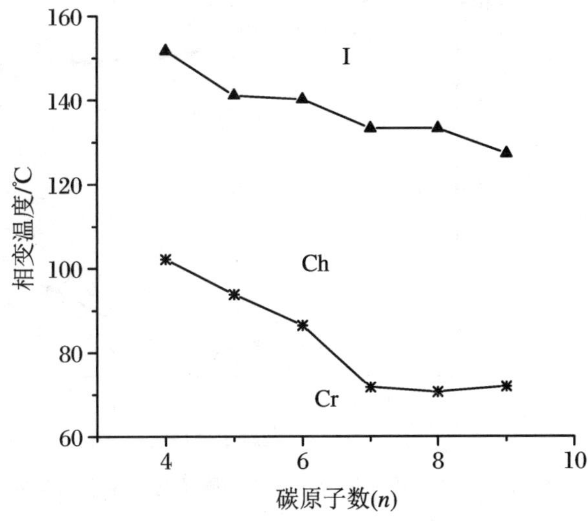

图 2.7.3 O1 系列化合物端链碳原子数与相变温度的关系

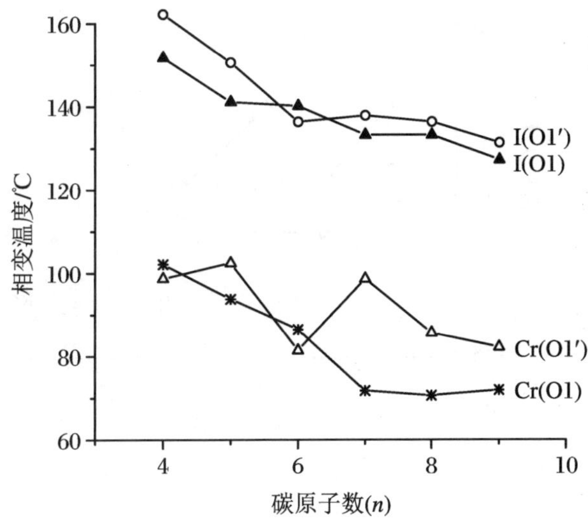

图 2.7.4 O1′与 O1 的清亮点和熔点对比图

7.4.4 O2 系列化合物的相变研究

O2 系列化合物的相变行为如图 2.7.5、图 2.7.6 和表 2.7.3 所示。数据由 DSC 测得，它有互变蓝相和胆甾相，并且清亮点具有明显的奇偶性。我们组曾合成过 O2′系列化合物，二者的区别仍然在于酯基的方向，很明显，化合物极性大的清亮点高。另外，O2 还出现了互变的近晶 A 相和单变的近晶 C 相。这些都是分子极性造成的，O2 比 O1 多一个羰基，羰基的存在减小了分子的极性，从而导致化合物清亮点的降低。

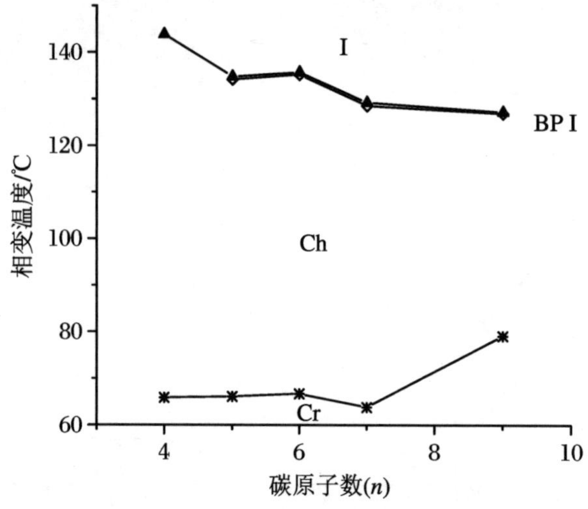

图 2.7.5 O2 系列化合物端链碳原子数与相变温度的关系

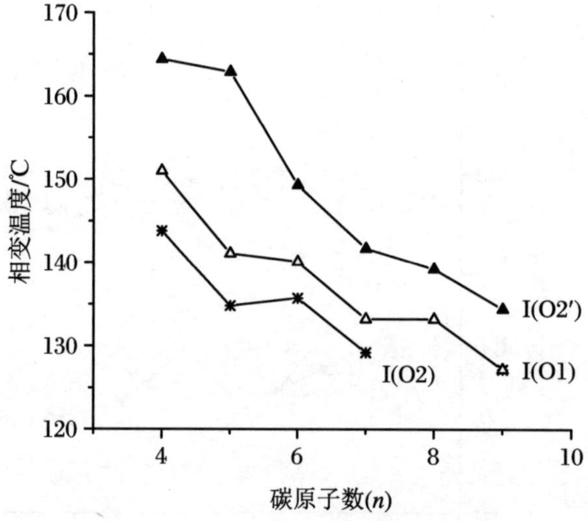

图 2.7.6 O2 与 O1、O2′的清亮点对比图

表 2.7.3 O2 系列化合物的相变温度

化合物	n	相变温度/℃
5* OF4	4	Cr 65.9 Ch 143.8 I 143.2 Ch 56.8 Recr
5* OF5	5	Cr 66.1 Ch 134.2 BP 134.8 I 133.5 BP 133.0 Ch 56.1 Recr
5* OF6	6	Cr 66.7 Ch 135.2 BP 135.7 I 134.4 BP 134.0 Ch 59.6 Recr
5* OF7	7	Cr 63.8 Ch 128.5 BP 129.2 I 127.6 BP 127.1 Ch 57.8 Recr
5* OF9	9	Cr 79.1 Ch 126.9 BP 127.2 I 126.0 BP 125.4 Ch 47.9 Recr

7.4.5　P 系列化合物的相变研究

P1　(*S*-)$Cl(F_2C)_4(H_2C)_{11}O$—⟨苯环⟩—COO—⟨苯环⟩—$COOC^*H(CH_3)C_6H_{13}$

P2　(*R*-)$Cl(F_2C)_6(H_2C)_{11}O$—⟨苯环⟩—COO—⟨苯环⟩—⟨苯环⟩—$OC^*H(CH_3)C_6H_{13}$

P3　(*R*-)$C_8F_{17}C_2H_4OOC$—⟨苯环⟩—COO—⟨苯环⟩—⟨苯环⟩—$OC^*H(CH_3)C_6H_{13}$

P4　(*S*-)$HC_4F_8C_2H_4OOC$—⟨苯环⟩—COO—⟨苯环⟩—⟨苯环⟩—$OCH_2C^*H(CH_3)C_2H_5$

P5　$HC_4F_8CH_2OOC$—⟨苯环⟩—COOCh

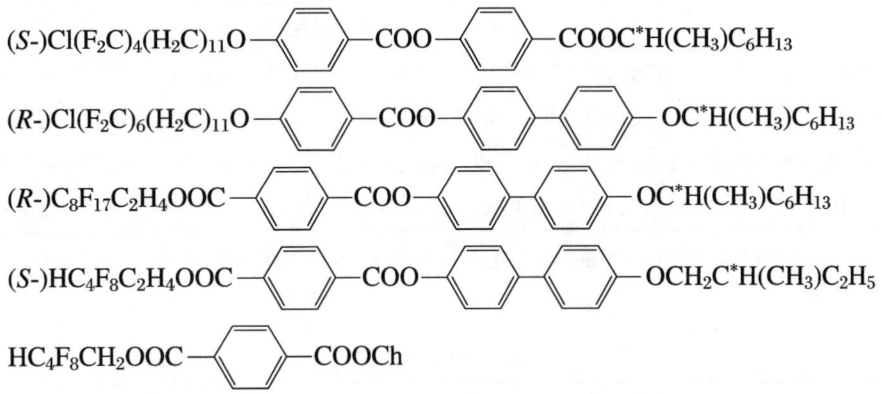

P 系列化合物的相变温度见表 2.7.4,表中数据由 DSC 测得。化合物基本上一端为氟碳链,而另一端为手性基团,这种结构在文献中是极少有报道的。对它们的相变研究具有很好的前景,一方面,我们可以利用前面所得到的结果,即半氟碳链的引入有利于近晶 C 相的形成。另一方面,我们可以引入手性以得到手性近晶相,P1 系列为单变液晶,并只出现近晶 A 相。而我们在刚性核上增加一个苯环后,化合物 P2 的液晶性明显增强,为互变型液晶,并且出现具有很宽的液晶相区的铁电相。对于化合物 P3,它的液晶核极性太小,同时又由于长氟碳链的憎油缔合作用的存在,所以化合物只出现近晶 A 相。与 P3 相似,化合物 P4 也只出现近晶 A 相和近晶 B 相。化合物 P6 也只出现近晶 A 相,而没有出现胆甾相。可见,这种憎油缔合作用对液晶态时的分子排列起到了相当大的作用,它使得分子极易呈层状排列。

表 2.7.4　P 系列化合物的相变温度

化合物	相变温度/℃
P1	Cr 61.9 I 49.5 SmA 38.4 Recr
P2	Cr 83.1 SmC* 137.5 SmA 144.0 I 142.2 SmA 135.5 SmC* 67.4 SmB 54.7 Recr
P3	Cr 142.0 SmA 182.1 I 179.5 SmA 127.3 Recr
P4	Cr 94.6 SmB 99.9 SmA 184.0 I 182.2 SmA 98.3 SmB 75.0 Recr
P5	Cr 160.9 SmA 212.4 I 209.5 SmA 147.3 SmC* 121.4 Recr

注　Cr:结晶相;SmA:近晶 A 相;SmB:近晶 B 相;SmC*:手性近晶 C 相;I:液体;Recr:重结晶。

7.4.6　Q(奇)系列化合物的相变研究

Q1、Q3、Q5、Q7、Q9 和 Q11 系列化合物的分子结构和相变温度分别见表 2.7.5～表 2.7.10。

表 2.7.5 Q1 系列化合物的分子结构和相变温度

$H(CH_2)_nO$—⟨苯环⟩—⟨苯环⟩—COO—⟨苯环⟩—$OC^*H(CH_3)COOC_2H_4C_4F_8H$ $n=5,7,8,10$

化合物	n	相变温度/℃
5BP4H	5	CrE 92.6 SmB 102.7 SmA 159.9 I 157.3 SmA 100.8 SmB 90.3 CrE
7BP4H	7	Cr 69.3 SmB 91.8 SmA 147.1 I 145.5 SmA 90.8 SmB 58.4 CrE
8BP4H	8	Cr 71.4 SmB 87.9 SmC* 96.0 SmA 142.1 I 139.9 SmA 95.6 SmC* 86.6 SmB 44.6 CrE
10BP4H	10	Cr 77.8 SmC* 103.8 SmA 130.0 I 128.3 SmA 102.0 SmC* 73.6 SmB 43.2 Recr

注 Cr:结晶相;SmA:近晶A相;SmB:近晶B相;SmC*:手性近晶C相;I:液体;Recr:重结晶;CrE:结晶E相。

表 2.7.6 Q3 系列化合物的分子结构和相变温度

$H(CH_2)_nO$—⟨苯环⟩—⟨苯环⟩—COO—⟨苯环⟩—$OC^*H(CH_3)COOC_2H_4C_4F_8Cl$ $n=5,7\sim10$

化合物	n	相变温度/℃
5BP4C	5	CrE 94.5 SmB 105.1 SmA 163.8 I 161.5 SmA 102.8 SmB 91.8 CrE
7BP4C	7	Cr 63.7 CrE 74.3 SmB 94.9 SmC* 100.9 SmA 152.6 I 150.2 SmA 93.6 SmC* 100.4 SmB 62.7 CrE
8BP4C	8	Cr 75.4 SmB 90.0 SmC* 110.7 SmA 147.2 I 144.8 SmA 109.3 SmC* 87.9 SmB 49.6 CrE
9BP4C	9	Cr 85.2 SmC* 114.8 SmA 140.6 I 139.2 SmA 113.1 SmC* 79.8 SmB 68.3 Recr
10BP4C	10	Cr 85.6 SmC* 117.0 SmA 136.7 I 135.0 SmA 115.2 SmC* 75.2 Recr

注 Cr:结晶相;SmA:近晶A相;SmB:近晶B相;SmC*:手性近晶C相;I:液体;Recr:重结晶;CrE:结晶E相。

表 2.7.7 Q5 系列化合物的分子结构和相变温度

$H(CH_2)_nO$—⟨苯环⟩—⟨苯环⟩—COO—⟨苯环⟩—$OC^*H(CH_3)COOC_2H_4C_6F_{12}H$ $n=5,7\sim10$

化合物	n	相变温度/℃
5BP6H	5	CrE 91.9 SmB 103.2 SmA 170.0 I 168.1 SmA 102.3 SmB 90.5 CrE
7BP6H	7	Cr 60.9 SmB 94.3 SmA 157.1 I 154.7 SmA 92.9 SmB 59.8 CrE
8BP6H	8	Cr 76.1 SmB 90.5 SmC* 105.9 SmA 151.2 I 148.9 SmA 105.1 SmC* 87.7 SmB 48.2 CrE
9BP6H	9	Cr 80.4 SmB 83.0 SmC* 109.3 SmA 144.9 I 142.9 SmA 107.5 SmC* 82.0 SmB 55.1 Recr
10BP6H	10	Cr 88.7 SmC* 112.3 SmA 140.2 I 137.8 SmA 110.4 SmC* 79.5 SmB 62.4 Recr

注 Cr:结晶相;SmA:近晶A相;SmB:近晶B相;SmC*:手性近晶C相;I:液体;Recr:重结晶;CrE:结晶E相。

表 2.7.8　Q7 系列化合物的分子结构和相变温度

$H(CH_2)_nO$—⟨苯环⟩—⟨苯环⟩—COO—⟨苯环⟩—$OC^*H(CH_3)COOC_2H_4C_6F_{12}Cl$　n = 5～9、12

化合物	n	相变温度/℃
5BP6C	5	CrE 95.4 SmB 108.6 SmA 179.5 I 177.0 SmA 107.4 SmB 94.1 CrE
6BP6C	6	CrE 89.1 SmB 107.6 SmA 174.9 I 172.6 SmA 106.4 SmB 87.6 CrE
7BP6C	7	Cr 87.4 SmB 99.0 SmA 166.3 I 164.5 SmA 98.3 SmB 72.8 Recr
8BP6C	8	Cr 87.7 SmB 95.7 SmC* 125.3 SmA 161.8 I 159.3 SmA 124.2 SmC* 94.6 SmB 76.2 Recr
9BP6C	9	Cr 95.9 SmC* 128.2 SmA 155.0 I 153.4 SmA 127.3 SmC* 89.9 Recr
12BP6C	12	Cr 102.9 SmC* 127.5 SmA 140.4 I 138.7 SmA 125.6 SmC* 97.3 Recr

注　Cr:结晶相;SmA:近晶 A 相;SmB:近晶 B 相;SmC* :手性近晶 C 相;I:液体;Recr:重结晶;CrE:结晶E 相。

表 2.7.9　Q9 系列化合物的分子结构和相变温度

$H(CH_2)_nO$—⟨苯环⟩—⟨苯环⟩—COO—⟨苯环⟩—$OC^*H(CH_3)COOC_2H_4C_8F_{17}$　n = 5、7～10

化合物	n	相变温度/℃
5BP8F	5	Cr 96.4 CrE 104.1 SmB 115.7 SmA 217.7 I 214.8 SmA 114.7 SmB 98.5 CrE 75.4 Recr
7BP8F	7	Cr 108.0 SmC* 138.1 SmA 204.0 I 202.4 SmA 137.3 SmC* 107.6 SmB 100.3 Recr
8BP8F	8	Cr 109.9 SmC* 152.7 SmA 197.3 I 194.1 SmA 152.1 SmC* 103.9 Recr
9BP8F	9	Cr 113.4 SmC* 155.0 SmA 190.8 I 188.8 SmA 154.3 SmC* 108.6 Recr
10BP8F	10	Cr 121.7 SmC* 126.0 SmA 176.4 I 173.5 SmA 125.4 SmC* 114.0 Recr

注　Cr:结晶相;SmA:近晶 A 相;SmB:近晶 B 相;SmC* :手性近晶 C 相;I:液体;Recr:重结晶;CrE:结晶 E 相。

表 2.7.10　Q11 系列化合物的分子结构和相变温度

$H(CH_2)_nO$—⟨2,3-二氟苯环 (F, F)⟩—C≡C—⟨苯环⟩—COO—⟨苯环⟩—$OC^*H(CH_3)COOC_2H_4C_8F_{17}$　n = 3、4、7、10

化合物	n	相变温度/℃
32FT8F	3	Cr 118.8 SmA 188.2 I 185.8 SmA 101.1 Recr
42FT8F	4	Cr 119.7 SmA 188.3 I 185.8 SmA 101.5 Recr
72FT8F	7	Cr 121.4 SmA 172.7 I 170.2 SmA 109.2 Recr
102FT8F	10	Cr 123.7 SmA 161.0 I 157.4 SmA 115.7 Recr

注　Cr:结晶相;SmA:近晶 A 相;I:液体;Recr:重结晶。

Q3、Q5、Q7 和 Q9 系列化合物端链碳原子数与相变温度的关系分别如图 2.7.7～图 2.7.10 所示。

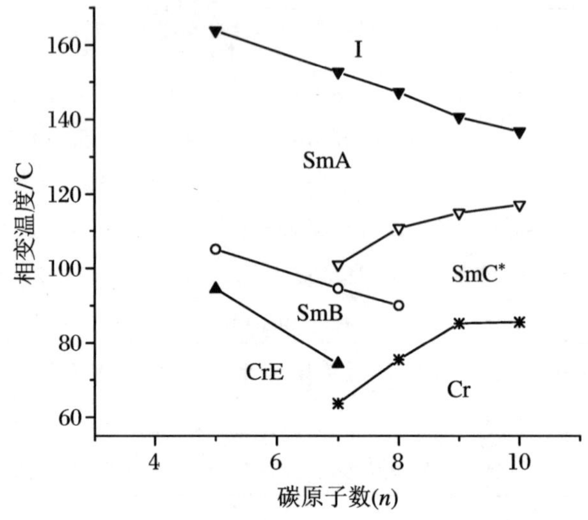

图 2.7.7 Q3 系列化合物端链碳原子数与相变温度的关系

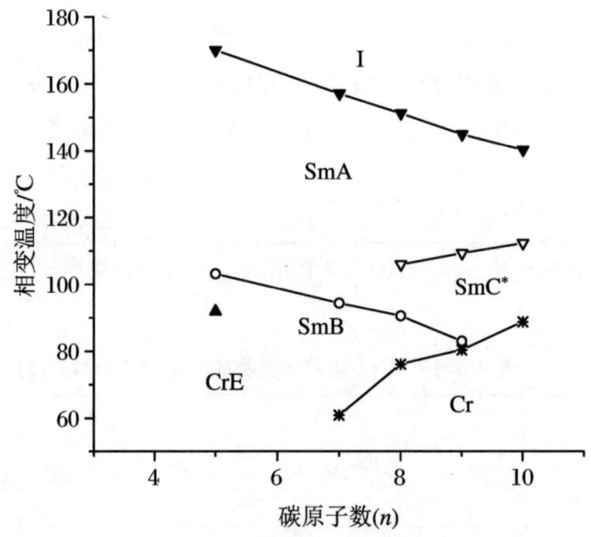

图 2.7.8 Q5 系列化合物端链碳原子数与相变温度的关系

Q1、Q3、Q5、Q7 和 Q9 系列化合物的偏光显微镜观察结果(以化合物 10BP4H 为例说明相变过程中的织构变化)：

升温过程：60 ℃时视场为黑色，升温至 78 ℃时固体熔化，出现破碎的焦锥扇形织构，为 SmC* 相，继续升温至 104.0 ℃时，出现典型的焦锥扇形织构，为 SmA 相，当温度升至 130 ℃时，视场迅速并完全变成暗场。

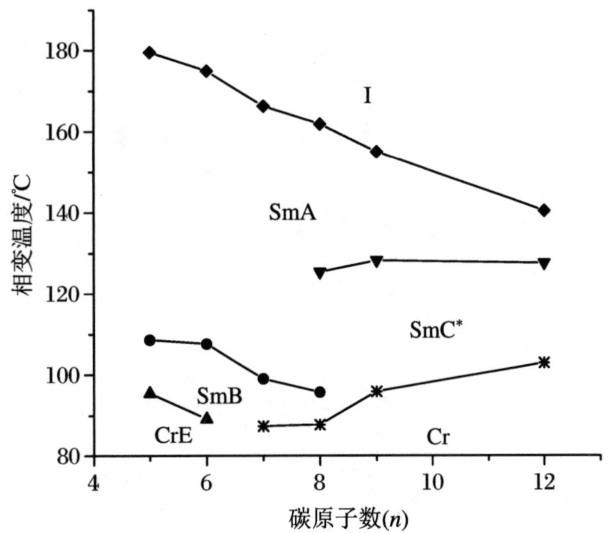

图 2.7.9 Q7 系列化合物端链碳原子数与相变温度的关系

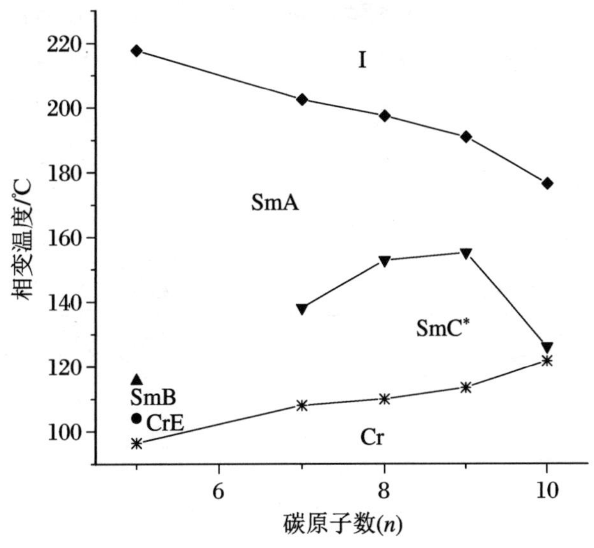

图 2.7.10 Q9 系列化合物端链碳原子数与相变温度的关系

降温过程:温度降至 129.6 ℃时视场迅速变亮,出现典型的焦锥扇形织构,为 SmA,继续降温至 103.5 ℃时,出现破碎的焦锥扇形织构,为 SmC* 相,继续降温至暗场,73.4 ℃时,又出现扇形织构,为近晶 B 相。当温度降至 42 ℃时,视场迅速并完全变成暗场,化合物成为晶体(CrE 为具有同心弧线的扇形织构)。

Q1、Q3、Q5、Q7 和 Q9 系列化合物的相变结果与讨论:

这几个系列化合物的相变行为极其相似(相变温度由 DSC 测定)。烷氧基链短时很易形成高度有序的近晶相。烷氧基的增长有利于铁电相的出现,并且随着碳氢链的增长,清亮点逐步下降,液晶相温度逐步变窄。Q3 与 Q1、Q7 与 Q5 系列的结构类似。它们的差别只在于氟碳链末端的一个原子。末端为氯原子的化合物明显提高了化合物的熔点和清亮点。将Q5系列化合物与Q1、Q7与Q3相比，可以看到：化合物边链增加两个CF_2，清亮点提高很多，氟碳链的刚性和憎油缔合作用表现得非常明显。这两效应在Q9系列中表现得更明显，Q9系列化合物的清亮点比前面几个系列的清亮点要高许多。

7.4.7 Q(偶)系列化合物的相变研究

Q2、Q4、Q6、Q8和Q10系列化合物的分子结构和相变温度分别见表2.7.11～表2.7.15。

表2.7.11 Q2系列化合物的分子结构和相变温度

$H(CH_2)_nO$—⟨苯环⟩—≡—⟨苯环⟩—COO—⟨苯环⟩—$OC^*H(CH_3)COOC_2H_4C_4F_8H$ $n=7\sim10$

化合物	n	相变温度/℃
7T4H	7	Cr 47.3 CrE 59.0 SmB 84.7 SmA 140.1 I 135.9 SmA 83.2 SmB 57.8 CrE
8T4H	8	Cr 57.7 SmB 88.0 SmA 1138.5 I 135.9 SmA 86.9 SmB 54.6 CrE
9T4H	9	Cr 52.0 SmB 84.4 SmC* 86.0 SmA 132.5 I 129.8 SmA 85.6 SmC* 83.1 SmB 38.4 CrE
10T4H	10	Cr 81.3 SmB 87.8 SmC* 94.0 SmA 129.9 I 127.8 SmA 92.9 SmC* 86.3 SmB 47.7 CrE 43.4 Recr

注 Cr：结晶相；SmA：近晶A相；SmB：近晶B相；SmC*：手性近晶C相；I：液体；Recr：重结晶；CrE：结晶E相。

表2.7.12 Q4系列化合物的分子结构和相变温度

$H(CH_2)_nO$—⟨苯环⟩—≡—⟨苯环⟩—COO—⟨苯环⟩—$OC^*H(CH_3)COOC_2H_4C_4F_8Cl$ $n=7\sim10$

化合物	n	相变温度/℃
7T4C	7	Cr 89.4 SmA 140.5 I 138.6 SmA 88.8 SmB 74.4 Recr
8T4C	8	Cr 87.1 SmB 93.0 SmC* 95.1 SmA 139.0 I 136.9 SmA 94.7 SmC* 91.6 SmB 67.4 CrX 66.2 Recr
9T4C	9	Cr 88.2 SmC* 102.5 SmA 132.6 I 130.6 SmA 101.8 SmC* 86.7 SmB 75.9 Recr
10T4C	10	Cr 81.0 SmB 89.6 SmC* 104.7 SmA 130.0 I 128.0 SmA 104.1 SmC* 88.2 SmB 65.3 Recr

注 Cr：结晶相；SmA：近晶A相；SmB：近晶B相；SmC*：手性近晶C相；I：液体；Recr：重结晶；CrX：结晶X相。

表 2.7.13　Q6 系列化合物的分子结构和相变温度

$H(CH_2)_nO$—⬡—≡—⬡—COO—⬡—$OC^*H(CH_3)COOC_2H_4C_6F_{12}H$　　$n=7\sim10$

化合物	n	相变温度/℃
7T6H	7	Cr 81.1 SmB 88.0 SmA 150.8 I 148.3 SmA 86.7 SmB 63.2 CrE
8T6H	8	Cr 79.1 SmB 91.9 SmA 149.0 I 147.0 SmA 90.6 SmB 62.1 CrE
9T6H	9	Cr 82.8 SmB 88.7 SmC* 97.0 SmA 143.3 I 141.5 SmA 95.1 SmC* 87.6 SmB 50.3 Recr
10T6H	10	Cr 90.9 SmC* 101.8 SmA 140.4 I 138.1 SmA 101.5 SmC* 89.2 SmB 50.2 Recr

注　Cr:结晶相;SmA:近晶 A 相;SmB:近晶 B 相;SmC* :手性近晶 C 相;I:液体;Recr:重结晶;CrE:结晶 E 相。

表 2.7.14　Q8 系列化合物的分子结构和相变温度

$H(CH_2)_nO$—⬡—≡—⬡—COO—⬡—$OC^*H(CH_3)COOC_2H_4C_6F_{12}Cl$　　$n=7\sim9$

化合物	n	相变温度/℃
7T6C	7	Cr 104.6 SmA 156.1 I 153.7 SmA 96.1 Recr
8T6C	8	Cr 102.4 SmC* 105.5 SmA 152.1 I 149.3 SmA 104.8 SmC* 94.5 Recr
9T6C	9	Cr 103.8 SmC* 115.6 SmA 148.5 I 146.7 SmA 115.1SmC* 97.3 Recr

注　Cr:结晶相;SmA:近晶 A 相;SmC* :手性近晶 C 相;I:液体;Recr:重结晶。

表 2.7.15　Q10 系列化合物的分子结构和相变温度

$H(CH_2)_nO$—⬡—≡—⬡—COO—⬡—$OC^*H(CH_3)COOC_2H_4C_8F_{17}$　　$n=7\sim9$

化合物	n	相变温度/℃
7T8F	7	Cr 121.6 SmA 197.2 I 195.3 SmA 120.2 SmC* 114.3 Recr
8T8F	8	Cr 118.8 SmC* 135.2 SmA 191.6 I 189.5 SmA 134.5 SmC* 112.1 Recr
9T8F	9	Cr 119.7 SmC* 142.5 SmA 187.1 I 185.2 SmA 142.1 SmC* 112.9 Recr

注　Cr:结晶相;SmA:近晶 A 相;SmC* :手性近晶 C 相;I:液体;Recr:重结晶。

Q2、Q4、Q6、Q8 和 Q10 系列化合物端链碳原子数与相变温度的关系分别如图 2.7.11～图 2.7.15 所示。

随着碳氢链的增长,Q2、Q4 和 Q6 系列化合物的清亮点呈下降趋势并具有奇偶性,而 Q8 和 Q10 系列化合物的清亮点亦呈下降趋势但无奇偶性,对于这几个系列,碳氢链较短时,化合物相变较复杂,但随着碳氢链的增长,液晶相相序变得简单,并出现铁电相。氟碳链的增长也会使相序变得简单,Q4 系列化合物还有一种非常有趣的现象,即只有当 n 为偶数时,才有近晶 B 相出现,这可能是由 n 为奇数或偶数时,碳氢链对分子极化有不同的贡献造成的。

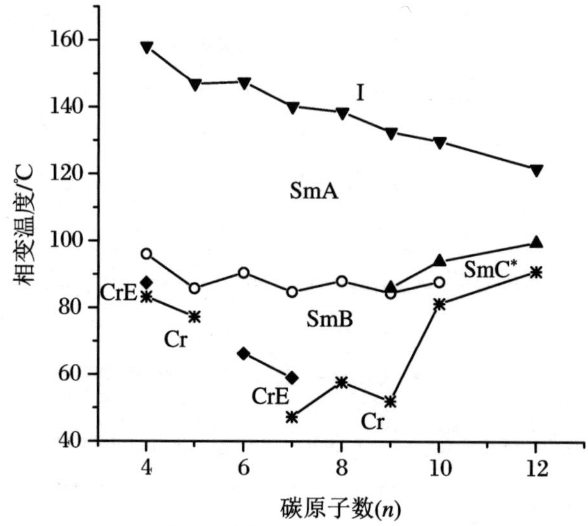

图 2.7.11 Q2 系列化合物端链碳原子数与相变温度的关系

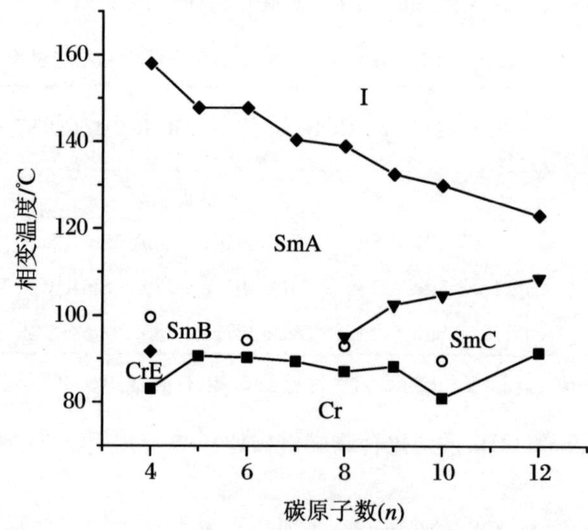

图 2.7.12 Q4 系列化合物端链碳原子数与相变温度的关系

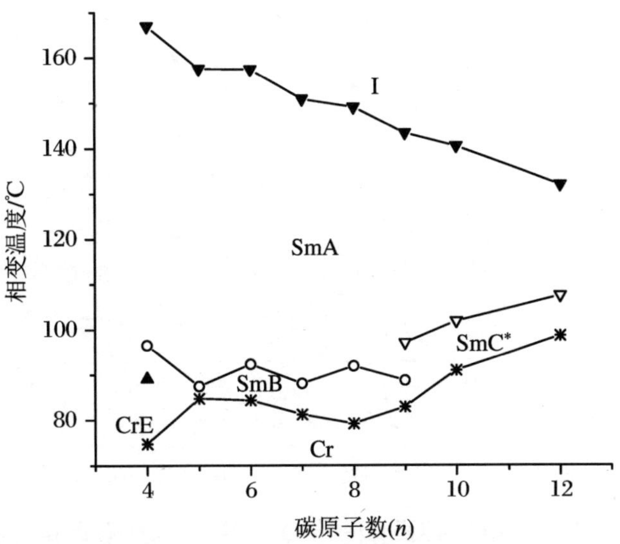

图 2.7.13 Q6 系列化合物端链碳原子数与相变温度的关系

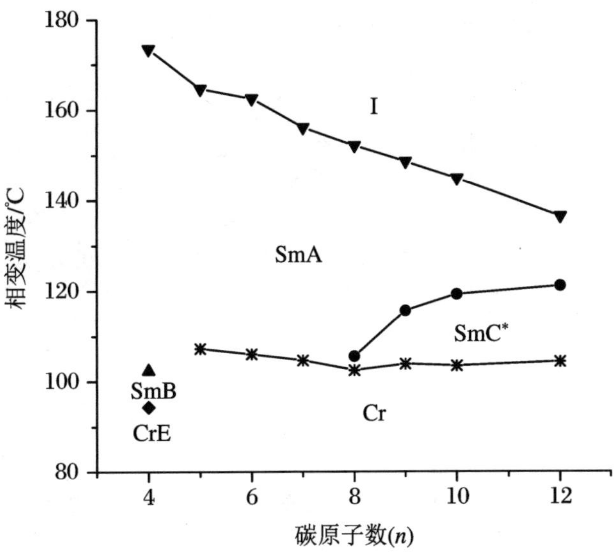

图 2.7.14 Q8 系列化合物端链碳原子数与相变温度的关系

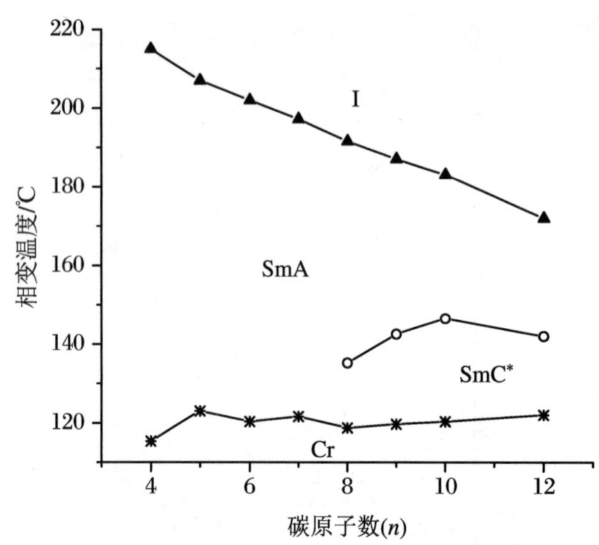

图 2.7.15　Q10 系列化合物端链碳原子数与相变温度的关系

Q2 与 Q1、Q4 与 Q3、Q6 与 Q5、Q8 与 Q7、Q10 与 Q9 系列化合物相比(图 2.7.16～图 2.7.18),都多一个桥键,炔键的引入使化合物的清亮点降低,但随着碳氢链的增长,这种差别逐渐消失,此外,炔键还使化合物的铁电相形成趋势有所增加。

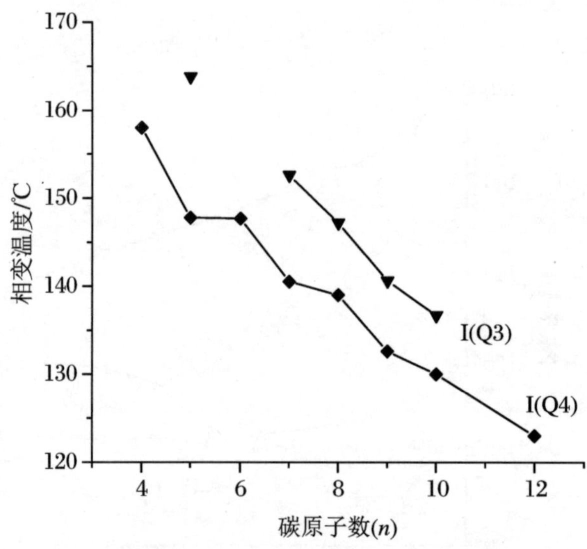

图 2.7.16　Q3 与 Q4 系列化合物的清亮点对比图

Q2 与 Q4、Q6 与 Q8 进行对比,我们可以再次得到氟碳链末端的一个原子对液晶性的影响,Q4 和 Q8 末端为氯原子,Q2 和 Q6 末端为氢原子,Q4 比 Q2 系列化合物的清亮点仅高零点几度。而且两个系列的熔点在碳氢链较长或较短时也极为相似。这很可能是因为:一方面氟碳链还不足够长,所形成的氟碳相并不是很稳定,另一方面炔键的引入使得液晶核的几何各向异性和刚性明显提高,从而缩小了氯原子与氢原子之间的差距。氯原子的引入却使

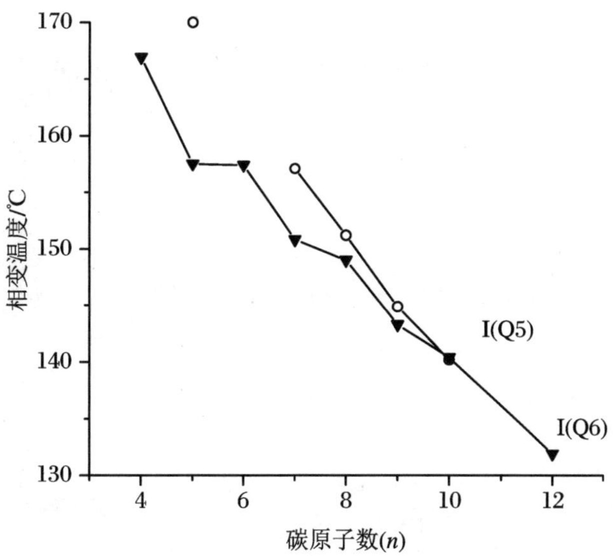

图 2.7.17　Q5 与 Q6 系列化合物的清亮点对比图

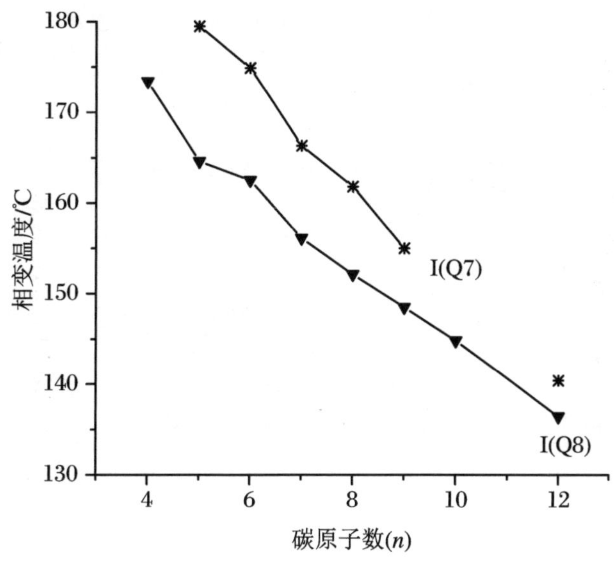

图 2.7.18　Q7 与 Q8 系列化合物的清亮点对比图

化合物铁电相的热稳定性得到相当大的提高。对于 Q6 与 Q8 系列，氯原子的引入使化合物的清亮点和熔点同时明显得多，这可能与长含氟链憎油缔合作用和刚性很强有关。含氟链本身可以看成是一液晶核，对它的修饰，也就相当于对液晶核的修饰，氯原子的半径明显大于氢原子，增加了分子的几何各向异性，所以提高了化合物的清亮点。

氟碳链的增长使液晶相热稳定性明显提高，这与含氟链的刚性和憎油缔合作用有很大关系。Q11 系列化合物的清亮点随着碳氢链的延长有下降趋势；但所有的化合物只出现近晶 A 相，虽然该系列与 Q10 系列相比，只多两个侧向取代的氟原子，但它完全抑制了其他高级有序液晶相的形成。氟原子侧向增宽作用在这里表现得十分明显。

7.5 1,4-四氟亚苯基对手性化合物的影响

见参考文献[31]。

3 + $H(CF_2)_4CH_2OH$ $\xrightarrow[r.t.]{K_2CO_3/DMF}$ 60

32 + $HOCH_2CH(CH_3)C_2H_5$ $\xrightarrow[THF]{DCC/DMAP}$ 61 $\xrightarrow[乙酸乙酯]{Pd/C,\ H_2}$

62 + I—C₆H₄—COOH $\xrightarrow[THF]{DCC/DMAP}$ 63

60 + 63 $\xrightarrow[Et_3N]{Pd(PPh_3)_2Cl/CuI}$ Q″1

14 + I—C₆H₄—OH $\xrightarrow[THF]{DCC/DMAP}$ 64

60 + 64 $\xrightarrow[Et_3N]{Pd(PPh_3)_2Cl/CuI}$ Q″2

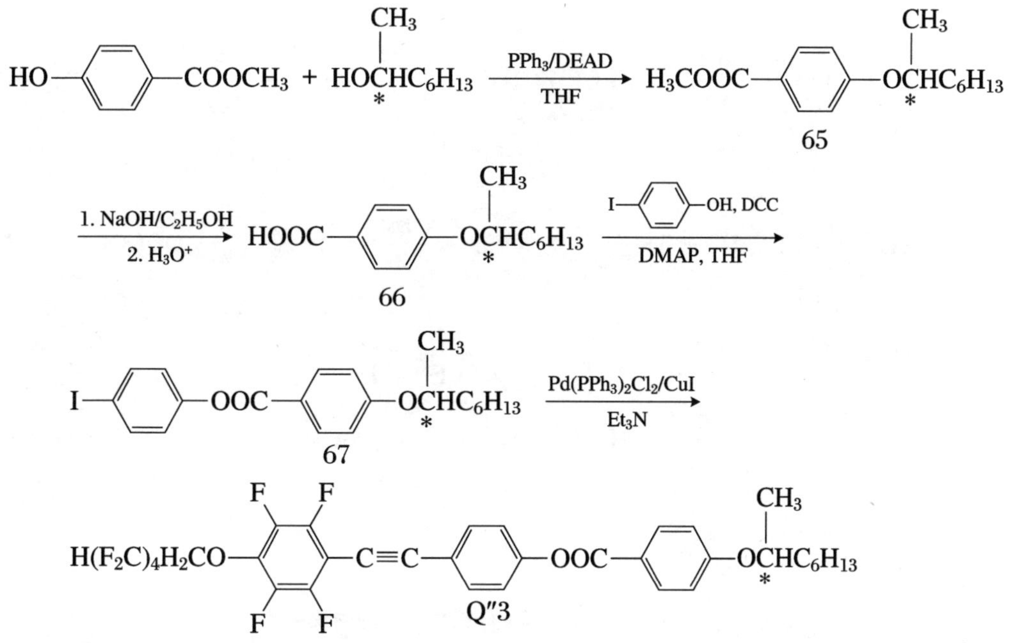

$$HO-C_6H_4-COOCH_3 + HOC^*H(CH_3)C_6H_{13} \xrightarrow[THF]{PPh_3/DEAD} H_3COOC-C_6H_4-OC^*H(CH_3)C_6H_{13}$$

65

$$\xrightarrow[2.\ H_3O^+]{1.\ NaOH/C_2H_5OH} HOOC-C_6H_4-OC^*H(CH_3)C_6H_{13} \xrightarrow[DMAP,\ THF]{I-C_6H_4-OH,\ DCC}$$

66

$$I-C_6H_4-OOC-C_6H_4-OC^*H(CH_3)C_6H_{13} \xrightarrow[Et_3N]{Pd(PPh_3)_2Cl_2/CuI}$$

67

$$H(F_2C)_4H_2CO-C_6F_4-C{\equiv}C-C_6H_4-OOC-C_6H_4-OC^*H(CH_3)C_6H_{13}$$

Q″3

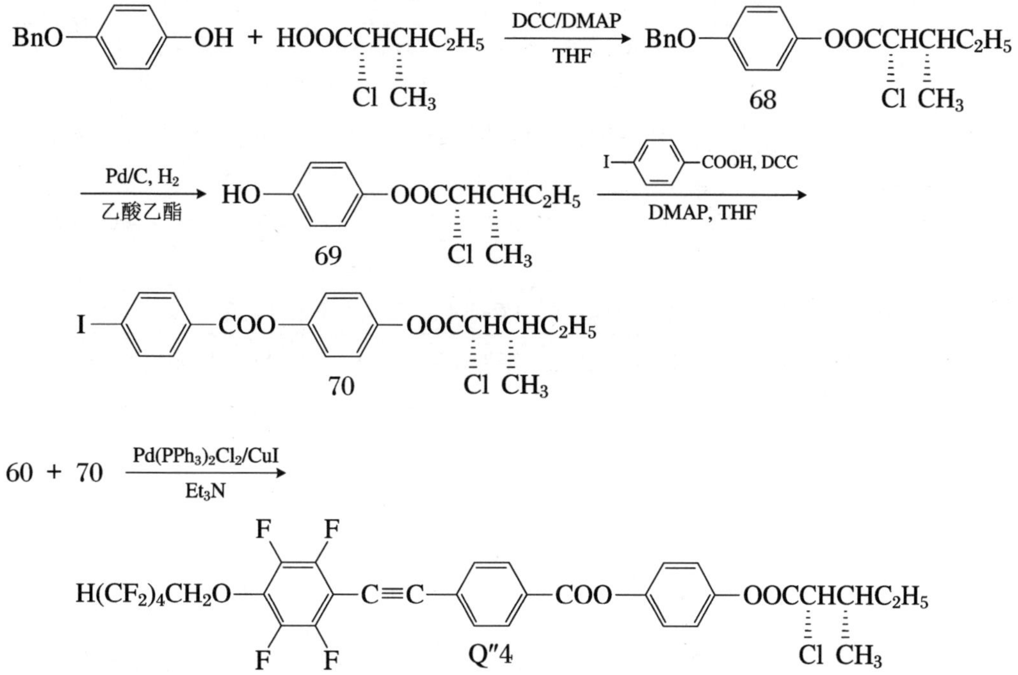

$$BnO-C_6H_4-OH + HOOCCH(Cl)CH(CH_3)C_2H_5 \xrightarrow[THF]{DCC/DMAP} BnO-C_6H_4-OOCCH(Cl)CH(CH_3)C_2H_5$$

68

$$\xrightarrow[\text{乙酸乙酯}]{Pd/C,\ H_2} HO-C_6H_4-OOCCH(Cl)CH(CH_3)C_2H_5 \xrightarrow[DMAP,\ THF]{I-C_6H_4-COOH,\ DCC}$$

69

$$I-C_6H_4-COO-C_6H_4-OOCCH(Cl)CH(CH_3)C_2H_5$$

70

$$60 + 70 \xrightarrow[Et_3N]{Pd(PPh_3)_2Cl_2/CuI}$$

$$H(CF_2)_4CH_2O-C_6F_4-C{\equiv}C-C_6H_4-COO-C_6H_4-OOCCH(Cl)CH(CH_3)C_2H_5$$

Q″4

$$HOCH_2CH(CH_3)C_2H_5 + I-C_6H_4-COOH \xrightarrow[THF]{DCC/DMAP} I-C_6H_4-COOCH_2CH(CH_3)C_2H_5$$

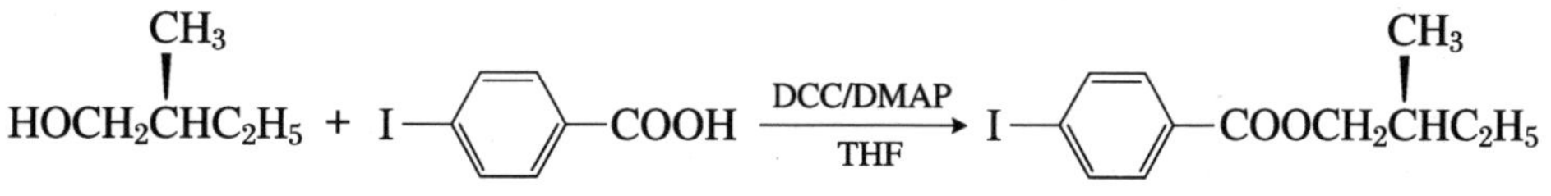

71

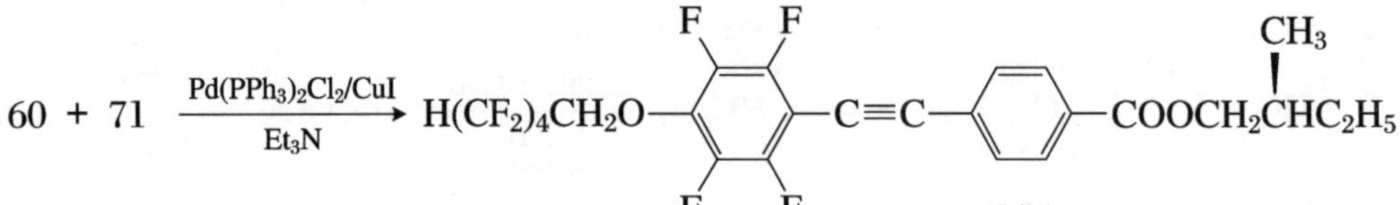

$$60 + 71 \xrightarrow[Et_3N]{Pd(PPh_3)_2Cl_2/CuI} H(CF_2)_4CH_2O\text{-}C_6F_4\text{-}C{\equiv}C\text{-}C_6H_4\text{-}COOCH_2CH(CH_3)C_2H_5$$

Q″5

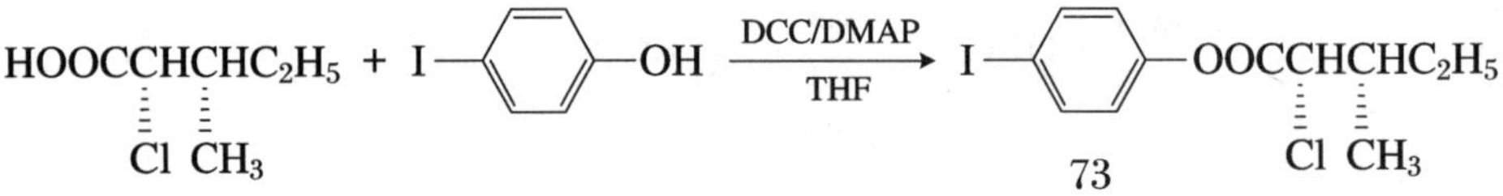

$$HOOCCH(Cl)CH(CH_3)C_2H_5 + I\text{-}C_6H_4\text{-}OH \xrightarrow[THF]{DCC/DMAP} I\text{-}C_6H_4\text{-}OOCCH(Cl)CH(CH_3)C_2H_5$$

73

$$60 + 73 \xrightarrow[Et_3N]{Pd(PPh_3)_2Cl_2/CuI} H(CF_2)_4CH_2O\text{-}C_6F_4\text{-}C{\equiv}C\text{-}C_6H_4\text{-}OOCCH(Cl)CH(CH_3)C_2H_5$$

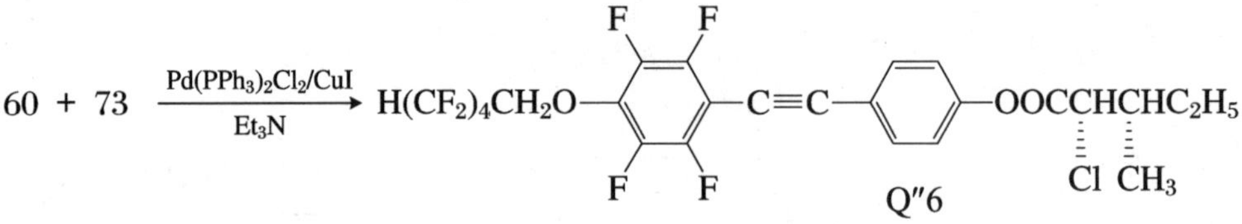

Q″6

Q″类化合物的相变温度见表 2.7.16。

表 2.7.16 Q″类化合物的相变温度

化合物	相变温度/℃
Q″1	Cr 126.7 SmC* 134.3 SmA 159.1 Ch 163.2(BP) I I(BP) 161.5 Ch 156.9 SmA 132.0 SmC* 103.6 Recr
Q″2	Cr 96.0 SmA 121.7 Ch 133.7 I 132.2 Ch 120.3 SmA 65.7 Recr
Q″3	Cr 65.6 I 56.7 SmA 42.5 Recr
Q″4	Cr 119.9 SmA 135.7 Ch 148.8(BP) I I(BP) 147.2 Ch 127.5 SmA 102.8 Recr
Q1′	Cr 80.6 I 63.7 Recr
Q2′	0 ℃下不结晶,室温下不是液晶

注 Cr:结晶相;SmA:近晶 A 相;SmC*:手性近晶 C 相;Ch:胆甾相;I:各向同性液体;Recr:重结晶。

7.6 典型化合物的合成方法与操作

4a-c $H(CF_2)_nCH_2O\text{-}C_6H_3(NO_2)\text{-}COO\text{-}C_6H_4\text{-}C{\equiv}C\text{-}C_6H_2F_2\text{-}O(CH_2)_7H$

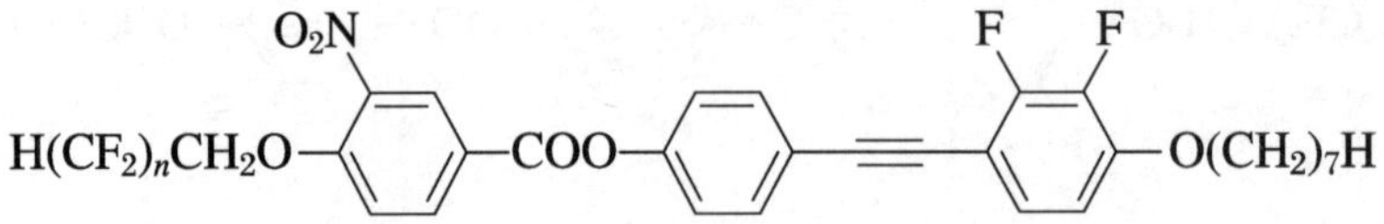

7.6.1　目标化合物 4a-c 的合成方法

$$H(CF_2)_nCH_2OH + Cl\text{—}C_6H_3(NO_2)\text{—}CF_3 \xrightarrow{a} H(CF_2)_nCH_2O\text{—}C_6H_3(NO_2)\text{—}CF_3\ (1a\text{-}c)$$

$$\xrightarrow{b} H(CF_2)_nCH_2O\text{—}C_6H_3(NO_2)\text{—}COOH\ (2a\text{-}c) \xrightarrow{c}$$

$$H(CF_2)_nCH_2O\text{—}C_6H_3(NO_2)\text{—}COO\text{—}C_6H_4\text{—}I\ (3a\text{-}c) \xrightarrow{d} \text{目标化合物4a-c}$$

(4a, n=2; 4b, n=4; 4c, n=8)

反应试剂和条件：a. K_2CO_3，DMF，120 ℃；b. 发烟 H_2SO_4，100 ℃；4-碘苯甲酸，DCC，DMAP，CH_2Cl_2，室温；c. 4-碘苯酚；d. 4-n-庚氧基-2，3-二氟苯乙炔，$Pd(PPh_3)_2Cl_2$，CuI，PPh_3，Et_3N，60 ℃。

目标化合物 4a、4b、4c 的相变温度见表 2.7.17。

表 2.7.17　目标化合物 4a、4b、4c 的相变温度

化合物	相变温度/℃
4a	Cr 95.28 SmA 131.78 N 137.75 I 135.27 N 128.82 SmA 74.66 Recr
4b	Cr 95.11 SmA 139.93 I 136.91 SmA 59.85 Recr
4c	Cr 97.32 SmA 153.24 I 151.87 SmA 74.32 Recr

注　Cr：结晶相；SmA：近晶 A 相；N：向列相；I：液体；Recr：重结晶。

7.6.2　目标化合物 4a-c 的合成操作

干燥的 N，N-二甲基甲酰胺（DMF）溶剂中，4-氯-3-硝基三氟甲苯和含氟调聚醇加热反应得到对多氟烷氧基间硝基三氟甲苯（1a-c）；然后将其用发烟硫酸水解，得到对多氟烷氧基间硝基苯甲酸（化合物 2a-c）[8]，将其与碘苯酚在二环已基碳二亚胺（DCC）存在下，用 N，N-二甲胺基吡啶（DMAP）作为催化剂发生酯化反应生成对多氟烷氧基间苯甲酸对碘苯酚酯（3a-c），最后，其与 4-n-庚氧基-2，3-二氟苯乙炔（制备方法见参考文献[9]），用二（三苯基膦）二氯化钯和碘化亚铜作为催化剂发生交叉偶联反应，得到目标化合物 4a、4b、4c。

1. 3-硝基-4-(2，2，3，3-四氟丙氧基)苯甲酸-4-碘苯酚酯(化合物 3a)

在一个 50 mL 蛋形瓶中加入化合物 2a（1.346 g，4.53 mmol）、对碘苯酚（907 mg，4.53

mmol)、DCC(933 mg,4.53 mmol)、DMAP晶体催化量。干燥的CH_2Cl_2 20 mL在室温下搅拌反应,用薄层色谱(TLC)监测反应液,当原料消失后,过滤掉白色沉淀,抽去溶剂后,用石油醚/乙酸乙酯(体积比为6∶1)柱层析,得到白色固体1.532 g,产率80%。

MS(m/z):599(M^+,3.27),280(100.00)。^1H NMR($CDCl_3$/TMS,90 MHz) δ_H:4.66(t,J=14 Hz,2H),6.30(tt,J_1=52 Hz,J_2=6 Hz,2H),7.10(d,2H,J=9.0 Hz),7.85(d,2H,J=9.0 Hz),7.28(d,1H,J=9.0 Hz),8.45(d,1H,J=9.0 Hz),8.73(s,1H)。^{19}F NMR($CDCl_3$/TFA,56.4 MHz) δ_F:49.0(m,2F),64.1(d,2F,J=56 Hz)。

2. 3-硝基-4-(2,2,3,3,4,4,5,5-八氟丙氧基)苯甲酸-4-碘苯酚酯(化合物3b)

MS(m/z):599(M^+,6.56),380(100. 00)。^1H NMR($CDCl_3$/TMS,90 MHz) δ_H:4.87(t,J=14 Hz,2H),6.30(tt,J_1=52 Hz,J_2=6 Hz,1H),7.10(d,2H,J=9.0 Hz),7.85(d,2H,J=9.0 Hz),7.25(d,1H,J=9.0 Hz),8.45(d,1H,J=9.0 Hz),8.70(s,1H)。^{19}F NMR($CDCl_3$/TFA,56.4 MHz),δ_F:8141.6(m,2F),47.8(m,2F),62.5(m,2F),59.8(d,2F,J=56 Hz)。

3. 3-硝基-4-(2,2,3,3,4,4,5,5,6,6,7,7,8,8,9,9-十六氟壬氧基)苯甲酸-4-碘苯酚酯(化合物3c)

MS(m/z):799(M^*,1.76),580(100.00)。^1H NMR($CDCl_3$/TMS,90 MHz) δ_H:4.93(t,J=14 Hz,2H),6.30(tt,J_1=52 Hz,J_2=6 Hz),7.10(d,1H,J=9.0 Hz),7.85(d,2H,J=9.0 Hz),7.25(d,1H,J=9.0 Hz),8.45(d,1H,J=9.0 Hz),8.73(s,1H)。^{19}F NMR($CDCl_3$/TFA,56.4 MHz) δ_F:1.4(m,2F),44.2(m,8F),45.5(m,2F),51.5(m,2F),7.59(d,J=56 Hz,2F)。

4. 3-硝基-4-(2,2,3,3-四氟丙氧基)苯甲酸-4-[(4-庚氧基-2,3-二氟亚苯基)乙炔基]苯酚酯化合物(4a)

35 mL蛋形瓶中加入化合物3a(200 mg,0.4 mmol)、$Pd(PPh_3)_2Cl_2$(5.0 mg)、CuI(8 mg),PPh_3(13 mg)、干燥的三乙胺(10 mL),氮气下加入4-庚氧基-2,3-二氟苯乙炔(121 mg,0.48 mmol),在60 ℃下充氮气,搅拌48 h,抽去溶剂后,用石油醚/乙酸乙酯(体积比为4∶1)柱层析,得到淡黄色固体,石油醚重结晶后,得到白色晶体230 g,产率92%。

5. 3-硝基-4-(2,2,3,3,4,4,5,5-八氟戊氧基)苯甲酸-4-[(4-庚氧基-2,3-二氟苯基)乙炔基]苯酚酯化合物(4b)

MS(m/z):723(M^*,30.27),380(100.00),625(17.97),246(15.66)。元素分析:$C_{31}H_{27}F_6O_6N$。理论值(%):C 54.78,H 3.76,N 1.94;实测值(%):C 54.70,H 3.79,N 1.5。^1H NMR($CDCl_3$/TMS,90 Hz) δ_H:0.90～1.20(m,3 Hz),1.20～1.80(m,8 Hz),4.20(t,J=6 Hz),4.83(t,2H,J=14 Hz),6.30(tt,1H,J_1=52 Hz,J_2=6 Hz),6.0～7.10(m,2 Hz),7.10～7.50(m,3H),7.72(d,2H,J=9 Hz),8.48(d,1H,J=9 Hz),8.77(s,1H)。^{19}F NMR($CDCl_3$/TFA,56.4 MHz) δ:4.8(m,2F),47.8(m,2F),52.5(m,1H),59.8(d,2F,J=56 Hz),80.5(m,1F)。IR(KBr,cm^{-1}):2929,2856,1739,1622,1534,1517,1474,1294,1244,1202,1171,1134,1085,808,754,534。

6. 3-硝基-4-(2,2,3,3.4,5,5,6,6,7,7,8,8,9,9-十六氟壬氧基)苯甲酸-4-[(4-庚氧基-2,3-二氟苯基)乙炔基]苯酚酯化合物(4c)

MS(m/z):923(M^*,15.79),580(100.00),825(7.78)。元素分析:$C_{35}H_{27}F_{18}O_6N$。理论值(%):C 45.51,H 2.93,N 1.52,F 37.04;实测值(%):C 45.87,H 2.79,N 1.64,F 36.69。^{1}H NMR($CDCl_3$/TMS,90 MHz) δ_H:0.90～1.20(m,3H),1.20～1.80(m,8H),4.20(t,2H,J=6 Hz),4.89(t,2H,J=14 Hz),6.30(tt,2H,J_1=52 Hz,J_2=6 Hz),6.60～7.10(m,2H),7.10～7.50(m,3H),7.72(d,2H,J=9 Hz),8.48(d,1H,J=9 Hz),8.77(5,1H)。^{19}F NMR($CDCl_3$/TFA,56.4 MHz) δ_F:41.4(m,2F),44.2(m,8F),45.5(m,2F),51.5(m,2F),55.5(m,1F),59.0(d,J=56 Hz,2F),80.5(m,1F)。IR(KBr,cm^{-1}):2945,2866,1738,1621,1524,1516,1294,1243,1201,1169,1134,1083,808,754,534。

7.6.3 结果与讨论

目标分子的相变温度由 DSC-50 测定。升温速率为 5 ℃/min,降温为自然降温。从目标化合物的相变数据可以看出一些有趣的结果。首先,随着氟碳链的增长,化合物的熔点和清亮点几乎相同,但是相态有很大的不同。$n=2$ 时,样品呈现出互变的向列相和近晶 A 相。当 $n=4$ 和 8 时,只呈现互变近晶 A 相。而且长氟碳链近晶 A 相的热稳定性优于短氟碳链,在这个体系中,氟原子的引入,压缩了向列相的范围,同时增加了近晶相的热稳定性。这是由氟碳链之间强烈的相互吸引作用造成的。当氟碳链较短时,氟碳链之间的侧向相互作用弱于末端相互作用。随着氟碳链的增长,有利于分子层状排列的侧向相互作用增强。另一方面由于距离液晶核越来越远,所以有利于向列相的末端相互作用减弱,其结果是向列相范围变窄,使近晶相范围变宽。其次,对比以前合成的 3-炔基-4-多氟烷氧基甲酸胆固醇酯[31],可以看出,4b 只呈现近晶 A 相,而含有同样氟碳链的甾类液晶,则出现互变的向列相和单变的近晶 A 相。这说明甾体有较多的芳香环体系,难以形成近晶相,结果给寻找甾体铁电相液晶增加了难度。尽管我们的目的是要得到近晶 C 相,为此引入了侧向的氟原子、末端的氟碳链和侧向的硝基,但还是没有达到预期目的。相似的含 2,2,3,3,4,4,5,5-八氟烷氧基酰基端链,而不含硝基的多芳香环体系,都被观察到呈现很宽的近晶 C 相。这是由于间位硝基的偶极矩与整个分子的偶极矩在轴向上的分量方向相反,从而减弱了整个分子的轴向偶极矩,进而减弱了分子的自发极化作用,所以不利于近晶 C 相的形成。考虑到这一因素,下一步的工作应该是消去同位的硝基或者将其移到邻位,并观察目标化合物的相变性质。

参考文献

[1] DEMUS D. Z. Chem.,1975,15:1.

[2] MEYER R B,LIEBERT L,STRZELECKI L,KELLER P. J. Phys. Lett.,1975,36:L68.

[3] CLARK N A, LAGERWALL S T. Appl. Phys. Lett., 1980, 36: 899.
[4] SUGAWARA S. Jpn. Kokai Tokkyo Koho, 1989, JP 01: 89, 294, 653.
[5] SAITO S, INOUE H, TERASHIMA K, INUKAI T, FURUKAWA K. U. S. Patent, 1988, US4: 737, 313.
[6] GOTO Y, KITANO K. Eur. Pat. Appl., 1991, EP 387: 032.
[7] NABOR M F, NGUYEN H T, DESTRADE C, MARCEROU J P. Liq. Cryst., 1991, 10: 785.
[8] HIRD M, GRAY G W, TOYNE K J. Liq. Cryst., 1992, 4: 531.
[9] GOLDMACHER J, BARTON L A. J. Org. Chem., 1967, 32: 476.
[10] MURZA M M, TATAUROV G P, POPOV L I, SVETKINYU V. Z. Org. Khim., 1977, 13: 1046.
[11] GRAY G W. Mol. Cryst. Liq. Cryst., 1969, 7: 127.
[12] BEGUIN A, DUBOIS J C. J. Phys., 1979, 40: 9.
[13] SIRUTKAITIS R, ADOMENAS P. Advances in Liquid Crystal Research and Applications, 1980: 1023.
[14] LEBARNY P, RAVAUX G, DUBOIS J C. Mol. Cryst. Liq. Cryst., 1985, 127: 413.
[15] BAILLON-MOUSSEL C, BROUSSOUX D, DUBOIS J C, LE BARNY P. Eur. Pat. Appl., 1989, EP 360: 683.
[16] TAKESHITA H, MORI A. Jpn. Kokai Tokkyo Koho, 1990, JP 02: 90, 237, 962.
[17] BAILLON-MOUSSEL C, BROUSSOUX D, Le BARNY P, SOYER F. Eur. Pat. Appl., 1989, EP 418: 140.
[18] SUGAWARA S. Jpn. Kokai Tokkyo Koho, 1989, JP 01: 09, 89, 959.
[19] SUGAWARA S. Jpn. Kokai Tokkyo Koho, 1989, JP 01: 89, 272, 552.
[20] SUGAWARA S. Jpn. Kokai Tokkyo Koho, 1989, JP 01: 89, 283, 258.
[21] SUGAWARA S. Jpn. Kokai Tokkyo Koho, 1989, JP 02: 32, 90, 057.
[22] WEN J X, TIAN M Q, CHEN Q. Liq. Cryst., 1994, 28: 375.
[23] 闻建勋, 陈齐, 郭志红, 徐岳连, 田民权, 胡月青, 余洪斌, 张亚东. 中国发明专利, 92108444.7, 1992.
[24] HASSNER A, ALEXANIAV V. Tetrahedron Lett., 1978, 46: 4475.
[25] ZHANG Y D, WEN J X. J. Fluorine Chem., 1990, 47: 533.
[26] ZHANG Y D, WEN J X. J. Fluorine Chem., 1990, 49: 293.
[27] ZHANG Y D, WEN J X. J. Fluorine Chem., 1990, 52: 333.
[28] DEMUS G W, RICHTER L. Textures of Liquid Crystals (Verlag Chemie), 1978.
[29] GRAY G W, GOOBY J W. Smectic Liquid Crystals (Leonar Hill), 1984.
[30] GRAY G W. Mol. Cryst. Liq. Cryst., 1976, 37: 189.
[31] 杨永刚. 理学博士学位论文, 中国科学院上海有机化学研究所, 1999.
[32] YANG Y G, LI H T, WEN J X. Liq. Cryst., 2007, 34: 1167-1174.
[33] YANG Y G, LI H T, WEN J X. Liq. Cryst., 2007, 34: 975-979.
[34] YANG Y G, LI H T, WEN J X. Mol. Cryst. Liq. Cryst., 2007, 469: 23-29.
[35] YANG Y G, LI H T, WEN J X. Mol. Cryst. Liq. Cryst., 2007, 469: 51-58.
[36] 王侃. 理学硕士学位论文, 中国科学院上海有机化学研究所, 2000.

第 8 章　含氟蓝相液晶

8.1　引言

蓝相液晶早在 1888 年就被奥地利植物学家 Reinitzer 发现[1]。Reinitzer 在测定胆甾醇苯甲酸的熔点时，在降温中观察到澄清转换至雾态的过程中出现蓝色的反光，不过直至 1970 年才被鉴定出是一个至少拥有两种流体晶格（fluid lattice）的新液晶形态。蓝相因早期研究的蓝色外观而得名，实际上也会反射其他色光，甚至包括近红外光。通常蓝相（blue phase）是指介于手性物质的各向同性和液晶相的中介相，如近晶蓝相、胆甾蓝相。通常胆甾蓝相是存在于胆甾相与各向同性的液相间的一个很狭窄温度范围（0.5～2 ℃）的液晶相，以三种稳定的热力学相态，即蓝Ⅰ（BP Ⅰ）、蓝Ⅱ（BP Ⅱ）和蓝Ⅲ（BP Ⅲ）存在。BP Ⅰ和 BP Ⅱ是长程有序的 3D（立方）结构：BP Ⅰ为体心立方（body-centered cubic，BCC）结构；BP Ⅱ则为简单立方（simple cubic，SC）结构，BP 晶格周期很小，大都在可见光范围；BP Ⅲ则为无定形或各向同性（amorphous，isotropic），又称雾相（fog phase），无晶格特性[2]。依出现温度由低至高分别定义 BP Ⅰ、BP Ⅱ 和 BP Ⅲ[2]。由于通常的蓝相液晶存在的温度范围极小，它只存在于手性向列相（胆甾相）与各向同性的液相之间的 0.5～2 ℃范围中，在应用上造成很大的困难。不过 2002 年以来，蓝相液晶相温狭窄技术的急速发展为蓝相液晶的实用化带来了希望。三星电子在显示器展览会“SID 2008”上宣布推出世界第一个蓝相液晶模式显示器，其画面更新频率可达 240 Hz，相较于目前常用的 TN 型液晶显示，蓝相液晶显示有很多的优点。首先，蓝相液晶显示具有亚毫秒的响应时间，不仅使液晶显示器有可能实现场序彩色显示模式，还可以大大降低动态伪像，而场序彩色显示模式显示器的分辨率和光学效率是常规的 3 倍；其次，蓝相液晶显示不需要取向层，可以大大简化制管工艺过程；再者，采用蓝相液晶显示，暗场时光学上是各向同性的，所以视角大，并且非常对称；还有，只要液晶盒的厚度大于一定值，其透明度对液晶盒的厚度就不敏感，所以蓝相液晶特别适于制作大显示屏。

由于近 10 年来报道蓝相液晶在显示技术应用领域有广阔的前景，因此国内外蓝相液晶成了一个新的研究热点。国内一些作者已经发表了不少有趣的述评或者介绍文章[3-5]，本章就不再涉及这些方面的内容。本章仅就 20 世纪 90 年代在上海有机化学研究所研究组的研究结果做一介绍。当时在“863 计划”项目、国家基金项目的支持下，该研究组开展铁电液晶的研究工作，合成了许多手性含氟二苯乙炔化合物（tolane），而蓝相液晶的发现却实属偶然。当时有一位 1995 年毕业的硕士生，首先发现了一个具有蓝相的胆甾相液晶，但是没有及时发表[6]。后来，本组在研究中继续发现了4个具有蓝相的同类化合物，于是将这几个结果综合在一起，发表在1998年出版的英文版《中国化学杂志》[7,9]上。后来，在1999年之前也发现了几个蓝相液晶，保存在各自的博士论文中，没有及时公开发表[8,10]。这些工作直到几年前才陆陆续续公开发表[11]。迄今为止，该研究组共发表蓝相液晶6类13个化合物，其中有一个不含氟原子。本章节重点讨论含氟蓝相液晶的结构与相变研究。作为对比，我们也讨论了结构类似但并不显示蓝相的化合物，希望进一步了解结构与相变的关系。

8.2 蓝相液晶的分子设计

通常作为显示材料的液晶分子都是棒状的，若要呈现液晶相，则该分子结构必须满足下列要求：

(1) 液晶分子具有一定的刚性，长轴不易弯曲。

(2) 液晶分子的几何形状是各向异性的。

(3) 因液晶分子取向依靠分子间的相互作用力，故分子末端具有极性或者可极化基团是必要的，以使分子保持取向有序。

(4) 为了避免亚稳态，液晶相熔点不宜过高。

液晶分子的刚性部分一般为苯环、杂环或者反式环己烷等，中间连以桥键。中心桥键可以是双键、三键、酯键、CF_2O等。同时分子两端接上长链柔性基团或者可极化基团，末端吸引力利于液晶分子排列。液晶化合物呈现向列相还是近晶相，主要由分子侧向吸引力与末端吸引力相对强度所决定。前者占优势时，分子排列成层，呈现近晶相；后者占优势时，呈现向列相。一般来说，液晶分子刚性部分对液晶相的形成起决定作用，液晶核之间的斥力与分子间范德华力的共同作用是液晶相形成的基本因素。

对于在光子学技术领域中的液晶材料，需要低黏度和高双折射的液晶，即一般要求$\Delta n>0.2$，但是高双折射液晶的黏度很大，响应速度也会相应变慢。为了得到低黏度和高双折射的液晶材料，文献有许多报道，本组利用全氟苯环将2,3,5,6-四氟亚苯基合成含氟二苯乙炔结构的单一向列相液晶。本工作将四氟亚苯基引入分子结构，四氟亚苯基是非极性结构，C—F化学键是最强的键，极化率低，分子间色散力作用小，不会因为氟原子大的电负性而引起黏度增加，也不会出现有的文献中为了降低黏度引入环己基造成共轭系统破坏，以至于Δn减小的后果。四氟亚苯基不利于近晶相的发生。

蓝相液晶是一种双螺旋三维超结构的显示材料，通常存在于高手性体系中。

根据液晶分子结构的要求以及蓝相液晶的形成条件，我们设计并合成了以下三大类化合物。

8.2.1　含氟蓝相的二苯乙炔类液晶分子结构

我们首先设计并合成了三个系列的含四氟二苯乙炔类化合物 A、B、C 和一个系列的不含氟的二苯乙炔类液晶化合物 D，它们均有手性末端基团，其分子结构如图 2.8.1 所示。这四类化合物均显示蓝相。在此基础上，我们变化手性中心，合成了化合物 A′ 和 B′。化合物 A 和 A′以及化合物 B 和 B′，各自均有相同的液晶核结构，仅在手性中心上稍有差别。虽然化合物 A 和 B 均显示蓝相，但化合物 A′和 B′不显示蓝相。化合物 D 虽然不含四氟苯环，但仍然显示蓝相，所以放在这一章节中一并讨论。

A　n-$C_nH_{2n+1}O$—(苯环)—(四氟苯环)—C≡C—(苯环)—$OOC\overset{*}{C}H(Cl)\overset{*}{C}H(CH_3)C_2H_5$　n=6～10

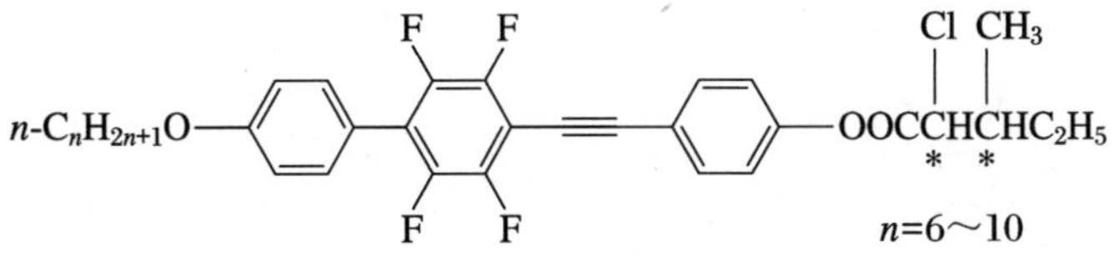

A′　n-$C_nH_{2n+1}O$—(苯环)—(四氟苯环)—C≡C—(苯环)—$COOCH_2\overset{*}{C}H(CH_3)CH_2CH_3$($S$-)　n=8、10

B　n-$C_nH_{2n+1}O$—(四氟苯环)—C≡C—(苯环)—O—C(=O)—(苯环)—$COOCH_2\overset{*}{C}H(CH_3)CH_2CH_3$($S$-)　n=5～9、12

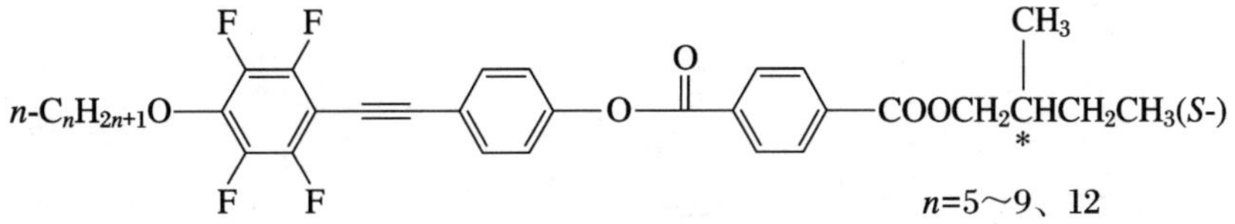

B′　$H_{2n+1}C_nO$—(四氟苯环)—C≡C—(苯环)—O—C(=O)—(苯环)—C(=O)—$OC^*H(CH_3)COOC_2H_5$

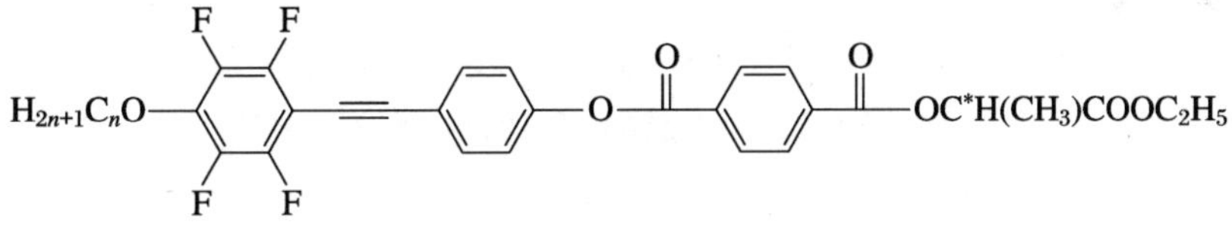

C　n-$C_7H_{15}O$—(四氟苯环)—C≡C—(苯环)—O—C(=O)—(苯环)—(苯环)—$OCH_2\overset{*}{C}H(CH_3)CH_2CH_3$($S$-)

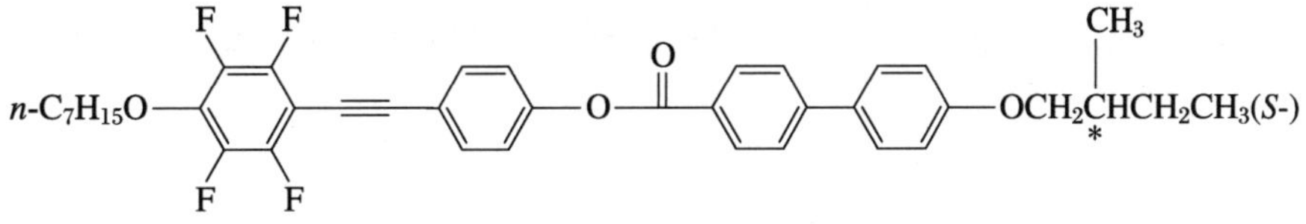

D　n-$C_8H_{17}O$—(苯环)—C≡C—(苯环)—O—C(=O)—(苯环，NO_2)—$O\overset{*}{C}H(CH_3)C_6H_{13}$($R$-)

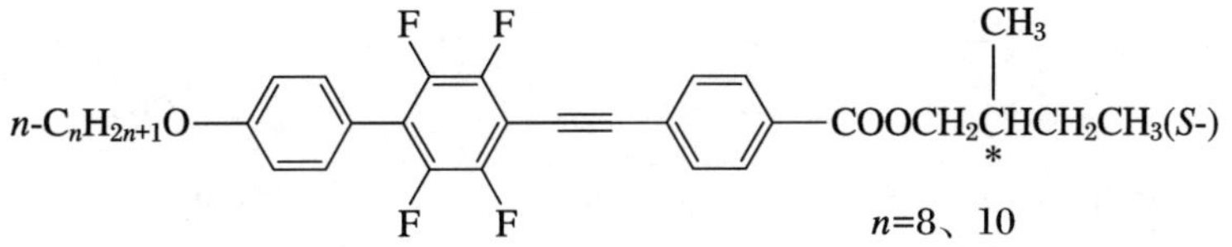

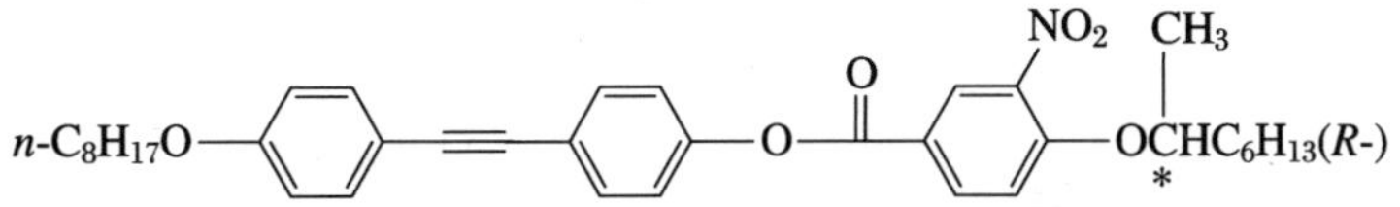

图 2.8.1　化合物 A、B、C 和 D 的分子结构

8.2.2 含氟端链和含四氟苯环的二苯乙炔类液晶分子结构

我们将含氟端链、含四氟苯环液晶核和手性中心同时引入一个液晶分子中,合成了化合物E、F、G和H,其分子结构如图2.8.2所示。经DSC和偏光显微镜研究表明,化合物E和H显示蓝相的存在。化合物F和G由于结构上的细微差别而不显示蓝相。

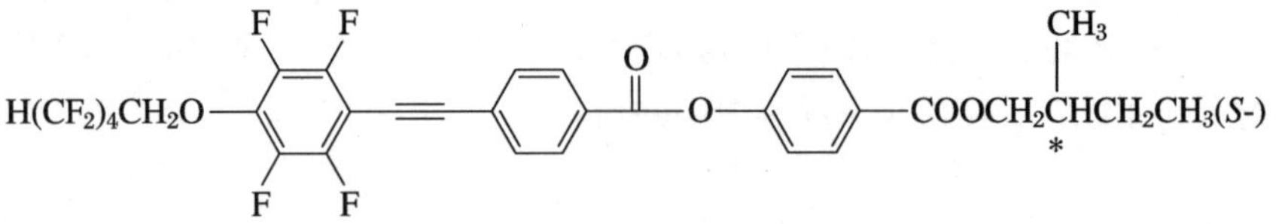

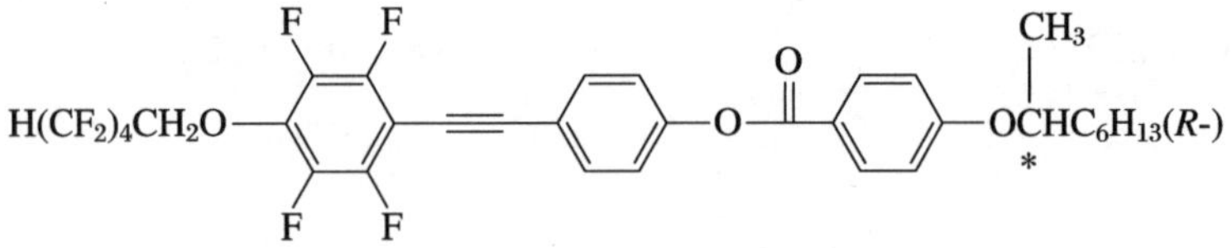

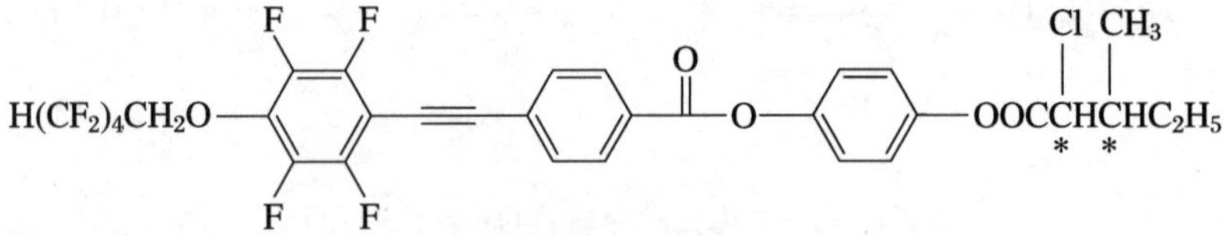

图2.8.2 化合物E、F、G和H的分子结构

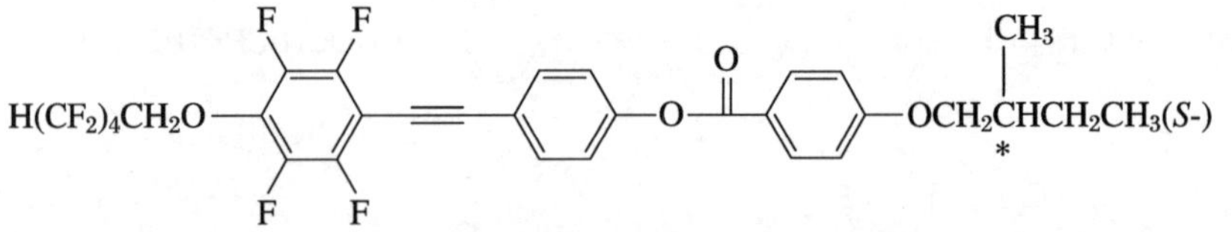

8.2.3 含二氟苯乙炔类液晶分子结构(但无蓝相)

与化合物B相比,我们减少了两个氟原子取代苯环,合成了化合物I(图2.8.3)。虽然在苯环的两侧只各减少一个氟原子,但液晶性差别较大,化合物I并没有蓝相出现。由此可见,化学结构上的细微差别也会导致液晶相变的巨大差异。

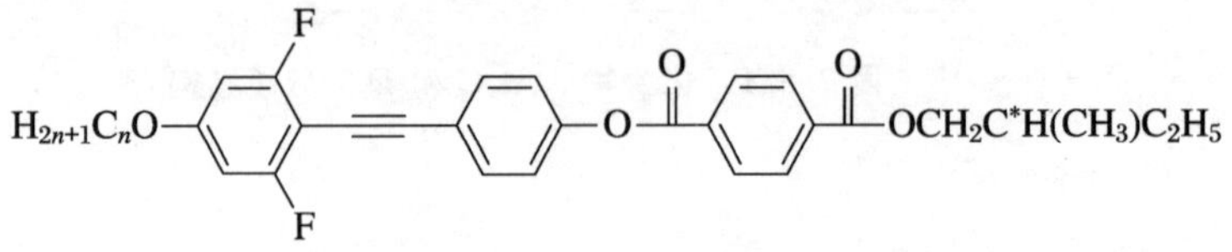

图2.8.3 化合物I的分子结构

8.3　化合物的合成路线

化合物A的合成路线如图2.8.4所示。首先是化合物1与用对烷氧基溴苯做成的格氏试剂反应合成中间体2a-e；脱去硅基保护后，得到中间体3a-e；而中间体4是由对碘苯酚与含双手性中心的酸发生酯化反应得到的。其后，由中间体3a-e与中间体4偶联而制得目标化合物A。

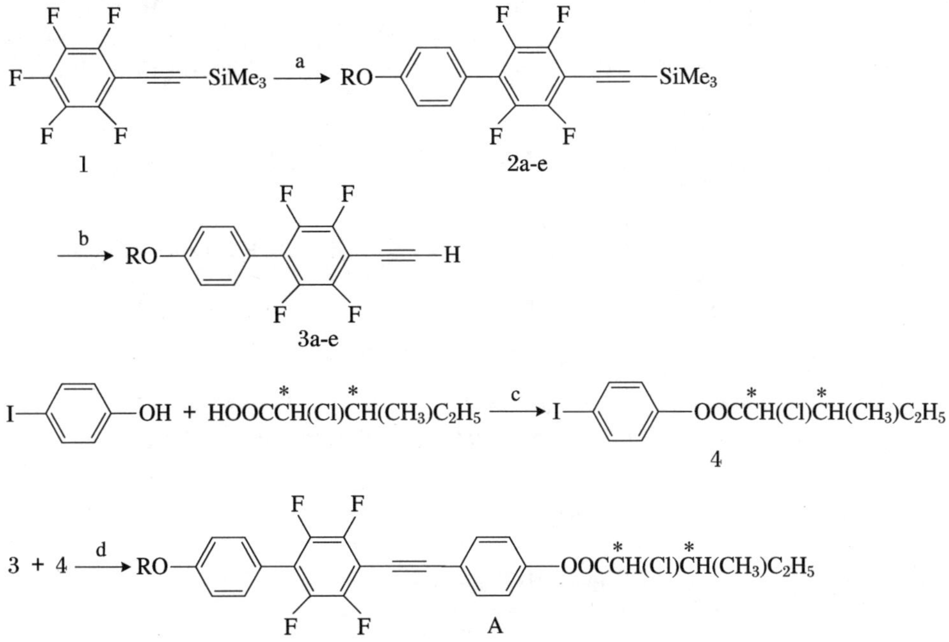

R = n-C_nH_{2n+1}　A_1，$n=6$；A_2，$n=7$；A_3，$n=8$；A_4，$n=9$；A_5，$n=10$

图2.8.4　化合物A的合成路线

反应试剂和条件：a. n-$C_nH_{2n+1}O$-C_6H_4-MgBr，THF；b. 甲醇/丙酮，NaOH/H_2O；c. DCC，催化量DMAP，CH_2Cl_2；d. Pd(PPh_3)$_2$$Cl_2$，CuI，$Et_3N$

化合物B的合成路线如图2.8.5所示。1,4-苯基-二甲酰氯与手性异戊醇在加热条件下生成中间体5。其后，中间体5与对碘苯酚在DCC/DMAP存在下发生酯化反应得到中间体6。最终产物B由中间体6与4-正烷氧基-2,3,5,6-四氟苯乙炔进行偶联反应而制得。

化合物C的合成路线如图2.8.6所示。关键中间体7由对碘苯酚与4-异戊烷氧基-4′-甲酸联苯基醚在DCC/DMAP存在下发生酯化反应而得到。其后，中间体7与4-正庚氧基-2,3,5,6-四氟苯乙炔发生偶联反应而制得最终产物C。

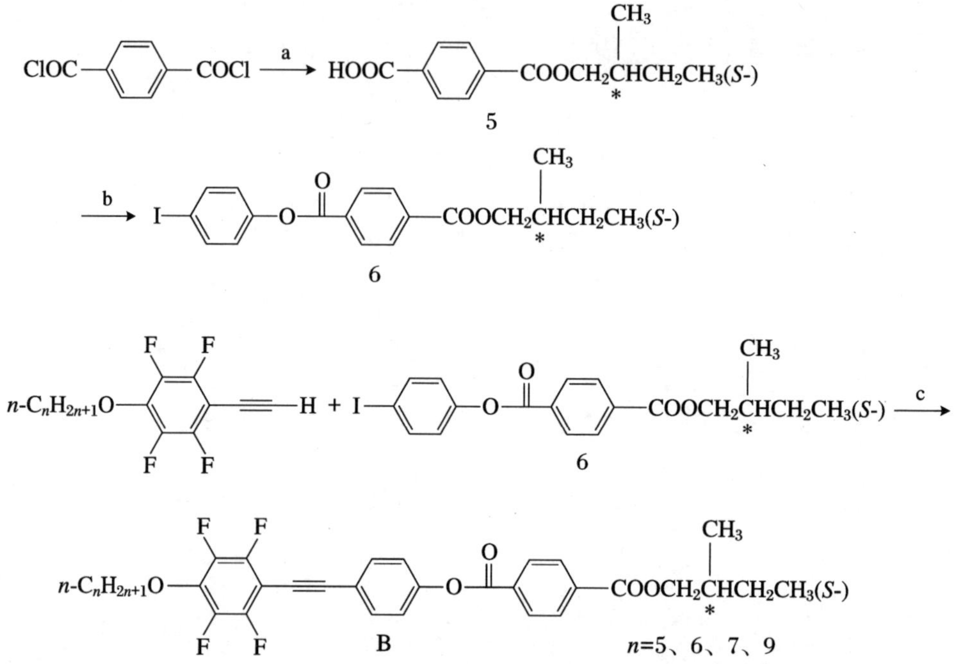

图 2.8.5　化合物 B 的合成路线

反应试剂和条件：a. ① $C_2H_5C^*H(CH_3)CH_2OH$，加热；② H_2O。
b. 对碘苯酚，THF，DCC/DMAP。c. $Pd(PPh_3)_2Cl_2$，CuI，Et_3N

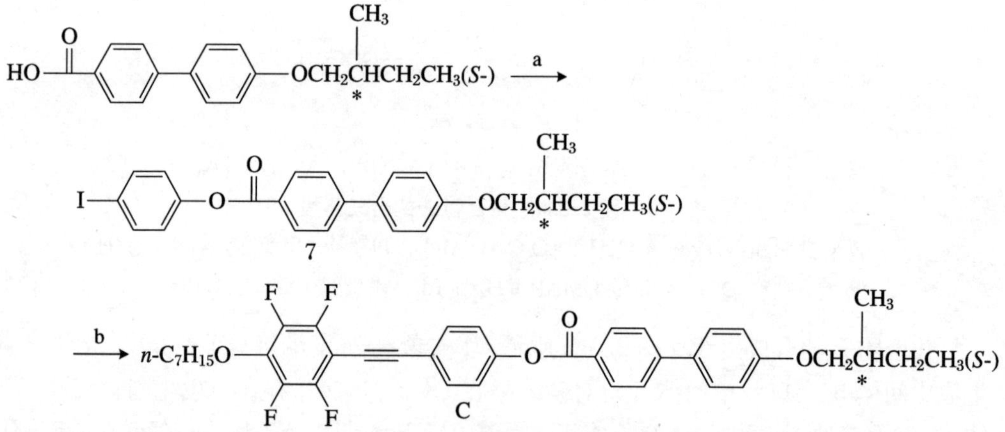

图 2.8.6　化合物 C 的合成路线

反应试剂和条件：a. 对磺苯酚，THF，DCC/DMAP；b. $Pd(PPh_3)_2Cl_2$，CuI，Et_3N

化合物 D 的合成路线如图 2.8.7 所示。由对羟基苯甲酸甲酯作为起始原料进行硝基化反应，得到中间体 8。其后，中间体 8 的酚羟基与手性异辛醇在 DEAD/PPh_3 催化下生成相应的醚，即中间体 9。经脱酯保护后的中间体 10 与对碘苯酚反应得到关键中间体 11。最后由关键中间体 11 与 4-正辛氧基-2,3,5,6-四氟苯乙炔发生偶联反应而制得最终产物 D。

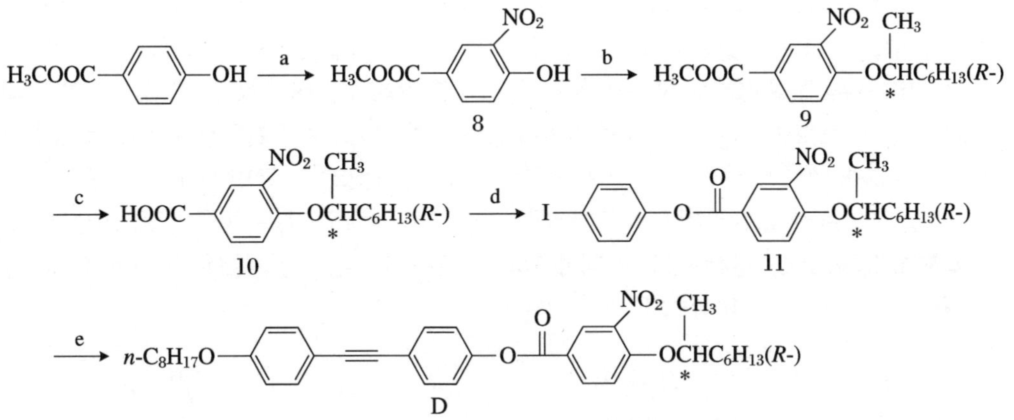

图 2.8.7　化合物 D 的合成路线

反应试剂和条件：a. HNO_3；b. $C_2H_5C^*H(CH_3)CH_2OH$，DEAD/PPh_3，THF；c. NaOH，H_2O；d. 对碘苯酚，THF，DCC/DMAP；e. 4-正辛氧基苯乙炔，$Pd(PPh_3)_2Cl_2$，CuI，THF/Et_3N

化合物 E 的合成路线如图 2.8.8 所示。首先中间体 1 与 1H，1H，5H-八氟-1-戊醇（$H(CF_2)_4CH_2OH$）在 K_2CO_3/DMF 中发生取代反应，同时脱去硅基保护，得到含氟端链的

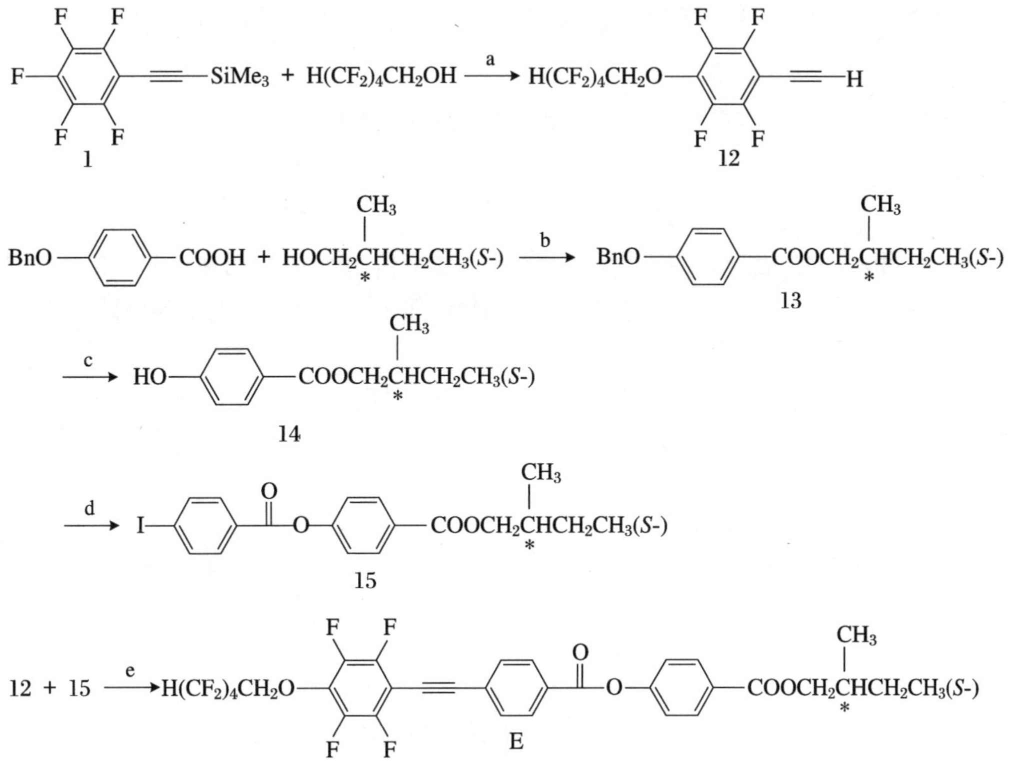

图 2.8.8　化合物 E 的合成路线

反应试剂和条件：a. K_2CO_3/DMF，r. t.；b. THF，DCC/DMAP；c. Pd/C，H_2/乙酸乙酯；d. 对碘苯甲酸，THF，DCC/DMAP；e. $Pd(PPh_3)_2Cl_2$，CuI，Et_3N

关键中间体12，即4-含氟烷氧基-2，3，5，6-四氟苯乙炔。另一关键中间体15是经过以下三步而制得的：首先由对苄氧基苯甲酸和手性异辛醇发生酯化，得到中间体13。然后经Pd/C催化氢化后脱去苄基保护后的中间体14与对碘苯甲酸发生酯化反应，合成对应的酯，即关键中间体15。最后由中间体12与中间体15在金属钯的催化下发生偶联反应，即得目标化合物E。

化合物F的合成路线如图2.8.9所示。首先由对羟基苯甲酸甲酯与手性异辛醇在$DEAD/PPh_3$存在下生成相应苯基醚，即中间体16。然后脱去甲基保护后的中间体17与对碘苯酚发生酯化反应，得到关键中间体18。最后在活性金属钯的催化下，中间体12与18发生偶联反应，即得目标化合物F。

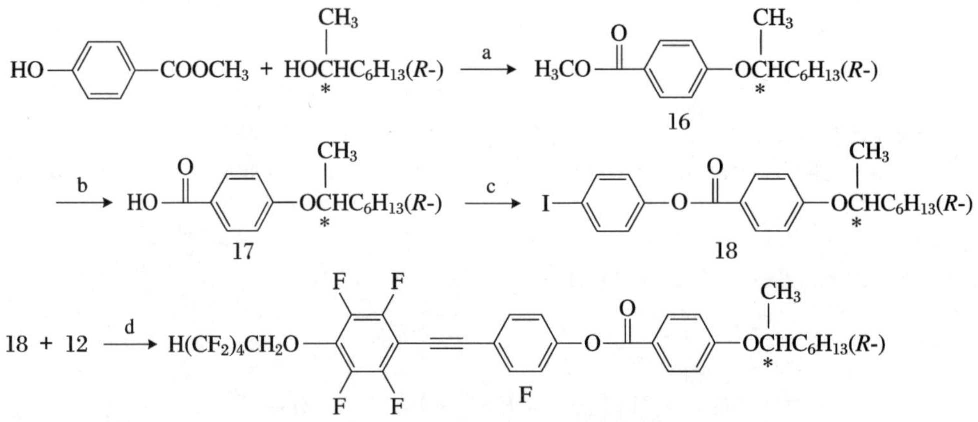

图2.8.9　化合物F的合成路线

反应试剂和条件：a. $DEAD/PPh_3$，THF。b. ① NaOH，乙醇；② H_3O^+。
c. 对碘苯酚，THF，DCC/DMAP。d. $Pd(PPh_3)_2Cl_2$，CuI，THF/Et_3N

化合物G的合成路线如图2.8.10所示。由中间体12与相应的碘代苯基化合物（其合成路线参照图2.8.9中的中间体18）在活性金属钯的催化下发生偶联反应，即得目标化合物G。

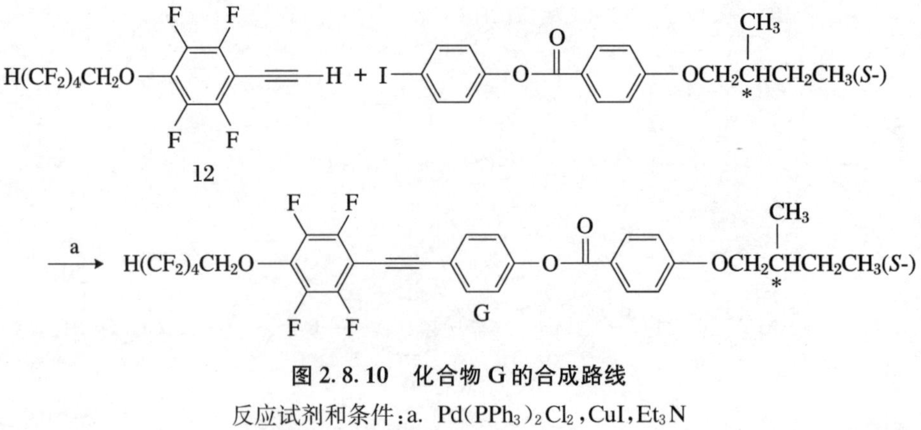

图2.8.10　化合物G的合成路线

反应试剂和条件：a. $Pd(PPh_3)_2Cl_2$，CuI，Et_3N

化合物H的合成路线如图2.8.11所示。首先是由对苄氧基苯酚与含双手性中心的2-氯-3-甲基戊酸发生酯化，得到中间体19。经Pd/C催化氢化，脱去苄基保护后得到中间体

20。其后中间体 20 与对碘苯甲酸发生酯化反应，合成对应的酯，即关键中间体 21。最后由中间体 12 与中间体 21 在金属钯的催化下发生偶联反应，即得目标化合物 H。

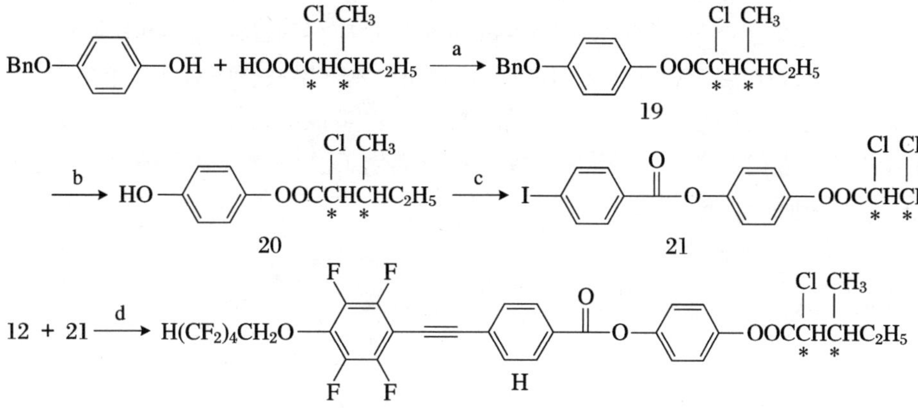

图 2.8.11　化合物 H 的合成路线

反应试剂和条件：a. THF，DCC/DMAP；b. Pd/C，H_2/乙酸乙酯；
c. 对碘苯甲酸，THF，DCC/DMAP；d. $Pd(PPh_3)_2Cl_2$，CuI，THF/Et_3N

化合物 I 的合成路线如图 2.8.12 所示。首先 3,5-二氟苯硼酸通过双氧水氧化得到

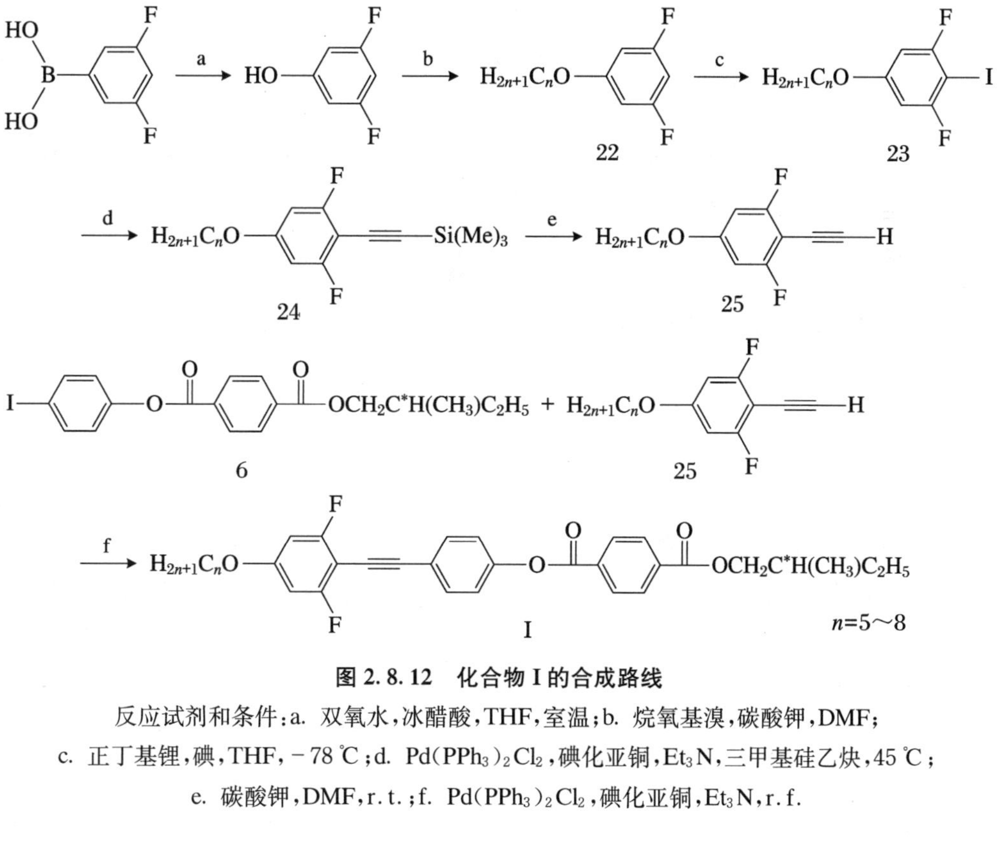

图 2.8.12　化合物 I 的合成路线

反应试剂和条件：a. 双氧水，冰醋酸，THF，室温；b. 烷氧基溴，碳酸钾，DMF；
c. 正丁基锂，碘，THF，−78 ℃；d. $Pd(PPh_3)_2Cl_2$，碘化亚铜，Et_3N，三甲基硅乙炔，45 ℃；
e. 碳酸钾，DMF，r. t.；f. $Pd(PPh_3)_2Cl_2$，碘化亚铜，Et_3N，r. f.

3,5-二氟苯酚,3,5-二氟苯酚在碳酸钾和溶剂DMF的条件下与正烷基溴反应得到中间体22。中间体22通过正丁基锂拔氢上碘后再与三甲基硅乙炔通过Sonogashira偶联反应得到中间体24,中间体24在DMF和碳酸钾条件下脱去三甲基硅得到中间体25。中间体25与中间体6(其合成见图2.8.5)通过Sonogashira偶联反应得到目标化合物I。

化合物B′的合成路线如图2.8.13所示。先由对苯二甲酸合成对苯二甲酰氯,然后对苯二甲酰氯通过与对碘苯酚及(*L*)-乳酸乙酯的酯化反应生成中间体26。中间体26与对烷氧基全氟苯乙炔在催化剂二(三苯基膦)二氯化钯及碘化亚铜,溶剂三乙胺的条件下通过Sonogashira反应得到目标产物B′。

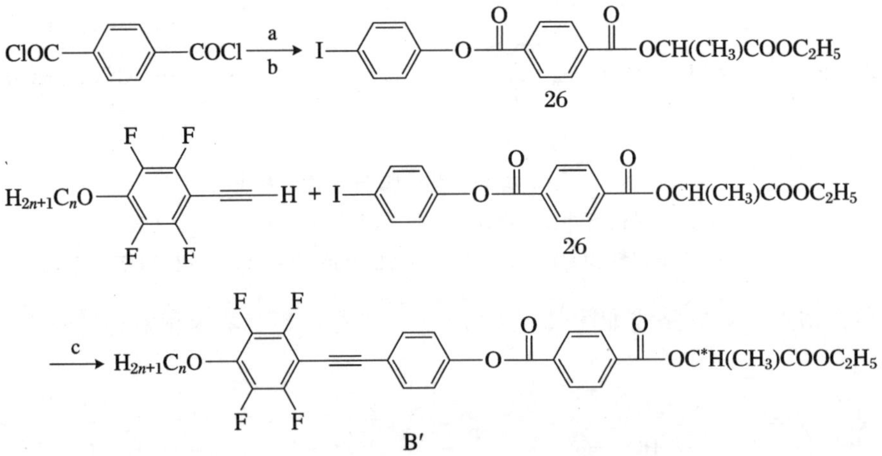

图2.8.13　化合物B′的合成路线

反应试剂和条件:a. 对碘苯酚,DMAP,吡啶,二氧六环,r.f.;b. (*L*)-乳酸乙酯,DMAP,吡啶,二氧六环,r.f.;c. $Pd(PPh_3)_2Cl_2$,碘化亚铜,Et_3N,r.f.

8.4　化合物的相变研究

8.4.1　四氟苯乙炔类液晶化合物的相变研究

1. 化合物A的相变结果

化合物A的偏光观察结果列于表2.8.1(需要说明的是:由于蓝相的热焓变化很小,加之所用仪器的分辨率不高,因而在DSC图上蓝相(BP)没有出现相应的峰值)。图2.8.14和图2.8.15分别为化合物A_4($n=9$)的胆甾相和蓝相织构图。

表 2.8.1　化合物 A 的分子结构和相变温度

化合物	n	相变温度/℃
A_1	6	C 108.7 Ch 130.6 BP 130.8 I 130.6 BP 130.8 Ch 94.1 Recr
A_2	7	C 111.1 Ch 122.8 BP 123.3 I 121.9 BP 121.4 Ch 94.3 Recr
A_3	8	C 110.2 Ch 126.8 BP 127.2 I 126.3 BP 125.8 Ch 95.6 Recr
A_4	9	C 106.8 Ch 121.4 BP 121.8 I 121.1 BP 120.6 Ch 92.7 Recr
A_5	10	C 107.2 Ch 119.7 BP 120.0 I 119.7 BP 119.4 Ch 89.3 Recr

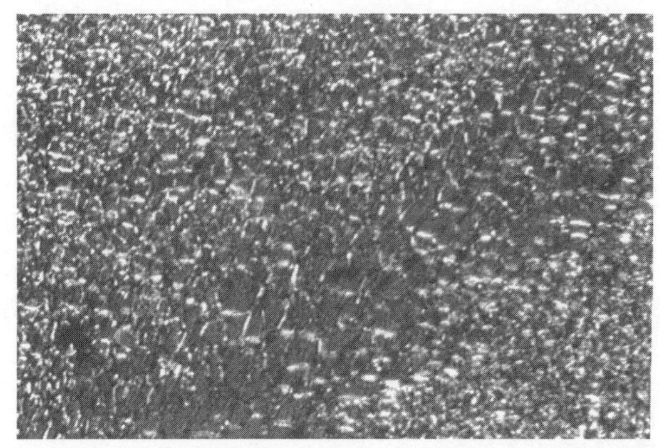

图 2.8.14　化合物 A_4 升温至 111.8 ℃时的油条状胆甾相织构

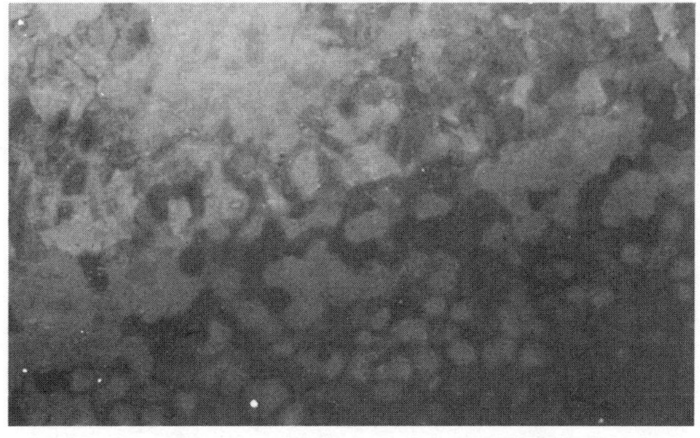

图 2.8.15　化合物 A_4 降温至 120.6 ℃时的雾滴状蓝相织构

从表 2.8.1 可以看出，化合物 A 呈互变的胆甾相和蓝相Ⅲ，其清亮点随着末端烷氧基链长度的增加而趋于降低，且具有明显的奇偶效应(见碳原子数与相变温度之间的关系曲线图 2.8.16)。

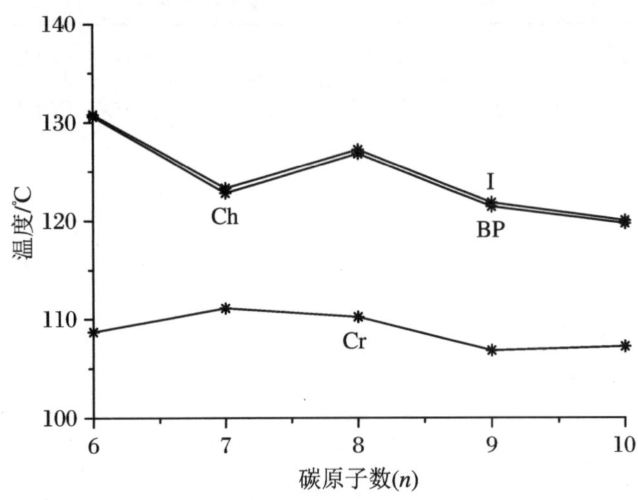

图 2.8.16 化合物 A 的碳原子数与相变温度之间的关系曲线

通过偏光显微镜，我们观察到典型的雾滴状蓝相织构（图 2.8.15）。蓝相的出现与其分子结构有关。本小组以前合成并研究了化合物 A′的液晶性质[4]（见表 2.8.2）。此类化合物并没有蓝相出现，只有互变的胆甾相和单变的手性近晶 C 相。我们对此类化合物进行结构改造，合成化合物 A，而化合物 A 则有蓝相出现。这是由于双手性中心的氯原子的体积比单手性中心的氢原子和甲基的大，使分子间的距离增加，不利于分子的层状堆积，即不利于近晶相的形成，而有利于胆甾相的形成。另外，从文献[5]中我们知道，蓝相出现在螺距足够小的胆甾类液晶中。如果螺距超过一个关键值，则蓝相不再出现。估计化合物 A 的螺距比化合物 A′小，因而出现了蓝相。但由于实验条件有限，我们未能测定螺距值。

表 2.8.2 化合物 A′的分子结构和相变温度

$n\text{-}C_nH_{2n+1}O$–(苯环)–(2,3,5,6-四氟苯环)–C≡C–(苯环)–$COOCH_2\overset{*}{C}H(CH_3)CH_2CH_3(S\text{-})$

n=8、10

化合物	n	相变温度/℃
A_3'	8	C 114.8 Ch 128.6 I 127.6 Ch 127.2 SmC* 94.7 Recr
A_5'	10	C 106.1 Ch 126.6 I 121.5 Ch 119.4 SmC* 87.5 Recr

2. 化合物 B、C 和 D 的相变结果

化合物 B 的相变行为见表 2.8.3。相态由偏光显微镜确定，表 2.8.3 中的数据由 DSC 测得。结果显示此系列化合物除 B_8 外均呈互变的蓝相和胆甾相。与化合物 A 相比，化合物 B 的手性中心及含氟苯环在液晶核中的位置均不同，此外还增加了一个酯基桥键。尽管化合物 B 与化合物 A 显示相同的相态，但前者的液晶相范围大大提高，可达到 70 ℃之宽。这主要是由于在液晶核中间增加了一个酯基桥键，因而增加了液晶核的长度，增大了液晶分子的长径比，有利于液晶相的稳定。桥键的方向对蓝相的出现影响很大，若酯基反向，则完全不显示蓝相[6]。这说明桥键反向对螺距有相当大的影响。

表 2.8.3　化合物 B 的分子结构和相变温度[12]

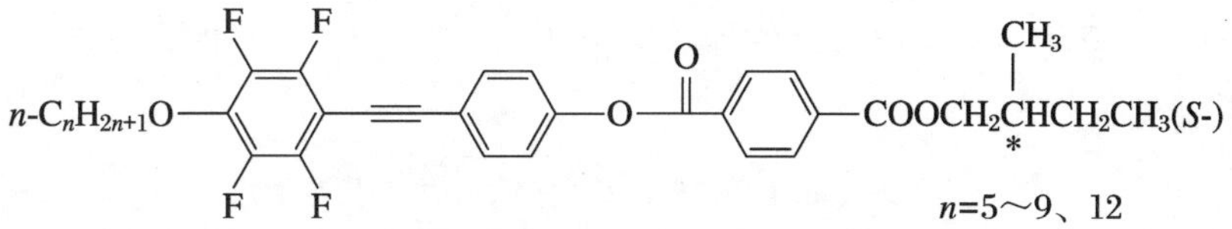

化合物	n	相变温度/℃
B_5	5	C 66.1 Ch 134.2 BP 134.8 I 133.5 BP 133.0 Ch 56.1 Recr
B_6	6	C 66.7 Ch 135.2 BP 135.7 I 134.4 BP 134.0 Ch 59.6 Recr
B_7	7	C 63.8 Ch 128.5 BP 129.2 I 127.6 BP 127.1 Ch 57.8 Recr
B_8	8	C 75.5 Ch 130.7 I 130.4 BP 130.0 Ch 41.2 Recr
B_9	9	C 79.1 Ch 126.9 BP 127.2 I 126.0 BP 125.4 Ch 47.9 Recr
B_{12}	12	C 68.4 Ch 118.4 BP 118.2 I 117.9 BP 116.9 Ch 35.4 Recr

用同样的液晶核结构，将化合物 B 中的(S)-2-甲基丁基手性基团改用(L)-乳酸乙酯，得到化合物 B′。化合物 B 与 B′的区别仅在于端基的手性基团不同。经过测试，液晶化合物 B′系列都具有液晶相，但并无蓝相出现。其测试结果见表 2.8.4。

表 2.8.4　化合物 B′的分子结构和相变温度[13]

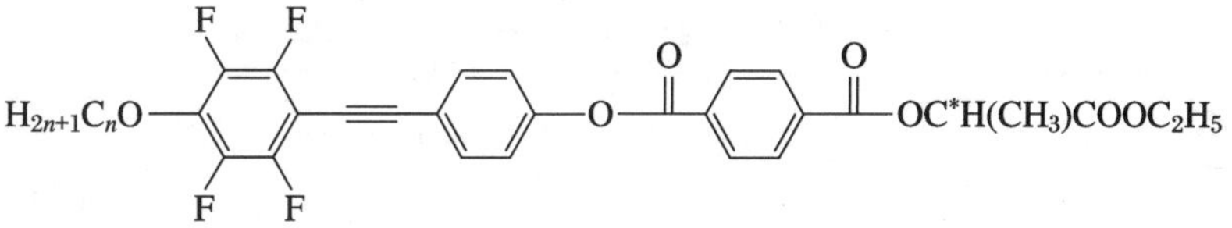

n	相变温度/℃
5	Cr 103.5 Ch 105.0 I 90.0 Ch 43.0 Cr
6	Cr 103.1 Ch 107.1 I 93.1 Ch 33.9 Cr
7	Cr 80.2 Ch 100.2 I 93.5 Ch 35.4 Cr
8	Cr 81.5 Ch 106.3 I 95.5 Ch 25.4 Cr

注　Cr:结晶相;Ch:胆甾相;I:各向同性液体。

化合物 B′虽然显示胆甾相，但是液晶性大不如化合物 B，从表 2.8.4 可以看出，不仅清亮点大大下降，而且升温时的胆甾相十分窄。这说明手性端基的结构对液晶相态结构影响深刻。从表 2.8.4 看到，烷氧基的碳原子数为 5 和 6 时，升温时液晶区域很窄，只有 2～3 ℃，但是降温时的液晶相却相当宽，说明它们接近单变的液晶，应该是黏度非常低。另外一个有趣的现象是随着烷氧基的碳原子数继续增加(n = 7、8)，升温及降温液晶温度区域都明显增加，说明分子间引力增加，但并没有产生近晶相，这与液晶端基碳原子数为 8 时往往出现近晶相不同。从结构上可知,两系列只存在手性基团的极性不同,由此判断:手性端基的结构对蓝相液晶相态影响很大,低极性的手性基团有利于蓝相的生成,大极性手性基团可能改变了分子螺距而破坏蓝相的形成(蓝相的形成螺距一般需小于 500 nm),因实验条件有限未能测得分子螺距。

此外,在化合物 B 的液晶核中增加一个苯环,我们得到了一个四环体系的液晶化合物 C。其相变温度见表 2.8.5。

表 2.8.5 化合物 C 的分子结构和相变温度

F F O CH_3 n-$C_7H_{15}O$ O $OCH_2\overset{*}{C}HCH_2CH_3$($S$-) F F

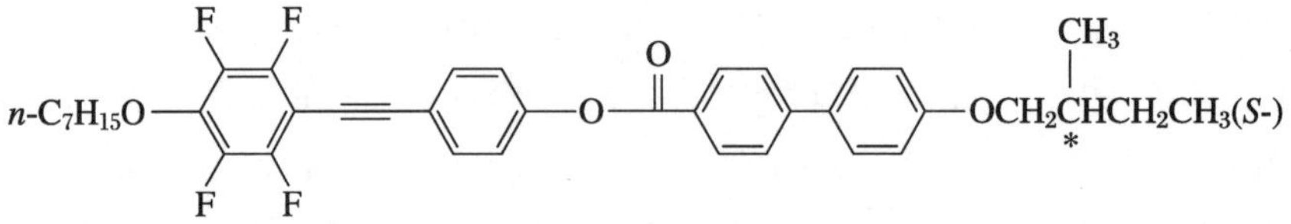

化合物	相变温度/℃
C	C 104.9 SmA 206.9 Ch 264.5 BP 265.7 I 264.6 BP 262.3 Ch 202.5 SmA 84.8 Recr

此类液晶化合物除了显示互变的胆甾相和蓝相外,还有互变的近晶 A 相出现。它的熔点比化合物 B 高 41 ℃,清亮点则高 136.5 ℃,液晶相范围大幅提高。这是由于增加一个苯环,增加了液晶核的刚性和长度,有利于液晶相的稳定性。此外,由于增加了共轭体系的长度,分子的侧向力也随之加强,因而出现了近晶 A 相。

另外,我们在研究液晶结构与性能的关系时,在不含氟的手性液晶化合物 D 中也发现了蓝相的存在。其相变温度见表 2.8.6。

表 2.8.6 化合物 D 的分子结构和相变温度

NO_2 CH_3 O n-$C_8H_{17}O$ O $O\overset{*}{C}HC_6H_{13}$($R$-)

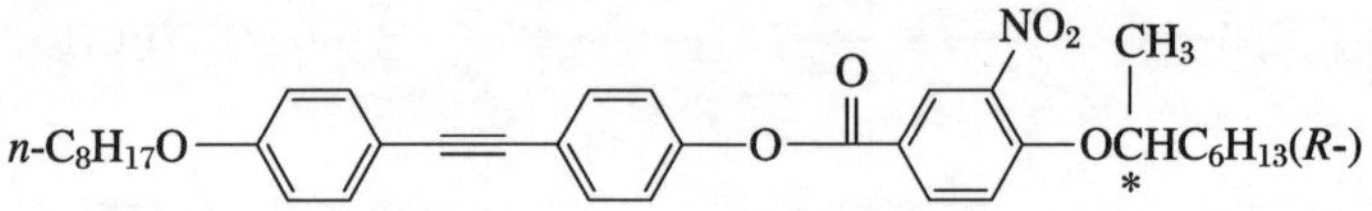

化合物	相变温度/℃
D	C 77.6 Ch 88.0 BP 88.5 I 88.5 BP 87.6 Ch 40.7 Recr

该化合物显示互变的胆甾相和蓝相,并且液晶相的范围很窄。这是由于侧向硝基的存在,不利于分子紧密排列,从而降低了液晶的稳定性。

8.4.2 含氟端链的四氟苯乙炔类液晶化合物的相变

我们从以往的液晶研究中发现,含氟端链的引入有利于近晶相的形成。因此我们将含氟端链和含氟液晶核结合起来,引入同一个液晶分子中,合成了四个含手性中心的化合物 E、F、G 和 H[6],其相变温度见表 2.8.7。这四个化合物均显示液晶相。化合物 E 和 H 显示了温度范围很窄的蓝相,而化合物 F 和 G 则不显示蓝相。其中化合物 E 的液晶性较好,有手性近晶 C 相的出现,即铁电相,铁电相的温度范围约 7 ℃。对比化合物 E 和 G,其结构区别仅在于桥键酯基的方向。化合物E中的二苯乙炔与酯键共轭,有更好的刚性和极化力,因而更有利于液晶相的形成,测得的结果表明确实如此。对比化合物F和G,唯一的区别是含手性中心的烷氧基不同。我们本来认为含有长的烷氧基链的化合物F更有利于液晶相的形成,但是结果却出乎意料,化合物F仅显示温度范围很窄的单变近晶A相。化合物H和化合物E的区别仅在于端链的手性中心。含双手性中心的化合物H的相态比化合物E的简单,不显示铁电相。二者均有近晶A相、胆甾相和蓝相存在。对于化合物E,若把液晶核两端的端链对换位置,则蓝相消失[12]。

表2.8.7 化合物E、F、G和H的分子结构和相变温度

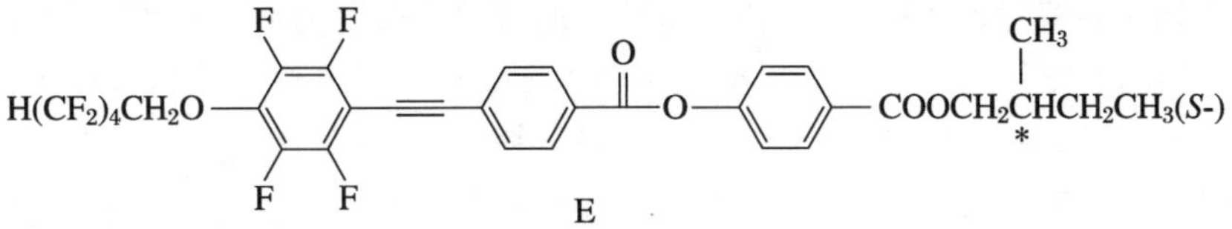

E

化合物	相变温度/℃
E	C 126.7 SmC* 134.3 SmA 159.1 Ch 163.2(BP) I(BP) 161.5 Ch 156.9 SmA 132.0 SmC* 103.6 Recr

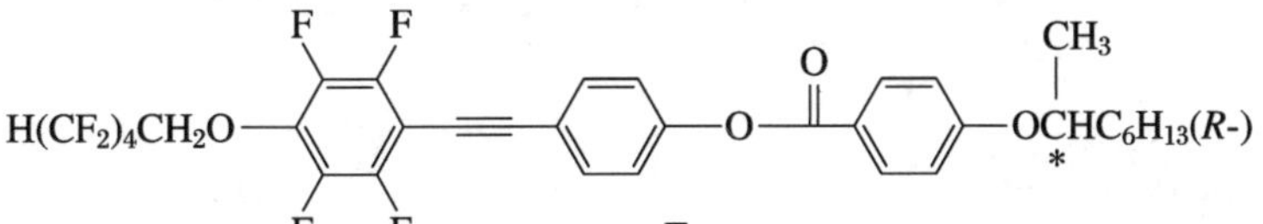

F

化合物	相变温度/℃
F	C 65.6 I 56.7 SmA 42.5 Recr

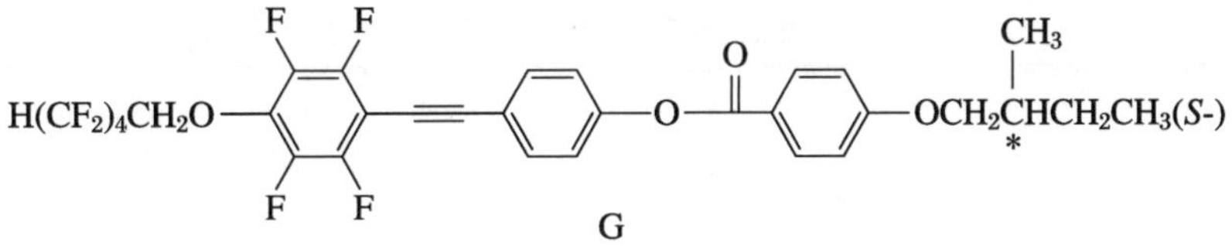

G

化合物	相变温度/℃
G	C 96.0 SmA 121.7 Ch 133.7 I 132.1 Ch 120.3 SmA 65.7 Recr

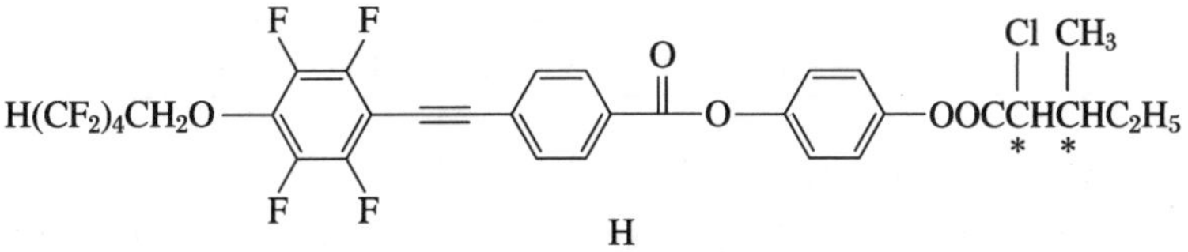

H

化合物	相变温度/℃
H	C 119.9 SmA 135.7 Ch 148.8(BP) I(BP) 147.2 Ch 127.5 SmA 102.8 Recr

8.4.3　二氟苯乙炔类液晶化合物的相变研究

目标化合物 I 同样拥有二苯乙炔结构，双酯键增加了分子的刚性，与液晶化合物 B 的不同在于目标化合物 I 非全氟苯，而是 3,5-二氟苯结构。与化合物 B 相比，化合物 I 的苯环上只有两个氟取代两个氢原子。由于氟原子对称取代刚性液晶核苯环的两侧，分子间的距离应该变化不大，但由于氟原子的减少，且对称取代于刚性核的两侧，分子间的作用力和分子的极性都会有所变化，从而会引起液晶性的变化。此类液晶分子设计的目的就是研究 3,5-二氟结构对液晶分子及液晶相带来的变化。

化合物 I 的偏光显微镜测试研究：将装好的样品 I($n=8$)放入载玻片中，压成薄片放入热台中，开始以 10 ℃/min 加热，当温度达到需要观察的温度约 10 ℃时，改为以 0.5 ℃/min 的升温速率加热，偏光 90°条件下观察。视野下样品为晶体，升温至 66 ℃时视场出现了变化，晶体转化为胆甾相液晶织构，继续升温至 148.2 ℃时变为各向同性的液体，视场变为暗场。降温过程中，温度降至 147.9 ℃时出现亮场，并且为胆甾相液晶织构，继续降温至 35.4 ℃时出现晶体。

为了便于比较，化合物 B 和 I 的相变温度比较见表 2.8.8。

表 2.8.8　化合物 B 和 I 的分子结构与相变温度比较

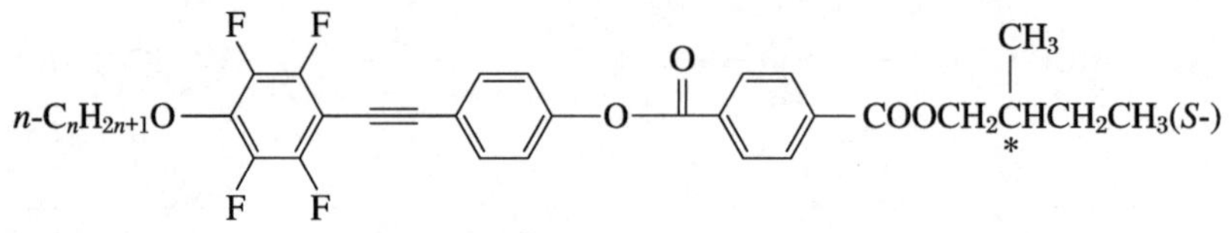

B($n=8$)

化合物	相变温度/℃
B	Cr 75.5 Ch 130.7 I 130.4 BP 130 Ch 41.2 Cr

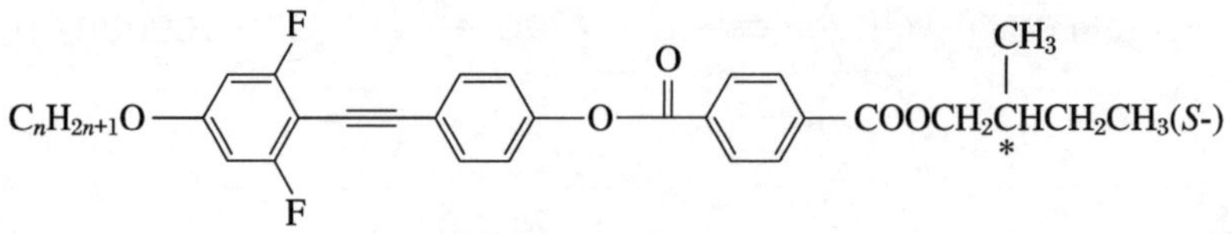

I($n=8$)

化合物	相变温度/℃
I	Cr 66.0 Ch 148.2 I 147.9 Ch 35.4 Cr

由表 2.8.8 可以看出，这两类化合物均没有近晶相出现。这是由于侧向引入氟取代后，分子宽度增加，分子间的距离也增大，因而分子间的侧向作用力减小，从而抑制了近晶相的形成，但却有利于向列相的形成。

液晶核中引入氟原子，对化合物的液晶性质有以下影响：一是体积效应，氟原子的引入增大了液晶分子的宽度，降低了液晶相的相变温度；二是极性效应，氟原子的引入改变了整个分子的极化度，增加了液晶相的热稳定性。化合物 B 中 4 个 F 原子分列苯环的两侧，分子对称性高，有利于分子紧密堆积，从而熔点升高。与化合物 B 相比，化合物 I 中两个氟原子对称分布于刚性核两侧，分子的宽度应该增加不大，但分子的极性增加，因而增加化合物 I 的液晶相的热稳定性。

8.5　关键中间体和典型化合物的合成方法

1. 1-三甲基硅基-2-[4-(4-正庚氧基苯基)]-2,3,5,6-四氟苯乙炔(中间体 2b)

在一个干燥的装有氮气进口、滴液漏斗和冷凝管的 50 mL 三颈瓶中加入镁屑 290 mg (11.9 mmol)、无水 THF 10 mL 和一小粒碘。在氮气保护下，将 2.55 g 4-正庚氧基溴苯 (9.40 mmol)的 THF 溶液在 30 min 内缓缓滴加到反应瓶中，维持反应微弱回流。滴加完后加热，使反应继续回流 1 h。冷却备用。

在另一个干燥的装有氮气进口、滴液漏斗和冷凝管的 50 mL 三颈瓶中加入中间体 12.10 g(7.95 mmol)和 THF 5 mL。将上述新制备的格氏试剂转移到滴液漏斗中。氮气保护下缓缓滴加到反应瓶中。加完后室温搅拌 3 h，再回流 40 h。冷却至室温后，用 5% HCl 酸化，乙醚萃取。有机层水洗后，用无水 Na_2SO_4 干燥。除去溶剂，再用纯石油醚作为淋洗剂进行快速柱层析，得到浅黄色固体 2.28 g，产率 65.7%。

^1H NMR(CCl_4/TMS) δ：0.25(s，9H，3 × CH_3)，0.90(t，3H，CH_3)，1.10～2.00(m，10H)，3.85(t，2H，J = 6.00 Hz)，6.80(d，2H)/7.20(d，2H)(AA′BB′，J = 9.00 Hz)。

2. 4′-正庚氧基-2,3,5,6-四氟联苯-4-乙炔(中间体 3b)

在一 50 mL 蛋形瓶中加入中间体 2b 1.5 g(3.44 mmol)、甲醇 5 mL、丙酮 20 mL 和 0.2 mol/L的 NaOH 溶液 3 mL。室温搅拌 24 h 后，蒸出有机溶剂。所得物用乙醚萃取，水洗，无水 Na_2SO_4 干燥。蒸出溶剂后，用甲醇/丙酮重结晶，得到片状结晶 1.13 g，产率 90.4%。

^1H NMR(CCl_4/TMS) δ：0.85(t，3H，CH_3)，1.10～2.00(m，10H)，3.45(s，1H)，3.85 (t，2H，J = 6.00 Hz)，6.40(d，2H)/7.25(d，2H)(AA′BB′，J = 9.00 Hz)。

3. 中间体 4

在一个干燥的 25 mL 蛋形瓶中放置 2-氯-3-甲基-戊酸(0.6 mmol)、对羟基苯酚 132 mg (0.6 mmol)和 DCC 125 mg(0.6 mmol)，用 THF 5 mL 和 CH_2Cl_2 5 mL 溶解后，加入约 15 mg DMAP。室温搅拌反应，TLC 跟踪，约 74 h 后反应结束。过滤，用无水乙醚洗涤滤饼，滤液旋转蒸发除去溶剂，得到黄色固体。柱层析分离，以石油醚/乙酸乙酯(体积比为 15∶1)为淋洗剂得到浅黄色固体，用甲醇重结晶得到白色固体 181 mg，产率 85.7%。

^1H NMR δ：0.60～2.40(m，9H)，4.15(d，1H，J = 6.00 Hz)，6.70(d，2H)/7.55(d，2H) (AA′BB′，J = 9.00 Hz)。

4. 化合物 A_1(n = 6)

在一个干燥的 50 mL 三颈瓶上装氮气进口、回流冷凝管及液封，加入中间体 3(323 mg，

0.92 mmol)、中间体4(331 mg,0.939 mmol)、$Pd(PPh_3)_2Cl_2$(15 mg)、CuI(5 mg)和干燥的Et_3N(15 mL),通N_2 5 min后,在N_2保护下,加热回流4 h,TLC跟踪至反应完全。冷却至室温,抽干溶剂,所得物用石油醚(沸点60~90 ℃)/乙酸乙酯(体积比为150∶1)为淋洗剂过柱分离,再用甲醇/丙酮重结晶,得到白色固体A_1 161 mg,产率30.0%,熔点106.7 ℃。

^1H NMR(CCl_4/TMS) δ:0.8~2.10(m,20H,aliphatic hydrogen),4.00(t,J=4.8 Hz,2H,OCH_2),4.30(d,J=6.2 Hz,1H,CH),6.95(d,2H)/7.45(d,2H)(AA′BB′,J=9.0 Hz,C_6H_4),7.20(d,2H)/7.65(d,2H)(AA′BB′,J=9.0 Hz,C_6H_4)。^{19}F NMR(CCl_4/TFA) δ:58.5(m,2F),66.0(m,2F)。IR(KBr,cm^{-1}):1765(vs,C═O),1610(s,C_6H_4),1200(s,C—O—C)。MS(m/z,%):574(M^+,13.98)。元素分析:理论值(%):C 66.90,H 5.40,F 13.24;实测值(%):C 66.92,H 5.26,F 13.13。$[\alpha]_D^{20}$=+2.096($CHCl_3$)。

5. 化合物E

在一个干燥的25 mL三颈瓶中加入对-(对-碘苯甲酰氧基苯甲酸(2-甲基)丁酯(225 mg)、中间体12(250 mg,0.496 mmol)、$Pd(PPh_3)_2Cl_2$(35 mg)、CuI(10 mg)。用氮气置换空气后,注入新处理的Et_3N(5 mL),加热回流4 h,抽干溶剂,所得物用石油醚(沸点60~90 ℃)/乙酸乙酯(体积比为12∶1)为淋洗剂过柱分离,再用甲醇重结晶,得到白色固体201 mg,产率48.8%。

^1H NMR(CCl_4/TMS) δ:0.95~1.04(m,6H,CH_3),1.25~1.57(m,2H,CH_2),1.85~1.89(m,1H,*CH),4.12~4.26(m,2H,OCH_2),4.72(t,J=12 Hz,2H,OCH_2CF_2),6.09(tt,J_1=60 Hz,J_2=6.0 Hz,1H,CF_2H),7.31(d,J=8.7 Hz,$2H_{arom}$),7.71(d,J=8.3 Hz,$2H_{arom}$),8.14(d,J=8.7 Hz,$2H_{arom}$),8.21(d,J=8.3 Hz,$2H_{arom}$)。^{19}F NMR($CDCl_3$/TFA) δ:43.9(t,J=12 Hz,2F,CH_2CF_2),48.2(s,2F,CF_2),52.9(t,J=5.2 Hz,2F,CF_2),59.06(m,2F,Ar_F),60.1(d,J=52 Hz,2F,CF_2H),79.2(dd,$2F_{arom}$)。IR(KBr,cm^{-1}):1730,1708,1492,1269,1206,1170,1132,991,768。MS(m/z,%):507($H(CF_2)_4CH_2O—C_6F_4—CC—C_6H_4—CO^+$,100%),714($M^+$)。元素分析:$C_{32}H_{22}F_{12}O_5$。理论值(%):C 53.79,H 3.07,F 31.90;实测值(%):C 53.66,H 2.63,F 32.00。$[\alpha]_D^{24}$=1.45(C=0.00357 g/1.2 mL)。

6. 化合物F

反应操作同化合物E。

投料:中间体12(267 mg,0.53 mmol),中间体18(对异辛氧基苯甲酸对碘苯酚酯)(262 mg),$Pd(PPh_3)_2Cl_2$(25 mg),CuI(10 mg),Et_3N(8 mL)。产物:白色固体398 mg(产率86.1%)。

^1H NMR(CCl_4/TMS) δ:0.82~1.82(m,16H,R),4.52(t,J=7 Hz,1H,OCH),4.77(t,J=12 Hz,2H,OCH_2CF_2),6.15(tt,J_1=60 Hz,J_2=6.0 Hz,1H,CF_2H),7.03(d,J=9 Hz,$2H_{arom}$),7.30(d,J=8 Hz,$2H_{arom}$),7.70(d,J=9 Hz,$2H_{arom}$),8.18(d,J=8 Hz,$2H_{arom}$)。^{19}F NMR($CDCl_3$/TFA) δ:44.0(t,J=12 Hz,2F,CH_2CF_2),48.2(s,2F,CF_2),53.0(m,2F,CF_2),59.7(m,$2F_{arom}$),60.2(dt,J_1=52 Hz,J_2=5.2 Hz,2F,CF_2H),79.2(m,$2F_{arom}$)。IR(KBr,cm^{-1}):2925,2857,1683,1604,1528,1496,1433,1295,1257,1204,1132,

1003,894,861,838,777,723,553。MS(m/z,%):121($HO—C_6H_4—CO^+$,100),233($C_8H_{17}O—C_6H_4—CO^+$,59.42),729(M^+)。元素分析:$C_{34}H_{28}F_{12}O_4$。理论值(%):C 56.05,H 3.87,F 31.29;实测值(%):C 56.15,H 3.71,F 31.20。$[\alpha]_D^{24}=-0.12$($C=0.00545$ g/1.2 mL)。

7. 化合物 G

反应操作同化合物 E。

投料:中间体 12(188 mg),对-(2-甲基丁氧基)苯甲酸对碘苯酚酯(159 mg),$Pd(PPh_3)_2Cl_2$(25 mg),CuI(10 mg),Et_3N(6 mL)。产物:白色固体 201 mg(产率 67.7%)。

^1H NMR(CCl_4/TMS) δ:0.90~2.08(m,9H,R),3.90(d,$J=6$ Hz,2H,OCH_2),4.72(t,$J=12$ Hz,2H,OCH_2CF_2),6.05(tt,$J_1=60$ Hz,$J_2=6.0$ Hz,1H,CF_2H),6.95(d,$J=9$ Hz,$2H_{arom}$),7.24(d,$J=8.5$ Hz,$2H_{arom}$),7.64(d,$J=9$ Hz,$2H_{arom}$),8.14(d,$J=8.5$ Hz,$2H_{arom}$)。IR(KBr,cm^{-1}):1731,1605,1516,1493,1264,1203,1170,991,536。MS(m/z,%):121($HO—C_6H_4—CO^+$,92.81),191($C_2H_5CH(CH_3)CH_2O—C_6H_4—CO^+$,100),686($M^+$)。元素分析:$C_{31}H_{22}F_{12}O_4$。理论值(%):C 54.24,H 3.23,F 33.21;实测值(%):C 54.35,H 2.93,F 33.30。$[\alpha]_D^{24}=1.626$($C=0.0214$ g/1.2 mL)。

8. 化合物 H

反应操作同化合物 E。

投料:中间体 12(188 mg),对碘苯甲酸-对-(2-氯-3-甲基丁酰氧基苯酚酯)(中间体 21)(176 mg),$Pd(PPh_3)_2Cl_2$(20 mg),CuI(5 mg),Et_3N(6 mL)。产物:白色固体 207 mg(产率 66.0%)。

^1H NMR(CCl_4/TMS) δ:0.90~2.60(m,9H,R),4.37(t,$J=7$ Hz,1H,OCH),4.73(t,$J=13$ Hz,2H,OCH_2CF_2),6.06(tt,$J_1=52$ Hz,$J_2=5.2$ Hz,1H,CF_2H),7.15~7.45(m,$4H_{arom}$),7.72(d,$J=9$ Hz,$2H_{arom}$),8.23(d,$J=9$ Hz,$2H_{arom}$)。IR(KBr,cm^{-1}):2971,1726,1605,1493,1446,1406,1273,1178,1080,1019,990,860,767,694,524。MS(m/z,%):109($HO—C_6H_4—O^+$,100),135($C_2H_5CH(CH_3)CH(Cl)CO^+$,7.11),507($H(CF_2)_4CH_2O—C_6F_4—CC—C_6H_4—CO^+$)。元素分析:$C_{32}H_{21}F_{12}O_5Cl$。理论值(%):C 51.32,H 2.83,F 31.95;实测值(%):C 51.46,H 2.60,F 31.54。$[\alpha]_D^{24}=1.45$($C=0.00357$ g/1.2 mL)。

8.6 结论

(1) 含氟苯乙炔分子的蓝相的出现与分子结构有密切关系。分子的桥键存在十分重要,苯乙炔分子出现蓝相的可能性大,如果将分子中的三键换为单键,则蓝相消失。同样用三环结构的分子设计合成铁电液晶分子,本章的研究中没有得到蓝相液晶。然而用二苯乙炔骨架设计铁电液晶分子,得到蓝相液晶的概率最高可以达到 5%。

(2) 三键以外的桥键微小变化也可能引起大的变化,例如酯键的方向也影响蓝相的出现。

(3) 端链的长度与刚性影响蓝相的出现。例如,化合物 B 端链碳原子数小于 5 时,蓝相不出现。化合物 D 端链碳原子数为 7 时出现蓝相，碳原子数为 8 时不出现。若端链由刚性的$(CF_2)_n$组成，则容易出现近晶相，如化合物 E 和 H。

(4) 实验中利用 4 种手性分子，其中有 3 个系列的手性分子都可以产生蓝相。

(5) 本工作中得到的苯乙炔清亮点高，一般为 130 ℃左右，例如化合物 A、B，并且只有胆甾相，最高达到 265 ℃。

(6) 苯乙炔的双折射一般大于 0.25，若再导入 1 个苯环形成三元环体系，双折射应该更高。

(7) 2,3,5,6-四氟亚苯基的导入使分子间引力减小，黏度降低，可以成为蓝相材料的有望的候选者。

参考文献

[1] BROWN G H, SHAW W H. Chem. Rev., 1957, 57: 1049.

[2] (a) GRAY G W. J. Chem. Soc., 1956: 3733.
(b) CROOKER P P. Mol. Cryst. Liq. Cryst., 1883, 98: 31.

[3] FINN P L, CLADIS P E. Nature, 2005, 436: 997-1000.

[4] 应根裕. 现代显示, 2011, 122: 5.

[5] SOTO M, YOSHIZAWA A. Adv. Mater., 2007, 19: 4145.

[6] WANG K, CHEN B Q, YANG G Y, LI H F, LIU K G, WEN J X. J. Fluor. Chem., 2001, 110: 37.

[7] 陈锡敏. 理学博士学位论文, 中国科学院上海有机化学研究所, 1999.

[8] 陈宝铨. 理学博士学位论文, 中国科学院上海有机化学研究所, 1997.

[9] CHEN X M, YIN H Y, XU Y L. Chin. J. Chem., 1998, 3: 277.

[10] 杨永刚. 理学博士学位论文, 中国科学院上海有机化学研究所, 1999.

[11] CROOKER P. Mol. Cryst. Liq. Cryst., 1983, 98: 31.

[12] YANG Y G, LI H T, WEN J X. Liq. Cryst., 2007, 34(8): 957-979.

[13] 王建新. 理学硕士学位论文, 华东理工大学, 2014.

第 9 章　含环己基的含氟液晶

9.1　引言

我们研究小组合成了许多只含有苯环的液晶化合物。实际上，除了苯环，很多种碳环和杂环（图 2.9.1）都被应用在液晶材料上，以改善材料的性质。例如，反式 1,4-环己烷、环己烯、嘧啶、吡啶、1,3-二氧六环、四氢吡喃、桥环、萘基和氢化萘基等。

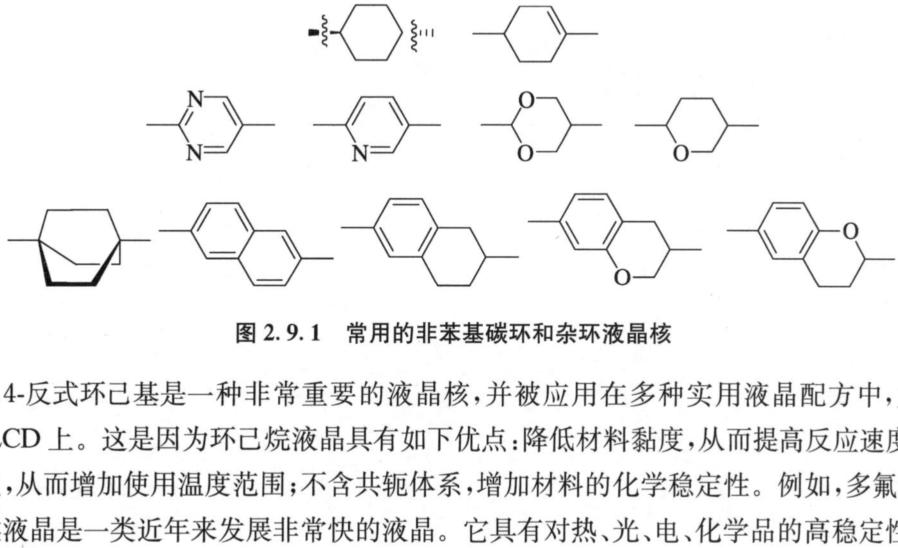

图 2.9.1　常用的非苯基碳环和杂环液晶核

1,4-反式环己基是一种非常重要的液晶核，并被应用在多种实用液晶配方中，尤其是 TFT-LCD 上。这是因为环己烷液晶具有如下优点：降低材料黏度，从而提高反应速度；提高清亮点，从而增加使用温度范围；不含共轭体系，增加材料的化学稳定性。例如，多氟苯基环己烷类液晶是一类近年来发展非常快的液晶。它具有对热、光、电、化学品的高稳定性、低黏度、高电压保持率和高电阻率等优点，是配制高档液晶显示器（如 TFT-LCD 和 STN-LCD）所需混合液晶中不可缺少的。已有大量的含单氟、双氟、三氟、多氟烃端基和—OCF_3、—$OCHF_2$、—CF_3 以及氟侧基的液晶化合物被合成出来了[1]。合成方法有多种，仅举一例说明如下：首先烷基环己酮与格氏试剂（或者锂试剂等）进行加成反应生成醇的非对应异构体混合物，然后经过脱水得到环己烯类化合物，最后加压氢化得到反式双环或三环（双环己烷）体系含氟液晶化合物，如图 2.9.2 所示。

一些含环己基和苯环的三环液晶化合物被报道，但是它们的不足之处是造成双折射下降[2]。另一方面，我们研究小组合成了许多含四氟二苯乙炔类液晶，引入炔键增加分子的长宽比，有助于提高双折射，增加液晶相宽，并且增加脂溶性。所以，我们把含氟二苯乙炔片段和环己基结合起来，合成了 A、B 系列化合物（图 2.9.3）[3,4]，并研究其相变性质，期待发现性质优良的液晶化合物。吡啶环由于其结构的不对称性而被作为液晶核引入液晶分子中，以降低化合物的熔点，并提高这类化合物的双折射。在此，我们引入吡啶环乙炔片段到环己烷类液晶分子中，合成了一类新型液晶 C(图 2.9.3)。

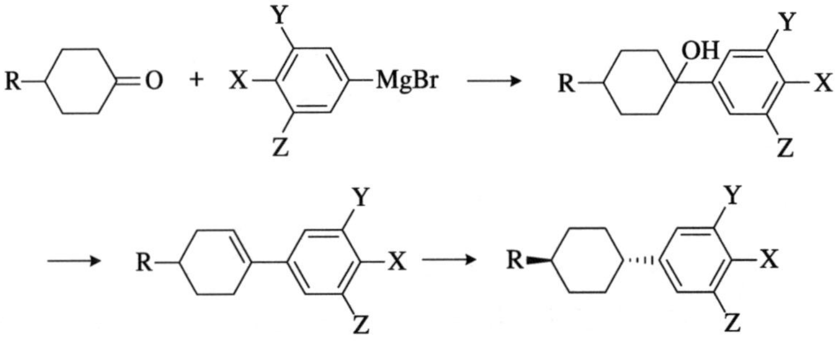

$R=C_2\sim C_5$ 直链烷烃；$n=0$、1；X = F, OCF_3, CF_3, $OCHF_2$, CHF_2, CN；Y = H, F；Z = H, F

图 2.9.2 多氟苯环己烷类液晶的合成

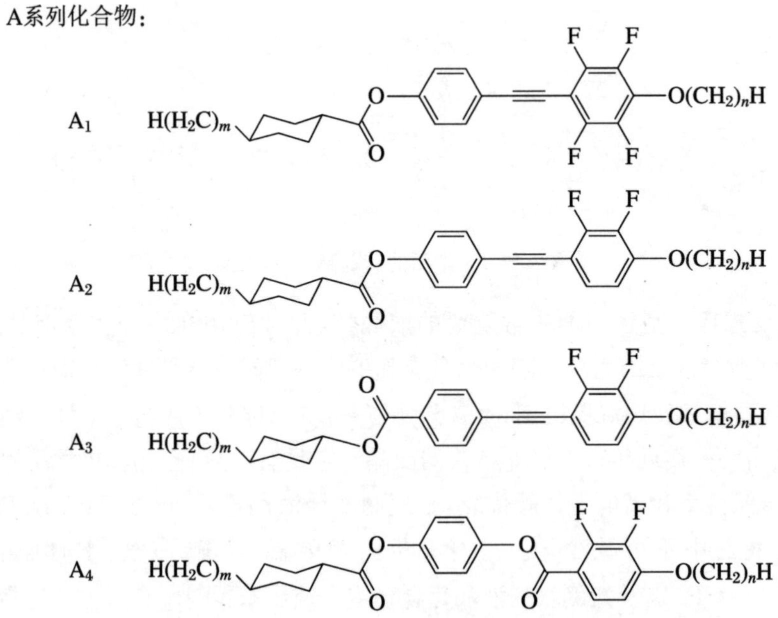

图 2.9.3 A、B和C系列化合物的分子结构

B系列化合物：

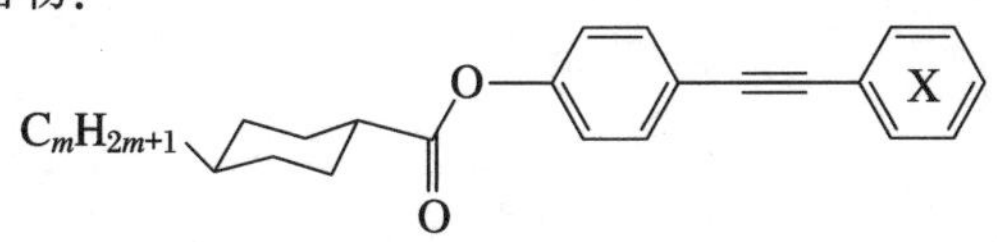

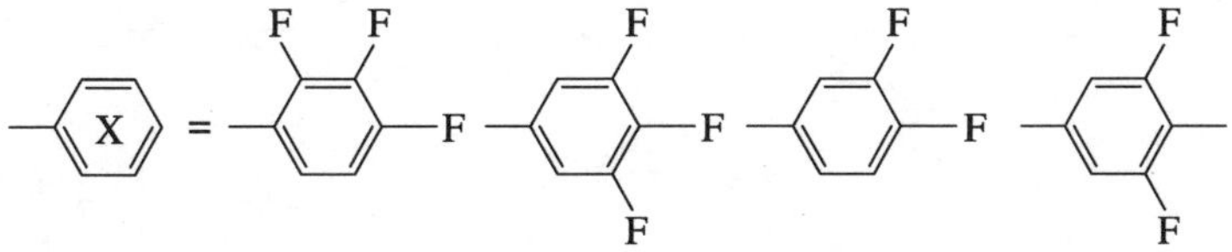

B1　B2　B3　B4

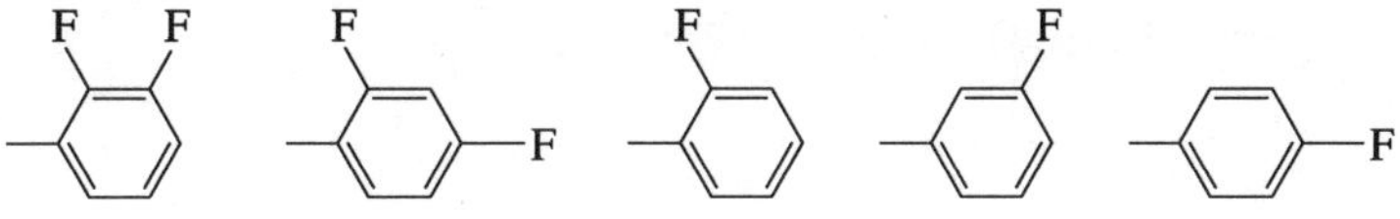

B5　B6　B7　B8　B9

C系列化合物：

C₁

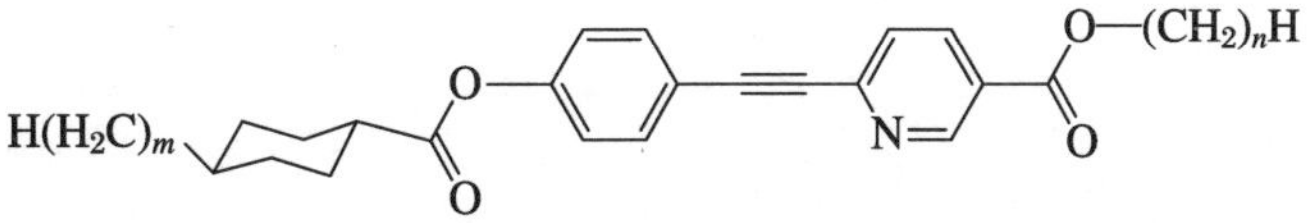

C₂

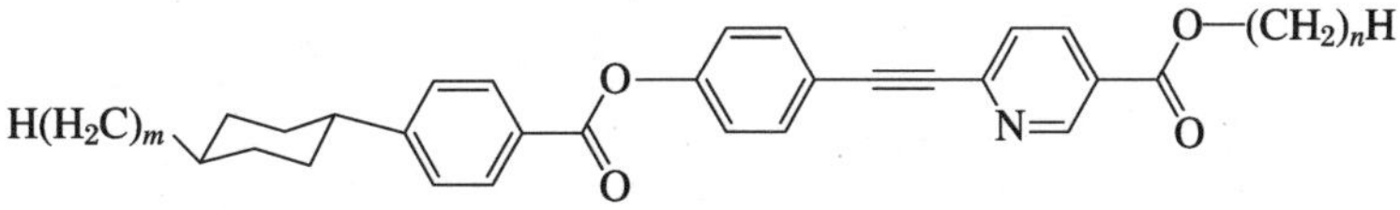

图 2.9.3(续)

利用偏光显微镜和 DSC,我们系统研究了分子结构对液晶性能的影响,并找到了一些性能优良的液晶化合物。

9.2　化合物的合成路线

9.2.1　化合物 A 的合成路线

我们以化合物 A_1 为例来说明这一系列化合物的合成,其合成路线如图 2.9.4 所示。我们以乙炔、五氟氯苯和反式 4-正烷基环己基甲酸为原料。首先将五氟氯苯制成格氏试剂与碘反应得到五氟碘苯(中间体 2),再与由乙炔为原料制成的三甲基硅乙炔(中间体 1)偶合得到中间体 3。中间体 3 与相应的醇在 K_2CO_3/DMF 中反应,得到关键中间体 4-烷氧基-2,3,5,6-四氟苯乙炔(4a-h)。反式 4-烷基环己基甲酸与对碘苯酚发生酯化反应,合成相应的酯(中间体 5a-d)。最后由中间体 4a-h 与中间体 5a-d 在金属钯的催化下发生偶联反应,即得目标化合物 A_1。

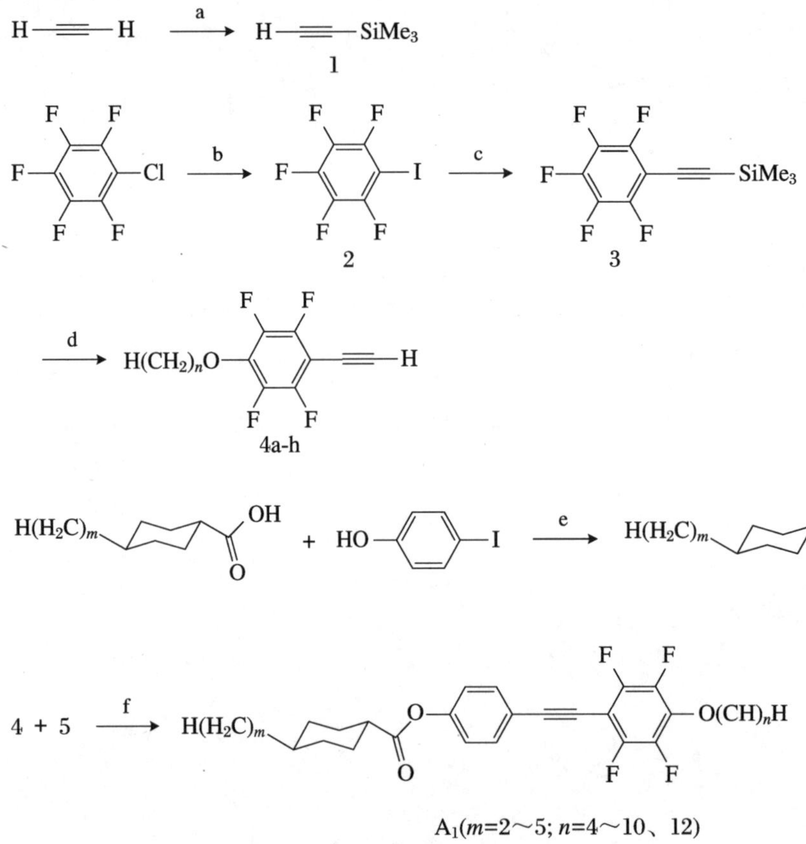

H—≡—H —a→ H—≡—SiMe3 (1)

F5C6Cl —b→ 2 —c→ 3 —d→ 4a-h ($H(CH_2)_nO$-C6F4-≡-H)

$H(H_2C)_m$-C6H10-COOH + HO-C6H4-I —e→ 5a-d

4 + 5 —f→ $H(H_2C)_m$-C6H10-COO-C6H4-≡-C6F4-$O(CH)_nH$

$A_1(m=2\sim5;\ n=4\sim10、12)$

图 2.9.4　化合物 A_1 的合成路线

反应试剂和条件：a. ① C_2H_5BrMg/THF；② $ClSiMe_3$/THF。b. ① Mg/THF；② I_2/THF。c. 中间体 1，$Pd(PPh_3)_2Cl_2$，CuI，Et_3N。d. $C_nH_{2n+1}OH$，K_2CO_3，DMF，r. t.。e. DCC，催化量 DMAP，CH_2Cl_2。f. $Pd(PPh_3)_2Cl_2$，CuI，Et_3N

9.2.2　化合物 B 的合成路线

化合物 B 的合成路线如图 2.9.5 所示。中间体 5a-d 与三甲基硅乙炔（中间体 1）偶联，脱去保护后，得到相应的炔（中间体 6a-d）。另一关键中间体氟代碘苯（中间体 7、9、10、11）可由三条路线得到：(1) 由多氟溴苯制成格氏试剂，碘取代后得到。(2) 由芳胺制成重氮盐，再碘取代得到。(3) 由邻二氟苯与 BuLi 反应，碘取代后制得。最后由氟代碘苯（中间体 7、9、10、11）与中间体 6a-d 偶联即得目标化合物 B。

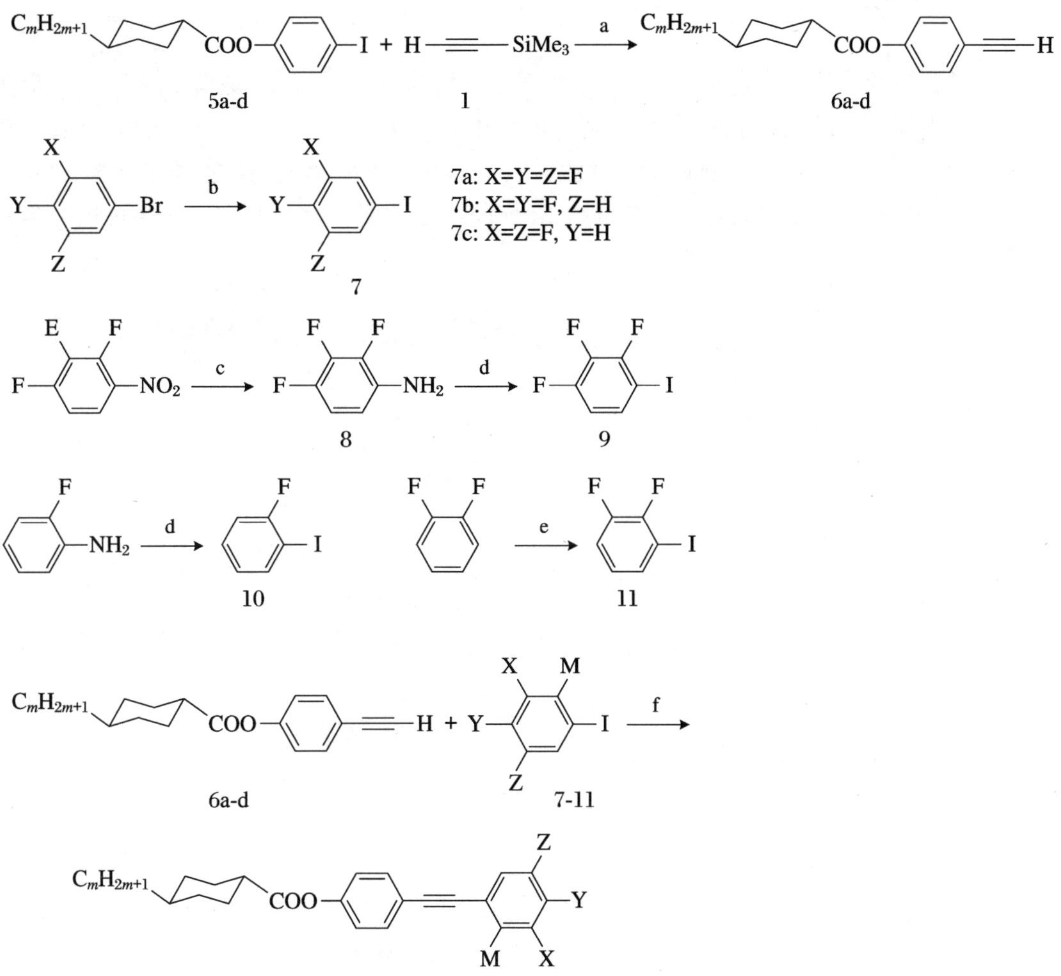

7a: X=Y=Z=F
7b: X=Y=F, Z=H
7c: X=Z=F, Y=H

B(m = 2～5)

B_1：M = X = Y = F，Z = H；　B_2：X = Y = Z = F，M = H；

B_3：X = Y = F，M = Z = H；　B_4：X = Z = F，M = Y = H；

B_5：M = X = F，Y = Z = H；　B_6：M = Y = F，X = Z = H；

B_7：M = F，X = Y = Z = H；　B_8：X = F，M = Y = Z = H；

B_9：Y = F，M = X = Z = H

图 2.9.5　化合物 B 的合成路线

反应试剂和条件：a. ① $Pd(PPh_3)_2Cl_2$，CuI，Et_3N；② TBAF/THF。b. ① Mg/THF；② I_2/THF。c. Fe/HCl/H_2O。d. $NaNO_2$，KI，Cu。e. ① BuLi/THF；② I_2/THF。f. $Pd(PPh_3)_2Cl_2$，CuI，Et_3N

9.2.3 化合物C的合成路线

我们以化合物 C_1 为例来说明这一系列化合物的合成,其合成路线如图 2.9.6 所示[5]。首先,6-氯尼可酸与烷基醇反应生成相应的酯中间体 12a-f,然后和三甲基硅乙炔在钯催化下发生氯原子的 Sonogashira 偶联,并脱去三甲硅基保护后得到吡啶乙炔中间体 13a-f。最后由中间体 5a-d 与中间体 13a-f 发生 Sonogashira 偶联反应得到所需要的吡啶类化合物 C_1。

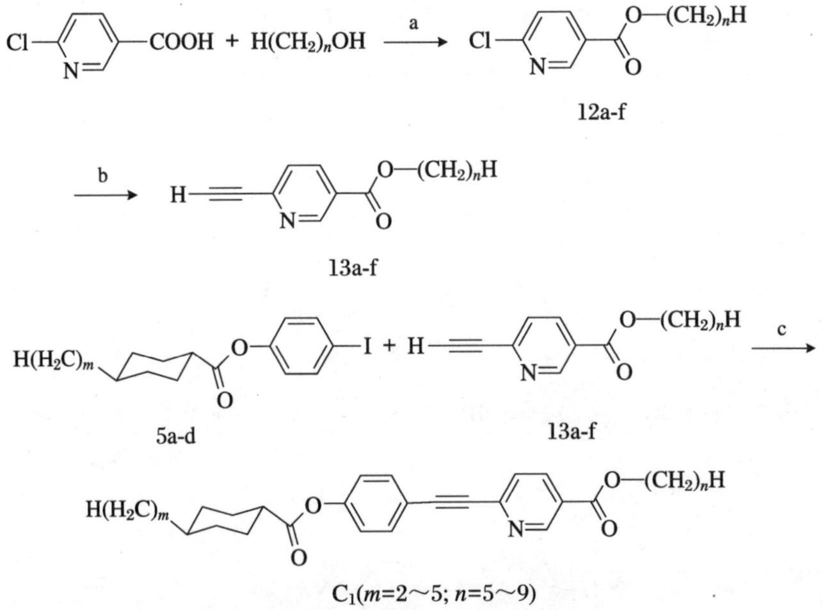

图 2.9.6 化合物 C_1 的合成路线

反应试剂和条件:a. DCC,催化量 DMAP,CH_2Cl_2。b. ① 中间体 1,$Pd(PPh_3)_2Cl_2$,CuI,Et_3N;② TBAF/THF。c. $Pd(PPh_3)_2Cl_2$,CuI,Et_3N

9.3 化合物的相变研究

9.3.1 多氟二苯乙炔环己基液晶(A系列化合物)的相变研究

A_1 的相变性质列于表 2.9.1 中,A_2、A_3 和 A_4 的相变性质列于表 2.9.2 中。

表 2.9.1　反式-4-烷基环己基甲酸酯的二苯乙炔类液晶 A_1 的相变性质

系列	*n*	*m*	相变温度/℃	向列相宽/℃
	5	2	Cr 77.8 N 172.7 I 172.5 N 41.4 Recr	94.9
	5	3	Cr 65.0 N 196.4 I 196.1 N 32.5 Recr	131.4
	4	4	Cr 76.4 N 203.6 I 202.7 N 44.6 Recr	126.8
	5	4	Cr 70.4 N 191.6 I 191.2 N 48.8 Recr	121.2
	6	4	Cr 65.1 N 186.9 I 186.3 N 39.5 Recr	121.8
	7	4	Cr 57.9 N 179.8 I 179.5 N 40.5 Recr	121.9
	8	4	Cr 61.3 N 178.6 I 177.6 N 43.1 Recr	117.3
A_1	10	4	Cr 54.3 N 164.4 I 163.5 N 44.1 Recr	110.1
	5	5	Cr 60.5 SmA 81.0 N 192.8 I 192.1 N 74.2 SmA 34.7 Recr	111.8
	6	5	Cr 53.0 SmA 63.2 N 188.3 I 186.7 N 63.2 SmA 30.8 Recr	125.1
	7	5	Cr 57.9 SmA 69.1 N 181.6 I 181.1 N 67.6 SmA 31.3 Recr	112.5
	8	5	Cr 52.9 N 177.9 I 177.6 N 40.4 Recr	125.0
	9	5	Cr 51.6 N 171.5 I 169.8 N 38.5 Recr	119.9
	12	5	Cr 63.4 N 157.2 I 156.1 N 43.5 Recr	93.8

表 2.9.2　含 2,3-二氟取代和环己基化合物 A_2、A_3 和 A_4 的相变性质

系列	*n*	*m*	相变温度/℃	向列相宽/℃
	8	2	Cr 55.6 N 178.8 I 178.4 N 30.8 Recr	123.2
	8	3	Cr 43.8 SmA 50.3 N 198.7 I 198.0 N 49.5 SmA 27.4 Recr	148.4
	8	4	Cr 57.4 SmA 77.7 N 195.9 I 195.2 N 76.8 SmA 25.1 Recr	118.2
	3	5	Cr 76.6 N 226.3 I 225.4 N 65.2 Recr	149.7
	4	5	Cr 82.8 N 223.8 I 223.1 N 54.9 Recr	141.0
	5	5	Cr 61.3SmA 69.1 N 213.7 I 213.0 N 68.7 SmA 46.7 Recr	144.6
A_2	6	5	Cr 66.1 SmA 77.8 N 209.3 I 208.6 N 77.4 SmA 35.9 Recr	131.5
	7	5	Cr 62.8 SmA 88.9 N 200.2 I 199.7 N 88.2 SmA 31.5 Recr	111.3
	8	5	Cr 50.3 SmA 96.1 N 197.2 I 196.9 N 95.3 SmA 28.8 Recr	101.1
	9	5	Cr 68.3 SmA 98.1 N 189.1 I 188.4 N 97.3 SmA 54.1 Recr	91.0
	10	5	Cr 56.9 SmA 103.7 N 185.6 I 184.8 N 103.1 SmA 31.7 Recr	81.9
	12	5	Cr 62.2 SmA 106.8 N 173.1 I 172.2 N 105.3 SmA 42.6 Recr	66.3
A_3	9	5	Cr 82.1 N 161.3 I 160.8 N 39.6 Recr	80.2
	3	5	Cr 115.5 N 219.6 I 219.1 N 92.4 Recr	104.1
A_4	4	5	Cr 116.3 N 215.7 I 215.1 N 98.6 Recr	99.4
	5	5	Cr 91.7 SmA 95.1 N 206.0 I 205.8 N 94.1 SmA 61.8 Recr	110.9

相变研究表明，A_1 系列化合物主要呈现互变向列相，而且向列相范围都相当宽(93.8～131.4 ℃)，熔点较低。两侧碳链对液晶性的影响不一致，当四氟苯侧的碳链固定在 $n=5$ 时，清亮点和熔点随着环己基侧的碳链增长而发生奇偶性变化。而当环己基侧的碳链稳定在 $m=4$ 或者5时，随四氟苯侧的碳链的增长，清亮点是下降的，而熔点也呈下降趋势；液晶相范围变窄。当 $m=5$ 时，随四氟苯侧的碳链的增长，短碳链时出现近晶A相，而长碳链时只出现向列相，这和我们以前得到的结论不一致。类似的现象在4-(反式-4′-正烷基环己基)环己氰(CCH)(图2.9.7)的相变研究中发现。CCH也是短碳链出现近晶相，而长碳链出现向列相。通过X射线研究，发现CCH在长碳链时形成氰基偶极-偶极相互作用的二聚体。二聚体不容易层状排列，呈现向列相。而短碳链时，不容易形成二聚体，单体容易由侧向相互作用形成层状结构，呈现近晶相[6]。但是在 A_1 系列中没有氰基之类的极性基团，出现如此奇怪的相变性质需要深入研究[7,8]。

图2.9.7 CCH的分子结构

其他三类的环己烷化合物 A_2、A_3 和 A_4 都含有2,3-二氟取代，是可能的负性液晶。在 A_2 系列中，当两侧碳链变短时，呈现向列相；当一侧碳链增长时，开始出现近晶A相。清亮点随环己基端碳链的增长而呈现奇偶变化，随2,3-二氟苯端的烷氧基链的增长而降低。此类化合物有很宽的向列相温度范围，是一类非常有应用前景的液晶材料。

A_2 和 A_3 系列的酯基桥键方向不同，化合物 A_3 有较高的熔点、较低的清亮点、较窄的液晶相宽，但是相态单一，只呈现向列相，没有近晶相。比较 A_4 系列与 A_2 系列，我们发现桥键由炔基变为酯基，化合物的熔点升高，清亮点降低，液晶相变窄。

9.3.2 含多氟苯端基的环己基类液晶(B系列化合物)的相变研究

为了研究末端氟取代苯基对液晶性的影响，含有九种末端氟取代(4-氟、3-氟、2-氟、2,4-二氟、2,3-二氟、3,5-二氟、3,4-二氟、3,4,5-三氟、2,3,4-三氟)苯基环己基羧酸酯的液晶化合物B被合成，其相变性质列于表2.9.3中。有趣的是，尽管氟原子取代对液晶性的影响很大，但是这些化合物都只呈现互变向列相。其中侧向氟取代，如3,5-二氟、2,3-二氟、3-氟、2-氟不利于液晶相的稳定性；而对位氟取代(4-氟)有利于液晶相的稳定性，有很宽的向列相温度范围。这是由于氟代后空间效应和电子效应综合作用的结果。对位取代后，分子的长度增加，长宽比增大，同时分子极性增大，因而其液晶性增强；而侧向的间位和邻位取代后，分子宽度增大，长宽比减小，分子间作用力减小，故液晶性不如对位取代的好。

表 2.9.3　反式-4-烷基环己甲酸-4-多氟苯基乙炔基苯酚酯的相变性质

化合物	m	$T_{Cr\rightarrow N}$/℃	$T_{N\rightarrow Iso}$/℃	向列相宽/℃
B_1	2	84.6	165.3	80.7
	3	92.4	184.4	92.0
	4	84.6	192.5	107.9
B_2	2	64.5	179.4	114.9
	3	82.3	141.6	59.3
	4	74.3	156.7	82.4
B_3	2	81.6	153.2	71.6
	3	83.6	183.5	99.9
B_4	3	105.2	127.1	21.9
B_5	2	94.1	101.4	7.3
	3	100.4	144.3	43.9
	4	107.1	152.7	45.6
B_6	2	74.6	189.7	115.1
B_7	2	82.7	108.6	25.9
	3	82.8	138.8	56.0
	4	80.6	123.8	43.2
	5	82.3	130.1	47.8
B_8	3	112.1	145.9	33.8
B_9	2	89.1	192.8	103.7

9.3.3　含吡啶环的环己基类液晶(C 系列化合物)的相变研究

该类液晶的相变温度列于表 2.9.4 中。在这类液晶中,化合物一般呈现互变的向列相和近晶 A 相。当侧链增长时,还会呈现近晶 E 相,但是单变或者互变近晶 E 相的出现没有明显的规律。增加一个苯环后,化合物 C_2 的熔点有所增加,而清亮点升高很多,因此液晶相范围大大加宽。因为增加一个苯环后,分子的共轭程度增大,刚性增强,分子的各向异性也增大,从而导致液晶相的热稳定性大大提高。

此外,为了研究酯基链中支链对液晶相变行为的影响,我们合成了化合物 D。为了比较,表 2.9.5 中列出了化合物 D 的相变温度及与其具有相同碳链长度($n=7$)和相同碳原子数($n=8$)的化合物 C_1 的相变温度。随着酯基链上支链的引入,熔点有所提高,但清亮点大大降低了,液晶相存在的温度范围减小,液晶相的热稳定性降低;分子倾向于倾斜排列,有利于形成手性近晶 C 相。

表 2.9.4 吡啶乙炔类液晶的分子结构和相变温度

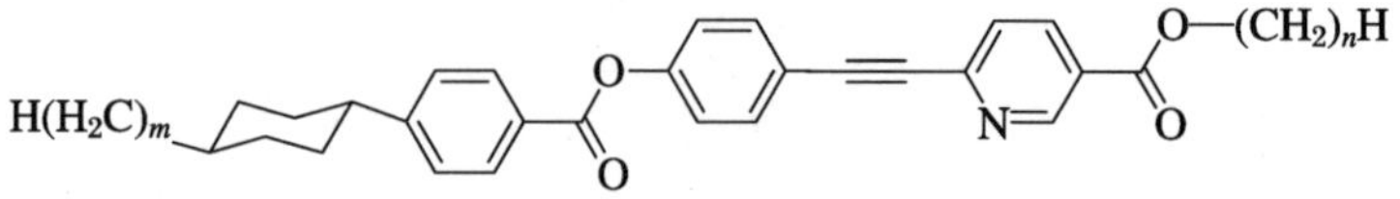

系列	m	n	相变温度/℃
	2	7	Cr 107.8 N 153.4 I 153.2 N 98.6 Recr
	2	8	Cr 110.1 N 145.6 I 145.2 N 102.3 Recr
	3	5	Cr 88.8 SmA 113.4 N 189.7 I 189.1 N 111.5 SmA 74.5 Recr
	3	6	Cr 92.9 SmA 123.8 N 180.9 I 180.3 N 122.7 SmA 81.0 Recr
	3	7	Cr 88.0 SmA 119.9 N 175.1 I 174.9 N 119.4 SmA 73.1 Recr
	3	8	Cr 89.5 SmA 125.0 N 170.6 I 170.2 N 125.7 SmA 78.1 Recr
	3	9	Cr 82.1 SmA 125.6 N 167.0 I 166.0 N 125.1 SmA 71.3 Recr
	4	5	Cr 91.3 SmA 137.5 N 187.6 I 186.7 N 135.7 SmA 89.6 SmE 71.5 Recr
C_1	4	6	Cr 94.9 SmE 106.2 SmA 140.1 N 177.5 I 176.8 N 139.2 SmA 89.9 SmE 74.7 Recr
	4	7	Cr 81.1 SmE 91.1 SmA 139.1 N 174.3 I 174.2 N 138.6 SmA 82.6 SmE 65.9 Recr
	4	8	Cr 94.9 SmA 142.5 N 169.7 I 169.2 N 141.8 SmA 79.7 SmE 68.8 Recr
	4	9	Cr 93.1 SmE 102.7 SmA 140.1 N 177.5 I 177.0 N 139.4 SmA 89.9 SmE 72.9 Recr
	5	5	Cr 97.8 SmA 152.5 N 189.5 I 188.9 N 151.7 SmA 97.9 SmE 78.5 Recr
	5	6	Cr 95.7 SmE 99.7 SmA 155.7 N 181.6 I 180.9 N 155.1 SmA 95.7 SmE 70.1 Recr
	5	7	Cr 78.8 SmE 93.3 SmA 154.0 N 176.9 I 176.7 N 153.8 SmA 89.9 SmE 66.9 Recr
	5	8	Cr 93.0 SmA 156.1 N 173.3 I 173.0 N 155.8 SmA 88.5 SmE 71.0 Recr
	5	9	Cr 86.8 SmA 154.7 N 170.3 I 169.8 N 153.8 SmA 84.9 SmE 63.1 Recr
C_2	3	8	Cr 122.2 SmA 236.2 N 264.7 I 273.5 N 235.2 SmA 114.7 Recr

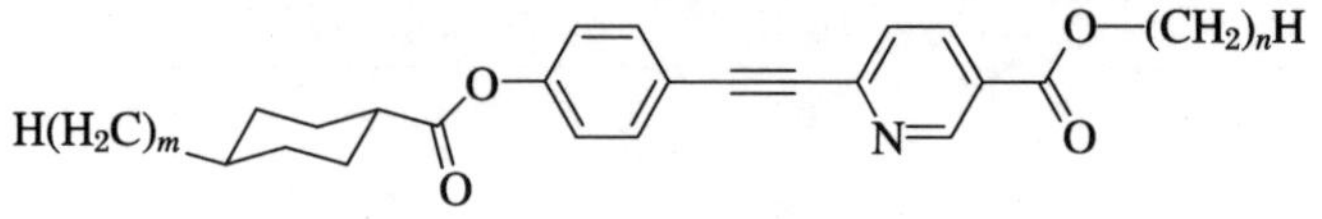

表 2.9.5 酯基链中支链对吡啶乙炔类液晶的相变影响

D n-C_mH_{2m+1} … COO … COO … m=3～5

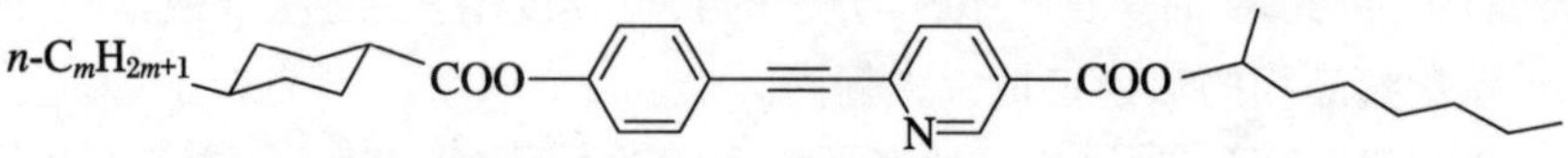

$C_1(n=7)$ n-C_mH_{2m+1} … COO … COO … m=3～5

$C_1(n=8)$ n-C_mH_{2m+1} … COO … COO … m=3～5

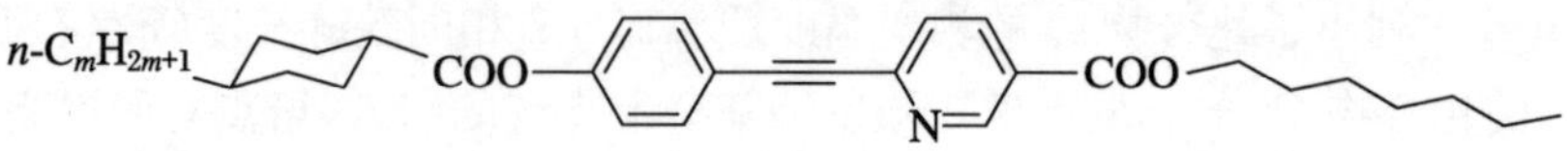

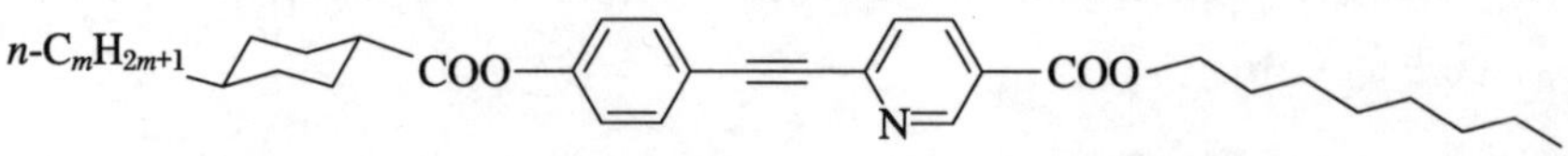

续表

系列	m	相变温度/℃
D	3	C 92.3 SmC* 113.3 I 112.5 SmC* 73.9 Recr
	4	C 95.7 SmC* 115.7 I 114.7 SmC* 83.5 S? 73.3 Recr
	5	C 90.2 SmC* 121.4 I 120.6 SmC* 79.3 S? 74.7 Recr
C_1 ($n=7$)	3	C 88.0 SmA 119.9 N 175.1 I 174.9 N 119.4 SmA 73.1 Recr
	4	C 81.1 S? 91.1 SmA 139.1 N 174.3 I 174.2 N 138.6 SmA 82.6 S? 65.9 Recr
	5	C 78.8 S? 93.3 SmA 154.0 N 176.9 I 176.7 N 153.8 SmA 89.9 S? 66.9 Recr
C_1 ($n=8$)	3	C 89.5 SmA 125.0 N 170.6 I 170.2 N 125.7 SmA 78.1 Recr
	4	C 94.9 SmA 142.5 N 169.7 I 169.2 N 141.8 SmA 79.7 S? 68.8 Recr
	5	C 93.0 SmA 156.1 N 173.3 I 173.0 N 155.8 SmA 88.5 S? 71.0 Recr

9.4　典型中间体和目标化合物的合成方法

1. 三甲基硅乙炔(中间体1)

乙基溴化镁的制备：在一干燥的250 mL三颈瓶上装进气头、冷凝管(带液封)、滴液漏斗，加入135 mL THF和7 g镁粉(0.29 mol)，通入N_2 5 min后，漏斗中加入C_2H_5Br，稍加热后引发反应，出现回流后，开始滴加C_2H_5Br，滴加速度以使反应体系保持温和回流为宜，约半小时加完，C_2H_5Br的总用量为30 g(21 mL，0.275 mol)。加完C_2H_5Br后，加热体系继续保持缓慢回流30 min，冷却备用。

在一干燥的500 mL三颈瓶中加入165 mL新处理的THF，装上温度计、乙炔进气口和盛有新制备的C_2H_5MgBr的滴液漏斗。冰盐浴冷却至0℃，通入乙炔，同时滴加C_2H_5MgBr。待反应产生的小气泡(乙烷)减少而出现大气泡(乙炔)时，反应体系中出现越来越多的悬浮物。滴加完毕后，保持反应温度为0℃，继续通入乙炔45 min。然后由滴液漏斗缓慢滴加27 g(32 mL，0.25 mol)Me_3SiCl(滴加时间为1 h，温度保持0～4℃)。加完后撤去冰盐浴，密封室温反应24 h。然后加入由冰水配成的饱和NH_4Cl溶液100 mL。反应结束后再加入500 mL NH_4Cl溶液，分出有机层，用10%的NaCl洗至体积不再减少为止，加入无水Na_2SO_4干燥，蒸馏，得强烈刺激性的液体10 g，产率41.2%，沸点52.0℃。

^1H NMR(Neat/TMS) δ：0.05(s，9H，3×CH_3)；2.15(s，1H)。

2. 五氟碘苯(中间体2)

在一干燥的250 mL三颈瓶上装一液封、低温温度计、N_2进口。加入190 mL无水THF、3.3 g镁屑(0.14 mol)，通N_2 5 min，加入五氟氯苯16 mL(25 g，0.125 mol)，在N_2保护下室温搅拌，10 min后温度慢慢上升，溶液由无色透明逐渐变黄，待溶液的黄色较明显时，把反应瓶放入乙醇/干冰浴中，冷却至−10℃。保持这个温度反应，体系的颜色逐渐加深，并有白色晶体形成。反应1 h后，放热现象不再明显时，分批加入36 g(0.14 mol)I_2，并控制温度在 -5～0 ℃范围内，加完I_2后继续搅拌15 min，反应体系颜色由褐色变为黄色，并不断加深，当出现红棕色时说明反应已结束。缓慢加入由30 mL浓HCl和40 mL水配成的溶液，分层，分出下面的有机相，水相用乙醚(2×100 mL)萃取，合并有机相，有机层用100 mL 10%的硫代硫酸钠溶液洗3次至中性，有机层用无水Na_2SO_4干燥，蒸去乙醚和THF，减压蒸馏得棕色透明液体28.63 g，产率78.6%，沸点75～77 ℃(32.5 mmHg)。

^{19}F NMR(CCl_4/TFA) δ:42.0(m,2F),76.0(m,1F),83.0(m,2F)。

3. 三甲基硅基五氟苯乙炔(中间体3)

在一装有0.50 g Pd(PPh_3)$_2$$Cl_2$和0.150 g CuI的250 mL三颈瓶中加入新蒸的Et_3N 100 mL、五氟碘苯10 g(0.034 mol)、三甲基硅乙炔4.5 g(0.045 mol)，通N_2 5 min后，在30～35 ℃下反应，用氟谱跟踪，直到反应结束。加入100 mL乙醚，过滤，并用乙醚洗涤残渣，有机相用水洗至中性，再用无水Na_2SO_4干燥，蒸出乙醚和Et_3N，减压蒸馏得无色透明液体7.5 g，产率85%，沸点59～61 ℃(2 mmHg)。

^{1}H NMR(CCl_4/TMS) δ:0.13(s,CH_3)。^{19}F NMR(CCl_4/TFA) δ:59.5(m,2F),76.5(m,1F),86.0(m,2F)。

4. 4-正戊氧基-2,3,5,6-四氟苯乙炔(中间体4, *n* = 5)

在一个50 mL圆底烧瓶中加入中间体3 1.0 g(3.78 mmol)、K_2CO_3 1.0 g(7.24 mmol)、1-戊醇1.1 mL(10 mmol)和DMF 10 mL。室温搅拌，用氟谱跟踪，直至反应结束。加入30 mL乙醚和水的混合物，萃取，合并有机相，无水Na_2SO_4干燥后，蒸出溶剂，柱层析分离，纯石油醚作淋洗剂，得白色针状晶体0.88 g，产率89.3%。

^{1}H NMR(CCl_4/TMS) δ:0.90(t,3H,J = 6.00 Hz),1.10～2.00(m,6H),3.50(s,1H),4.25(t,2H,J = 6.00 Hz)。^{19}F NMR(CCl_4/TFA) δ:61.0(m,2F),80.5(m,2F)。

5. 4-碘基苯-4-戊基环己基-1-甲酸酯(中间体5d, *m* = 5)

在一个50 mL蛋形瓶中加入4-戊基环己基-1-甲酸1.98 g(10.0 mmol)、对碘苯酚2.20 g(10.0 mmol)、DCC 2.06 g(10.0 mmol)、DMAP 20 mg和CH_2Cl_2 20 mL。室温搅拌7 h，TLC跟踪至反应完全。过滤除去不溶物，滤液蒸去溶剂后用石油醚/乙酸乙酯(体积比为10∶1)作为淋洗剂过柱分离，得白色固体3.56 g，产率89.0%。

^{1}H NMR(CCl_4/TMS) δ:0.95(t,3H,CH_3,J = 6.00 Hz),1.15～2.70(m,18H),6.90(d,2H)/7.70(d,2H)(AA′BB′,J = 9.00 Hz)。

6. 4-乙炔基苯基 trans-4-丙基环己基-1-甲酸酯(中间体6b)

在一个50 mL三颈瓶中加入Pd(PPh_3)$_2$$Cl_2$ 11 mg、CuI 5 mg、中间体5b 1.016 g(2.7 mmol)和Et_3N 15 mL，N_2保护下加入三甲基硅乙炔275 mg(2.8 mmol)，35～40 ℃下反应4 h，反应结束。过滤除去不溶固体，滤液除去溶剂，再用石油醚/乙酸乙酯(体积比为10∶1)作为淋洗剂快速柱层析。所得物加入TBAF 850 mg(2.7 mmol)和15 mL THF。室温搅拌3 min。抽干溶剂，所得物用石油醚/乙酸乙酯(体积比为10∶1)作为淋洗剂过柱分离，得白色固体0.53 g，产率72.7%。

^{1}H NMR(CCl_4/TMS) δ:0.70～2.70(m,17H),3.05(s,1H),7.00(d,2H)/7.45(d,

2H)(AA′BB′,$J=9.00$ Hz)。

7. 3,4,5-三氟碘苯(中间体 7a)

在一个干燥的 250 mL 三颈瓶中装一液封、低温温度计、N_2 进口,加入 Mg 2.64 g(110 mmol)及 THF 150 mL。通 N_2 5 min,加入少量3,4,5-三氟溴苯及一小粒碘引发反应。溶液由黄色很快变成白色浑浊,逐滴加入 3,4,5-三氟溴苯,至总量为 21.1 g(100 mmol)。加完后,25～30 ℃下保温半小时,使反应完全。再滴加 I_2 的 THF 溶液(碘 27.94 g 溶于20 mL THF 中)。加完后,搅拌 1 h。再加入由 30 mL 浓 HCl 和 40 mL 水所配成的溶液。搅拌一会儿,分出有机层。水层用乙酸乙酯(3×80 mL)萃取,合并有机层,用饱和 $Na_2S_2O_3$ 溶液洗至中性。有机层用无水 Na_2SO_4 干燥,蒸去溶剂,减压蒸馏得棕色透明液体 20.56 g,产率 79.7%。

^{1}H NMR(CCl_4/TMS) δ:7.30(m,2H)。^{19}F NMR(CCl_4/TFA) δ:55.5(m,2F),84.0(m,1F)。

8. 2,3,4-三氟苯胺(中间体 8)

在装有搅拌棒、温度计和回流冷凝管的 500 mL 三颈瓶中加入还原铁粉 56.0 g(1.0 mol)、水 180 mL 及浓 HCl(0.4 mol),搅拌加热至回流,滴加 2,3,4-三氟硝基苯 35.4 g(0.2 mol),滴定后再回流 4 h。冷却,用饱和 Na_2CO_3 溶液中和至弱碱性,过滤除去未反应的铁粉。滤液用乙醚(3×50 mL)萃取,合并萃取液,用无水 Na_2SO_4 干燥,蒸去乙醚,再减压蒸馏得无色液体 25.3 g,产率 86.0%。

^{1}H NMR(CCl_4/TMS) δ:3.55(s,2H,NH_2),6.50(m,2H)。^{19}F NMR(CCl_4/TFA) δ:74.0(m,1F),81.5(m,1F),86.5(m,1F)。

9. 2,3,4-三氟碘苯(中间体 9)

将2,3,4-三氟苯胺 4.3 g(29.25 mmol)溶于 20 mL 浓 H_2SO_4 和 5 mL 水中。冷却至 0 ℃,滴加 $NaNO_2$ 溶液(2.03 g $NaNO_2$ 溶于 8 g 水中)。滴完后继续搅拌 30 min,然后倒入 KI 溶液(7.3 g KI 溶于 20 g 水)中,加入铜粉 30 mg,搅拌一会儿,自然升温至室温,再搅拌 1 h。滤液用乙醚(3×50 mL)萃取,合并萃取液,用 $Na_2S_2O_3$ 的稀溶液洗涤 3 次。溶液由棕红色变成黄色。用无水 $MgSO_4$ 干燥后,除去溶剂,用正戊烷作为淋洗剂快速柱层析,蒸馏得无色液体 5.858 g,产率 77.6%。

^{1}H NMR(CCl_4/TMS) δ:6.35(m,1H),6.80(m,1H)。^{19}F NMR(CCl_4/TFA) δ:35.0(m,1F),56.5(m,1F),80.0(m,1F)。

10. 6-氯尼可酸庚酯(中间体 12c)

在一个 100 mL 蛋形瓶中加入 6-氯尼可酸 1.00 g(6.29 mmol)、正庚醇 5.84 g(50.34 mmol)、DCC 1.46 g(7.08 mmol)、DMAP 20 mg 和 THF 40 mL。室温搅拌 10 h,TLC 跟踪至反应完全。过滤除去白色沉淀,滤液除去溶剂,所得物用石油醚/乙酸乙酯(体积比为 10∶1)作为淋洗剂过柱分离,得浅黄色液体 1.301 g,产率 81.1%。

^{1}H NMR(CCl_4/TMS) δ:0.85(t,3H,CH_3,$J=6.00$ Hz),1.05～2.00(m,10H),4.30(t,2H,OCH_2,$J=6.00$ Hz),7.35(d,1H,$J=9.00$ Hz),8.15(d,1H,$J=9.00$ Hz),8.95(s,1H)。

11. 6-乙炔基尼可酸庚酯(中间体 13c)

在一个 50 mL 三颈瓶中加入 $Pd(PPh_3)_2Cl_2$ 20 mg、CuI 10 mg、中间体 12c 1.19 g(4.67 mmol)和 Et_3N 20 mL，N_2 保护下加入三甲基硅乙炔 457 mg(4.66 mmol)，35～40 ℃下反应 4 h，反应完全。过滤除去不溶固体，滤液除去溶剂，再用石油醚/乙酸乙酯(体积比为 10∶1)作为淋洗剂快速柱层析。所得物加入 TBAF 1.22 g(4.67 mmol) 和 20 mLTHF。室温搅拌 3 min。抽干溶剂，所得物用石油醚/乙酸乙酯(体积比为 10∶1)作为淋洗剂过柱分离，得浅黄色产物 630 mg，产率 55%。

^1H NMR(CCl_4/TMS) δ：0.80(t，3H，CH_3)，1.00～1.90(m，10H)，3.20(s，1H)，4.20(t，2H，OCH_2，$J=6.00$ Hz)，7.40(d，1H，$J=9.00$ Hz)，8.10(d，1H，$J=9.00$ Hz)，9.00(s，1H)。

12. 化合物 A_1($m=5$，$n=5$)

在一个干燥的 50 mL 三颈瓶上装 N_2 入口、回流冷凝管及液封，加入中间体 5d($m=5$) 152 mg(0.38 mmol)、中间体 4($n=5$)109 mg(0.42 mmol)、$Pd(PPh_3)_2Cl_2$ 15 mg、CuI 5 mg 和干燥的 Et_3N 15 mL。通 N_2 5 min 后，N_2 保护下，60 ℃搅拌 4 h，TLC 跟踪至反应完全。抽干溶剂，所得物用石油醚(沸点 60～90 ℃)/乙酸乙酯(体积比为 10∶1)作为淋洗剂过柱分离，再用甲醇/丙酮重结晶，得白色固体 190 mg，产率 94.0%。

^1H NMR($CDCl_3$) δ：1.0(t，3H，CH_3)，1.05(t，3H，CH_3)，1.20～2.60(m，24H)，4.30(t，2H，$J=6.00$ Hz，OCH_2)，7.10(d，2H)/7.60(d，2H)(AA′BB′，$J=8.50$ Hz，H_{arom})。^{19}F NMR($CDCl_3$/TFA) δ：59.50(m，2F)，79.50(m，2F)。IR(KBr，cm^{-1})：2924，2855，2020，1760，1754，1599，1513，1492，1392，1213，1164，1128，1118，983，848，710，534。MS(m/z，%)：352(M^+-180，75.23)。元素分析：理论值(%)：C 69.92，H 6.77，F 14.28；实测值(%)：C 69.85，H 6.77，F 14.19。

13. 化合物 B_1(M=X=Y=F，Z=H)($m=3$)

在一个干燥的 50 mL 三颈瓶上装 N_2 入口、回流冷凝管及液封，加入中间体 6b 135 mg(0.50 mmol)、中间体 9 129 mg(0.50 mmol)、$Pd(PPh_3)_2Cl_2$(15 mg)、CuI(5 mg)和干燥的 Et_3N(15 mL)，通 N_2 5 min 后，N_2保护下，60 ℃搅拌 4 h，TLC 跟踪至反应完全。抽干溶剂，所得物用石油醚(沸点 60～90 ℃)/乙酸乙酯(体积比为 10∶1)作为淋洗剂过柱分离，再用甲醇/丙酮重结晶，得白色固体 129 mg，产率 64.5%。

^1H NMR($CDCl_3$/TMS) δ：0.60～2.70(m，17H)，7.00(m，2H，H_{arom})，7.10(d，2H)/7.55(d，2H)(AA′BB′，$J=9.00$ Hz，H_{arom})。^{19}F NMR($CDCl_3$/TFA) δ：51.50(m，1F)，53.00(m，1F)，81.00(m，1F)。IR(KBr，cm^{-1})：3081.1，2953.8，2934.0，2854.4，2221.2，1744.7，1599.8，1513.5，1377.9，1203.3，1165.2，1041.1，964.0，861.1，825.7，698.1，535.9。MS(m/z，%)：400(M^+，1.08)。元素分析：理论值(%)：C 71.98，H 5.79，F 14.23；实测值(%)：C 72.11，H 5.78，F 13.92。

14. 化合物 C_1($m=5$，$n=7$)

在一个干燥的 50 mL 三颈瓶上装 N_2 入口、回流冷凝管及液封，加入中间体 13c 69 mg(0.28 mmol)、中间体 5d 112 mg(0.28 mmol)、$Pd(PPh_3)_2Cl_2$ 15 mg、CuI 5 mg 和干燥的

Et_3N 15 mL,通 N_2 5 min 后,N_2 保护下,室温搅拌 4 h,TLC 跟踪至反应完全。抽干溶剂,所得物用石油醚(沸点 60～90 ℃)/乙酸乙酯(体积比为 10 ∶ 1)作为淋洗剂过柱分离,再用甲醇/丙酮重结晶,得白色固体产物 129 mg,产率 89.1%。

^1H NMR($CDCl_3$/TMS) δ:0.70～2.70(m,34H),4.50(t,2H,J = 6.00 Hz),7.30(d,2H)/7.85(d,2H)(J = 9.00 Hz,H_{arom}),7.70(d,1H,J = 9.00 Hz),8.40(dd,1H,J_1 = 2.00 Hz,J_2 = 9.00 Hz),9.35(s,1H)。IR(KBr,cm^{-1}):2926,2855,2222,1753,1716,1586,1506,1378,1267,1206,1157,1124,1015,979,849,778。MS(m/z,%):517(M^+,7.38)。元素分析:理论值(%):C 76.56,H 8.37,N 2.71;实测值(%):C 76.65,H 8.33,N 2.87。

参考文献

[1] HIRD M. Chem. Soc. Rev.,2007,36:2070.

[2] HIRD M,TOYNE K J,SLANEY A J,GOODBY J W. J. Mater. Chem.,1995:423.

[3] (a) CHEN X M,WEN J X. Liq. Cryst.,1999,26:1563.
(b) CHEN X M,LI H F,CHEN Z,LOU J X,WEN J X. Liq. Cryst.,1999,26:1743.

[4] 闻建勋,陈锡敏.中国发明专利,97106778.3,1997.

[5] (a) CHEN X M,WANG K,LI H F,WEN J X. Liq. Cryst.,2002,29:1105.
(b) CHEN X M,WANG K,LI H F,WEN J X. Liq. Cryst.,2002,29:989.

[6] HAASE W,PAULUS H. Mol. Cryst. Liq. Cryst.,1983,100:111.

[7] 陈锡敏.理学博士学位论文,中国科学院上海有机化学研究所,1999.

[8] 王侃.理学硕士学位论文,中国科学院上海有机化学研究所,2000.

第 10 章　含氟偶氮液晶

10.1　引言

偶氮类分子由于光和热稳定性不好，以及有较深的颜色，在液晶显示领域被弃用，但最近由于宾主型液晶的开发而受到了广泛的关注[1-21]。液晶显示的二色性染料在液晶中应该具有良好的溶解性和二色性。多偶氮、蒽醌等为主要二色性染料，含氟链以及含氟芳环类偶氮染料，已经被证实在液晶化合物中的优良溶解性。同时，氟原子的引入具有高极性和低黏度的特性，炔键也有利于向列相的稳定。

我们为观察不同含氟链以及芳香环上氟取代对偶氮苯乙炔类液晶的影响，合成了以下各类液晶分子[16,18,22-26]。

10.2　目标化合物

8NT4F　$H(CH_2)_nO$—(F, F, F, F)—≡—N=N—OC_8H_{17}

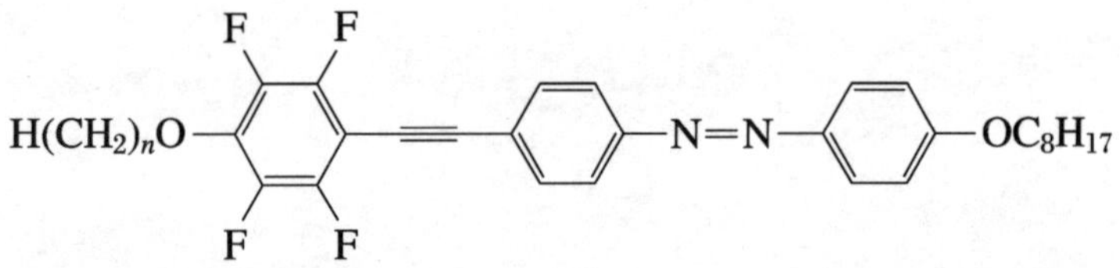

NT4F8　$C_8H_{17}O$—(F, F, F, F)—≡—N=N—$O(CH_2)_nH$

4NT2F　$H(CH_2)_nO$—(F, F)—≡—N=N—OC_4H_9

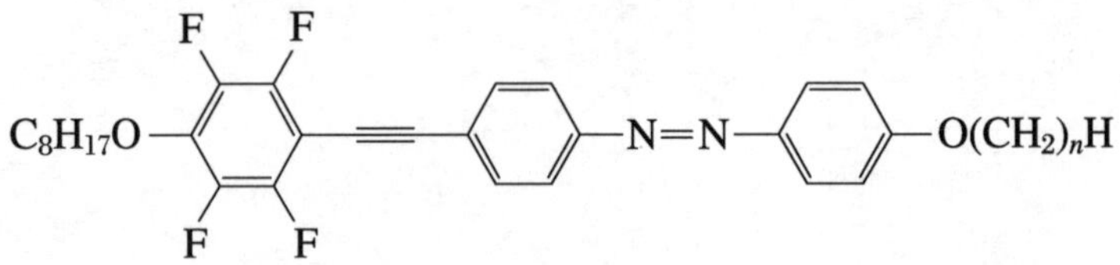

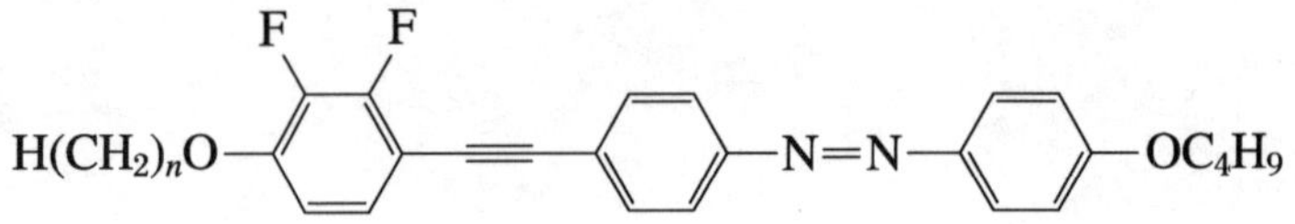

F F
NT2F7 $C_7H_{15}O$ — N=N — $O(CH_2)_nH$

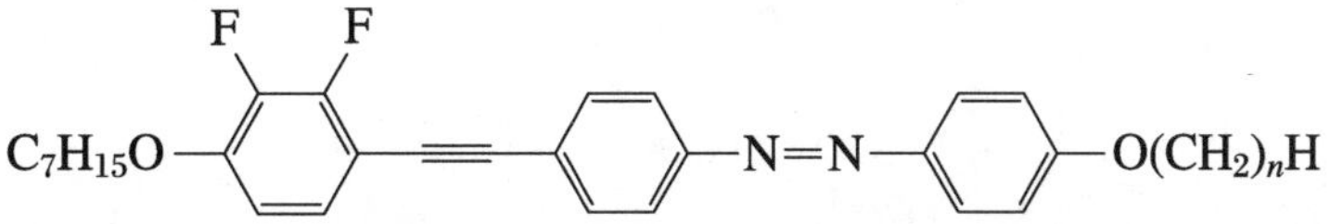

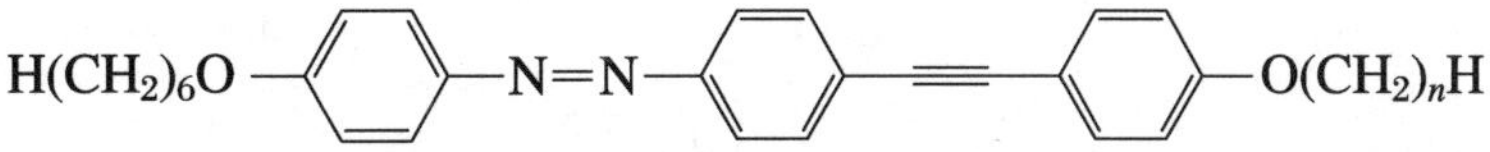

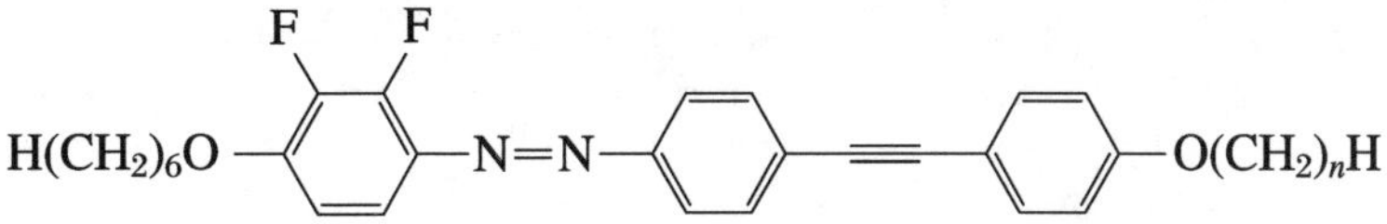

OD1-*n* $H(CH_2)_6O$ — N=N — $O(CH_2)_nH$

F F
OD2-*n* $H(CH_2)_6O$ — N=N — $O(CH_2)_nH$

F
OD3-*n* $H(CH_2)_6O$ — N=N — $O(CH_2)_nH$
F

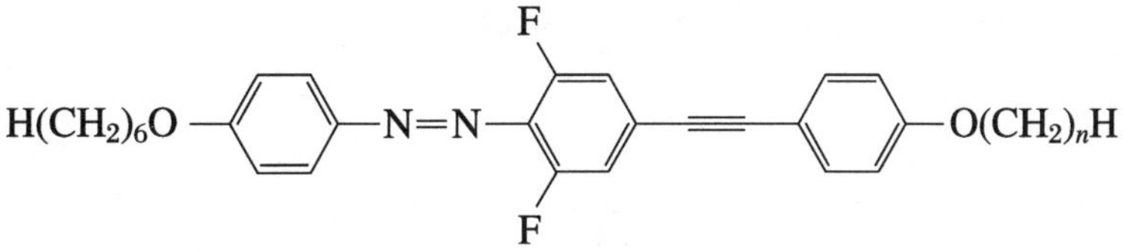

10.3　含氟偶氮液晶的基本合成路线

氟代苯胺和氟代苯乙炔的中间体的制备如图 2.10.1 所示。

偶氮类液晶中间体的制备：

2,6-二氟苯甲腈在 90%的浓硫酸中水解得到 2,6-二氟苯甲酰胺(43),然后用次溴酸的溶液将其降解为 2,6-二氟苯胺(44),用氯化碘在醋酸溶剂中碘代生成 4-碘-2,6-二氟苯胺(45)。对碘苯胺或氟代对碘苯胺先在盐酸溶液中生成盐酸盐,与亚硝酸钠作用生成重氮盐,重氮盐进攻苯酚或氟代苯酚中羟基的对位,生成 4-羟基-4′-碘-2′,6′-二氟偶氮苯(46),4-羟基-4′-碘偶氮苯(48),4-羟基-2,3-二氟-4′-碘偶氮苯(50)。然后与溴代烷在碱性条件下进行醚化反应,生成 4-*n*-烷氧基-4′-碘-2′,6′-二氟偶氮(47),4-烷氧基-4′-碘偶氮苯(49),4-*n*-烷氧基-2,3-二氟-4-碘偶氮苯(51)。(47)、(49)、(51)可与苯乙炔偶联得到目标化合物。也可以先与三甲基硅乙炔或 1,1-二甲苯-丙-2-炔-1-醇偶联,例如(49)与后者偶联生成 4-(2″-甲羟基-2″-羟基-3″-4-烷氧基偶氮苯(52),然后在甲苯溶剂中回流用氢氧化钾脱去保护基生成 4-乙炔基-4-烷氧基偶氮苯(53)。化合物(47)、(49)、(51)和烷氧基苯乙炔,(53)和碘化物用钯催化剂偶合成为目标化合物。

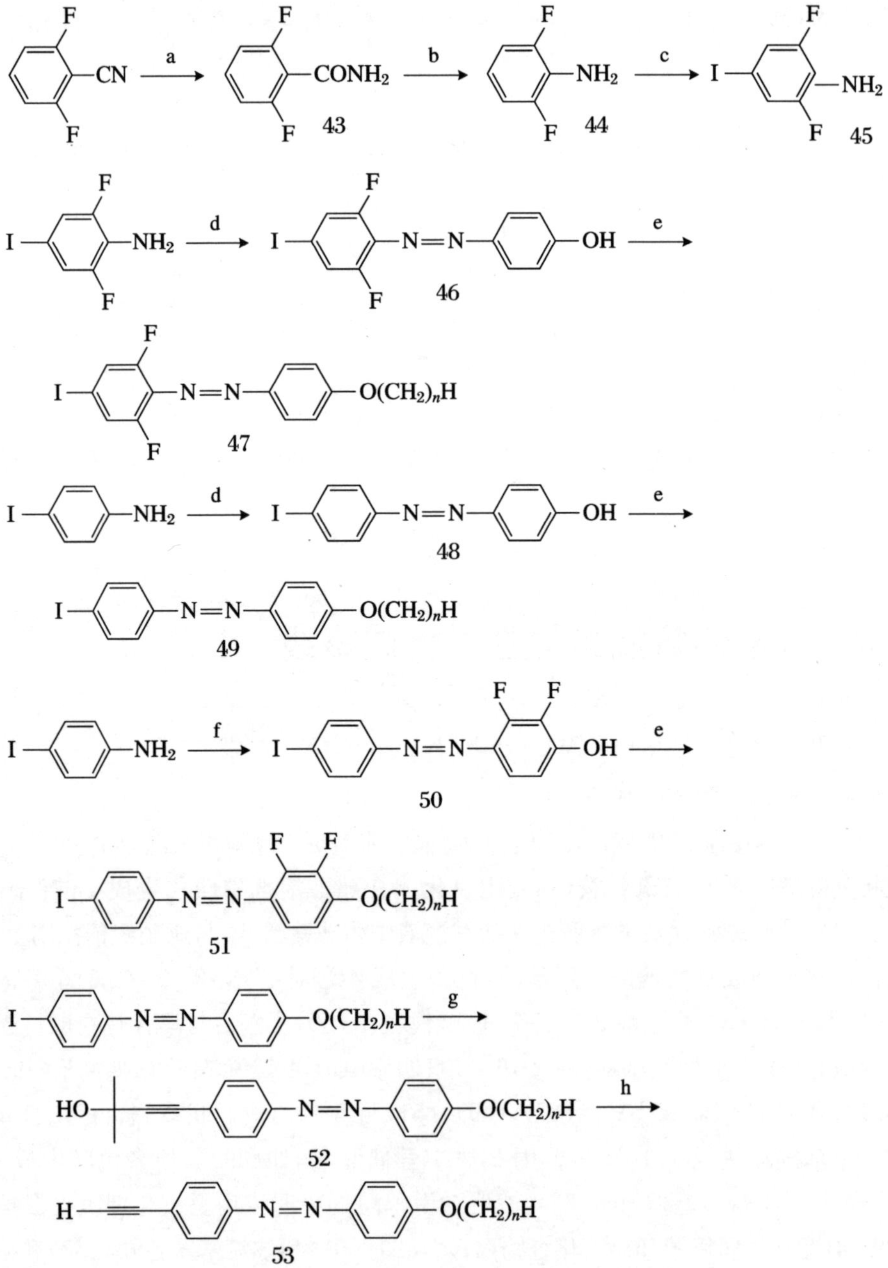

图 2.10.1 氟代苯胺和氟代苯乙炔的中间体的制备

a. 90% H_2SO_4。b. NaOBr，H_2O。c. ICl，HAC。d. $NaNO_2$，HCl。
e. $H(CH_2)_nBr$，KOH/KI，EtOH/H_2O。f. ① $NaNO_2$，HCl；② 2,3-二氟苯酚，NaOH，Na_2CO_3。
g. 1,1-丙-2-炔-醇，$Pd(PPh_3)_2Cl_2$，CuI(1)，PPh_3，THF，Et_3N。h. PhMe，120 ℃，KOH

OD1-*n*　4′-(4″-*n*-烷氧基苯乙炔基)-4-*n*-己氧基偶氮苯($n=7$、9)

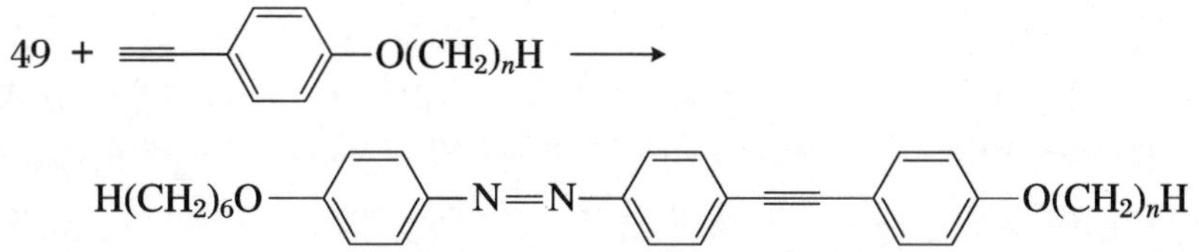

8NT4F　4′-(4″-*n*-烷氧基-2″,3″,5″,6″-四氟苯乙炔基)-4-*n*-辛氧基偶氮苯($n=5\sim9$)

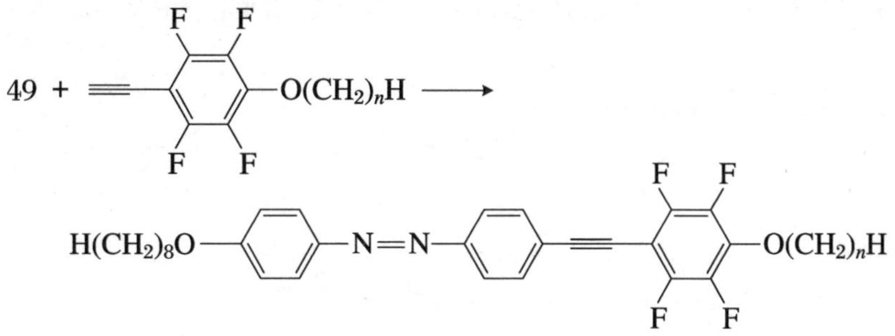

OD2-*n*　4′-(4″-*n*-己氧基苯乙炔基)-4-*n*-己氧基-2,3-二氟偶氮苯($n=6$、7)

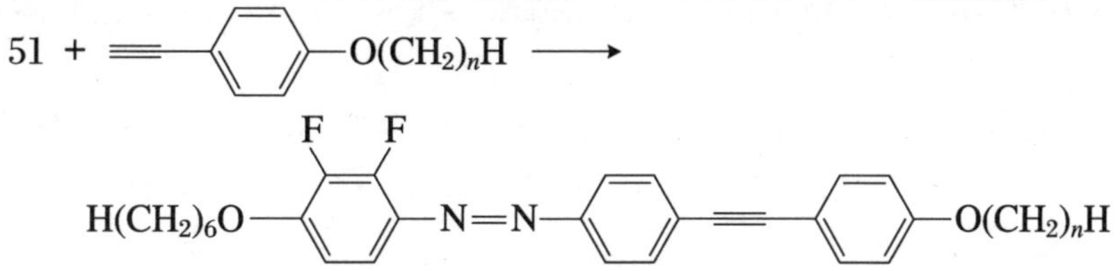

OD3-*n*　4′-(4″-*n*-辛氧基苯乙炔基)-4-*n*-己氧基-2′,6′-二氟偶氮苯

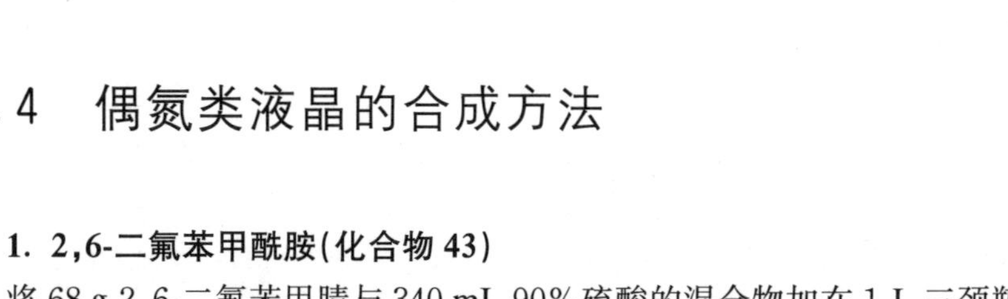

10.4　偶氮类液晶的合成方法

1. 2,6-二氟苯甲酰胺(化合物 43)

将 68 g 2,6-二氟苯甲腈与 340 mL 90%硫酸的混合物加在 1 L 三颈瓶中,在 70 ℃搅拌 5 h。倒入冰水中,析出结晶,抽滤。在滤液中加入浓氨水 450 mL,部分中和,结晶析出,再次抽滤,用水洗固体,烘干,得到白色固体 75 g,产率 98%。

MS(m/z):157(M^+,53.555),141(100.00),113(28.77)。^{1}H NMR($CDCl_3$/TMS,90 MHz) δ_H:4.50(m,2H,NH_2),6.90～7.40(m,3H,ArH)。^{19}F NMR($CDCl_3$/TFA,56.4 MHz) δ_F:34(m,2F)。

2. 2,6-二氟苯胺(化合物44)

首先将58 g氢氧化钠加入480 mL水中,溶解后,冷却至0 ℃,并滴加溴45.6 g,所得到的是次溴酸钠溶液。然后将38 g 2,6-二氟苯胺在0 ℃下一点点地于45 min内加入次溴酸钠溶液中,慢慢加热1.5 h内至沸腾。然后回流1 h,体系颜色变黑。水蒸气蒸馏,分出油状物,用乙醚萃取水层,合并有机相,无水硫酸钠干燥,抽出溶剂,收集68～70 ℃/39～40 mmHg馏分。

MS(m/z):129(M,1000),109(20.44),101(12.53)。^{1}H NMR($CDCl_3$/TMS,60 MHz) δ:3.80(m,2H,NH),6.90～7.40(m,3H,ArH)。^{1}F NMR($CDCl_3$/TFA,56.4 MHz) δ_F:55.7(m,2F)。

3. 4-碘-2,6-二氟苯胺(化合物45)

往100 mL三口烧瓶中加入6.4 g 2,6-二氟苯胺(0.05 mol)、20 mL冰醋酸,装电磁搅拌器和回流冷凝管、滴液漏斗,加热至沸腾,使其溶解。移去油浴,8.125 g氯化碘(0.05 mol)在10 mL冰醋酸中于30 min内滴完。适当加热,反应2 h。然后转移至锥形瓶中冷却,固体混合物用100 mL冰醋酸处理,抽滤,用冰醋酸洗涤。减压抽去深色母液中的溶剂,晶体转移回锥形瓶,再用50 mL冷冰醋酸充分清洗,再次抽滤,锥形瓶用冰醋酸(2×15 mL)冲洗。晶体尽可能抽干,关水泵,用少量乙醚洗涤,打开水泵抽去乙醚,干燥,得到淡黄色晶体8.41 g,产率66%。

MS(m/z):255(M^+,100.00),128(23.25)。^{1}H NMR($CDCl_3$/TMS,90 MHz) δ_H:3.7(m,2H,—NH),7.2(d,2H,J=9.0 Hz)。^{19}F NMR($CDCl_3$/TFA,56.4 MHz) δ_F:53.7(d,2F,J=9.0 Hz)。

4. 4-羟基-4′-碘偶氮苯(化合物48)

25 g对碘苯胺(0.114 mol)溶于48 mL盐酸和48 mL水的混合溶液,加热溶解,然后在冷水中冷却后用干冰/丙酮浴冷却至-5～0 ℃,然后滴加8.546 g亚硝酸钠(0.124 mol)的23 mL水溶液,保持温度滴完后,继续搅拌30 min。

在1 L的烧杯中向200 mL水中加入苯酚10.574 g(0.112 mol)、氧氧化钠12.796 g(0.32 mol)和碳酸钠(0.52 mol),搅拌使其溶解,冷却至-5～0 ℃,保持温度将前述的重氮盐溶液加入其中,并不停地搅拌使反应均匀,体系颜色成为深黑色,并产生很多气泡,这时可用少量乙醚加入消去气泡。全部加完后,保持1 h。然后用盐酸调节pH为强酸性(2～3),抽滤,得到沉淀。水洗后,用石油醚/乙酸乙酯(体积比为5∶1)柱层析,产品用丙酮/四氯化碳重结晶,然后用石油醚/乙酸乙酯(体积比为10∶1)再次柱层析,得到红褐色固体244 g,产率66%。

^{1}H NMR($CDCl_3$/TMS,60 MHz) δ_H:5.25(s,1H),6.85(d,2H,J=9 Hz),748～7.87(m,6H)。

5. 4-羟基-4′-碘-2′,6′-二氟偶氮苯(化合物46)

操作同4。

投料:2,6-二氟-4-碱苯胺5.005 g(19.63 mmol),苯酚1.845 g(19.63 mol),得到红褐色液体3.12 g,产率46%。

^{1}H NMR($CDCl_3$/TMS,90 MHz) δ_H:5.2(m,1H),6.98(d,2H,J=9 Hz),7.45(d,2H,

J=9 Hz),7.91(d,2H,J=9 Hz)。^{19}F NMR(CDCl$_3$/TFA,56.4 MHz) δ_F:43.7(m,2F)。

6. 4-羟基-2,3-二氟-4′-碘偶氮苯(化合物 50)

操作同 4。

投料:对碘苯胺 3.629 g(16.57 mol),2,3-二氟苯酚 2.154 g(16.57 mmol),得到红褐色固体 2.728 g,产率 48%。

MS(m/z):360(M$^+$,100.00),231(34.81)。^{1}H NMR(CDCl$_3$/TMS,60 MHz) δ_H:5.2(s,1H),6.7～8(m,6H),S26,H。^{19}F NMR(CDCl$_3$/TFA,56.4 MHz) δ_F:68(m,1F),80(m,1F)。

7. 4-烷氧基-4-碘偶氮苯(化合物 49)

以 4-辛氧基-4 碘偶氮苯为例。

往 250 mL 的三口烧瓶中加入 4-羟基-4′-碘偶氮苯(化合物 48) 5.385 g(16.61 mmol)、正溴辛烷 4.813 g(24.92 mmol);催化量的碘化钾,加入 95%的乙醇溶液 100 mL,氢氧化钾 1.398 g(24.92 mmol)溶解于 5 mL 水后,置于滴液漏斗中。加热至 80 ℃,通氮气,搅拌回流,氢氧化钾溶液 4 h 滴完,然后搅拌回流 48 h。冷却,乙醚萃取,水洗,无水硫酸钠干燥,抽去溶剂,石油醚柱层析,得到红褐色固体 6.83 g,产率 94%。

^{1}H NMR(CDCl$_3$/TMS,60 MHz) δ_H:0.8～1.1(m,3H),1.1～1.7(m,10H),1.7～2.1(m,2H),4.0(t,2H,J=6.5 Hz),7.0(d,2H,J=9 Hz),73～80(m,6H)。

8. 4-已氧基-4′-碘-2′,6′-二氟偶氮苯(化合物 47)

操作同 7。

投料:4-羟基-4-碘-2,6-二氟偶氮苯(化合物 46)3.276 g(9.1 mmol),正溴已烷 2.311 g(14 mmol),氢氧化钾 985 mg(17.6 mmol),得到橙红色固体 3.97 g,产率 98%。

MS(m/z):444(M$^+$,100.00),267(13,18),239(15,14),205(22,27)。^{1}H NMR(CDCl$_3$/TMS,60 MHz) δ_H:0.8～1.1(m,3H),1～1.7(m,6H),1.7～2.1(m,2H),4.0(t,2H,J=65 Hz),6.7～8.0(m,6H)。^{19}F NMR(CDCl$_3$/TFA,56.4 MHz) δ_F:42.5(m,2F)。

9. 4-已氧基-2,3-二氟-4′-碘偶氮苯(化合物 51)

操作同 7。

投料:4-羟基-2,3-二氟-4′-碘偶氮苯(化合物 50)1.583 g(4.397 mmol),正溴已烷 1.089 g(6.596 mmol),氢氧化钾 370 mg(6.596 mmol),得到橙红色固体 1.786 g,产率 92%。

MS(m/z):444(100.00),359(50.14),231(45.34),203(56.30)。^{1}H NMR(CDCl$_3$/TMS,60 MHz) δ_H:0.8～1.1(m,3H),1.1～1.7(m,6H),1.7～2.1(m,6H),4.0(t,2H,J=6.5 Hz),6.7～8.0(m,6H)。^{19}F NMR(CDCl$_3$/TFA,56.4 MHz) δ_F:68.0(m,1F),80.0(m,1F)。

10. 4-(2″-甲基-2″-羟基-3″-炔-丁基)4′-烷氧基偶氮苯(化合物 52)

投料:4-辛氧基-4′-碘偶氮苯(化合物 49)1.476 g(3.383 mmol),1,1-二甲基-丙-2-炔-1-醇 0.341 g(4.059 mmol),二(三苯基膦)二氯化钯 30 mg,碘化亚铜 50 mg,三苯基膦 80 mg。氨气下搅拌反应 24 h。滤去沉淀,抽干溶剂。用石油醚/乙酸乙酯(体积比为 5∶1)柱层析,得到红褐色蜡状固体 1.243 g,产率 94.9%。

11. 4-乙炔基-4-烷氧基偶氮苯(化合物53)

4-(2″-甲基-2″-羟基-3″-炔-丁基)-4-烷氧基偶氮苯(化合物52)1.243 g(3.166 mmol)置于10 mL蛋形瓶中,加入0.213 g(3.80 mmol)氢氧化钾固体、30 mL甲苯,充氮气后,接冷凝管,120 ℃回流4 h,抽去甲苯后,石油醚柱层析,得到红褐色固体665 mg,产率63%。

12. 化合物OD1-*n*

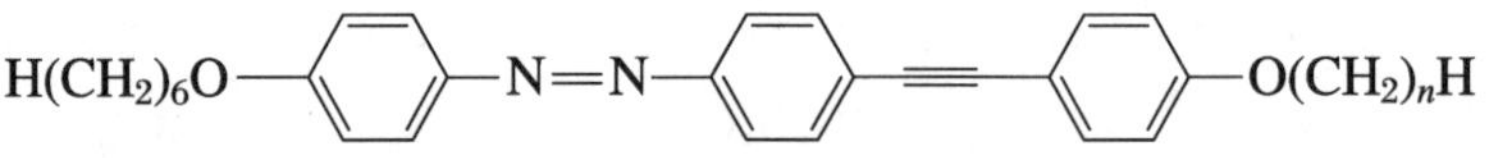

OD1-*n*

(1) 4′-(4″-*n*-庚氧基苯乙炔基)-4-*n*-己氧基偶氮苯($n=7$):

MS(m/z):496(M^+,100.00),412(4.49),291(18.37)。元素分析:$C_{33}H_{40}N_2O_2$。理论值(%):C 79.80,H 8.12,N 5.64;实测值(%):C 80.06,H 8.29,N 5.52。^1H NMR($CDCl_3$/TMS,300 MHz) δ_H:0.91(m,6HD),1.32~1.48(m,14HD),1.82(m,4H),3.98(t,2H,$J=6.56$ Hz),4.04(t,2H,$J=6.55$ Hz),6.89(d,2H,$J=8.71$ Hz),7.01(d,2H,$J=7.01$ Hz),7.49(d,2H,$J=8.79$ Hz),7.63(d,2H,$J=8.47$ Hz),7.87(d,2H,$J=8.45$ Hz),7.92(d,2H,$J=8.82$ Hz)。IR(KBr,ν_{max},cm^{-1}):2930,2858,2127,1602,1581,1508,1472,1395,1319,1286,1249,1177,1147,1111,1029,852,827,734,605,556,537,413。

(2) 4′-(4″-*n*-壬氧基苯乙炔基)-4-*n*-己氧基偶氮苯($n=9$):

MS(m/z):524(M^+,100.00),440(4.97),319(15.29)。元素分析:$C_{35}H_{44}N_2O_2$。理论值(%):C 80.11,H 8.45,N 5.34;实测值(%):C 80.09,H 8.56,N 5.11。^1H NMR($CDCl_3$/TMS,90 MHz) δ_H:0.90(m,6H),132~1.48(m,18H),1.82(m,4H),3.98(t,$J=65$ Hz),6.90(d,2H),7.0(d,2H),7.49(d,2H),7.63(d,2H),7.87(d,2H),7.92(d,2H)。IR(KBr,ν_{max},cm^{-1}):2932,2858,2126,1602,1581,1472,1395,1319,1286,1249,1177,1147,111,1029,852。

13. 化合物8NT4F

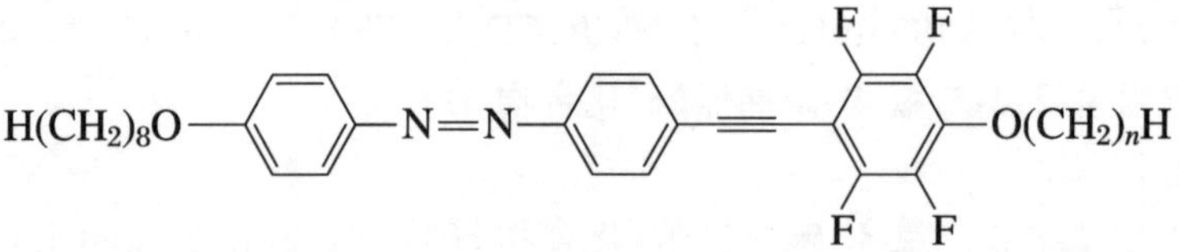

8NT4F

(1) 4′-(4″-戊氧基-2″,3″,5″,6″-四氟苯乙炔基)-4-*n*-辛氧基偶氮苯($n=5$):

典型操作:往25 mL蛋形瓶中放入4-辛氧基-4′-碘偶氮苯(化合物49)150 mg(0.3438 mmol)、二(三苯基膦)二氯化钯3 mg、碘化亚铜5 mg、三苯基膦8 mg、三乙胺2 mL、四氢呋喃8 mL。充氮气后,加入4-*n*-戊氧基-2,3,5,6-四氟苯乙炔108 mg(0.4125 mmol),氧气下,60 ℃反应24 h。滤去沉淀,抽干溶剂。用小层析柱石油醚淋洗,得到橙红色固体191 mg,产率98%。用丙酮/甲醇重结晶。

MS(m/z):568(M^+,75.60),498(4.49),265(35.58),107(91.22)。元素分析:$C_{33}H_{36}F_4N_2O_2$。理论值(%):C 69.70,H 6.38,N 4.93,F 13.36;实测值(%):C 69.76,H 6.38,N 4.73,F 13.36。^1H NMR($CDCl_3$/TMS,90 MHz) δ_H:0.80~1.10(m,6H),1.0~

1.60(m,14H),1.60～2.00(m,4H),4.02(m,2H,$J=6.5$ Hz),4.25(m,2H,$J=6.5$ Hz),6.97(d,2H,$J=9$ Hz),7.95(m,6H)。^{19}F NMR(CDCl$_3$/TFA,56.4 MHz) δ_F:60.7(m,2F),80.0(m,2F)。IR(KBr,ν_{max},cm^{-1}):2921,2853,1628,1601,1582,1490,1439,1389,1324,1300,1253,1144,988,852,801,636,553。

(2) 4′-(4″-己氧基2″,3″,5″,6″-四氟苯乙炔基)-4-n-辛氧基偶氮苯($n=6$):

MS(m/z):582(M$^+$,81.85),498(624),265(3998),107(100.00)。元素分析:$C_{34}H_{38}F_4N_2O_2$。理论值(%):C 70.09,H 6.57,N 4.81,F 13.04;实测值(%):C 70.16,H 6.74,N 4.54,F 13.01。^{1}H NMR(CDCl$_3$/TMS,90 MHz) δ_H:0.80～1.10(m,6H),1.10～1.60(m,16H),1.60～2.00(m,4H),4.02(m,2H,$J=6.5$ Hz),4.25(m,2H,$J=6.5$ Hz),6.97(d,2H,$J=9$ Hz),7.95(m,6H)。^{19}F NMR(CDCl$_3$/TFA,56.4 MHz) δ_F:60.7(m,2F),80.1(m,2F)。IR(KBr,ν_{max},cm^{-1}):2921,2856,1600,1582,1490,1467,1438,1388,1251,1141,988,850,803,729,622,552。

(3) 4′-(4″-庚氧基-2,3,″5,″6″-四苯氟乙炔基)-4-n-辛氧基偶氮苯($n=7$):

MS(m/z):596(M$^+$,67.30),498(8.89),265(42.52),107(100.00)。元素分析:$C_{35}H_{40}F_4N_2O_2$。实测值(%):C 70.47,H 6.81,N 4.57,F 12.63。^{1}H NMR(CDCl$_3$/TMS,90 MHz) δ_H:0.80～1.10(m,6H),1.10～1.60(m,18H),1.6～2.0(m,4H),4.02(m,2H,$J=6.5$ Hz),4.25(m,2H,$J=6.5$ Hz),6.97(d,2H,$J=9$ Hz),7.95(m,6H)。^{19}F NMR(CDCl$_3$/TFA,56.4 MHz) δ_F:60.7(m,2F),80.1(m,2F)。IR(KBr,cm^{-1}):2925,2854,2214,1628,1582,1490,1438,1388,1298,1252,1411,988,850,803,729,622,552。

(4) 4′-(4″-壬氧基2,3,″5,″6″-四氟苯乙炔基)-4-n-辛氧基偶氮苯($n=9$):

MS(m/z):625(M^{+1},96.14),498(9.77),265(32.79),107(81.45)。元素分析:$C_{36}H_{42}F_4N_2O_2$。理论值(%):C 71.13,H 7.10,N 4.48,F 12.16;实测值(%):C 71.58,H 7.17,N 4.16,F 11.87。^{1}H NMR(CDCl$_3$/TMS,90 MHz) δ_H:0.80～1.10(m,6H),1.10～1.60(m,22H),160～2.00(m,4H),4.02(m,2H,$J=6.5$ Hz),4.25(m,2H,$J=6.5$ Hz),6.97(d,2H,$J=9$ Hz),7.95(m,6H)。^{19}F NMR(CDCl$_3$/TFA,56.4 MHz) δ_F:60.7(m,2F),80.0(m,2F)。IR(KBr,ν_{max},cm^{-1}):2921,2854,1628,1600,1582,1492,1430,1414,1399,1327,1297,1250,1141,1012,997,852,801,726,636,622,552。

14. 化合物OD2-*n*

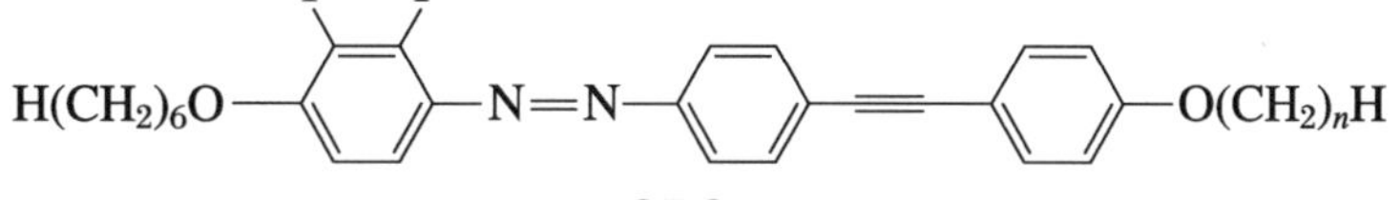

F　F

H(CH$_2$)$_6$O—⟨⟩—N=N—⟨⟩—≡—⟨⟩—O(CH$_2$)$_n$H

OD2-n

(1) 4′-(4″-n-己氧基苯乙炔基)-4-n-己氧基-2,3-二氟偶氮苯($n=6$):

MS(m/z):518(M$^+$,100.00),434(8.38),277(33.96),193(43.26)。元素分析:$C_{32}H_{36}F_2O_2N_2$。理论值(%):C 74.11,H 7.00,N 5.40;实测值(%):C 73.46,H 6.89,N 5.06。^{1}H NMR(CDCl$_3$/TMS,300 MHz) δ_H:0.91(m,6H),1.30～1.53(m,12H),1.76～1.92(m,4H),3.99(t,2H,$J=6.55$ Hz),4.13(2H,$J=6.57$ Hz),6.80(t,d,IH,$J_1=8.56$

Hz, J_2 = 1. 73 Hz), 6. 90(d, 2H, J = 8. 74 Hz), 7. 49(d, 2H, J = 8. 70 Hz), 7. 55(d, 1H, J = 8. 61 Hz, J_2 = 1. 71 Hz), 7. 62(d, 2H, J = 8. 51 Hz), 7. 91(d, 2H, J = 8. 51 Hz)。^{19}F NMR (CDCl$_3$/TFA, 282 MHz) δ_F: 70. 02(dd, IF, J_1 = 19. 0 Hz, J_2 = 7. 4 Hz), 81. 52(dd, IF, J_1 = 19. 0 Hz, J_2 = 7. 1 Hz)。IR(KBr, ν_{max}, cm^{-1}): 2926, 2806, 1603, 1589, 1508, 1462, 1389, 1300, 1253, 1176, 1135, 1086, 853, 836, 810, 622, 527。

(2) 4′-(4″-庚氧基苯乙炔基)-4-n-已氧基-2,3-二氟偶氮苯(n = 7):

MS(m/z): 532(M^+, 100. 00), 448(13. 08), 291(30. 27), 193(44. 10)。元素分析: $C_{33}H_{38}F_2O_2N_2$。理论值(%): C 74. 41, H 7. 19, N 5. 26; 实测值(%): C 73. 87, H 6. 98, N 5. 10。^{1}H NMR(CDCl$_3$/TMS, 90 MHz) δ_H: 0. 91(m, 6H), 1. 30～1. 53(m, 14H), 1. 76～1. 92(m, 4H), 40. 00(t, 2H, J = 6. 5 MHz), 4. 13(t, 2H, J = 6. 5 MHz), 6. 80(m, 1H), 6. 90(d, 2H), 7. 49(d, 2H), 7. 55(m, 1H), 7. 62(d, 2H), 7. 91(d, 2H)。^{19}F NMR(CDCl$_3$/TFA, 56. 4 MHz) δ_F: 70(m, 1F), 8. 5(m, IF)。IR(KBr, ν_{max}, cm^{-1}): 2926, 2806, 1603, 1589, 1508, 1462, 1389, 1300, 1253, 1176, 1135, 1086, 853, 836, 810, 622, 527。

15. 化合物 OD3-*n*

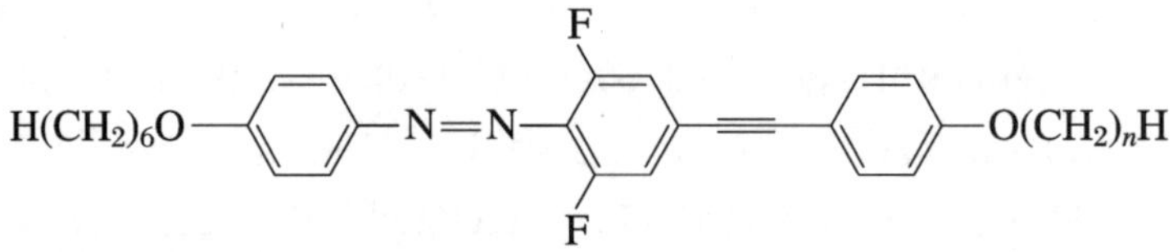

$$H(CH_2)_6O-C_6H_4-N{=}N-C_6H_2F_2-C{\equiv}C-C_6H_4-O(CH_2)_nH$$

OD3-*n*

4′-(4″-辛氧基苯乙炔基)-4-n-已氧基-2′,6′-二氟偶氮苯(n = 8):

MS(m/z): 560(M^+, 73. 60), 475(4. 15), 177(39. 21)。元素分析: $C_{34}H_{40}F_2O_2N_2$。理论值(%): C 74. 70, H 7. 37, N 5. 12; 实测值(%): C 74. 50, H 7. 49, N 4. 85。^{1}H NMR (CDCl$_3$/TMS, 300 MHz) δ_H: 0. 90(m, 6H), 1. 29～1. 51(m, 18H), 1. 75～1 87(m, 4H), 3. 98(t, 2H, J = 6. 53 MHz), 4. 05(t, 2H, J = 6. 56 Hz), 6. 89(d, 2H, J = 8. 65 MHz), 7. 00(d, 2H, J = 8 99 MHz), 7. 17(d, 2H, J = 9. 29 Hz), 7. 47(d, 2H, J = 8. 70 Hz), 7. 93(d, 2H, J = 8. 93 Hz)。^{1}F NMR(CDCl$_3$/TFA, 282 MHz) δ_F: 44. 88(d, 2F, J = 9. 2 Hz)。IR(KBr, ν_{max}, cm^{-1}): 2922, 2202, 1599, 1507, 1466, 1292, 1174, 1141, 1053, 1029, 834, 632, 608, 533。

10.5 化合物的相变研究

相变温度见表 2. 10. 1～表 2. 10. 3。

表 2.10.1 NT4F 的相变温度

化合物	n	m	相变温度/℃
4NT4F8	4	8	Cr 98.7 N 199.0 I 197.0 N 92.3 Recr
5NT4F8	5	8	Cr 91.7 N 189.4 I 187.3 N 83.3 Recr
6NT4F8	6	8	Cr 79.5 N 191.3 I 189.2 N 69.2 Recr
7NT4F8	7	8	Cr 70.2 SmC 81.2 N 183.2 I 181.4 N 80.1 SmC 60.1 Recr
8NT4F5	8	5	Cr 85.4 SmC 113.1 N 194.8 I 192.8 N 111.7 SmC 72.0 Recr
8NT4F6	8	6	Cr 78.7 SmC 105.2 N 189.0 I 186.6 N 103.0 SmC 65.1 Recr
8NT4F7	8	7	Cr 75.8 SmC 111.7 N 188.3 I 186.7 N 109.9 SmC 64.9 Recr
8NT4F8	8	8	Cr 72.9 SmC 109.0 N 184.8 I 183.0 N 107.8 SmC 60.1 Recr
8NT4F9	8	9	Cr 68.4 SmC 105.2 N 171.2 I 169.0 N 102.6 SmC 59.9 Recr

注 Cr:结晶相;SmC:近晶 C 相;N:向列相;I:各向同性液体;Recr:重结晶。

表 2.10.2 NT2F 的相变温度

化合物	n	m	相变温度/℃
4NT2F3	4	3	Cr 156.1 N 269.0 I 263.9 N 136.5 Recr
4NT2F4	4	4	Cr 156.3 N 262.5 I 258.7 N 135.3 Recr
4NT2F5	4	5	Cr 141.5 N 252.9 I 249.0 N 125.6 Recr
4NT2F6	4	6	Cr 120.0 N 244.8 I 241.5 N 112.4 SmB 107.8 Recr
4NT2F7	4	7	Cr 118.3 SmB 121.4 N 229.6 I 226.1 N 118.3 SmB 102.4 Recr
4NT2F8	4	8	Cr 110.6 SmB 119.7 N 223.1 I 221.2 N 117.6 SmB 98.2 Recr
4NT2F10	4	10	Cr 115.8 SmB 126.4 N 218.8 I 217.4 N 124.6 SmB 89.8 Recr
5NT2F7	5	7	Cr 111.7 SmB 136.7 N 227.4 I 225.3 N 134.6 SmB 99.6 Recr
6NT2F7	6	7	Cr 102.8 SmB 143.2 N 217.6 I 215.9 N 142.7 SmB 99.8 Recr
7NT2F7	7	7	Cr 102.6 SmB 155.2 N 215.3 I 213.8 N 153.5 SmB 100.7 Recr
8NT2F7	8	7	Cr 87.9 SmX_1 101.2 SmB 162.3 N 213.8 I 212.6 N 160.6 SmB 99.1 SmX_1 80.8 SmX_2 77.3 Recr

注 Cr:结晶相;SmB:近晶 B 相;N:向列相;I:各向同性液体;Recr:重结晶。

表 2.10.3 偶氮类液晶的相变温度(DSC 测定)

化合物	n	相变温度/℃
OD1	7	Cr 166.6N 237.9 I 233.9 N 162.9 Recr
OD1	9	Cr 161.6 SmC 168.2 N 225.45 I 222.972 N 164.79 SmC 158.4 Recr
OD2	6	Cr 116.5 SmC 128.7 N 222 6 I 219.41 N 124.7 SmC 105.8 Reer
OD2	7	Cr 96.1 SmC 137.8 N 214.8 I 121.26 N 134.5 SmC 87.1
OD3	9	Cr 92.75 N 176.95 I 176.0 N 82.63

8NT4F 系列化合物的相变温度与苯乙炔侧的碳链长度的关系如图 2.10.2 所示。可以看出，OD 系列都呈现向列相和近晶 C 相。对于化合物 8NT4F 来说，所有的化合物都呈现这两种相态，并且随着烷氧基链的增长，近晶相的热稳定性增强得并不迅速，这说明由于两边都有烷氧基链，炔基一侧对液晶性的影响要小于偶氮一侧。

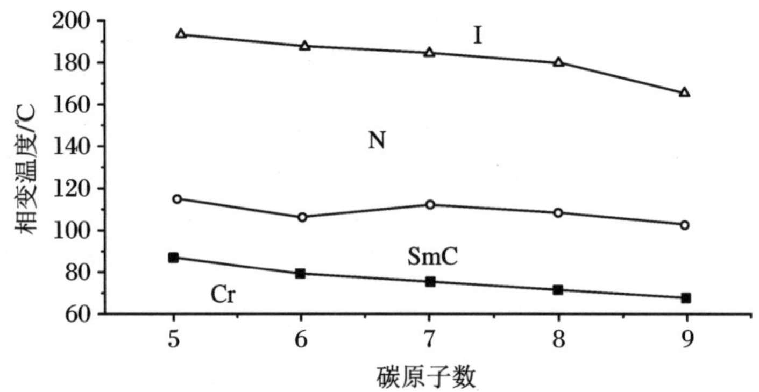

图 2.10.2　8NT4F 系列化合物的相变温度与苯乙炔侧的碳链长度的关系

由于碳氢链的增长有利于近晶相的稳定性。对比 OD1、OD2、OD3 三个系列化合物可以得出结论：OD1 开始出现近晶相的碳链长度为 8 或 9，OD2 小于 6，而 OD3 则要大于 9，这说明 2,3-二氟取代的化合物在长的末端链存在时，可以形成近晶 SmC 相，而 2,6-二氟取代有利于向列相的存在，即便存在长的末端链也难出现 S 相。

下面讨论氟原子取代位置的影响。

OD1-n、OD2-n 和 OD3-n 系列化合物的分子结构(图 2.10.3)的差别仅仅在于氟取代的位置不同，但是它们的相变性质差异却很大，这显然是由于氟取代的影响。一般认为[19]，在液晶核中引入氟原子，对化合物的液晶性质产生以下两种影响：其一是体积效应，尽管氟原子的半径只是稍稍大于氢原子的半径(范德华半径分别为 0.135 nm 和 0.12 nm)，但由于分子间作用力与距离的高次方成反比，所以氟原子的引入增大了分子的宽度，使相互作用力减弱，从而降低了各种液晶相的热稳定性；其二是极性效应，即氟原子的引入改变了整个分

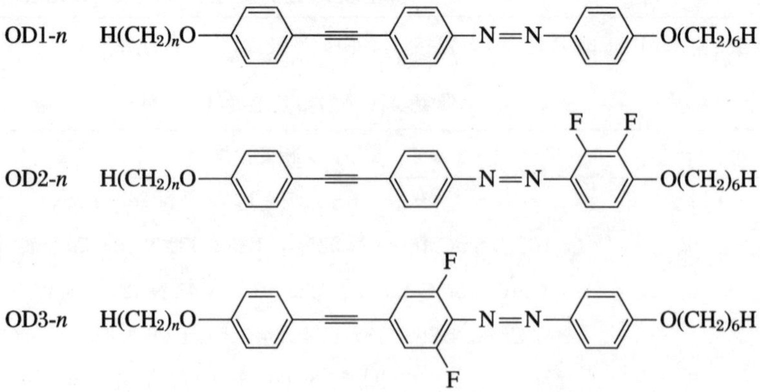

OD1-n　$H(CH_2)_nO$—⟨苯环⟩—≡—⟨苯环⟩—N=N—⟨苯环⟩—$O(CH_2)_6H$

OD2-n　$H(CH_2)_nO$—⟨苯环⟩—≡—⟨苯环⟩—N=N—⟨F,F 取代苯环⟩—$O(CH_2)_6H$

OD3-n　$H(CH_2)_nO$—⟨苯环⟩—≡—⟨F,F 取代苯环⟩—N=N—⟨苯环⟩—$O(CH_2)_6H$

图 2.10.3　OD1-n、OD2-n 和 OD3-n 的分子结构

子的极化率，增加了液晶相的热稳定性。当两种效应冲突时，以体积效应为主。OD2-n 系列的两个氟原子在分子长轴的一侧，其偶极矩垂直于轴，导致了侧向作用力增加，层状排列的趋势增大，易于形成近晶相。而 OD3-n 系列的两个氟原子对称分布在分子长轴的两侧，合起来产生一个轴相的偶极矩，增加了末端作用力，从而有利于向列相，但是在两个系列中的氟原子都增加了分子的宽度，减小了分子的长宽比，所以清亮点都降低了。

其中 6NT2F7 和 OD2-7 的区别仅仅在于氟取代所在的苯环不一致。可以看出，它们的相变行为很类似，仅仅在于 6NT2F7 的熔点和清亮点都比 OD2-7 稍高一些，而相宽稍窄一些。这是由于偶氮键是弯曲的且刚性较大，炔键则是直线型的，所以偶氮键使得分子有侧向偶极分量，而最有利的排列方式是偶氮键弯曲于氟原子取代的另一侧以减小位阻，所以抵消了氟原子的部分侧向偶极矩，因此中介相的宽度较窄，同时使得氟原子增大分子宽度的效应也较弱，所以熔点和清亮点都较高一些。

参考文献

[1] NAKAI Y, OHTAKE T, SUGIHARA A, SUNOHARA K, TANAKA M, UCHIDA T, IWANAGA H, HOTTA A, TAIRA K, MORI M, AKIYAMA M, OKAJIMA M. Sid 97 Dig., 1997:83.

[2] TAIRA K, IWANAGA H, HOTTA A, NAKAI Y, SONOHARA K. AM-LCD, 1996, 96:333.

[3] NAITO K, IWANAGA H, SUNOHARA K, OKAJIMA M. Eur. Display, 1996:127.

[4] SUNOHARA K, NAITO K, TANAKA M, NAKAI Y, KAMIURA N, TAIRA K. Sid. 96 Dig., 1996:103.

[5] ZIENKIWICZ J, GALEWSKI Z. Liq. Cryst., 1997, 23:9.

[6] LEE H K, KANAZAWA A, SHIONO T, IKEDA T, FUJISAWA T, AIZAWA M, LEE B. Chem. Mater., 1998, 10:1402.

[7] SHISHIDO A, KANAZAWA A, SHIONO T, IKEDAT, TAMAI N. J. Mater. Chem., 1999, 9:2211.

[8] GOLY G, ANAKKAR A, NGUYEN H T. Liq. Cryst, 1999, 26:1251.

[9] AZUMA J, SHISHIDO A, IKEDA T, TAMAI N. Mol. Cryst. Sci. Technol, 1998, 314:83.

[10] BIGNOZZI M C, ANGELONI S A, LAUS M, INCICCO L, FRANCESCANGELI O, WOLFF D, CHIELLINI E. Polym. J, 1999, 31:913.

[11] YAMAMOTO T, HASEGAWA M, KANAZAWA A, SHIONO T, IKEDA T. J. Mater. Chem., 2000, 10:337.

[12] KURIHARA S, NOMIYAMA S, NONAKA T. Chem. Matar., 2000, 12:9.

[13] MATUI M, TANAKA N, ANBORU N, FUNABIKI K, SHIBATA K, MURAMATSU H, ISHIGURE Y, KOHYAMA E, ABE Y, KANEKO M. Chem. Matar., 1997, 10:1921.

[14] MATSUI M, TANAKA N, NAKAYA K, FUNABIKI K, SHIBATA K, NURAMATSU H, ABE Y, KANEKO M. Liq. Cryst., 1997, 23:217.

[15] YOSHIDA Z, KITAO T. Chemistry of Functional Dyes, 1998.

[16] ZHANG Y D, WEN J X. J. Fluorine Chem., 1990, 49:293.

[17] GRAY G W, HIRD M, LACEY D, TOYNE K J. J. Chem. Soc. Perkin Trans. II, 1989: 2041.
[18] CHEN X, LI H, WEN J X. Liq. Cryst., 1999, 26: 1743.
[19] GRAY G W, WINSOR P A. Liquid Crystals and Plastic Crystals (Ellis and Horwood), 1974, 1.
[20] OKADA M. Molecular Crystalline (Polymorphism of Normal Chain Crystals), 1975: 160.
[21] LIU H, NORHIRA H. Liq. Cryst., 1997, 22: 217.
[22] YANG Y G, LI H, WANG K, WEN J X. Liq. Cryst., 2001, 28: 375.
[23] 杨永刚.理学博士学位论文,中国科学院上海有机化学研究所,1999.
[24] 王侃.理学硕士学位论文,中国科学院上海有机化学研究所,2000.
[25] 李衡峰.理学博士学位论文,中国科学院上海有机化学研究所,2000.
[26] 王侃,李衡峰,刘克刚,等.液晶与显示,2001,16:104-113.

第 11 章　几类杂环含氟液晶

11.1　引言

近年来，环已烷类液晶在液晶显示中得到了广泛的应用，主要是由于它较之苯环具有黏度低、双折射低等特点[1]。既然把饱和的环已烷引入液晶核能得到性能良好的显示材料，那么把其他的饱和六元杂环引入液晶核又会怎么样呢？于是，液晶化学家们又合成了许多杂环类液晶化合物，并研究了其在液晶配方中的应用。从目前的情况来看，研究最多的杂环化合物是 1,3-二氧六环和 1,3-二噻烷类化合物[2-6]。Y. Haramoto 等人合成了一系列的此类化合物，并建立了合理的合成方法[7-12]。与环已烷类液晶相比，1,3-二氧六环类液晶一样具有黏度低等特点，而且具有更大的极性，合成成本更低。不过其化学稳定性虽然比环已烷还要差，但是还不足以影响到其在液晶显示中的应用。另外，1,3-硼氧杂环由于具有比 1,3-二氧六环更大的极性，也得到了广泛研究。V. S. Bezborodov 等合成了多种 1,3-硼氧杂环类化合物，并在液晶配方中应用[13-15]。从文献中已有的杂环类化合物的结果来看，双环体系的化合物虽然熔点较低，但液晶相温度范围很窄；而三环体系的化合物虽然液晶相温度范围宽，但熔点又太高。我们以前研究环已烷类液晶化合物时，发现将氟原子引入液晶核，对液晶化合物的液晶相温度范围影响不大。在本章中，我们将含氟苯环引入这些杂环类液晶化合物中，合成了一些二苯乙炔类的向列相液晶显示材料(分子结构如图 2.11.1 所示)，希望能得到熔点低、相变温度范围宽的液晶材料。

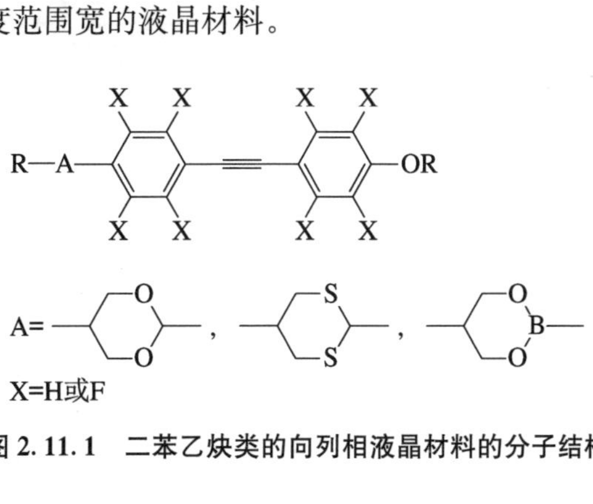

X　X　X　X

R—A—⟨苯环⟩≡⟨苯环⟩—OR

X　X　X　X

A=　（1,3-二氧六环），（1,3-二噻烷），（1,3-硼氧杂环）

X=H或F

图 2.11.1　二苯乙炔类的向列相液晶材料的分子结构

11.2　杂环类含氟液晶的分类

11.2.1　1,3-二氧六环类含氟液晶

我们合成了四个系列(M-Ⅰ、M-Ⅱ、M-Ⅲ和M-Ⅳ)的1,3-二氧六环类含氟液晶化合物，其分子结构如图2.11.2所示，相变结果列于表2.11.1中，数据由DSC测得。

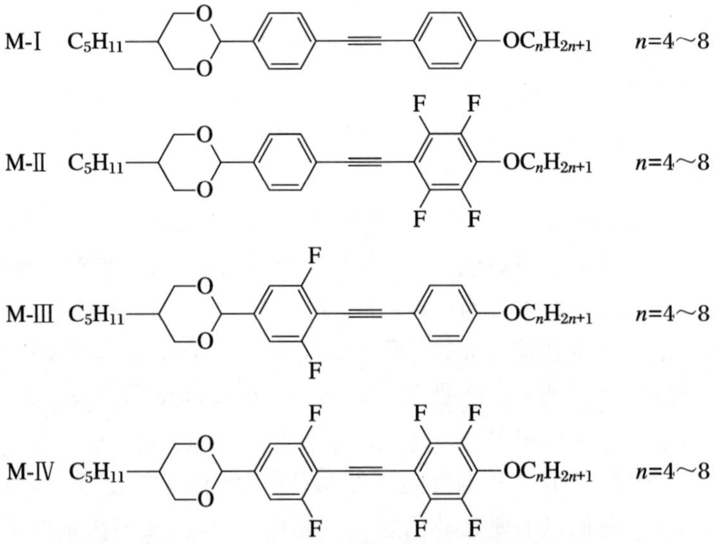

M-Ⅰ　C_5H_{11}—(1,3-二氧六环)—(苯环)—C≡C—(苯环)—OC_nH_{2n+1}　n=4～8

M-Ⅱ　C_5H_{11}—(1,3-二氧六环)—(苯环)—C≡C—(2,3,5,6-四氟苯环)—OC_nH_{2n+1}　n=4～8

M-Ⅲ　C_5H_{11}—(1,3-二氧六环)—(3,5-二氟苯环)—C≡C—(苯环)—OC_nH_{2n+1}　n=4～8

M-Ⅳ　C_5H_{11}—(1,3-二氧六环)—(3,5-二氟苯环)—C≡C—(2,3,5,6-四氟苯环)—OC_nH_{2n+1}　n=4～8

图2.11.2　1,3-二氧六环类含氟液晶化合物的分子结构

表2.11.1　M-Ⅰ～M-Ⅳ系列液晶化合物的相变温度

化合物	n	相变温度/℃
M-Ⅰ	4	Cr 104.4 N 216.3 Iso
	5	Cr 100.2 N 205.5 Iso
	6	Cr 94.9 N 201.1 Iso
	7	Cr 98.4 N 192.9 Iso
	8	Cr 100.9 N 188.8 Iso
M-Ⅱ	4	Cr 77.3 N 176.9 Iso
	5	Cr 65.2 N 167.8 Iso
	6	Cr 58.7 N 163.0 Iso
	7	Cr 58.7 N 155.3 Iso
	8	Cr 59.2 N 153.3 Iso

续表

化合物	n	相变温度/℃
M-Ⅲ	4	Cr 94.3 N 188.5 Iso
	5	Cr 86.3 N 177.9 Iso
	6	Cr 94.4 N 157.5 Iso
	7	Cr 97.2 N 158.5 Iso
	8	Cr 85.0 N 165.0 Iso
M-Ⅳ	4	Cr 87.2 N 167.1 Iso
	5	Cr 74.2 N 155.7 Iso
	6	Cr 66.2 N 153.0 Iso
	7	Cr 60.3 N 145.2 Iso
	8	Cr 63.4 N 143.6 Iso

从表 2.11.1 中可以看出，这四个系列的二氧六环类化合物都只出现一个很宽的向列相，是良好的向列相液晶显示材料。M-Ⅰ、M-Ⅱ和 M-Ⅳ系列化合物的熔点和清亮点都随末端烷氧基链的增长呈下降趋势，而 M-Ⅲ系列化合物的熔点和清亮点随末端烷氧基链的变化却不一样。随末端烷氧基链的增长，其熔点先降后升再降，当 $n=7$ 时达到最高值；清亮点先降后升，当 $n=6$ 时达到最低值。这样，当 $n=6$、7 时，液晶相温度范围最窄。出现这种反常现象，主要与化合物的分子结构有关，由于引入化合物 M-Ⅲ分子中的两个氟原子位于液晶核的中央，且分处分子轴的两侧，因此使得液晶核呈纺锤状，为液晶分子的有序排列带来不利影响。

氟原子的引入大大地降低了化合物的熔点和清亮点，而向列相的温度范围却只是稍微缩小了。这是我们预想的结果，因为以前的 1,3-二氧六环类液晶化合物大部分为双环体系，虽然它们的熔点低，但是其向列相范围窄，现在我们设计合成得到的三环类化合物的熔点也比较低，且有很宽的向列相温度范围，因此也就具有更好的应用前景。

11.2.2　1,3-二氧六环类负性含氟液晶

我们合成了两个系列侧向含氟的 1,3-二氧六环类化合物，其分子结构如图 2.11.3 所

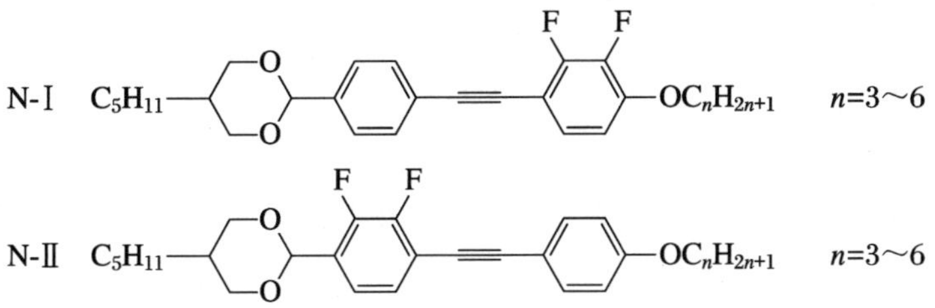

图 2.11.3　1,3-二氧六环类负性含氟液晶的分子结构

示。N-Ⅰ系列:氟原子位于末端苯环;N-Ⅱ系列:氟原子位于中间苯环。表2.11.2列出了化合物的相变温度。

表2.11.2 N-Ⅰ和N-Ⅱ系列液晶化合物的相变温度

化合物	n	相变温度/℃
N-Ⅰ	3	Cr 101.9 N 200.5 Iso
	4	Cr 99.2 N 202.0 Iso
	5	Cr 97.2 N 192.0 Iso
	6	Cr 78.1 SmA 91.4 N 188.5 Iso
N-Ⅱ	3	Cr 100.2 N 186.6 Iso
	4	Cr 84.9 N 191.4 Iso
	5	Cr 70.4 N 179.6 Iso
	6	Cr 72.0 N 171.0 Iso

通过比较这两个系列化合物的熔点和清亮点,可以看出,当2,3-二氟亚苯基位于液晶核的一端时,对向列相的热稳定性有利。N-Ⅱ系列2,3-二氟亚苯基位于液晶核的中间,其向列相温度范围比N-Ⅰ系列平均低3℃,其熔点随烷氧基链长度增加而下降的幅度也比N-Ⅰ系列大得多,其清亮点温度比N-Ⅰ系列平均低约15℃。

11.2.3 1,3-二噻烷类含氟液晶

合成得到的两个1,3-二噻烷类化合物的分子结构如图2.11.4所示。

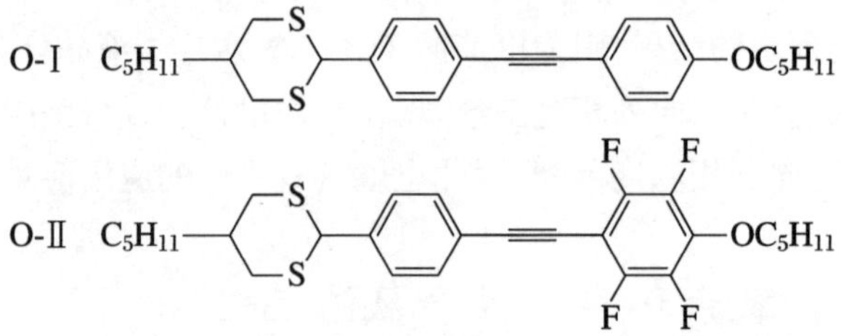

O-Ⅰ C_5H_{11} S S OC_5H_{11}

F F
O-Ⅱ C_5H_{11} S S OC_5H_{11}
F F

图2.11.4 1,3-二噻烷类化合物的分子结构

化合物O-Ⅰ和O-Ⅱ的相变温度列于表2.11.3中,这两个化合物都只出现一个约76℃宽的向列相。对含2,3,5,6-四氟苯环的O-Ⅱ来说,含氟苯环的引入使化合物的熔点和清亮点均下降了15℃左右,而向列相温度范围却没有改变,这说明杂环的体积比较大,氟原子的引入并没有增加分子的宽度。

在研究完以上1,3-二氧六环和1,3-二噻烷的衍生物的相变性质后,我们选定末端烷氧基链长度为5时,把各个系列化合物的相变温度绘成棒状图,如图2.11.5所示。

表 2.11.3 O-Ⅰ和 O-Ⅱ系列液晶化合物的相变温度

化合物	相变温度/℃
O-Ⅰ	Cr 120.2 N 196.5 Iso
O-Ⅱ	Cr 105.9 N 181.6 Iso

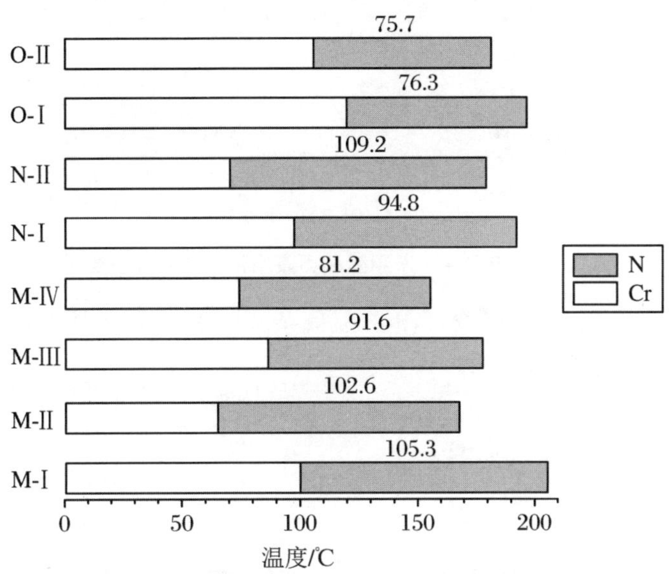

图 2.11.5 各系列化合物的相变温度棒状图

从图中可以看出，对于 1,3-二氧六环的衍生物来说，我们所合成的二苯乙炔类化合物都只出现一个很宽的向列相，氟原子的引入降低了化合物的熔点和清亮点。其对向列相温度范围的影响又可分为以下两个方面：当氟原子位于三环体系的中间苯环时，含氟化合物的向列相温度范围比不含氟的母体化合物要小 10～20 ℃，熔点降低不大；而当氟原子位于三环体系的侧位苯环时，含氟化合物的向列相温度范围与不含氟的母体化合物相比，稍微有一点下降，但其熔点下降很多。Takatsu 等人合成了含 1,3-二氧六环的二苯乙炔类化合物[16]，在他们应用这类化合物进行配方研究后，认为这类化合物不但极性很大，而且黏度低。在前面分子设计中我们已提到具有大的极性和低的黏度的液晶化合物对生产高速响应的液晶盒至关重要。而我们在这类化合物的液晶核中引入氟原子，进一步降低了液晶化合物的黏度，不影响其光学各向异性，所以我们认为合成得到的这些化合物将会有良好的应用前景。

另外，1,3-二噻烷类衍生物与 1,3-二氧六环类化合物相比，由于 1,3-二噻烷这个六元杂环的体积比 1,3-二氧六环大，增加了液晶分子厚度，所以其向列相的温度范围降低了 29 ℃，但是杂环体积的增大使得氟原子对液晶核的宽度的影响完全被屏蔽掉。化合物 O-Ⅱ 引入了四个氟原子，其向列相温度范围没有变化。另外，含硫化合物在抗紫外线方面的特性，也是其备受液晶化学工作者关注的原因[17]。

11.2.4 1,3-二氧硼杂环类含氟液晶

含1,3-二氧硼杂环的液晶化合物,由于其与1,3-二氧六环和1,3-二噻烷相比,具有更大的极性,而且在合成过程中也不会产生顺反异构体,因此在液晶配方中得到应用。以前人们主要集中研究了苯甲酸酯类的液晶化合物,其向列相温度范围很窄,分子结构如图2.11.6所示[13]。

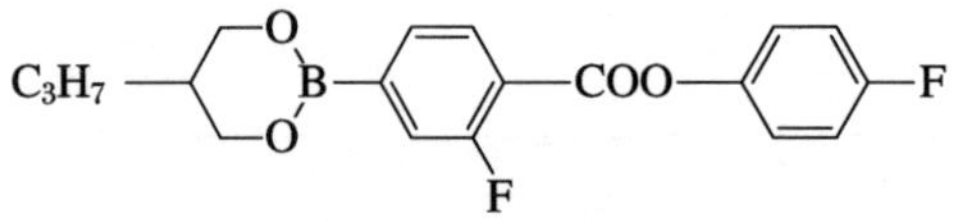

C_3H_7—(1,3-二氧硼杂环)—B—(2-F-苯环)—COO—(苯环)—F

Cr 91.8 N 104.7 Iso

图2.11.6 苯甲酸酯类液晶化合物的分子结构

我们合成了二苯乙炔类的含1,3-二氧硼杂环的P系列液晶化合物,其分子结构如图2.11.7所示,相变温度见表2.11.4。

P C_nH_{2n+1}—(1,3-二氧硼杂环)—B—(2,6-二F-苯环)—≡—(苯环)—OC_5H_{11} n=3、4、6

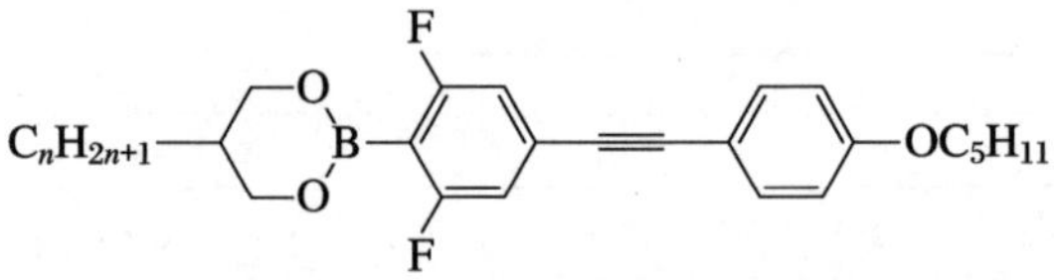

图2.11.7 P系列液晶化合物的分子结构

表2.11.4 P系列液晶化合物的相变温度

化合物	n	相变温度/℃
P	3	Cr 78.8 N 121.2 Iso
	4	Cr 62.1 N 111.0 Iso
	6	Cr 66.0 N 116.8 Iso

化合物P只出现一个向列相,向列相的温度范围相对比较窄,烷氧基链长度的变化对化合物的液晶性质影响不大。与二氧六环类化合物相比,其清亮点大大降低,向列相温度范围也缩短了约40℃。

11.3 液晶化合物的合成路线与方法

11.3.1 液晶化合物的合成路线

1. 液晶化合物M-Ⅰ、M-Ⅱ、M-Ⅲ和M-Ⅳ的合成路线(图2.11.8)

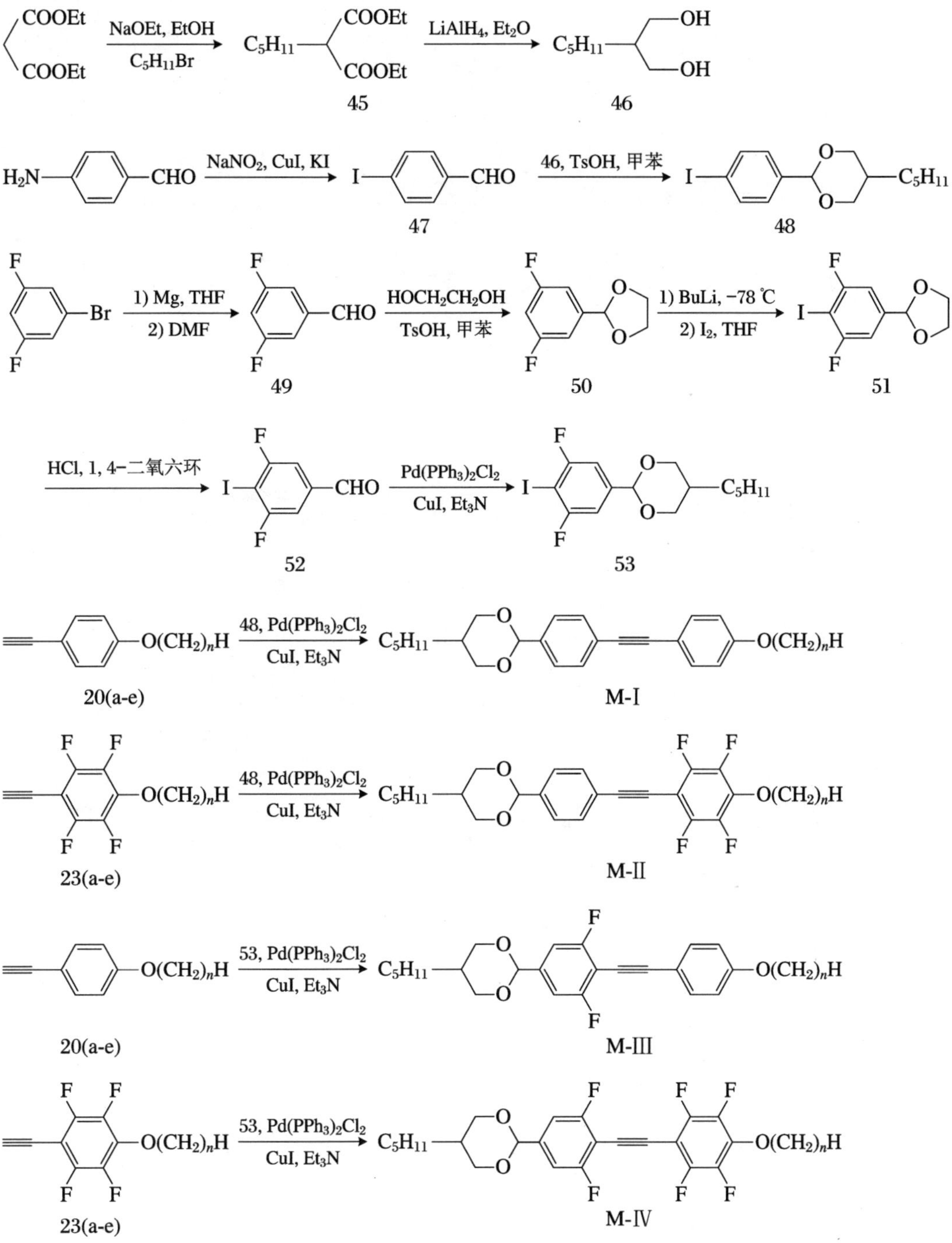

$CH_2(COOEt)_2$ $\xrightarrow[C_5H_{11}Br]{NaOEt, EtOH}$ $C_5H_{11}CH(COOEt)_2$ (45) $\xrightarrow{LiAlH_4, Et_2O}$ $C_5H_{11}CH(CH_2OH)_2$ (46)

$H_2N-C_6H_4-CHO$ $\xrightarrow{NaNO_2, CuI, KI}$ $I-C_6H_4-CHO$ (47) $\xrightarrow{46, TsOH, 甲苯}$ 48

49 (HOCH$_2$CH$_2$OH, TsOH, 甲苯) 50 (1) BuLi, −78 ℃ 2) I_2, THF) 51

1) Mg, THF 2) DMF

HCl, 1, 4–二氧六环 → 52 $\xrightarrow[CuI, Et_3N]{Pd(PPh_3)_2Cl_2}$ 53

20(a-e) $\xrightarrow[CuI, Et_3N]{48, Pd(PPh_3)_2Cl_2}$ M-Ⅰ

23(a-e) $\xrightarrow[CuI, Et_3N]{48, Pd(PPh_3)_2Cl_2}$ M-Ⅱ

20(a-e) $\xrightarrow[CuI, Et_3N]{53, Pd(PPh_3)_2Cl_2}$ M-Ⅲ

23(a-e) $\xrightarrow[CuI, Et_3N]{53, Pd(PPh_3)_2Cl_2}$ M-Ⅳ

O(CH$_2$)$_n$H　C$_5$H$_{11}$

图 2.11.8　液晶化合物 M-Ⅰ、M-Ⅱ、M-Ⅲ和 M-Ⅳ的合成路线

2. 液晶化合物 N-Ⅰ和 N-Ⅱ的合成路线(图 2.11.9)

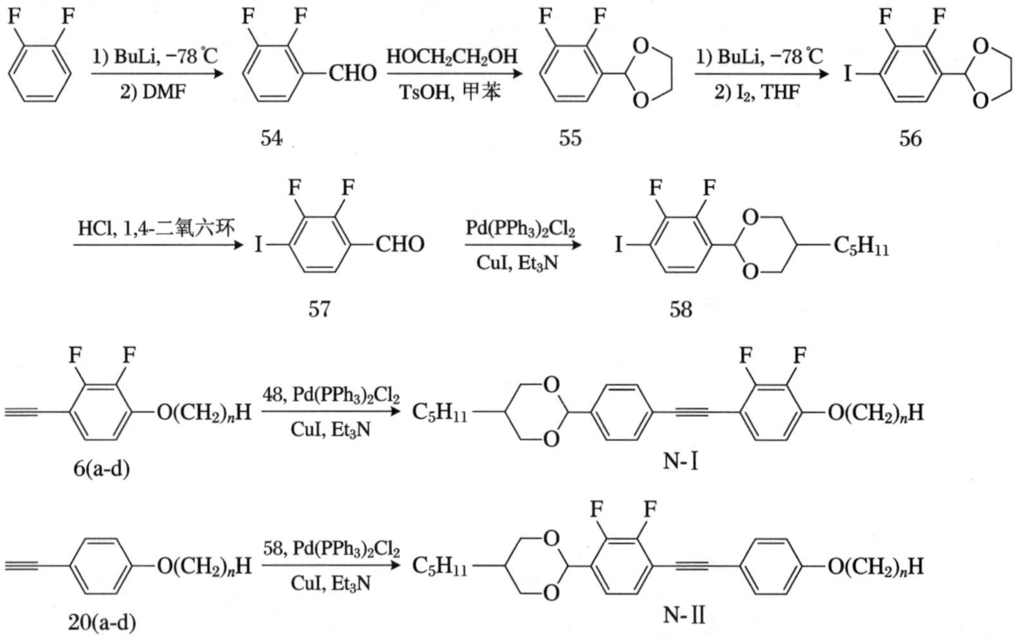

1) BuLi, −78℃ 2) DMF
54
HOCH₂CH₂OH TsOH, 甲苯
55
1) BuLi, −78℃ 2) I_2, THF
56
HCl, 1,4-二氧六环
57
$Pd(PPh_3)_2Cl_2$ CuI, Et_3N
58
6(a-d)
48, $Pd(PPh_3)_2Cl_2$ CuI, Et_3N
N-Ⅰ
20(a-d)
58, $Pd(PPh_3)_2Cl_2$ CuI, Et_3N
N-Ⅱ

图 2.11.9 液晶化合物 N-Ⅰ和 N-Ⅱ的合成路线

3. 液晶化合物 O-Ⅰ和 O-Ⅱ的合成路线(图 2.11.10)

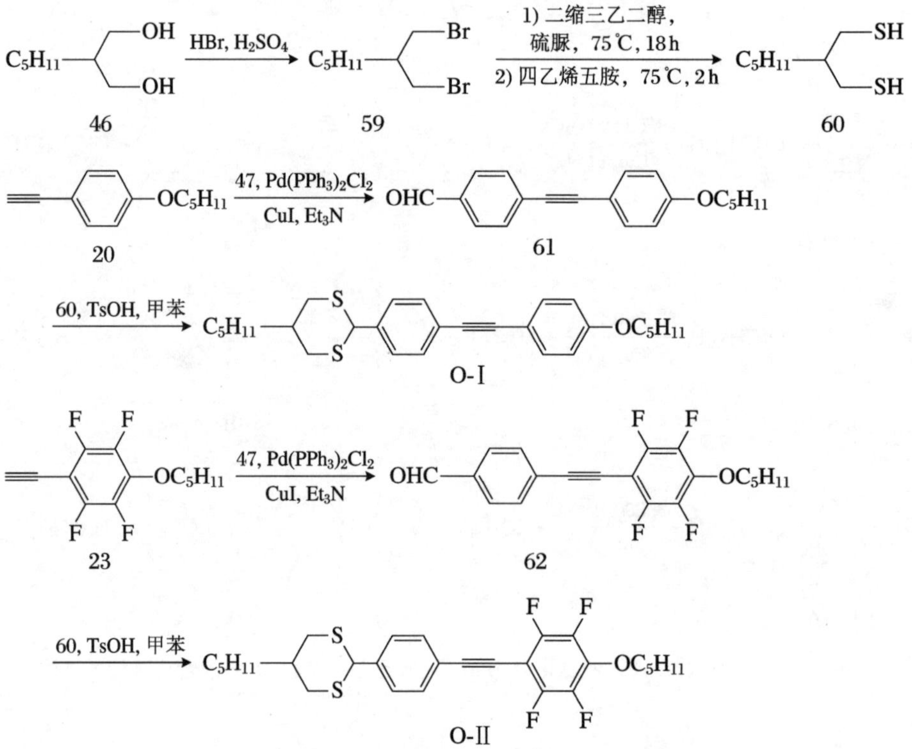

46
HBr, H_2SO_4
59
1) 二缩三乙二醇，硫脲，75℃, 18 h 2) 四乙烯五胺，75℃, 2 h
60
20
47, $Pd(PPh_3)_2Cl_2$ CuI, Et_3N
61
60, TsOH, 甲苯
O-Ⅰ
23
47, $Pd(PPh_3)_2Cl_2$ CuI, Et_3N
62
60, TsOH, 甲苯
O-Ⅱ

图 2.11.10 液晶化合物 O-Ⅰ和 O-Ⅱ的合成路线

4. 液晶化合物 P 的合成路线(图 2.11.11)

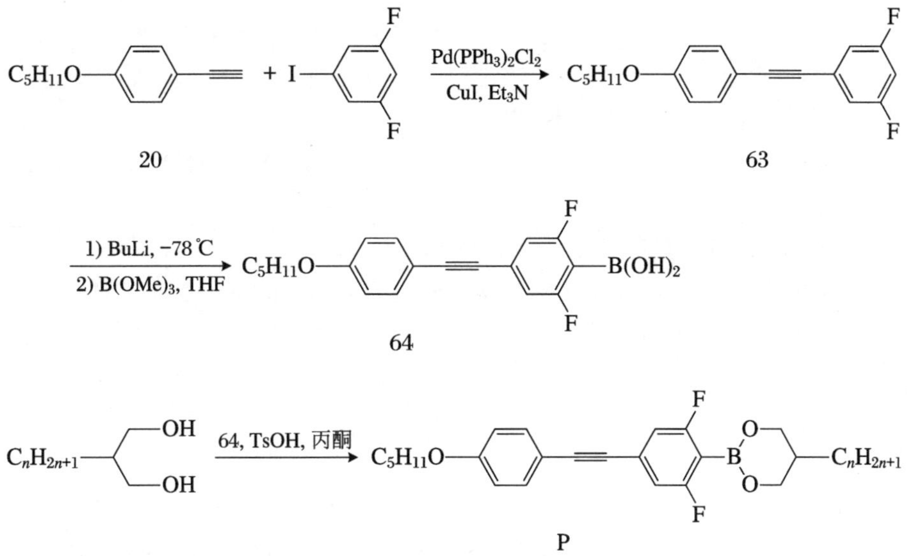

图 2.11.11　液晶化合物 P 的合成路线

11.3.2　中间体的合成方法

1. 2-戊基丙二酸二乙酯 $C_5H_{11}CH(CO_2Et)_2$(化合物 45)

在一干燥的 500 mL 三口烧瓶中加入钠片(11.5 g,0.5 mol)、无水乙醇(250 mL),装上回流冷凝管和滴液漏斗,等钠反应完后,滴加丙二酸二乙酯(80 g,0.5 mol),然后再滴加正戊基溴(83 g,0.55 mol),加完后,回流半小时,加醋酸中和,过滤除去溴化钠固体,滤液除去溶剂,加入稀盐酸,用乙醚萃取。无水 $MgSO_4$ 干燥,减压除去溶剂,所得物减压蒸馏得无色液体 70 g,沸点 82～84 ℃/mmHg。

^1H NMR($CDCl_3$/TMS) δ_H:0.82～1.85(m,17H),3.27(m,1H),4.14(q,4H,$J=13.5$ Hz)。MS(m/z):231(M^{+1},100.0),185(82.46)。

2. 2-戊基-丙-1,3-二醇 $C_5H_{11}CH(CH_2OH)_2$(化合物 46)

在一干燥的 500 mL 三口烧瓶中装上回流冷凝管和滴液漏斗,氮气保护下加入 $LiAlH_4$(15 g)、THF(250 mL),然后慢慢滴加 $C_5H_{11}CH(CO_2Et)_2$(40 g)。滴加完毕,回流 1 h,冷却。慢慢滴加 15 mL 水,再慢慢滴加 10% NaOH 水溶液,直到固体全部变成白色。过滤,滤液用无水 $MgSO_4$ 干燥,减压除去溶剂,所得物减压蒸馏得无色液体 15 g,沸点 96～98 ℃/mmHg。

^1H NMR($CDCl_3$/TMS) δ_H:0.83～1.32(m,11H),1.77(m,1H),2.40～2.65(m,2H),3.56～3.89(m,4H)。MS(m/z):147(M^{+1},1.89),55(100.0)。

3. 对碘苯甲醛(化合物 47)

将对氨基苯甲醛(18 g,0.148 mol)溶解于水(300 mL)和浓盐酸(26 mL)中,冷却体系至

-5 ℃，缓慢滴入 $NaNO_2$(30 g，0.434 mol)水溶液，维持体系温度不高于 0 ℃。加完后，搅拌 20 min，再向体系中加入 KI(75 g，0.458 mol)水溶液和 CuI(85.5 g，0.449 mol)固体，维持体系温度不高于 0 ℃，继续搅拌至室温。过滤除去反应中产生的固体，滤渣用乙酸乙酯充分洗涤，水相用乙酸乙酯萃取，再用饱和溶液充分洗涤有机相，干燥浓缩，柱层析分离，淋洗剂为石油醚，得到白色固体 15.7 g，产率 46%。

^1H NMR($CDCl_3$/TMS) δ_H：7.75～8.19(m，4H)，10.19(s，1H)。MS(m/z)：232(M^+，100.0)，203(18.62)。

4. 2-(4-碘苯基)-5-戊基-1，3-二氧六环(化合物 48)

在一 500 mL 单口烧瓶中加入对碘苯甲醛(3.5 g，15 mmol)、$C_5H_{11}CH(CH_2OH)_2$(5 g)、对甲苯磺酸(0.5 g)和甲苯(150 mL)，然后回流分水。当不再有水出来时，停止加热。冷却，加入 K_2CO_3(2.5 g)，搅拌 10 min。水洗，无水 Na_2SO_4 干燥，减压除去溶剂，柱层析分离，淋洗剂为石油醚/二氯甲烷(体积比为 9∶1)，得到白色固体，再用石油醚重结晶得 2.43 g，产率 45%。

^1H NMR($CDCl_3$/TMS) δ_H：0.94～1.84(m，11H)，2.22(m，1H)，3.62(m，2H)，4.18～4.42(m，2H)，5.47(s，1H)，7.30～7.87(m，4H)。MS(m/z)：360(M^+，32.54)，231(100.0)。

5. 3，5-二氟苯甲醛(化合物 49)

在一干燥的 500 mL 三口烧瓶中加入镁屑(10 g，0.42 mol)和 THF(300 mL)，然后慢慢滴加 3，5-二氟溴苯(77.2 g，0.4 mol)，制成格氏试剂。冷却至 0 ℃以下，慢慢滴加 DMF(32 mL)，然后让其自然升至室温，反应 4 h。加水，用乙醚萃取，无水 Na_2SO_4 干燥，减压除去溶剂，所得物减压蒸馏得淡黄色液体 41 g，沸点 90 ℃/20 mmHg，产率 73%。

^1H NMR($CDCl_3$/TMS) δ_H：7.00～7.43(m，3H)，9.97(s，1H)。^{19}F NMR($CDCl_3$/TFA) δ_F：33.3(s，2F)。MS(m/z)：142(M^+，96.68)，113(70.68)。

6. 2-(3，5-二氟苯基)-1，3-二氧戊环(化合物 50)

在一干燥的 500 mL 单口烧瓶中加入 3，5-二氟苯甲醛(60 g，0.423 mol)、乙二醇(40 g)、对甲苯磺酸(1 g)、甲苯(300 mL)，然后回流分水。当不再有水出来时，停止加热。冷却，加入 K_2CO_3(2.5 g)，搅拌 10 min。水洗，无水 Na_2SO_4 干燥，减压除去溶剂，所得物减压蒸馏得淡黄色液体 63 g，沸点 120 ℃/20 mmHg，产率 80%。

^1H NMR($CDCl_3$/TMS) δ_H：4.00(m，4H)，5.74(s，1H)，6.66～7.02(m，3H)。^{19}F NMR($CDCl_3$/TFA) δ_F：35.3(s，2F)。MS(m/z)：186(M^+，52.83)，141(64.35)。

7. 2-(4-碘-3，5-二氟苯基)-1，3-二氧戊环(化合物 51)

在一干燥的 500 mL 三口烧瓶中加入 2-(3，5-二氟苯基)-1，3-二氧戊环(48 g，0.258 mol)和 THF(300 mL)，氮气保护下以干冰/丙酮浴冷却至 -78 ℃，慢慢滴加 n-BuLi(2.5 mol/L，100 mL)，保温搅拌 2.5 h。然后在此温度下滴加 I_2(63.4 g)的 THF(100 mL)溶液，加完后保温搅拌1 h。自然升至室温，用饱和 NH_4Cl 溶液洗涤，分出有机层，再用水洗涤两次，有机层用饱和 $Na_2S_2O_3$ 溶液洗至无色，无水 $MgSO_4$ 干燥，减压除去溶剂，减压蒸馏，沸点 110～114 ℃/mmHg，得到淡黄色液体 34.6 g，产率 43%。

^1H NMR($CDCl_3$/TMS) δ_H:4.29(m,4H),6.01(s,1H),7.19～7.30(m,3H)。^{19}F NMR($CDCl_3$/TFA) δ_F:14.0(s,2F)。MS(m/z):312(M^+,84.16),185(36.01)。

8. 3,5-二氟-4-碘苯甲醛(化合物 52)

在一 500 mL 单口烧瓶中加入 2-(4-碘-3,5-二氟苯基)-1,3-二氧戊环(18.5 g,0.059 mol)、HCl(10 mL)和二氧六环(150 mL)。加热回流 1 h。冷却后,倒入 150 mL 水中,乙醚萃取,无水 $MgSO_4$ 干燥,减压除去溶剂,所得物用石油醚重结晶得白色固体 11.7 g,产率 74%。

^1H NMR($CDCl_3$/TMS) δ_H:6.53～6.69(m,2H),9.22(s,1H)。^{19}F NMR($CDCl_3$/TFA) δ_F:11.3(s,2F)。MS(m/z):268(M^+,100.0),112(21.68)。

9. 2-(3,5-二氟-4-碘苯基)-5-戊基-1,3-二氧六环(化合物 53)

操作同化合物 48。

投料:3,5-二氟-4-碘苯甲醛(5.4 g,0.02 mol),$C_5H_{11}CH(CH_2OH)_2$(3 g,0.021 mol),对甲苯磺酸(0.5 g),甲苯(150 mL),得到产物 3.3 g,产率 43%。

^1H NMR($CDCl_3$/TMS) δ_H:0.81～1.53(m,11H),2.24(m,1H),3.59(m,2H),4.04～4.30(m,2H),5.32(s,1H),6.97～7.04(m,2H)。^{19}F NMR($CDCl_3$/TFA) δ_F:15.5(m,2F)。MS(m/z):396(M^+,27.96),267(63.15)。

10. 2,3-二氟苯甲醛(化合物 54)

在一干燥的 500 mL 三口烧瓶中加入邻二氟苯(15 g,0.13 mol)、THF(150 mL),氮气保护下以干冰-丙酮浴冷却至 −78 ℃,慢慢滴加 n-BuLi(2.0 mol/L,67 mL),保温搅拌 2.5 h。然后在此温度下滴加 DMF(10 mL),加完后保温搅拌 1 h。自然升至室温,反应 4 h,加水,用乙醚萃取,无水 Na_2SO_4 干燥,减压除去溶剂,所得物减压蒸馏得淡黄色液体 14.75 g,沸点 88～90 ℃/20 mmHg,产率 80%。

^1H NMR($CDCl_3$/TMS) δ_H:7.14～7.65(m,2H),10.32(s,1H)。^{19}F NMR($CDCl_3$/TFA) δ_F:59.9(m,1F),70.0(m,1F)。MS(m/z):142(M^+,93.87),113(44.65)。

11. 2-(2,3-二氟苯基)-1,3-二氧戊环(化合物 55)

操作同化合物 50。

投料:2,3-二氟苯甲醛(18 g,0.127 mol),乙二醇(8 mL),对甲苯磺酸(1 g),甲苯(250 mL),产率 82%。

^1H NMR($CDCl_3$/TMS) δ_H:4.13(m,4H),6.14(s,1H),7.14～7.32(m,2H)。^{19}F NMR($CDCl_3$/TFA) δ_F:61.1(m,1F),66.9(m,1F)。MS(m/z):186(M^+,28.70),185(100.0)。

12. 2-(4-碘-2,3-二氟苯基)-1,3-二氧戊环(化合物 56)

操作同化合物 51。

投料:2-(2,3-二氟苯基)-1,3-二氧戊环(18 g,0.097 mol),THF(100 mL),n-BuLi(2.0 mol/L,49 mL),I_2(26 g),产率 55%。

^1H NMR($CDCl_3$/TMS) δ_H:4.20(m,4H),6.14(s,1H),7.07～7.68(m,2H)。^{19}F NMR($CDCl_3$/TFA) δ_F:42.8(m,1F),65.7(m,1F)。MS(m/z):312(M^+,45.22),311

(100.0)。

13. 2,3-二氟-4-碘苯甲醛(化合物57)

操作同化合物52。

投料:2-(4-碘-2,3-二氟苯基)-1,3-二氧戊环(10 g,0.032 mol),HCl(10 mL),二氧六环(100 mL),产率76%。

^{1}H NMR($CDCl_3$/TMS) δ_H:7.50~7.84(m,2H),10.44(s,1H)。^{19}F NMR($CDCl_3$/TFA) δ_F:40.7(m,1F),69.3(m,1F)。MS(m/z):268(M^+,100.0),112(23.97)。

14. 2-(2,3-二氟-4-碘苯基)-5-戊基-1,3-二氧六环(化合物58)

操作同化合物48。

投料:2.3-二氟-4-碘苯甲醛(2.7 g,0.01 mol),$C_5H_{11}CH(CH_2OH)_2$(1.6 g),对甲苯磺酸(0.2 g),甲苯(100 mL),产率47%。

^{1}H NMR($CDCl_3$/TMS) δ_H:0.90~1.84(m,11H),2.20(m,1H),3.62(m,2H),4.16~4.37(m,2H),5.75(s,1H),7.17~7.68(m,2H)。^{19}F NMR($CDCl_3$/TFA) δ_F:42.7(m,1F),66.0(m,1F)。MS(m/z):396(M^+,14.20),267(36.33)。

15. 2-戊基-丙-1,3-二溴丙烷 $C_5H_{11}CH(CH_2Br)_2$(化合物59)

在冰水浴下,往一250 mL三口烧瓶中加入48%HBr(160 g)、浓硫酸(48 g),然后依次加入$C_5H_{11}CH(CH_2OH)_2$(47 g,0.32 mol)、浓硫酸(80 g)。在95~100 ℃下反应18 h,反应混合物倒入400 mL冰水中,用乙醚萃取,萃取液用冷的10%的$NaHCO_3$水溶液洗涤,无水$MgSO_4$干燥,减压除去溶剂,所得物减压蒸馏得淡黄色液体54 g,产率62%。

^{1}H NMR($CDCl_3$/TMS) δ_H:0.80~1.50(m,11H),1.78(m,1H),3.42~3.63(m,4H)。MS(m/z):272(M^+,3.35),69(100.0)。

16. 2-戊基-丙-1,3-二硫醇 $C_5H_{11}CH(CH_2SH)_2$(化合物60)

在一干燥的250 mL三口烧瓶中装上温度计、滴液漏斗、氮气进出口,加入硫脲(56.35 g,0.376 mol)和二缩三(乙二醇)(92 mL),然后在氮气保护下加热到75 ℃,硫脲溶解。在此温度下滴加$C_5H_{11}CH(CH_2Br)_2$(50 g,0.184 mol)。维持此温度反应18 h,然后加入三缩四(乙二胺)(34.845 g),在75 ℃下反应2 h。反应混合物减压分馏95~98 ℃/mmHg的馏分。

^{1}H NMR($CDCl_3$/TMS) δ_H:0.85~1.32(m,11H),1.75(m,1H),2.62~2.85(m,4H),3.69(s,2H)。MS(m/z):178(M^+,2.43),45(100.0)。

17. 4-(4-戊氧基苯乙炔基)-苯甲醛(化合物61)

在一干燥的50 mL单口烧瓶中加入对戊氧基苯乙炔(2 g,10.6 mmol)、对碘苯甲醛(2.12 g,10 mmol)、$Pd(PPh_3)_2Cl_2$(0.5 g)、CuI(0.5 g)和Et_3N(20 mL)。在氮气保护下回流24 h,过滤除去不溶固体,滤液除去溶剂,再用柱层析分离,淋洗剂为石油醚/二氯甲烷(体积比为9∶1),得到白色固体2.7 g,产率92%。

^{1}H NMR($CDCl_3$/TMS) δ_H:0.90~1.87(m,9H),3.99(t,2H,$J=6$ Hz),6.87~6.97(m,2H),7.47~7.94(m,6H),10.07(s,1H)。MS(m/z):292(M^+,63.99),222(100.0)。

18. 4-(4-戊氧基-2,3,5,6-四氟苯乙炔基)-苯甲醛(化合物62)

操作同化合物61。

投料：4-戊氧基-2,3,5,6-四氟苯乙炔(2.5 g,9.6 mmol)，对碘苯甲醛(2.01 g,9 mmol)，$Pd(PPh_3)_2Cl_2$(0.5 g)，CuI(0.5 g)和 Et_3N(20 mL)。

^{1}H NMR($CDCl_3$/TMS) δ_H：0.88～1.87(m,9H)，4.26(t,2H,J = 6 Hz)，7.64～7.91(m,4H)，10.07(s,1H)。^{19}F NMR($CDCl_3$/TFA) δ_F：60.3(m,2F)，80.0(m,2F)。MS(m/z)：364(M^+,19.76)，294(100.0)。

19. 3,5-二氟-4′-戊氧基二苯乙炔(化合物 63)

在一干燥的 100 mL 单口烧瓶中加入对戊氧基苯乙炔(5 g,0.0265 mol)、3,5-二氟碘苯(7 g,0.0292 mol)、$Pd(PPh_3)_2Cl_2$(1.5 g)、CuI(1.5 g)和 Et_3N(40 mL)。在氮气保护下回流 24 h，过滤除去不溶固体，滤液除去溶剂，再用柱层析分离，淋洗剂为石油醚/二氯甲烷(体积比为 9∶1)，得到白色固体。

^{1}H NMR($CDCl_3$/TMS) δ_H：0.91～1.86(m,9H)，3.97(t,2H,J = 6 Hz)，6.82～7.08(m,4H)，7.44～7.54(m,3H)。^{19}F NMR($CDCl_3$/TFA) δ_F：32.0(s,2F)。MS(m/z)：300(M^+,40.05)，230(100.0)。

20. 2,6-二氟-4-(4′-戊氧基苯乙炔基)-苯基硼酸(化合物 64)

将 3,5-二氟-4′-戊氧基二苯乙炔(4.8 g,0.016 mol)溶于无水 THF(100 mL)中，在氮气保护下以干冰/丙酮浴冷却至 −78 ℃，慢慢滴加 n-BuLi(1.6 mol/L,11 mL)，保温搅拌 2.5 h。滴加 $B(OMe)_3$(3.85 mL)的无水 THF(10 mL)溶液，保温搅拌 0.5 h，自然升温过夜，加入稀盐酸酸化，搅拌 1 h 后以乙醚萃取两次，合并有机层，无水 Na_2SO_4 干燥，减压除去溶剂，得到无色固体 3.48 g，产率 60%。

^{1}H NMR(CD_3COCD_3/TMS) δ_H：0.80(m,3H)，1.27(m,4H)，1.66(m,2H)，3.90(t,2H,J = 6 Hz)，6.79～6.93(m,4H)，7.32～7.42(m,2H)。^{19}F NMR($CDCl_3$/TFA) δ_F：26.7(s,2F)。

11.3.3 液晶的合成方法

1. M-Ⅰ系列化合物

典型实例：在一干燥的 25 mL 单口烧瓶中加入化合物 48(200 mg,0.556 mmol)、4-烷氧基苯乙炔(化合物 20)(0.667 mmol)、$Pd(PPh_3)_2Cl_2$(10 mg)、CuI(15 mg)和 Et_3N(10 mL)。在氮气保护下 50 ℃反应 24 h，过滤除去不溶固体，滤液除去溶剂，再用柱层析分离，淋洗剂为石油醚/二氯甲烷(体积比为 3∶1)，得到淡黄色固体，然后用石油醚重结晶两次得到白色晶体。化合物的数据如下：

2-[(4-n-丁氧基苯乙炔基)苯基]-5-n-戊基-1,3-二氧六环(n = 4)

^{1}H NMR(300 MHz;$CDCl_3$/TMS) δ_H：0.88～1.78(m,18H,aliphatic hydrogen)，2.15(m,1H,5-H)，3.54(dd,2H,J = 11.5,11.5 Hz,H_a)，3.98(t,2H,J = 6.5 Hz,—CH_2)，4.25(dd,2H,J = 11.5,4.6 Hz,H_e)，5.41(s,1H,2-H)，6.84～6.90(m,2H)，7.44～7.53(m,6H)。MS(m/z)：406(M^+,100.0)，222(43.35)。

2. M-Ⅱ系列化合物

典型实例：在一干燥的25 mL单口烧瓶中加入化合物48(200 mg，0.556 mmol)、4-烷氧基-2，3，5，6-四氟苯乙炔(化合物23)(0.667 mmol)、$Pd(PPh_3)_2Cl_2$(10 mg)、CuI(15 mg)和Et_3N(10 mL)。在氮气保护下50 ℃反应24 h，过滤除去不溶固体，滤液除去溶剂，再用柱层析分离，淋洗剂为石油醚/二氯甲烷(体积比为3∶1)，得到淡黄色固体，然后用石油醚重结晶两次得到白色晶体。化合物的数据如下：

2-[(4-*n*-丁氧基-2，3，5，6-四氟苯乙炔基)苯基]-5-*n*-戊基-1，3-二氧六环($n=4$)

^{1}H NMR(300 MHz；$CDCl_3$/TMS) δ_H：0.88～1.80(m，18H，aliphatic hydrogen)，2.15(m，1H，5-H)，3.54(dd，2H，$J=11.5$，11.5 Hz，H_a)，4.27(t，2H，$J=6.5$ Hz，OCH_2)，4.25(dd，2H，$J=11.5$，4.6 Hz，H_e)，5.42(s，1H，2H)，7.54(AABB，4H)。^{19}F NMR(60 MHz；$CDCl_3$/TFA) δ_F：60.0(m，2F)，79.6(m，2F)。MS(m/z) (rel. int.)：478(M^+，72.32)，294(100.0)。

3. M-Ⅲ系列化合物

典型实例：在一干燥的25 mL单口烧瓶中加入化合物53(200 mg，0.505 mmol)、4-烷氧基苯乙炔(化合物20)(0.606 mmol)、$Pd(PPh_3)_2Cl_2$(10 mg)、CuI(15 mg)和Et_3N(10 mL)。在氮气保护下50 ℃反应24 h，过滤除去不溶固体，滤液除去溶剂，再用柱层析分离，淋洗剂为石油醚/二氯甲烷(体积比为3∶1)，得到淡黄色固体，然后用石油醚重结晶两次得到白色晶体。化合物的数据如下：

2-[(4-*n*-丁氧基苯乙炔基)-3，5-二氟苯基]-5-*n*-戊基-1，3-二氧六环($n=4$)

^{1}H NMR(300 MHz；$CDCl_3$/TMS) δ_H：0.87～1.82(m，18H，aliphatic hydrogen)，2.09(m，1H，5H)，3.51(dd，2H，$J=11.4$，11.4 Hz，H_a)，3.98(t，2H，$J=6.5$ Hz，OCH_2)，4.24(dd，2H，$J=11.4$，4.6 Hz，H_e)，5.36(s，1H，2H)，6.87(m，2H)，7.08(m，2H)，7.50(m，2H)。^{19}F NMR(60 MHz；$CDCl_3$/TFA) δ_F：30.0(m，2F)。MS(m/z) (rel. int.)：442(M^+，100.0)，258(69.62)。

4. M-Ⅳ系列化合物

典型实例：在一干燥的25 mL单口烧瓶中加入化合物53(200 mg，0.505 mmol)、4-烷氧基-2，3，5，6-四氟苯乙炔(化合物23)(0.606 mmol)、$Pd(PPh_3)_2Cl_2$(10 mg)、CuI(15 mg)和Et_3N(10 mL)。在氮气保护下5 ℃反应24 h，过滤除去不溶固体，滤液除去溶剂，再用柱层析分离，淋洗剂为石油醚/二氯甲烷(体积比为3∶1)，得到淡黄色固体，然后用石油醚重结晶两次得到白色晶体。化合物的数据如下：

2-[(4-*n*-丁氧基-2，3，5，6-四氟苯乙炔基)-3，5-二氟苯基]-5-*n*-戊基-1，3-二氧六环($n=4$)

^{1}H NMR(300 MHz；$CDCl_3$/TMS) δ_H：0.87～1.81(m，18H，aliphatic hydrogen)，2.12(m，1H，5H)，3.52(dd，2H，$J=11.5$，11.5 Hz，H_a)，4.28(t，2H，$J=6.5$ Hz，OCH_2)，4.25(dd，2H，$J=11.5$，4.6 Hz，H_e)，5.37(s，1H，2H)，7.11(m，2H)。^{19}F NMR(60 MHz；$CDCl_3$/TFA) δ_F：28.6(s，2F)，59.8(m，2F)，79.9(m，2F)。MS(m/z) (rel. int.)：514(M^+，31.38)，330(100.0)。

5. N-Ⅰ系列化合物

典型实例：在一干燥的 25 mL 单口烧瓶中加入化合物 48(200 mg，0.556 mmol)、4-烷氧基-2,3-二氟苯乙炔(化合物 6)(0.667 mmol)、$Pd(PPh_3)_2Cl_2$(10 mg)、CuI(15 mg)和 Et_3N(10 mL)。在氮气保护下 50 ℃反应 24 h，过滤除去不溶固体，滤液除去溶剂，再用柱层析分离，淋洗剂为石油醚/二氯甲烷(体积比为 3∶1)，得到淡黄色固体，然后用石油醚重结晶两次得到白色晶体。化合物的数据如下：

2-[(4-n-丙氧基-2,3-二氟苯乙炔基)苯基]-5-n-戊基-1,3-二氧六环($n=3$)

^{1}H NMR(300 MHz；$CDCl_3$/TMS) δ_H：0.88～1.88(m，16H，aliphatic hydrogen)，2.15(m，1H，5H)，3.56(dd，2H，$J=11.3$，11.3 Hz，H_a)，4.08(t，2H，$J=6.6$ Hz，OCH_2)，4.27(dd，2H，$J=11.3$，4.4 Hz，H_e)，5.44(s，1H，2H)，6.73(m，1H)，7.20(m，1H)，7.54(m，4H)。^{19}F NMR(60 MHz；$CDCl_3$/TFA) δ_F：57.8(m，1F)，82.4(m，1F)。MS(m/z) (rel. int.)：428(M^+，100.0)，258(69.19)。

6. N-Ⅱ系列化合物

典型实例：在一干燥的 25 mL 单口烧瓶中加入化合物 58(200 mg，0.505 mmol)、4-烷氧基苯乙炔(化合物 20)(0.606 mmol)、$Pd(PPh_3)_2Cl_2$(10 mg)、CuI(15 mg)和 Et_3N(10 mL)。在氮气保护下 50 ℃反应 24 h，过滤除去不溶固体，滤液除去溶剂，再用柱层析分离，淋洗剂为石油醚/二氯甲烷(体积比为 3∶1)，得到淡黄色固体，然后用石油醚重结晶两次得到白色晶体。化合物的数据如下：

2-[(4-n-丙氧基苯乙炔基)-2,3-二氟苯基]-5-n-戊基-1,3-二氧六环($n=3$)

^{1}H NMR(300 MHz；$CDCl_3$/TMS) δ_H：0.88～1.84(m，16H，aliphatic hydrogen)，2.15(m，1H，5H)，3.56(dd，2H，$J=11.4$，11.4 Hz，H_a)，3.98(t，2H，$J=6.5$ Hz，OCH_2)，4.24(dd，2H，$J=11.4$，4.3 Hz，H_e)，5.70(s，1H，2H)，6.88(m，2H)，7.31(m，2H)，7.49(m，2H)。^{19}F NMR(60 MHz；$CDCl_3$/TFA) δ_F：58.0(m，1F)，66.4(m，1F)。MS(m/z) (rel. int.)：428(M^+，100.0)，258(81.69)。

7. O-Ⅰ系列化合物

典型实例：在一个 50 mL 单口烧瓶中加入化合物 61(400 mg，1.37 mmol)、$C_5H_{11}CH(CH_2SH)_2$(1.644 mmol)、对甲苯磺酸(10 mg)、甲苯(30 mL)，然后回流分水。当不再有水出来时，停止加热，冷却，加入 K_2CO_3(1 g)，搅拌 10 min，水洗，无水 Na_2SO_4 干燥，减压除去溶剂，再用柱层析分离，淋洗剂为石油醚/二氯甲烷(体积比为 9∶1)，得到白色固体，然后用石油醚重结晶两次。化合物的数据如下：

2-[(4-n-戊氧基苯乙炔基)苯基]-5-n-戊基-1,3-二噻烷

^{1}H NMR(300 MHz；$CDCl_3$/TMS) δ_H：0.88～1.84(m，20H，aliphatic hydrogen)，2.15(m，1H，5H)，3.54(dd，2H，$J=11.5$，11.5 Hz，H_a)，3.98(t，2H，$J=6.5$ Hz，OCH_2)，4.25(dd，2H，$J=11.5$，4.6 Hz，H_e)，5.41(s，1H，2H)，6.84～6.90(m，2H)，7.44～7.53(m，6H)。MS(m/z) (rel. int.)：420(M^+，100.0)，222(27.96)。

8. O-Ⅱ系列化合物

典型实例：在一个 50 mL 单口烧瓶中加入化合物 62(400 mg，1.10 mmol)、$C_5H_{11}CH$

$(CH_2SH)_2$(1.32 mmol)、对甲苯磺酸(10 mg)、甲苯(30 mL),然后回流分水。当不再有水出来时,停止加热,冷却,加入 K_2CO_3(1 g),搅拌 10 min,水洗,无水 Na_2SO_4 干燥,减压除去溶剂,再用柱层析分离,淋洗剂为石油醚/二氯甲烷(体积比为 9∶1),得到白色固体,然后用石油醚重结晶两次。化合物的数据如下:

^{1}H NMR(300 MHz;$CDCl_3$/TMS) δ_H:0.88～1.80(m,20H,aliphatic hydrogen),2.15(m,1H,5H),3.54(dd,2H,J = 11.5,11.5 Hz,H_a),4.27(t,2H,J = 6.5 Hz,OCH_2),4.25(dd,2H,J = 11.5,4.6 Hz,H_e),5.42(s,1H,2H),7.54(AABB,4H)。^{19}F NMR(60 MHz;$CDCl_3$/TFA) δ_F:60.0(m,2F),79.6(m,2F)。MS(m/z) (rel. int.):492(M^+,84.02),294(100.0)。

9. P 系列化合物

典型实例:在一干燥的 50 mL 单口烧瓶中加入化合物 64(300 mg,0.538 mmol)、$C_nH_{2n+1}CH(CH_2OH)_2$(0.176 mmol)、对甲苯磺酸(5 mg)、丙酮(15 mL),然后回流 1 h。停止加热,冷却,加入 K_2CO_3(10 mg),搅拌 5 min,减压除去溶剂,再用柱层析分离,淋洗剂为石油醚/二氯甲烷(体积比为 9∶1),得到白色固体,然后用石油醚重结晶两次。化合物的数据如下:

^{1}H NMR(300 MHz;$CDCl_3$/TMS) δ_H:0.91～0.97(m,6H),1.30～1.44(m,10H),2.17(m,1H,5H),3.81(dd,2H,J = 10.1,10.1 Hz,H_a),3.96(t,2H,J = 6.6 Hz,OCH_2),4.19(dd,2H,J = 11.0,4.4 Hz,H_e),6.86(m,2H),6.95(m,2H),7.43(m,2H)。^{19}F NMR(60 MHz;$CDCl_3$/TFA) δ_F:25.7(m,2F)。MS(m/z) (rel. int.):426(M^+,46.56),356(100.0)。

参考文献

[1] GRAY G W,KELLY S M. J. Mater. Chem.,1999,9:2037.
[2] HARAMOTO Y,KAMOGAWA H. J. Chem. Soc.,Chem. Commun.,1983:75.
[3] KAMOGAWA H,HIROSE T,NANASAWA,M. Bull. Chem. Soc. Jpn.,1983,56:3517.
[4] LI H F,WEN J X. Liq. Cryst.,2001,28:913.
[5] LI H F,LIU K G,WANG K,WEN J X. Chin. J. Chem.,2001,19:877.
[6] DONG C C,STYRING P,GOODBY J W,CHAN L K M. J. Mater. Chem.,1999,9:1669.
[7] HARAMOTO Y,KAMOGAWA H. Mol. Cryst. Liq. Cryst.,1994,250:15.
[8] HARAMOTO Y, NANASAWA M, UJIIE S, HOLMES A B. Mol. Cryst. Liq. Cryst., 2000, 348:129.
[9] HARAMOTO Y,NANASAWA M,UJIIE S. Liq. Cryst.,2001,28:557.
[10] HARAMOTO Y,NANASAWA M,UJIIE S. Liq. Cryst.,1996,21:341.
[11] HARAMOTO Y,KUSAKABE Y,NANASAWA M,UJIIE S,MANG S,MORATTI S C,HOLMES A B. Liq. Cryst.,2000,27:263.
[12] HARAMOTO Y, MIYASHITA T, NANASAWA M, AOKI Y, NOHIRA H. Liq. Cryst., 2002,

29:87.

［13］ DABROWSKI R,BEZBORODOV V S,LAPANIK V J,DZIADUSZEK J,CZUPRYŃSKI K. Liq. Cryst.,1995,18:213.

［14］ BEZBORODOV V S,PETROV V F,LAPANIK V I. Liq. Cryst.,1996,20:785.

［15］ BEZBORODOV V S,LAPANIK V I. Liq. Cryst.,1991,10:803.

［16］ TAKATSU H,TANAKA Y,SATO H,SASAKI M. 1985,JP60152427A.

［17］ CROSS G J,SEED A J,TOYNE K J,GOODBY J W,HIRD M,ARTAL M C. J. Mater. Chem.,2000,10:1555.

第 12 章　香蕉形分子的反铁电含氟液晶

12.1　引言

传统的液晶分子一般为直线棒状结构，近年来其他形状的液晶分子陆续被发现。1996 年，Niori 等人[1]报道了一类非手性的弯曲形分子有铁电性和反铁电性。这类分子与经典的手性棒状铁电（或者反铁电）液晶有根本的不同，分子本身并没有手性碳原子，但具有非线性的中心部分和刚性的两边侧链，具有弯曲形状（bent core liquid crystals），被形象地称为“香蕉形分子”（banana type liquid crystals）。作为近十年液晶科学的研究热点之一，香蕉形液晶分子的重要性同时体现在基础学术领域和应用领域[2]。

作为非手性分子，香蕉形液晶被发现呈现特殊的电光性能（铁电性或者反铁电性），而这在传统上是手性分子的特征[3]。这类分子由于具有独特的弯曲形状，表现出不同于棒状分子的液晶性能，尽管分子本身不含手性基团，但其极性排布形成铁电性（反铁电性），而且有很高的自发极化值。所以香蕉形液晶的超分子科学研究或者排列方式引起了科学界的极大兴趣，提出了很多模型[4]。

现在，香蕉形液晶涉及液晶的应用领域和超分子化学的基础研究[5]。在液晶方面积累了丰富的研究成果[6]，发现了许多新的液晶相，它们的光学性质及铁电-反铁电性有很大的应用价值[7]。香蕉形液晶的宏观值可大于 500 nC/cm^2，因而可以应用于非线性光学、铁电-反铁电[8]、挠曲点效应[9]及显示技术和机电方面[10]。

在香蕉形液晶发明之后，多年来含氟液晶的研究也得到学术界的关注[11]。LCD 技术刚兴起时，人们就常把氟取代分子作为液晶材料以改善材料的性能，到 1989 年，随着有源矩阵液晶显示器的出现，含氟分子成为液晶材料重要的组成部分。在液晶母核结构的芳香环上引入氟原子，可以在很大程度上扩展向列相的温度范围，降低材料的熔点和改善其溶解性。但是与相应的无氟材料相比，含氟液晶化合物会引起使材料清亮点降低的副作用[6]。很自然地，氟取代也被大量地引入香蕉形液晶中。许多人做了大量的工作，试图系统地分析氟取代对香蕉形液晶的影响。

中国科学院上海有机化学研究所研究组从 1999 年开始从事将氟原子引入香蕉形液晶的工作。2001 年发表在国际液晶杂志上的化合物的边链为 2,3-二氟二苯乙炔的衍生物，端基为烷氧基，当碳原子数 $n = 8$ 时，香蕉形液晶出现反铁电相，自发极化可以达到 130 nC/cm^2。由于上海有机所是化学研究单位，没有测试香蕉形液晶的仪器，因此与美国肯特州立大学液晶物理中心的 Jakli 教授进行合作。他的研究组进行了物理性能的研究[12-14]。该研究组接受Jakli教授的建议，把分子链的末端烷氧基的碳原子数增加，自发极化明显增大，当$n=10$时为850 nC/cm^2。当时文献报道的最高值为700 nC/cm^2[15]。

12.2　香蕉形液晶涉及的基本概念

由于弯曲的香蕉形液晶涉及棒状的一些不同概念，故为了使读者更容易理解研究结果，对一些新的概念有必要加以说明。

香蕉形液晶的分子是弯曲的分子间紧密堆砌，阻碍分子的旋转自由度，使分子排列为新的液晶相。由于弯曲的英文是bent，因此就使用字母B来代表弯曲液晶。按出现年代的先后排序为B1,B2,B3,…。相态之间的区别由光学结构及X射线的衍射图决定。

经观察发现，香蕉形分子有向斜层结构(synchlinic)是浑浊的，以及背斜层结构(anticlinic)状态是透明的。由于前者的折射率高而后者的折射率低，这就意味着此类材料是潜在的分子开关材料。某些香蕉形液晶的中间相产生铁电、反铁电开关效应以及二级谐波(SGH)。这不但理论上十分有趣，而且在高科技方面存在实际应用的可能性。其应用之一是用作光电开关，这种光电开关的优点是不混浊，响应速度极快(达到百万分之一秒)，以及有很强的后向散射。Jakli教授设计出一种利用SmCP相(香蕉形液晶相的一种)的液晶显示模式[5]。香蕉形液晶也可以作为非线性光学材料，这是因为$SmCP_F$相(香蕉形液晶相的一种)有很大的二阶非线性系数。相比于一般的手性近晶C相，典型的$SmCP_F$相沿着轴向的分子偶极矩要大50%以上[17]。香蕉形液晶还可以应用在新型光导纤维开发上。随着理论研究的发展，越来越多的应用模式将被设计和开发。所以这一类液晶材料的分子设计很重要。尽管席夫碱类香蕉形研究较多，但是普遍规律仍不清楚。[16]

香蕉形液晶的相变性质和织构见表2.12.1。

B2是研究最普遍的香蕉形液晶，倾斜的层状极性相可以出现在四个不同的超分子堆砌排列中，其中有两个形成手性聚集物及两个外消旋，如图2.12.1所示。这个软相的性质涉及SmCP。此外SmC表示层状斜堆砌，与经典的SmC相同，字母P表示极性有序。铁电与反铁电行为是SmCP的主要特征，而且这种特征也可以在B中间相里发现。最有趣的考虑在于非手性是包含在内的。SmCP显示电光效应有非常高的极化值，可以达到700 nC/cm^2，并且在铁电状态下可以测量出来，如图2.12.2所示。

该性能指出这些材料的热电及压电性的应用，而且中间相提供极性有序及非线性行为[4]。特别是两阶非线性敏感度在1～10 pm·V^{-1}范围，这些材料可以评价，如图2.12.3所示[17]。

区别于相对的倾斜与近晶层的极性有序[8]，S与A指出向斜层与背斜层的结构，F与A是铁电极性有序与反铁电极性有序。

在书架形式的近晶层形成时，电场的电偶极子沿着垂直方向取向。

表 2.12.1　香蕉形液晶的相变性质和织构

液晶相名称（Bn）	其他代号	类　型	特　征	开关行为
B1	Colr	柱相，可具有多种晶体结构	X 衍射：二维晶格结构，马赛克相条纹	无
	$SmCP_A$，C_{B2}	倾斜近晶相，单分子层状结构，极性有序	X 衍射：层状反射，$L/2<d<L$，模糊的大角度散射，条形相条纹，无定形的破扇形相条纹	AF（反铁电）
B2	$SmCP_A/SmCP_F$	倾斜近晶相，单分子层状结构，极性有序	X 衍射：层状反射，$d>L$，模糊的大角度散射，带有相反手性范畴的暗色相条纹，有时也有呈蓝色，通常黏度较高	AF，FE 反铁电性，铁电性
	$SmAP_A$，CP_A	正交近晶相，单分子层状结构，极性有序，极性轴平行于层平面	X 衍射：层状反射，$d>L$，在子午线处有模糊的大角度散射，带有相反手性范畴的暗色相条纹，条形相条纹，扇形条纹	AF（反铁电）
B3		晶体层状介晶相，倾斜	X 衍射：层状反射，在广角区域有多个明亮的反射点	无
B4	SmBlue	软晶体，无倾斜，可能为 TGB-二层次结构	X 衍射：层状反射，在广角区域有多个明亮的反射点，但与 B3 不同，反射点较少不明亮，蓝色透明，有手性相反区域，在基态呈活性	无
B5		倾斜近晶相，单分子层状结构，极性有序，层内有段距离的 2D 晶格，层间无交叠	X 衍射：层状反射，$d>L$，在大角度散射区有三个最大值，条形相条纹，无定形的破扇形相条纹	AF，FE 反铁电性，铁电性
B6	Sm_{int} Sm_g	嵌入式，近晶相	X 衍射：层状反射，$d>L/2$，模糊的大角度散射，条形相条纹及扇形相条纹	无
B7		变形的层结构	X 衍射：衍射图很复杂，模糊的大角度散射，螺旋生长，螺旋超分子结构，纤维状相条纹	无开关性，铁电性（反铁电性）

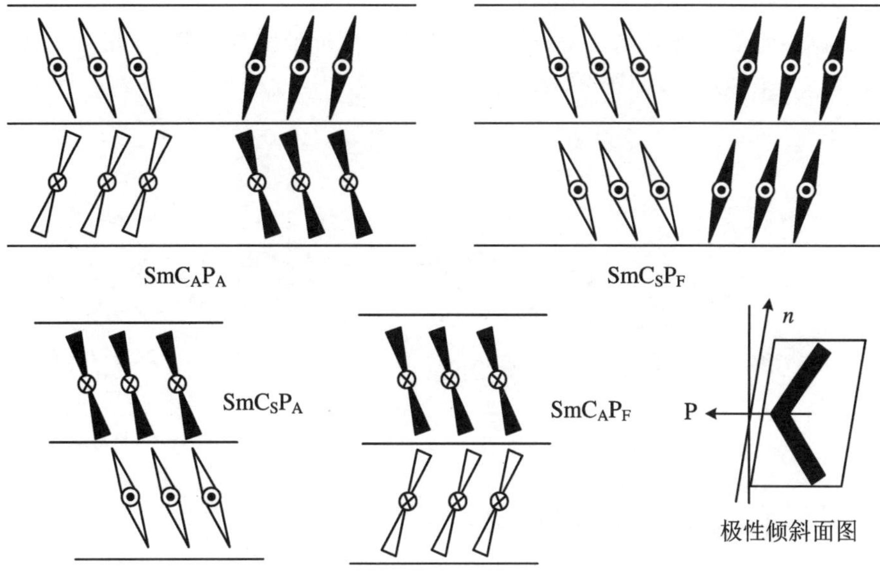

图 2.12.1　四种不同类型的 SmCP 相态堆砌

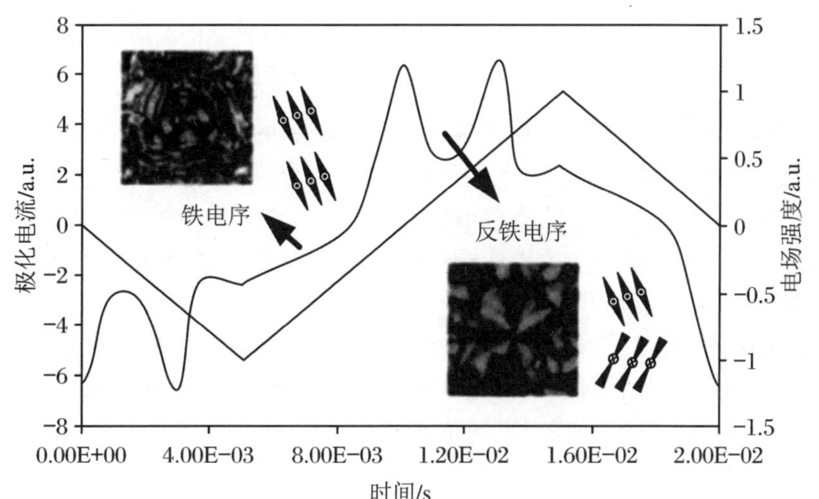

图 2.12.2　香蕉形液晶的相关织构

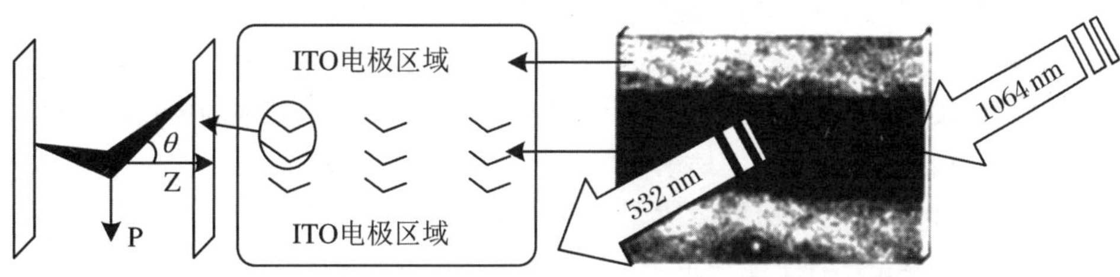

图 2.12.3　用于二次谐波的铁电样品的典型开关电流 SmCP 的图解及光学织构

香蕉形液晶分子的结构类型如下：

席夫碱类香蕉形液晶化合物是最早发现的香蕉形液晶化合物，这里列举部分液晶结构和液晶性(℃)来做对比，如图 2.12.4 所示。

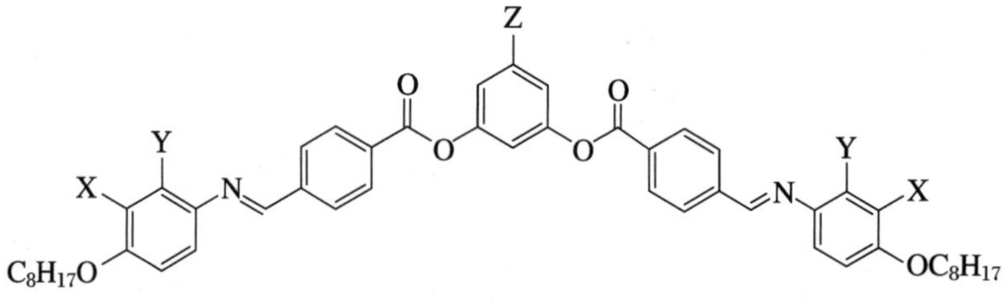

1：X = Y = Z = H

B4 139.7 B3 151.9 B2 173.9 I

2：X = F；Y = Z = H

C 128 B2 166 I/C 119 SX2 147 B7 154 I

3：Y = F；X = Z = H

C 128 B2 142 I

4：X = Z = F；Y = H

C 113.0 B5F 131.0 B5A 135.5 B5A 137.0 B5A 138.9 B5A 139.8 B2 163.5 I

图 2.12.4 席夫碱类香蕉形液晶化合物

总的来说，氟的引入降低了席夫碱类香蕉形液晶的熔点，化合物 2 与化合物 3 都只有 B2 相，但是 3 比 2 的液晶相温度范围要小很多。化合物 4 产生了变化的 B5 相，但是 B2 相仍然存在，热稳定性也降低了。香蕉形液晶分子的性能与其分子的精细结构有极其敏感的关系，稍微的结构变化就会大大地影响性能，尽管席夫碱类香蕉形液晶研究的较多，但是普遍的规律依然没有弄清楚[16]。

席夫碱类香蕉形液晶由于含有亚胺键，化学稳定性较差，故被具有更低清亮点和稳定性更好的酯类液晶所取代。对酯类香蕉形液晶的研究也较多，R. Amaranatha 等人[17]合成了多个系列的化合物来研究苯环上不同位置的氟取代，对五个苯环香蕉形酯类液晶化合物相态的影响，如图 2.12.5 所示。

化合物 6 与 7 相比较，取代基氟要更靠近分子的中心，熔点降低得更多，但是液晶相的范围要大，化合物 7 熔点更高，液晶相被大大压缩，液晶相温度范围只有 1 ℃。

氟取代在末端的苯环上对液晶性也有很大的影响。当氟取代在烷氧链的间位时，对液晶性的影响和 6 系列的化合物类似。当氟取代在烷氧链的邻位时，会产生很有趣的现象。与 7 系列相反，8 系列的化合物很多都没有液晶相，与母体以及其他的单氟取代相比，在五环酯体系中，熔点和清亮点都大大地增加了。这可能是由于邻位氟取代使末端链或弯曲核的构造发生改变，例如包裹效应的增加。

当氟取代在两个苯环上都有时，9 的两个氟取代碳酰基的邻位与未被氟取代的母体相比较，熔点降低了。10 的两个氟取代，一个在碳酰基的邻位，一个在烷氧基的邻位，和其他氟取代的系列类似，10 系列的熔点和清亮点也降低了。二元氟取代极大地增强了化合物的液晶性，与单取代的液晶分子相比较，单取代可能没有液晶性，但是二元取代却很有可能有液晶性。在不对称的分子中，12 居然比 5 有更高的熔点，11 却显得正常很多。

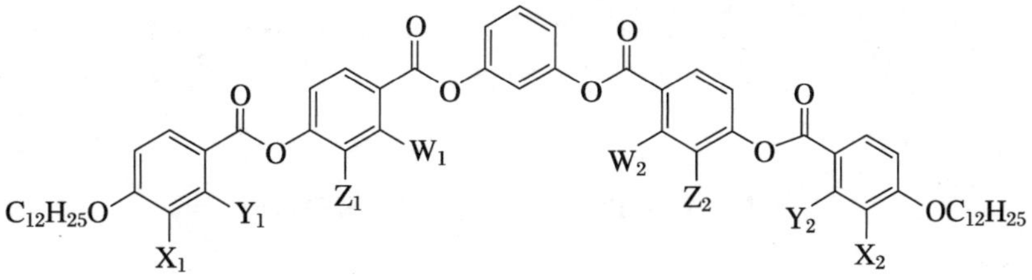

5：X = Y = Z = W = H

Cr 106.0 B2 116.5 I

6：W = F；X = Y = Z = H

Cr 93.0 B2 105.0 I

7：Y = F；X = Z = W = H

Cr 100.0 B2 101.0 I

8：X = F；Y = Z = W = H

Cr 128.0 (B_{X1} 127.5) I

9：Y = W = F；X = Z = H

Cr 97.0 (B2 92.0) I

10：X = W = F；Y = Z = H

Cr 99.5 B_{X1} 117.5 I

11：Y2 = W2 = F；其他 = H

C 91 B2 115 I

12：Y2 = F；其他 = H

Cr 110.0 B2 122.5 I

图 2.12.5　氟取代对酯类香蕉形液晶化合物相态(℃)的影响

12.3　目标化合物与合成方法

12.3.1　目标化合物

目标化合物为 2,3-二氟二苯乙炔的衍生物 C_n（n = 4、8、10、12）(图 2.12.6)。

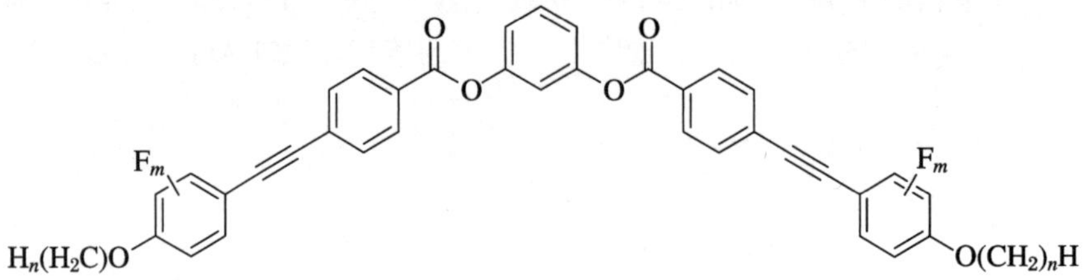

图 2.12.6 目标化合物的分子结构

12.3.2 合成方法

目标化合物的两种不同的合成路线如图 2.12.7 和图 2.12.8 所示。

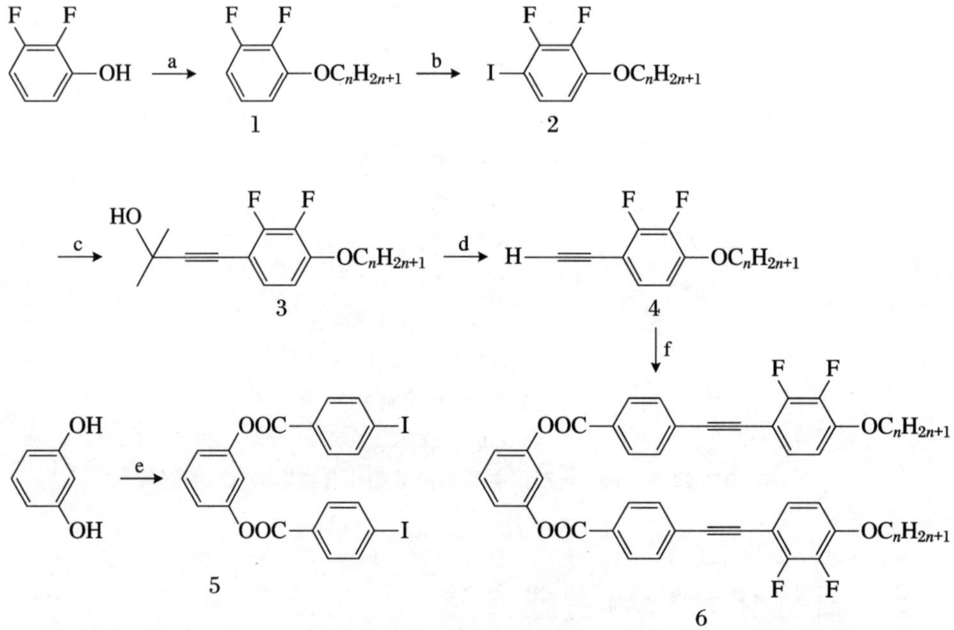

图 2.12.7 目标化合物的合成路线 1

反应试剂和条件：a. $H(CH_2)_nBr$，K_2CO_3，DMF，120 ℃；b. n-BuLi，−78 ℃，I_2/THF；
c. 2-甲基-3-丁炔-2-醇，$Pd(PPh_3)_2Cl_2$，CuI，Et_3N；d. KOH，甲苯；
e. 间苯二酚，DCC，催化量 DMAP，THF；f. 化合物 5，$Pd(PPh_3)_2Cl_2$，CuI，Et_3N，THF

根据最后一步反应用的中间体不同，有两条合成路线，一个是碘化物，另一个是苯甲酸衍生物。但是实践发现间苯二酚很难酯化，大部分产物是单羧酸酯，而且与催化剂 DDC 的混合物极性相近，柱层析分离困难。故只好采用第二条路线，第二条路线的缺点是最后酯化的得率不高。

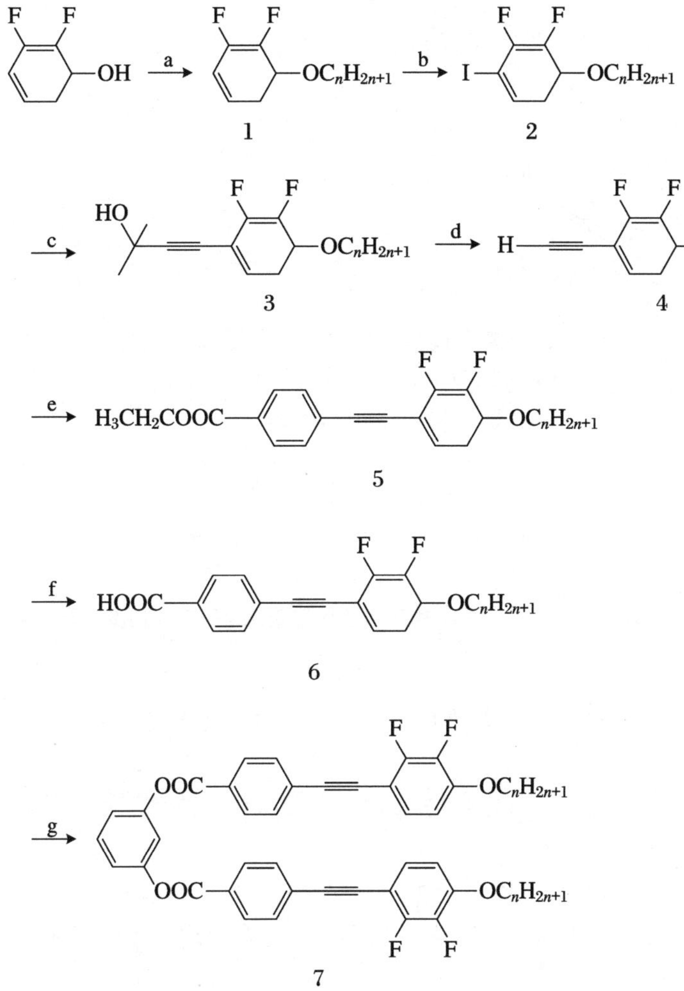

图 2.12.8　目标化合物的合成路线 2

反应试剂和条件：a. $H(CH_2)_nBr$，K_2CO_3，DMF，120 ℃；b. n-BuLi，－78 ℃，I_2/THF；
c. 2-甲基-3-丁炔-2-醇，$Pd(PPh_3)_2Cl_2$，CuI，Et_3N；d. KOH，甲苯；
e. 4-碘苯甲酸甲酯，$Pd(PPh_3)_2Cl_2$，CuI，Et_3N；f. NaOH，MeOH，H_2O；
g. 间苯二酚，DCC，催化量 DMAP，THF

12.4　化合物的相变研究

二苯乙炔类香蕉形液晶相变研究的初步结果如图 2.12.9 所示。首先，我们合成了一类五苯环无氟二苯乙炔香蕉形分子(13)。但是相变研究证明，在普通侧链长度不呈现液晶性；同样的 2,3,5,6-四氟二苯乙炔分子(14)也只呈现很窄的液晶性。但是，二氟二苯乙炔分子(15)呈现出有趣的液晶性质。在这个系列的化合物里面，氟原子的引入使熔点和清亮点都降低了不少，化合物 13 没有液晶性，但是化合物 15 的液晶相的宽度比化合物 14 要大[14]。更为重要的是，在化合物 15 中发现了反铁电相（自发极化值 = 130 nC/cm^2）。

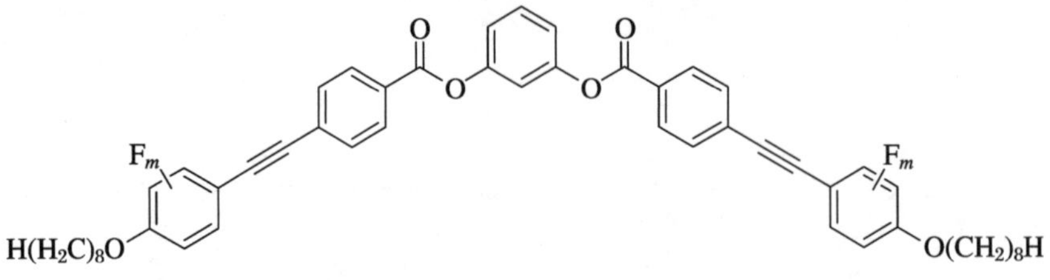

13：无氟取代（$n=8$）

Cr 152.9 I 147.4

14：2,3,5,6-四氟取代（$n=8$）

Cr 122.8 I 100.7 SmX 99.9 Recr

15：2,3-二氟取代（$n=8$）

Cr 129.47 I 125.54 SmX 123.53 Recr

（自发极化值 = 130 nC/cm^2）

图 2.12.9　二苯乙炔类香蕉形液晶相变（℃）研究的初步结果

12.4.1　化合物 16（$n=10$）的电光性能、极化电流和介电性能测量

随后合成了碳链长为 $n=10$（化合物 16）和 $n=12$（化合物 17）的同系物，它们的相变性质分别被测量。

图 2.12.10 反映的是温度对透射光强的影响，加热时，由结晶态立即熔化成为各向同性的相态（熔程只有 0.3 ℃），但是由 127 ℃冷却到 119 ℃会出现一个中间相。

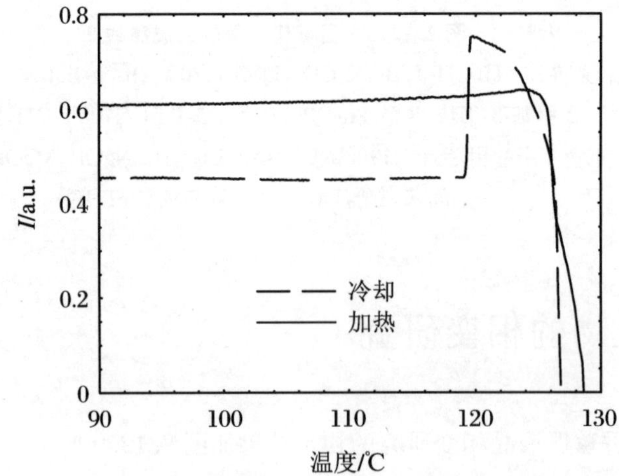

图 2.12.10　化合物 16（$n=10$）在冷却和加热过程中温度对透射光强的影响

图 2.12.11 表示的是 10 kHz 下温度对介电常数测量值的影响，可以看出中间相是极性

的(铁电性或反铁电性)。

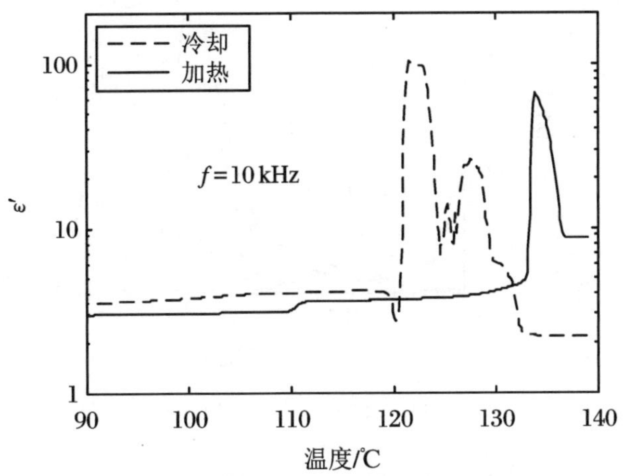

图 2.12.11　化合物 16($n=10$)在 10 kHz 下温度对介电常数测量值的影响

化合物 16 在不同温度和场强的液晶相如图 2.12.12 所示。

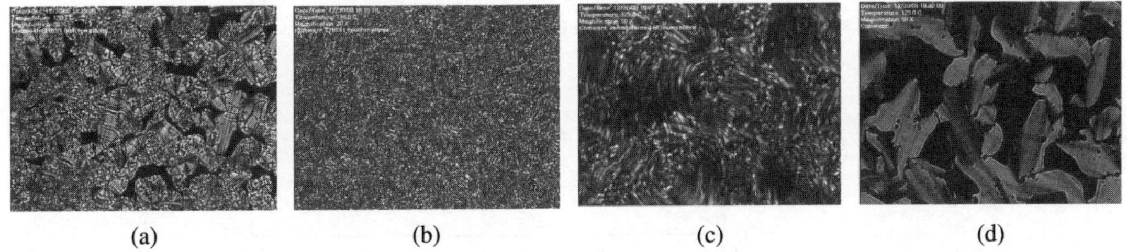

图 2.12.12　化合物 16($n=10$)在 118 ℃下的液晶相(a),在没有电压且 122 ℃下的液晶相(b),用 5 V/μm 处理 10 秒后关闭的液晶相(c),在 23 Hz 用 5 V/μm 处理 10 秒后关闭的液晶相(d),在 0.4 mm×0.3 mm 区域成像

图 2.12.13(a)反映了不同温度下时间对极化电流的影响。图 2.12.13(b)是温度对极化作用大小的影响,可以看出,样品是反铁电性的,在 124 ℃时极化值可达到 850 nC/cm^2。

如图 2.12.14 所示,126 ℃条件下,在矩形波电场中观测时间与极化电流的关系。当外加场强由 7 V/μm 变化到 2 V/μm 时,极化电流出现转变,转变时间从 27 μs 到 43 μs,没有时间延迟。若外加一个电场,随着温度的变化,极化电流会逐渐改变。外电场的施加最终使层列与电场相平行(书架式排列)。

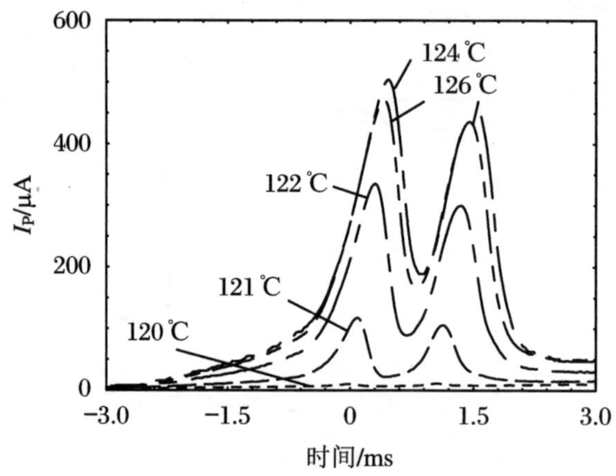

(a) 不同温度下时间对极化电流的影响

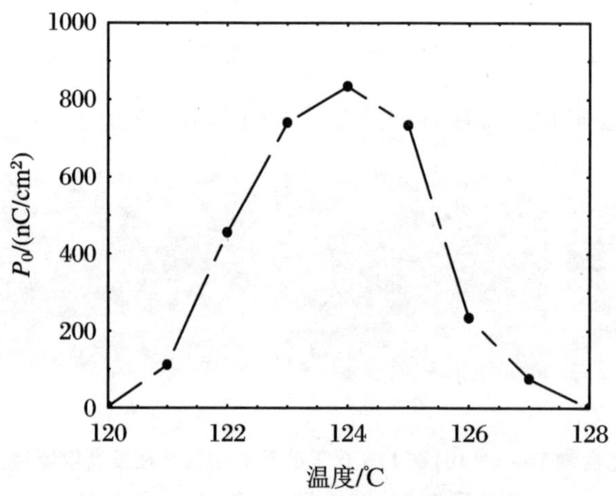

(b) 温度对极化作用的影响

图 2.12.13 化合物 16(n = 10)不同温度下时间对极化电流的影响和温度对极化作用的影响

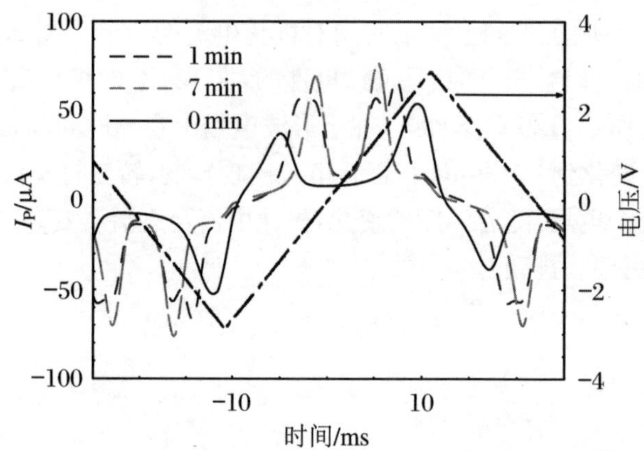

图 2.12.14 化合物 16(n = 10)在三角波中极化电流随时间的变化

12.4.2　化合物 17($n=12$)的电光性能、极化电流和介电性能测量

图 2.12.15 反映的是化合物 17 的透射光强随温度的变化，显示出与化合物 16 相似的相序列。加热过程中由结晶态变为各向同性的相态，但是中间相出现在 127～120 ℃之间。

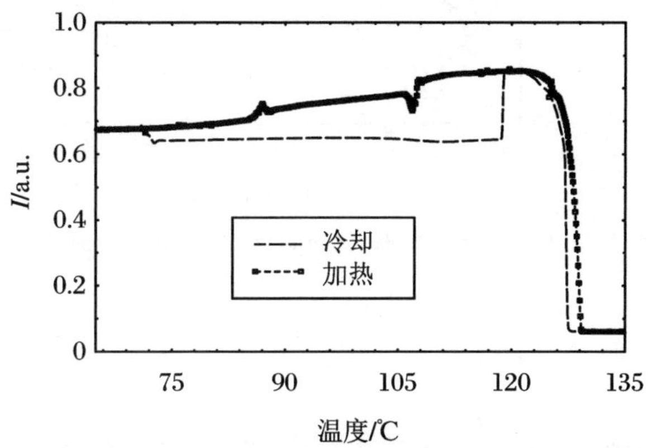

图 2.12.15　化合物 17($n=12$)在冷却和加热过程中温度对透射光强的影响(1 ℃/min)

10 kHz 下温度对介电常数测量值的影响如图 2.12.16 所示。与化合物 16 相似，中间相也是极性的(铁电性或反铁电性)。

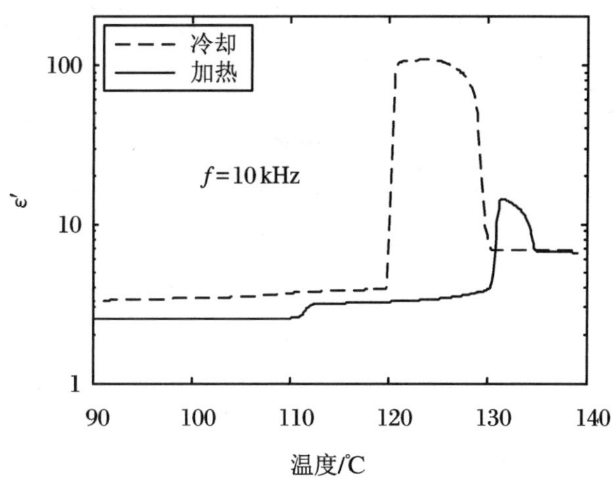

图 2.12.16　化合物 17($n=12$)在 10 kHz 下温度对介电常数测量值的影响

从图 2.12.17 中可以看出极化值能达到 760 nC/cm^2，小于相应的化合物 16 的值，但是相对于反铁电状态有较小的弛豫作用，从而使其介电常数的阈值范围比化合物 16 的更宽。

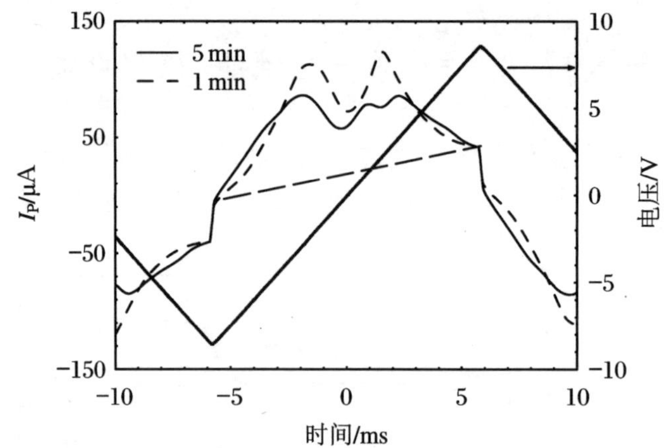

图 2.12.17 外加三角形场 1 min 和 5 min 极化电流随时间的变化

12.4.3 香蕉形液晶的相变研究及电性研究总结

图 2.12.18 和图 2.12.19 分别为化合物 4($n=4$)和化合物 15($n=8$)的极化电流曲线图。

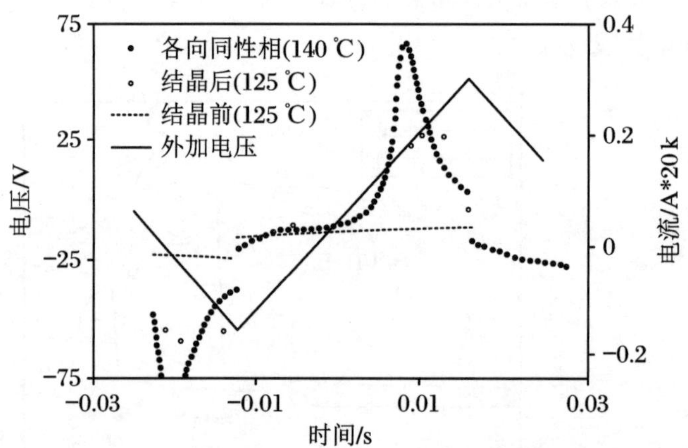

图 2.12.18 化合物 4($n=4$)的极化电流曲线图

液晶相态的鉴定及结论:

化合物 4($n=4$)的实验:

(1) 利用附有热台的偏光的显微镜(POM)进行观测。冷却到 133 ℃,形成 SmA 织构,稳定地下降到 125 ℃,30 min 之后结晶了。

(2) 在直到 20 V/μm 低频电场下,织构没有显示电光响应。

(3) 此相态不是极性的 B2。既不是 B2(SmCP),也不是 B7。

(4) 尽管极化在电流曲线显示有峰(图 2.12.18),但是这些峰在 140 ℃的各向同性时还可以看到,显然是由离子引起的。

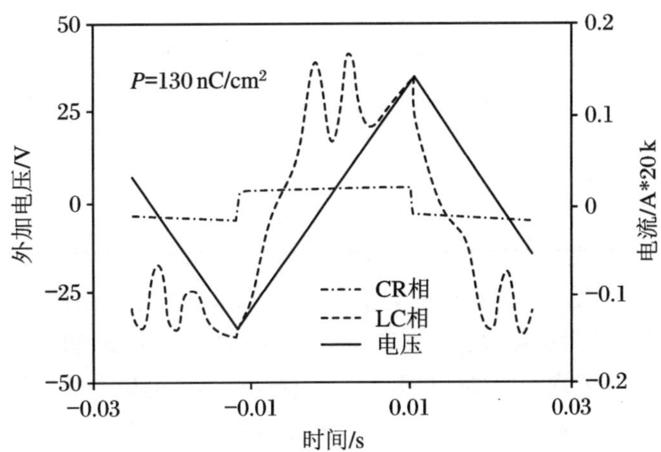

图 2.12.19　化合物 15($n=8$)的极化电流曲线图

化合物 15($n=8$)的实验:

(1) 化合物 15($n=8$)是介稳定的铁电相,在第一回快速冷却时到 123 ℃,30 min 后结晶化。

(2) 极化电流依然可以记录,指出有反铁电性能,极化值为 130 nC/cm^2。

(3) 在相变的过程中,可以观测到电光开关。尽管记录困难,但是显示是反铁电结构。它在冷却时是手性的。

(4) 在相变时,依据观测到的织构知中间相不是 B7,但是含有 SmC_AP_A 的结构。极化曲线与以下现象同时在结晶后出现(图 2.12.19)。

(5) 在加热时,清亮点在 127 ℃慢慢出现。

(6) 化合物 C4 没有液晶性,但是化合物 15($n=8$)出现了结晶性,表明端链烷氧基延长稳定了液晶性。

如果没有 2,3-二氟取代基,分子结构相同的化合物也不出现液晶相,也表明二氟取代基稳定了液晶相。

由表 2.12.2 可见,随着碳链的延长,当 $n=10$、12 时,液晶相的范围明显宽于 $n=4$、8,并且液晶相都是 $SmCP_A$,碳链的延长是形成 $SmCP_A$ 的一个很重要的因素,有利于近晶相的形成。

表 2.12.2　香蕉形液晶的相变温度

n	相变温度/℃
4	Cr 140 Iso 130 SmX 124 Recr
8	Cr 129 Iso 125 $SmCP_A$ 123 Recr
10	Cr 130 Iso 127 $SmCP_A$ 119 Recr
12	Cr 129 Iso 127 $SmCP_A$ 120 Recr

对自发极化值大小的总结见表 2.12.3。

表 2.12.3 香蕉形液晶的自发极化值大小

n	$P_s/(nC/cm^2)$
4	—
8	130
10	850
12	760

由表 2.12.3 可见，随着碳链的延长，当 $n=10$、12 时液晶的自发极化值 P_s 明显比 $n=4$、8 时要高很多，最高可以达到 850 nC/cm^2。对于这个现象比较难解释。据我们所查的文献，目前还没有发现随着碳链的延长，P_s 有这么显著的增大的现象。

J. W. Gooby[18] 系统总结了手性中心的旋转自由度对手性铁电液晶的自发极化值大小的影响。他发现尽管液晶核的极性基团的种类和数量改变，但是极化值不会明显地改变，自发极化值多样性的缺乏可能是由于沿着分子长轴快速取向运动。因此，与电负性原子相关大的偶极子，例如在核的部分氧原子和氮原子，沿着分子的长轴方向是各向同性的。因此，这些强极性的基团并不一定能产生大的极化。

极化是由其他因素决定的，例如分子的大小、密度改变，倾斜角的大小，一个分子内或分子间的手性中心和极性基团的相互作用的不同。

J. W. Gooby 认为手性中心的运动减慢与分子长轴有关，它可以极大地影响极化值的大小。手性中心周围的环境是决定液晶化合物的铁电性的一个很主要的因素。

手性中心的运动陷阱有很多形式，包括以下几种：

(1) 液晶核所产生的陷阱。

自发极化值的大小同样也依赖于手性中心的偶极子的自由旋转度，或者说是手性中心的偶极子的混乱度。

(2) 延长外部脂肪族链产生的阻尼。

他们对某个同系物的不同化合物的自发极化值的大小做了对比来研究手性中心的运动所产生的阻尼。当外部链短的时候，相对于分子的其他部分，手性中心倾向于能更自由地旋转。当外部链被延长时，手性中心和脂肪链需要更多的时间来固定于分子的长轴上。随着手性中心相对于它周围的环境在空间排布上被固定，在脱离轴的位置，与手性中心连接的小的部分将需要更多的时间来取向。这将把偶极子的取向固定在手性中心上。

因此，随着末端链的延长，邻近分子的立体阻碍迫使末端链更靠近于分子的长轴。

(3) 分支所产生的陷阱。

(4) 减小末端手性链的柔性所产生的陷阱。

尽管以上讨论是针对手性铁电液晶的，但是这种理论也适用于香蕉形液晶分子。尽管香蕉形液晶分子是非手性的，但是弯曲部分能产生分子内的空间阻碍，同样也能产生类似于手性分子的分子间转动干扰。我们把 2,3-二氟引入香蕉形分子中，这样就提供了一个很大的偶极子，随着末端碳链的延长，液晶相更稳定，分子的排布也更有序，分子间的作用力增强，C—F 键偶极子的自由运动被减弱，偶极子的取向被固定，而由于氟是电负性最强的原子，偶极子由两个 C—F 键构成，因此偶极子本身是非常大的，尽管只是延长了 2 个或 4 个碳原子长度的链，分子间的作用力增加的并不是很多，但是自发极化值却增加了非常多。

通过对 16 和 17 这两个香蕉形液晶的相变和电性研究，我们首次观察到随着碳链的延长，香蕉形液晶的自发极化值大大增加，最高可达到 850 nC/cm^2，具有应用的可能。

12.5 典型化合物的合成方法

本章鉴于目标化合物的合成路线中前几步是本书中常见的反应，所以只详细写出最后三步关键的合成操作方法，如下所示。

12.5.1 C10：1,3-亚苯基-双[4′-(2,3-二氟-4-正癸氧基)苯乙炔基]苯甲酸酯

1. [4-(2,3-二氟-4-正癸氧基)苯乙炔基]苯甲酸乙酯

50 mL 三口烧瓶中，磁力搅拌，氮气保护下依次加入 2,3-二氟-4-癸烷氧基-苯基乙炔(1770 mg，6 mmol)、4-碘苯甲酸乙酯(1660 mg，6 mmol)、$Pd(Ph_3)_2Cl_2$(90 mg)、CuI(150 mg)、Et_3N(40 mL)，60 ℃搅拌反应。TLC 跟踪至原料消失，约 5 h 反应完全。自然冷却到室温，将反应液过滤，得到的不溶物用甲苯(50 mL)洗涤，合并有机相，有机相用水洗两次，无水硫酸钠干燥。过滤掉硫酸钠，旋转蒸发仪蒸干溶剂，得到白色固体粗品。然后粗品以石油醚/乙酸乙酯(体积比为 20∶1)为淋洗剂过柱，得到白色固体 1.3 g，产率 49%。

MS(m/z,%)：442.3(M^+,28.97)，302(100)。^1H NMR($CDCl_3$,500 MHz) δ：0.89(t, J = 6.8 Hz,3H)，1.20～1.40(m,12H)，1.41(t,J = 7.6 Hz,3H)，1.47～1.50(m,2H)，1.81～1.86(m,2H)，4.07(t,J = 6.6 Hz,2H)，4.39(q,J = 6.1 Hz,2H)，6.72(t,J = 8.1 Hz,1H)，7.19～7.22(m,1H)，7.59(d,J = 8.3 Hz,2H)，8.03(d,J = 8.3 Hz,2H)。

2. [4-(2,3-二氟-4-正癸氧基)苯乙炔基]苯甲酸

50 mL 单口烧瓶中，磁力搅拌，依次加入 4-(2,3-二氟-4-正癸氧基苯乙炔)苯甲酸乙酯(1.29 g,2.92 mmol)、CH_3OH(30 mL)、H_2O(2 mL)、NaOH(480 mg,12 mmol)，室温搅拌反应。TLC 跟踪至无原料，约 4 h，将稀盐酸加入反应液中，使 pH 为 3～4，然后将反应液过滤，得到固体，水洗固体。将固体用乙醇重结晶，得到白色固体 1.01 g，产率 83.5%。

MS(m/z,%)：414.3(M^+,14.99)，274.1(100)。^1H NMR($CDCl_3$,500 MHz) δ：0.87(t,J = 6.8 Hz,3H)，1.20～1.40(m,12 H)，1.47～1.50(m,2H)，1.81～1.86(m,2H)，4.19(t,J = 6.5 Hz,2H)，7.04～7.06(m,1H)，7.36～7.39(m,1H)，7.68(d,J = 8.3 Hz,2H)，8.07(d,J = 8.3 Hz,2H)。

3. 1,3-亚苯基-双[4′-(2,3-二氟-4-正癸氧基)苯乙炔基]苯甲酸酯

50 mL 三口烧瓶中，磁力搅拌，氮气保护下依次加入 4-(2′,3′-二氟-4′-癸氧基-苯基)乙炔基苯甲酸(580 mg，1.4 mmol)、DCC(350 mg，1.68 mmol)、间苯二酚(70 mg，0.636

mmol)，干燥 THF(10 mL)，DMAP(10 mg)，室温下搅拌反应 48 h，然后向反应液中加入水(10 mL)、氯仿(30 mL)，将反应液过滤，得到的不溶物用氯仿(20 mL)洗，合并有机相，有机相依次用 5%醋酸溶液、5%冰盐水及水洗，然后用无水硫酸钠干燥。过滤掉硫酸钠，用旋转蒸发仪蒸干溶剂，得到的固体以氯仿/石油醚(体积比为 20∶14)为淋洗剂过柱，得到白色固体，固体用丙酮/甲醇重结晶，得到白色固体 220 mg，产率 40.9%。

MS(m/z,%)：902(M^+,0.17)，397(100)。^{1}H NMR($CDCl_3$,500 MHz) δ：0.89(t,J = 6.9 Hz,6H)，1.2～1.4(m,24H)，1.47(m,4H)，1.84(m,4H)，4.08(t,J = 6.6 Hz,4H)，6.73(t,J = 7.5 Hz,2H)，7.1～7.3(m,5H)，7.50(m,1H)，7.67(d,J = 8.4 Hz,4H)，8.18(d,J = 8.4 Hz,4H)。IR(KBr,ν_{max},cm^{-1})：2957，2920，2852，2214，1737，1603，1516，1472，1302，1128，1082，1018，891，852，802，763，688。

12.5.2 C12：1,3-亚苯基-双[4′-(2,3-二氟-4-正十二烷氧基)苯乙炔基]苯甲酸酯

反应操作如 12.5.1 所述。

分析结果：

MS(m/z,%)：958(M^+,0.15)，425(100)。^{1}H NMR($CDCl_3$,500 MHz) δ：0.88(t,J = 6.8 Hz,6H)，1.2～1.4(m,32H)，1.47(m,4H)，1.84(m,4H)，1.84(m,4H)，4.07(t,J = 6.6 Hz,4H)，6.73(t,J = 7.9 Hz,2H)，7.1～7.3(m,5H)，7.50(m,1H)，7.67(d,J = 8.3 Hz,4H)，8.18(d,J = 8.2 Hz,4H)。

参考文献

[1] NIORI T, SEKINE T, WATANABE J, FUKUKAWA T, TAKEZOE H. J. Mater. Chem., 1996, 6:1231.

[2] HEPPEKE G, MORE D. Science, 1988, 279:1871-1873.

[3] PATEL J S, GOODBY J W. Optical Engineering, 1987, 26:373-384.

[4] ARAOKA F, THISAYUKTA J, ISHIKAWA K, WATANABE J, TAKEZOE H. Phys. Rev. LiqE., 2002, 66:21705.

[5] JAKLI A, CHIEN L C, KRUERKE D, SAWADE H, HEPPKE G. Liq. Cryst. Today, 2002, 11:1.

[6] ETXEBARRIA J, BLANCA, ROS R M. J. Mater. Chem., 2008, 18(25):2919-2926.

[7] HOUGH J E, SPANNUTH M, NAKATA M, COLEMAN D A, JONES C D, DANTLGRABER G, TSCHIERSKE C, WATANABE J, KÖRBLOVA E, WALBA D M, MACLENNAN J E, GLASER M A, CLARK N A. Science, 2009, XXX:452-456.

[8] LINK D R, NATALE G, SHAO R, MACLENNAN J E, CLARK N A, KORBLOVA E, WALBA D M. Science, 1997, 2781924-27.

[9] HARDEN J, MBANGA B, EBER N, FODOR-CSORBA K, SPRUNT S, GLEESON J T, JAKLI A.

Phys. Rev. Letter,2006,97:157802-09.

[10] JAKLI A. Liq. Cryst. Today,2002,11(3):1-5.

[11] REDDY R A,TSCHICRSKE C. J. Mater. Chem.,2006,16(10):907-961.

[12] 杨永刚.理学博士学位论文,中国科学院上海有机化学研究所,1999.

[13] 王侃.理学硕士学位论文,中国科学院上海有机化学研究所,2000.

[14] WANG K,JAKLI A,LI H F,YANG Y G,WEN J X. Liq. Cryst.,2001,28(11):1705.

[15] LI Z M,SALAMON P,JAKLI A,WANG K,QIN C,YANG Q,LIU C,WEN J X. Liquid Crystals,2010,37(4):427-433.

[16] ROS M B,SERRANO J L,DE LA FUENTE M R,FOLCIA C L. J. Mater. Chem.,2005,15:5093-5098.

[17] AMARANATHA R,SADASHIVA B K. Liquid Crystals,2002,29(10):1365-1367.

[18] GOODBY J W,PATEL J S,CHIN E. J. Phys. Chem. LETT. 1987,91:5151-5152.

第 13 章　烯端基取代含氟液晶

13.1　引言

在梳形高分子液晶中,丙烯酸酯类是被研究最多的反应型小分子液晶[1-7]。对液晶高分子进行研究的原因主要有两个:(1) 寻找适合于显示器、信息记录材料的液晶聚合物。(2) 作为非线性光学材料使用[1,2]。

小分子液晶已被广泛用于显示器领域,人们希望高分子液晶也可以用作显示材料。由于高分子液晶的黏度比低分子液晶高几个数量级,因而高分子液晶的响应速度很慢,其应用领域不可能是显示器之类要求有高响应速度的显示屏,而可能是广告牌、电子书本等要求响应速度不高的领域。另外,如广告牌之类,要求超大屏幕显示,低分子液晶的工艺不易实现。在高分子液晶中,向列相的响应速度是秒级,而利用铁电相显示,速度可以达到毫秒级。因而近年来高分子的研究集中在手性液晶高分子上,但是形势严峻。高分子液晶作为信息记录材料,也已被研究,有多种模式被提出,是很有希望的应用领域[3]。

非线性光学材料可以说是液晶高分子研究的"集中地",其中手性分子液晶又是被研究最多的。作为非线性光学材料的手性高分子被认为是光计算机中空间光调制器(spatial light modulator,SLM)中让人们很感兴趣的材料,其研究在很多文献中均有报道。材料整体的非线性与分子排列的有序性相关。对于二阶非线性(亦即倍频效应,SHG),倍频波谱泵的效率不仅决定于分子的 β 值(超极化值),也要求非线性活性分子有单一取向,并且分子的偶极矩必须指向同一个方向。基于上述要求,一般是培养单晶并从中筛选。这在应用上有很大的困难,液晶的低微有序性可以满足上述非线性光学液晶材料的要求,但并不是任一液晶态都可以得到高效率的非线性效应。如向列相液晶偶极矩指向的无序性,其 SHG 效率就很低。纵观液晶相及其成熟的应用技术,会发现手性近晶 C 相(SmC*)的表面稳定技术是比较合理的,在文献中已有很多报道[1,2]:其 SmC* 相范围较宽,超极化值 β 也很大,但其稳定性较差,熔点也偏高,响应速度低。得到非线性液晶高分子的一般方式是宾-主型技术,这对于研究物理与器件的人来说比较方便。因为其中的非线性分子很容易被掺杂进去并进行测试,所以我们设计了 PB、PC 等系列聚合物加以研究[8]。

13.2　端烯类液晶目标化合物

以下是设计并合成的含有端烯基的反应型液晶：

B　$CH_2{=}CH(CH_2)_nO$—联苯—OOCHCHC$_2H_5$（Cl，CH_3）　n=3～12

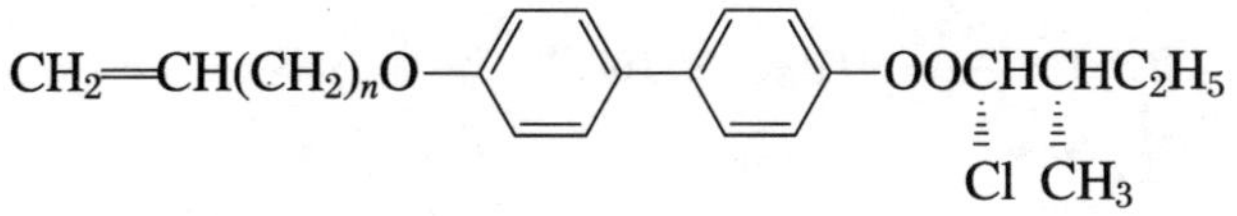

C　$CH_2{=}CH(CH_2)_{n-2}O$—联苯—OOC—苯—$OCH_2CHC_2H_5$（CH_3）　n=3～12

D　$CH_2{=}CH(CH_2)_{n-2}O$—联苯—COO—苯（NO_2）—$OCH_2CHC_2H_5$（CH_3）　n=5、7～12

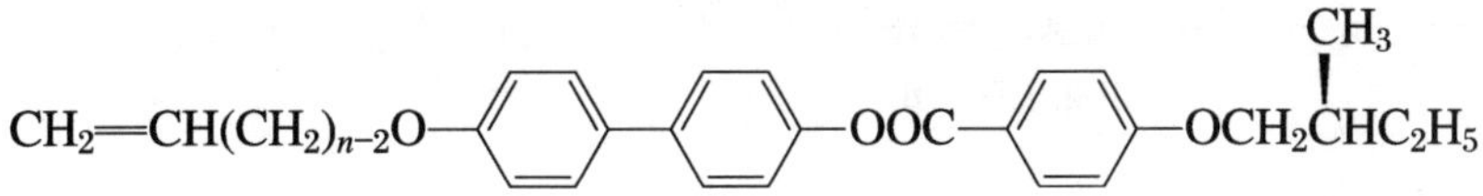

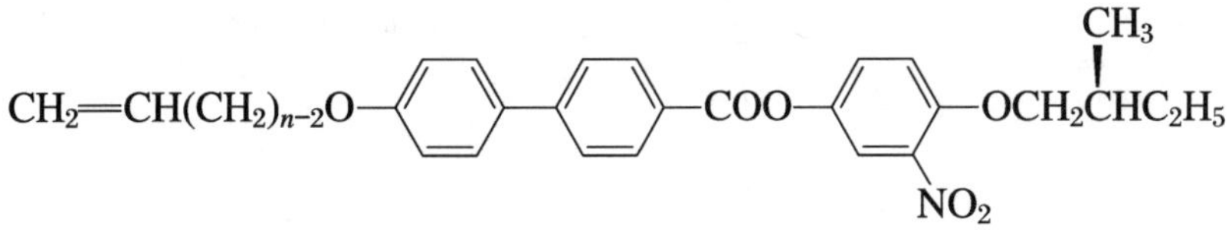

E　$CH_2{=}CH(CH_2)_{n-2}O$—联苯—OOC—苯（NO_2）—NH—环己基　n=10～12

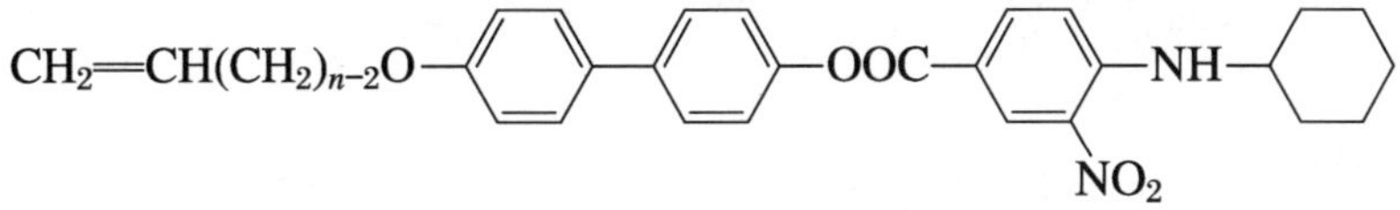

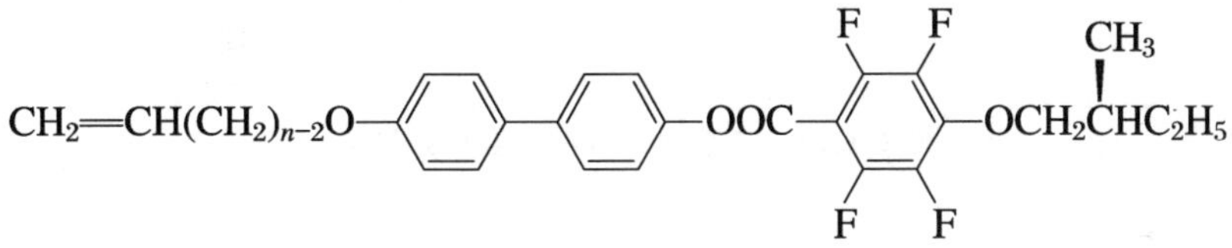

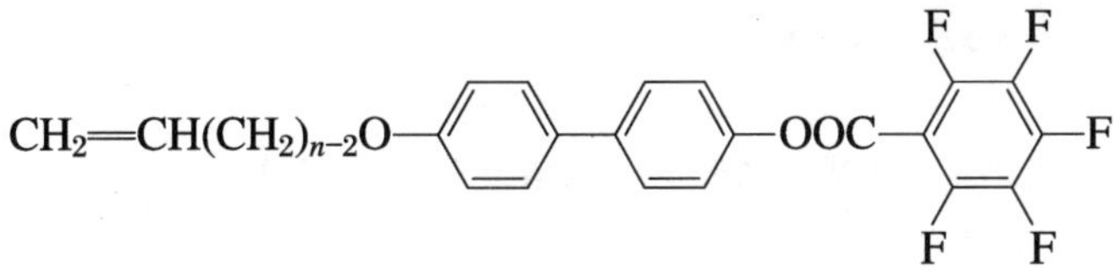

F　$CH_2{=}CH(CH_2)_{n-2}O$—联苯—OOC—四氟苯（F，F，F，F）—$OCH_2CHC_2H_5$（CH_3）　n=6

G　$CH_2{=}CH(CH_2)_{n-2}O$—联苯—OOC—五氟苯（F，F，F，F，F）　n=3～7

H　$CH_2{=}CH(CH_2)_{n-2}O$—联苯—OOC—CHCH$_2$（Cl）—苯基　n=7～11

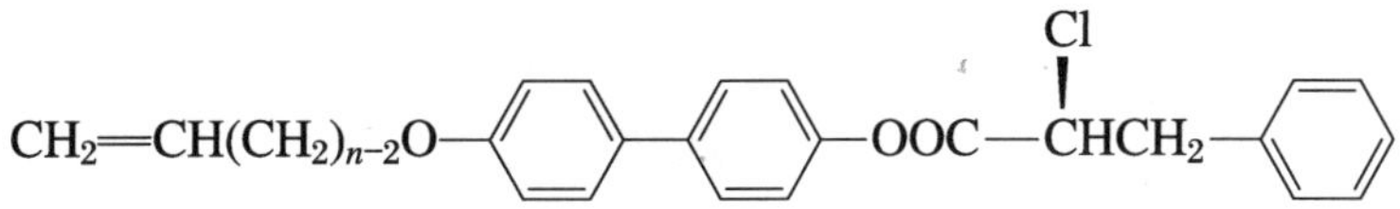

13.3　端烯类液晶 B

13.3.1　B 系列化合物的合成路线

B 系列化合物的合成路线如图 2.13.1 所示。

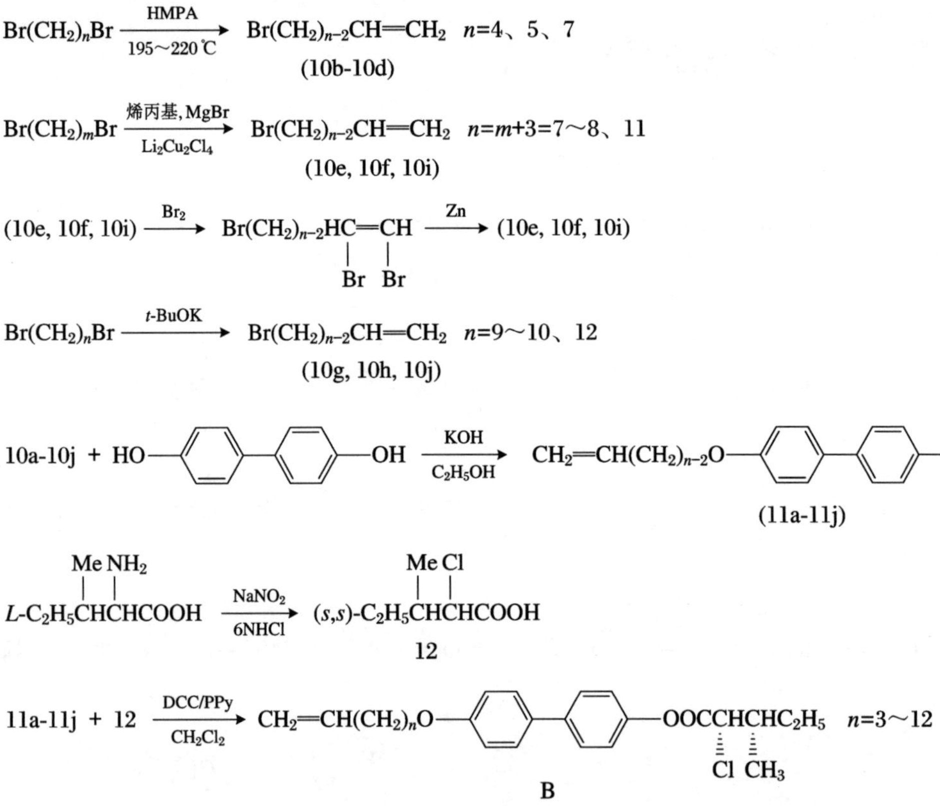

$$Br(CH_2)_nBr \xrightarrow[195\sim220^\circ C]{HMPA} Br(CH_2)_{n-2}CH{=}CH_2 \quad n=4、5、7$$
(10b-10d)

$$Br(CH_2)_mBr \xrightarrow[Li_2Cu_2Cl_4]{\text{烯丙基},MgBr} Br(CH_2)_{n-2}CH{=}CH_2 \quad n=m+3=7\sim8、11$$
(10e, 10f, 10i)

$$(10e, 10f, 10i) \xrightarrow{Br_2} Br(CH_2)_{n-2}HC(Br){-}CH(Br) \xrightarrow{Zn} (10e, 10f, 10i)$$

$$Br(CH_2)_nBr \xrightarrow{t\text{-}BuOK} Br(CH_2)_{n-2}CH{=}CH_2 \quad n=9\sim10、12$$
(10g, 10h, 10j)

$$\text{10a-10j} + HO{-}C_6H_4{-}C_6H_4{-}OH \xrightarrow[C_2H_5OH]{KOH} CH_2{=}CH(CH_2)_{n-2}O{-}C_6H_4{-}C_6H_4{-}OH$$
(11a-11j)

$$L\text{-}C_2H_5CH(Me)CH(NH_2)COOH \xrightarrow[6NHCl]{NaNO_2} (s,s)\text{-}C_2H_5CH(Me)CH(Cl)COOH$$
12

$$\text{11a-11j} + 12 \xrightarrow[CH_2Cl_2]{DCC/PPy} CH_2{=}CH(CH_2)_nO{-}C_6H_4{-}C_6H_4{-}OOCCH(Cl)CH(CH_3)C_2H_5 \quad n=3\sim12$$
B

图 2.13.1 B系列化合物的合成路线

13.3.2 B系列化合物的相变性质

对B系列化合物用DSC和偏光显微镜进行研究,结果列于表2.13.1中。化合物B6的相变很复杂,现在以此为例进行说明。

表 2.13.1 B系列化合物的相变性质

化合物	n	相变温度/℃（相应的焓变/(kJ/mol)）	
		加热过程	冷却过程
B1	3	Cr 90.7(9.60) I	I 88.5(9.73) Cr
B2	4	Cr 66.5(27.86) I	I 54.8(3.88) SmA 45.4(3.28) SmE* 26.7(5.03) Cr
B3	5	Cr 53.6(9.59) SmA 70.5(4.83) I	I 69.3(4.78) SmA 47.1(0.68) SmC* 43.6(6.75) Cr

续表

化合物	n	相变温度/℃（相应的焓变/(kJ/mol)）	
		加热过程	冷却过程
B4	6	Cr 46.5(7.44) SmA 53.3(3.51) I	I 52.0(3.28) SmA 46.3(0.80) SmC* 45.3(4.41) Cr
B5	7	Cr 39.0(13.09) SmB 42.1(0.31) SmA 59.2(3.79) I	I 58.5(3.13) SmA 43.8 SmC* 33.3(1.04) SmB 26.2(1.66) Cr
B6	8	Cr 43.1 SmA 51.9 I	I 50.8(3.10) SmA 40.9(0.64) SmC* 34.6(0.16) SmB 30.8(0.43) SmI* 29.5(0.13) Sm? 28.7(1.97) Cr
B7	9	Cr 42.4(20.79) SmA 53.4(2.62) I	I 51.7(2.33) SmA 25.8(16.84) Cr
B8	10	Cr 51.2(26.40) SmA 54.3(2.48) I	I 53.4(3.47) SmA 41.4(29.25) Cr
B9	11	Cr 51.2(26.40) SmA 54.3(2.48) I	I 53.4(3.47) SmA 41.4(29.25) Cr
B10	12	Cr 59.3(32.48) I	I 55.8(3.69) SmA 51.1(32.81) Cr

注　Cr:结晶相;I:各向同性;SmA:近晶 A 相;SmC* :手性近晶 C 相;SmB:近晶 B 相;SmI* :手性近晶 I 相;Sm?:未分类近晶相。

升温过程中仅出现单一的近晶 A 相(SmA),而降温过程中则出现 SmA-SmC* -SmB-SmI* -Sm?-r. t. -C 的液晶相。

以不饱和链的亚甲基数对熔点和清亮点作图(图 2.13.2),可以看出熔点与清亮点先随着碳链的增长而降低,后又随着碳链的增长而升高,$n=7$ 是曲线的转折点。

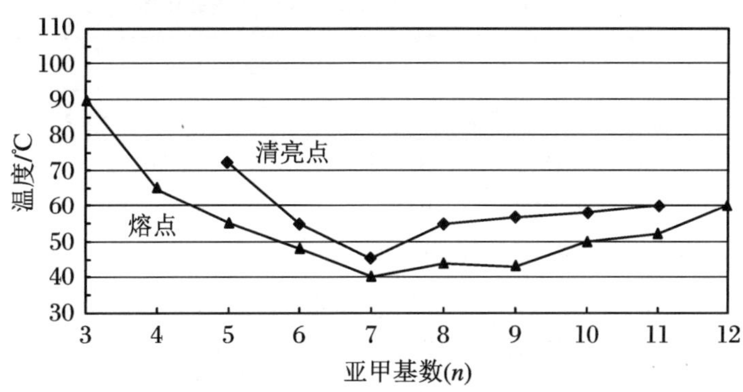

图 2.13.2　B 系列化合物熔点、清亮点与不饱和碳链中亚甲基数的关系

在相态上,升温过程变得简单了,而降温过程却变得复杂了,而且液晶性对碳链长度的变化出现的液晶行为变化也变得无明显规律。

化合物 B6 在 SmC* 的自发极化 P_s 值也被测定出来,为 110 nC/cm²,而其母体化合物的 P_s 值是 220 nC/cm²。

13.4　端烯类液晶 C

13.4.1　C 系列化合物的合成路线

C 系列化合物的合成路线如图 2.13.3 所示。

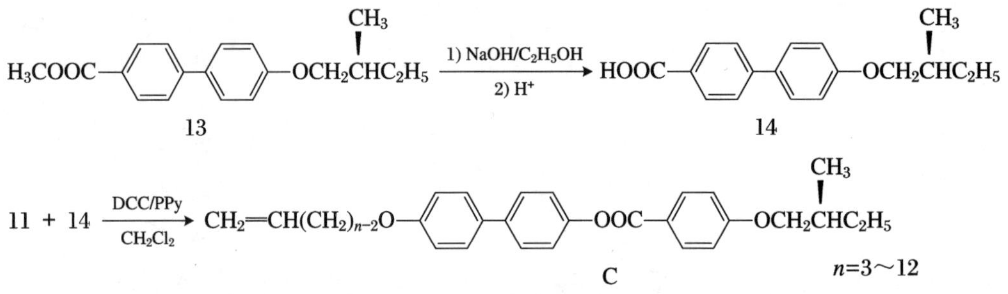

$$H_3COOC-C_6H_4-C_6H_4-OCH_2CH(CH_3)C_2H_5 \ (\mathbf{13}) \xrightarrow[2)\ H^+]{1)\ NaOH/C_2H_5OH} HOOC-C_6H_4-C_6H_4-OCH_2CH(CH_3)C_2H_5 \ (\mathbf{14})$$

$$\mathbf{11} + \mathbf{14} \xrightarrow[CH_2Cl_2]{DCC/PPy} CH_2{=}CH(CH_2)_{n-2}O-C_6H_4-C_6H_4-OOC-C_6H_4-OCH_2CH(CH_3)C_2H_5 \ (\mathbf{C})\quad n=3\sim12$$

图 2.13.3　C 系列化合物的合成路线

13.4.2　C 系列化合物的相变性质

C 系列化合物经 DSC 和偏光显微镜观察得到的相变结果列于表 2.13.2 中，图 2.13.4 是熔点和清亮点对不饱和链长度的相关曲线。

表 2.13.2　C 系列化合物的相变性质

化合物	n	相变温度/℃	
		加热过程	冷却过程
C1	3	Cr_1 104.6 Cr_2 115.4(+69.1) Ch 185(+1.26) I	I 199.0(−1.64) Ch 140.1(−68.54) Cr_2 74.2 Cr_1
C2	4	Cr 134.3(+66.74) Ch 169.1(+1.03) I	I 167.2(−1.34) Ch 122.0(−67.07) Cr
C3	5	Cr 139.1(+57.41) Ch 186.4(+1.44) I	I 185.1(−1.23) Ch 122.1(−57.18) Cr
C4	6	Cr 139.8(+60.65) Ch 176.0(+1.50) I	I 178.3(−1.53) Ch 123.0(−62.39) Cr
C5	7	Cr 136.5(+65.65) Ch 180.1(+1.62) I	I 178.3(−1.84) Ch 120.9(−69.60) Cr
C6	8	Cr 132.7(+50.18) Ch 167.2(+1.23) I	I 164.2(−1.46) Ch 122.3(−3.95) SmA 115.1(−54.28) Cr
C7	9	Cr 131.5(+60.70) Ch 166.5(+1.22) I	I 164.2(−1.46) Ch 122.3(−3.95) SmA 115.1(−54.28) Cr

续表

化合物	n	相变温度/℃	
		加热过程	冷却过程
C8	10	Cr 121.9(+37.87) Ch 153.3(+0.61) I	I 150.4(−0.75) Ch 111.6(−0.50) SmA 106.3(−39.04) Cr
C9	11	Cr 118.3(+53.25) SmA 126.1(+2.55) Ch 161.5(+1.67) I	I 159.5(−1.94) Ch 123.0(−2.51) SmA 104.5(−48.76) Cr
C10	12	Cr 117.2(+57.70) SmA 125.1(+4.01) Ch 152.2(+1.11) I	I 150.9(−1.51) Ch 121.6(−3.83) SmA 102.4(−55.89) Cr

注　Cr_1,Cr_2:未分类结晶相;Cr:结晶相;Ch:氯烯类近晶相;SmA:近晶 A 相;I:各向同性。

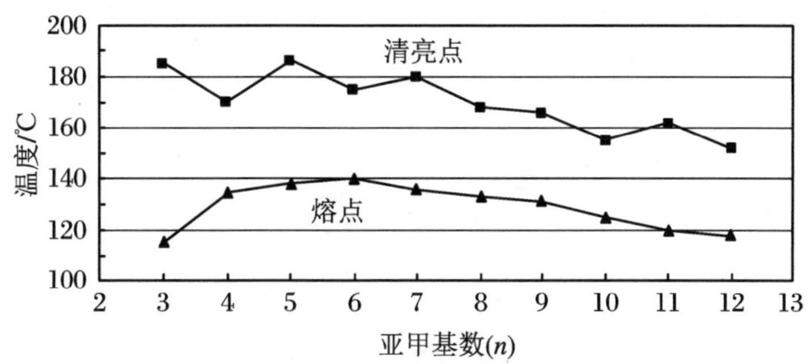

图 2.13.4　C 系列化合物熔点、清亮点与不饱和碳链中亚甲基数的关系

由表 2.13.2 可知,本系列的 10 个化合物都有手性向列相,即胆甾相,当不饱和碳链长为 8、9、10 时,只有单变的 SmA,即 SmA 只出现在降温过程的过冷温度区域;当 $n \geqslant 11$ 时,SmA 成为互变相,即在升温和降温过程中都出现 SmA。

从图 2.13.4 中可以看出,清亮点与不饱和碳链的长度之间出现一种反常的奇-偶效应,即不饱和碳链的碳原子数为奇数的液晶的清亮点温度连线在偶数的清亮点连线之上。这种现象的出现归因于双键的存在。解释是由于双键是刚性键(不可旋转与弯曲),烯键上两个碳原子的运动更像一个官能团(如 CN),在此类化合物中类似于一个甲基的作用。

13.5　端烯类液晶 D

13.5.1　D 系列化合物的合成路线

D 系列化合物的合成路线如图 2.13.5 所示。

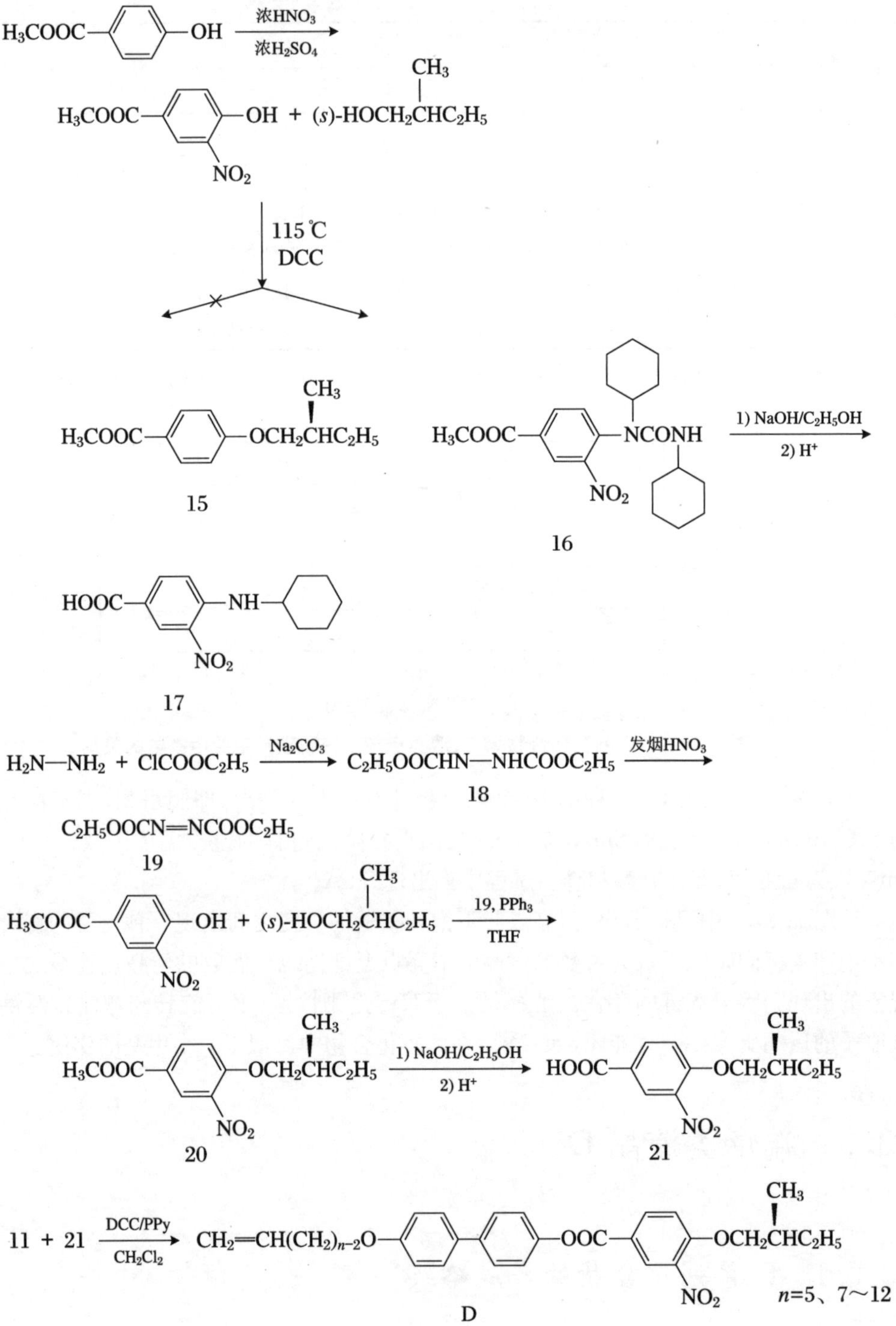

$H_3COOC-C_6H_4-OH \xrightarrow[\text{浓}H_2SO_4]{\text{浓}HNO_3}$

$H_3COOC-C_6H_3(NO_2)-OH$ + (*s*)-$HOCH_2CH(CH_3)C_2H_5$

115℃, DCC

$H_3COOC-C_6H_4-OCH_2CH(CH_3)C_2H_5$

15

$H_3COOC-C_6H_3(NO_2)-N(C_6H_{11})CONH(C_6H_{11})$ $\xrightarrow[2)\ H^+]{1)\ NaOH/C_2H_5OH}$

16

$HOOC-C_6H_3(NO_2)-NH-C_6H_{11}$

17

$H_2N—NH_2 + ClCOOC_2H_5 \xrightarrow{Na_2CO_3} C_2H_5OOCHN—NHCOOC_2H_5 \xrightarrow{\text{发烟}HNO_3}$

18

$C_2H_5OOCN=NCOOC_2H_5$

19

$H_3COOC-C_6H_3(NO_2)-OH$ + (*s*)-$HOCH_2CH(CH_3)C_2H_5$ $\xrightarrow[THF]{19,\ PPh_3}$

$H_3COOC-C_6H_3(NO_2)-OCH_2CH(CH_3)C_2H_5 \xrightarrow[2)\ H^+]{1)\ NaOH/C_2H_5OH} HOOC-C_6H_3(NO_2)-OCH_2CH(CH_3)C_2H_5$

20 21

$11 + 21 \xrightarrow[CH_2Cl_2]{DCC/PPy} CH_2=CH(CH_2)_{n-2}O-C_6H_4-C_6H_4-OOC-C_6H_3(NO_2)-OCH_2CH(CH_3)C_2H_5$

n=5、7～12

D

图 2.13.5 D系列化合物的合成路线

13.5.2 D 系列化合物的相变性质

从表 2.13.3 中可以看出，D 系列化合物的相变比没有硝基取代的 C 系列化合物复杂，D 系列化合物的液晶相都有几个，以 SmA 为主。胆甾相的稳定性下降，只出现在清亮点之前的 2～4 ℃范围内。这是硝基的强极化性使复杂的侧向力相对增加的结果。在相变温度上也出现了明显的变化。由于硝基的存在，液晶复杂的长宽比下降及对称性的破坏，使熔点与清亮点都明显下降，如 $n=10$，熔点下降 38.1 ℃，清亮点下降 28.5 ℃。

表 2.13.3　D 系列化合物的相变性质

化合物	n	相变温度/℃	
		加热过程	冷却过程
D1	5	Cr 114.4 Sm? 118.1 SmA 143.6 Ch 149.5 I	I 147.7 Ch 141.3 SmA 115.6 Sm? 4.14 Recr
D2	7	Cr 77.5 Cr_1 81.1 SmA 132.9 Ch 140.4 I	I 138.8 Ch 131.3 SmA 79.3 Cr
D3	8	Cr 94.1 SmA 117.9 Ch 123.4 I	I 122.0 Ch 121.4 SmA 78.8 Cr
D4	9	Cr 82.8 SmA 128.6 Ch I	I 178.3(−1.53) Ch 123.0(−62.39) Cr
D5	10	Cr 136.5(+65.65) Ch 180.1(+1.62) I	I 178.3(−1.84) Ch 120.9(−69.60) Cr
D6	11	Cr 132.7(+50.18) Ch 167.2(+1.23) I	I 164.2(−1.46) Ch 122.3(−3.95) SmA 115.1(−54.28) Cr
D7	12	Cr 121.9(+37.87) Ch 153.3(+0.61) I	I 150.4(−0.75) Ch 111.6(−0.50) SmA 106.3(−39.04) Cr

注　Cr_1：未分类结晶相；Cr：结晶相；Ch：氯烯类近晶相；SmA：近晶 A 相；I：各向同性。

结论：烯链较短时熔点与清亮点都高，所以液晶相范围较窄；烯链长度在 9 左右时清亮点保持较高，而熔点相对降低，所以液晶相范围较宽。

13.6 端烯类液晶 E、F、G、H

1. E 系列化合物

我们合成 D 系列化合物时，利用 DCC 作催化剂进行邻硝基与醇的缩合生成醚，结果意外得到化合物 17。化合物 E2 的 X 射线单晶衍射结构如图 2.13.6 所示。E 系列化合物的合成路线如图 2.13.7 所示。

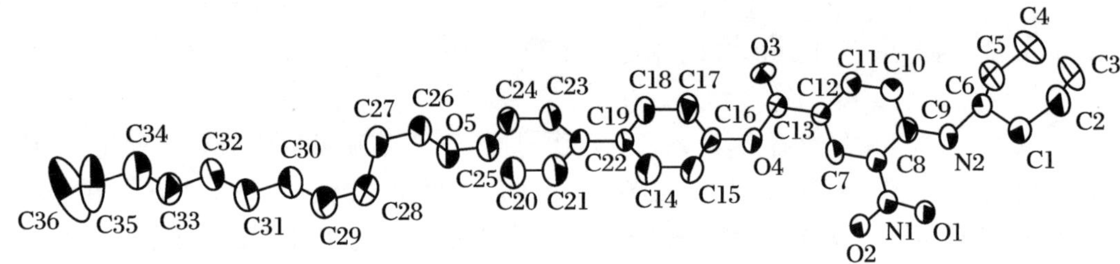

图 2.13.6 化合物 E2 的 X 射线单晶衍射结构

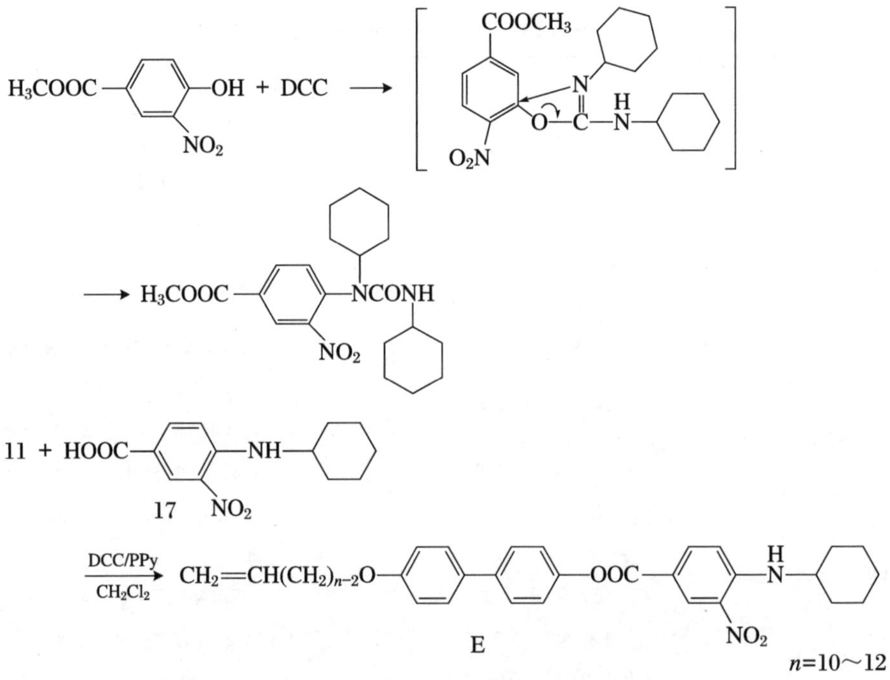

H_3COOC—(苯环, NO_2)—OH + DCC ⟶ [$COOCH_3$, O_2N, O, N, C, H—N 中间体]

⟶ H_3COOC—(苯环, NO_2)—NCONH(环己基)

11 + HOOC—(苯环, NO_2)—NH—(环己基)
17

$\xrightarrow[CH_2Cl_2]{DCC/PPy}$ $CH_2{=}CH(CH_2)_{n-2}O$—(苯环)—(苯环)—OOC—(苯环, NO_2)—NH—(环己基)

E

n=10～12

图 2.13.7 E 系列化合物的合成路线

我们希望化合物 E 具有液晶性和较好的非线性光学性质，测定结果表明其没有液晶性，也没有非线性光学性能。没有液晶性的原因估计主要有以下两个方面：(1) 分子内存在氢键作用；(2) 胺基 N 原子的空间构型是三角锥形，使环己烷与苯环连成一角度，分子线性差。E 系列化合物容易得到单晶，可以用 X 射线衍射测定晶体的结构。由衍射图可以判定中间体化合物 17 的存在。

2. F 系列化合物

F 系列化合物的合成路线如图 2.13.8 所示。

F 系列化合物的相变(℃)如下：

$$\mathrm{C} \underset{66.8}{\overset{79.6}{\rightleftharpoons}} \mathrm{SmA} \underset{72.4}{\overset{87.5}{\rightleftharpoons}} \mathrm{Ch} \underset{128.8}{\overset{131.2}{\rightleftharpoons}} \mathrm{I}$$

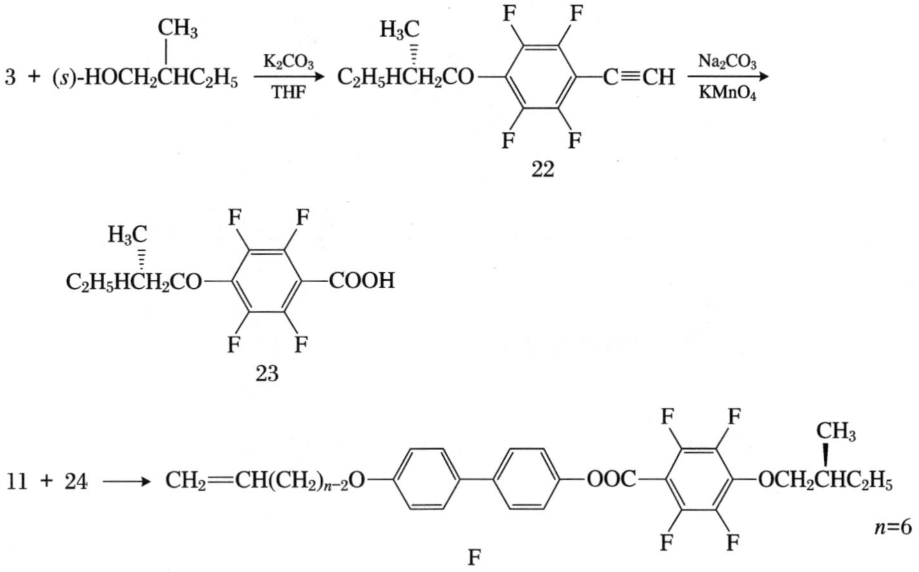

$3 + (s)\text{-}HOCH_2CH(CH_3)C_2H_5 \xrightarrow[THF]{K_2CO_3} C_2H_5HC(H_3C)H_2CO\text{-}C_6F_4\text{-}C\equiv CH \xrightarrow[KMnO_4]{Na_2CO_3}$

22

$C_2H_5HC(H_3C)H_2CO\text{-}C_6F_4\text{-}COOH$

23

$11 + 24 \longrightarrow CH_2{=}CH(CH_2)_{n-2}O\text{-}C_6H_4\text{-}C_6H_4\text{-}OOC\text{-}C_6F_4\text{-}OCH_2CH(CH_3)C_2H_5$　$n=6$

F

图 2.13.8　F 系列化合物的合成路线

3. G 系列化合物

G 系列化合物的合成路线如图 2.13.9 所示。

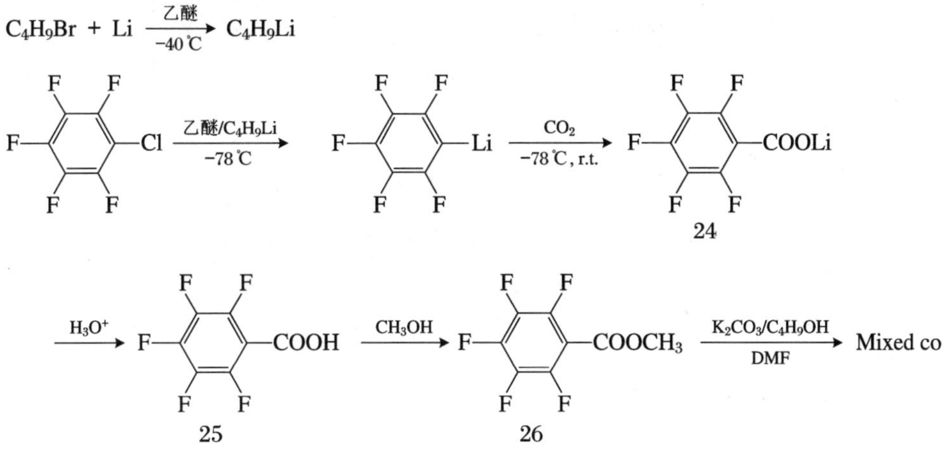

$C_4H_9Br + Li \xrightarrow[-40℃]{乙醚} C_4H_9Li$

$F\text{-}C_6F_4\text{-}Cl \xrightarrow[-78℃]{乙醚/C_4H_9Li} F\text{-}C_6F_4\text{-}Li \xrightarrow[-78℃,\ r.t.]{CO_2} F\text{-}C_6F_4\text{-}COOLi$

24

$\xrightarrow{H_3O^+} F\text{-}C_6F_4\text{-}COOH \xrightarrow{CH_3OH} F\text{-}C_6F_4\text{-}COOCH_3 \xrightarrow[DMF]{K_2CO_3/C_4H_9OH}$ Mixed co

25　26

化合物G是中间体25与11的酯化反应产物：

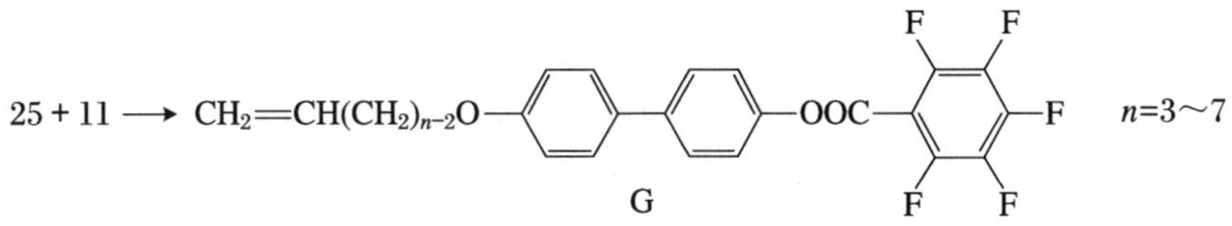

$25 + 11 \longrightarrow CH_2{=}CH(CH_2)_{n-2}O\text{-}C_6H_4\text{-}C_6H_4\text{-}OOC\text{-}C_6F_4\text{-}F$　$n=3\sim7$

G

图 2.13.9　G 系列化合物的合成路线

G 系列化合物的相变(℃)如下：

$n=1$ 时

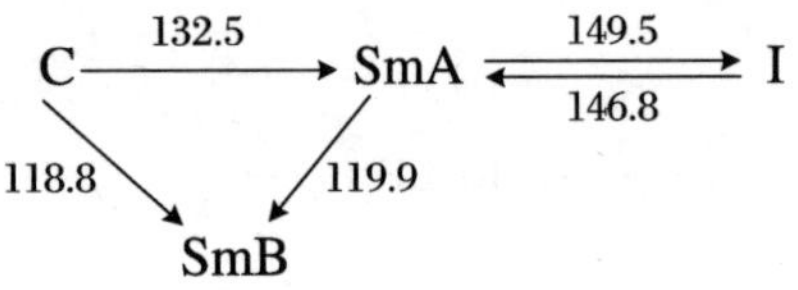

$$C \xrightarrow{132.5} SmA \underset{146.8}{\overset{149.5}{\rightleftarrows}} I$$
$$C \xrightarrow{118.8} SmB, \quad SmA \xrightarrow{119.9} SmB$$

$n=5$ 时

$$C \underset{88.2}{\overset{107.3}{\rightleftarrows}} SmA \underset{144.9}{\overset{147.0}{\rightleftarrows}} N \underset{150.4}{\overset{151.9}{\rightleftarrows}} Iso$$

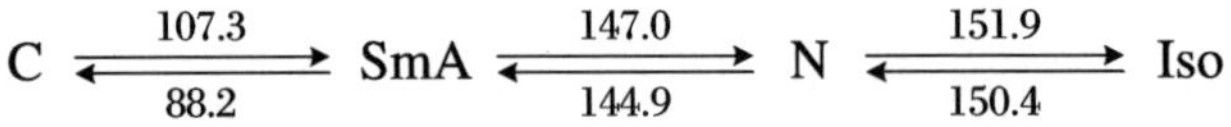

4. H 系列化合物

H 系列化合物的合成路线如图 2.13.10 所示。

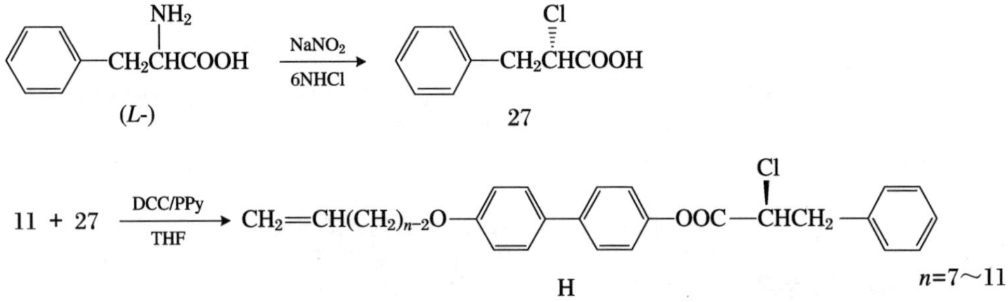

$$C_6H_5-CH_2CH(NH_2)COOH\ (L\text{-}) \xrightarrow[6NHCl]{NaNO_2} C_6H_5-CH_2CHClCOOH\ (27)$$

$$11 + 27 \xrightarrow[THF]{DCC/PPy} CH_2{=}CH(CH_2)_{n-2}O-C_6H_4-C_6H_4-OOC-CHCl-CH_2-C_6H_5 \quad (H) \quad n=7\sim11$$

图 2.13.10 H 系列化合物的合成路线

H 系列化合物中没有液晶相出现。

参考文献

[1] KRICHEDORFAND H R,BERGHABN M. J. Polym. Sci. A,1995,33:427.

[2] NISHIYAMA I,GOODBY J W. J. Mater. Chem.,1993,3:169.

[3] SHI H,CHEN S H. Liq. Cryst.,1995,18:33.

[4] FISCHER H,POSER S,AMOLD M. Liq. Cryst.,1995,18:503.

[5] KOSAKA Y,KATO T,URYU T. Macromolecules,1994,27:2658.

[6] UCHIDA S,MORITA K,MIYOSHI K,HASHIMNOTO K,KAWASAKI K. Mol. Cryst. Liq. Cryst.,1988,15:93.

[7] SCHEROWSKY G,KUHMPAST K,SPRINGER J. Macromol. Chem. Rapid Commun.,1991,12:381.

[8] 陈宝铨.理学博士学位论文,中国科学院上海有机化学研究所,1997.

第 14 章　含氟双二苯乙炔液晶

14.1　引言

为了满足液晶平板显示发展的各项要求，如响应速度快及器件视角宽，研究人员开发了具有不同特点显示模式的显示器。毫无疑问，具有负的介电各向异性的负性液晶材料是液晶显示材料家族的十分重要的成员。液晶分子轴方向与垂直分子轴方向的介电常数之差 $\Delta\varepsilon$ 为负数的称为负性液晶，既可以在 VA-TFT LCD 模式（分子垂直排列的薄膜晶体管液晶显示器）中也可以在 IPS 模式中得到广泛应用。

如果含氟负性液晶具有高的双折射性能，它们还可以在许多其他显示技术方面得到重要应用。例如，由于胆甾相液晶具有电场为零时的多稳定相态织构现象，反射式胆甾液晶显示因不需要偏振片及背光源，具有高反射能力及宽视角，特别适用于电子书籍及商业广告等领域。还有在高技术的光子学应用领域，例如制造快速的快门、宽带滤波器及全息摄影器件等。尤其是光子学领域的器件需要黏度低及双折射大的混合液晶。这就是本章要介绍的。

一般情况下，没有取代基的双二苯乙炔有非常高的双折射，但是缺点是熔点高，对紫外线敏感，化学稳定性差。为此，本工作在其结构上进行改造，在液晶核骨架上引入全氟亚苯基基团，除了对降低熔点、降低黏度有利之外，还提高了化学稳定性。由于氟原子的范德华半径与氢原子差别不大，因此能保持非常宽的液晶温度区域。由于侧方向的 2,3-二氟取代的导入，引入了两个强吸引电子的基团，形成了优秀的负性向列相含氟液晶。可以分别以 VA、IPS 两种不同工作模式应用于许多需要高速响应的光学器件中。好的液晶原材料应具备低熔点、高清亮点、液晶相范围宽、高双折射、低黏度、脂溶性好等系列特征，其中分子线性共轭性强的液晶化合物具有高双折射和低黏度，例如多芳环类、炔类和多炔类化合物。在上述化合物中，双二苯乙炔类液晶的双折射 Δn 值都在 0.4 以上，但是由于分子的共轭性很强造成此类化合物熔点很高，人们往往通过引入侧基来降低其熔点和黏度。2000 年，C. S. Hsu 等人报道利用 Heck 反应合成了含烷基边链系列化合物，其分子特点是两端为烷基链，侧向为短碳链烷基[1]。众所周知，氟原子具有电负性强、体积小及脂溶性好等特点，在医药和材料上具有很广泛的应用。我们研究小组在双炔键的基础上引入氟原子及四氟苯环特征基元以降低熔点，增加向列相温度范围等，设计、合成了一系列新型含氟双二苯乙炔类液晶，并对其相变性质进行研究。具体结构如图 2.14.1 所示。

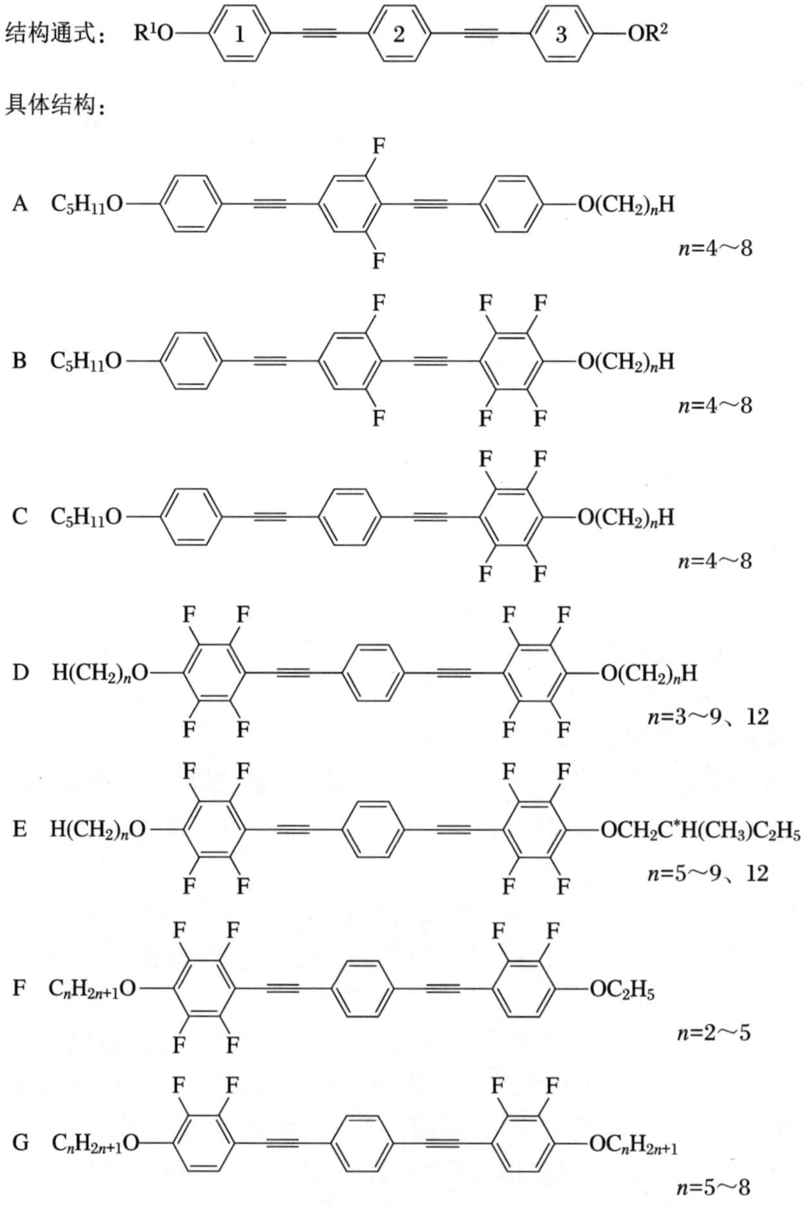

结构通式：R^1O—①—≡—②—≡—③—OR^2

具体结构：

A $C_5H_{11}O$— … —$O(CH_2)_nH$ n=4～8

B $C_5H_{11}O$— … —$O(CH_2)_nH$ n=4～8

C $C_5H_{11}O$— … —$O(CH_2)_nH$ n=4～8

D $H(CH_2)_nO$— … —$O(CH_2)_nH$ n=3～9、12

E $H(CH_2)_nO$— … —$OCH_2C^*H(CH_3)C_2H_5$ n=5～9、12

F $C_nH_{2n+1}O$— … —OC_2H_5 n=2～5

G $C_nH_{2n+1}O$— … —OC_nH_{2n+1} n=5～8

图 2.14.1 新型含氟双二苯乙炔类液晶的分子结构

上述化合物的共同特点是：含有三个苯环，每两个相邻的苯环之间以炔键连接，两端苯环末端以烷氧基链结束。其中A、B、C系列化合物[2,3]的特点是苯环1的烷基R^1链固定为正戊烷C_5H_{11}，另一端烷基R^2链随着碳原子数的变化具有不同长度。它们的不同之处在于侧边苯环不同位置上引入氟原子：A系列是中间苯环2两侧对称位置两个氢原子被两个氟原子取代；B系列是在A系列基础上，靠近变化末端烷基的苯环3氢原子全部被氟原子取代；C系列是只有苯环3全氟代。D系列[4]拥有对称的结构，苯环1、3全氟代，两端具有相同的烷基链[5]。相对于D系列，E系列一端烷基链固定为手性戊基，而另一端为变化的正烷氧基链[6]。F 系列一端为固定的乙烷氧基，另一端为变化的正烷氧基链，苯环 1 为全氟代，苯环 3 为首次引进的 2,3-二氟代。G 系列拥有对称的分子结构，苯环 1,3 为 2,3-二氟取代[8]。下面简单介绍一下此类化合物的合成。

14.2　化合物的合成路线

图 2.14.2 给出了 A、B、C 系列化合物的合成路线。合成此类化合物的关键步骤是：在 2 价钯和碘化亚铜催化下，炔键化合物和碘化物发生偶联反应，其中 4-正烷氧基苯乙炔 6 和 4-

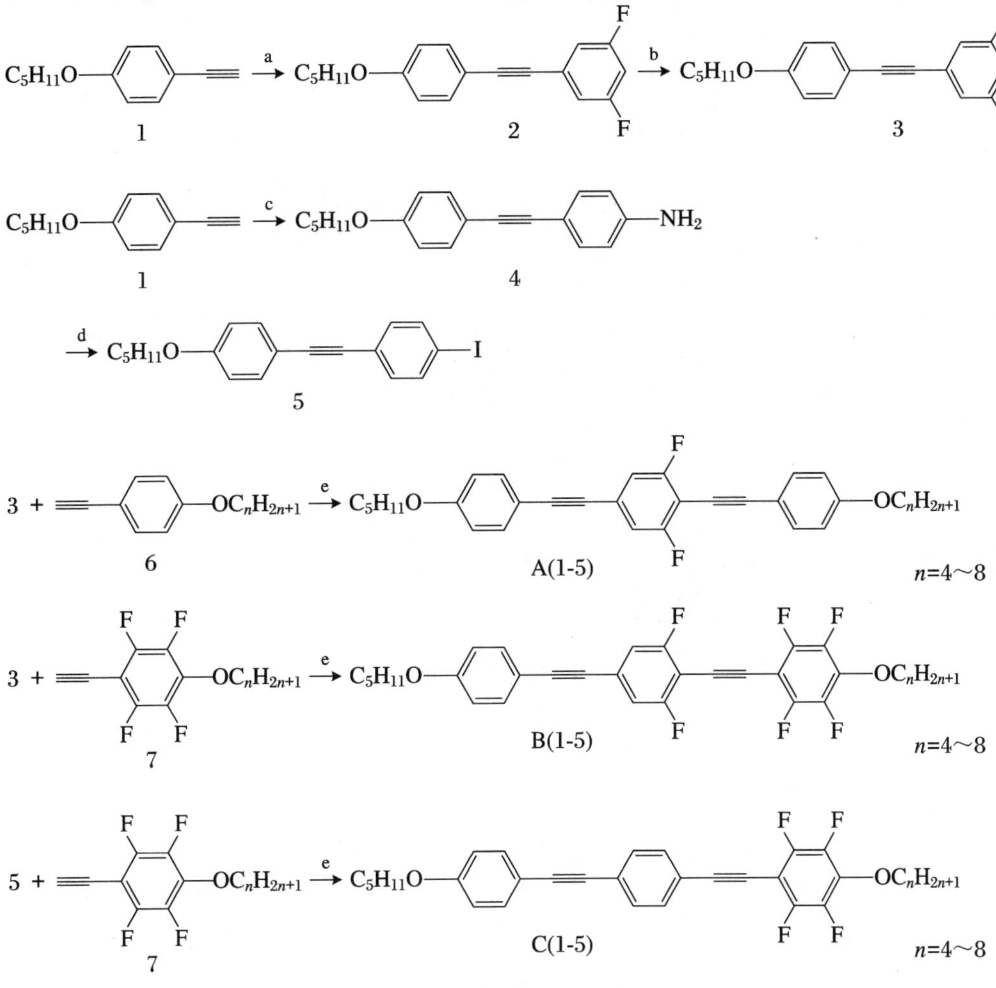

图 2.14.2　A、B、C 系列含氟双二苯乙炔类液晶的合成路线

反应试剂和条件：a. 3,5-二氟-1-碘苯，$Pd(PPh_3)_2Cl_2$，CuI，Et_3N；b. n-BuLi，I_2，−78 ℃，r. t.；c. 4-碘苯胺，$Pd(PPh_3)_2Cl_2$，CuI，Et_3N；d. $NaNO_2$，浓 HCl，KI，THF；e. $Pd(PPh_3)_2Cl_2$，CuI，Et_3N

正烷氧基-2,3,5,6-四氟化合物7的制备不再具体介绍。下面简单介绍一下关键中间体碘化物3和5的制备:化合物3的制备以正戊氧基苯乙炔1为起始原料,在$Pd(PPh_3)_2Cl_2$和CuI的催化下和3,5-二氟-1-碘苯偶联得到中间体2,化合物2在正丁基锂的作用下和碘反应得到关键中间体3。化合物5的制备同样以正戊氧基苯乙炔1为起始原料,在$Pd(PPh_3)_2Cl_2$和CuI的催化下和对碘苯胺偶联得到中间体4,此化合物在亚硝酸钠、浓盐酸的氧化下得到偶氮化合物中间体,此中间体进一步和碘化钾反应生成另一个关键中间体5。所需中间体都已制备,于是在$Pd(PPh_3)_2Cl_2$和CuI的催化下,4-正烷氧基苯乙炔6和碘化物3偶联得到目标化合物A;4-正烷氧基-2,3,5,6-四氟化合物7和碘化物3偶联得到目标化合物B;4-正烷氧基-2,3,5,6-四氟化合物7和碘化物5偶联得到目标化合物C。

图2.14.3简单描述了D系列化合物的合成路线:三甲基硅基五氟苯乙炔8在碳酸钾的作用下和不同链长的正烷基伯醇发生反应得到中间体7,此炔基化合物在$Pd(PPh_3)_2Cl_2$和CuI的催化下和1,4-二碘苯发生双偶联反应得到目标化合物D。

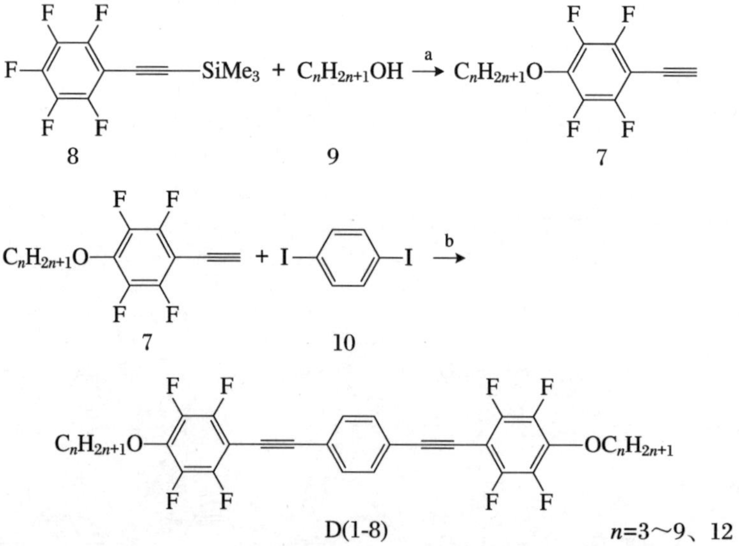

图2.14.3 D系列含氟双二苯乙炔类液晶的合成路线

反应试剂和条件:a. K_2CO_3,DMF,r. t.;b. $Pd(PPh_3)_2Cl_2$,CuI,Et_3N

和上述提到的目标化合物的制备基本相似,图2.14.4给出了E系列化合物的合成路线:化合物8在碳酸钾的作用下和手性醇11反应得到末端炔12,此化合物在$Pd(PPh_3)_2Cl_2$和CuI的催化下和对溴碘苯发生偶联反应生成溴化物13,同样的条件下此溴化物和末端炔7偶联提供目标分子E。

F和G系列化合物的合成方法和上述系列合成路线相似,具体的合成路线如图2.14.5和图2.14.6所示。

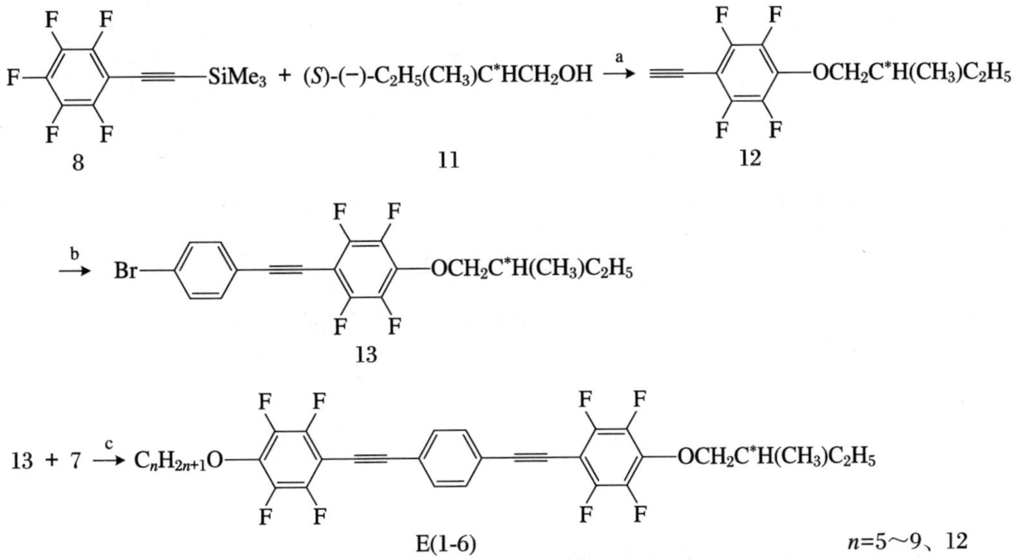

图 2.14.4　E 系列含氟双二苯乙炔类液晶的合成路线

反应试剂和条件：a. K_2CO_3，DMF，r. t.；b. 对溴碘苯，$Pd(PPh_3)_2Cl_2$，CuI，Et_3N；c. $Pd(PPh_3)_2Cl_2$，CuI，Et_3N

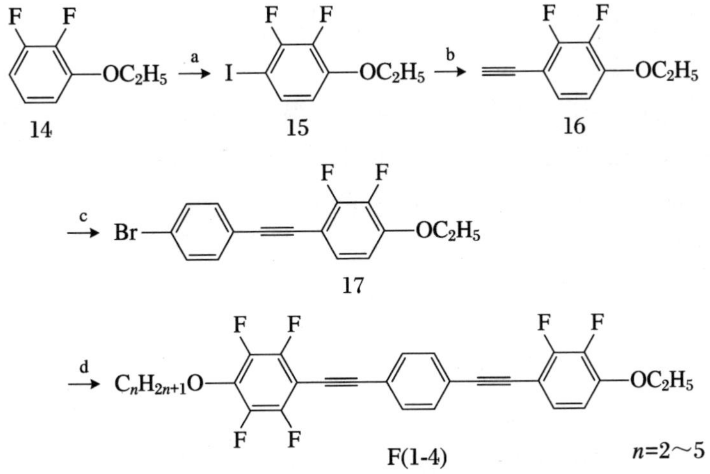

图 2.14.5　F 系列含氟双二苯乙炔类液晶的合成路线

反应试剂和条件：a. n-BuLi，I_2，−78 ℃，r. t.；b. 三甲基硅乙炔，$Pd(PPh_3)_2Cl_2$，CuI，Et_3N/K_2CO_3，DMF；c. 对溴碘苯，$Pd(PPh_3)_2Cl_2$，CuI，Et_3N；d. 7，$Pd(PPh_3)_2Cl_2$，CuI，Et_3N

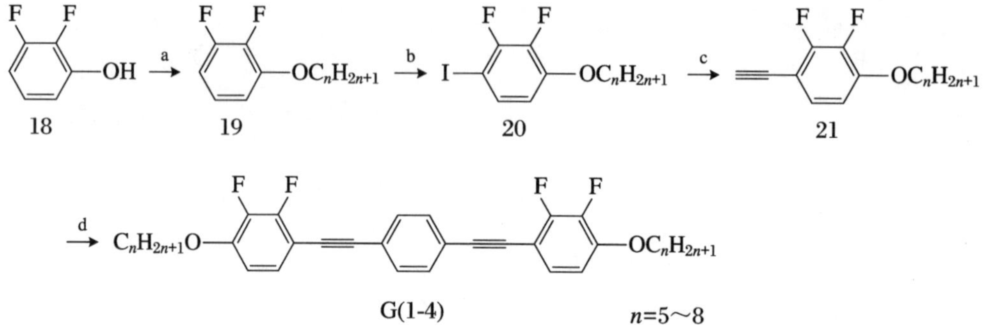

图 2.14.6 G系列含氟双二苯乙炔类液晶的合成路线

反应试剂和条件：a. $C_nH_{2n+1}Br$，K_2CO_3，DMF；b. n-BuLi，I_2，－78 ℃，r.t.；

c. 三甲基硅乙炔，$Pd(PPh_3)_2Cl_2$，CuI，Et_3N/K_2CO_3，DMF；

d. 1,4-二碘苯，$Pd(PPh_3)_2Cl_2$，CuI，Et_3N

14.3 化合物的相变研究

我们通过偏光显微镜观察和差示扫描量热法(DSC)，对上述7个系列的液晶化合物的结构和性质进行系统分析。

14.3.1 A、B、C 系列双二苯乙炔类液晶

A、B、C系列化合物[2,3]的分子结构和相变温度见表2.14.1，所有的化合物都呈现单一的向列相。A系列化合物拥有相同的结构主体，它们的不同之处在于一段烷氧基链的长度不同。总的来说，此类化合物显示出很高的清亮点(从191 ℃到214 ℃)；同时，它们都含有很宽的向列相相变范围(>97 ℃)；另外，熔点和清亮点都随着末端烷氧基链碳原子数的增加而逐渐降低。B系列化合物含有一个四氟苯基官能团，此类化合物同样显示高的清亮点(从176 ℃到201 ℃)；同时，每一个化合物都含有宽的相变范围(>74 ℃)；另外，熔点和清亮点都随着末端烷氧基链碳原子数的增加而逐渐降低。C系列化合物中间苯环没有氟原子取代，此类化合物和A、B系列同样拥有很高的清亮点(从184 ℃到211 ℃)；同时，每一个化合物含有很宽的相变范围(>83 ℃)；另外，熔点和清亮点都随着末端烷氧基链碳原子数的增加先逐渐降低后增加。

通过A、B、C三个系列化合物的相变数据分析可以看出侧面氟原子的取代对液晶的相变性质有很大的影响。在相同的末端烷氧基链的情况下，B系列化合物的熔点最高，而C系列的最低，清亮点则呈以下趋势：A>C>B。双二苯乙炔类液晶的共轭性很强从而拥有高的热稳定性；当氟原子引入这个结构时，因为氟原子的高电负性，它们之间或和氢原子之间的相互作用造成扭曲效应从而增加分子的厚度，熔点和清亮点从而降低。

表 2.14.1　A、B、C 系列含氟双二苯乙炔类液晶的分子结构和相变温度

A　$C_5H_{11}O$—(苯环)—≡—(2,6-二氟苯环)—≡—(苯环)—$O(CH_2)_nH$　n=4～8

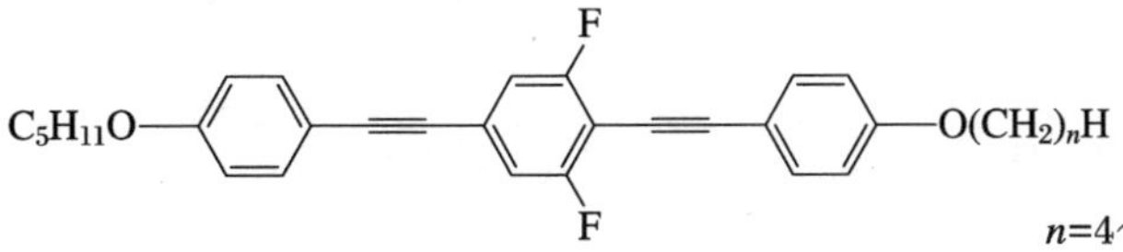

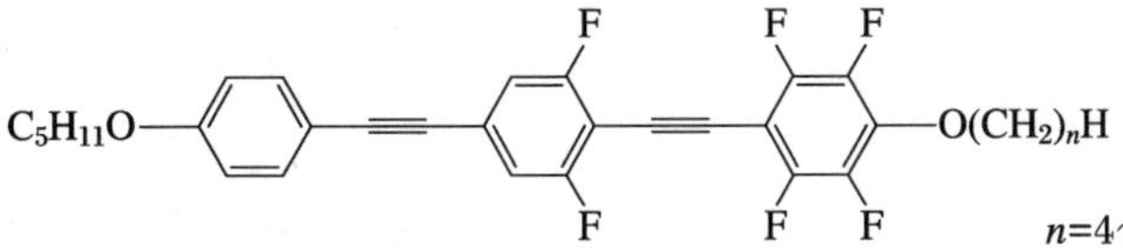

B　$C_5H_{11}O$—(苯环)—≡—(2,6-二氟苯环)—≡—(2,3,5,6-四氟苯环)—$O(CH_2)_nH$　n=4～8

C　$C_5H_{11}O$—(苯环)—≡—(苯环)—≡—(2,3,5,6-四氟苯环)—$O(CH_2)_nH$　n=4～8

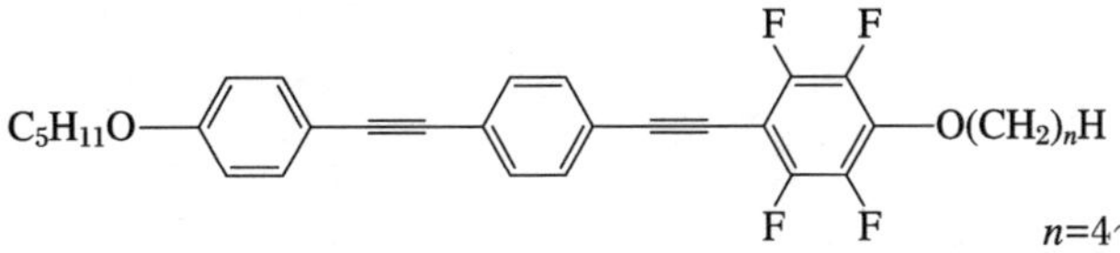

化合物	n	相变温度/℃
A1	4	Cr 115.0 N 214.3 I 212.6 N 110.1 Recr
A2	5	Cr 103.9 N 203.1 I 201.5 N 93.0 Recr
A3	6	Cr 90.2 N 193.4 I 192.0 N 87.3 Recr
A4	7	Cr 97.8 N 195.4 I 194.1 N 89.4 Recr
A5	8	Cr 94.5 N 191.5 I 190.1 N 82.2 Recr
B1	4	Cr 109.4 N 201.1 I 199.6 N 102.7 Recr
B2	5	Cr 102.5 N 191.8 I 190.5 N 95.4 Recr
B3	6	Cr 101.1 N 186.7 I 185.4 N 95.6 Recr
B4	7	Cr 99.3 N 179.5 I 178.5 N 93.0 Recr
B5	8	Cr 101.8 N 176.1 I 174.4 N 94.8 Recr
C1	4	Cr 82.5 N 211.0 I 209.8 N 74.4 Recr
C2	5	Cr 70.2 N 196.8 I 194.6 N 53.9 Recr
C3	6	Cr 70.8 N 196.4 I 195.0 N 62.1 Recr
C4	7	Cr 91.1 N 188.7 I 187.5 N 66.9 Recr
C5	8	Cr 101.4 N 184.5 I 183.4 N 87.0 Recr

注　Cr：结晶相；N：向列相；I：各向异性；Recr：重结晶。

14.3.2　D 系列双二苯乙炔类液晶

D 系列化合物[5]的分子结构和相变温度见表 2.14.2。通过数据分析，8 个化合物都显示单一的向列相，碳链的长度和相变温度呈现正常的奇偶效应，并且随着烷氧基链的增加，熔点和清亮点都逐渐降低，另外，向列相的范围先增加（烷氧基链碳原子个数 $n=3\sim6$），随后逐渐降低（烷氧基链碳原子个数 $n=7\sim12$）。和已知文献报道的苯环不含有氟原子且含有相同末端烷氧基链的双二苯乙炔类液晶[6]相比，D 系列化合物的熔点和清亮点降低，而且不支持近晶相（不稳定）。

表 2.14.2 D系列含氟双二苯乙炔类液晶的分子结构和相变温度

D $H(CH_2)_nO$–[C_6F_4]–C≡C–[C_6H_4]–C≡C–[C_6F_4]–$O(CH_2)_nH$　n=3～9、12

化合物	n	相变温度/℃
D1	3	Cr 192.6 N 194.1 I
D2	4	Cr 159.1 N 189.5 I
D3	5	Cr 125.4 N 167.8 I
D4	6	Cr 115.4 N 160.3 I
D5	7	Cr 118.4 N 150.1 I
D6	8	Cr 120.0 N 146.1 I
D7	9	Cr 114.3 N 137.1 I
D8	12	Cr 108.4 N 122.5 I

注　Cr:结晶相;N:向列相;I:各向异性。

14.3.3 E系列双二苯乙炔类液晶

E系列化合物[7]的分子结构和相变温度见表2.14.3。除了烷氧基链为正戊烷氧基的化合物不呈现液晶态外,其他化合物均具有单一的胆甾相。就末端烷氧基链的影响考虑,首先熔点随着链长的增加而降低;而胆甾相相变范围是先增加(n=6～8)后降低。此类化合物的相变性质和D系列化合物相比,其相变范围变窄,这说明支链化烷氧基链能引起液晶的稳定性降低。

表 2.14.3 E系列含氟双二苯乙炔类液晶的分子结构和相变温度

E $H(CH_2)_nO$–[C_6F_4]–C≡C–[C_6H_4]–C≡C–[C_6F_4]–$OCH_2C^*H(CH_3)C_2H_5$　n=5～9、12

化合物	n	相变温度/℃
E1①	5	Cr 129.0 — 128.4 Recr
E2	6	Cr 114.1 Ch 122.3 I 121.1 Ch 112.1 Recr
E3	7	Cr 107.3 Ch 128.6 I 128.0 Ch 105.3 Recr
E4	8	Cr 106.3 Ch 135.8 I 135.6 Ch 106.0 Recr
E5	9	Cr 99.1 Ch 112.8 I 112.4 Ch97.0 Recr
E6	12	Cr 89.2 Ch 95.7 I 94.5 Ch 84.9 Recr

注　Cr:结晶相;Ch:胆甾相;I:各向异性;Recr:重结晶。

① 当n=5时,无论加热还是冷却都不显示液晶相。

14.3.4　F、G 系列双二苯乙炔类液晶

F、G 系列化合物[8]的分子结构和相变温度见表 2.14.4。F、G 系列化合物都具有液晶性，其中 F 系列化合物仅具有向列相，但 G 系列化合物从表 2.14.4 中可以看出，化合物 G1 和化合物 G2 具有向列相，但随着碳原子数的增加，化合物 G3 和化合物 G4 在降温的情况下出现了向列相和近晶相。其原因可能是随着碳原子数的增加，整个分子的侧向引力大于分子的末端引力，容易出现近晶相。同时，两个系列的化合物的清亮点很高，基本都在 200 ℃以上，并且两个系列的向列相的温度范围都很宽，F 系列的相变范围大于 G 系列。

表 2.14.4　F、G 系列含氟双二苯乙炔类液晶的分子结构和相变温度

F　$C_nH_{2n+1}O$—(F,F,F,F)—≡—⟨⟩—≡—(F,F)—OC_2H_5　$n=2\sim5$

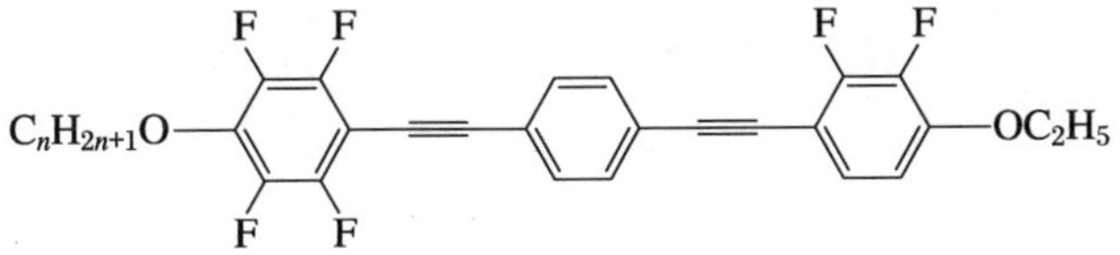

G　$C_nH_{2n+1}O$—(F,F)—≡—⟨⟩—≡—(F,F)—OC_nH_{2n+1}　$n=5\sim8$

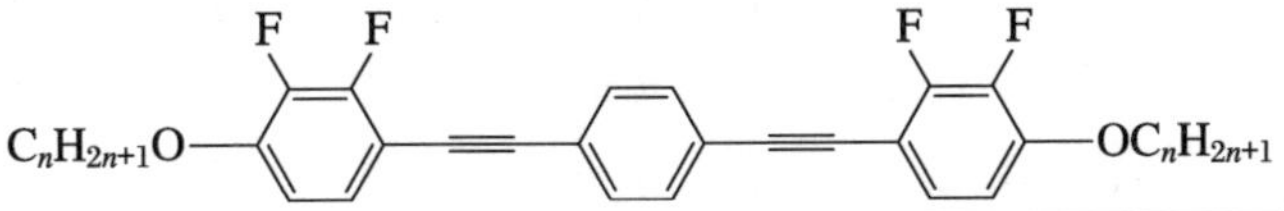

化合物	n	相变温度/℃
F1	2	Cr 143.8 N 243.2 I 245.4 N 163.7 Cr
F2	3	Cr 135.3 N 239.6 I 239.5 N 142.2 Cr
F3	4	Cr 109.9 N 233.6 I 222.5 N 107.8 Cr
F4	5	Cr 106.7 N 218.3 I 220.2 N 99.15 Cr
G1	5	Cr 149.3 N 222.5 I 207.9 N 110.5 Cr
G2	6	Cr 141.2 N 213.1 I 196.3 N 114.8 Cr
G3	7	Cr 138.6 N 202.9 I 186.3 N 130.8 Sm 106.7 Cr
G4	8	Cr 134.1 N 196.8 I 180.6 N 136.4 Sm 117.2 Cr

注　Cr：结晶相；N：向列相；Sm：近晶相；I：各向同性液体。

总结以上 7 类化合物的液晶相变性质可以得到以下结论：苯环侧面引入氟原子可以降低双二苯乙炔类液晶的熔点和清亮点，其中轴对称分子不支持近晶相（A、B、C、D、E 系列），轴不对称分子随着末端碳原子数的增加会有近晶相出现（F 和 G 系列）；合适的末端烷氧基链和含氟苯环可以得到很宽的液晶向列相；支链化末端烷氧基链不利于液晶相的生成。

14.4 典型中间体和目标化合物的合成方法

1. 4-正戊氧基-3′,5′-二氟二苯乙炔(2)

在一干燥的250 mL三颈瓶中,氮气保护下加入4-正戊氧基苯乙炔(5.0 g,26.6 mmol)、3,5-二氟-1-碘苯(5.32 g,22.2 mmol)、$Pd(PPh_3)_2Cl_2$(0.2 g,0.29 mmol)和CuI(0.1 g),随后加入无水Et_3N(100 mL)。反应混合液在30~40 ℃下搅拌24 h。TLC跟踪至反应完全,沉淀过滤,乙醚萃取,有机相水洗,硫酸镁干燥。真空除掉溶剂,硅胶柱层析得到白色固体7.23 g,产率91%。

^1H NMR($CDCl_3$,TMS) δ:7.56~7.18(m,7H),4.01(t,2H,$J=5.4$ Hz),1.90~1.34(m,6H),1.02(t,3H,$J=3.7$ Hz)。^{19}F NMR($CDCl_3$,TFA) δ:32.6(m,2F)。

2. 4-正戊氧基-3′,5′-二氟-4′-碘二苯乙炔(3)

4-正戊烷氧基-3′,5′-二氟二苯乙炔(7.32 g,24.1 mmol)溶解在THF(84 mL)中并冷却到−78 ℃。向上述溶液中慢慢滴加正丁基锂(2 mol/L,13.3 mL),此混合溶液在上述温度下继续搅拌1.5 h。碘溶解在THF中,慢慢滴加到体系中,反应混合液升至室温并继续搅拌10 h。随后饱和氯化铵淬灭此反应。正常后处理得到粗产品,柱层析得到白色晶体5.8 g,产率57%。

^1H NMR($CDCl_3$,TMS) δ:7.48~6.82(m,6H),3.98(t,2H,$J=5.5$ Hz),2.01~1.27(m,6H),0.95(t,3H,$J=3.6$ Hz)。^{19}F NMR($CDCl_3$,TFA) δ:16.5(m,2F)。

3. 4-正戊氧基-4′-氨基二苯乙炔(4)

合成路线和化合物4-正戊氧基-3′,5′-二氟二苯乙炔相似,得到化合物5.84 g,产率79%。

^1H NMR($CDCl_3$,TMS) δ:7.42~6.61(m,8H),3.88(t,2H,$J=5.5$ Hz),3,61(b,2H),1.79~1.27(m,6H),0.86(t,3H,$J=3.7$ Hz)。

4. 4-正戊氧基-4′-碘二苯乙炔(5)

4-正戊烷氧基-4′-氨基二苯乙炔(2.8 g,10.04 mmol)溶解在THF(15 mL)中并冷却至0 ℃,浓盐酸(5.5 mL)和40%的亚硝酸钠水溶液(6.1 mL)组成的混合液加入上述溶液中,此体系在0 ℃下搅拌30 min,然后加入6 mol/L的KI水溶液(17.3 mL),继续搅拌3 h,饱和硫代硫酸钠(20 mL)淬灭反应,正己烷萃取反应,粗产品处理得到白色晶体1.8 g,产率50%。

^1H NMR($CDCl_3$,TMS) δ:7.42~7.72(m,8H),3.87(t,2H,$J=5.4$ Hz),1.17~1.79(m,6H),0.86(t,3H,$J=3.8$ Hz)。

5. 1,3,-二氟-2-{2-[4-(正辛氧基)苯基]乙炔基}-5-{2-[4-(正戊氧基)苯基]乙炔基}苯(A5)

以化合物3和化合物6为偶联原料,反应条件和过程与下面化合物的合成路线相似,得到目标化合物。

MS(m/z):528(M^+)。^1H NMR($CDCl_3$,TMS) δ:6.80~7.57(m,4H),3.99(t,4H,J

=5.9 Hz),0.85～1.99(m,24H)。^{19}F NMR($CDCl_3$,TFA) δ:31.0(m,2F)。元素分析:$C_{35}H_{38}F_2O_2$。理论值(%):C 79.52,H 7.24,F 7.19;实测值(%):C 79.60,H 7.22,F 7.18。

A、B、C 系列其他化合物的合成路线和此化合物相似。

6. 1,4-二[(2,3,5,6-四氟-4-正辛烷苯基)乙炔基]苯(D6)

在一干燥的 50 mL 三颈瓶中,氮气保护下加入 4-正辛氧基-2,3,5,6-四氟苯乙炔(1.0 g,3.3 mmol)、对二碘苯(0.55 g,1.66 mmol)、$Pd(PPh_3)_2Cl_2$(30 mg,0.043 mmol)和 CuI(17 mg,0.089 mmol),随后加入无水 Et_3N(15 mL)。反应混合液加热回流 8 h。TLC 跟踪至反应完全,沉淀过滤,乙醚萃取,有机相水洗,硫酸镁干燥。真空除掉溶剂,硅胶柱层析得到白色固体 1.05 g,熔点 120.0 ℃,产率 95%。

MS(m/z):678(M^+)。IR(KBr,cm^{-1}):2910,2840,1640,1520,1490,1440,1390,1140,1125,1020,1005,985,840,695,550。^{1}H NMR($CDCl_3$,TMS) δ:7.57(s,4H),4.30(t,4H,J = 6.3 Hz),0.74～2.00(m,30H)。^{19}F NMR($CDCl_3$,TFA) δ:61.0(d,4F,J = 18.6 Hz),80.3(d,4F,J = 18.6 Hz)。元素分析:$C_{38}H_{38}F_8O_2$。理论值(%):C 67.26,H 5.60,F 22.42;实测值(%):C 67.43,H 5.72,F 22.40。

D 系列其他化合物的合成路线和此化合物相似。

7. 4-[(s)-2-甲基丁氧基]-2,3,5,6-四氟苯乙炔(12)

化合物三甲基硅基五氟苯乙炔(6.0 g,22.7 mmol)、碳酸钾(9.0 g,65.1 mmol)、(s)-2-甲基丁醇(4.0 g,45.5 mmol)溶解在 DMF(12 mL)中,此反应体系在 40 ℃条件下搅拌 46 h,然后 60 ℃继续搅拌 6 h。常规后处理,粗产品柱层析得到产物为浅黄色液体 5.40 g,产率 90%。

^{1}H NMR(CCl_4,TMS) δ:3.94(d,2H,J = 6.0 Hz),3.34(s,1H),0.82～1.90(m,9H)。^{19}F NMR(CCl_4,TFA) δ:60.47(d,2F,J = 18.8 Hz),80.47(d,2F,J = 18.8 Hz)。

8. 1-(4-溴苯基)-2-{4-[(s)-2-甲基丁氧基]-2,3,5,6-四氟苯基}乙炔(13)

在一干燥的 100 mL 三颈瓶中,氮气保护下加入 4-[(s)-2-甲基丁氧基]-2,3,5,6-四氟苯乙炔(3.0 g,11.8 mmol)、对溴碘苯(3.34 g,11.8 mmol)、$Pd(PPh_3)_2Cl_2$(300 mg,0.428 mmol)和 CuI(163 mg,0.857 mmol),随后加入无水 Et_3N(60 mL)。反应混合液 40 ℃下反应 48 h。TLC 跟踪至反应完全,沉淀过滤,乙醚萃取,有机相水洗,硫酸镁干燥。真空除掉溶剂,硅胶柱层析得到白色固体 4.29 g,熔点 45.5 ℃,产率 88%。

MS(m/z):416(M^+)。^{1}H NMR(CCl_4,TMS) δ:7.40(s,4H),4.04(d,2H,J = 6.0 Hz),0.82～2.09(m,9H)。^{19}F NMR(CCl_4,TFA) δ:60.00(d,2F,J = 18.8 Hz),79.50(d,2F,J = 18.8 Hz)。

9. 1-[(4-正戊氧基-2,3,5,6-四氟苯基)乙炔基]-4-({4-[(s)-2-甲基丁氧基]-2,3,5,6-四氟苯基}乙炔基)苯(E1)

在一干燥的 25 mL 三颈瓶中,氮气保护下加入 1-(4-溴苯基)-2-[4-((s)-2-甲基丁氧基)-2,3,5,6-四氟苯基]乙炔(374 mg,0.9 mmol)、4-正戊氧基-2,3,5,6-四氟苯乙炔(235 mg,0.9 mmol)、$Pd(PPh_3)_2Cl_2$(30 mg,0.043 mmol)和 CuI(17 mg,0.089 mmol),随后加入无水 Et_3N(12 mL)。反应混合液回流 8 h。TLC 跟踪至反应完全,沉淀过滤,乙醚萃取,有机相水洗,硫酸镁干燥。

真空除掉溶剂，硅胶柱层析得到白色固体192 mg，熔点129.0 ℃，产率56%。

MS(m/z)：594(M^+)。IR(KBr，cm^{-1})：2960，2870，2200，1520，1505，1490，1440，1390，1130，985，840，690。^1H NMR(CCl_4，TMS) δ：7.45(s，4H)，4.11(t，2H，J = 5.0 Hz)，4.00(d，2H，J = 5.0 Hz)，0.62～2.00(m，18H)。^{19}F NMR(CCl_4，TFA) δ：60.03(m，4F)，79.75(m，4F)。

以下化合物的合成路线与此化合物相似。

10. 1-[(4-正己氧基-2，3，5，6-四氟苯基)乙炔基]-4-({4-[(s)-2-甲基丁氧基]-2，3，5，6-四氟苯基}乙炔基)苯(E2)

熔点114.1 ℃，产率56%。

MS(m/z)：608(M^+)。IR(KBr，cm^{-1})：2960，2870，2200，1520，1505，1485，1438，1390，1125，982，840。^1H NMR(CCl_4，TMS) δ：7.46(s，4H)，4.12(t，2H，J = 5.0 Hz)，4.01(d，2H，J = 5.0 Hz)，0.65～2.01(m，20H)。^{19}F NMR(CCl_4，TFA) δ：60.05(m，4F)，79.77(m，4F)，88.

11. 1-[(4-正庚氧基-2，3，5，6-四氟苯基)乙炔基]-4-({4-[(s)-2-甲基丁氧基]-2，3，5，6-四氟苯基}乙炔基)苯(E3)

熔点107.3 ℃，产率58%。

MS(m/z)：622(M^+)。IR(KBr，cm^{-1})：2960，2870，2200，1520，1505，1490，1440，1390，1128，982，840，690。^1H NMR(CCl_4，TMS) δ：7.48(s，4H)，4.12(t，2H，J = 5.0 Hz)，4.01(d，2H，J = 5.0 Hz)，0.67～2.01(m，22H)。^{19}F NMR(CCl_4，TFA) δ：60.04(m，4F)，79.76(m，4F)。

12. 1-[(4-正辛氧基-2，3，5，6-四氟苯基)乙炔基]-4-({4-[(s)-2-甲基丁氧基]-2，3，5，6-四氟苯基}乙炔基)苯(E4)

熔点106.3 ℃，产率49%。

MS(m/z)：636(M^+)。IR(KBr，cm^{-1})：2960，2870，2200，1520，1505，1495，1441，1395，1130，990，840，694。^1H NMR(CCl_4，TMS) δ：7.50(s，4H)，4.14(t，2H，J = 5.0 Hz)，4.00(d，2H，J = 5.0 Hz)，0.66～2.00(m，24H)。^{19}F NMR(CCl_4，TFA) δ：60.03(m，4F)，79.75(m，4F)。

13. 1-[(4-正壬氧基-2，3，5，6-四氟苯基)乙炔基]-4-({4-[(s)-2-甲基丁氧基]-2，3，5，6-四氟苯基}乙炔基)苯(E5)

熔点99.1 ℃，产率49%。

MS(m/z)：650(M^+)。IR(KBr，cm^{-1})：2960，2870，2200，1520，1505，1495，1440，1394，1130，990，840，694。^1H NMR(CCl_4，TMS) δ：7.48(s，4H)，4.12(t，2H，J = 5.0 Hz)，4.00(d，2H，J = 5.0 Hz)，0.68～2.00(m，26H)。^{19}F NMR(CCl_4，TFA) δ：60.04(m，4F)，79.77(m，4F)。

14. 1-[(4-正十二氧基-2，3，5，6-四氟苯基)乙炔基]-4-({4-[(s)-2-甲基丁氧基]-2，3，5，6-四氟苯基}乙炔基)苯(E6)

熔点89.2 ℃，产率56%。

MS(m/z):692(M^+)。IR(KBr,cm^{-1}):2960,2870,2200,1520,1505,1495,1440,1394,1130,990,840,694。^1H NMR(CCl_4,TMS) δ:7.49(s,4H),4.10(t,2H,J = 5.0 Hz),4.00(d,2H,J = 5.0 Hz),0.70～2.00(m,32H)。^{19}F NMR(CCl_4,TFA) δ:60.06(m,4F),79.80(m,4F)。

参考文献

[1] HSU C S,SHYU K F,CHUANG Y Y,WU S T. Liq. Cryst.,2000,27:283.
[2] 闻建勋,刘克刚,李衡峰.中国发明专利,1293180,2001.
[3] LIU K G,LI H F,WANG K,WEN J X. Liq. Cryst.,2001,28:1463.
[4] 胡月青.理学硕士学位论文,中国科学院上海有机化学研究所,1992.
[5] XU Y L,HU Y Q,CHEN Q,WEN J X. J. Mater. Chem.,1995,5:219.
[6] PUGH C,ANDERSSON S K,PERCEC V. Liq. Cryst.,1991,10:229.
[7] WEN J X,TIAN M Q,CHEN Q. J. Fluorine Chem.,1994,68:117.
[8] 曹秀英.工学硕士学位论文,华东理工大学,2014.

第 15 章　含氟烷基或含氟烷氧基末端取代的液晶

15.1　引言

我们以前合成得到了具有图 2.15.1 所示结构的液晶化合物[1]。

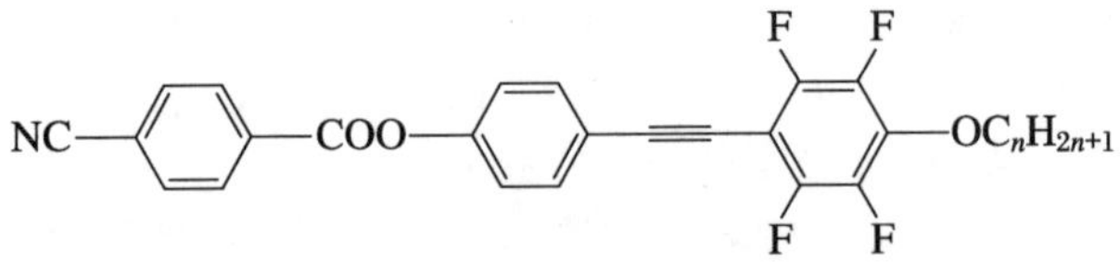

$$NC-C_6H_4-COO-C_6H_4-C\equiv C-C_6F_4-OC_nH_{2n+1}$$

图 2.15.1　合成的液晶化合物的分子结构

它具有极性大、黏度低、向列相温度范围宽等特点，是一种很好的 TN 和 STN 液晶显示材料。但是由于氰基能够溶解液晶盒玻璃基板上的金属离子，使得液晶的导电性增加，电压保持率下降，因而不适合要求相对较高的 TFT-LCD 液晶显示[2]。为了得到良好的 TFT-LCD 显示材料，人们把目光转向含氟化合物，由于氟原子具有很大的电负性，可以满足液晶显示的极性要求，而且含氟极性基团性质稳定。从 20 世纪 80 年代末到现在，液晶化学家们合成了大量的这类化合物。它们主要可以分为以下两种，一是氟原子直接取代在末端苯环上[3-11]，二是利用含氟烷基和含氟烷氧基取代苯环（图 2.15.2），这种基团主要有三氟甲基、三氟甲氧基、二氟甲氧基、三氟乙氧基和五氟硫基等[12-19]，它们都有很大的极化率，其中，CF_3：2.56 D；OCF_3：2.36 D；OCF_2H：2.46 D。为了取得尽可能大的极性，也有同时使用氟原子和含氟基团取代的。含有这些取代基的液晶化合物脂溶性都很好。以前有人怀疑二氟甲氧基中的活性氢原子的稳定性，现已被证明在实用上没有问题，而且由这种含二氟甲氧基

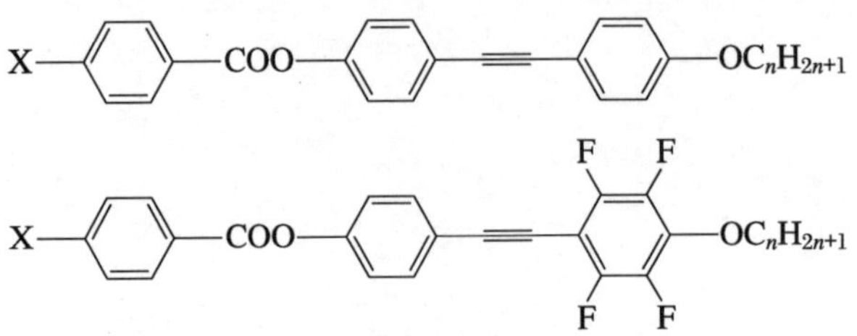

$$X-C_6H_4-COO-C_6H_4-C\equiv C-C_6H_4-OC_nH_{2n+1}$$

$$X-C_6H_4-COO-C_6H_4-C\equiv C-C_6F_4-OC_nH_{2n+1}$$

$X = CF_3, CF_3O, CHF_2O, CF_3CH_2O$

图 2.15.2　含氟烷基和含氟烷氧基取代苯环的分子结构

的化合物组成的液晶配方的电压保持率特别高[20]。我们以前的工作主要采用的是前一种方法，合成得到了一系列性能良好的液晶显示材料[21]。

15.2 液晶化合物系列

15.2.1 对三氟甲基的苯甲酸酯类液晶

我们合成了两个系列的对三氟甲基的苯甲酸酯类液晶化合物，并通过偏光显微镜观察和 DSC 测试，研究了其相变结果。G-Ⅰ、G-Ⅱ系列化合物的分子结构和相变温度见表 2.15.1。

表 2.15.1　G-Ⅰ、G-Ⅱ系列化合物的分子结构和相变温度

G-Ⅰ　CF_3—⟨苯环⟩—COO—⟨苯环⟩—≡—⟨苯环⟩—OC_nH_{2n+1}　n=4～8

G-Ⅱ　CF_3—⟨苯环⟩—COO—⟨苯环⟩—≡—⟨2,3,5,6-四氟苯环⟩—OC_nH_{2n+1}　n=4～8

化合物	n	相变温度/℃
G-Ⅰ	4	Cr 142.0 SmA 204.8 N 218.8 I 217.0 N 202.6 SmA 131.1 Recr
	5	Cr 126.6 SmA 204.2 N 209.3 I 208.0 N 202.5 SmA 121.6 SmB 112.5 Recr
	6	Cr 123.0 SmA 205.6 N 206.7 I 205.2 N 203.7 SmA 121.3 SmB 113.5 Recr
	7	Cr 117.9 SmB 122.9 SmA 202.8 I 201.0 SmA 121.6 SmB 102.8 Recr
	8	Cr 115.3 SmB 123.9 SmA 201.5 I 200.2 SmA 122.7 SmB 99.0 Recr
G-Ⅱ	4	Cr 118.1 SmA 155.7 N 174.7 I 172.6 N 153.4 SmA 103.1 Recr
	5	Cr 105.0 SmA 157.0 N 164.2 I 162.8 N 155.3 SmA 94.4 Recr
	6	Cr 97.2 SmA 155.8 N 161.8 I 160.2 N 153.7 SmA 92.3 Recr
	7	Cr 105.4 SmA 155.2 N 156.0 I 155.0 N 154.0 SmA 87.6 Recr
	8	Cr 103.2 SmA 154.8 I 152.5 SmA 84.4 Recr

G-Ⅰ系列化合物的末端碳链较短（$n=4$）时，存在互变的向列相和近晶 A 相；随着碳链长度的增加，当 $n=5$、6 时，降温时出现了单变的近晶 B 相；而当 $n\geqslant7$ 时，向列相消失，互变的近晶 B 相出现。化合物的清亮点和熔点都随着碳链长度的增加而下降。

G-Ⅱ系列化合物随着碳链长度的增加，向列相的热稳定性逐渐下降，当 $n>7$ 时，向列相消失；而近晶 A 相的热稳定性几乎没什么变化。熔点的变化没有规律。

15.2.2 对三氟甲氧基的苯甲酸酯类液晶

我们合成了两个系列的对三氟甲氧基的苯甲酸酯类液晶化合物，并通过偏光显微镜观察和 DSC 测试，对它们的相变性质进行了研究。H-Ⅰ、H-Ⅱ系列化合物的分子结构和相变温度见表 2.15.2。

表 2.15.2 H-Ⅰ、H-Ⅱ系列化合物的分子结构和相变温度

H-Ⅰ CF_3O—COO—OC_nH_{2n+1}

n=4～8

H-Ⅱ CF_3O—COO—OC_nH_{2n+1} (F F / F F)

n=4～8

化合物	n	相变温度/℃
H-Ⅰ	4	Cr 126.7 SmA 195.9 N 233.4 I 231.9 N 193.9 SmA 118.3 SmB 114.9 Recr
	5	Cr 109.5 SmB 116.7 SmA 199.0 N 222.5 I 220.9 N 197.1 SmA 115.1 SmB 106.8 SmX1 89.2 Recr
	6	Cr 107.4 SmB 117.6 SmA 201.6 N 217.7 I 216.2 N 200.0 SmA 115.9 SmB 105.5 SmX1 95.3 Recr
	7	Cr 107.3 SmB 118.0 SmA 201.2 N 210.3 I 208.8 N 199.6 SmA 116.5 SmB 101.8 SmX1 95.1 SmX2 86.0 Recr
	8	Cr 105.3 SmB 119.7 SmA 201.1 N 206.2 I 204.7 N 199.3 SmA 118.1 SmB 98.9 SmX1 91.5 SmX2 83.5 Recr
H-Ⅱ	4	Cr 75.5 SmA 145.0 N 204.8 I 203.3 N 143.7 SmA 62.6 Recr
	5	Cr 68.6 SmA 148.5 N 180.6 I 179.1 N 147.0 SmA 56.2 Recr
	6	Cr 74.3 SmA 146.1 N 177.9 I 176.3 N 144.2 SmA 50.5 Recr
	7	Cr 67.2 SmA 147.9 N 169.1 I 167.8 N 146.6 SmA 57.4 Recr
	8	Cr 66.1 SmA 146.7 N 165.2 I 163.9 N 145.2 SmA 58.5 Recr

H-Ⅰ系列化合物的相态比较复杂，特别是降温时出现了多种类型的近晶相。随着碳链长度的增加，向列相的热稳定性逐渐下降，近晶 A 相和近晶 B 相的热稳定性几乎没有变化。短碳链（$n=4$）时，只有单变的近晶 B 相；当 $n\geqslant 5$ 时，互变的近晶 B 相出现。碳链越长，相态越复杂。

H-Ⅱ系列化合物由于四氟亚苯基的引入，降低了分子的侧向作用，使得一些更有序的近晶相消失，只出现向列相和近晶 A 相。与 H-Ⅰ系列一样，烷氧基链的增长仅仅降低了向列相的热稳定性，对近晶 A 相的热稳定性没有影响。

15.2.3　对二氟甲氧基的苯甲酸酯类液晶

含二氟甲氧基的芳香族化合物由于具有一些特殊的性质，已被广泛地用在农药和医药中。近年来，含二氟甲氧基的液晶化合物也已开始应用在液晶显示中。虽然二氟甲氧基中的氢原子的酸性较强，但是从应用的结果来看，其对液晶显示几乎没有影响。为此，我们合成了两个系列的含二氟甲氧基的液晶化合物，并研究了其相变性质。J-Ⅰ、J-Ⅱ系列化合物的分子结构和相变温度见表 2.15.3。

表 2.15.3　J-Ⅰ、J-Ⅱ系列化合物的分子结构和相变温度

J-Ⅰ　CHF_2O—⟨苯环⟩—COO—⟨苯环⟩—≡—⟨苯环⟩—OC_nH_{2n+1}　n=4～8

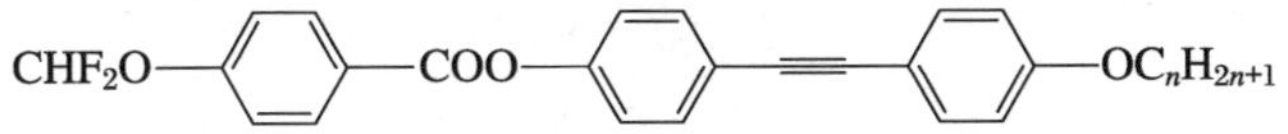

J-Ⅱ　CHF_2O—⟨苯环⟩—COO—⟨苯环⟩—≡—⟨四氟苯环(F,F,F,F)⟩—OC_nH_{2n+1}　n=4～8

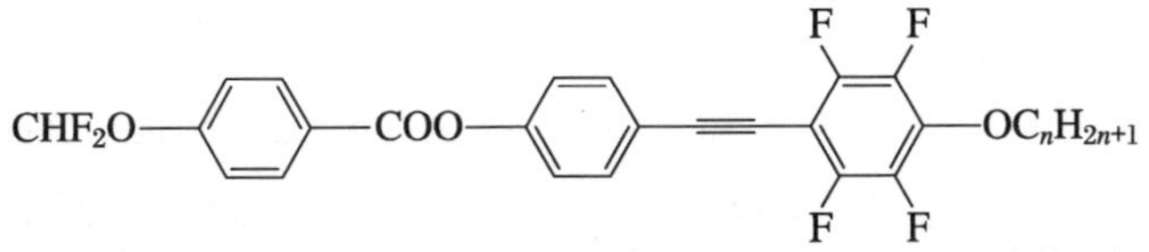

化合物	n	相变温度/℃
J-Ⅰ	4	Cr 122.5 N 242.9 I 241.6 N 103.2 Recr
	5	Cr 114.5 N 230.4 I 228.2 N 90.8 Recr
	6	Cr 109.9 N 224.8 I 223.1 N 93.4 Recr
	7	Cr 109.1 N 216.1 I 212.8 N 92.5 Recr
	8	Cr 107.6 N 210.9 I 209.2 N 98.2 SmA 87.0 Recr
J-Ⅱ	4	Cr 93.5 N 202.7 I 197.3 N 75.3 Recr
	5	Cr 89.0 N 191.0 I 187.6 N 69.1 Recr
	6	Cr 78.4 N 187.2 I 185.6 N 61.8 Recr
	7	Cr 70.7 N 177.8 I 175.4 N 59.7 Recr
	8	Cr 68.4 N 172.8 I 171.3 N 58.4 Recr

J-Ⅰ、J-Ⅱ系列化合物的相态都比较简单，只有一个向列相，是很好的液晶显示材料。化合物 J-Ⅰ(n＝8)降温时出现了单变的近晶 A 相。两个系列化合物的熔点和清亮点都随着烷氧基链的增长而逐渐下降。

15.2.4　对三氟乙氧基的苯甲酸酯类液晶

L-Ⅰ、L-Ⅱ系列化合物的分子结构和相变温度见表 2.15.4。

表 2.15.4 L-Ⅰ、L-Ⅱ系列化合物的分子结构和相变温度

L-Ⅰ CF_3CH_2O—⟨苯环⟩—COO—⟨苯环⟩—≡—⟨苯环⟩—OC_nH_{2n+1}

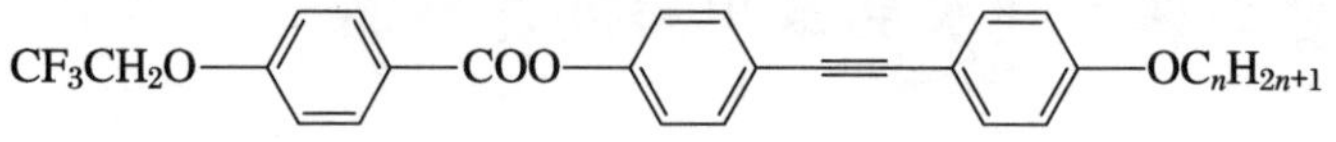

$n=5$

L-Ⅱ CF_3CH_2O—⟨苯环⟩—COO—⟨苯环⟩—≡—⟨四氟苯环(F,F,F,F)⟩—OC_nH_{2n+1}

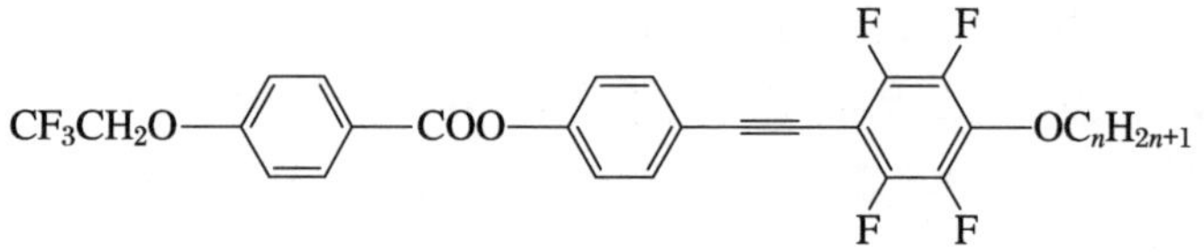

$n=4\sim8$

化合物	n	相变温度/℃
L-Ⅰ	5	Cr 139.1 N 228.0 I 226.0 N 107.2 Recr
L-Ⅱ	4	Cr 105.1 SmB 145.2 N 201.9 I 200.0 N 142.9 SmB 80.8 Recr
	5	Cr 102.3 SmB 149.3 N 190.5 I 187.2 N 145.2 SmB 80.6 Recr
	6	Cr 94.8 SmB 151.7 N 186.7 I 185.5 N 150.1 SmB 75.5 Recr
	7	Cr 83.8 SmB 154.5 N 179.6 I 178.2 N 153.0 SmB 70.0 Recr
	8	Cr 83.4 SmB 155.9 N 176.1 I 174.8 N 154.4 SmB 73.2 Recr

L-Ⅰ系列化合物只出现了一个很宽的向列相，按照我们以前的经验，如果在L-Ⅰ化合物的液晶核中引入四氟亚苯基，得到L-Ⅱ系列，那么L-Ⅱ系列的相态将与L-Ⅰ相同，不会出现近晶相。然而结果却出乎意料，L-Ⅱ系列化合物出现了一个近晶B相和一个向列相。L-Ⅱ系列化合物的熔点和清亮点都随着末端烷氧基链的增长而呈下降的趋势。近晶B相的热稳定性随着末端烷氧基链的增长而呈上升的趋势。E. Bartmann报道了一系列的含三氟乙氧基的苯甲酸和苯酚的衍生物[13]，他得到的结果是：OCH_2CF_3 与 OCF_3 有几乎相同的介电性和光学各向异性，但是含 OCH_2CF_3 的衍生物的黏度比含 OCF_3 的衍生物高，而且有很强的形成近晶B相的趋势。因此，我们认为L-Ⅰ系列化合物不出现近晶相是反常现象。

在我们所研究的六个末端基团中，其极性大小的次序为

$$CN > CF_3 > CHF_2O > CF_3O \approx CF_3CH_2O > F$$

其液晶化合物的相变性质也有很大差异，如图2.15.3所示，氰基、氟和二氟甲氧基对向列相有利，三氟甲基和三氟甲氧基对近晶A相有利，而三氟乙氧基则倾向于形成近晶B相。这六个基团对液晶化合物的清亮点和熔点的影响次序为

$$清亮点：CN > CHF_2O \approx CF_3CH_2O > CF_3O > F > CF_3$$

$$熔点：CN > CF_3 > CF_3CH_2O > F > CHF_2O > CF_3O$$

在本体系中，氰基、氟和二氟甲氧基有利于向列相的形成。这可以这样来解释：氰基具有直线型的结构，而且其与苯环能很好地共轭，所以氰基的引入对液晶分子宽度没有影响。单个氟原子的影响也很小。而三氟甲基、三氟甲氧基和三氟乙氧基具有较大的空间结构，使得液晶分子的厚度增加，不利于液晶分子的有序排列。从而容易形成近晶相，清亮点也较

低。至于含二氟甲氧基的衍生物，由于 C—O 键的自由旋转，其可以有图 2.15.4 所示的构象。这样二氟甲氧基与三氟甲氧基及三氟甲基相比，对液晶分子的厚度影响要小。另外，氢原子的存在增加了液晶分子末端的吸引力，使得形成向列相的趋势增强。我们认为，由于以上两个原因，H-Ⅱ系列化合物只出现向列相。

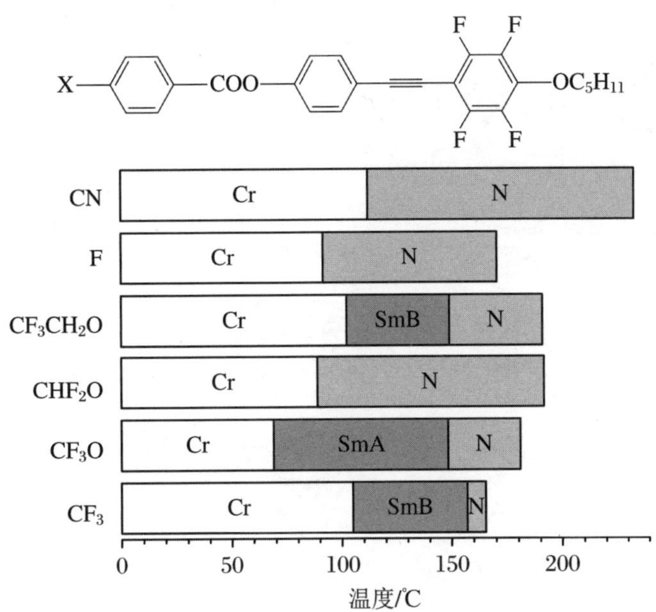

图 2.15.3　$n=5$ 时化合物的相变性质比较

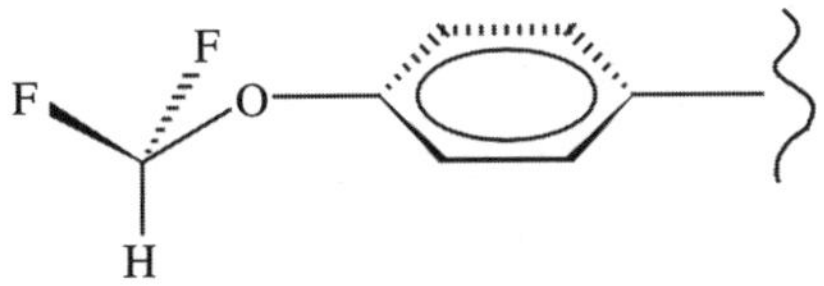

图 2.15.4　构象

15.3　液晶化合物的合成路线

15.3.1　G 系列化合物的合成路线

G 系列化合物的合成路线如图 2.15.5 所示。

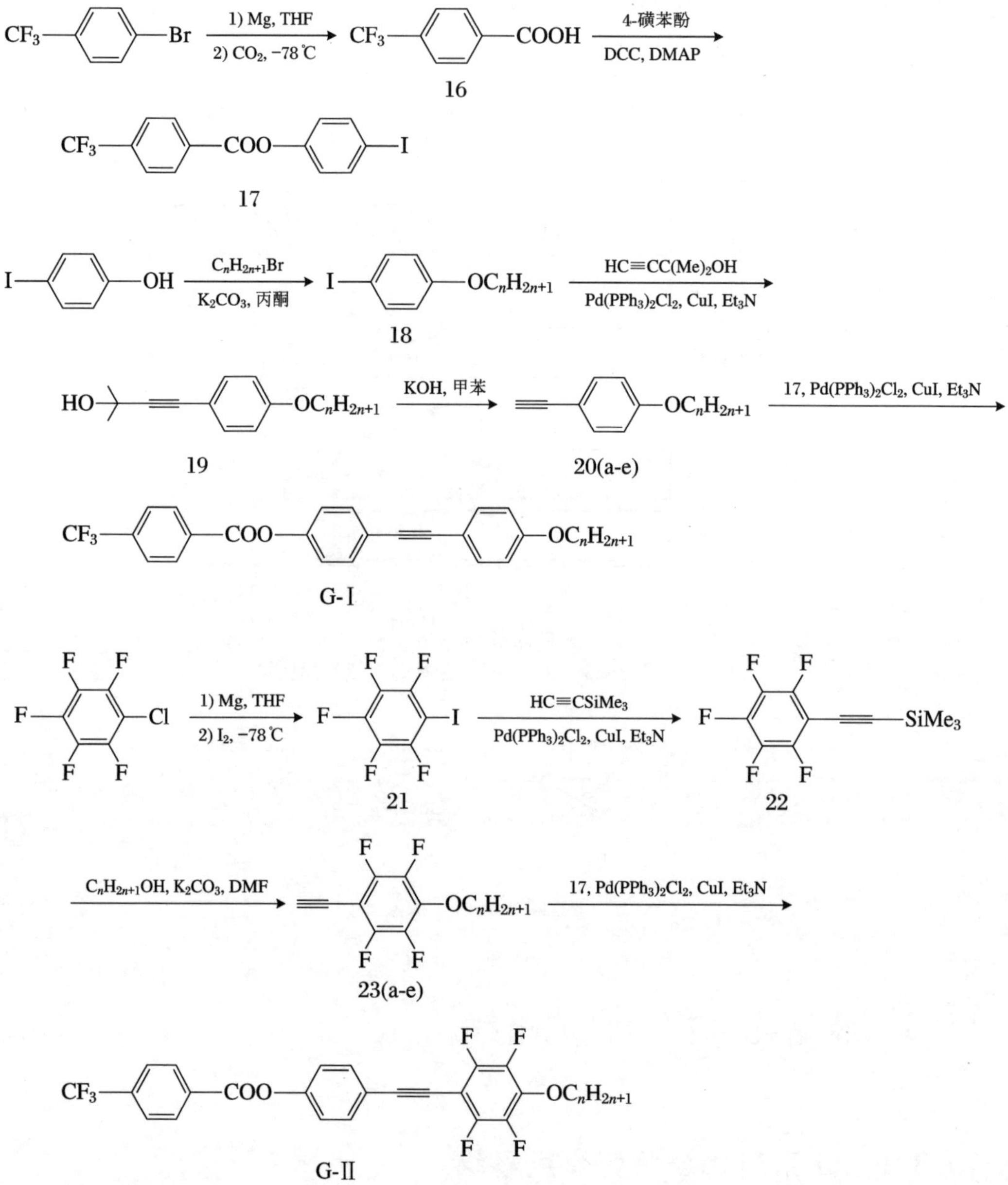

图 2.15.5 G系列化合物的合成路线

15.3.2　H 系列化合物的合成路线

H 系列化合物的合成路线如图 2.15.6 所示。

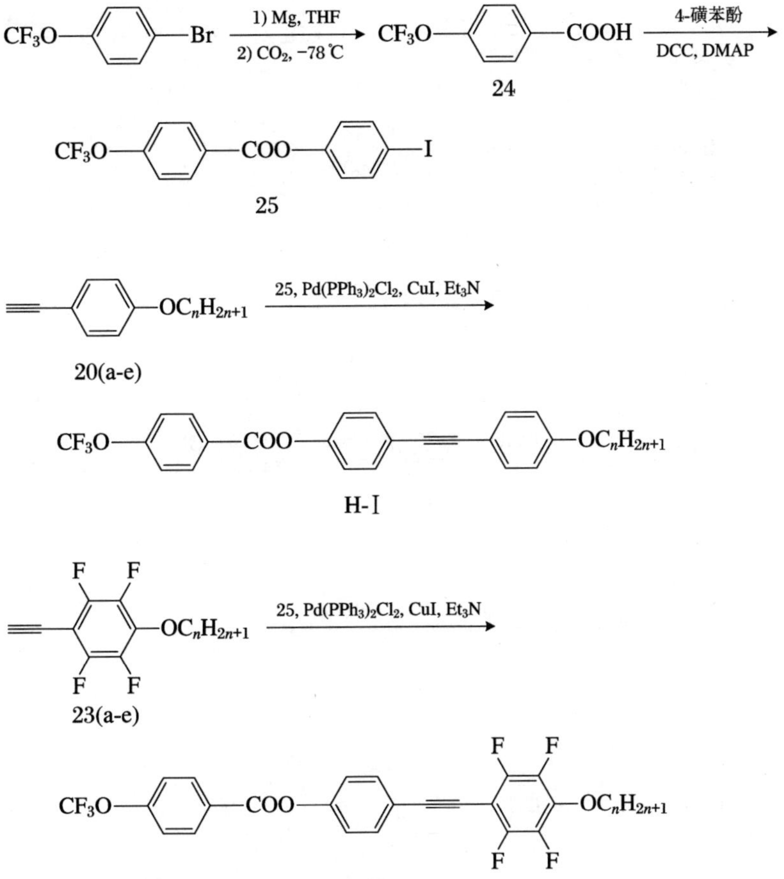

CF_3O—C₆H₄—Br →(1) Mg, THF; 2) CO_2, −78 ℃) CF_3O—C₆H₄—COOH (24) →(4-碘苯酚; DCC, DMAP) CF_3O—C₆H₄—COO—C₆H₄—I (25)

≡—C₆H₄—OC_nH_{2n+1} 20(a-e) →(25, $Pd(PPh_3)_2Cl_2$, CuI, Et_3N) CF_3O—C₆H₄—COO—C₆H₄—≡—C₆H₄—OC_nH_{2n+1} H-Ⅰ

≡—C₆F₄—OC_nH_{2n+1} 23(a-e) →(25, $Pd(PPh_3)_2Cl_2$, CuI, Et_3N) CF_3O—C₆H₄—COO—C₆H₄—≡—C₆F₄—OC_nH_{2n+1} H-Ⅱ

图 2.15.6　H 系列化合物的合成路线

15.3.3 J系列化合物的合成路线

J系列化合物的合成路线如图2.15.7所示。

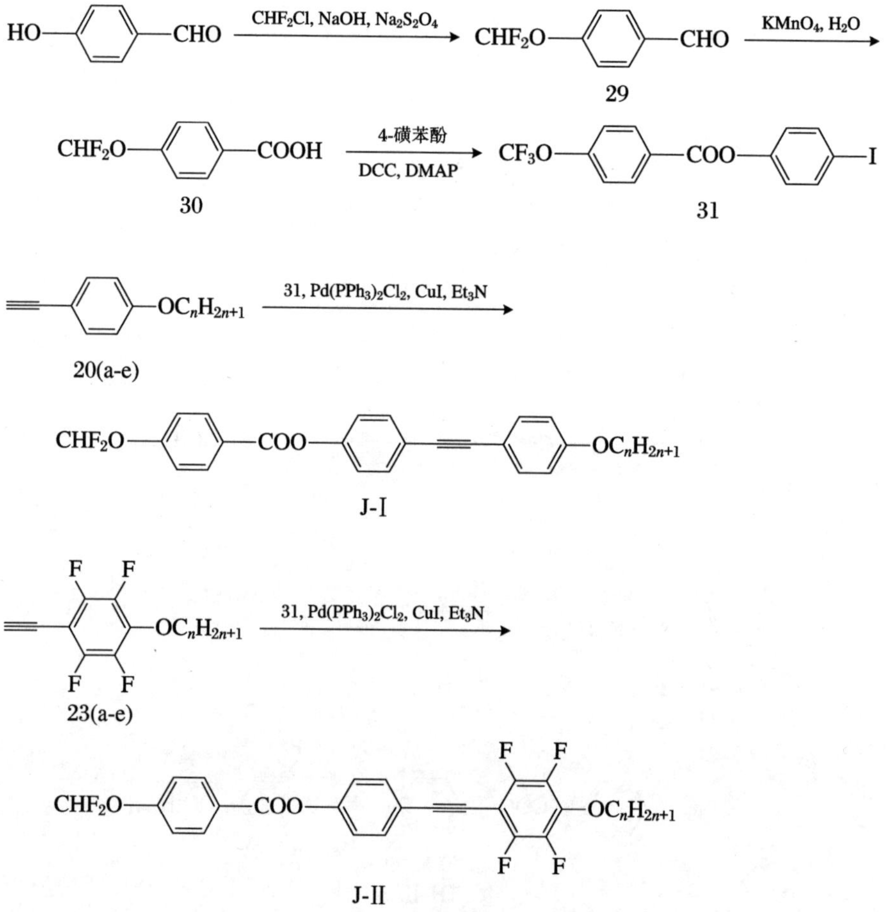

HO—⬡—CHO $\xrightarrow{CHF_2Cl,\ NaOH,\ Na_2S_2O_4}$ CHF_2O—⬡—CHO (29) $\xrightarrow{KMnO_4,\ H_2O}$

CHF_2O—⬡—COOH (30) $\xrightarrow[DCC,\ DMAP]{4\text{-碘苯酚}}$ CF_3O—⬡—COO—⬡—I (31)

≡—⬡—OC_nH_{2n+1} 20(a-e) $\xrightarrow{31,\ Pd(PPh_3)_2Cl_2,\ CuI,\ Et_3N}$

CHF_2O—⬡—COO—⬡—≡—⬡—OC_nH_{2n+1}

J-Ⅰ

≡—⬡(F,F,F,F)—OC_nH_{2n+1} 23(a-e) $\xrightarrow{31,\ Pd(PPh_3)_2Cl_2,\ CuI,\ Et_3N}$

CHF_2O—⬡—COO—⬡—≡—⬡(F,F,F,F)—OC_nH_{2n+1}

J-Ⅱ

图2.15.7 J系列化合物的合成路线

15.3.4　L 系列化合物的合成路线

L 系列化合物的合成路线如图 2.15.8 所示。

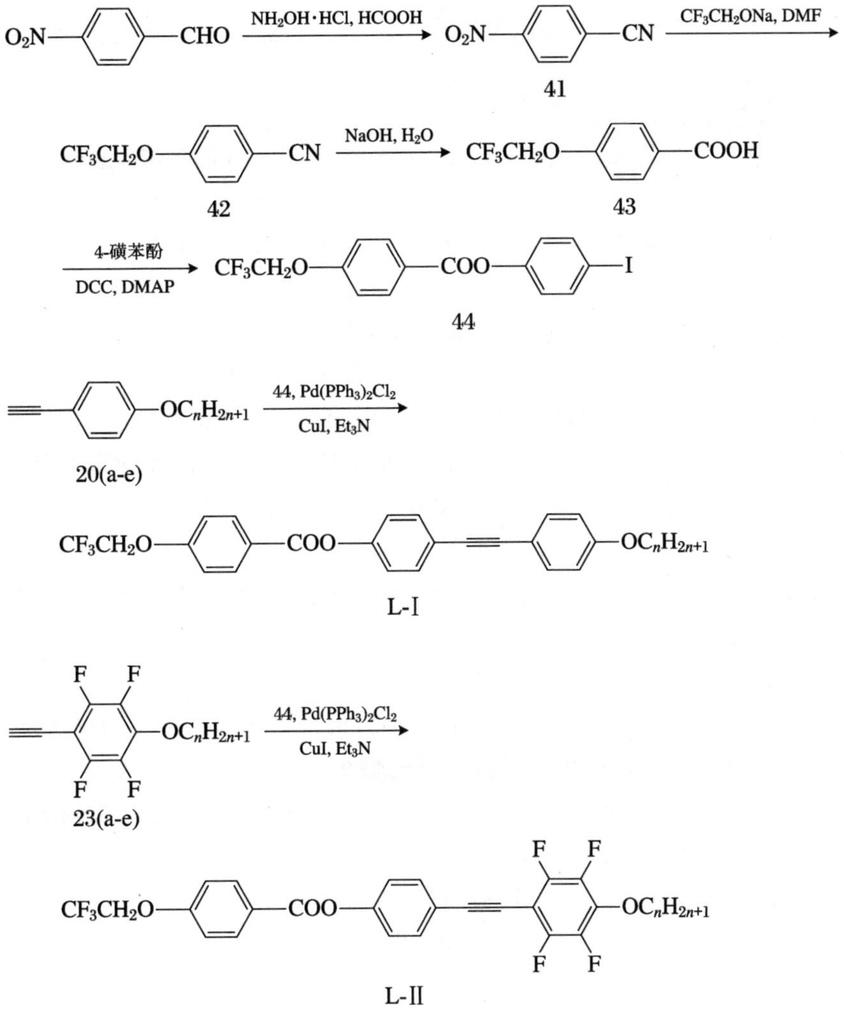

图 2.15.8　L 系列化合物的合成路线

15.4 中间体和液晶化合物的合成方法

15.4.1 中间体的合成方法

1. 4-三氟甲基苯甲酸(化合物16)

投料:4-三氟甲基溴苯(10 mL,0.072 mol),镁屑(1.74 g,0.073 mol),THF(150 mL)。产率64%。

^{1}H NMR(CD_3COCD_3/TMS) δ_H:7.2~7.7(m,4H)。^{19}F NMR(CD_3COCD_3/TFA) δ_F:12.1(s,3F)。

2. 4-三氟甲基苯甲酸对碘苯酚酯(化合物17)

投料:4-三氟甲基苯甲酸(3 g,15.8 mol),对碘苯酚(4.1 g,18.6 mmol),DCC(4.0 g,19.4 mol),DMAP(10 mg),THF(30 mL)。产率78%。

^{1}H NMR($CDCl_3$/TMS) δ_H:6.9~8.3(m,4H)。^{19}F NMR($CDCl_3$/TFA) δ_F:13.3(s,3F)。MS(m/z):392(M^+,15.92),173(100.0)。

3. 4-三氟甲氧基苯甲酸(化合物24)

投料:4-三氟甲氧基溴苯(10 g,41.5 mmol),镁屑(1.0 g,41.6 mmol),THF(150 mL)。产率57%。

^{1}H NMR(CD_3COCD_3/TMS) δ_H:6.61~6.70(m,2H),7.32~7.40(m,2H)。^{19}F NMR(CD_3COCD_3/TFA) δ_F:17.3(s,3F)。MS(m/z):206(M^+,66.08),189(100.0)。

4. 4-三氟甲氧基苯甲酸对碘苯酚酯(化合物25)

投料:4-三氟甲氧基苯甲酸(2.5 g,12.1 mmol),对碘苯酚(3 g,13.6 mmol),DCC(3.0 g,14.6 mmol),DMAP(10 mg),THF(50 mL)。产率73%。

^{1}H NMR($CDCl_3$/TMS) δ_H:6.92~7.02(m,2H),7.24~7.38(m,2H),7.59~7.68(m,2H),8.19~8.28(m,2H)。^{19}F NMR($CDCl_3$/TFA) δ_F:19.0(s,3F)。MS(m/z):408(M^+,5.80),189(100.0)。

5. 4-二氟甲氧基苯甲醛(化合物29)

在一个1000 mL的三口烧瓶上装上机械搅拌、进气口和油封,然后加入对羟基苯甲醛(30.5 g,0.25 mol)、NaOH(60 g,1.5 mol)、二氧六环(175 mL)和水(175 mL)、$Na_2S_2O_4$(5 g)。搅拌加热到70 ℃,在剧烈搅拌下,通入二氟氯甲烷,反应5 h后,停止加热。冷却至室温,倒入大量水中,用乙醚萃取,无水Na_2SO_4干燥,减压除去溶剂,柱层析分离,淋洗剂为石油醚。得到产物27.5 g,产率64%。

^{1}H NMR($CDCl_3$/TMS) δ_H:6.66(t,1H,$J_{H\text{-}F}$ = 73 Hz,CHF_2O),7.61(dd,4H,AABB)。^{19}F NMR($CDCl_3$/TFA) δ_F:5.8(d,2F,$J_{H\text{-}F}$ = 73 Hz)。MS(m/z):172(M^+,83.84),121(85.87)。

6. 4-二氟甲氧基苯甲酸(化合物 30)

在一个 1000 mL 的三口烧瓶上装上机械搅拌、温度计,然后加入 4-二氟甲氧基苯甲醛(22.5 g,0.13 mol)和 300 mL 水。加热到 70～80 ℃,在剧烈搅拌下,加入 $KMnO_4$(28 g,0.18 mol),大约 45 min 加完,维持此温度 1 h。趁热过滤,固体用热水洗涤两次,滤液冷却、用盐酸酸化。得到白色固体,过滤、烘干,得到产物 18.4 g,产率 75%。

^{1}H NMR(CD_3COCD_3/TMS) δ_H:6.64(t,1H,$J_{H\text{-}F}$ = 73 Hz,CHF_2O),6.79(m,2H),7.61(m,2H)。^{19}F NMR(CD_3COCD_3/TFA) δ_F:6.6(d,2F,$J_{H\text{-}F}$ = 73 Hz)。MS(m/z):188(M^+,98.93),121(100.0)。

7. 4-二氟甲氧基苯甲酸对碘苯酚酯(化合物 31)

投料:4-二氟甲氧基苯甲酸(4 g,21 mmol),对碘苯酚(5.5 g,25 mmol),DCC(5.2 g,25.2 mmol),DMAP(10 mg),THF(50 mL)。产率 81%。

^{1}H NMR($CDCl_3$/TMS) δ_H:6.65(t,1H,$J_{H\text{-}F}$ = 73 Hz,CHF_2O),6.96～7.06(m,2H),7.19～7.29(m,2H),7.71～7.81(m,2H),8.19～8.28(m,2H)。^{19}F NMR($CDCl_3$/TFA) δ_F:6.3(d,2F,$J_{H\text{-}F}$ = 73 Hz)。MS(m/z):390(M^+,4.29),171(100.0)。

8. 4-硝基苯甲腈(化合物 41)

在一烧瓶中加入对硝基苯甲醛(4.53 g,0.03 mol)、盐酸羟氨(2.7 g,0.039 mol)和甲酸(85%,30 mL)。回流 15 min,然后冷却。混合液倒入冰水(150 mL)中,用 5% 的 NaOH 水溶液中和,乙醚(2×80 mL)萃取。醚层用无水硫酸镁干燥,浓缩得到黄色固体 4 g。产物未经进一步纯化直接用于下一步反应。

9. 4-(2,2,2-三氟乙氧基)-苯甲腈(化合物 42)

将 2,2,2-三氟乙醇(3.75 g,0.0375 mol)慢慢滴入 NaOH(80%,1.13 g,0.0375 mol)和干燥的 DMF(40 mL)溶液中。然后在室温下搅拌 20 min。分批加入 4-硝基苯甲腈(3.7 g,0.025 mol),反应液在室温下搅拌一天,加入盐酸(20%,90 mL),乙醚(3×150 mL)萃取。醚层用水(3×15 mL)洗,无水硫酸镁干燥,浓缩得到黄色固体 4 g,产率 80%。产物未经进一步纯化直接用于下一步反应。

^{1}H NMR($CDCl_3$/TMS) δ_H:4.48(q,2H,J = 8 Hz,CF_3CH_2O),7.00(m,2H),7.58(m,2H)。^{19}F NMR($CDCl_3$/TFA) δ_F:3.9(s,2F)。MS(m/z):201(M^+,100.0),132(44.85)。

10. 4-(2,2,2-三氟乙氧基)-苯甲酸(化合物 43)

将 4-(2,2,2-三氟乙氧基)-苯甲腈(5 g)、NaOH(20 g)、水(100 mL)加入一反应瓶中,加热回流三天。然后倒入冰水中,用浓盐酸酸化,乙醚(3×150 mL)萃取。醚层用水(3×15 mL)洗,无水硫酸镁干燥,浓缩得到黄色固体 3.2 g,产率 58%。

^{1}H NMR(CD_3COCD_3/TMS) δ_H:4.24(q,2H,J = 8 Hz,CF_3CH_2O),6.61～7.71(m,2H),7.43～7.53(m,2H)。^{19}F NMR(CD_3COCD_3/TFA) δ_F:2.5(s,3F)。MS(m/z):220(M^+ −1,100.0),203(89.50)。

11. 4-(2,2,2-三氟乙氧基)-苯甲酸对碘苯酚酯(化合物 44)

投料:4-(2,2,2-三氟乙氧基)-苯甲酸(3.2 g,16 mmol),对碘苯酚(4 g,18.2 mmol),DCC(4.1 g,20 mmol),DMAP(10 mg),CH_2Cl_2(50 mL)。得到白色固体 5.28 g,产率 78%。

^1H NMR($CDCl_3$/TMS) δ_H:4.45(q,2H,J = 8 Hz,CF_3CH_2O),7.03(m,4H),7.78(m,2H),8.21(m,2H)。^{19}F NMR($CDCl_3$/TFA) δ_F:3.9(s,3F)。MS(m/z):422(M^+ −1,5.39),203(100.0)。

15.4.2 液晶化合物的合成方法

1. G-Ⅰ系列化合物

典型实例:在一干燥的25 mL单口烧瓶中加入化合物12(200 mg,0.51 mmol)、4-烷氧基苯乙炔(化合物20)(0.612 mmol)、$Pd(PPh_3)_2Cl_2$(10 mg)、CuI(15 mg)和Et_3N(10 mL)。在氮气保护下50 ℃反应24 h,过滤除去不溶固体,滤液除去溶剂,再用柱层析分离,淋洗剂为石油醚/二氯甲烷(体积比为3∶1),得到淡黄色固体,然后用石油醚重结晶两次,得到白色晶体。化合物的数据如下:

4-三氟甲基苯甲酸-4-[(4-n-丁氧基苯基)乙炔基]苯酚酯(n = 4)

^1H NMR(300 MHz;$CDCl_3$/TMS) δ_H:0.99(t,3H,J = 7.49 Hz,CH_3),1.46~1.57(m,2H),1.75~1.80(m,2H),3.98(t,2H,J = 6.51 Hz,OCH_2),6.86~6.89(m,2H),7.20~7.23(m,2H),7.45~7.48(m,2H),7.57~7.60(m,2H),7.77~7.80(m,2H),8.30~8.33(m,2H)。^{19}F NMR(60 MHz;$CDCl_3$/TFA) δ_F:−14.3(s,3F)。MS(m/z) (rel. int.):438(M^+,33.77),173(100.0)。

2. G-Ⅱ系列化合物

典型实例:在一干燥的25 mL单口烧瓶中加入化合物17(200 mg,0.51 mmol)、4-烷氧基-2,3,5,6-四氟苯乙炔(化合物23)(0.612 mmol)、$Pd(PPh_3)_2Cl_2$(10 mg)、CuI(15 mg)和Et_3N(10 mL)。在氮气保护下50 ℃反应24 h,过滤除去不溶固体,滤液除去溶剂,再用柱层析分离,淋洗剂为石油醚/二氯甲烷(体积比为3∶1),得到淡黄色固体,然后用石油醚重结晶两次得到白色晶体。化合物的数据如下:

4-三氟甲基苯甲酸-4-[(4-n-丁氧基-2,3,5,6-四氟苯基)乙炔基]苯酚酯(n = 4)

^1H NMR(300 MHz;$CDCl_3$/TMS) δ_H:0.98(t,3H,J = 7.34 Hz,CH_3),1.47~1.57(m,2H),1.73~1.81(m,2H),4.29(t,2H,J = 6.38 Hz,OCH_2),7.24~7.29(m,2H),7.65~7.68(m,2H),7.79~7.82(m,2H),8.32~8.34(m,2H)。^{19}F NMR(60 MHz;$CDCl_3$/TFA) δ_F:−14.3(s,3F),60.3(m,2F),79.7(m,2F)。MS(m/z)(rel. int.):510(M^+,6.22),173(100.0)。

3. H-Ⅰ系列化合物

典型实例:在一干燥的25 mL单口烧瓶中加入化合物25(200 mg,0.49 mmol)、4-烷氧基苯乙炔(化合物20)(0.588 mmol)、$Pd(PPh_3)_2Cl_2$(10 mg)、CuI(15 mg)和Et_3N(10 mL)。在氮气保护下50 ℃反应24 h,过滤除去不溶固体,滤液除去溶剂,再用柱层析分离,淋洗剂为石油醚/二氯甲烷(体积比为3∶1),得到淡黄色固体,然后用石油醚重结晶两次,得到白色晶体。化合物的数据如下:

4-三氟甲氧基苯甲酸-4-[(4-n-丁氧基苯基)乙炔基]苯酚酯(n = 4)

^1H NMR(300 MHz;$CDCl_3$/TMS) δ_H:0. 98(t,3H,J = 7. 33 Hz,CH_3),1. 46～1. 56(m,2H),1. 73～1. 83(m,2H),3. 98(t,2H,J = 6. 52 Hz,OCH_2),6. 86～6. 90(m,2H),7. 17～7. 22(m,2H),7. 33～7. 36(m,2H),7. 44～7. 48(m,2H),7. 55～7. 59(m,2H),8. 23～8. 28(m,2H)。^{19}F NMR(60 MHz;$CDCl_3$/TFA) δ_F:－20. 3(s,3F)。MS(m/z)(rel. int.):454(M^+,29. 10),189(100. 0)。

4. H-Ⅱ系列化合物

典型实例:在一干燥的 25 mL 单口烧瓶中加入化合物 25(200 mg,0. 49 mmol)、4-烷氧基-2,3,5,6-四氟苯乙炔(化合物 23)(0. 588 mmol)、$Pd(PPh_3)_2Cl_2$(10 mg)、CuI(15 mg)和 Et_3N(10 mL)。在氮气保护下 50 ℃反应 24 h,过滤除去不溶固体,滤液除去溶剂,再用柱层析分离,淋洗剂为石油醚/二氯甲烷(体积比为 3∶1),得到淡黄色固体,然后用石油醚重结晶两次,得到白色晶体。化合物的数据如下:

4-三氟甲氧基苯甲酸-4-[(4-n-丁氧基-2,3,5,6-四氟苯基)乙炔基]苯酚酯(n = 4)

^1H NMR(300 MHz;$CDCl_3$/TMS) δ_H:0. 98(t,3H,J = 7. 49 Hz,CH_3),1. 47～1. 55(m,2H),1. 73～1. 81(m,2H),4. 29(t,2H,J = 6. 51 Hz,OCH_2),7. 23～7. 28(m,2H),7. 34～7. 37(m,2H),7. 63～7. 67(m,2H),8. 24～8. 28(m,2H)。^{19}F NMR(60 MHz;$CDCl_3$/TFA) δ_F:－20. 3(s,3F),60. 3(m,2F),79. 7(m,2F)。MS(m/z)(rel. int.):526(M^+,7. 16),189(100. 0)。

5. J-Ⅰ系列化合物

典型实例:在一干燥的 25 mL 单口烧瓶中加入化合物 31(200 mg,0. 513 mmol)、4-烷氧基苯乙炔(化合物 20)(0. 616 mmol)、$Pd(PPh_3)_2Cl_2$(10 mg)、CuI(15 mg)和 Et_3N(10 mL)。在氮气保护下 50 ℃反应 24 h,过滤除去不溶固体,滤液除去溶剂,再用柱层析分离,淋洗剂为石油醚/二氯甲烷(体积比为 3∶1),得到淡黄色固体,然后用石油醚重结晶两次,得到白色晶体。化合物的数据如下:

4-二氟甲氧基苯甲酸-4-[(4-n-丁氧基苯基)乙炔基]苯酚酯(n = 4)

^1H NMR(300 MHz;$CDCl_3$/TMS) δ_H:1. 00(t,3H,J = 7. 16 Hz,CH_3),1. 47～1. 59(m,2H),1. 75～1. 84(m,2H),3. 99(t,2H,J = 6. 34 Hz,OCH_2),6. 64(t,1H,J_{H-F} = 73. 1 Hz),6. 87～6. 90(m,2H),7. 20～7. 27(m,4H),7. 46～7. 49(m,2H),7. 57～7. 59(m,2H),8. 22～8. 25(m,2H)。^{19}F NMR(60 MHz;$CDCl_3$/TFA) δ_F:3. 5(d,2F,J_{H-F} = 73. 1 Hz)。MS(m/z)(rel. int.):436(M^+,53. 55),171(100. 0)。

6. J-Ⅱ系列化合物

典型实例:在一干燥的 25 mL 单口烧瓶中加入化合物 31(200 mg,0. 513 mmol)、4-烷氧基-2,3,5,6-四氟苯乙炔(化合物 23)(0. 616 mmol)、$Pd(PPh_3)_2Cl_2$(10 mg)、CuI(15 mg)和 Et_3N(10 mL)。在氮气保护下 50 ℃反应 24 h,过滤除去不溶固体,滤液除去溶剂,再用柱层析分离,淋洗剂为石油醚/二氯甲烷(体积比为 3∶1),得到淡黄色固体,然后用石油醚重结晶两次,得到白色晶体。化合物的数据如下:

4-二氟甲氧基苯甲酸-4-[(4-n-丁氧基-2,3,5,6-四氟苯基)乙炔基]苯酚酯(n = 4)

^1H NMR(300 MHz;$CDCl_3$/TMS) δ_H:1. 00(t,3H,J = 7. 2 0 Hz,CH_3),1. 46～1. 59

(m,2H),1.75～1.84(m,2H),4.30(t,2H,J = 6.20 Hz,OCH_2),6.65(t,1H,$J_{H\text{-}F}$ = 72.7 Hz),7.24～7.28(m,4H),7.64～7.67(m,2H),8.22～8.25(m,2H)。^{19}F NMR(60 MHz;$CDCl_3$/TFA) δ_F:3.5(d,2F,$J_{H\text{-}F}$ = 73.1 Hz),60.3(m,2F),79.7(m,2F)。MS(m/z) (rel. int.):508(M^+,15.52),171(100.0)。

7. L-Ⅰ系列化合物

典型实例:在一干燥的25 mL单口烧瓶中加入化合物44(200 mg,0.473 mmol)、4-烷氧基苯乙炔(化合物20)(0.568 mmol)、$Pd(PPh_3)_2Cl_2$(10 mg)、CuI(15 mg)和Et_3N(10 mL)。在氮气保护下50 ℃反应24 h,过滤除去不溶固体,滤液除去溶剂,再用柱层析分离,淋洗剂为石油醚/二氯甲烷(体积比为3∶1),得到淡黄色固体,然后用石油醚重结晶两次,得到白色晶体。化合物的数据如下:

4-三氟乙氧基苯甲酸-4-[(4-n-戊氧基苯基)乙炔基]苯酚酯(n = 5)

^{1}H NMR(300 MHz;$CDCl_3$/TMS) δ_H:0.94(t,3H,J = 7.00 Hz,CH_3),1.40～1.45(m,4H),1.77～1.82(m,2H),3.97(t,2H,J = 6.58 Hz,OCH_2),4.43(q,2H,J = 7.96 Hz,OCH_2CF_3),6.87(m,2H),7.03(m,2H),7.19(m,2H),7.45(m,2H),7.56(m,2H),8.18(m,2H)。^{19}F NMR(60 MHz;$CDCl_3$/TFA) δ_F: −4.4(s,3F)。MS(m/z)(rel. int.):466(M^+,35.70),173(100.0)。

8. L-Ⅱ系列化合物

典型实例:在一干燥的25 mL单口烧瓶中加入化合物44(200 mg,0.473 mmol)、4-烷氧基-2,3,5,6-四氟苯乙炔(化合物23)(0.568 mmol)、$Pd(PPh_3)_2Cl_2$(10 mg)、CuI(15 mg)和Et_3N(10 mL)。在氮气保护下50 ℃反应24 h,过滤除去不溶固体,滤液除去溶剂,再用柱层析分离,淋洗剂为石油醚/二氯甲烷(体积比为3∶1),得到淡黄色固体,然后用石油醚重结晶两次,得到白色晶体。化合物的数据如下:

4-三氟乙氧基苯甲酸-4-[(4-n-丁氧基-2,3,5,6-四氟苯基)乙炔基]苯酚酯(n = 4)

^{1}H NMR(300 MHz;$CDCl_3$/TMS) δ_H:0.98(t,3H,J = 7.01 Hz,CH_3),1.47～1.59(m,2H),1.73～1.82(m,2H),4.27(t,2H,J = 6.46 Hz,OCH_2),4.44(q,2H,J = 7.97 Hz,OCH_2CF_3),7.02(m,2H),7.24(m,2H),7.62(m,2H),8.17(m,2H)。^{19}F NMR(60 MHz;$CDCl_3$/TFA) δ_F: −4.3(s,3F),60.7(m,2F),80.2(m,2F)。MS(m/z)(rel. int.):540(M^+,11.12),203(100.0)。

参考文献

[1] WEN J X,YU H B,CHEN Q. J. Mater. Chem.,1994,4:1715.

[2] GRAY G W,KELLY S M. J. Mater. Chem.,1999,9:2037.

[3] YANG Y G,WEN J X. Chin. J. Chem.,1999,17:69.

[4] LI H F,YANG Y G,WEN J X. Liq. Cryst.,2000,27:1445.

[5] WEN J X,TANG G. Mol. Cryst. Liq. Cryst.,2000,338:21.

[6] YANG Y G,TANG G,GONG Z,WEN J X. Mol. Cryst. Liq. Cryst.,2000,348:153.
[7] YANG Y G,WANG K,WEN J X. Liq. Cryst.,2001,28:1553.
[8] YANG Y G,CHEN H,TANG G,WEN J X. Mol. Cryst. Liq. Cryst.,2002,373:1.
[9] GOTO Y,OGAWA T,SAWADA S,SUGIMORI S. Mol. Cryst. Liq. Cryst.,1991,209:1.
[10] DEMUS D,GOTO Y,SAWADA S,NAKAGAWA E,SAITO H,TARAO R. Mol. Cryst. Liq. Cryst.,1995,260:1.
[11] GREENFIELD S,COATES D,GOULDING M,CLEMITSON R. Liq. Cryst.,1995,18:665.
[12] PAVLUCHENKO A I,SMIRNOVA N I,PETROV V F,FIALKOV Y A,SHELYAZHENKO S V,YAGUPOLSKY L M. Mol. Cryst. Liq. Cryst.,1991,209:225.
[13] BARTMANN E,DORSCH D,FINKENZELLER U. Mol. Cryst. Liq. Cryst.,1991,204:77.
[14] ANDOU T,SHIBATA K,MATSUI S,MIYAZAWA K,TAKEUCHI H,HISATSUNE Y,TAKESHITA F,NAKAGAWA E,KOBAYASHI K,TOMI Y. EP844295A1,1998.
[15] KONDOU T,MATSUI S,MIYAZAWA K,TAKEUCHI H,KUBO Y,TAKESHITA F,NAKAGAWA E. WO9813323A1,1998.
[16] HIRSCHMANN H,SCHUEPFER S,REUTER M. DE19733199A1,1999.
[17] TARUMI K,ROITER M,POETSCH E,SCHWARZ M,REIFFENRATH V. JP2000096059A,2000.
[18] LI H F,WEN J X. Liq. Cryst.,2006,33:1127.
[19] YAO L H,LI H F,WEN J X. Liq. Cryst.,2005,32:527.
[20] INUKAI T,MIYAZAWA K. Ekisho,1997,1:9.
[21] 李衡峰.理学博士学位论文,中国科学院上海有机化学研究所,2000.

第 16 章　含有氧亚甲基桥键的含氟液晶

16.1　引言

关于含全氟苯环液晶分子的工作，直到 20 世纪 80 年代末报道的并不多。[1,2] 它们主要是席夫碱[3]、联苯二胺[4]。含 1,4 取代的四氟亚苯基的二苯甲酸酯液晶[5]以及全氟取代的苯甲酸酯类液晶[6,7]分子同样也显示出了低熔点、低黏度及热稳定性，自发极化大，响应迅速。

二苯乙炔类液晶分子的合成可以追溯到 1907 年[8]。液晶分子具有低黏度和高双折射的特点，在平板显示中有很大的应用价值[15-16]。近年来，二苯乙炔类液晶的合成更是引人注目[9-14]。Percec 以及 Viney 等人都报道了在液晶核中含有多个三键的液晶化合物[17-19]，Praefcke 等人合成了一类新型的盘状二苯乙炔的液晶分子[20]。

含有全氟苯环炔类液晶的合成，从 1988 年开始，近几年来，我们研究组致力于含全氟苯环族类液晶分子的研究，合成了几百种含有这类结构的液晶分子，取得了很大进展[21]。这是基于以下的考虑：第一，这类液晶分子易于被修饰，便于研究结构和功能的关系，全氟苯环上的氟易被其他小基团如 CH_3、OCH_3、CN 等亲核性取代，获得分子结构对称性低的液晶化合物。这种化合物一般熔点较低，有可能获得低温液晶。第二，氟原子的引入将减少液晶分子间的相互作用力，使液晶化合物黏度低，材料响应速度快。第三，许多含氟化合物的脂溶性很好，易于与其他有机化合物相互混溶，便于配方研究。第四，全氟苯环上有四个氟原子对称取代，其中氟原子对液晶分子性质（相变性质与物理性质）的影响将不同于已有文献报道的少氟取代液晶化合物。

我们合成了许多含全氟二苯乙炔类化合物，它们具有以下基本结构：

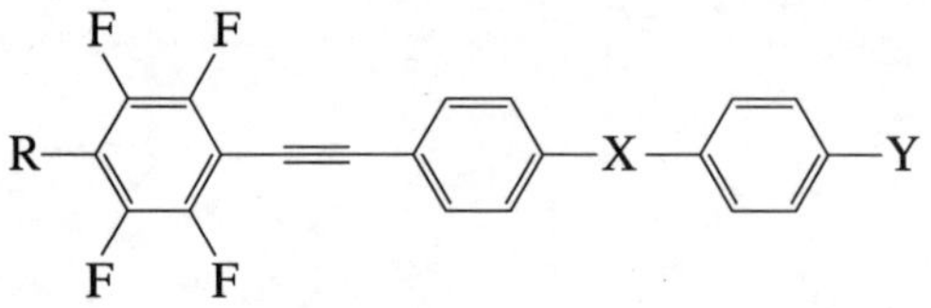

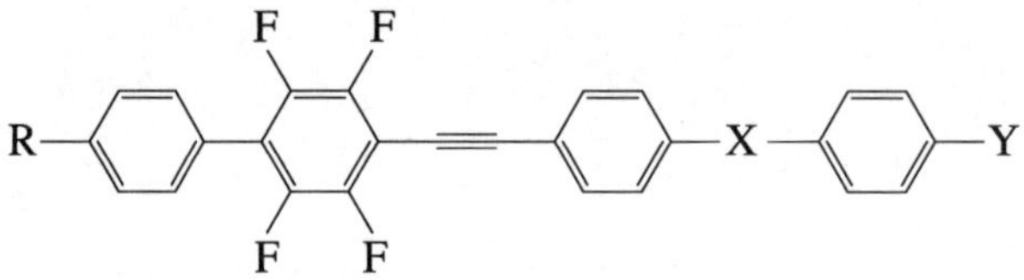

X=C≡C—、COO、OOC

Y=H、Br、Cl、COOR、OR、COO*R、O*R等

在上述大部分目标分子中，全氟苯环的引入都没有破坏液晶相的形成，液晶相范围非常宽（100 ℃），而且它们的熔点和清亮点都较高。但是结构中刚性 X 基团对得到黏度低的液晶是不利的。为了得到性质优良的液晶化合物，在文献中有报道[21-25]用 CH_2O 或 OCH_2 代替 COO—及 CH_2CH_2 等，对液晶相影响因体系而异。因此系统地研究柔顺的—CH_2O—或 OCH_2—的引入对四氟二苯基乙炔类分子性质的影响将有很重要的意义。本章介绍了两大类含有这种柔顺氧亚甲基的四氟苯环乙炔类化合物的合成，并就以下方面进行讨论：

（1）不同烷氧基链长度对液晶相变的影响。

（2）不同末端取代基对液晶相变的影响，刚性核中心引入四氟苯环对液晶相变性质的影响。

（3）刚性核中心引入柔顺氧亚甲基对液晶相变性质的影响。

通过以上讨论，从而弄清这类液晶分子结构和功能的关系以得到有用的结论，为筛选性能优良的液晶材料提供思路。

16.2　目标化合物

20 世纪中期，对液晶的氟化改性的研究有大量的报道。但是，有关利用 2，3，5，6-四氟亚苯基作为液晶核的研究基本上局限于中国科学院上海有机所研究组。我们对氟取代的二苯乙炔进行了广泛的研究，发现它不但清亮点高，而且黏度低，非常适合当时主流平板显示 STN-LCD 的需要。由于炔键刚性大、清亮点高，适于工业需要，从而受到广泛的关注。而柔顺的氧亚甲基桥键液晶不大引人注意。我们研究在 2，3，5，6-四氟亚苯基为液晶核的二苯乙炔（tolane）中柔顺的桥键 OCH_2—及—CH_2O 对液晶性的影响。

F　F

A　R′O—　　—CH_2O—　—R

F　F

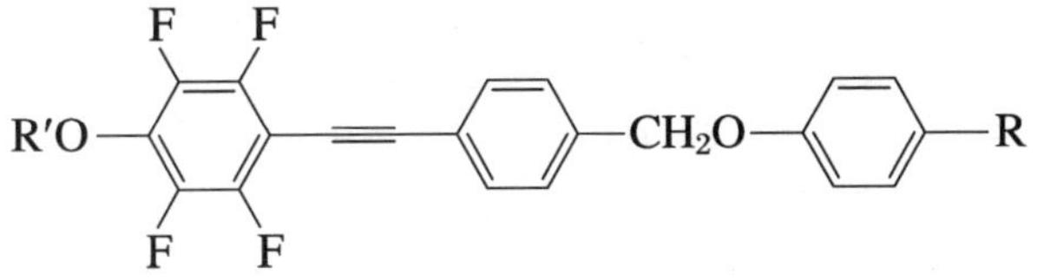

$R'=n\text{-}C_nH_{2n+1}$; $R=COOC_mH_{2m+1}$

(m=5, n=1～9; m=4, n=5～9、12; n=8, m=1～3)

F　F

B　R′O—　　—CH_2O—　—OCH_3

F　F

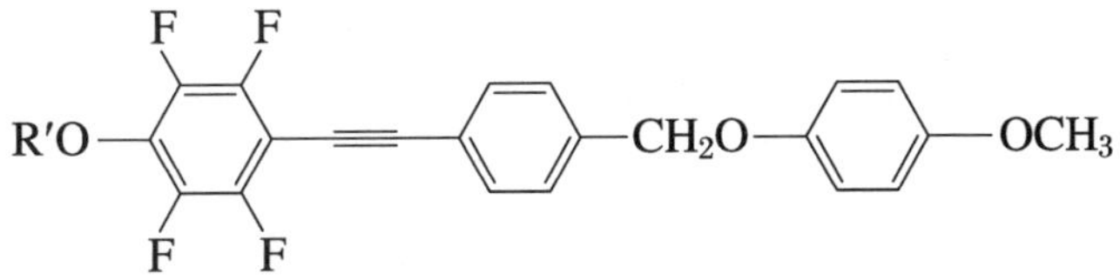

$R'=n\text{-}C_nH_{2n+1}$(n=2～9)

F　F

C　R′O—　　—CH_2O—　—Cl

F　F

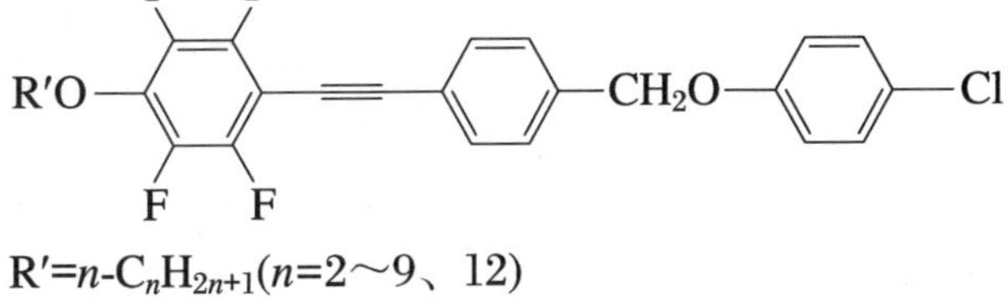

$R'=n\text{-}C_nH_{2n+1}$(n=2～9、12)

D $R'O-C_6F_4-C\equiv C-C_6H_4-CH_2O-C_6H_4-Br$

$R'=n\text{-}C_nH_{2n+1}(n=2\sim9、12)$

E $R'O-C_6F_4-C\equiv C-C_6H_4-CH_2O-C_6H_4-H$

$R'=n\text{-}C_nH_{2n+1}(n=2\sim9、12)$

F $R'O-C_6F_4-C\equiv C-C_6H_4-CH_2O-C_6H_4-NO_2$

$R'=n\text{-}C_{12}H_{25}$

G $R'O-C_6F_4-C\equiv C-C_6H_4-OCH_2-C_6H_4-H$

$R'=n\text{-}C_nH_{2n+1}(n=4\sim9、12)$

H $R'O-C_6F_4-C\equiv C-C_6H_4-OCH_2-C_6H_4-F$

$R'=n\text{-}C_nH_{2n+1}(n=2\sim9)$

I $R'O-C_6F_4-C\equiv C-C_6H_4-OCH_2-C_6H_4-Br$

$R'=n\text{-}C_nH_{2n+1}(n=3\sim9)$

J $CH_3CH_2(CH_3)CH^*CH_2O-C_6F_4-C\equiv C-C_6H_4-CH_2O-C_6H_4-X$

$X=OCH_3$、Br、Cl、$COOC_4H_9\text{-}n$、$C_5H_{11}\text{-}n$

K　$CH_3CH_2(CH_3)CH^*CH_2O$—(四氟亚苯基)—C≡C—(亚苯基)—OCH_2—(亚苯基)—X

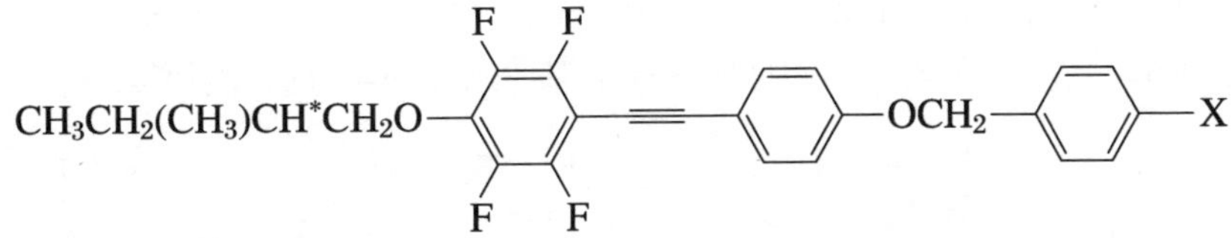

X=Br、F

L、M　RO—(四氟亚苯基)—C≡C—(亚苯基)—CH_2O—(亚苯基)—COO—$CH_2CH^*(CH_3)CH_2CH_3$

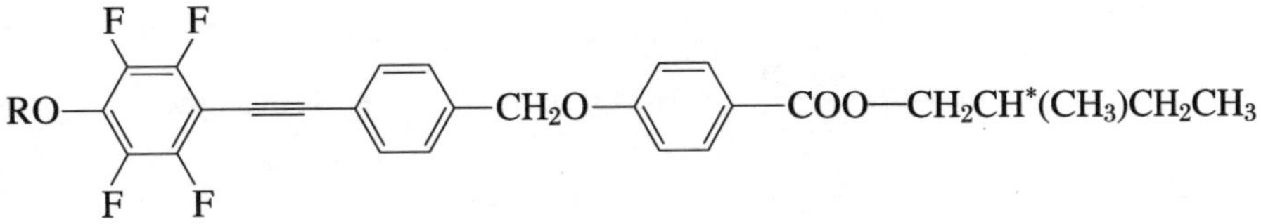

L：R=n-C_nH_{2n+1}, n=5～7、12　　M：R=n-C_nH_{2n+1}, n=6、8、10、12

N　$C_8H_{17}O$—(亚苯基)—C≡C—(亚苯基)—OCO—$CH^*(Cl)CH^*(CH_3)CH_2CH_3$

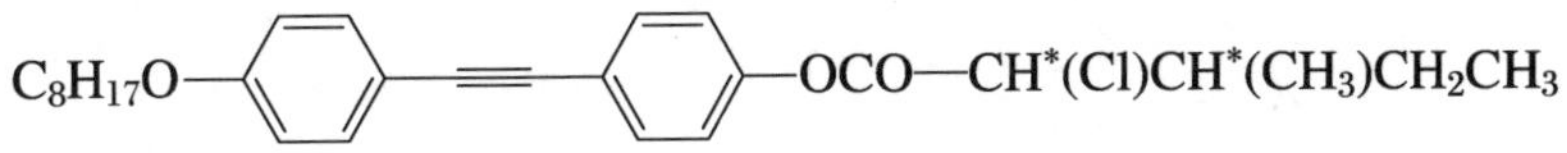

O　$C_8H_{17}O$—(亚苯基)—(四氟亚苯基)—C≡C—(亚苯基)—OCO—$CH^*(Cl)CH^*(CH_3)CH_2CH_3$

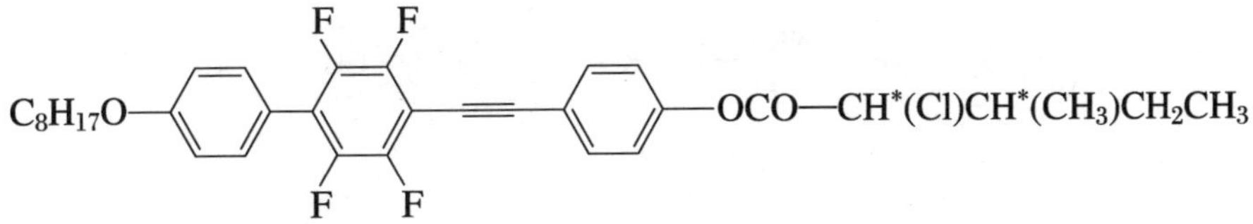

其他的母体化合物(无四氟亚苯基片段)：

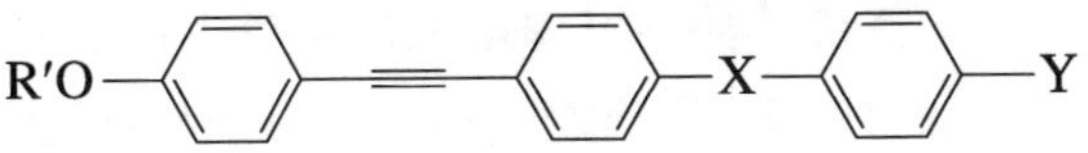

R′O—(亚苯基)—C≡C—(亚苯基)—X—(亚苯基)—Y

R′ = n-C_8H_{17}

A′：X = CH_2O，Y = $COOC_mH_{2m+1}$ (m = 1～5)

B′：X = CH_2O，Y = OCH_3

C′：X = CH_2O，Y = Cl

D′：X = CH_2O，Y = Br

E′：X = CH_2O，Y = H

G′：X = OCH_2，Y = H

H′：X = OCH_2，Y = F

I′：X = OCH_2，Y = Br

16.3　化合物的合成路线

重要中间体 4-烷氧基-2,3,5,6-四氟苯乙炔的合成路线如图 2.16.1 所示。以五氟氯苯为原料,先制成格氏试剂[22,23],再制成五氟碘苯 1。乙炔与格氏试剂反应生成乙炔基溴化镁,与 Me_3SiC 反应制成三甲基硅乙炔 2,通过 $Pd(PPh_3)_2Cl_2$/CuI 催化中间体 1 与 2 经

Sonogashira 反应生成 1-五氟苯基-2-三甲基硅乙炔 3[24]，室温下用 K_2CO_3 作碱，中间体 3 与相应的正醇反应，生成重要中间体对正烷氧基-2,3,5,6-四氟苯乙炔 4。

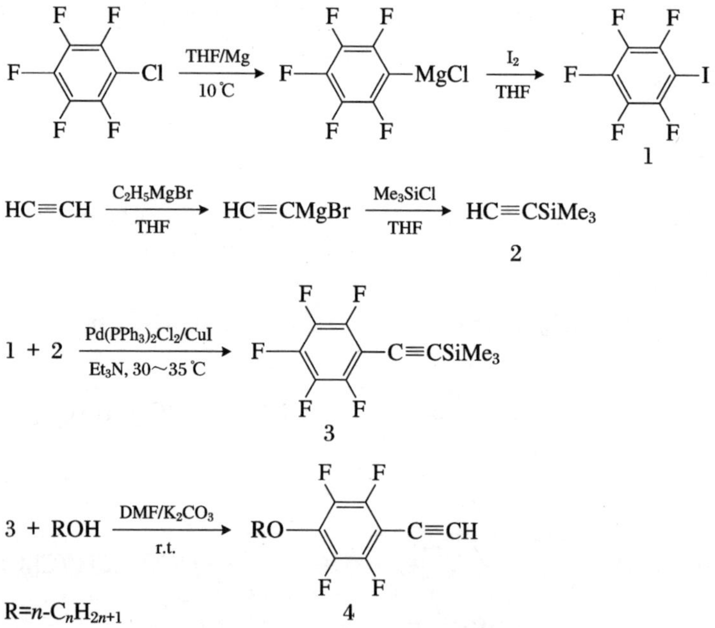

$$C_6F_5Cl \xrightarrow[10℃]{THF/Mg} C_6F_5MgCl \xrightarrow[THF]{I_2} C_6F_5I \ (1)$$

$$HC{\equiv}CH \xrightarrow[THF]{C_2H_5MgBr} HC{\equiv}CMgBr \xrightarrow[THF]{Me_3SiCl} HC{\equiv}CSiMe_3 \ (2)$$

$$1 + 2 \xrightarrow[Et_3N,\ 30\sim35℃]{Pd(PPh_3)_2Cl_2/CuI} C_6F_5\text{—}C{\equiv}CSiMe_3 \ (3)$$

$$3 + ROH \xrightarrow[r.t.]{DMF/K_2CO_3} RO\text{—}C_6F_4\text{—}C{\equiv}CH \ (4)$$

$R=n\text{-}C_nH_{2n+1}$

图 2.16.1 化合物 4(即 4-烷氧基-2,3,5,6-四氟苯乙炔)的合成路线

图 2.16.2 描述了重要中间体 6 和 8 的合成路线。对碘甲苯或对位取代甲苯在 CCl_4 中，经由 AIBN 引发的自由基反应生成相应的对位取代苄溴 5 或 7。再分别与对位取代苯酚或对碘苯酚反应生成相应的中间体 6 或 8。

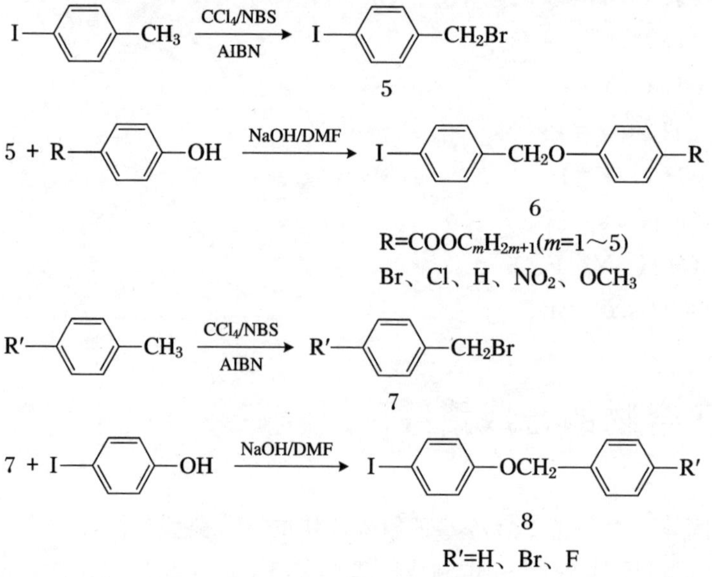

$$I\text{—}C_6H_4\text{—}CH_3 \xrightarrow[AIBN]{CCl_4/NBS} I\text{—}C_6H_4\text{—}CH_2Br \ (5)$$

$$5 + R\text{—}C_6H_4\text{—}OH \xrightarrow{NaOH/DMF} I\text{—}C_6H_4\text{—}CH_2O\text{—}C_6H_4\text{—}R \ (6)$$

$R=COOC_mH_{2m+1}(m=1\sim5)$

Br、Cl、H、NO_2、OCH_3

$$R'\text{—}C_6H_4\text{—}CH_3 \xrightarrow[AIBN]{CCl_4/NBS} R'\text{—}C_6H_4\text{—}CH_2Br \ (7)$$

$$7 + I\text{—}C_6H_4\text{—}OH \xrightarrow{NaOH/DMF} I\text{—}C_6H_4\text{—}OCH_2\text{—}C_6H_4\text{—}R' \ (8)$$

R′=H、Br、F

图 2.16.2 中间体 6 和 8 的合成路线

最后，中间体 4 和 6 反应，由 $Pd(PPh_3)_2Cl_2/CuI$ 催化，生成目标产物 A、B、C、D、E、F 系列化合物；中间体 4 和 8 反应生成目标化合物 G、H、I 系列化合物，如图 2.16.3 所示。

$$4 + 6 \xrightarrow[Et_3N]{Pd(PPh_3)_2Cl_2/CuI} \text{A、B、C、D、E、F系列目标化合物}$$

$$4 + 8 \xrightarrow[Et_3N]{Pd(PPh_3)_2Cl_2/CuI} \text{G、H、I系列目标化合物}$$

图 2.16.3　A、B、C、D、E、F 与 G、H、I 系列目标化合物的合成路线

相应不含四氟苯环化合物的合成路线如图 2.16.4 所示。对碘苯酚与正烷基溴反应生成中间体 9，与中间体 2 由 Sonogashira 反应生成中间体 10；10 在 CH_3OH 中，碱性条件下脱保护生成对烷氧基苯乙炔 11；然后中间体 11 分别与 6 或 8 反应生成相应的目标化合物 A′、B′、C′、D′、E′和其不含四氟苯环的母体化合物 G′、H′、I′。

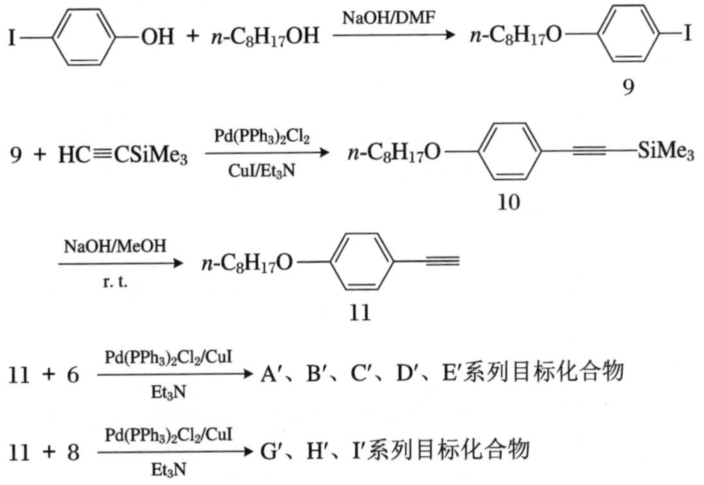

$$I-C_6H_4-OH + n\text{-}C_8H_{17}OH \xrightarrow{NaOH/DMF} n\text{-}C_8H_{17}O-C_6H_4-I \quad (9)$$

$$9 + HC{\equiv}CSiMe_3 \xrightarrow[CuI/Et_3N]{Pd(PPh_3)_2Cl_2} n\text{-}C_8H_{17}O-C_6H_4-C{\equiv}C-SiMe_3 \quad (10)$$

$$\xrightarrow[r.t.]{NaOH/MeOH} n\text{-}C_8H_{17}O-C_6H_4-C{\equiv}CH \quad (11)$$

$$11 + 6 \xrightarrow[Et_3N]{Pd(PPh_3)_2Cl_2/CuI} \text{A′、B′、C′、D′、E′系列目标化合物}$$

$$11 + 8 \xrightarrow[Et_3N]{Pd(PPh_3)_2Cl_2/CuI} \text{G′、H′、I′系列目标化合物}$$

图 2.16.4　目标化合物 A′、B′、C′、D′、E′与 G′、H′、I′系列化合物的合成路线

在整个合成路线中多次用到了钯催化的偶合反应，这是金属有机化学中 Sonogashira 反应的一种，对于卤代烷（RX，X = Br、I）和末端乙炔基，$Pd(PPh_3)_2Cl_2/CuI$ 催化下以 Et_3N 为溶剂反应。

J 与 K、L、M、N 与 O 系列化合物的合成路线分别如图 2.16.5～图 2.16.8 所示。

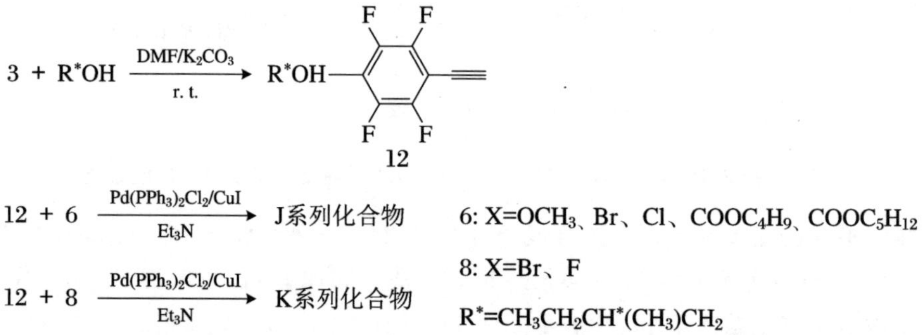

$$3 + R^*OH \xrightarrow[\text{r. t.}]{DMF/K_2CO_3} R^*OH\text{—}C_6F_4\text{—}C{\equiv}CH$$

12

$$12 + 6 \xrightarrow[Et_3N]{Pd(PPh_3)_2Cl_2/CuI} \text{J系列化合物}$$

$$12 + 8 \xrightarrow[Et_3N]{Pd(PPh_3)_2Cl_2/CuI} \text{K系列化合物}$$

6: X=OCH_3、Br、Cl、$COOC_4H_9$、$COOC_5H_{12}$

8: X=Br、F

$R^*=CH_3CH_2CH^*(CH_3)CH_2$

图 2.16.5 J 与 K 系列化合物的合成路线

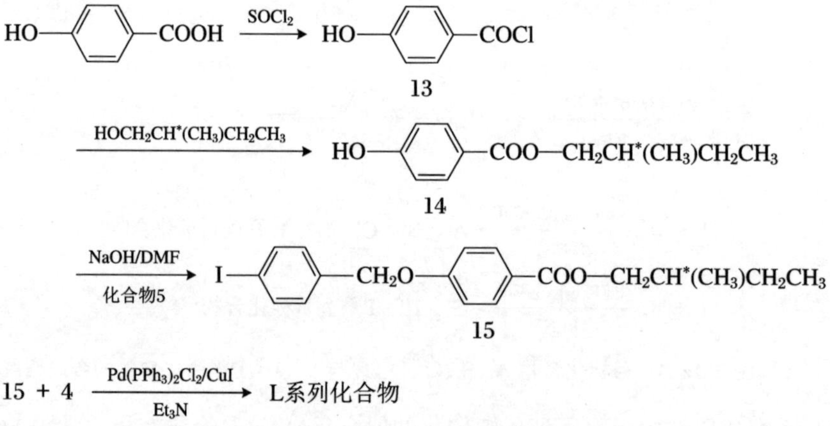

$$HO\text{—}C_6H_4\text{—}COOH \xrightarrow{SOCl_2} HO\text{—}C_6H_4\text{—}COCl$$

13

$$\xrightarrow{HOCH_2CH^*(CH_3)CH_2CH_3} HO\text{—}C_6H_4\text{—}COO\text{—}CH_2CH^*(CH_3)CH_2CH_3$$

14

$$\xrightarrow[\text{化合物5}]{NaOH/DMF} I\text{—}C_6H_4\text{—}CH_2O\text{—}C_6H_4\text{—}COO\text{—}CH_2CH^*(CH_3)CH_2CH_3$$

15

$$15 + 4 \xrightarrow[Et_3N]{Pd(PPh_3)_2Cl_2/CuI} \text{L系列化合物}$$

图 2.16.6 L 系列化合物的合成路线

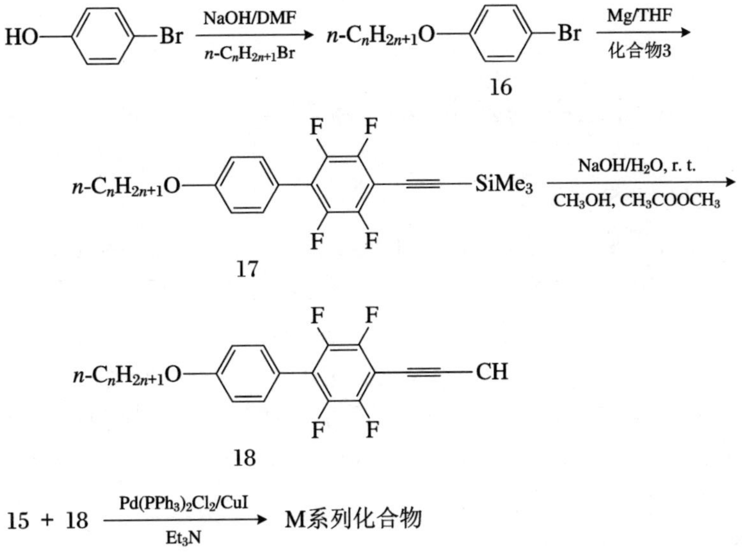

HO—C₆H₄—Br $\xrightarrow[n\text{-}C_nH_{2n+1}Br]{NaOH/DMF}$ n-$C_nH_{2n+1}O$—C₆H₄—Br (16) $\xrightarrow[\text{化合物3}]{Mg/THF}$

n-$C_nH_{2n+1}O$—C₆H₄—C₆F₄—C≡C—$SiMe_3$ (17) $\xrightarrow[CH_3OH,\ CH_3COOCH_3]{NaOH/H_2O,\ r.\ t.}$

n-$C_nH_{2n+1}O$—C₆H₄—C₆F₄—C≡CH (18)

15 + 18 $\xrightarrow[Et_3N]{Pd(PPh_3)_2Cl_2/CuI}$ M系列化合物

图 2.16.7　M 系列化合物的合成路线

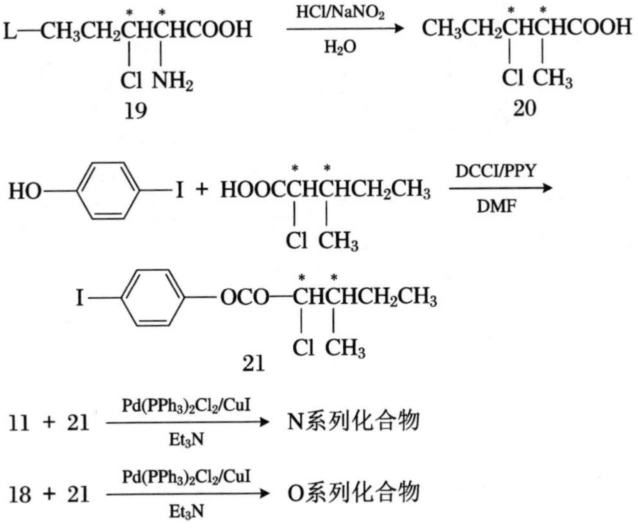

L—$CH_3CH_2\overset{*}{C}H(Cl)\overset{*}{C}H(NH_2)COOH$ (19) $\xrightarrow[H_2O]{HCl/NaNO_2}$ $CH_3CH_2\overset{*}{C}H(CH_3)\overset{*}{C}H(Cl)COOH$ (20)

HO—C₆H₄—I + $HOOC\overset{*}{C}H(Cl)\overset{*}{C}H(CH_3)CH_2CH_3$ $\xrightarrow[DMF]{DCCI/PPY}$

I—C₆H₄—OCO—$\overset{*}{C}H(Cl)\overset{*}{C}H(CH_3)CH_2CH_3$ (21)

11 + 21 $\xrightarrow[Et_3N]{Pd(PPh_3)_2Cl_2/CuI}$ N系列化合物

18 + 21 $\xrightarrow[Et_3N]{Pd(PPh_3)_2Cl_2/CuI}$ O系列化合物

图 2.16.8　N 与 O 系列化合物的合成路线

16.4 化合物的相变研究

16.4.1 A系列化合物的相变性质研究

相变研究的实验条件如下：

(1) 偏光显微镜观察。将少量样品加在两玻璃片之间，置于载玻片上。放入控温加热器的样品槽内。显微镜放大倍数为100倍，90°偏光，升温速度3℃/min，相变时1～0.2℃/min。

以化合物A5-7为例。升温过程：在60℃时，样品呈放射状花样，温度达到88℃时，晶体开始熔化。视场开始变暗，出现SmA织构花样。温度继续升到94.7℃，出现典型的向列相丝状织构花样。温度升至96.2℃时，彩色消失成为暗场。降温过程：温度降至95.6℃时，出现彩色织构。温度降至94.1℃时，出现焦锥扇形织构，典型的SmA。温度降至81.8℃时，出现放射状晶体花样。

(2) DSC样品5 mg。

与含全氟苯环类化合物相比较，A系列其他化合物的研究方法同A5-7，其结果列于表2.16.1中。

表 2.16.1 A系列化合物的相变性质

RO—(2,3,5,6-四氟苯基)—C≡C—(苯基)—CH_2O—(苯基)—COOR′

R=n-C_nH_{2n+1}(n=1～9、12)

R′=n-C_mH_{2m+1}(m=1～5)

化合物	m	n	T/℃(ΔH/(kJ/mol))			
			Cr→SmA	SmA→N	N→I	重结晶
A5-1	5	1	111.4(41.62)①	—	—	98.9
A5-2	5	2	104.9(42.75)	90.7②(—)③	99.8(0.75)	62.5
A5-3	5	3	100.7(27.20)	—	—	97.3
A5-4	5	4	93.0(28.14)	94.6(—)	102.3(0.80)	89.2
A5-5	5	5	88.1(22.59)	94.2(1.00)	98.4(0.83)	85.2
A5-6	5	6	89.9(37.74)	95.6(1.29)	98.8(0.99)	83.5
A5-7	5	7	88.0(36.05)	94.7(138)	96.2(0.98)	81.8
A5-8	5	8	84.3(48.62)	96.6(1.99)	97.3(1.88)	81.5
A5-9	5	9	84.7(47.62)	96.1(5.86)	—	80.2
A1-8	1	8	110.1(39 06)	127.3(0.15)	140.5(1.32)	93.5

续表

化合物			T/℃（ΔH/(kJ/mol)）			
			Cr→SmA	SmA→N	N→I	重结晶
A2-8	2	8	94.4(43.36)	102.8(0.41)	115.2(1.56)	88.5
A3-8	3	8	91.0(40.25)	101.9(0.62)	109.3(1.18)	87.1
A4-5	4	5	102.2(73.34)	—	—	99.1
A4-6	4	6	98.8(48.40)	—	—	88.0
A4-7	4	7	90.6(32.92)	89.4(1.04)	93.2(0.76)	88.7
A4-8	4	8	88.7(29.21)	90.6(1.32)	93.2(1.15)	84.5
A4-9	4	9	87.1(29.21)	91.3(0.45)	92.8(0.05)	86.1
A4-1	4	12	85.6(31.84)	93.0(4.90)	—	83.5

注　① 相变为 Cr→I；② 单变液晶；③ 焓变太小，DSC 测不出。

首先研究全氟苯环的末端正烷氧基长度对液晶相变的影响：当 $m=5$ 时，n 从 1 变化到 9，化合物 A5-1 和 A5-3 不出现液晶相。

A5-2 出现单变的近晶相和单变的向列相。当 n 从 4 变化到 8 时，出现互变的 SmA 和 N 相，$n=9$ 时，只出现互变的 SmA 相，这说明末端碳链的增长，有利于 SmA 相的形成。同时，随着链的增长，熔点和清亮点都降低，前者更明显，清亮点呈现奇偶效应，含偶数碳链的化合物清亮点高于含奇数碳链的化合物。为了研究苯甲酸酯端碳链长度对液晶相的影响，我们合成了 $n=4$，$m=4$～9、12 的化合物。碳链增长时，液晶相的变化倾向基本相似，但当 $m=5$，$n=4$ 时就出现互变的 SmA 和 N 相；而当 $n=4$，$m=7$ 时才出现互变的 SmA 和 N 相。这表明苯甲酸酯端碳链长度对液晶相的性质有很大影响。固定全氟苯环端碳链长度（$n=8$），m 从 1 变化到 5 时，均出现互变的 SmA 和 N 相，同时，随着 m 的增长，熔点和清亮点都降低，碳链长度对液晶相变性质的影响不明显。

为了研究刚性核中引入柔顺—CH_2O—对液晶相的影响，引用了含—COO—的四氟苯环液晶化合物的相变性质，列于表 2.16.2 中。从表 2.16.2 可以看出，刚性核中含—COO—的液晶化合物全氟苯环端碳链长度对液晶相变性质的影响与 A 系列相似，但清亮点较高。由于—COO—参与共轭，使分子的刚性增强，这种结构有利于液晶相的形成，因此，在苯甲酸酯碳链长度相同的情况下，如 $m=5$，$n>1$ 时就形成互变的 S 和 N 相，并且液晶相范围很宽。出乎我们预料的是这种结构的熔点反而比含有—CH_2O—结构的液晶化合物低，这也许是—COO—有较大位阻的缘故。

从表 2.16.3 可以看出，与含全氟苯环类比较，A′系列相变非常复杂，且都为近晶相。随着苯甲酸酯端碳链长度的增长，熔点和清亮点都趋于降低。全氟苯环的引入，对熔点的降低并不像少氟取代那么明显。这主要是因为四氟苯环上四个氟原子对称取代，垂直于分子长轴方向的极化有相互抵消作用。同时引入全氟苯环，由于其强吸电性，刚性被液晶核部分的电子云密度大大降低，分子之间垂直于分子轴方向的相互作用力大大降低，而沿分子轴方向的相互作用力相对增强，因而在全氟苯环类液晶分子体系中，近晶相减少，有利于向列相的形成。

表 2.16.2 刚性核中含—COO—的液晶化合物的相变性质

RO—(2,3,5,6-四氟苯基)—C≡C—(苯基)—COO—(苯基)—COOR′

R=n-C_nH_{2n+1}(n=1～8)
R′=n-C_mH_{2m+1}(m=5)

化合物		T/℃(ΔH/(kJ/mol))			
m	n	Cr→SmA	SmA→N	N→I	重结晶
5	1	97.8(30.55)	—	169.4(0.39)	86.9
5	2	97.5(40.50)	123.6(0.44)	179.1(0.53)	73.035
5	3	87.7(32.00)	134.5(0.44)	174.3(0.57)	68.4
5	4	86.3(22.15)	148.6(0.81)	176.4(0.63)	64.0
5	5	82.5(24.76)	144.3(0.75)	168.3(0.31)	68.4
5	6	76.3(20.24)	149.2(0.85)	163.4(0.48)	62.3
5	7	75.5(28.68)	145.6(1.04)	156.0(0.39)	57.3
5	8	65.4(25.90)	144.5(1.16)	153.0(0.75)	56.0

注 Cr:结晶相;SmA:近晶A相;N:向列相;I:各向同性。

表 2.16.3 A′系列化合物的相变性质

RO—(苯基)—C≡C—(苯基)—CH_2O—(苯基)—COOR′

R=n-C_8H_{17}(n=8), R′=C_mH_{2m+1}(m=1～5)

化合物	m	n	T/℃(ΔH/(kJ/mol))				
			m.p.	SmE→SmB	SmB→SmC	SmC→SmA	SmA→I
A′8-1	1	8	111.9(17.6)	94.1①(2.37)	153.5(3.31)	—②	177.8(6.33)
A′8-2	2	8	91.7(3.66)	71.3(1.34)	130.4(3.09)	—	161.5(6.24)
A′8-3	3	8	97.4(14.97)	—	120.0(3.80)	122.6(—)②	156.4(6.53)
A′8-4	4	8	76.5(7.38)	51.5(0.28)	115.8(2.49)	129.4(—)	144.8(4.45)
A′8-5	5	8	86.3(13.64)	—	116.8(3.26)	133.5(—)	145.9(6.46)

注 ① 单变液晶;② 焓变太小,DSC测不出。

16.4.2 B系列化合物的相变性质研究

从表2.16.4可以看出,B系列化合物都呈现互变向列相,随着碳链长度的增长,熔点和清亮点都趋于降低(这与A系列相似),但清亮点的奇偶效应不明显。同时,碳链长度变化的清亮点和熔点的影响基本相似。

表 2.16.4　B 系列化合物的相变性质

RO—(2,3,5,6-四氟苯基)—C≡C—(苯基)—CH_2O—(苯基)—OCH_3

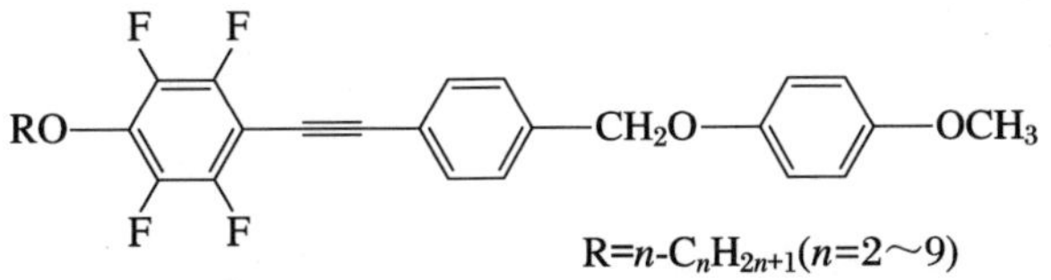

R=n-C_nH_{2n+1}(n=2～9)

化合物	n	T/℃			
		Cr→N	N→I	I→N	N→Cr
B2	2	108.9	133.4	132.2	104.8
B3	3	89.3	125.4	124.3	85.4
B4	4	70.3	125.8	124.4	62.1
B5	5	69.0	112.1	110.1	53.4
B6	6	70.1	118.7	117.8	53.6
B7	7	82.6	114.7	112.6	72.0
B8	8	71.5	105.0	104.0	60.9
B9	9	72.8	102.4	100.6	59.1

注　Cr:结晶相;N:向列相;I:各向同性。

为了研究刚性中心引入—CH_2O—对液晶相性质的影响,我们把含—COO—的类似物BI 系列的相变性质列于表 2.16.5 中。从表中可以看出,BI 系列化合物也都呈互变向列相。但与 B 系列相比,液晶相范围很宽。碳链长度对熔点和清亮点的影响不如 B 系列明显。用—CH_2O—代替—COO—后,熔点和清亮点都明显降低。因此,液晶相范围也大大变窄。清亮点的降低有利于液晶的物理性质研究,同时,当末端基团为—OCH_3 时,不论联结基是COO—还是 CH_2O—,都有利于向列相的形成。

表 2.16.5　BI 系列化合物的相变性质

RO—(2,3,5,6-四氟苯基)—C≡C—(苯基)—COO—(苯基)—OCH_3

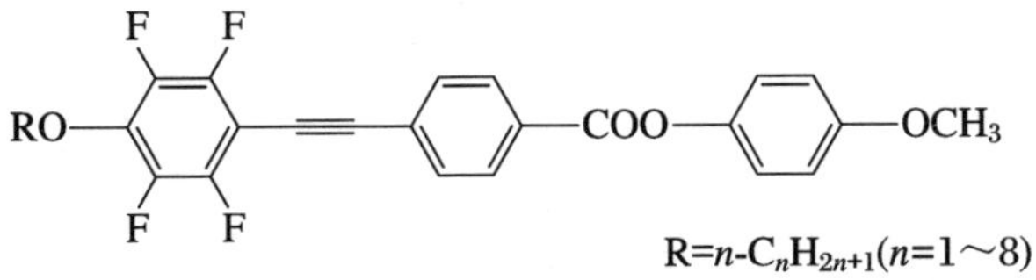

R=n-C_nH_{2n+1}(n=1～8)

化合物	n	T/℃	
		Cr→N	N→I
BI1	1	147.2	238.7
BI2	2	111.6	240.1
BI3	3	110.4	226.9
BI4	4	114.4	220.8

续表

化合物	n	T/℃	
		Cr→N	N→I
BI5	5	116.4	200.2
BI6	6	116.1	200.2
BI7	7	114.0	189.8
BI8	8	100.4	184.4

注 Cr：结晶相；N：向列相；I：各向同性。

为了研究四氟苯环的引入对B系列化合物的影响，我们同样合成了一个不含氟的类似物B′，其相变性质如下：

B′ RO—⟨苯环⟩—≡—⟨苯环⟩—CH_2O—⟨苯环⟩—OCH_3 R=n-C_8H_{17}

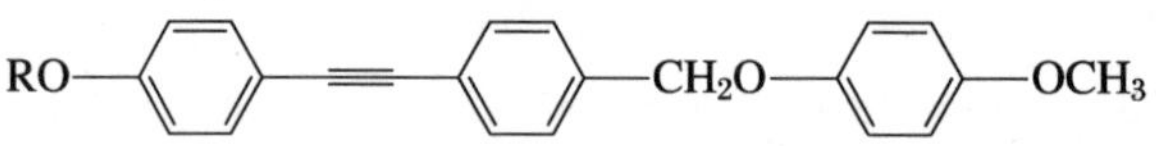

C 121.3 ℃ N 159.6 ℃ I 158.7 ℃ N 104.9 ℃ Cl 100.1 ℃ Cr

其中，Cr为晶体，N为向列相，I为各向同性液体。因此，可以看出，四氟苯环的引入没有改变液晶相的类型。故熔点和清亮点都大大降低，液晶相范围没有明显改变。这说明与A系列化合物相比，B系列化合物中决定熔点的主要因素是四氟苯环，没有增大液晶分子宽长比的倾向。而在A系列化合物中，酯基COO—的作用能似乎更大些。

16.4.3 C系列化合物的相变性质研究

我们用偏光显微镜和DSC研究了C系列化合物的相变行为，列于表2.16.6中。

表2.16.6 C系列化合物的相变性质

RO—⟨2,3,5,6-四氟苯环⟩—≡—⟨苯环⟩—CH_2O—⟨苯环⟩—Cl

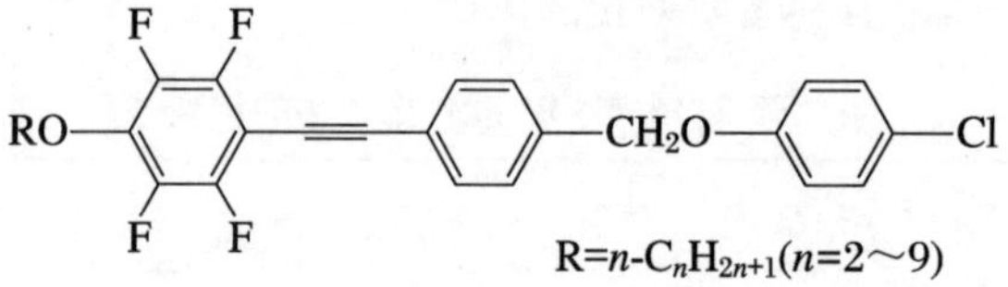

R=n-C_nH_{2n+1}(n=2～9)

化合物	n	T/℃(ΔH/(kJ/mol))			
		Cr→SmA	SmA→N	N→I	重结晶
C2	2	136.0(34.84)	—	—	132.1(35.29)
C3	3	106.5(20.80)	—	116.0(0.64)	105.9(21.30)
C4	4	86.5(23.98)	—	121.7(1.00)	83.5(22.42)
C5	5	110.6(23.26)	—	118.5(0.87)	106.8(26.07)
C6	6	89.2(24.63)	—	114.9(1.04)	84.5(22.84)
C7	7	89.8(25.15)	90.1(—)	109.7(0.79)	86.6(24.66)

16.4.4　总结

(1) 用柔顺氧亚甲基(—CH_2O—或—OCH_2—)代替刚性核中酯键(—COO 或 OOC—)联结基时，清亮点明显降低，但对熔点的影响比较复杂。

当末端基团为极性较强基团(如 COOR、NO_2 等)时，熔点反而升高，而当末端基团为弱极性或中等极性(如 C、Br、H、OCH_3 等)时，熔点有所下降，但程度不同。

(2) 末端正烷氧基链长度对液晶相变性质的影响与其他联结基相似。随着碳链长度的增长，熔点和清亮点都趋于降低。SmA 相范围变宽的同时 N 相范围变窄。

(3) 改变氧亚甲基的极化方向，液晶相变性质也有很大变化。一般说来，当氧亚甲基的氧原子参与刚性核共轭时，有利于液晶相的形成，并且末端基团的有利顺序为 Br>F>H；与酯基作为联结基时不同，改变极化方向，一般液晶相类型不发生变化。

(4) 氧亚甲基上氧原子不参与共轭时，以 $n=8$ 为例，液晶相范围的有利顺序为

$$H<COOC_4H_9\text{-}n<COOC_5H_{11}\text{-}n<COOC_3H_7\text{-}n,$$
$$Cl<COOC_2H_5,\quad Br<COOCH_3<OCH_3$$

近晶相的有利顺序为

$$H,\quad OCH_3<COOC_4H_9\text{-}n<Br<COOC_2H_5,$$
$$Cl<COOC_3H_7\text{-}n<COOC_5H_{11}\text{-}n<COOCH_3$$

向列相的有利顺序为

$$H<COOC_5H_{11}\text{-}n<COOC_4H_9\text{-}n<COOC_3H_7\text{-}n<Cl<COOC_2H_5<COOCH_3<Br<OCH_3$$

(5) 四氟亚苯基的引入也有很大影响，一般说来，四氟亚苯基环的引入降低了目标分子的熔点和清亮点程度，这是因末端基团不同而有所不同。但这种程度不如少氟取代那样明显。同时，与少氟取代相似，四氟亚苯基环的引入使液晶相中近晶相的类型简化，且有利于向列相的出现。

16.5　化合物的合成方法

16.5.1　化合物 A5-1

在装有回流冷凝管和 N_2 出入口的 50 mL 干燥三颈瓶中，加入 200 mg(0.49 mmol)对甲氧基-2,3,5,6-四氟苯乙炔、80 mg(0.42 mmol)对-(对碘苄氧基)-苯甲酸正戊醇酯、15 mg CuI、35 mg $Pd(PPh_3)_2Cl_2$。通 N_2，约 5 min 后，N_2 保护下加入 15 mL Et_3N，再通 N_2，5 min 后，回流搅拌。TLC 跟踪至反应完全。过滤，滤液抽去溶剂，残留物柱层析分离，甲醇/丙酮重结晶，得到白色片状晶体 200 mg，产率 95.2%。

^1H NMR(CCl_4/TMS) δ_H：0.50～1.80(m,9H)，3.94(s,3H,OCH_3)，4.05(2H,OCH_2，

$J = 6.0$ Hz)，5.04(s，2H，ArCH$_2$OAr′)，6.70/7.71(dd，AA′BB，4H，$J = 8.0$ Hz)；7.17/7.38(dd，AABB′，4H，$J = 8.0$ Hz)。^{19}F NMR(CCl$_4$/TFA) δ_F：60.30(m，2F)，80.10(m，2F)。IR(KBr，cm^{-1})：2920，2820，1710，1606，1580，1440，1370，1270，1245，1170，1106，1010，980，840，820，765，685。MS(m/z，%)：500(M，2.65)。元素分析：$C_2H_{24}OF_4$。理论值(%)：C 67.20，H 4.83，F 15.18；实测值(%)：C 67.28，H 4.58，F 14.81。

16.5.2 化合物 A5-2

操作同前。

投料：对乙氧基-2，3，5，6-四氟氧苯乙炔(110 mg，0.50 mmol)，化合物 6a(200 mg，0.47 mmol)，Pd(PPh$_3$)$_2$Cl$_2$(30 mg)，CuI(15 mg)，Et$_3$N(20 mL)。产物 A5-2(200 mg)，产率 80.6%。

^{1}H NMR(CCl$_4$/TMS) δ_H：0.86～1.96(m，12H)，4.12～4.59(m，4H)，5.06(s，2H)；6.95/7.98(dd，AAB′B′，4H，J = 8.0 Hz)，7.43/7.64(dd，AA′B′B′，4H，$J = 8.0$ Hz)。^{19}F NMR(CCl$_4$/TFA) δ_F：60.15(m，2F)，80.00(m，2F)。IR(KBr，cm^{-1})：2920，2820，1720，1610，1580，1490，1360，1270，1240，1170，110，1020，980，840，820，760，680。MS(m/z，%)：514(M，2.65)。元素分析：$C_{29}H_{26}O_4F_4$。理论值(%)：C 67.70，H 5.06，F 14.79；实测值(%)：C 67.60，H 5.10，F 15.03。

16.5.3 化合物 A5-3

操作同前。

投料：对丙氧基-2，3，5，6-四氟苯乙炔(110 mg，0.47 mmol)，化合物 6a(200 mg，0.47 mmol)，Pd(PPh$_3$)$_2$Cl$_2$(30 mg)，CuI(15 mg)，Et$_3$N(20 mL)。产物 A5-3(220 mg)，产率 88.7%。

^{19}F NMR(CCl$_4$/TFA) δ_F：60.0(m，2F)，80.00(m，2F)。IR(KBr，cm^{-1})：2910，2820，1710，1610，1590，1490，1430，1380，1280，1240，1180，1100，1010，980，850，820，760，680。MS(m/z，%)：528(M$^+$，0.5)。元素分析：$C_{30}H_{28}O_4F_4$。理论值(%)：C 68.18，H 5.30，F 14.39；实测值(%)：C 68.20，H 5.15，F 14.54。

16.5.4 化合物 A5-4

操作同前。

投料：对丁氧基-2，3，5，6-四氟苯乙炔(230 mg，0.93 mmol)，化合物 6a(394 mg，0.93 mmol)，Pd(PPh$_3$)$_2$Cl$_2$(30 mg)，CuI(15 mg)，Et$_3$N(20 mL)。产物 A5-4(400 mg)，产率 79.2%。

^{1}H NMR(CCl$_4$/TMS) δ_H：0.75～2.25(m，16H)，3.95～4.57(m，4H)，5.01(s，2H)，

6.86/7.89(dd,AA′BB′,4H，$J=8.0$ Hz),736/7.53(dd,AA′BB′,4H,$J=8.0$ Hz)。^{19}F NMR(CCl_4/TFA) δ_F:59.00(m,2F),79.00(m,2F)。IR(KBr,cm^{-1}):2920,2820,1720,1610,1590,1500,1380,1270,1230,1170,1100,1010,980,840,820,760,680。MS(m/z,%):542(M^+,2.32)。元素分析:$C_{31}H_{30}O_4F_4$。理论值(%):C 68.63,H 5.54,F 14.02;实测值(%):C 68.66,H 5.37,F 14.15。

16.5.5　化合物 A5-5

操作同前。

投料:对正戊氧基-2,3,5,6-四氟苯乙炔(180 mg,0.69 mmol),化合物 6a(228 mg,0.54 mmol),Et_3N(20 mL),$Pd(PPh_3)_2Cl_2$(30 mg),CuI(15 mg)。产物 A5-5(280 mg),产率 93.3%。

^{1}H NMR(CCH_4/TMS) δ_H:0.63～2.17(m,18H),4.14(t,4H,$J=6.0$ Hz),5.02(s,2H),6.78/7.8 I(dd,AA′ BB′,4H,$J=-8.0$ Hz),7.27/7.46(dd,AA′BB′,4H,$J=8.0$ Hz)。^{19}F NMR(CCl_4/TFA) δ_F:60.00(m,2F),79.00(m,2F)。IR(KBr,cm^{-1}):2920,2810,1705,1580,1495,580,1495,1360,1270,1250,1170,1100,1020,980,840,820,760,690。MS(m/z,%):556(M,3.48)。元素分析:$C_{32}H_{32}O_4F_4$。理论值(%):C 69.05,H 5.79,F 13.65;实测值(%):C 69.18,H 5.60,F 13.54。

16.5.6　化合物 A5-6

操作同前。

投料:对正己氧基-2,3,5,6-四氟苯乙炔(255 mg,0.93 mmol),化合物 6a(402 mg,0.95 mmol),$Pd(PPh_3)_2Cl_2$(30 mg),CuI(15 mg),Et_3N(20 mL)。产物 A5-6(500 mg),产率 94.3%。

^{1}H NMR(CCl_4/TMS) δ_H:0.41～2.0(m,20H),4.19(t,4H,$J=6.0$ Hz),5.0(s,2H),6.84/7.86(dd,AA′BB′,4H ,$J=8.0$ Hz),7.31/7.51(dd,AAB′B′,4H,$J=8.0$ Hz)。^{19}F NMR(CCl_4/TFA) δ_F:5995(m,2F),79.80(m,2F)。IR(KBr,cm^{-1}):2920,2820,1710,1620,1580,1500,1280,1250,1170,1100,980,860,820,760,690。MS(m/z,%):570(M^+,2.78)。元素分析:$C_{33}H_{34}O_4F_4$。理论值(%):C 69.46,H 6.01,F 13.32;实测值(%):C 69.46,H 5.93,F 12.93。

16.5.7　化合物 A5-7

操作同前。

投料:对正庚氧基-2,3,5.6-四氟苯乙炔(300 mg,1.04 mmol),化合物 6a(424 mg,1.0 mmol),$Pd(PPh_3)_2Cl_2$(35 mg),CuI(17 mg),Et_3N(20 mL)。产物 A5-7(470 mg),产

率80.5%。

^{1}H NMR(CCl_4/TMS) δ_H:0.69～2.09(m,22H),4.19(t,4H,J = 6.0 Hz),5.02(s,2H),6.79/7.76(dd,AA′BB′,4H,*J* = 8.0 Hz),7.22/7.42(dd,AA′BB′,4H,*J* = 8.0 Hz)。^{19}F NMR(CCl_4/TFA) δ_F:59.10(m,2F),79.35(m,2F)。IR(KBr,cm^{-1}):2910,2820,1710,1620,1500,1360 1270,1250,1070,1100,980,840,820,760,690。MS(*m*/*z*,%):584(M^+,2.84)。元素分析:$C_{34}H_{36}O_4F_4$。理论值(%):C 69.85,H 6.21,F 13.00;实测值(%):C 69.70,H 6.10,F 12.93。

16.5.8 化合物A5-8

操作同前。

投料:对正辛氧基-2.3,5,6-四氟苯乙炔(200 mg,0.66 mmol),化合物6a(292 mg,0.60 mmol),$Pd(PPh_3)_2Cl_2$(30 mg),CuI(15 mg),Et_3N(20 mL)。产物A5-8(370 mg),产率93.6%。

^{1}H NMR(CCl_4/TMS) δ_H:0.56～2.06(m,24H),4.13(t,4H,*J* = 6.0 Hz),5.01(s,2H),6.81/7.81(dd,AAB′B′,4H,*J* = 8.0 Hz),7.28/7.47(dd,AAB′B′,4H,*J* = 8.0 Hz)。^{19}F NMR(CCl_4/TFA) δ_F:59.10(m,2F),79.35(m,2F)。IR(KBr,cm^{-1}):2920,2810,1710,1610,1500,1270,1250,1170,1100,980,840,820,760,690。MS(*m*/*z*,%):598(M^+,1.66)。元素分析:$C_{35}H_{38}O_4F_4$。理论值(%):C 70.22,H 6.40,F 12.69;实测值(%):C 70.10,H 6.45,F 12.47。

16.5.9 化合物A5-9

操作同前。

投料:对正壬氧基2,3,5,6-四氟苯乙炔(190 mg,0.60 mmol),化合物6a(250 mg,0.60 mmol),$Pd(PPh_3)_2Cl_2$(30 mg),CuI(15 mg),Et_3N(20 mL)。产物A5-9(320 mg),产率88.6%。

^{1}H NMR(CCl_4/TMS) δ_H:0.60～2.10(m,26H),4.15(t,4H,*J* = 6.0 Hz),503(s,2H),6.78/7.80(dd,AABB,4H,*J* = 8.0 Hz),7.26/7.46(dd,AABB,4H,*J* = 8.0 Hz)。^{19}F NMR(CCl_4/TFA) δ_F:59.35(m,2F),79.80(m,2F)。IR(KBr,cm^{-1}):2920,2810,1710,1620,1500,1360,1270,1150,1000,970,840,810,760,690。MS(*m*/*z*,%):612(M^+,3.73)。元素分析:$C_{36}H_{40}O_4F_4$。理论值(%):C 70.57,H 6.58,F 12.40。

参考文献

[1] HIRD M,GRAY G W,TOYNE K J. Liq. Cryst.,1992,11:531.

[2] GOLDMACHER J, BARTON L A. J. Org. Chem., 1967, 32: 476.

[3] GRAY G W. Mol. Cryst. Liq. Cryst., 1979, 7: 127.

[4] BEQUIN A, Dubois J C. J. Phys., 1979, 40: 9.

[5] SINUKAITS R, ADMONS P. Advances in Liquid Crystals Research and Applications, Pergamon Pren, 1984: 1023.

[6] LE BAMY P, RAVAUX G, DUBIOS J C. Mol. Cryst. Liq. Crst., 1985, 127: 413.

[7] SUGAWARA S. Jpn Kokai Tokkyo Koho, 1989, JP 0109: 959(8909959).

[8] VORLAND D. Chem. Abtr., 1908, 2: 743; Berichte., 1908, 40: 4567.

[9] KELKER H, HARTZ R. Handbook of Liquid Crysals, Verlag Chemie, 1980, 2.

[10] GRAY G W, MOSLEY A. Mol. Cryst. Liq. Cryst., 1976, 37: 213.

[11] DUBOIS J C, LANN A, COUTTEL A. Mol. Cryst. Liq. Cryst., 1974, 17: 49.

[12] GOTO Y, KITANO K, OGAWA T. Liq. Cryst., 1989, 5: 225.

[13] TAKATSU H, et al. Mol. Cryst. Liq. Cryst., 1986, 14: 279.

[14] TAKEMAN E, RAYNES E P. Physic. Lett., 1972, A39: 69.

[15] BAUC G. Mol. Cryst. Liq. Cryst., 1972, 63: 95.

[16] PUGH C, ANDERSON S K, PERCEC V. Liq. Cryst., 1991, 10: 229.

[17] PUGH C, PERCEC V. J. Polym. Sci. Chem., 1990, 28: 1101.

[18] VINEY C, BROWN D J, DANNELS C M. Liq. Cryst., 1993, 13: 95.

[19] PUGH C, PERCEC V. Chem. Mater., 1991, 3: 107.

[20] PRAEFCKE K, KOLME B, SINGER D. Angew. Chem. Int. Ed., 1990, 29: 177.

[21] (1) XU Y L, CHEN Q, WEN J X. Liq. Cryst., 1993, 15: 916.
(2) WEN J X, XU Y L, CHEN Q. J. Fhorine Chem., 1994, 66: 15.
(3) WEN J X, XU Y L, CHEN Q. Liq. Cryst., 1994, 16: 455.
(4) XU Y L, CHEN Q, WEN J X. J. Chem. Res., 1994: 240
(5) XU Y L, CHEN Q, WEN J X. Mol. Cryst. Liq. Cryst., 1994, 241: 243.
(6) XU Y L, WANG W L, CHEN Q, WEN J X. Chin. J. Chem., 1994, 12: 169.
(7) WEN J X, XU Y L, TIAN M Q, CHEN Q. Ferroelectric, 1994, 148: 12.
(8) WEN J X, TIAN M Q, CHEN Q.J. Fluorine Chem., 1994, 68: 117.
(9) WEN J X, TIAN M Q, YU H B, GUO Z H, CHEN Q. J. Mater. Chem., 1994, 4: 327.
(10) WEN J X, YIN H Y, TIAN M Q, CHEN Q. Chin. J. Chem., 1995, 13(1): 73.

[22] JUKES A E, GILMAN H. J. Organometal. Chem., 1969, 17: 45.

[23] BOOKE G M, CHAMBERS R D, HEYES J, MUSGRAVE W K R. J. Chem. Soc., 1964: 729.

[24] SKATTEBOL G L, JONES E R H, WHITING M C. Synthesis, 1979, 5: 392.

[25] 尹慧勇. 理学硕士学位论文, 中国科学院上海有机化学研究所, 1995.

第 17 章　侧链型高分子含氟液晶

17.1　引言

高分子液晶和低分子液晶一样，有热致型和溶致型，会形成向列相、近晶相、胆甾相、盘状态相等液晶相。从结构上看，报道的种类繁多，典型的两类是主链型和侧链型。

关于高分子液晶的研究，早期一直是围绕生物高分子溶致液晶进行的，近几年是以热致型为中心进行的[1]。对于热致型高分子液晶的化学结构与液晶形成能之间的关系，迄今依旧是研究的热点，并积累了大量的数据[1-7]。许多研究以开发功能性材料为出发点，介绍了许多新的侧链型系的高分子液晶，报道了许多新的合成及液晶性等结果。本章介绍一类侧链型的聚硅氧烷高分子液晶的合成以及结构与性质之间的关系。

在第 13 章提到的广为研究的一类端烯类液晶是可聚合的端烯类液晶。另外这种得到非线性液晶高分子的方法是直接把有非线性活性的低分子液晶分子与聚硅氧烷反应得到液晶高分子。本章中的 D 系列化合物就是基于这样一种设想而设计并合成的，希望得到的聚合物 PD 有很好的非线性光学性能。从结构上分析知，D 系列化合物应有很好的非线性效应，可是它不能被自由基聚合，因而要考虑采用聚硅氧烷反应的方法。

日本研究者 N. Ogata 及 T. Aoki 等[11]将手性高分子用作分离，对外消旋体进行拆分得到了令人振奋的结果。这成为一个研究新热点，引起了广泛的关注。众所周知，聚硅氧烷及天然纤维的衍生物是 HPLC 的最常用的手性固定相填充物。聚硅氧烷良好的热稳定性与化学稳定性，自然使之成为近年来主要研究的重点之一[2-7]。

文献报道的手性分离膜依靠高分子链的单一手性螺旋结构对消旋体进行识别与分离。手性液晶高分子则可以制成低维有序的手性分离膜。特别是铁电液晶聚合物，其液晶基团也以螺旋方式排列。所以其效果可能会更好，它们可能会成为应用研究的又一热点[8,9]。因此我们也希望得到手性液晶高分子，对它们进行一些类似的研究。它们有不同的液晶基团，期望研究对化合物拆分方面的影响。我们也合成一些含有四氟亚苯基的侧链的聚硅氧烷来研究它们的合成方法及液晶性的变化[10,12,13]。

17.2　目标化合物

17.2.1　PB 系列高分子液晶

1. 合成路线

PB 系列梳型高分子液晶是在铂催化剂存在下通过端烯与聚硅氧烷上的氢反应得到的。如图 2.17.1 所示。

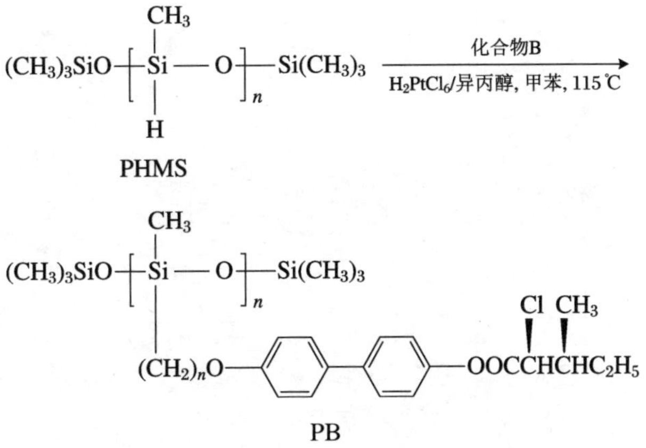

$$(CH_3)_3SiO\left[\begin{array}{c}CH_3\\ |\\ Si-O\\ |\\ H\end{array}\right]_n Si(CH_3)_3 \xrightarrow[H_2PtCl_6/\text{异丙醇, 甲苯, 115℃}]{\text{化合物B}}$$

PHMS

$$(CH_3)_3SiO\left[\begin{array}{c}CH_3\\ |\\ Si-O\\ |\end{array}\right]_n Si(CH_3)_3$$

$$(CH_2)_nO-C_6H_4-C_6H_4-OOC\overset{Cl}{C}H\overset{CH_3}{C}HC_2H_5$$

PB

图 2.17.1　PB 系列高分子液晶的合成路线

2. 相变研究

对高分子液晶 PB 用 DSC 和偏光显微镜进行研究，需要说明的是对于间隔基比较短的聚合物，在 DSC 上的相变过程是比较宽的，在表 2.17.1 中给出的相变温度是 DSC 曲线上相变区的峰值。现在以聚合物 PB7 为例说明其 DSC 与偏光显微镜观察的结果，如图 2.17.2～图 2.17.6 所示。

表 2.17.1　PB 系列聚硅氧烷的相变温度

聚合物间隔基	长度（n）	相变温度/℃	
		加热过程	冷却过程
PB1	3	Cr 95.4 I	I 89.5 Cr
PB2	4	Cr 94.5 I	I 87.9 Cr
PB3	5	Cr 101 SmA 127 I	I 119 SmA 100 Cr
PB4	6	Cr 98 SmA 130 I	I 121 SmA 96 Cr
PB5	7	Cr 60 SmC* 96 SmA 134 I	I 129 SmA 92 SmC* 56 Cr
PB6	8	Cr 72 SmC* 110 SmA 137 I	I 131 SmA 107 SmC* 67 Cr

续表

聚合物间隔基	长度（n）	相变温度/℃	
		加热过程	冷却过程
PB7	9	Cr 65 SmC* 97 SmA 139 I	I 134 SmA 95 SmC* 63 Cr
PB8	10	Cr 66.1 S_{X1} 67.4 S_{X2} 68.7 SmC* 108 SmA 143 I	I 137 SmA 105 SmC* 66.9 S_{X1} 65 S_{X2} 63.1 Cr
PB9	11	Cr 56 S_{X2} 65.7 SmC* 108 SmA 149 I	I 145 SmA 97 SmC* 62.7 S_{X2} 52.3 Cr
PB10	12	Cr 41.3 S_{X2} 61.9 SmC* 105 SmA 143 I	I 136 SmA 101 SmC* 53.8 S_{X2} 37.2 Cr

注　Cr:结晶相;I:各向同性;SmA:近晶A相;SmC*:手性近晶C相;S_{X1},S_{X2}:未分类近晶相。

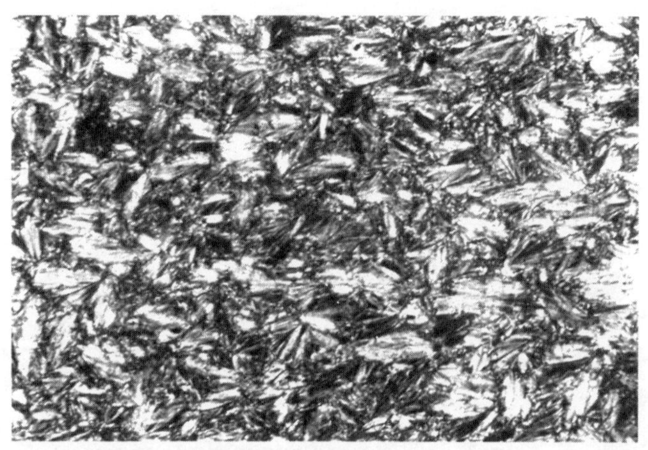

图2.17.2　化合物PB7从结晶态加热到67℃时呈现的相态织构:典型的破碎焦锥织构(SmC*)

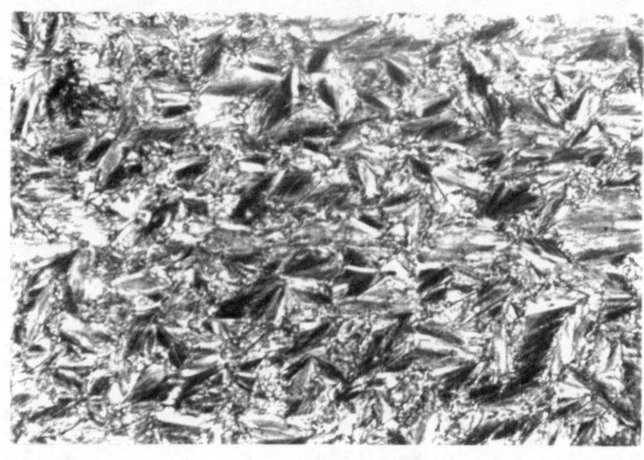

图2.17.3　化合物PB7加热到130℃时呈现的相态织构:典型的扇形焦锥织构(SmA相)

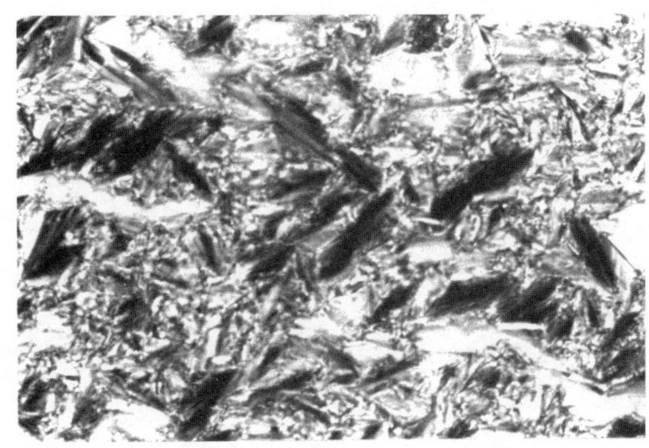

图 2.17.4　化合物 PB7 从液态冷却到 120 ℃时呈现的相态织构:典型的扇形焦锥织构(SmA 相)

图 2.17.5　化合物 PB7 冷却到 75 ℃时呈现的相态织构:典型的破碎焦锥织构(SmC^*)

图 2.17.6　化合物 PB7 冷却到 50 ℃时呈现的相态织构:放射状晶体织构

在DSC上,升温过程和降温过程都有几个较大的峰。

在偏光显微镜下,升温过程中观测到以下织构变化:当样品加热到约40℃时样品碎裂的晶体织构发生变化,裂缝变小,但畴结构没有发生变化。我们认为聚合物进入一个高度有序的近晶相(S_x),此近晶相的空间分子排列与晶体很相似,当温度继续上升时,织构有微小的变化(变得更加有规则)。当温度升到61℃时,样品的黏度开始有很大的下降,织构上可以明显地判断为手性近晶C相的破碎焦锥织构。这种织构一直维持到105℃变为焦锥织构,进入近晶A相,温度升到143℃时,焦锥织构开始消失,进入暗场为各向同性的液态。

3. PB系列聚合物的结果讨论

从表2.17.1可知,间隔基(spacer)短的聚合物,如$n=3$、4的侧链聚硅氧烷不呈现液晶性,可能是由于液晶基团与聚合物主链的相互牵制作用很强,使得液晶基团的运动受到限制。

当间隔基增长时,液晶基团的运动变得容易,聚合物表现出液晶性,而且间隔基越长,液晶相的稳定性越好。

另外,间隔基短的聚硅氧烷在从半结晶态进入液晶态的相变过程明显要宽。当然这种规律与一般此类高分子液晶是类似的,本章用实际的化合物证明了这一点。

图2.17.7是间隔基长度n对熔点和清亮点作图得到的。从中可以发现,随着间隔基的增长,熔点下降而清亮点略有升高,因而液晶相范围随n的增加而变宽,这在文献中还没有如此系统的比较。在V. Percec合成的聚乙烯基醚液晶中已经发现这种规律。也可以推测,聚合物主链的软性越好,其清亮点越高,液晶相范围越宽。

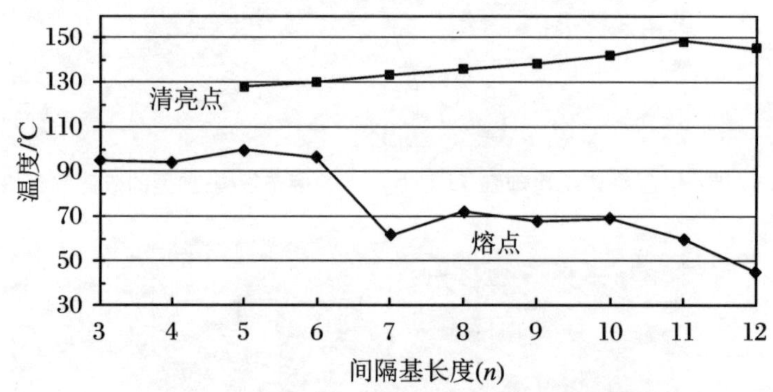

图2.17.7 间隔基长度对熔点及清亮点的影响

通过对比一下表2.17.1和图2.17.7,我们发现化合物在聚合前后的熔点和清亮点都发生了很大的变化。聚合后,熔点与清亮点都升高了,同时液晶相范围也变宽了。特别要提一下的是,软性间隔基长的聚合物比其相应的单体的液晶相范围要宽得多,并且SmC^*相范围也大大变宽,像PB10的SmC^*相范围为44℃,而其单体B10没有呈现SmC^*。可见,单体聚合后,液晶相向有序度更高的近晶相移动。

17.2.2　PC 系列高分子液晶

1. PC 系列高分子液晶的分子结构(图 2.17.8)

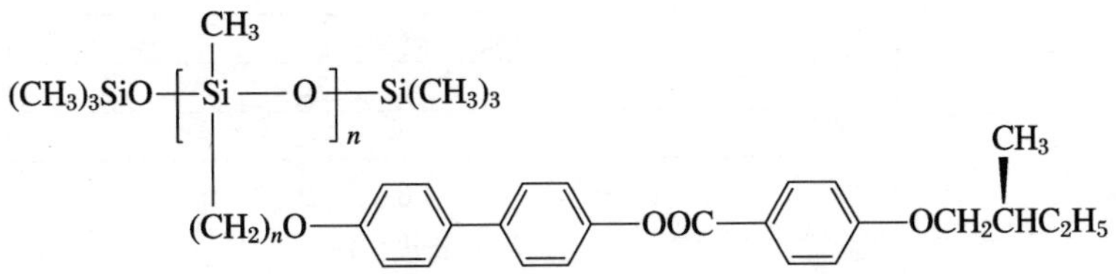

图 2.17.8　PC 系列高分子液晶的分子结构

合成方法与 PB 系列的合成方法相同。

2. PC 系列聚合物的相变行为研究

PC 系列聚合物的相变结果列于表 2.17.2 中，PC 系列聚合物的熔点及清亮点与间隔基长度之间的关系如图 2.17.9 所示。

表 2.17.2　PC 系列聚硅氧烷的相变温度

聚合物间隔基	长度(n)	相变温度/℃	
		加热过程	冷却过程
PC1	3	Cr 191.3 S_1 235.9 I	I 229.7 S_1 186.0 Cr
PC2	4	Cr 119.3 S_1 206.0 I	I 199.7 S_1 112.9 Cr
PC3	5	Cr 146.2 S_1 176.4 S_2 193.1 I	I 191.2 S_2 172.5 S_1 143.2 Cr
PC4	6	Cr 157.0 SmA 192.0 I	I 189.0 SmA 150.0 Cr
PC5	7	Cr 147.1 S_2 207.0 SmA 222 I	I 219.9 SmA 203.5 S_2 126.3 Cr
PC6	8	Cr 124.5 S_2 209.6 SmA 215.5 I	I 207.8 SmA 197.8 S_2 117.5 Cr
PC7	9	Cr 125.1 SmA 214.1 I	I 211.5 SmA 119.5 Cr
PC8	10	Cr 113.2 SmA 202.9 I	I 190.4 SmA 104.9 Cr
PC9	11	Cr 129.4 SmA 215.2 I	I 214.6 SmA 121.5 Cr
PC10	12	Cr 125.4 SmA 225.8 I	I 222.4 SmA 118.9 Cr

注　Cr：结晶相；SmA：近晶 A 相；I：各向同性；S_1，S_2：未分类近晶相。

从表 2.17.2 可以看出 C 系列聚合物都有液晶性。与单体的液晶性相比，聚合物的液晶相是更加有序的近晶相，不呈现手性向列相。聚合物 PC1～PC3 呈现的液晶相难以归属，从流动性和细碎的织构，我们暂时判断为一种高度有序而宏观排列无序的近晶相。这是由于 PC1～PC3 的柔性间隔基较短，而形成的液晶态黏度很高，不利于液晶基团的运动。

从图 2.17.9 来看，PC 系列聚合物的间隔基长度与相变温度的关系没有规律，原因是不同聚合物有不同的分子量与分子量分布，不同聚合物的接枝率不同(PHMS 上的Si—H 不可能被完全接枝)。

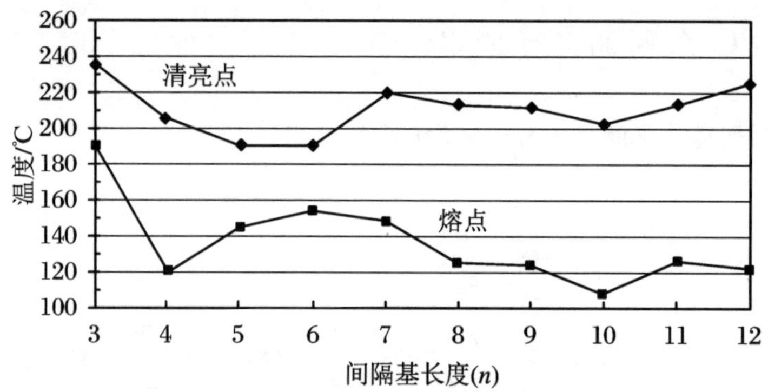

图 2.17.9　间隔基长度对熔点及清亮点的影响

17.2.3　PD 系列高分子液晶

1. PD 系列高分子液晶的分子结构(图 2.17.10)

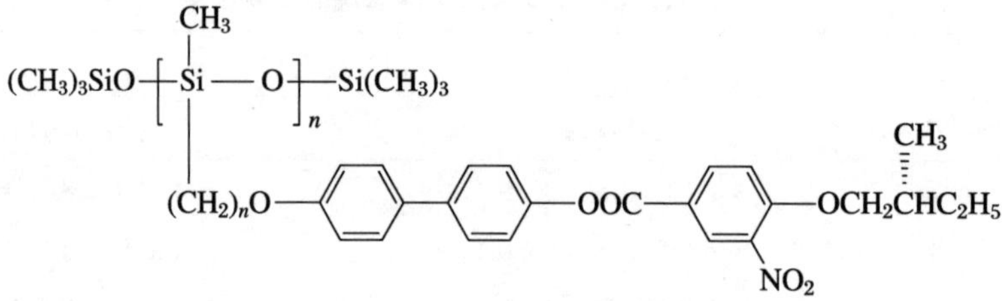

图 2.17.10　PD 系列高分子液晶的分子结构

合成方法与 PB 系列的合成方法相同。

2. PD 系列聚合物的相变温度(表 2.17.3)

表 2.17.3　PD 系列聚硅氧烷的相变温度

聚合物间隔基	长度(n)	相变温度/℃ 加热过程
PD1	7	Cr 37.8 SmA 234.4 I
PD2	10	Cr 87.0 SmA 234.1 I
PD3	12	Cr 73.0 SmA 219.0 I

注　Cr:结晶相;SmA:近晶 A 相;I:各向同性。

17.2.4　PF 系列高分子液晶

PF 系列高分子液晶的分子结构(图 2.17.11)

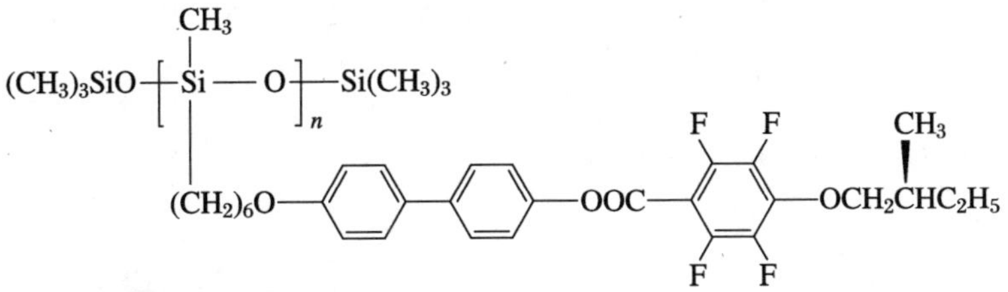

$$\mathrm{C} \underset{108.5℃}{\overset{111.6℃}{\rightleftharpoons}} \mathrm{SmA} \underset{156.7℃}{\overset{164.1℃}{\rightleftharpoons}} \mathrm{I}$$

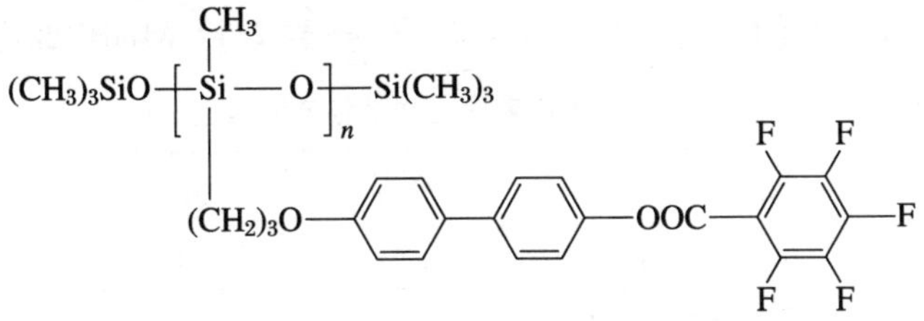

图 2.17.11　PF 系列高分子液晶的分子结构

合成方法与 PB 系列的合成方法相同。

17.2.5　PG 系列高分子液晶

PG 系列高分子液晶的分子结构(图 2.17.12)

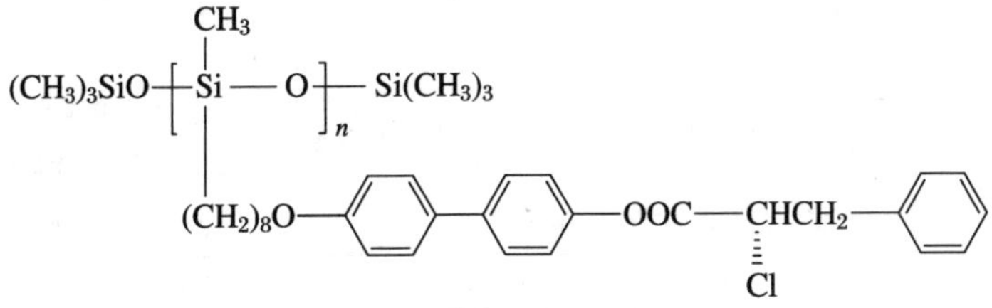

图 2.17.12　PG 系列高分子液晶的分子结构

合成方法与 PB 系列的合成方法相同。

17.2.6　可聚合的含氟端链液晶及其高分子液晶

1. R 系列和 PR 系列高分子液晶的分子结构(图 2.17.13)

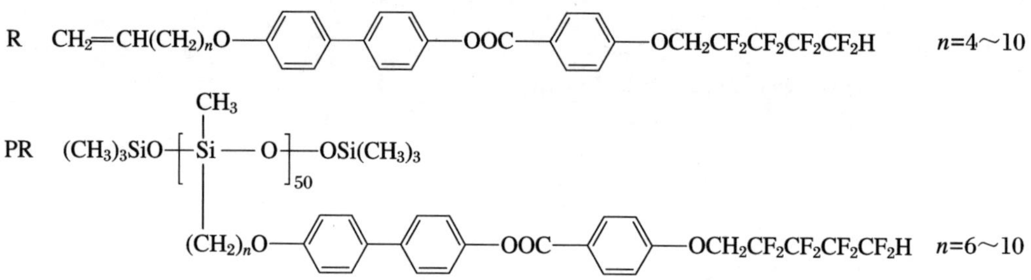

R $CH_2{=}CH(CH_2)_nO$—⟨苯环⟩—⟨苯环⟩—OOC—⟨苯环⟩—$OCH_2CF_2CF_2CF_2CF_2H$ n=4～10

PR $(CH_3)_3SiO-[Si(CH_3)-O]_{50}-OSi(CH_3)_3$，侧链 $(CH_2)_nO$—⟨苯环⟩—⟨苯环⟩—OOC—⟨苯环⟩—$OCH_2CF_2CF_2CF_2CF_2H$ n=6～10

图 2.17.13 R 系列和 PR 系列高分子液晶的分子结构

2. R 系列和 PR 系列化合物的相变温度(表 2.17.4～表 2.17.5)和相变行为(图 2.17.14)

表 2.17.4 R 系列化合物的相变温度

化合物	n	相变温度/℃	
		加热过程	冷却过程
R1	4	Cr 87.5 SmE 91.6 SmC 127.6 SmA 204.3 I	I 202.2 SmA 125.8 SmC 88.5 SmE 70.7 Recr
R2	5	Cr 114.5 SmE 119.7 SmC 139.5 SmA 201.9 I	I 198.6 SmA 137.3 SmC 111.2 SmE 78.3 Recr
R3	6	Cr 101.6 SmC 123.6 SmA 192.8 I	I 190.6 SmA 122.0 SmC 74.0 SmE 71.1 Recr
R4	7	Cr 104.1 SmC 129.7 SmA 189.4 I	I 186.3 SmA 122.1 SmC 66.2 Recr
R5	8	Cr 116.9 SmC 146.0 SmA 183.4 I	I 181.5 SmA 143.4 SmC 110.2 SmE 98.1 Recr
R6	9	Cr 106.7 SmE 115.5 SmC 139.1 SmA 170.4 I	I 167.4 SmA 135.0 SmC 101.1 SmE 91.6 Recr
R7	10	Cr 107.3 SmC 128.1 SmA 165.3 I	I 126.6 SmA 105.0 SmC 70.2 Recr

表 2.17.5 PR 系列化合物的相变温度

聚合物	长度	相变温度/℃	
间隔基	(n)	加热过程	冷却过程
PR1	6	Cr 87.5 SmE 91.6 SmC 127.6 SmA 204.3 I	I 202.2 SmA 125.8 SmC 88.5 SmE 70.7 Recr
PR2	7	Cr 114.2 $S_?$ 180.0 SmA 234.1 I	I 226.2 SmA 162.0 $S_?$ 106.4 Recr
PR3	8	Cr 111.8 SmA 243.8 I	I 239.7 SmA 110.1 Recr
PR4	9	Cr 102.3 $S_?$ 111.1 SmA 234.1 I	I 232.2 SmA 108.9 Recr
PR5	10	Cr 116.0 SmA 236.9 I	I 230.5 SmA 113.5 Recr

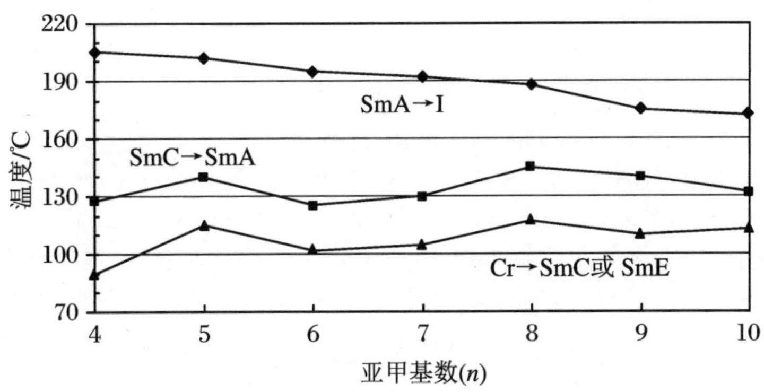

图 2.17.14　亚甲基数与温度的关系

17.3　讨论

PD 系列聚合物的聚合是比较困难的，在封管中 115 ℃反应 7 天，还是有大量的 Si—H 键存在，这可能是因为化合物 D 中存在—NO_2，能与烯基竞争同 Pt 的络合，所以 Pt 催化剂的效率下降了。

PD 系列聚合物的液晶性列于表 2.17.3 中，因为各个化合物的接枝率不同，所以相互之间的比较是粗糙的。

聚合物 PF 在结构上与 PC4 有相似性，只是远离聚合物链的苯环被四氟苯环代替，将 PF 与 PC4 的相变温度做一个对比，我们发现氟苯环的引入降低了聚合物呈现液晶相的温度，这归因于氟苯环特殊的色散力作用。

聚合物 PG 的相变如下：Cr 90.6 ℃ SmA 257 ℃ I。我们发现，PG 的液晶性范围比化合物 G1 要宽许多(150 ℃)，化合物液晶相的温度也比分子液晶 G1 低，我们认为这是聚合物链的柔韧性和聚合物的不完全导致的，而聚合物的高清亮点则是聚合物链在液晶态不容易被热运动破坏之故。

参考文献

[1]　WEISS R A，OBER C K. ACS Symposium Series(American Chemical Society)，1990：435.

[2]　NACIRI J，RUTH J，GRAWFORD G，RATNA B R. Chem. Mater.，1995，7：1397.

[3]　ZENTEL R. Polymer，1992，33：4040.

[4]　LEWTHWAITE R A，GRAY G W，TOYNE J. J. Mater. Chem.，1992，2：119.

[5]　COORAY N F，KAKIMOTO M，TMAI Y，SUZUKI Y. Macromolecules，1995，28：310.

[6]　SEIBERIE H，STILLE W，STROBL G. Macromolecules，1990，23：2008.

[7]　HSIUE G，CHEN J. Macromolecules，1995，28：4366.

［8］ GOODBY J W. Ferroelectric Liquid Crystals, Principles, Properties and Applications. Gordon and Breach Science Publishers, 1991.

［9］ HIRD M, TOYNE K J. Liq. Cryst., 1994, 16: 625.

［10］ ZHANG Y, WEN J X. J. Fluorine Chem., 1990, 47: 553.

［11］ AOKI K, SHINOHARA T, KANEKO T, OIKAWA E. Macromolecules, 1996, 29: 2492.

［12］ CHEN B Q, WEN J X. Macromol. Rep., 1996, A33(Suppl 5&6): 289.

［13］ 陈宝铨.理学博士学位论文,中国科学院上海有机化学研究所,1997.

第 18 章　负性介电各向异性的含氟液晶

18.1　引言

进入 21 世纪以来，TFT 液晶显示已经成为平板显示的主流。一开始大部分的液晶显示器使用的是正性介电各向异性材料（Np 液晶），使用负性介电各向异性液晶材料的情况不多。但是，后来为了改善显示器的视角依赖性，开发了 IPS 模式及 VA 模式的显示器，也开发了负性介电各向异性的液晶材料。

犬饲等人[1]详细地讨论了负性介电各向异性的液晶及其结构与液晶性的关系。在分子侧方位上有卤素原子的液晶化合物，卤素原子（特别是氟原子）取代到侧方的含苯环的液晶化合物现在已经被报道了很多。氟原子具有极大的电负性，和氢原子相比，范德华半径仅仅大了 12.5%（氢原子：1.2 Å，氟原子：1.35～1.47 Å）。为此可以不太损失液晶性而发现大的负 $\Delta\varepsilon$。还有，因为导入了 2,3-二氟苯基，就容易发现倾斜的近晶相，特别是近晶 C 相，所以作为铁电性液晶组成物的主体化合物受到极大重视。为了得到大的负 $\Delta\varepsilon$，液晶分子和氰基一样[6-8]，必须取代两个氟原子[1-3]。因为通过导入两个氟原子，可以得到和分子长轴垂直交叉的大的偶极矩。单置换体的 $\Delta\varepsilon$ 几乎是 0[1-2]。有 2,3-二氟-4-烷基苯基（化合物 a）、2,3-二氟-4-烷氧基苯（化合物 b）的 $\Delta\varepsilon$ 各自大约为 −2、−4。4 位取代基（烷氧基）的氧原子的偶极矩对 $|\Delta\varepsilon|$ 的增加有贡献。

氟原子的范德华半径和氢原子相比，大得不显著，所以对氟取代液晶化合物的液晶性没有很大的损坏。透明点并不大幅减少，也没有发现黏性大幅上升。

双环已基与 2,3-二氟-4-乙氧基苯基的三环化合物分子桥键分别为—CH_2O 与—COO，它们的 $\Delta\varepsilon$ 大小也显示出和上述相同的倾向。酯基的羰基向着使 $|\Delta\varepsilon|$ 减少的方向、氧原子增加的方向做出了贡献。化合物有 CH_2O 的桥键者，$\Delta\varepsilon$ 非常大（约 −6），是迄今为止报道中的最大值。

联苯衍生物已报道了很多[4-8]。这时候，由于导入了氟原子而给液晶性带来了很大的影响。联苯衍生物中，氟原子的取代使两个苯环的二面角发生变化，这说明对分子间的相互作用产生了影响[11]。和 2,3-二氟联苯衍生物一样，2,2′-氟联苯类也显示了大的负 $\Delta\varepsilon$ 值（−2.7）。

三联苯化合物也多有报道[10]。$\Delta\varepsilon$ 的大小和结构的关系和上述是一样的，特别是三联苯化合物容易显示出近晶 C 相的倾向。近晶化合物中，2,3-二氟苯基在末端的化合物容易发现近晶相[10]。也有报道称氯原子代替氟原子在横向位置上取代的化合物显示出大的负

的 Δε 值,同时显示出极大的黏性[15]。

2,3-二氟苯基的导入使 K_{33}/K_{11} 的值增加,从而产生近晶相,或者说是将近晶相更容易取代到高次的相(比如,近晶 A 相至近晶 C 相[9])。特别是对于联苯或三联苯衍生物,2,3-二氟苯的导入给两个苯环的二面角带来了变化,这使得分子间的堆砌状态发生了变化,相系列也产生了变化[9]。

根据以上理由,以前含有 2,3-二氟苯的化合物被作为铁电性液晶的主体物专门讨论过。但是,近年提出的 IPS 模式和 VA 模式显示出了大的负的 Δε 值,而且因为需要电压保持率高的材料,所以这些化合物受到了大家的重视。IPS 模式和 VA 模式喜欢 Δn 小的材料,特别是双环己烷衍生物以及对应的二环化合物现在也使用得很好。

本研究工作开辟了几类当时未见文献报道的新型负性三环结构液晶[12-14]。它们的特点是在分子结构中引入 2,3,5,6-四氟亚苯基代替分子末端的亚环己基,目的是改善液晶的旋转黏度。无论化合物的桥键是次乙基还是次乙炔结构的衍生物,都有出现单变液晶的现象[16]。

18.2　目标化合物

D-a-2　C_2H_5O—⟨F⟩—CH_2CH_2—⟨⟩—COO—⟨2,3-F₂⟩—OC_2H_5

D-a-3　C_3H_7O—⟨F⟩—CH_2CH_2—⟨⟩—COO—⟨2,3-F₂⟩—OC_2H_5

D-a-4　C_4H_9O—⟨F⟩—CH_2CH_2—⟨⟩—COO—⟨2,3-F₂⟩—OC_2H_5

D-a-5　$C_5H_{11}O$—⟨F⟩—CH_2CH_2—⟨⟩—COO—⟨2,3-F₂⟩—OC_2H_5

D-b-2　C_2H_5O—⟨F⟩—≡—⟨⟩—COO—⟨2,3-F₂⟩—OC_2H_5

D-b-3　C_3H_7O—⟨F⟩—≡—⟨⟩—COO—⟨2,3-F₂⟩—OC_2H_5

D-b-4　C_4H_9O—⟨F⟩—≡—⟨⟩—COO—⟨2,3-F₂⟩—OC_2H_5

D-b-5 $C_5H_{11}O$—(F-苯环)—C≡C—(苯环)—COO—(2,3-二氟苯环)—OC_2H_5

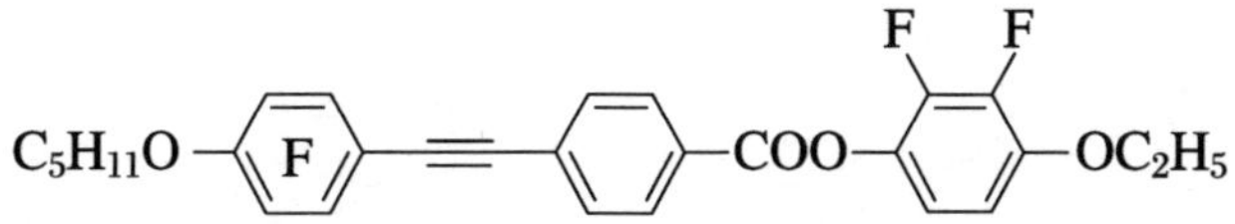

E-2 C_2H_5—(环己基)—(环己基)—(苯环)—(2,3-二氟苯环)—OC_2H_5

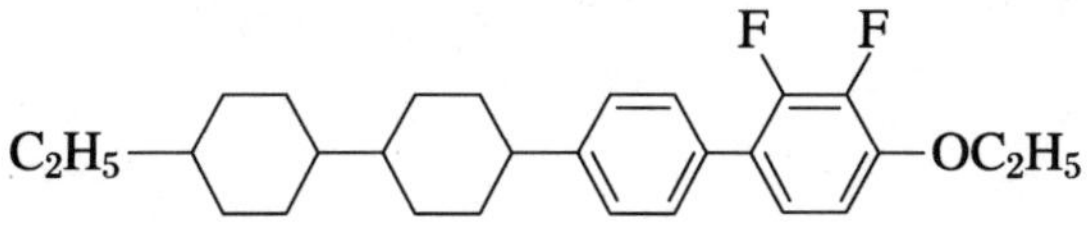

E-3 C_3H_7—(环己基)—(环己基)—(苯环)—(2,3-二氟苯环)—OC_2H_5

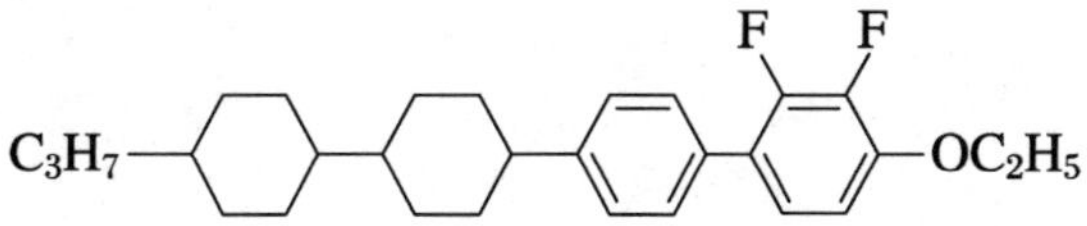

E-4 C_4H_9—(环己基)—(环己基)—(苯环)—(2,3-二氟苯环)—OC_2H_5

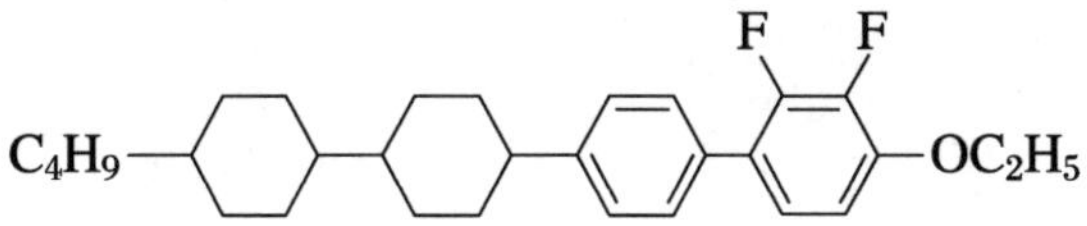

E-5 C_5H_{11}—(环己基)—(环己基)—(苯环)—(2,3-二氟苯环)—OC_2H_5

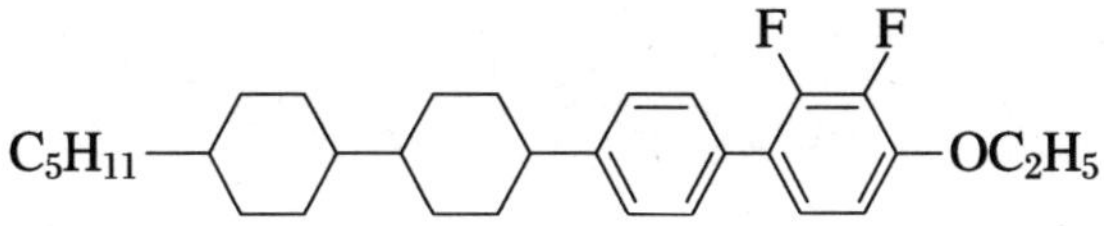

F-a-2 C_2H_5—(环己基)—(环己基)—(苯环)—CH_2CH_2—(2,3-二氟苯环)—OC_2H_5

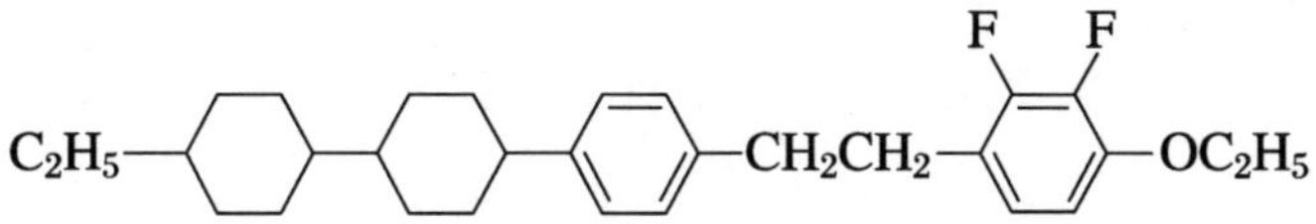

F-a-3 C_3H_7—(环己基)—(环己基)—(苯环)—CH_2CH_2—(2,3-二氟苯环)—OC_2H_5

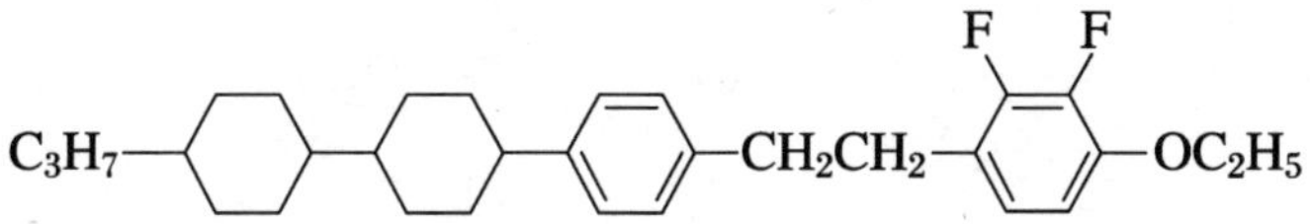

F-a-4 C_4H_9—(环己基)—(环己基)—(苯环)—CH_2CH_2—(2,3-二氟苯环)—OC_2H_5

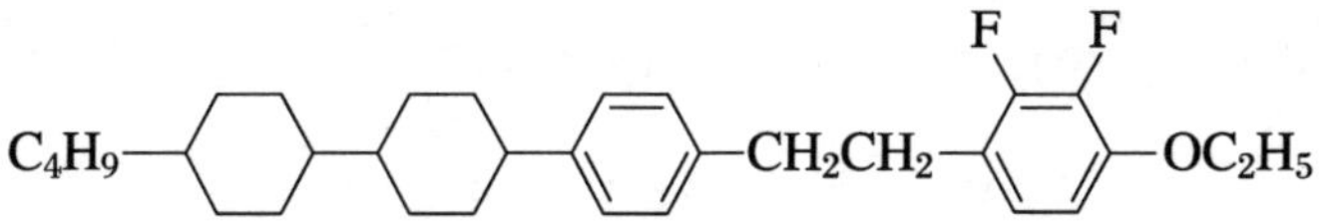

F-a-5 C_5H_{11}—(环己基)—(环己基)—(苯环)—CH_2CH_2—(2,3-二氟苯环)—OC_2H_5

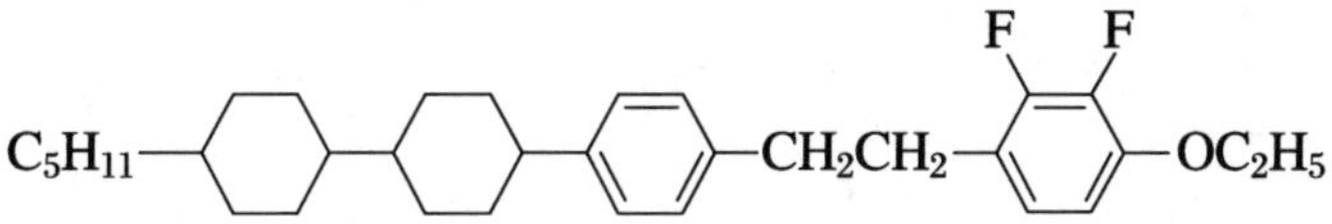

F-b-2 C_2H_5—(环己基)—(环己基)—(苯环)—C≡C—(2,3-二氟苯环)—OC_2H_5

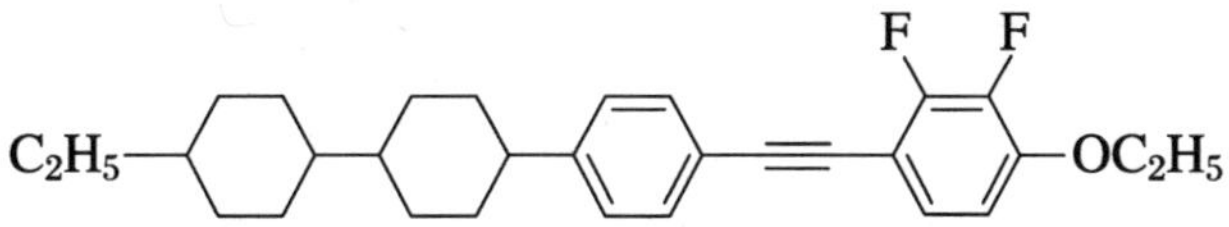

F-b-3 C_3H_7—(环己基)—(环己基)—(苯环)—C≡C—(2,3-二氟苯环)—OC_2H_5

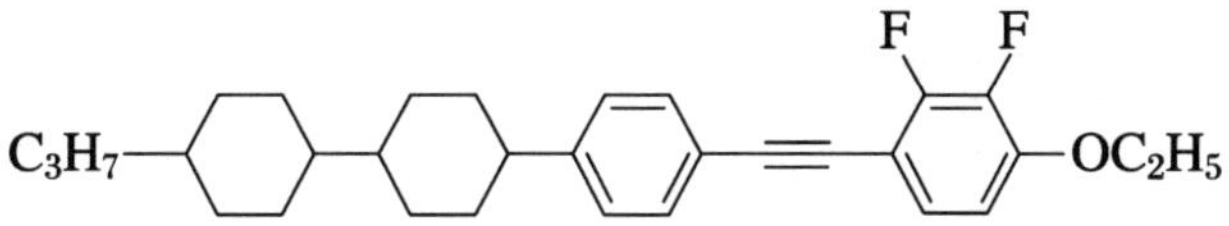

F-b-4 C_4H_9—(环己基)—(环己基)—(苯环)—C≡C—(2,3-二氟苯环)—OC_2H_5

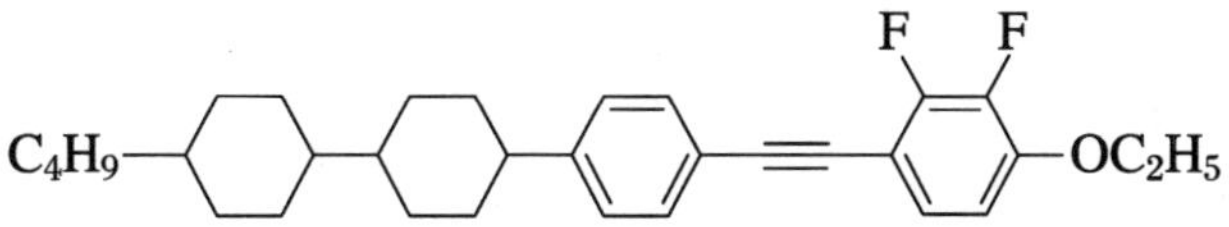

F-b-5 C_5H_{11}—(环己基)—(环己基)—(苯环)—C≡C—(2,3-二氟苯环)—OC_2H_5

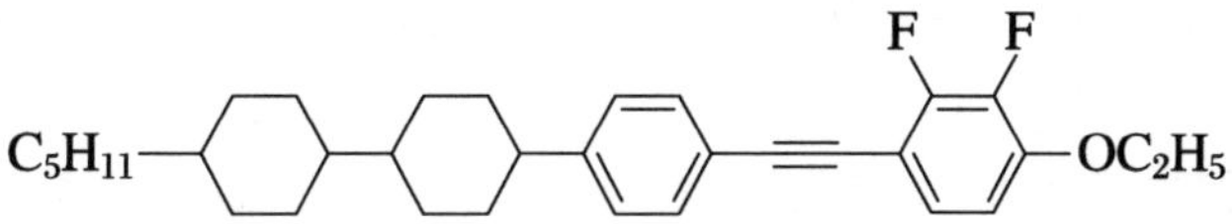

G　$C_nH_{2n+1}O$—(F,F,F,F)—CH_2CH_2—⟨ ⟩—COO—(F,F)—C_2H_5

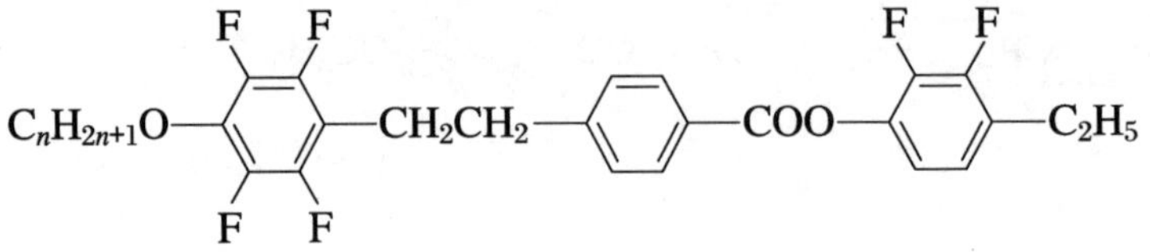

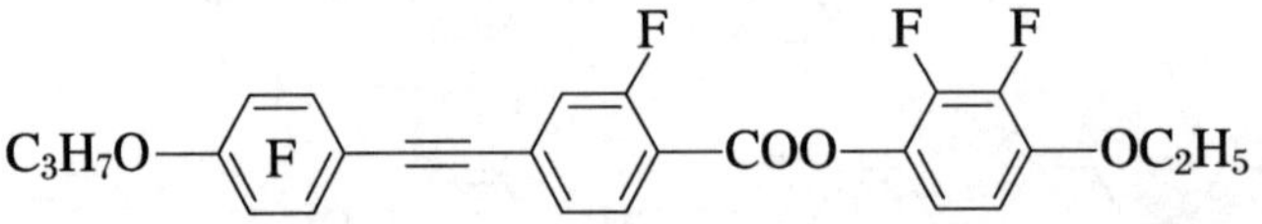

$n=2\sim5$

H　$C_nH_{2n+1}O$—(F,F,F,F)—≡—⟨ ⟩—COO—(F,F)—C_2H_5

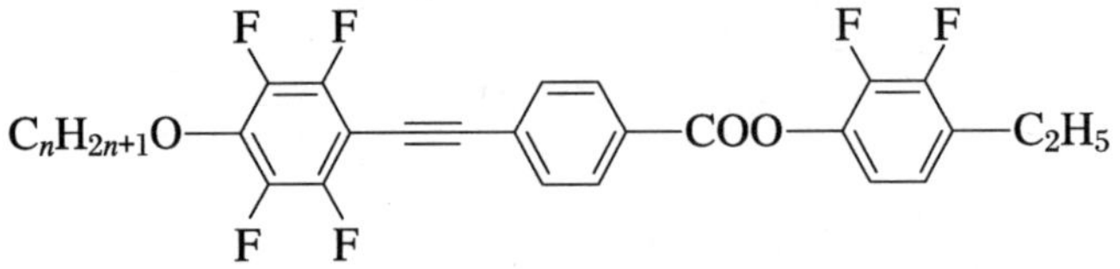

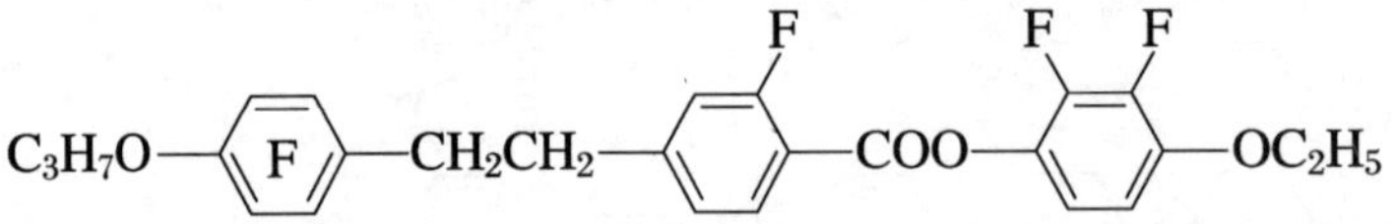

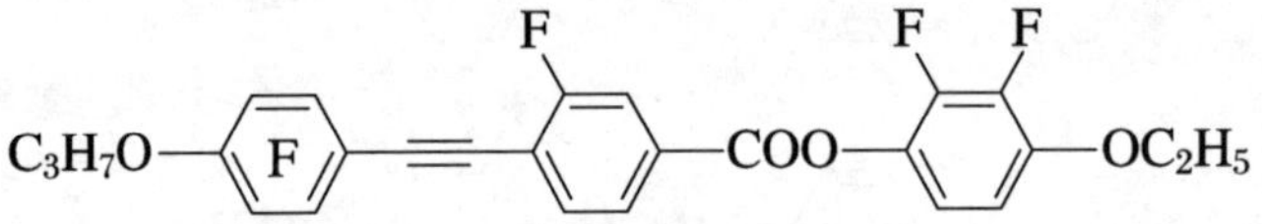

$n=2\sim5$

K　$C_nH_{2n+1}O$—(F,F,F,F)—≡—⟨ ⟩—CH_2O—(F,F)—OC_2H_5

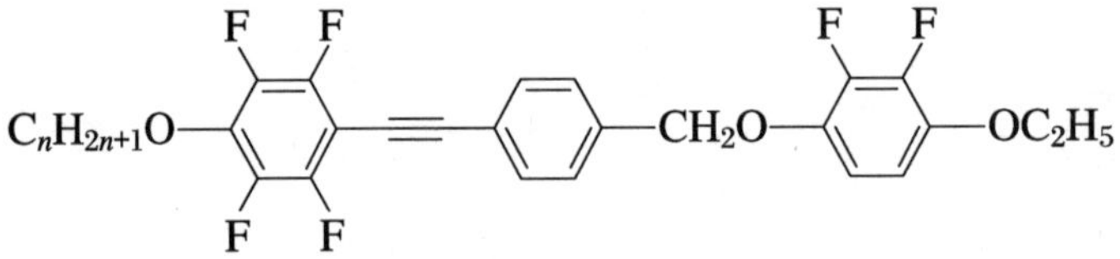

$n=2\sim5$

L-a　C_3H_7O—⟨F⟩—≡—(F)—COO—(F,F)—OC_2H_5

L-b　C_3H_7O—⟨F⟩—CH_2CH_2—(F)—COO—(F,F)—OC_2H_5

L″-a　C_3H_7O—⟨F⟩—≡—(F)—COO—(F,F)—OC_2H_5

L″-b　C_3H_7O—⟨F⟩—CH_2CH_2—(F)—COO—(F,F)—OC_2H_5

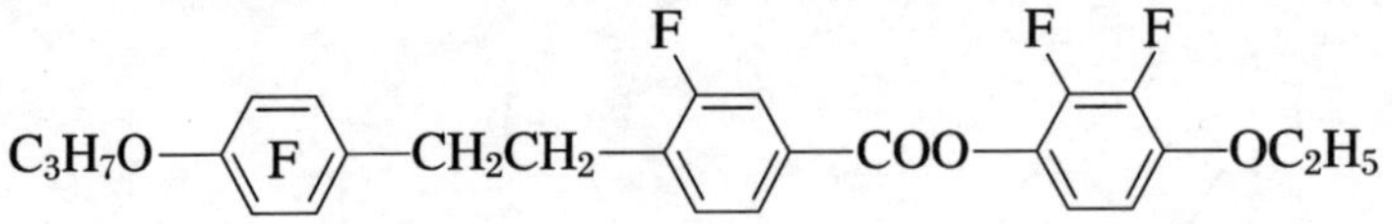

18.3　化合物的合成路线

18.3.1　D-a、D-b 系列化合物的合成路线

我们以2,3-二氟-4-乙氧基苯硼酸为原料,先用双氧水氧化水解成酚,2,3-二氟-4-乙氧基苯酚与原料对碘苯甲酸在 DCC 和 DMAP 作用下缩合得到 4-碘苯甲酸-(2,3-二氟-4-乙氧基)苯酯。将得到的酯和对烷氧基全氟苯乙炔用二价钯偶联得到目标化合物 D-b,化合物 D-b

通过 Pd/C 催化加氢得到目标产物 D-a。具体路线如图 2. 18. 1 所示。

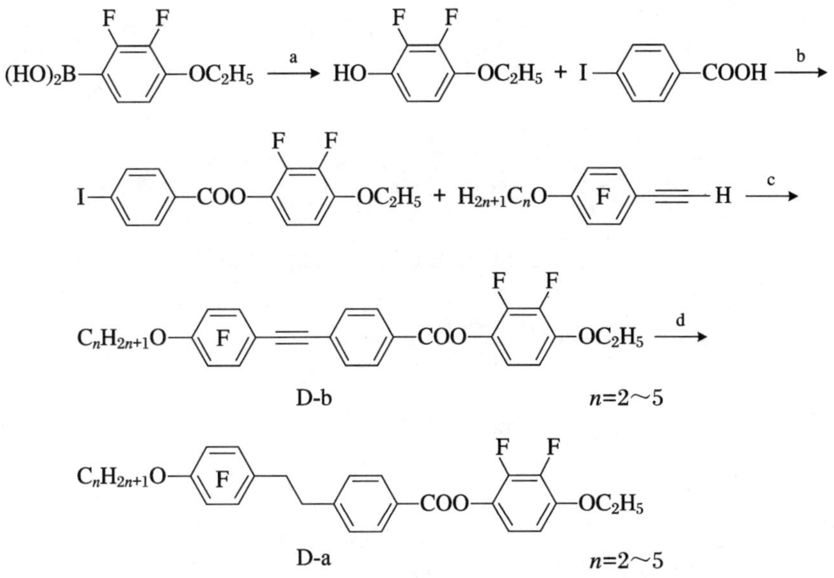

图 2. 18. 1　D-a、D-b 系列化合物的合成路线

反应试剂和条件：a. H_2O_2，CH_3COOH，THF；b. DCC，DMAP，THF；
c. $Pd(PPh_3)_2Cl_2$，CuI，Et_3N；d. Pd/C，H_2，甲苯

18. 3. 2　2，3-二氟-4-乙氧基-4′-[反式，反式-4′-正烷基(1，1′-双环己基)-4-基]1，1′-联苯类(E 系列)化合物的合成路线

在 E 系列化合物中，由于分子结构具有很高的刚性及引入了氟取代物，我们得到了具有高清亮点和高极性的正型向列相液晶化合物，可以作为 TFT 混合液晶的高温度组分。鉴于此，我们在分子中心苯环的侧位上引入两个氟原子，使得分子的偶极矩与分子长轴垂直，从而得到高稳定性的负型液晶 E 以便可用于 VA 型液晶显示器中，并对其液晶性能进行检测和研究。

此类化合物的合成路线比较简单，由于在前面目标化合物的合成过程中，我们得到了原料 4′-正烷基-4-(4-碘苯基)-反式，反式-双环己烷和 2，3-二氟-4-乙氧基苯硼酸，所以我们只需要将这两个原料在零价钯的催化作用下通过 Suzuki 偶联即可得到目标化合物 E。具体路线如图 2. 18. 2 所示。

Suzuki 偶联的反应机理如图 2. 18. 3 所示。此反应是在碱性条件和 Pd(0)的催化条件下将有机硼烷和卤代烷直接偶联的反应。本章涉及的 Suzuki 反应硼化物都是有机硼酸化合物，Pd(0)化合物为 $Pd(PPh_3)_4$。

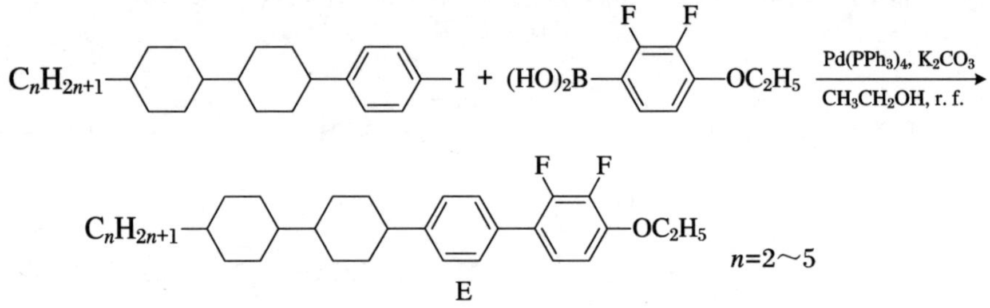

F F
C_nH_{2n+1}
I + $(HO)_2B$
OC_2H_5
$Pd(PPh_3)_4$, K_2CO_3
CH_3CH_2OH, r. f.
F F
C_nH_{2n+1}
OC_2H_5
n=2～5
E

图 2.18.2 E 系列化合物的合成路线

R—X + R′—B(Y)₂ → R—R′
$L_2Pd(0)$
R″ONa
RX
$L_2Pd(0)$
R—R′
氧化加成
还原消除
R L Pd L X
OR″
R′—B(Y)₂
R″ONa
R′B(Y)₂
金属转移
及异构化
L L Pd R R′
R″O—B(Y)₂

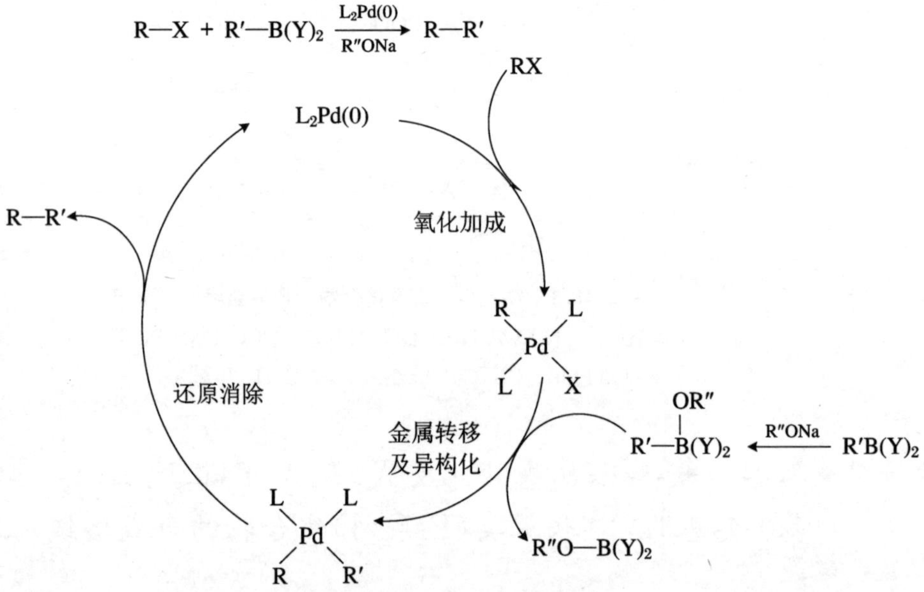

图 2.18.3 Suzuki 偶联的反应机理

18.3.3 4-正烷基-[(反式,反式-双环己基)-4-基]-(2,3-二氟-4-乙氧基苯乙炔基)苯类(F-a、F-b 系列)化合物的合成路线

在 E 系列中,我们发现 E 类液晶有近晶相态存在,在显示上不可用。为了使设计的液晶分子只存在向列相而具有更好的应用价值,我们在 E 系列化合物的分子结构中引入亚乙基中心桥键,以增加分子的长度和降低分子的黏度,看是否能得到单一的向列相液晶 F-a,在合成化合物 F-a 的过程中,我们还得到了以乙炔基为中心桥键的化合物 F-b,并对其相变进行研究。具体路线如图 2.18.4 所示。

18.3.4 H、G 系列化合物的合成路线

H、G 系列化合物的合成路线如图 2.18.5 所示。

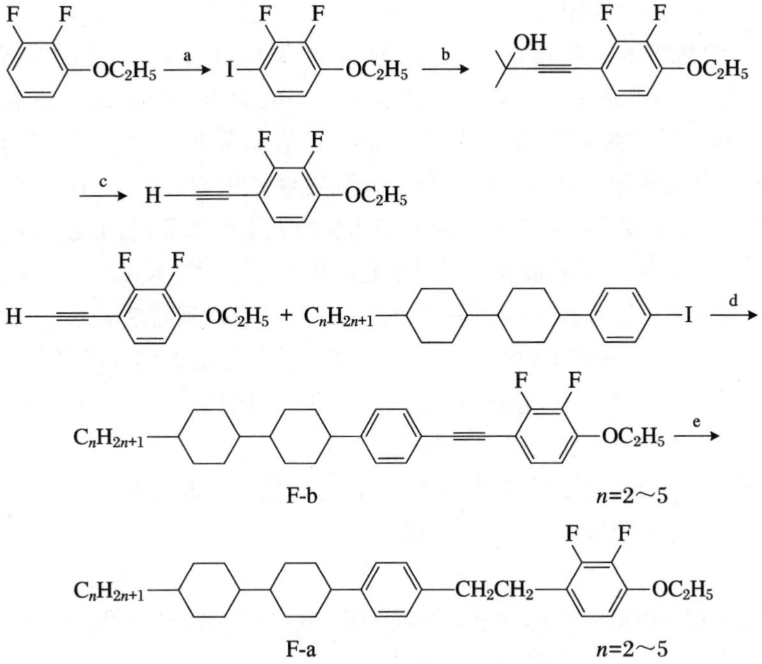

图 2.18.4　F-a、F-b 系列化合物的合成路线

反应试剂和条件：a. n-BuLi，THF；I_2，THF。b. $Pd(PPh_3)_2Cl_2$，CuI，Et_3N，2-甲基-3-丁炔-2-醇。c. KOH，甲苯。d. $Pd(PPh_3)_2Cl_2$，CuI，Et_3N。e. Pd/C，H_2，甲苯

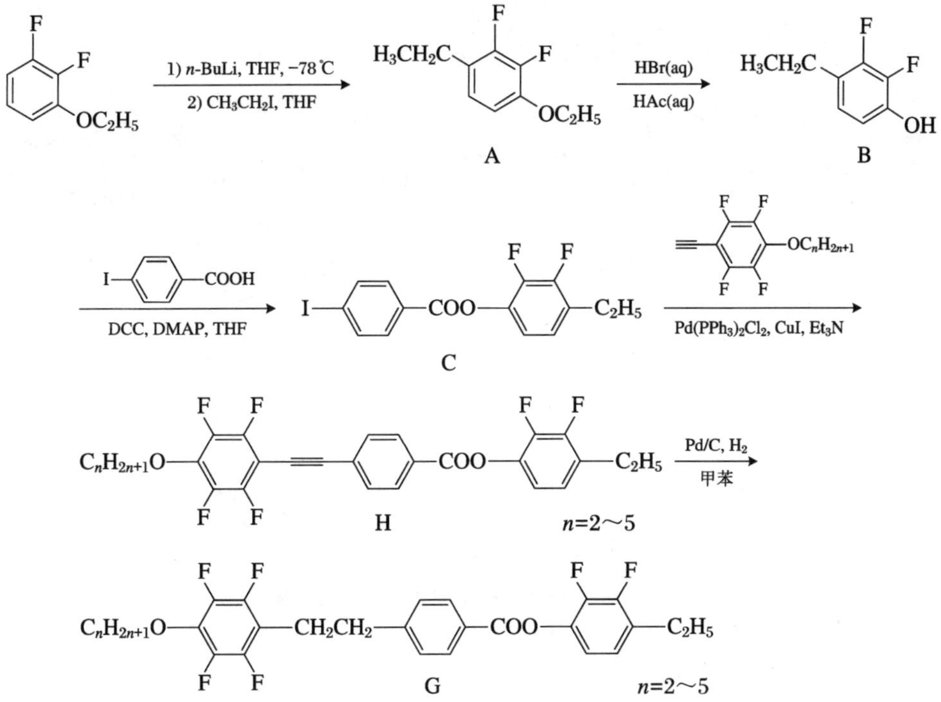

图 2.18.5　H、G 系列化合物的合成路线

烷基全氟苯乙炔和碘化合物通过 sonogashira 反应得到目标产物。首先,2,3-二氟乙氧基苯和 BuLi 已烷溶液在低温下反应一段时间,再滴加碘乙烷反应获得化合物 4-乙基-2,3-二氟乙氧基苯 A;4-乙基-2,3-二氟乙氧基苯在 47%的 HBr 溶液和醋酸溶液中加热回流获得化合物 4-乙基-2,3-二氟苯酚 B;将 2,3-二氟-4-乙氧基苯酚和对碘苯甲酸溶于 THF 中,以 DCC 和 DMAP 为催化剂,Keck 酯化反应得到对碘苯甲酸(2,3-二氟-4-乙氧基)苯酯 C;五氟溴苯、碘和镁在温度为 0 ℃左右反应得到化合物五氟碘苯 D;将五氟碘苯和三甲基硅乙炔通过钯催化反应得到 1-五氟苯基 2-三甲基硅乙炔[8];在碱性(K_2CO_3)条件下,将 1-五氟苯基 2-三甲基硅乙炔和正烷醇在常温下进行亲核取代反应[9]得到对烷氧基全氟苯乙炔 F;将对碘苯甲酸(2,3-二氟-4-乙氧基)苯酯 C 和对烷氧基全氟苯乙炔 F 溶于三乙胺,在二(三苯基膦)二氯化钯和碘化亚铜条件下,通过 sonogashira 偶合得到目标化合物 H,将得到的目标化合物 H 在钯/碳条件下催化加氢得到目标化合物 G。

用丁基锂低温反应生成的末端基为乙基,目的是乙基取代的苯化合物比乙氧基的脂溶性大得多,有利于形成稳定的液晶混合物。

在液晶化合物的分子中心引入氟原子可以有效地抑制近晶相的形成。本章所涉及的液晶化合物经偏光显微镜观察都只呈现出向列相,并没有近晶相出现。

18.3.5 K 系列化合物的合成路线

K 系列化合物的合成路线如图 2.18.6 所示。

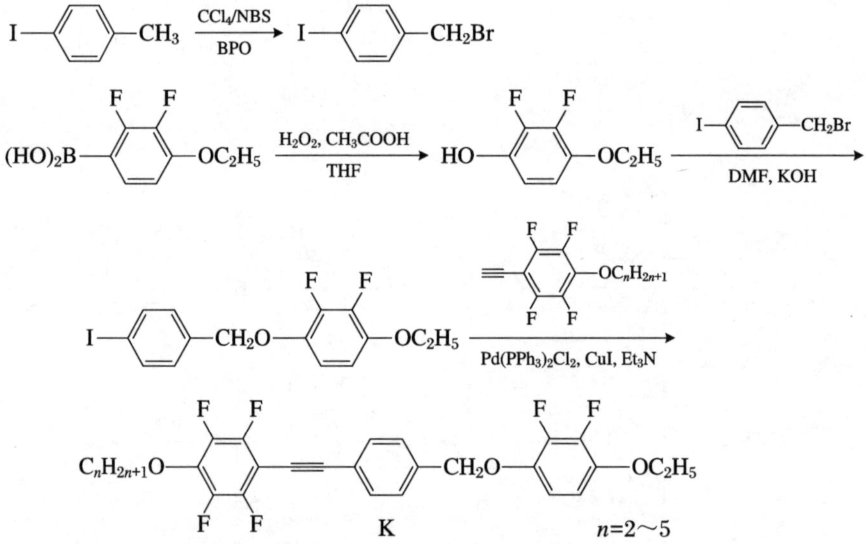

图 2.18.6 K 系列化合物的合成路线

18.3.6　L、L″系列化合物的合成路线

L 系列化合物的合成路线如图 2.18.7 所示。

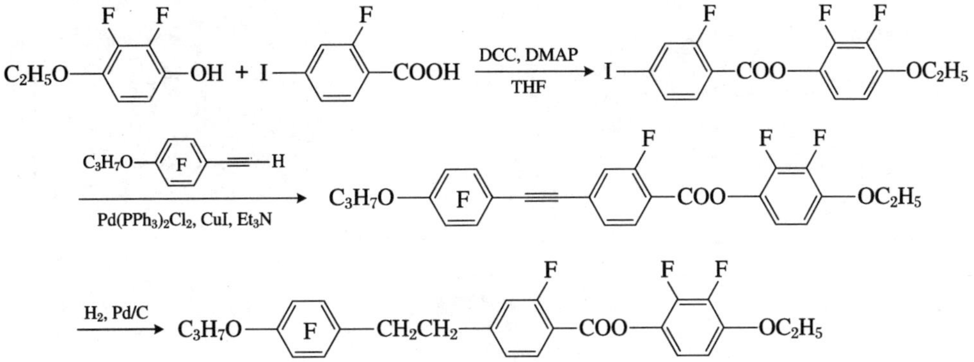

图 2.18.7　L 系列化合物的合成路线

L″系列化合物的合成路线如图 2.18.8 所示。

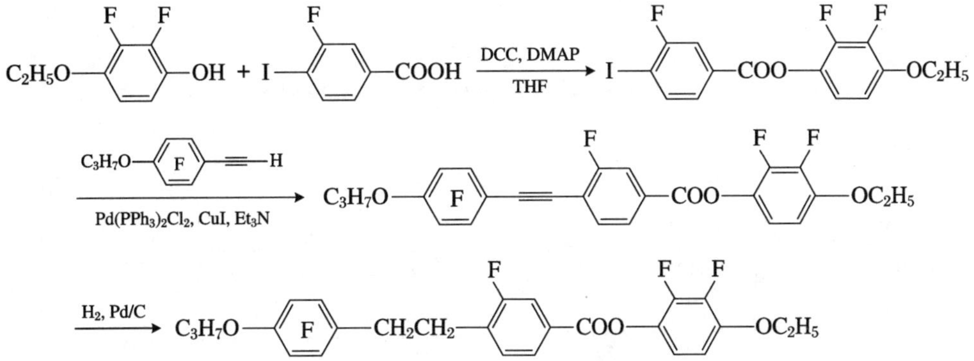

图 2.18.8　L″系列化合物的合成路线

18.4　化合物的相变研究

18.4.1　D 系列化合物的相变研究

以化合物 D-5（$n = 5$）为例：在偏光显微镜中观察，将样品放在 90°偏光下观察，以 5 ℃/min 的升温速度加热，对于化合物 D-a-5，当温度升至 82 ℃时，晶体开始熔化，视场直接变为暗场；当从液态降温至 77 ℃时出现丝状的纹影结构，继续降温至 63 ℃时变为晶体状

态。对于化合物D-b-5，当温度升至87 ℃时变为亮场，继续升温至190 ℃时视场变暗；当从液态降温至189 ℃时出现亮场，继续降温至50 ℃时变为晶体状态。D-a-5在升温过程中没有液晶相出现，但在降温过程中出现了纹影状的向列相液晶。而化合物D-b-5在升温和降温过程中都有向列相产生。

化合物D-a-5、D-b-5的DSC检测谱图分别如图2.18.9、图2.18.10所示。

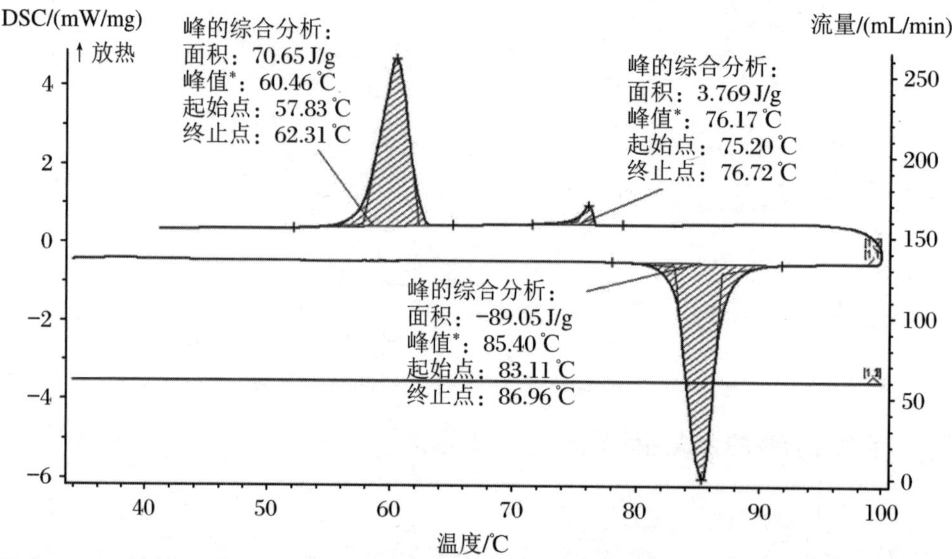

图2.18.9　化合物D-a-5的DSC检测谱图

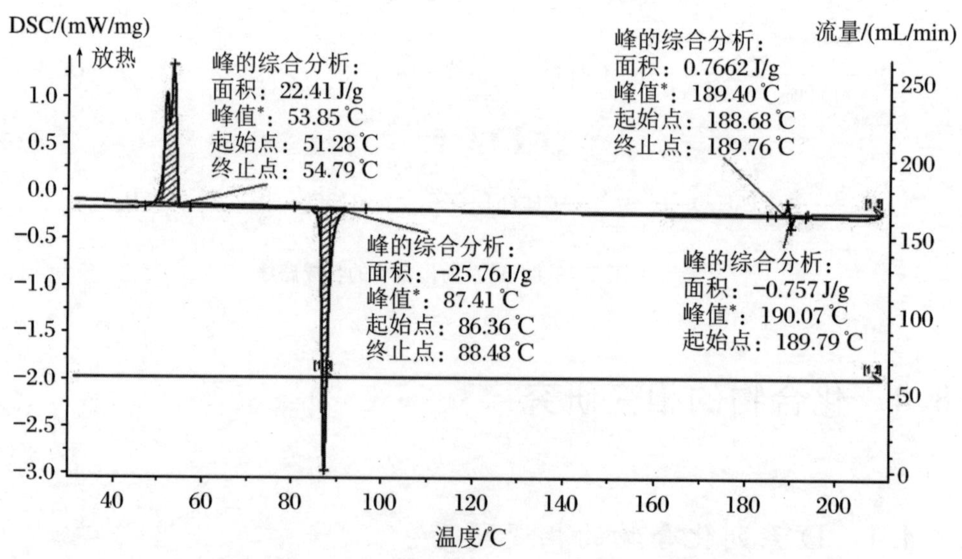

图2.18.10　化合物D-b-5的DSC检测谱图

经过检测，D系列化合物都具有液晶性，且是向列相液晶，D-a类化合物都呈现出与化合物D-a-5相似的相态变化，D-b类化合物都呈现出与化合物D-b-5相似的相态变化。D系列化合物的分子结构和相变温度见表2.18.1。

表 2.18.1　D 系列化合物的分子结构和相变温度

D-a　$C_nH_{2n+1}O$–(F-苯环)–CH_2CH_2–(苯环)–COO–(2,3-二氟苯环)–OC_2H_5　n=2～5

D-b　$C_nH_{2n+1}O$–(F-苯环)–C≡C–(苯环)–COO–(2,3-二氟苯环)–OC_2H_5　n=2～5

化合物	n	相变温度/℃
D-a-2	2	Cr 123.20 I 81.69 N 77.09 Cr
D-a-3	3	Cr 98.84 I 75.50 N 69.25 Cr
D-a-4	4	Cr 92.99 I 84.63 N 73.70 Cr
D-a-5	5	Cr 85.40 I 76.17 N 60.48 Cr
D-b-2	2	Cr 125.99 N 218.41 I 217.94 N 90.01 Cr
D-b-3	3	Cr 109.86 N 206.86 I 206.44 N 65.64 Cr
D-b-4	4	Cr 102.14 N 203.32 I 202.35 N 57.67 Cr
D-b-5	5	Cr 87.41 N 190.07 I 189.40 N 53.85 Cr

注　Cr:结晶相;N:向列相;I:各向同性液体。

通过表 2.18.1,作出了化合物 D-a 和化合物 D-b 的相变温度与碳链长度的关系曲线,分别如图 2.18.11 和图 2.18.12 所示,以便进行直观的对比并找出相关规律。

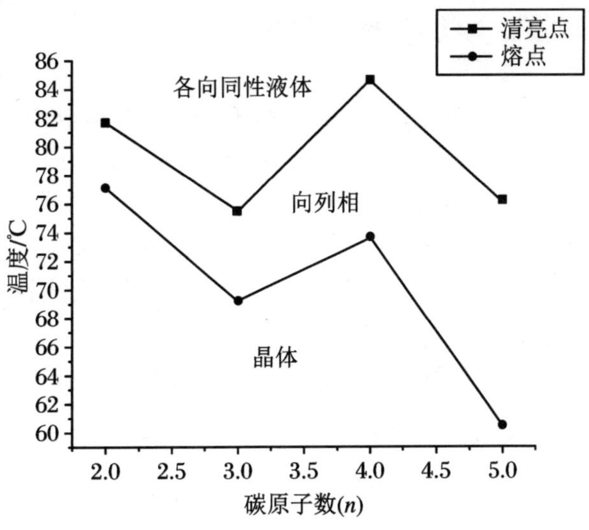

图 2.18.11　化合物 D-a 的相变温度与碳链长度的关系

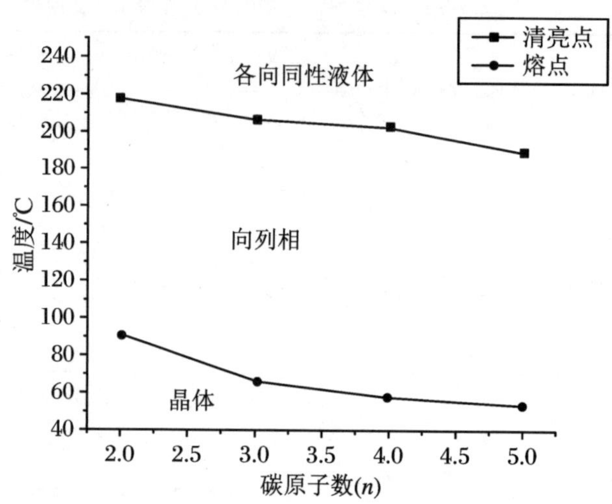

图 2.18.12 化合物 D-b 的相变温度与碳链长度的关系

从上图中的数据可以看出:D类化合物都有液晶性,且只有向列相。D-a类化合物都为单变液晶,由于分子中心以亚乙基为中心桥键,因此分子柔韧性比较好,得到的液晶化合物的黏度也比较低,但清亮点比较低,液晶温度范围比较窄。从图 2.18.11 中我们可以看出 D-a类化合物的相变温度具有奇偶效应,尾部连接的碳原子数为奇数时分子的熔点和清亮点比碳原子数为偶数时的低。D-b类化合物为互变液晶,具有很高的清亮点和很宽的液晶温度范围,分子的刚性比较强,具有很大的双折射,且引入氟原子和二苯乙炔结构,分子的黏度降低,所以 D-b类化合物可作为自适应光学调制器液晶材料。从图 2.18.12 中可以看出,随着尾部碳原子数的增多,D-b类化合物的熔点和清亮点都呈现降低趋势。

18.4.2 E系列化合物的相变研究

以化合物 E-3($n=3$)为例:在偏光显微镜中观察,当升温至 81 ℃时,样品开始熔化并呈现出近晶相的纹影织构,继续升温到 200 ℃时瞬间变成丝状的向列相,继续升温至 260 ℃时变为暗场。在降温过程中,248 ℃时出现丝状结构的亮场,温度降至 233 ℃时变成近晶相状态,继续降温至 25 ℃时变为晶相。通过偏光显微镜的观察,我们发现化合物 E-3 在升温和降温过程中同时有近晶相和向列相两种液晶相态存在,为双变液晶。

化合物 E-3 的 DSC 检测谱图如图 2.18.13 所示。

经过检测,E系列化合物都具有液晶性,且都呈现出与化合物 E-3 相似的相态变化。E系列化合物的分子结构和相变温度见表 2.18.2。

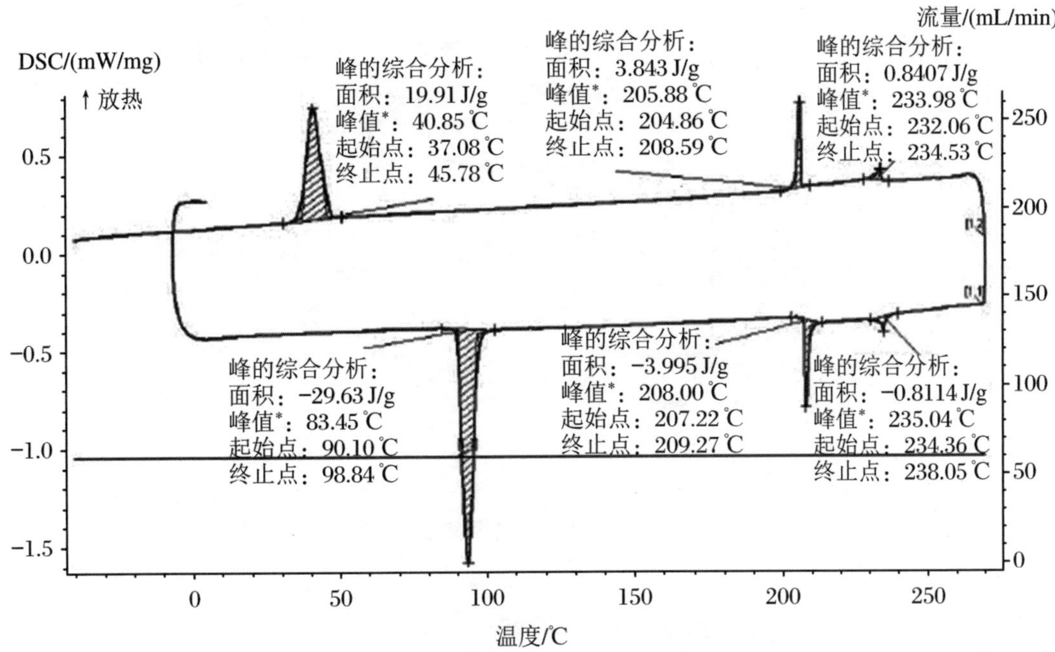

图 2.18.13　化合物 E-3 的 DSC 检测谱图

表 2.18.2　E 系列化合物的分子结构和相变温度

F　F

C_nH_{2n+1}—⬡—⬡—⬡—⬡—OC_2H_5

n=2～5

化合物	n	相变温度/℃
E-2	2	Cr 82.19 Sm 192.97 N 213.17 I 211.67 N 190.73 Sm 45.43 Cr
E-3	3	Cr 93.45 Sm 208.00 N 265.00 I 235.04 N 233.98 Sm 40.85 Cr
E-4	4	Cr 96.39 Sm 224.03 N 255.88 I 255.30 N 222.69 Sm 25.25 Cr
E-5	5	Cr 72.60 Sm 226.01 N 265.38 I 263.33 N 223.06 Sm 23.95 Cr

注　Cr:结晶相;Sm:近晶相;N:向列相;I:各向同性液体。

通过表 2.18.2,作出了 E 系列化合物的相变温度与碳链长度的关系曲线,如图 2.18.14 所示,以便进行直观的对比并找出相关规律。

从上面的测试结果可以看到:E 系列化合物在升温过程中呈现两种液晶相,温度较低时呈现近晶相,温度较高时呈现向列相,降温过程中高温时出现向列相,低温时出现近晶相。由于双环己烷存在着反式几何构型,分子堆积紧密,导致分子间的侧向引力增强,因此出现了近晶相。分子具有很大的刚性和双环己烷的紧密排列结构,使得得到的化合物具有很高的清亮点。从图 2.18.14 中可以看出,化合物的液晶温度范围具有奇偶效应,n 为偶数的化合物的液晶温度范围小于 n 为奇数的化合物。

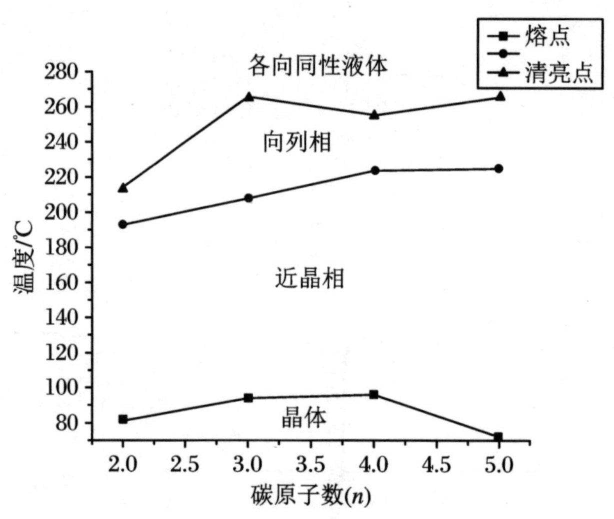

图 2.18.14 E系列化合物的相变温度与碳链长度的关系

18.4.3 F系列化合物的相变研究

通过偏光显微镜观察,发现化合物 F-b 在尾部烷基链较短($n=2$、3)时只有向列相出现,温度范围很宽,具有很高的清亮点,当尾部烷基链增长($n=4$、5)时出现近晶相。经偏光显微镜观察,F-b类液晶化合物的清亮点都在 270 ℃以上,比 DSC 检测到的数据清亮点要高,可能是样品在载玻片上铺得过厚,加热过程中受热不均匀,所以温度会相应过高。而当加氢使中心桥键变为亚乙基键的化合物 F-a 时,经偏光显微镜观察所有目标化合物都同时出现近晶相和向列相。

化合物 F-a-2 的 DSC 检测谱图如图 2.18.15 所示。

从图 2.18.15 中可以看出,化合物 F-a-2 在降温时没有出现熔点峰,是因为化合物在降温过程中出现了过冷现象,在很低的温度才出现熔点峰,而本次检测设置的最低温度为 25 ℃,没有达到出峰的温度。

化合物 F-b-3 的 DSC 检测谱图如图 2.18.16 所示。

经过检测,F-a 系列化合物都具有液晶性,且都呈现出与化合物 F-a-2 相似的相态变化。而 F-b 系列化合物也都具有液晶性,但化合物的液晶相态变化并不相同。F 系列化合物的分子结构和相变温度见表 2.18.3。

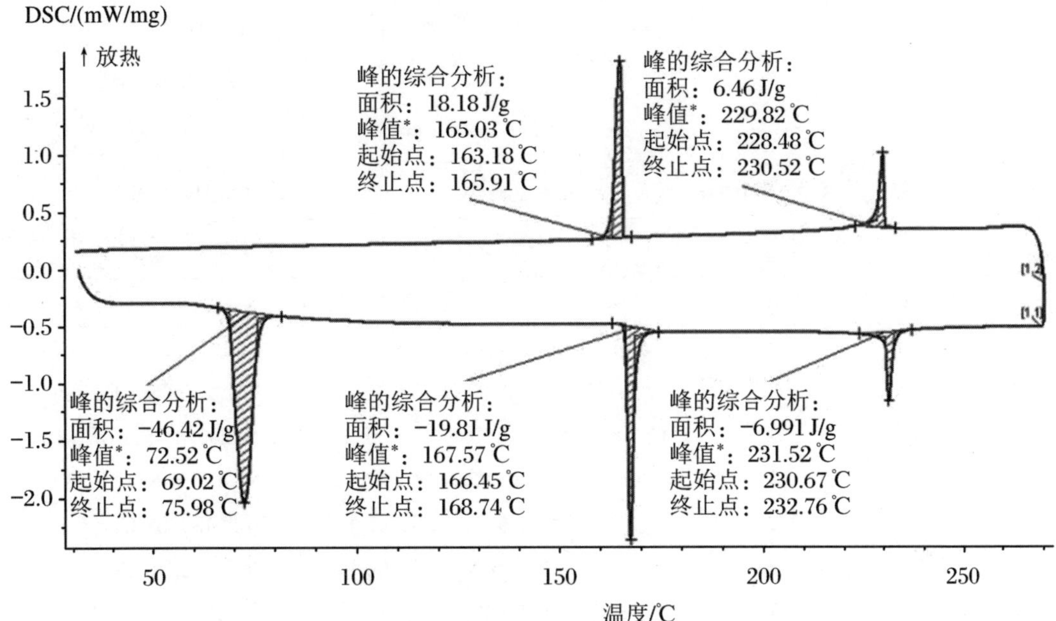

图 2.18.15　化合物 F-a-2 的 DSC 检测谱图

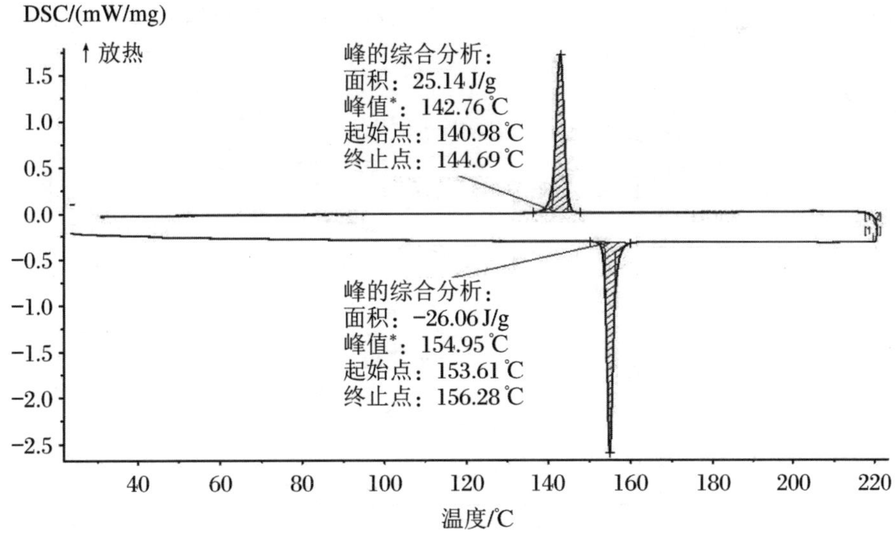

图 2.18.16　化合物 F-b-3 的 DSC 检测谱图

表 2.18.3　F 系列化合物的分子结构和相变温度

F-a　C_nH_{2n+1} — F F — OC_2H_5　n=2～5

F-b　C_nH_{2n+1} — F F — OC_2H_5　n=2～5

化合物	n	相变温度/℃
F-a-2	2	Cr 74.21 Sm 167.81 N 231.69 I 229.73 N 164.71 Sm 2.53 Cr
F-a-3	3	Cr 64.57 Sm 193.99 N 252.31 I 251.01 N 192.03 Sm 13.58 Cr
F-a-4	4	Cr 58.17 Sm 212.18 N 248.55 I 246.99 N 209.42 Sm 13.3 Cr
F-a-5	5	Cr 64.14 Sm 220.03 N 248.57 I 247.55 N 218.35 Sm 11.73 Cr
F-b-2	2	Cr 146.20 N ≈250.00 I ≈245.00 N 133.82 Cr
F-b-3	3	Cr 154.95 N ≈260.00 I ≈255.00 N 142.76 Cr
F-b-4	4	Cr 118.61 Sm 153.24 N 241.83 I 237.50 N 149.29 Sm 101.97 Cr
F-b-5	5	Cr 107.75 Sm 160.09 N 259.54 I 258.28 N 158.77 Sm 78.63 Cr

注　Cr：结晶相；Sm：近晶相；N：向列相；I：各向同性液体。

通过表 2.18.3，作出了化合物 F-a 和化合物 F-b 的相变温度与碳链长度的关系曲线，分别如图 2.18.17 和图 2.18.18 所示，以便进行直观的对比并找出相关规律。

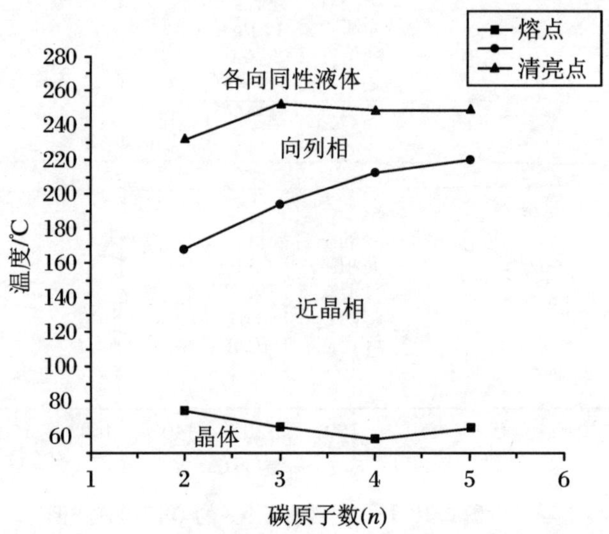

图 2.18.17　化合物 F-a 的相变温度与碳链长度的关系

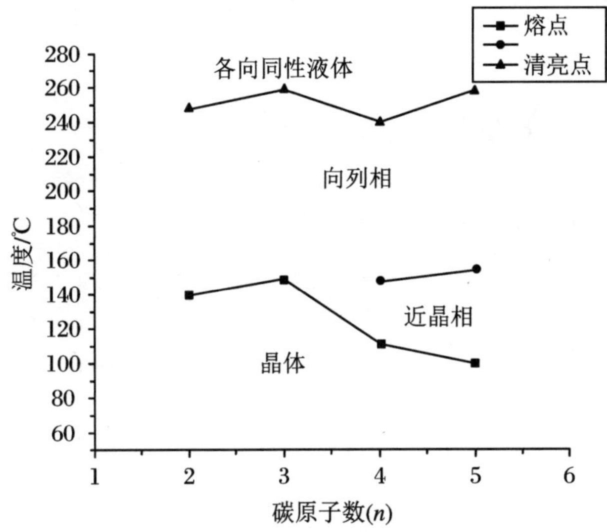

图 2.18.18　化合物 F-b 的相变温度与碳链长度的关系

从上面的测试结果和数据可以看出 F 系列化合物都具有很高的清亮点，F-a 系列和 F-b 系列化合物的清亮点都具有奇偶效应，同系列化合物当 n 为偶数时比 n 为奇数时的清亮点低。对于 F-b 类化合物，当 $n=2$、3 时，化合物分子在偏光显微镜上只观察到了向列相，分子的清亮点分别在 250 ℃和 260 ℃左右，但是 DSC 谱图上并没有清亮点相变峰出现，可能是清亮点时焓变太小和 DSC 的灵敏度不高，导致 DSC 谱图上没有出峰。当 $n=4$、5 时，由于液晶尾部烷基链的增长，分子的侧向引力增大，因此出现了近晶相。与化合物 E 相比，F-b 类化合物分子中加入了乙炔基中心桥键，使得分子的长宽比变大，所以尾部烷基链较短（$n=$ 2、3）时，F-b 类化合物只有向列相出现。而 F-a 类化合物的中心桥键亚乙基使得分子的长宽比和刚性都比化合物 F-b 小，所以出现了近晶相。

由于 F-b-2 和 F-b-3 两个液晶化合物只有向列相，分子中的二氟二苯乙炔结构的引入使得分子的清亮点和双折射比较高，氟的引入使得分子黏度降低，可作为 TFT-LCD 的高温组分。化合物 F-b-2 和 F-b-3 的条件也满足自适应光学系统的要求，可应用于自适应光学调制器。另一方面，空间几何作用使长宽比减小，结果会使清亮点下降。实验结果是，化合物的清亮点明显下降。这说明体积的空间作用比极性变化的影响更重要。

18.4.4　G 系列化合物的相变研究

G 系列化合物是以亚乙基桥键为中心桥键的化合物，与表 2.18.1 中的化合物相比，熔点减低，而且不出现液晶相。由于碳碳单键比三键略长，因此 G 系列化合物比 H 系列化合物的长度大，相应的长宽比也大一点。为什么 G 系列化合物反而不出现液晶相？这是由于它是加氢还原的结果，苯环之间的大共轭体系不存在。

由于亚乙基具有很好的柔性,易弯曲,故G系列化合物在温度变化的区间内并未呈现液晶相态。

18.4.5 H系列化合物的相变研究

H系列化合物的分子结构和相变温度见表2.18.4。

表2.18.4 H系列化合物的分子结构和相变温度

$C_nH_{2n+1}O$—(2,3,5,6-四氟苯)—≡—(苯)—COO—(2,3-二氟苯)—C_2H_5　　n=2～5

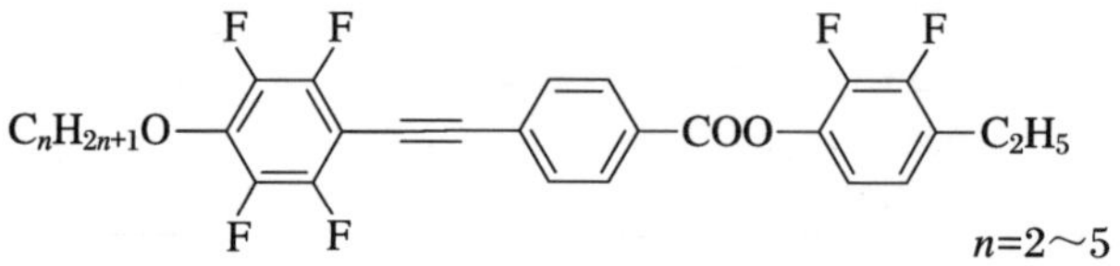

n	相变温度/℃
2	Cr 101.42 N 166.14 I 165.40 N 60.48 Cr
3	Cr 100.47 N 153.96 I 153.38 N 65.51 Cr
4	Cr 103.28 N 152.52 I 151.68 N 76.51 Cr
5	Cr 89.82 N 138.30 I 137.40 N 70.70 Cr

在液晶化合物的分子中心引入氟原子可以有效地抑制近晶相的形成。本章所涉及的液晶化合物经偏光显微镜观察都只呈现出向列相,并没有近晶相出现。

由于在液晶化合物中引入了2,3,5,6-四氟苯乙炔结构,分子的侧位多氟取代使得分子的宽度增加,分子间的相互作用力减弱,尽管抑制了近晶相的产生,但是向列相液晶化合物的清亮点也有了一定的下降。由于H系列化合物是二苯乙炔液晶化合物,应该具有高的双折射,在苯环的侧位引入氟原子,得到了负性液晶化合物。由于具有桥键炔键,共轭体系的刚性,使它们具有相当高的清亮点,清亮点随着烷氧基的碳原子数的增加而逐渐降低。下面讨论两个氟原子取代基的影响。2,3-二氟取代基引起两个相反的倾向,极性增加引起分子间引力增加。

18.4.6 L与L″系列化合物的相变研究

L-a　C_3H_7O—(F)—≡—(2-氟苯)—COO—(2,3-二氟苯)—OC_2H_5

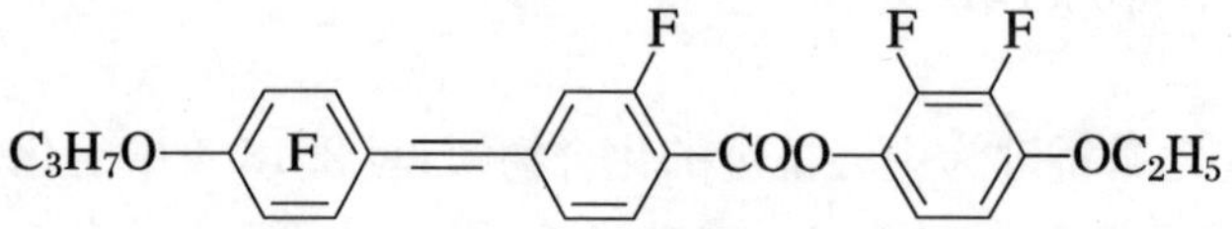

化合物L-a为优秀的互变液晶,熔点为124.7℃,清亮点为195℃,是单一向列相液晶。

L-b　C_3H_7O—(F)—CH_2CH_2—(2-氟苯)—COO—(2,3-二氟苯)—OC_2H_5

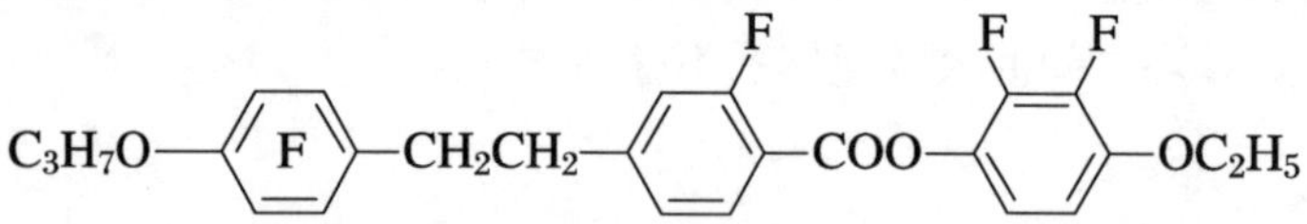

Cr　95.5 ℃　I　61.9 ℃　N　55 ℃

化合物 L-b 为单一向列相液晶,并且是单变混晶。

化合物 L-b 在液晶核的中间苯环的 2 位上,因为有氟原子取代,负性介电各向异性 Δε 绝对值明显会增大。作为单变液晶,旋转黏度低,这是一般规律,因而该液晶在 VA 模式及 FFS 模式显示方面有应用价值。

化合物 L-b 的 DSC 检测谱图如图 2.18.19 所示。

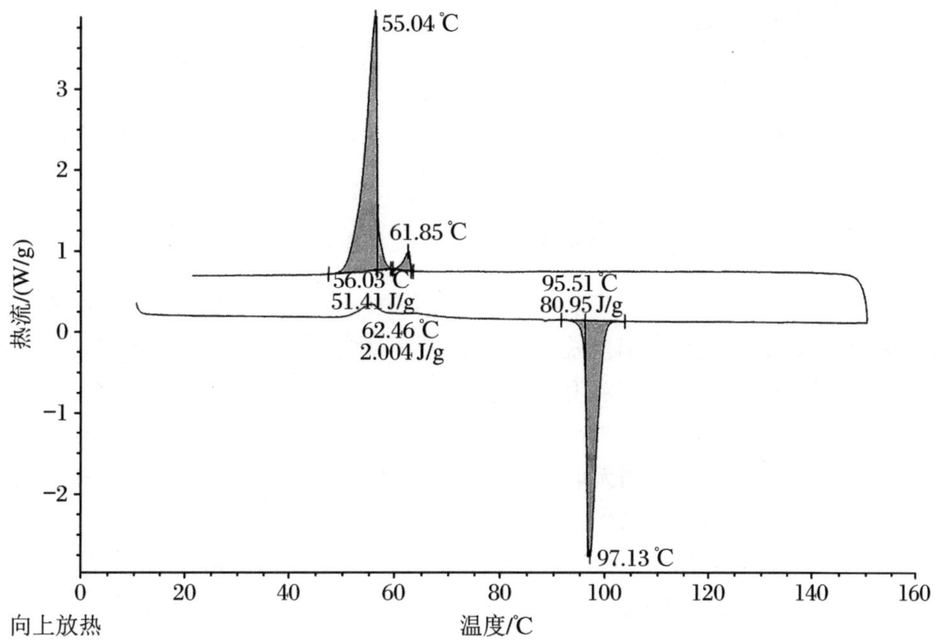

图 2.18.19　化合物 L-b 的 DSC 检测谱图

L″-a　C_3H_7O—(F)—≡—(F)—COO—(F,F)—OC_2H_5

Cr　107 ℃　N　200 ℃　I

化合物 L″-a 为优秀的互变液晶。

L″-b　C_3H_7O—(F)—CH_2CH_2—(F)—COO—(F,F)—OC_2H_5

与化合物 L-b 不同,化合物 L″-b 不是液晶。我们认为它们二者的区别,仅仅是中间苯甲酸环上氟原子取代位置的不同。与亚乙基相邻的氟原子,由于氟原子的强电负性,有可能与苯环亚甲基产生五元环结构,削弱氟原子对相邻分子的引力。

18.5　化合物的合成方法

18.5.1　D 系列化合物的合成

1. 2,3-二氟-4-乙氧基苯酚

合成路线如图 2.18.20 所示。

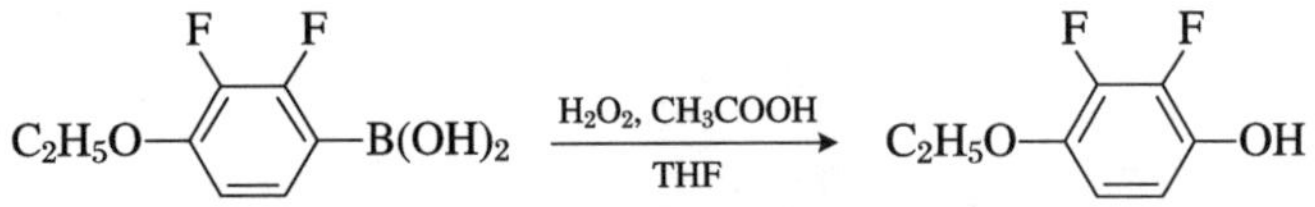

图 2.18.20　2,3-二氟-4-乙氧基苯酚的合成路线

将 18.4 g(0.091 mol)2,3-二氟-4-乙氧基苯硼酸、10.9 g(0.182 mol)冰醋酸和 70 mL 干燥的四氢呋喃加入 250 mL 三口烧瓶中，在冰水浴下从常压滴液漏斗中滴加 40.8 g(11.2 mol)双氧水，滴加过程中控制反应液温度在 40 ℃以下，10 min 滴加完毕，继续在常温下反应 20 h，TLC 跟踪至反应完全。向反应液中加入 100 mL 的硫酸钠(15%)水溶液并搅拌 5 min，用甲基叔丁基醚萃取，所得有机相用无水硫酸镁干燥，再减压蒸去溶剂，得到白色固体产物 15.80 g，熔点 72.7～73.4 ℃，产率 99.7%。

MS(m/z,%)：174(M^+,30.02)，146(100.00)。^1H NMR(400 MHz，氘代 DMSO) δ：1.30(t，J=6.8 Hz，3H)，4.02(q，J = 7.0 Hz，2H)，6.65～6.70(m，1H)，6.76～6.81(m，1H)，9.80(s，1H)。

2. 对碘苯甲酸(2,3-二氟-4-乙氧基)苯酯

合成路线如图 2.18.21 所示。

图 2.18.21　对碘苯甲酸(2,3-二氟-4-乙氧基)苯酯的合成路线

将 2.5 g(10.1 mmol)对碘苯甲酸、2.1 g(10.0 mmol)2,3-二氟-4-乙氧基苯酚、2.3 g(11.1 mmol)二环己基碳二亚胺和 90 mg(0.74 mmol)4-二甲氨基吡啶在氮气保护下加入 100 mL 三口烧瓶中，加入 60 mL 的四氢呋喃溶解，磁力搅拌，在常温下反应 30 h，TLC 跟踪至反应完全。反应液抽滤，固体用二氯甲烷洗，得到的下层母液分别用 5%的醋酸、盐水和水各洗 3 遍，所得有机相用无水硫酸钠干燥，减压蒸去溶剂，得到的固体用石油醚/二氯甲烷(体积比为 1∶1)的淋洗剂过柱，得到的粗产物再用石油醚/二氯甲烷(体积比为 20∶1)的配比溶剂重结晶，得到白色固体产物 2.70 g，产率 67%。

MS(m/z,%)：404(M^+,6.03)，231(100.00)。^1H NMR(400 MHz，$CDCl_3$) δ：1.47(t，

J=7.4 Hz,3H),4.14(q,J=7.4 Hz,2H),6.73～6.78(m,1H),6.91～6.96(m,1H),7.89(s,4H)。

3. 4-[(4-正戊氧基-2,3,5,6-四氟苯基)乙炔基]苯甲酸(2,3-二氟-4-乙氧基)苯酯(D-b-5)

合成路线如图 2.18.22 所示。

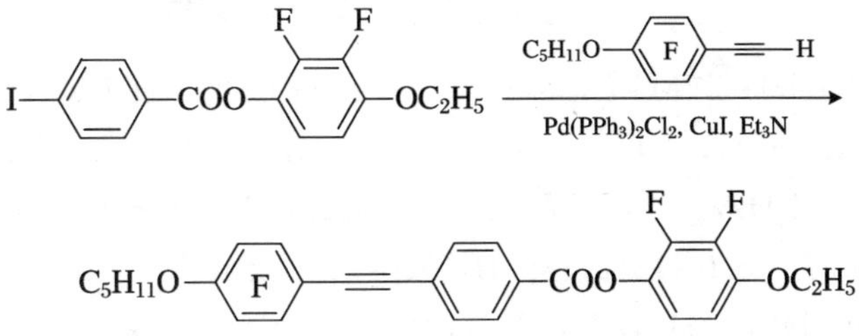

图 2.18.22　D-b-5 的合成路线

将 280 mg(1.1 mmol)对正戊氧基全氟苯乙炔、400 mg(1.0 mmol)对碘苯甲酸(2,3-二氟-4-乙氧基)苯酯、80 mg $Pd(PPh_3)_2Cl_2$、80 mg CuI 和 70 mL 三乙胺在氮气保护下加入 100 mL 三口烧瓶中,磁力搅拌,在回流下反应。5 h 后,TLC 跟踪至反应完全。冷却,抽滤,用甲基叔丁基醚洗固体,下层母液用水(5×50 mL)萃取得黄色有机相,用无水硫酸钠干燥,减压蒸去溶剂,用石油醚/乙酸乙酯(体积比为 40∶1)的淋洗剂过柱,得到白色固体粗产物,用石油醚重结晶,得到白色固体产物 0.48 g,产率 89%。

MS(m/z,%):536(M^+,1.48),363(100.00)。^1H NMR(400 MHz,$CDCl_3$) δ:0.94(t,J=7.0 Hz,3H),1.34～1.49(m,7H),1.77～1.84(m,2H),4.14(q,J=6.8 Hz,2H),4.29(t,J=6.6 Hz,2H),6.74～6.79(m,1H),6.93～6.98(m,1H),7.71(d,J=8.0 Hz,2H),8.20(d,J=8.0 Hz,2H)。IR(KBr,ν_{max},cm^{-1}):3451,2961,2933,2867,1738,1606,1514,1494,1440,1394,1272,1244,1119,1072,1018,982,858,762。

同类化合物的合成方法与化合物 D-b-5 的合成方法相同。

(1) 4-[(4-乙氧基-2,3,5,6-四氟苯基)乙炔基]苯甲酸(2,3-二氟-4-乙氧基)苯酯(D-b-2)(图 2.18.23)的数据如下:

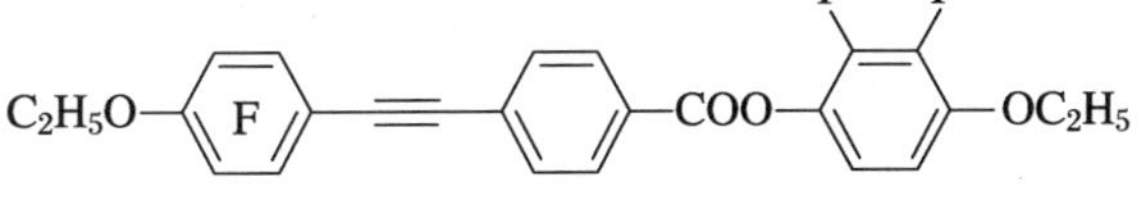

图 2.18.23　D-b-2 的分子结构

MS(m/z,%):494.1(M^+,1.25),321.1(100.00)。^1H NMR(400 MHz,$CDCl_3$) δ:1.36～1.42(m,6H),4.07(q,J=7.0 Hz,2H),4.31(q,J=7.0 Hz,2H),6.67～6.72(m,1H),6.86～6.91(m,1H),7.64(d,J=8.4 Hz,2H),8.13(d,J=8.4 Hz,2H)。IR(KBr,ν_{max},cm^{-1}):3451,2961,2933,2867,1738,1606,1514,1494,1440,1394,1272,1244,1119,1072,1018,982,858,762。

(2) 4-[(4-正丙氧基-2,3,5,6-四氟苯基)乙炔基]苯甲酸(2,3-二氟-4-乙氧基)苯酯(D-b-3)

(图2.18.24)的数据如下：

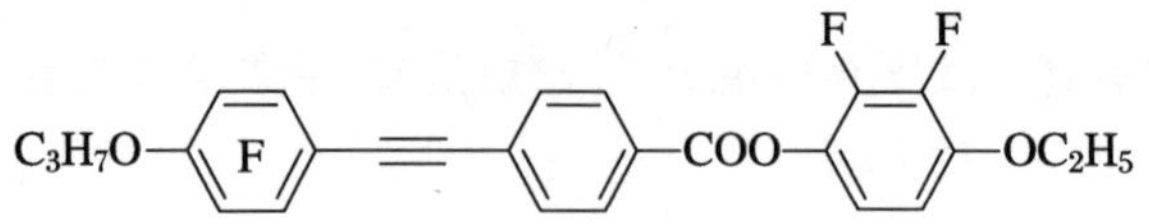

图2.18.24 D-b-3的分子结构

MS(m/z,%):508.2(M^+,27.80),335.1(100.00)。^{1}H NMR(400 MHz,$CDCl_3$) δ: 0.99(t,J=7.4 Hz,3H),1.40(t,J=7.0 Hz,3H),1.71～1.80(m,2H),4.07(q,J=7.0 Hz,2H),4.20(t,J=6.4 Hz,2H),6.67～6.72(m,1H),6.86～6.91(m,1H),7.63(d,J=8.0 Hz,2H),8.13(d,J=8.0 Hz,2H)。IR(KBr,ν_{max},cm^{-1}):3451,2961,2933,2867,1738,1606,1514,1494,1440,1394,1272,1244,1119,1072,1018,982,858,762。

(3) 4-[(4-正丁氧基-2,3,5,6-四氟苯基)乙炔基]苯甲酸(2,3-二氟-4-乙氧基)苯酯(D-b-4)(图2.18.25)的数据如下：

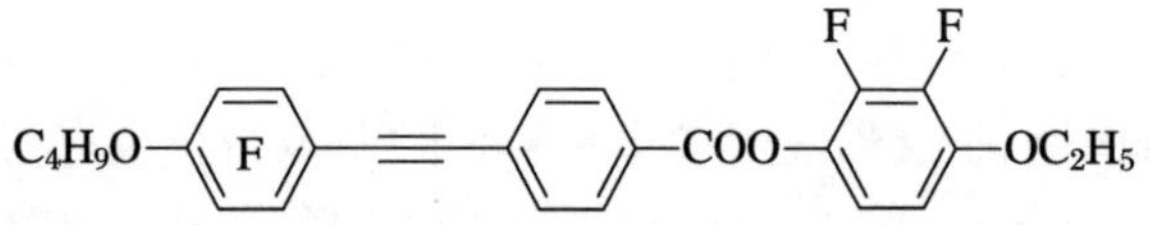

图2.18.25 D-b-4的分子结构

MS(m/z,%):522.1(M^+,1.96),349.1(100.00)。^{1}H NMR(400 MHz,$CDCl_3$) δ: 0.92(t,J=7.4 Hz,3H),1.39～1.47(m,5H),1.68～1.75(m,2H),4.07(q,J=7.0 Hz,2H),4.23(t,J=6.4 Hz,2H),6.67～6.72(m,1H),6.86～6.91(m,1H),7.64(d,J=8.4 Hz,2H),8.13(d,J=8.4 Hz,2H)。IR(KBr,ν_{max},cm^{-1}):3451,2961,2933,2867,1738,1606,1514,1494,1440,1394,1272,1244,1119,1072,1018,982,858,762。

4. 4-[(4-正戊氧基-2,3,5,6-四氟苯基)乙基]苯甲酸(2,3-二氟-4-乙氧基)苯酯(D-a-5)

合成路线如图2.18.26所示。

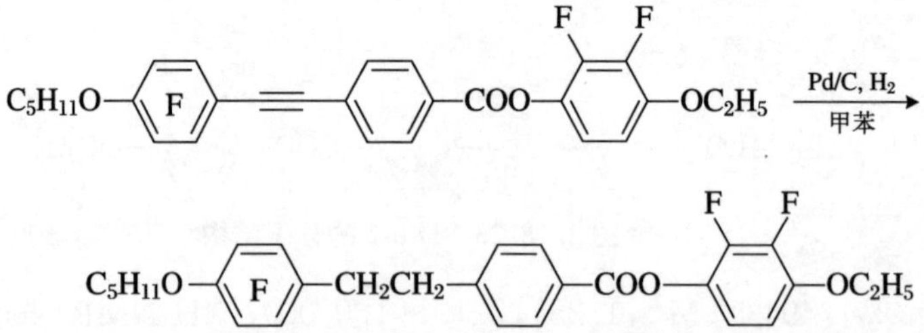

图2.18.26 D-a-5的合成路线

将0.30 g 4-[(4-正戊氧基-2,3,5,6-四氟苯基)乙炔基]苯甲酸(2,3-二氟-4-乙氧基)苯酯、催化量的Pd/C和200 mL甲苯加入反应釜中,加过量氢,控制温度在40 ℃左右,6 h后反应完全。用石油醚/乙酸乙酯(体积比为5∶1)的淋洗剂过柱,得到白色固体粗产物0.3 g。用石油醚重结晶,得到白色固体产品0.27 g,产率89%。

MS(m/z,%):540(M^+,0.69),367(100.00)。^1H NMR(400 MHz,$CDCl_3$) δ:0.93(t,J=7.0 Hz,3H),1.35～1.49(m,7H),1.74～1.81(m,2H),2.96～3.03(m,4H),4.11～4.20(m,4H),6.73～6.78(m,1H),6.92～6.97(m,1H),7.32(d,J=8.4 Hz,2H),8.12(d,J=8.0 Hz,2H)。IR(KBr,ν_{max},cm^{-1}):3448,2935,2872,1747,1654,1610,1495,1417,1392,1277,1245,1136,1116,1081,1068,1024,982,942,856,700。

同类化合物的合成方法与化合物 D-a-5 的合成方法相同。

(1) 4-[(4-乙氧基-2,3,5,6-四氟苯基)乙基]苯甲酸(2,3-二氟-4-乙氧基)苯酯(D-a-2)(图 2.18.27)的数据如下：

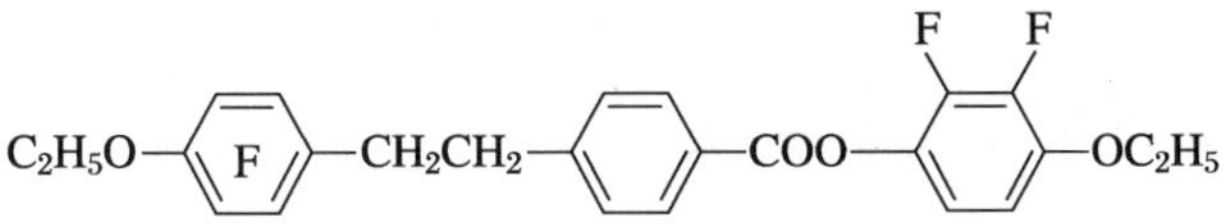

图 2.18.27　D-a-2 的分子结构

MS(m/z,%):498.1(M^+,0.69),325.1(100.00)。^1H NMR(400 MHz,$CDCl_3$) δ:1.34(t,J=7.2 Hz,3H),1.40(t,J=7.0 Hz,3H),2.88～2.97(m,4H),4.07(q,J=7.0 Hz,2H),4.20(q,J=7.2 Hz,2H),6.60～6.71(m,1H),6.85～6.90(m,1H),7.25(d,J=8.0 Hz,2H),8.05(d,J=8.0 Hz,2H)。^{19}F NMR(400 MHz,$CDCl_3$) δ:−157.65～−157.57(m,2F),−155.84(d,J=16.4 Hz,1F),−149.21(d,J=21.6 Hz,1F),−146.10～−146.02(m,2F)。IR(KBr,ν_{max},cm^{-1}):3448,2935,2872,1747,1654,1610,1495,1417,1392,1277,1245,1136,1116,1081,1068,1024,982,942,856,700。

(2) 4-[(4-正丙氧基-2,3,5,6-四氟苯基)乙基]苯甲酸(2,3-二氟-4-乙氧基)苯酯(D-a-3)(图 2.18.28)的数据如下：

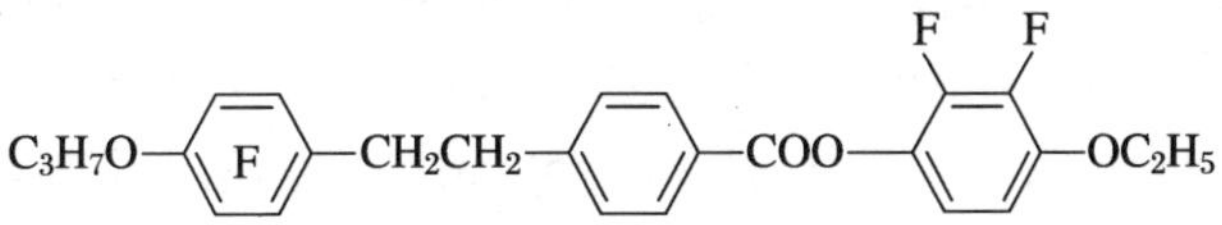

图 2.18.28　D-a-3 的分子结构

MS(m/z,%):512.1(M^+,0.70),339.1(100.00)。^1H NMR(400 MHz,$CDCl_3$) δ:0.97(t,J=7.4 Hz,3H),1.38～1.47(m,3H),1.70～1.75(m,2H),2.89～2.96(m,4H),4.04～4.10(m,4H),6.66～6.71(m,1H),6.85～6.90(m,1H),7.25(d,J=8.4 Hz,2H),8.05(d,J=8.4 Hz,2H)。IR(KBr,ν_{max},cm^{-1}):3448,2935,2872,1747,1654,1610,1495,1417,1392,1277,1245,1136,1116,1081,1068,1024,982,942,856,700。

(3) 4-[(4-正丁氧基-2,3,5,6-四氟苯基)乙基]苯甲酸(2,3-二氟-4-乙氧基)苯酯(D-a-4)(图 2.18.29)的数据如下：

MS(m/z,%):526.2(M^+,0.63),353.1(100.00)。^1H NMR(400 MHz,$CDCl_3$) δ:0.90(t,J=7.4 Hz,3H),1.35～1.46(m,5H),1.65～1.72(m,2H),2.89～2.96(m,4H),4.04～4.14(m,4H),6.66～6.71(m,1H),6.85～6.90(m,1H),7.25(d,J=8.0 Hz,2H),

8.04(d,J=8.4 Hz,2H)。^{19}F NMR(400 MHz,$CDCl_3$) δ:−157.70～−157.62(m,2F),−155.84(d,J=16.8 Hz,1F),−149.21(d,J=22.8 Hz,1F),−146.16～−146.08(m,2F)。IR(KBr,ν_{max},cm^{-1}):3448,2935,2872,1747,1654,1610,1495,1417,1392,1277,1245,1136,1116,1081,1068,1024,982,942,856,700。

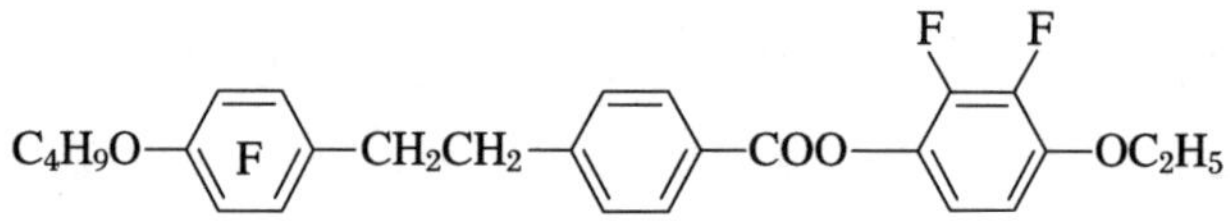

C_4H_9O—[F-苯环]—CH_2CH_2—[苯环]—COO—[2,3-二氟苯环]—OC_2H_5

图 2.18.29 D-a-4 的分子结构

18.5.2 E系列化合物的合成

2,3-二氟-4-乙氧基-4′-[反式,反式-4′-乙基(1,1′-双环己基)-4-基]1,1′-联苯(E-2)

合成路线如图 2.18.30 所示。

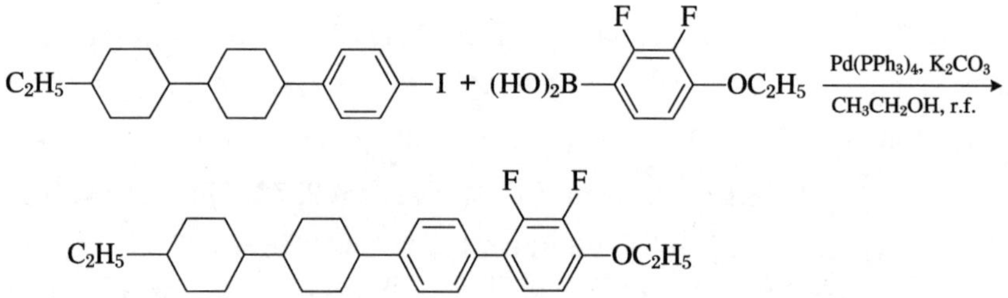

C_2H_5—[环己基]—[环己基]—[苯环]—I + $(HO)_2B$—[2,3-二氟苯环]—OC_2H_5 $\xrightarrow[CH_3CH_2OH,\ r.f.]{Pd(PPh_3)_4,\ K_2CO_3}$

C_2H_5—[环己基]—[环己基]—[苯环]—[2,3-二氟苯环]—OC_2H_5

图 2.18.30 E-2 的合成路线

称取4′-乙基-4-(4-碘苯基)-反式,反式-双环己烷0.95 g(2.4 mmol)、2,3-二氟-对乙氧基苯硼酸0.5 g(2.5 mmol)、碳酸钾0.4 g(2.9 mmol)、$Pd(PPh_3)_4$ 0.09 g(0.075 mmol)在氮气保护下加入100 mL三口烧瓶中,加入80 mL无水乙醇,磁力搅拌,回流下反应。4 h后点板,待反应完全后,冷却,析出固体,抽滤,得到的固体用冷的乙醇洗,所得固体用石油醚/乙酸乙酯(体积比为10∶1)的淋洗剂过柱,得到灰白色固体。再用乙醇/乙酸乙酯/甲苯(体积比为4∶2∶1)作为混合溶剂重结晶两次,得到白色固体产品0.74 g,产率69%。

MS(m/z,%):426.3(M^+,100.00),426.3(100.00)。^{1}H NMR(400 MHz,$CDCl_3$) δ:0.79～0.84(m,5H),0.89～1.05(m,4H),1.10～1.15(m,5H),1.39～1.42(m,5H),1.67～1.90(m,8H),2.38～2.46(m,1H),4.08(q,J=6.8 Hz,2H),6.69～6.73(m,1H),6.99～7.04(m,1H),7.19(s,2H),7.35(d,J=6.8 Hz,2H)。

同类化合物的合成方法与化合物E-2的合成方法相同。

(1) 2,3-二氟-4-乙氧基-4′-[反式,反式-4′-正丙基(1,1′-双环己基)-4-基]1,1′-联苯(E-3)(图2.18.31)的合成操作和数据如下:

投料:4′-正丙基-4-(4-碘苯基)-反式,反式-双环己烷1.0 g(2.4 mmol),2,3-二氟-对乙氧基苯硼酸0.5 g(2.5 mmol),碳酸钾0.36 g(2.6 mmol),$Pd(PPh_3)_4$ 0.09 g(0.075 mmol),无

水乙醇 80 mL。产量 0.79 g,产率 74%。

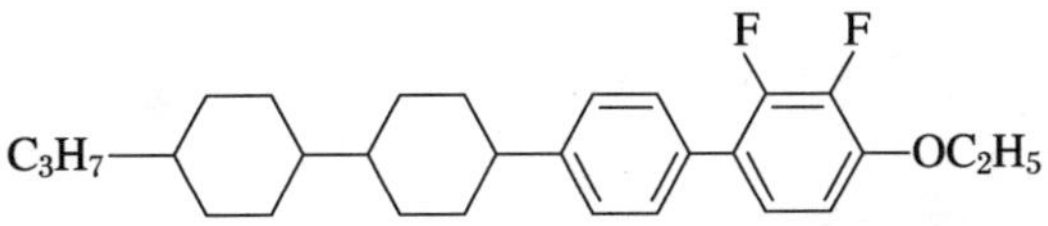

图 2.18.31　E-3 的分子结构

MS(m/z,%):440.3(M^+,100.00),440.3(100.00)。^1H NMR(400 MHz,$CDCl_3$) δ:0.76～0.83(m,5H),0.89～1.02(m,3H),1.07～1.09(m,6H),1.18～1.27(m,2H),1.39～1.42(m,5H),1.67～1.90(m,8H),2.38～2.46(m,1H),4.08(q,J=7.0 Hz,2H),6.69～6.73(m,1H),6.99～7.04(m,1H),7.19(s,2H),7.35(d,J=6.8 Hz,2H)。

(2) 2,3-二氟-4-乙氧基-4′-[反式,反式-4′-正丁基(1,1′-双环己基)-4-基]1,1′-联苯(E-4)(图 2.18.32)的合成操作和数据如下:

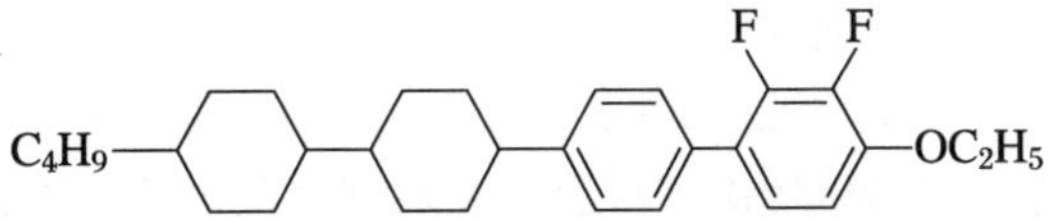

图 2.18.32　E-4 的分子结构

投料:4′-正丁基-4-(4-碘苯基)-反式,反式-双环己烷 1.02 g(2.4 mmol),2,3-二氟-对乙氧基苯硼酸 0.5 g(2.5 mmol),碳酸钾 0.4 g(2.9 mmol),$Pd(PPh_3)_4$ 0.1 g(0.086 mmol),无水乙醇 80 mL。产量 0.86 g,产率 79%。

MS(m/z,%):454.3(M^+,100.00),454.3(100.00)。^1H NMR(400 MHz,$CDCl_3$) δ:0.79～0.84(m,5H),0.89～1.01(m,3H),1.09～1.16(m,6H),1.18～1.22(m,4H),1.39～1.42(m,5H),1.67～1.90(m,8H),2.38～2.45(m,1H),4.08(q,J=7.0 Hz,2H),6.69～6.73(m,1H),6.99～7.04(m,1H),7.19(s,2H),7.35(d,J=7.2 Hz,2H)。

(3) 2,3-二氟-4-乙氧基-4′-[反式,反式-4′-正戊基(1,1′-双环己基)-4-基]1,1′-联苯(E-5)(图 2.18.33)的合成操作和数据如下:

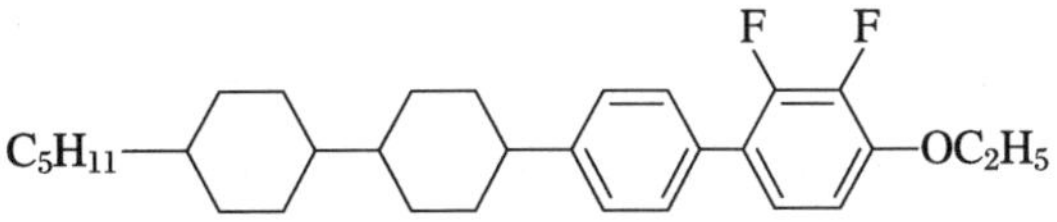

图 2.18.33　E-5 的分子结构

投料:4′-正戊基-4-(4-碘苯基)-反式,反式-双环己烷 1.05 g(2.4 mmol),2,3-二氟-对乙氧基苯硼酸 0.5 g(2.5 mmol),碳酸钾 0.38 g(2.8 mmol),$Pd(PPh_3)_4$ 0.1 g(0.086 mmol),无水乙醇 80 mL。产量 0.82 g,产率 77%。

MS(m/z,%):468.3(M^+,100.00),468.3(100.00)。^1H NMR(400 MHz,$CDCl_3$) δ:0.78～0.83(m,5H),0.89～1.01(m,3H),1.09～1.11(m,6H),1.15～1.24(m,6H),1.34～1.42(m,5H),1.66～1.90(m,8H),2.38～2.45(m,1H),4.08(q,J=7.2 Hz,2H),6.68

~6.73(m,1H),6.99~7.03(m,1H),7.19(s,2H),7.35(d,J=7.2 Hz,2H)。

18.5.3 F系列化合物的合成

1. 2,3-二氟对乙氧基碘苯

合成路线如图2.18.34所示。

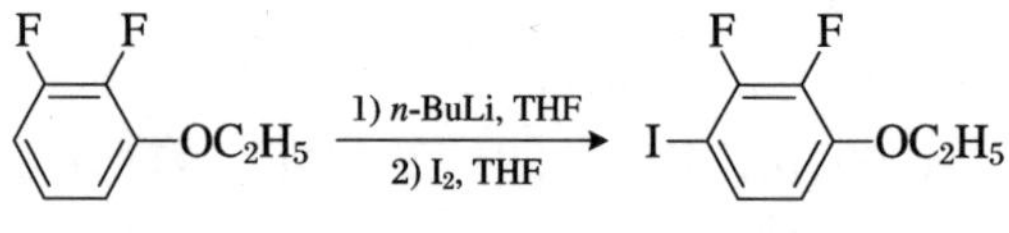

图2.18.34 2,3-二氟对乙氧基碘苯的合成路线

将10 g(0.063 mol)2,3-二氟乙氧基苯和70 mL干燥的四氢呋喃在氮气保护下加入250 mL三口烧瓶中,机械搅拌,降温至-78 ℃以下,滴加40 mL(2 mol/L)的正丁基锂,20 min滴完,控制温度在-80~-70 ℃反应1.5 h。自动升温至-60 ℃时滴加20 g(0.079 mol)碘溶于50 mL THF溶液中,40 min滴完,控制温度在-70~-60 ℃反应2 h,停止。自动升温至常温,加饱和的氯化铵水溶液200 mL,分层,无机相用乙酸乙酯萃取两次,合并有机相,并用亚硫酸氢钠水溶液洗3次,水洗两次,所得有机相用无水硫酸镁干燥,水泵减压蒸馏除去溶剂,油泵减压蒸馏,收集馏分84~88 ℃/2 mmHg,得粗产品9.5 g。再用石油醚重结晶,得到白色固体产品7.1 g,熔点37.0~38.8 ℃,产率39%。

MS(m/z,%):284.0(M^+,41.35),255.9(100.00)。^1H NMR(400 MHz,$CDCl_3$) δ:1.38(t,J=7.0 Hz,3H),4.03(q,J=7.0 Hz,2H),6.47~6.52(m,1H),7.27~7.32(m,1H)。

2. 1,1-二甲基-3-(2,3-二氟-4-乙氧基苯)-2-丙炔-1-醇

合成路线如图2.18.35所示。

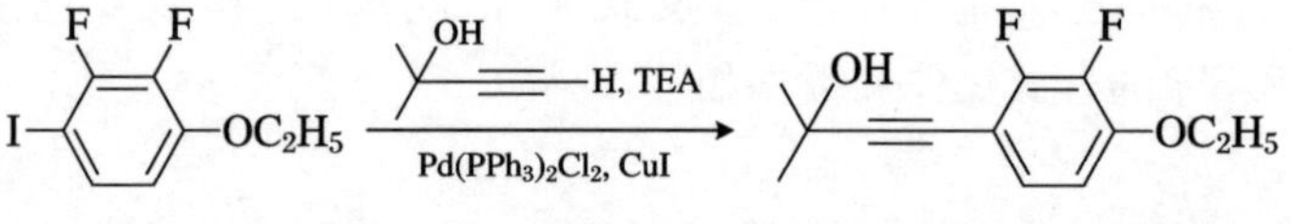

图2.18.35 1,1-二甲基-3-(2,3-二氟-4-乙氧基苯)-2-丙炔-1-醇的合成路线

将4 g(0.014 mol)2,3-二氟对乙氧基碘苯、1.5 g(0.018 mol)1,1-二甲基-2-丙炔-1-醇、100 mg二(三苯基膦)二氯化钯、120 mg碘化亚铜和80 mL三乙胺在氮气保护下加入100 mL三口烧瓶中,磁力搅拌,温度控制在40 ℃左右反应3 h,TLC跟踪至反应完全。冷却,抽滤,固体用乙酸乙酯洗,得母液减压蒸去溶剂,用乙酸乙酯/正己烷(体积比为5∶1)的淋洗剂过柱,得到黄色液体产物3.2 g,产率95%。

MS(m/z,%):240.1(M^+,22.24),225.1(100.00)。^1H NMR(400 MHz,$CDCl_3$) δ:1.38(t,J=7.0 Hz,3H),1.55(s,6H),4.04(q,J=7.0 Hz,2H),6.55~6.60(m,1H),6.97~7.02(m,1H)。

3. 2,3-二氟-4-乙氧基苯乙炔

合成路线如图2.18.36所示。

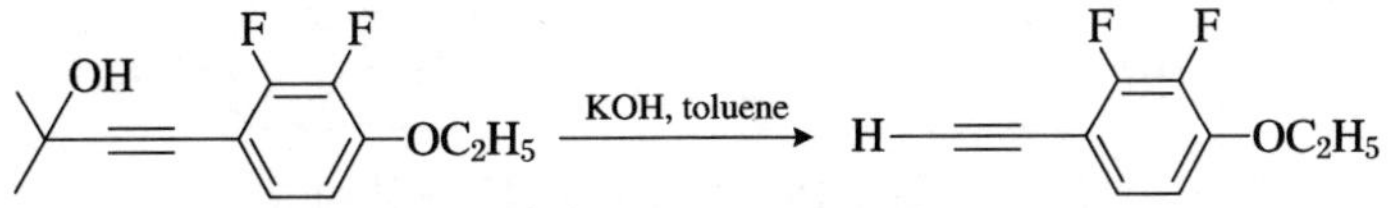

图2.18.36 2,3-二氟-4-乙氧基苯乙炔的合成路线

将3.29 g(13.7 mmol)1,1-二甲基-3-(2,3-二氟-4-乙氧基苯)-2-丙炔-1-醇、0.9 g(16.1 mmol)氢氧化钾和80 mL甲苯加入100 mL单口烧瓶中,磁力搅拌,回流下反应3 h,TLC跟踪至反应完全。冷却,抽滤,固体用甲苯洗,所得母液减压蒸去溶剂,用石油醚/乙酸乙酯(体积比为10∶1)的淋洗剂过柱,得到黄色液体,冷却结晶,用石油醚重结晶,得到白色固体产物1.14 g,产率46%。

MS(m/z,%):182.1(M^+,31.75),154.0(100.00)。^1H NMR(400 MHz,$CDCl_3$)δ:1.39(t,$J=7.0$ Hz,3H),3.18(s,1H),4.06(q,$J=7.0$ Hz,2H),6.58~6.62(m,1H),7.06~7.11(m,1H)。

4. 1-[反式,反式-4′-乙基(1,1′-双环己基)-4-基]-4-(4-乙氧基-2,3-二氟苯乙炔)苯(F-b-2)

合成路线如图2.18.37所示。

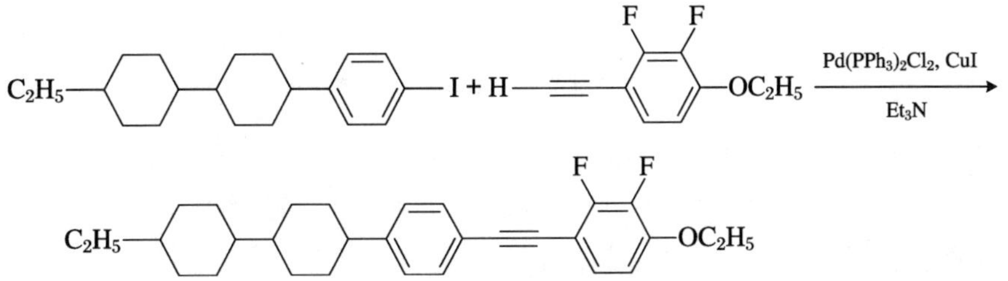

图2.18.37 F-b-2的合成路线

将440 mg(1.11 mmol)4′-乙基-4-(4-碘苯基)-反式,反式-双环己烷、182 mg(0.83 mmol)2,3-二氟-4-乙氧基苯乙炔、45 mg二(三苯基膦)二氯化钯、100 mg碘化亚铜和60 mL三乙胺在氮气保护下加入100 mL三口烧瓶中,磁力搅拌,回流下反应4 h,TLC跟踪至反应完全。冷却,抽滤,固体用乙酸乙酯洗,所得母液用水洗3次,有机相用无水硫酸钠干燥,减压蒸去溶剂,用石油醚/甲苯(体积比为8∶1)的淋洗剂过柱,白色固体粗产物用乙醇/甲苯重结晶,得到白色固体产物0.25 g,产率59%。

MS(m/z,%):450.3(M^+,100.00),450.3(100.00)。^1H NMR(400 MHz,$CDCl_3$)δ:0.78~0.82(m,5H),0.89~1.03(m,3H),1.08~1.19(m,6H),1.33~1.42(m,5H),1.66~1.86(m,8H),2.35~2.42(m,1H),4.07(q,$J=7.0$ Hz,2H),6.60~6.64(m,1H),7.08~7.13(m,3H),7.38(d,$J=8.4$ Hz,2H)。

同类化合物的合成方法与化合物F-b-2的合成方法相同。

(1) 1-[反式,反式-4′-正丙基(1,1′-双环己基)-4-基]-4-(4-乙氧基-2,3-二氟苯乙炔)苯

(F-b-3)(图 2.18.38)的合成操作和数据如下：

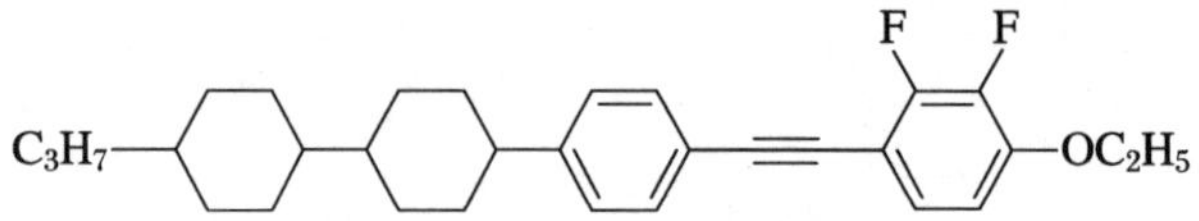

图 2.18.38 F-b-3 的分子结构

投料：460 mg(1.12 mmol)4′-正丙基-4-(4-碘苯基)-反式,反式-双环己烷、200 mg(1.10 mmol)2,3-二氟-4-乙氧基苯乙炔、60 mg 二(三苯基膦)二氯化钯、150 mg 碘化亚铜、60 mL 三乙胺。产量 0.30 g,产率 63%。

MS(m/z,%)：464.3.3(M^+,100.00),464.3(100.00)。^{1}H NMR(400 MHz,$CDCl_3$) δ：0.81(t,J = 7.2 Hz,5H),0.88～1.01(m,3H),1.08～1.09(m,6H),1.18～1.27(m,2H),1.33～1.41(m,5H),1.65～1.85(m,8H),2.34～2.42(m,1H),4.07(q,J = 7.0 Hz,2H),6.60～6.64(m,1H),7.08～7.12(m,3H),7.38(d,J = 8.0 Hz,2H)。

(2) 1-[反式,反式-4′-正丁基(1,1′-双环己基)-4-基]-4-(4-乙氧基-2,3-二氟苯乙炔)苯(F-b-4)(图 2.18.39)的合成操作和数据如下：

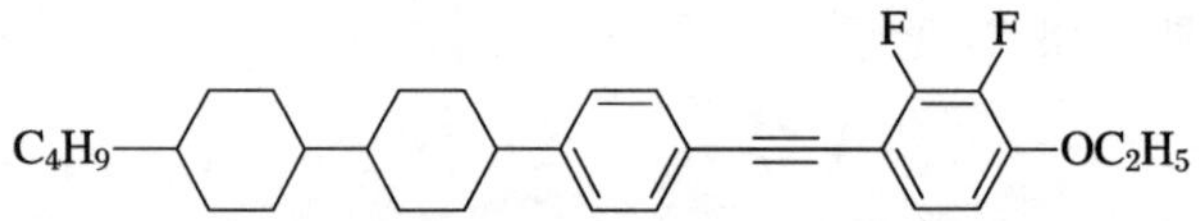

图 2.18.39 F-b-4 的分子结构

投料：480 mg(1.13 mmol)4′-正丁基-4-(4-碘苯基)-反式,反式-双环己烷、200 mg(1.10 mmol)2,3-二氟-4-乙氧基苯乙炔、60 mg 二(三苯基膦)二氯化钯、150 mg 碘化亚铜、70 mL 三乙胺。产量 0.30 g,产率 61%。

MS(m/z,%)：478.3(M^+,100.00),478.3(100.00)。^{1}H NMR(400 MHz,$CDCl_3$) δ：0.78～0.83(m,5H),0.88～1.01(m,3H),1.07～1.09(m,6H),1.18～1.22(m,4H),1.34～1.41(m,5H),1.65～1.85(m,8H),2.34～2.42(m,1H),4.07(q,J = 7.0 Hz,2H),6.60～6.64(m,1H),7.08～7.12(m,3H),7.38(d,J = 8.4 Hz,2H)。

(3) 1-[反式,反式-4′-正戊基(1,1′-双环己基)-4-基]-4-(4-乙氧基-2,3-二氟苯乙炔)苯(F-b-5)(图 2.18.40)的合成操作和数据如下：

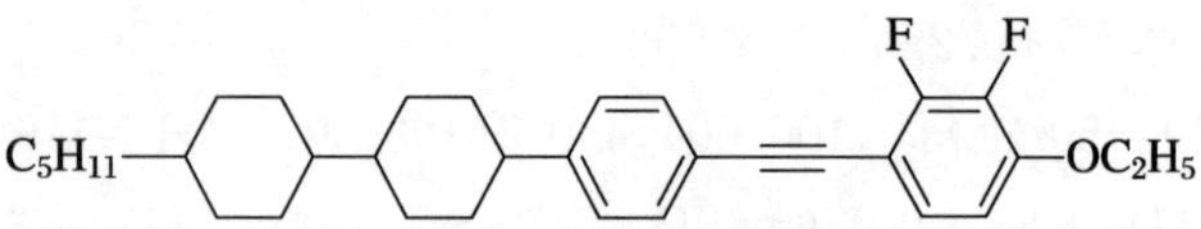

图 2.18.40 F-b-5 的分子结构

投料：497 mg(1.13 mmol) 4′-正戊基-4-(4-碘苯基)-反式,反式-双环己烷、200 mg(1.10 mmol)2,3-二氟-4-乙氧基苯乙炔、60 mg 二(三苯基膦)二氯化钯、100 mg 碘化亚铜、70 mL 三乙胺。产量 0.40 g,产率 79%。

MS(m/z,%):492.3(M^+,100.00),492.3(100.00)。^1H NMR(400 MHz,$CDCl_3$) δ: 0.78～0.83(m,5H),0.89～0.98(m,3H),1.08～1.10(m,6H),1.15～1.26(m,6H),1.34～1.42(m,5H),1.65～1.86(m,8H),2.35～2.41(m,1H),4.07(q,J=7.0 Hz,2H),6.60～6.64(m,1H),7.08～7.12(m,3H),7.38(d,J=8.4 Hz,2H)。

5. 1-[反式,反式-4′-乙基(1,1′-双环己基)-4-基]-4-(4-乙氧基-2,3-二氟苯乙基)苯(F-a-2)

合成路线如图2.18.41所示。

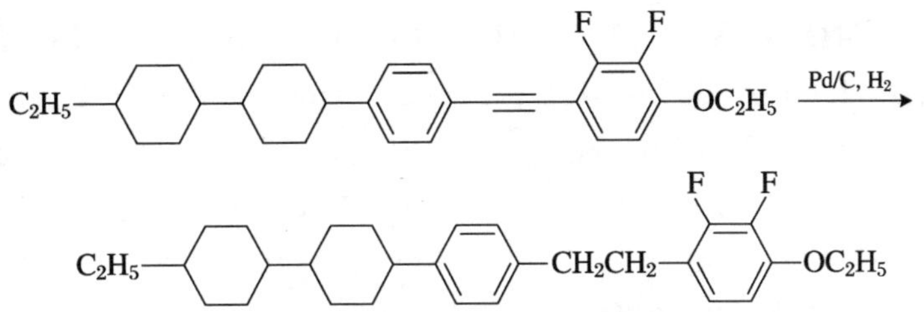

图2.18.41　F-a-2的合成路线

将0.18 g化合物1-[反式,反式-4′-乙基(1,1′-双环己基)-4-基]-4-(4-乙氧基-2,3-二氟苯乙炔)苯溶入200 mL甲苯并加入2 L反应釜中,加催化量钯碳,加过量氢,控制温度在40 ℃左右搅拌反应,12 h反应完全,用石油醚/甲苯(体积比为8∶1)的淋洗剂过柱,得到白色固体。用乙醇重结晶,得到白色固体产物0.16 g,产率88%。

MS(m/z,%):454.3(M^+,20.56),283.2(100.00)。^1H NMR(400 MHz,$CDCl_3$) δ: 0.78～0.82(m,5H),0.88～1.00(m,3H),1.07～1.19(m,6H),1.30～1.41(m,5H),1.66～1.85(m,8H),2.31～2.38(m,1H),2.73～2.83(m,4H),4.02(q,J=7.0 Hz,2H),6.53～6.58(m,1H),6.68～6.72(m,1H),7.02～7.07(m,4H)。^{19}F NMR(400 MHz,$CDCl_3$) δ: −159.62(d,J=20.8 Hz,1F),−142.43(d,J=21.2 Hz,1F)。

同类化合物的合成方法与化合物F-a-2的合成方法相同。

(1) 1-[反式,反式-4′-正丙基(1,1′-双环己基)-4-基]-4-(4-乙氧基-2,3-二氟苯乙炔)苯(F-a-3)(图2.18.42)的数据如下:

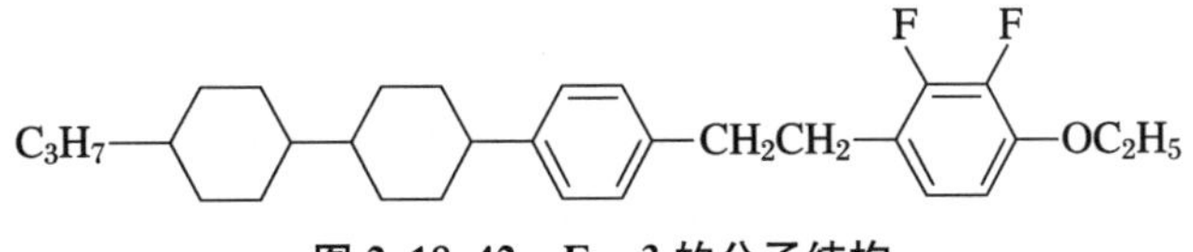

图2.18.42　F-a-3的分子结构

MS(m/z,%):468.3(M^+,21.12),297.3(100.00)。^1H NMR(400 MHz,$CDCl_3$) δ: 0.79～0.82(m,5H),0.88～1.00(m,3H),1.06～1.09(m,6H),1.21～1.27(m,2H),1.33～1.39(m,5H),1.65～1.85(m,8H),2.31～2.38(m,1H),2.74～2.83(m,4H),4.02(q,J=7.0 Hz,2H),6.53～6.58(m,1H),6.68～6.72(m,1H),7.02～7.07(m,4H)。^{19}F NMR(400 MHz,$CDCl_3$) δ: −159.63(d,J=20.4 Hz,1F),−142.43(d,J=20.4 Hz,1F)。

(2) 1-[反式,反式-4′-正丁基(1,1′-双环己基)-4-基]-4-(4-乙氧基-2,3-二氟苯乙炔)苯

(F-a-4)(图 2.18.43)的数据如下：

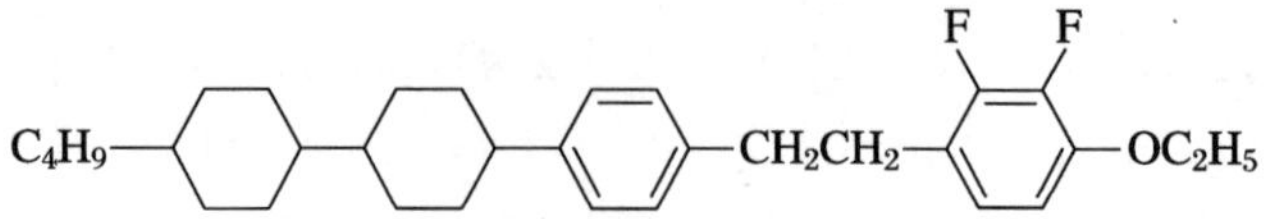

$$C_4H_9-\text{C}_6\text{H}_{10}-\text{C}_6\text{H}_{10}-\text{C}_6\text{H}_4-CH_2CH_2-\text{C}_6\text{H}_2F_2-OC_2H_5$$

图 2.18.43 F-a-4 的分子结构

MS(m/z,%):482.3(M^+,22.73),311.3(100.00)。^{1}H NMR(400 MHz,$CDCl_3$) δ: 0.75～0.83(m,5H),0.88～1.01(m,3H),1.07～1.09(m,6H),1.18～1.22(m,4H),1.30～1.39(m,5H),1.65～1.85(m,8H),2.31～2.38(m,1H),2.73～2.83(m,4H),4.02(q,J=7.0 Hz,2H),6.53～6.58(m,1H),6.68～6.72(m,1H),7.02～7.07(m,4H)。^{19}F NMR(400 MHz,$CDCl_3$) δ: −159.63(d,J=20.4 Hz,1F),−142.43(d,J=20.8 Hz,1F)。

(3) 1-[反式,反式-4′-正戊基(1,1′-双环己基)-4-基]-4-(4-乙氧基-2,3-二氟苯乙炔)苯(F-a-5)(图 2.18.44)的数据如下：

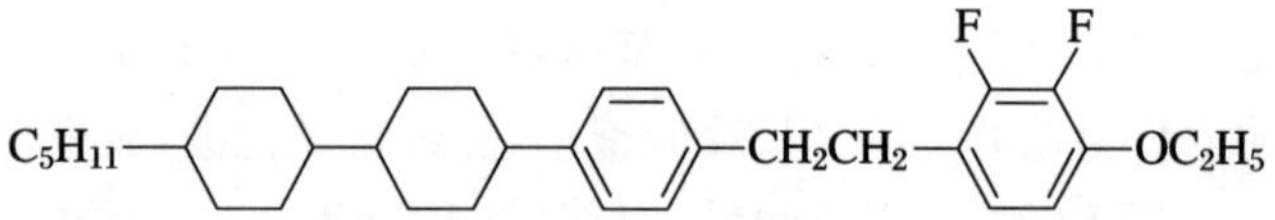

$$C_5H_{11}-\text{C}_6\text{H}_{10}-\text{C}_6\text{H}_{10}-\text{C}_6\text{H}_4-CH_2CH_2-\text{C}_6\text{H}_2F_2-OC_2H_5$$

图 2.18.44 F-a-5 的分子结构

MS(m/z,%):496.3(M^+,21.12),325.3(100.00)。^{1}H NMR(400 MHz,$CDCl_3$) δ: 0.75～0.83(m,5H),0.87～1.00(m,3H),1.07～1.09(m,6H),1.15～1.25(m,6H),1.30～1.39(m,5H),1.65～1.85(m,8H),2.31～2.38(m,1H),2.74～2.83(m,4H),4.02(q,J=7.0 Hz,2H),6.53～6.58(m,1H),6.68～6.72(m,1H),7.02～7.07(m,4H)。^{19}F NMR(400 MHz,$CDCl_3$) δ: −159.62(d,J=21.6 Hz,1F),−142.42(d,J=20.8 Hz,1F)。

参考文献

[1] 犬饲,宫泽和利.液晶(日),1997,1(1):9-22.

[2] TAKATSU H,TAKEUCHI K,TANAKA Y,SASAKI M. Mol. Cryst. Liq. Cryst.,1986,141:279.

[3] CONSTANT J,RAYNES,SAMRA A K. 13th International Liquid Crystal Conference,Vancouver,1990.

[4] BALKWILL P,BISHOP D,PEARON A L,SAGE L. Mol. Cryst. Liq. Cryst.,1985,123:1.

[5] YAUCHIER C,VINET F,MAISER N. Liq. Cryst.,1989,5:14.

[6] HIRD M,TOYNE J,SLANEY A,COO J W. J. Mater. Chem.,1995,5:423.

[7] HIRD M,GRAY G W,TOYNE K J. Liq. Cryst.,1992,11:531.

[8] HIRD M,TOYNE K J. Liq. Cryst.,1994,16:625.

[9] KELLY S M,FUNFSCHILLING J,LEENHOUTS F. Liq. Cryst.,1991,10:243.

[10] 李衡峰.理学博士学位论文,中国科学院上海有机化学研究所,2000.

[11] 戴修文.理学硕士学位论文,华东理工大学,2014.

［12］ 闻建勋，曹秀英，赵敏，范程士．中国发明专利，20130298390.9，2013.
［13］ 闻建勋，戴修文，蔡良珍，范程士，李继响．中国发明专利，201210595813.2，2012.
［14］ 闻建勋，戴修文，曹秀英，范程士，蔡良珍，赵敏，李继响．中国发明专利，201210359275.5，2012.
［15］ HIRD M，TOYNE K J，HINDMARSH P，JONES J C，MINTER V. Mol. Cryst. Liq. Cryst.，1995，260：227.
［16］ DAI X W，CAI L Z，WEN J X. Liquid Crystals，2013，40(8)：1146-1150.

第 19 章　含有氧二氟亚甲基桥键的超氟液晶

19.1　引言

为了使显示器件能够在各种气候条件下使用，分子必须能够在包括室温在内的非常宽的温度范围内形成稳定的向列相。因此，液晶分子必须具有低的熔点及高的清亮点。为了实现快速响应，分子必须具有低的黏度。对于液晶平板显示的工业应用，要求液晶分子必须具有特定的低旋转黏度[1,2]。

介电各向异性($\Delta\varepsilon$)大的液晶，极性越大，黏度也越大。因此对液晶强极性、低电压阈值的要求与响应速度快是互相矛盾的[3]。为了解决这个问题，在液晶分子中引入 CF_2O 桥键，在相同的 $\Delta\varepsilon$ 的条件下，可以得到较低黏度的液晶。产生这个现象的原因是分子的偶极矩与分子长轴之间的夹角的区别。对具有同样黏度的分子，如果引入 CF_2O 桥键，则夹角变小，$\Delta\varepsilon$ 变大。

德国 Merck 公司的研究人员于 1989 年首先报道了该类具有桥键化合物的合成研究结果(E. Bartmann 等人，Merck KGaA，DE-A4006921，1989)[4]。20 世纪 90 年代该类液晶化合物得到了系统的研究(EP 0844229A1)[5]。研究发现有些—CF_2O—液晶不仅具有低黏度而且具有良好的溶解性。1995 年 Merck 公司申请发明专利(DE 19531165A1)[6]，后来日本 Chisso 等公司也开始申请发明专利(WO 9611995)。关于此领域的研究已有大量文章发表[7-9]。

在设计具有 CF_2O 桥键液晶分子时，不但要兼顾大的 $\Delta\varepsilon$ 与低的旋转黏度，而且要避免出现近晶相。大量事实证实，三环体系往往不出现液晶相，四环体系可以出现向列相，但是后者的旋转黏度与三环体系相比大大增加。现在使用的满足介电各向异性大及旋转黏度低的分子，即使没有液晶相，但在与向列相液晶混合物混合之后，也同样呈现液晶分子的功能。在此场合下，文献中也广义地称它们为“保持有氧二氟亚甲基桥键(CF_2O)的液晶”[10,11]。

本章是在含氟液晶研究的大量积累的基础上，创新的具有中国氟化学特点的“保持有 CF_2O 桥键的液晶”，其特点是将烷氧基取代的 2,3,5,6-四氟苯基以及 CF_3—引入 CF_2O 桥键形成新的超氟液晶。

19.2 目标化合物

P1

P2

B-b

C-c

C-d

D-d

Q

R1 C_nH_{2n+1} … CF_2O … CF_3 n=2～10

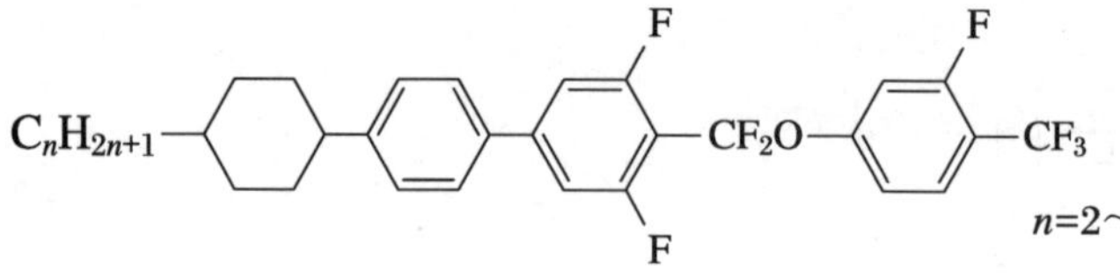

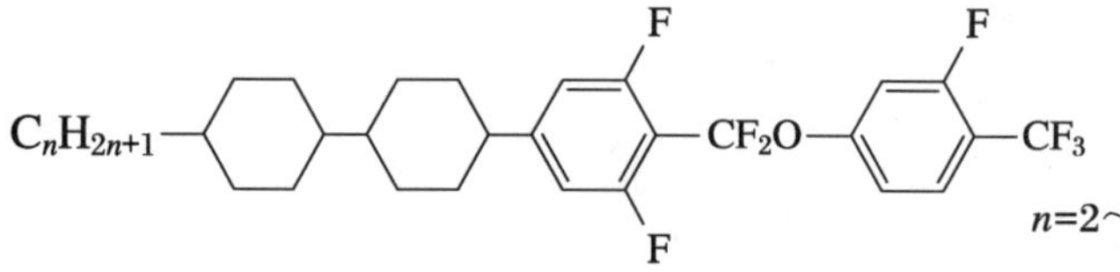

R2 C_nH_{2n+1} … CF_2O … CF_3 n=2～10

R3 C_nH_{2n+1} … CF_2O … CF_3 n=3、5

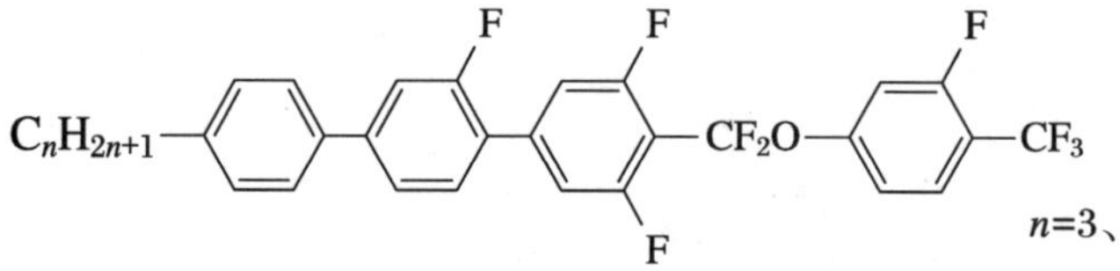

19.3 含有四氟苯基乙基和氧二氟亚甲基桥键的三环体系(P系列)化合物

19.3.1 分子结构

P系列化合物的分子结构如图2.19.1所示。

P1 C_nH_{2n+1} n=3～5

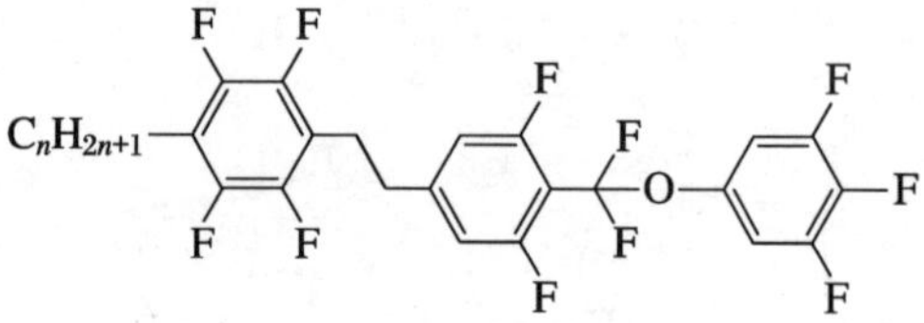

P2 $C_nH_{2n+1}O$ n=3～5

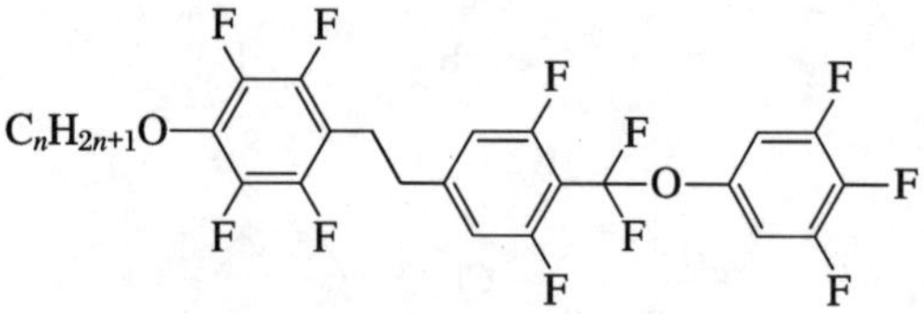

图2.19.1 P系列化合物的分子结构

19.3.2 合成路线探索

1. P1系列化合物的合成路线

路线1如图2.19.2所示。

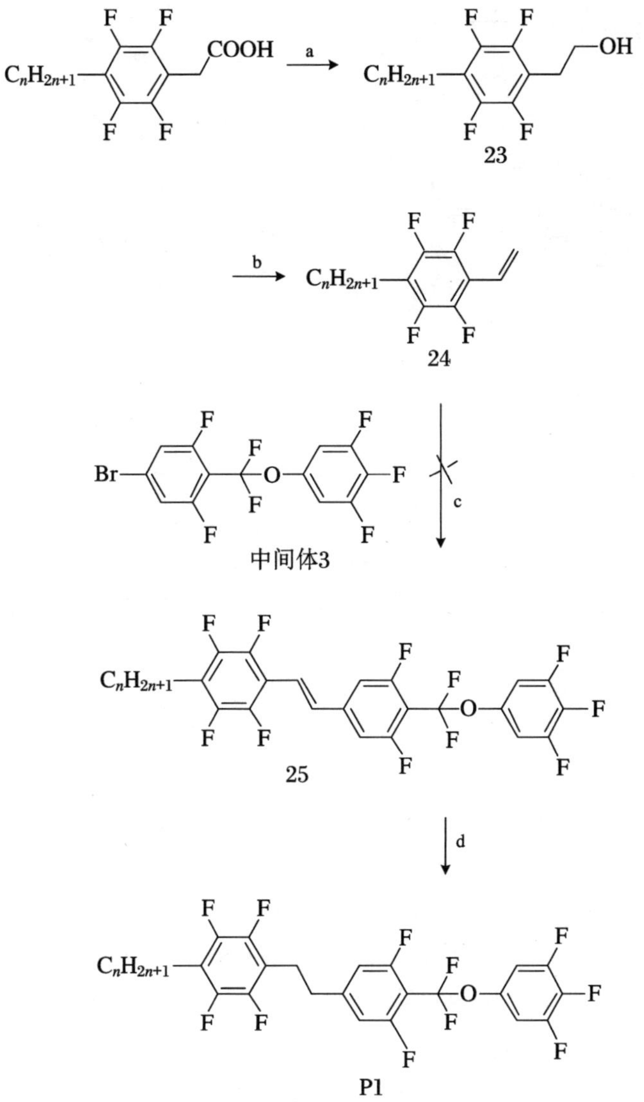

图 2.19.2　P1 系列化合物的合成路线 1

4-[(3,4,5-三氟苯氧基)二氟甲基]-1-[(4′-正烷基-2′,3′,5′,6′-四氟苯基)乙基]-3,5-二氟苯

反应试剂和条件：a. $LiAlH_4$，CH_2Cl_2；b. P_2O_5，正己烷；

c. 中间体 3，$Pd(PPh_3)_2Cl_2$，CuI，Et_3N；d. H_2，Pd/C

路线2如图2.19.3所示。

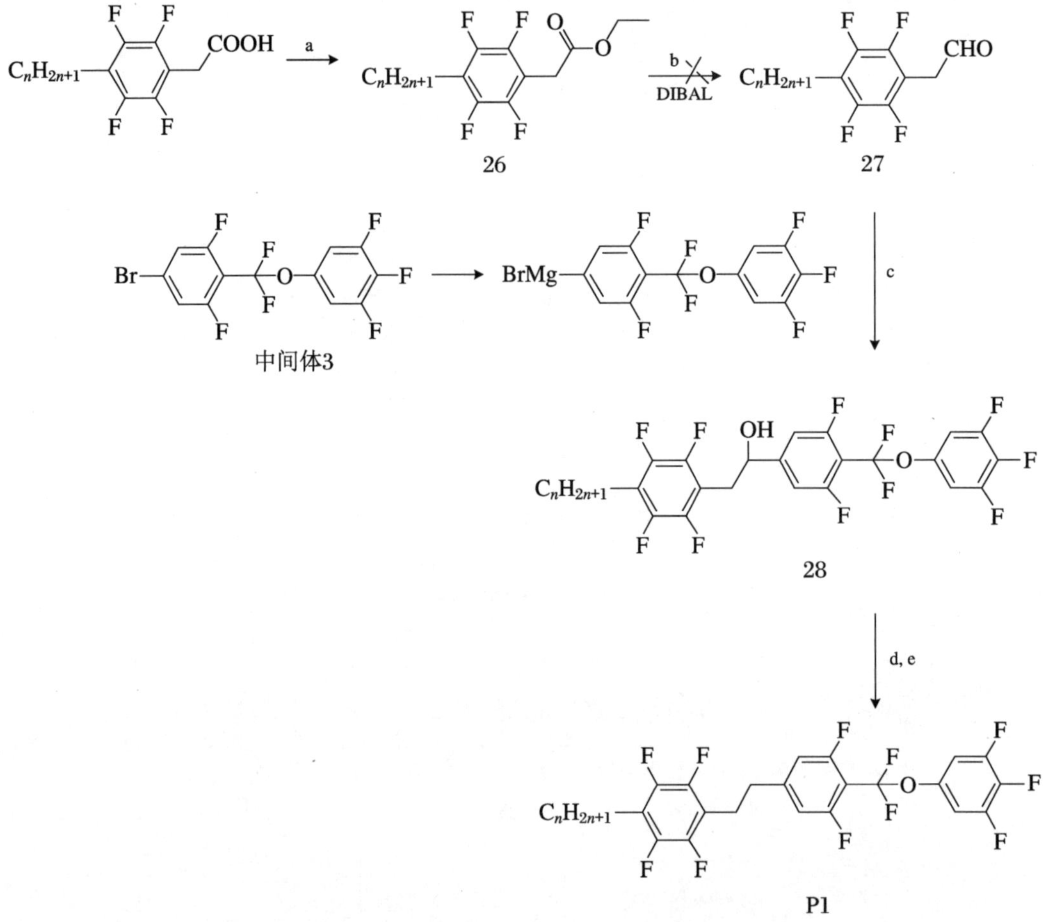

图2.19.3 P1系列化合物的合成路线2

反应试剂和条件：a. 乙醇，浓硫酸；b. DIBAL，甲苯；

c. 中间体3，Mg，THF；d. P_2O_5，正己烷；e. H_2，Pd/C

DIBAL是二异丁基氢化铝，是一种新型的选择性还原剂，作用是将酮、羧酸、酯还原为相应的醛。但与化合物26反应失败。可能与苯环上四个氟取代的强吸电性有关。

2. P2系列化合物的合成路线

路线1如图2.19.4所示。

路线2如图2.19.5所示。

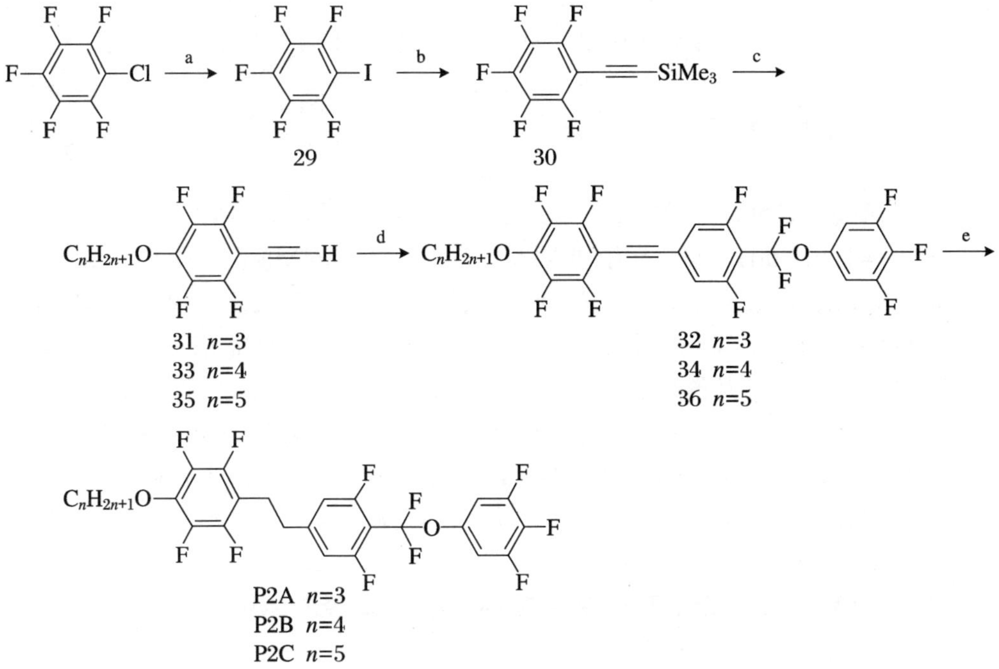

图 2.19.4　P2 系列化合物的合成路线 1

4-[(3,4,5-三氟苯氧基)二氟甲基]-1-[(4′-正烷氧基-2′,3′,5′,6′-四氟苯基)乙基]-3,5-二氟苯

反应试剂和条件：a. Mg,THF,I_2；b. 三甲基硅乙炔(中间体 2),$Pd(PPh_3)_2Cl_2$,CuI,Et_3N；c. 正烷基醇,K_2CO_3,DMF；d. 中间体 3,$Pd(PPh_3)_2Cl_2$,CuI,Et_3N；e. H_2,Pd/C

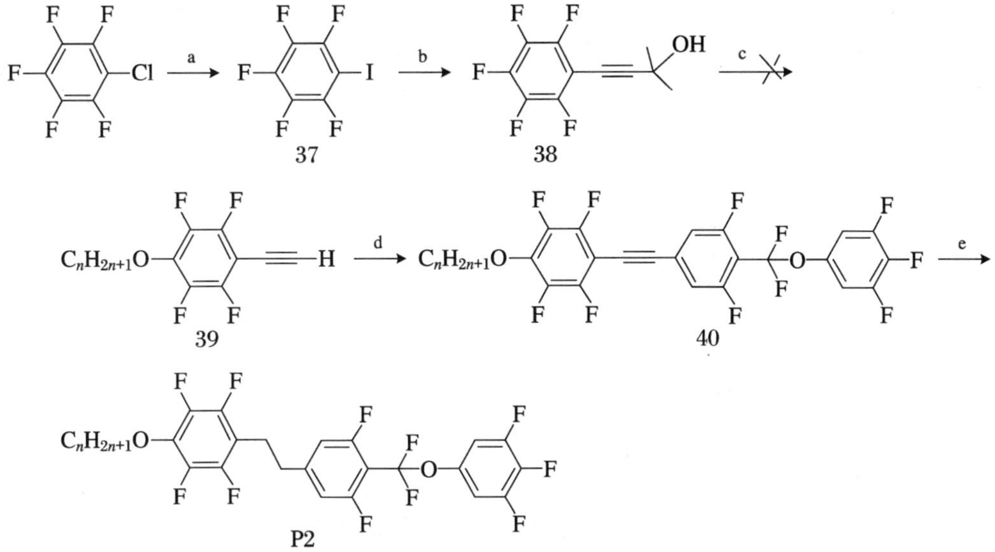

图 2.19.5　P2 系列化合物的合成路线 2

反应试剂和条件：a. Mg,THF,I_2；b. 2-甲基-3-丁炔-2-醇,$Pd(PPh_3)_2Cl_2$,CuI,Et_3N；c. 正烷基醇,K_2CO_3；d. 中间体 3,$Pd(PPh_3)_2Cl_2$,CuI,Et_3N；e. H_2,Pd/C

由图 2.19.4 及图 2.19.5 可知，在 P2 系列化合物的合成路线中，利用三甲基硅乙炔方法导入乙炔基是有效的，工艺也简单。而利用 2-甲基-3-丁炔-2-醇是不成功的。

19.3.3 合成操作

1. 三甲基硅乙炔(中间体 2)

在干燥的 500 mL 三口烧瓶中加入镁屑(14 g，0.58 mol)和干燥的 THF 200 mL，通 N_2 5 min 后开始滴加 C_2H_5Br(60 g，0.55 mol)。滴完后保持温和回流的状态 1 h，冷却后备用。在一干燥的 500 mL 三口烧瓶中加入 150 mL 新处理的 THF，冰盐浴冷却至 −10 ℃，通入乙炔气体，同时滴加上述制备的格氏试剂，维持温度 −10～0 ℃，加完后保持温度 0 ℃，继续通乙炔 1 h，在干燥的滴液漏斗中缓慢滴加 Me_3SiCl 64 mL(54 g，0.5 mol)，温度保持 0～5 ℃，1.5 h 滴完。撤去冰盐浴，室温密封反应 24 h，加入冷的饱和 NH_4Cl 溶液 1 L，分出有机相，用 10%的 NaCl 溶液洗涤直到有机相的体积不再减少，用无水硫酸钠干燥，蒸馏，收集 52～54 ℃ 馏分，得到具有刺激性的无色透明液体 24 g，产率 49%。

2. 4″-[(3,4,5-三氟苯氧基)二氟甲基]-4′-溴-2,6-二氟苯(中间体 3)

中间体 3 的合成路线如图 2.19.6 所示。

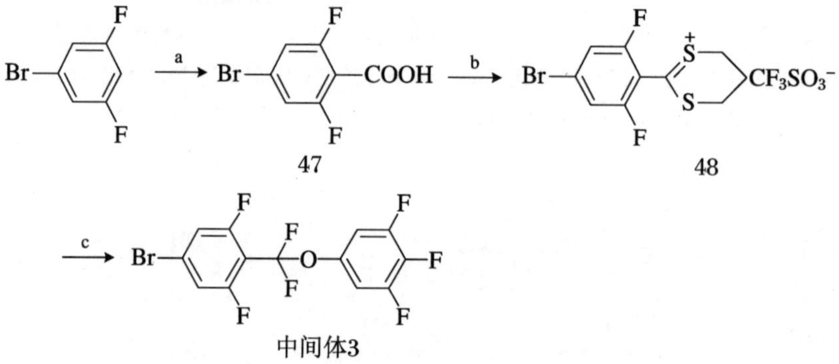

$$\text{Br-C}_6\text{H}_3\text{F}_2 \xrightarrow{a} \text{Br-C}_6\text{H}_2\text{F}_2\text{-COOH}\ (47) \xrightarrow{b} \text{Br-C}_6\text{H}_2\text{F}_2\text{-C}(=\overset{+}{S}\text{CH}_2\text{CH}_2\text{CH}_2S)\ \text{CF}_3\text{SO}_3^-\ (48) \xrightarrow{c} \text{Br-C}_6\text{H}_2\text{F}_2\text{-CF}_2\text{-O-C}_6\text{H}_2\text{F}_3\ (\text{中间体3})$$

图 2.19.6 中间体 3 的合成路线

(1) 2,6-二氟-4-溴苯甲酸(47)的合成(a)：

LDA 的制备：在 N_2 保护下向干燥的 250 mL 三口烧瓶中加入二异丙胺(15.66 g，0.15 mol)和干燥的 THF 150 mL，冷却到 −5 ℃，缓慢滴加正丁基锂(2 mol/L，77.5 mL)，保持此温度搅拌 1 h 后密封放置待用。

在 N_2 保护下向 500 mL 干燥的三口烧瓶中加入 3,5-二氟溴苯(30 g，0.155 mol)和新处理的 THF 150 mL，降温至 −80 ℃，缓慢滴加新制备的 LDA 溶液，滴完后保持 −80 ℃ 搅拌 2 h，向反应体系中加干冰，温度迅速上升，加完后继续搅拌半小时。自然升温至室温，旋蒸掉大部分溶剂后加入 400 mL 水和浓盐酸调节 pH<3。依次用乙酸乙酯萃取，有机相用盐水洗涤后再用无水硫酸钠干燥，除去溶剂后得到的固体用乙醇重结晶，得到淡粉色晶体 24 g，产率 65%。

MS(m/z,%):236(M^+,73.83),219(100.00)。^1H NMR($CDCl_3$,400 MHz) δ:7.20～7.23(m,2H)。^{19}F NMR($CDCl_3$,400 MHz) δ:−106.29(s,2F)。

(2) 4-溴-2,6-二氟苯基三氟磺酸二铳盐(48)的合成(b):

在N_2保护下向250 mL干燥的三口烧瓶中加入化合物2,6-二氟-4-溴苯甲酸(25 g,0.105 mol)、甲苯和庚烷各45 mL,再加入1,3-丙二硫醇(14.8 g,0.14 mol),搅拌加热至50 ℃,在30 min内滴加三氟甲磺酸(24.3 mL,0.27 mol)。将反应体系加热至回流,分水,直至不再有水分出后继续回流30 min。冷却至80 ℃后加入50 mL异丙醚,降温至−50 ℃,分出异丙醚层,再用50 mL异丙醚洗涤,冷藏。次日将反应体系在N_2下过滤,用冷的异丙醚洗涤固体物,得到淡黄色粉末状固体33.65 g,产率70%。

(3) 4″-[(3,4,5-三氟苯氧基)二氟甲基]-4′-溴-2,6-二氟苯(中间体3)的合成(c):

向100 mL三口烧瓶中加入上述步骤中的中间体(4 g,8.7 mmol)、二氯甲烷10 mL,搅拌下降温至−70 ℃,滴加3,4,5-三氟苯酚(1.5 g,10 mmol)与10 mL二氯甲烷、三乙胺(1 g,10 mmol)的混合溶液,搅拌反应2 h后,5 min内加入$Et_3N\cdot 3HF$(7 g,43.5 mmol),然后缓慢滴加溴(7 g,43.5 mmol)与10 mL二氯甲烷的溶液,保持−70 ℃反应2 h结束。自然升温至室温,加到30%的氢氧化钠溶液15 mL与碎冰的溶液中,搅拌,抽滤掉白色固体,滤液中的无机相用二氯甲烷萃取,合并有机相用盐水洗涤,无水硫酸钠干燥后,用石油醚作为淋洗剂进行柱层析,得到白色晶体0.9 g,产率30%。

MS(m/z,%):388(M^+,2.41),241(100.00)。^1H NMR($CDCl_3$,400 MHz) δ:6.91～6.99(m,2H),7.21(d,2H,J = 8.0 Hz)。^{19}F NMR($CDCl_3$,400 MHz) δ:−162.88～−162.76(m,1F),−132.32～−132.26(m,2F),−108.90～−108.74(m,2F),−62.00～−61.88(m,2F)。

3. P系列化合物P2B

(1) 五氟碘苯(29)的合成:

在干燥的250 mL三口烧瓶中装好低温温度计、N_2进口,加入干燥的THF 190 mL和镁屑(3.3 g,0.14 mol),通入N_2 5 min后,滴加五氟氯苯(25 g,0.125 mol),室温搅拌,20 min后温度上升,溶液逐渐变黄色,待黄色较明显时将反应体系冷却到−10 ℃,保持此温度搅拌反应,颜色逐渐变深,1 h后放热不再明显,分批加入碘(36 g,0.14 mol),控制温度不超过0 ℃,加完后继续搅拌30 min,当体系呈现红棕色时说明反应结束。加入30 mL浓盐酸和40 mL水的溶液。搅拌片刻,分出有机相,用乙酸乙酯萃取无机相,有机相用10%的硫代硫酸钠溶液(3×100 mL)洗涤。用无水硫酸钠干燥,旋蒸掉溶剂,减压蒸馏收集72～74 ℃/32 mmHg馏分,得到棕红色透明液体25.8 g,产率72%。

^{19}F NMR($CDCl_3$,400 MHz) δ:−159.39～−159.24(m,2F),−152.17～−152.05(m,1F),−119.12～−119.01(m,2F)。

(2) 三甲基硅基五氟苯乙炔(30)的合成:

在N_2保护下向100 mL三口烧瓶中加入五氟碘苯(8 g,0.027 mol)、新蒸的三乙胺70 mL、$Pd(PPh_3)_2Cl_2$ 0.4 g、CuI 0.12 g和三甲基硅乙炔(3.6 g,0.036 mol),在30～35 ℃条件下反应,气相色谱跟踪至反应结束。依次加入100 mL乙酸乙酯,抽滤,用乙酸乙酯洗涤残渣，有机相用盐水洗涤至中性。无水硫酸钠干燥，旋蒸掉溶剂，减压蒸馏收集 58～60 ℃/2 mmHg 馏分，得到无色透明液体 5.3 g，产率 75%。

^{19}F NMR($CDCl_3$，400 MHz) δ：－162.25～－162.17(m，2F)，－152.75～－152.63(m，1F)，－136.06～－135.98(m，2F)。

(3) 4-正丁氧基-2，3，5，6-四氟苯乙炔(33)的合成：

向 50 mL 单口烧瓶中加入三甲基硅基五氟苯乙炔(4 g，0.015 mol)、K_2CO_3(4 g，0.029 mol)、正丁醇 3.6 mL(0.04 mol)和 DMF 30 mL，室温搅拌，TLC 跟踪至反应完全。加入水和乙酸乙酯萃取，合并有机相，清水洗涤，用无水硫酸钠干燥，旋蒸掉溶剂，用石油醚作为淋洗剂柱层析，得到无色透明液体 2.3 g，产率 65%。

^{1}H NMR($CDCl_3$，400 MHz) δ：0.97(t，3H，J＝8.0 Hz)，1.45～1.55(m，2H)，1.73～1.80(m，2H)，3.53(s，1H)，4.27(t，2H，J＝6.0 Hz)。^{19}F NMR($CDCl_3$，400 MHz) δ：－157.35～－157.11(m，2F)，－138.02～－137.93(m，2F)。

(4) 4′-[(3，4，5-三氟苯氧基)二氟甲基]-1′-[(4′-正丁氧基-2′，3′，5′，6′-四氟苯基)乙炔基]-3，5-二氟苯(34)的合成：

在 N_2 保护下向 100 mL 三口烧瓶中加入 33(1 g，4.1 mmol)、中间体 3(1.6 g，4.1 mmol)、$Pd(PPh_3)_2Cl_2$ 0.17 g、CuI 0.06 g、新蒸三乙胺 30 mL，60 ℃下搅拌，TLC 跟踪至反应完全。旋蒸掉溶剂，粗产物用石油醚作为淋洗剂柱层析，得到白色固体产物 1 g，熔点 118～121 ℃，产率 45%。

MS(m/z，%)：554(M^+，0.77)，378(100.00)。^{1}H NMR($CDCl_3$，400 MHz) δ：0.98(t，3H，J＝8.0 Hz)，1.46～1.54(m，2H)，1.75～1.82(m，2H)，4.31(t，2H，J＝6.0 Hz)，6.95～6.99(m，2H)，7.19(d，2H，J＝8.0 Hz)。^{19}F NMR($CDCl_3$，400 MHz) δ：－162.85(t，1F，J＝20.7 Hz)，－156.79～－156.71(m，2F)，－137.10～－137.01(m，2F)，－132.28(d，2H，J＝18.8 Hz)，109.87(t，2F，J＝26.2 Hz)，－61.83(t，2F，J＝28.2 Hz)。

(5) 4-[(3，4，5-三氟苯基)氧二氟甲基]-1-[(4′-丁氧基-2′，3′，5′，6′-四氟苯基)乙基]-3，5-二氟苯 P2B(n＝4)的合成：

将化合物 34 溶于乙醇进行高压釜加氢，Pd/C 0.2 g(5%)，H_2 5 MPa，40 ℃反应，气相色谱跟踪至反应结束。旋蒸掉溶剂，用少量冷乙醇洗涤，得到白色固体产物 0.96 g，产率 95%。

MS(m/z，%)：558(M^+，1.73)，179(100.00)。^{1}H NMR($CDCl_3$，400 MHz) δ：0.97(t，3H，J＝8.0 Hz)，1.47～1.53(m，2H)，1.72～1.79(m，2H)，2.87～2.90(m，2H)，2.95～2.99(m，2H)，4,20(t，2H，J＝6.0 Hz)，6.82(d，2H，J＝8.0 Hz)，6.94～6.97(m，2H)。^{19}F NMR($CDCl_3$，400 MHz) δ：－163.16(t，1F，J＝20.7 Hz)，－157.32～－157.25(m，2F)，－146.21～－146.11(m，2F)，－132.50(d，2F，J＝22.6 Hz)，－110.78(t，2F，J＝26.3 Hz)，－61.65(t，2F，J＝28.2 Hz)。

19.4　含有氧二氟亚甲基(CF_2O)桥键的四类新型化合物

19.4.1　分子结构

通常,单纯的液晶化合物不能适应液晶显示器的各种要求,往往还需低黏度、高 $\Delta\varepsilon$ 值、高清亮点以及适当 Δn 值的化合物。将这些拥有各自优势的化合物按一定比例混合在一起才能满足液晶显示器的要求。含 CF_2O 桥键的新型化合物往往不具有液晶相,但是它们具有高 $\Delta\varepsilon$ 值而且黏度低,响应速度快,同时溶解性很好,可以很好混溶液晶配方中的各类化合物。基于这些特性,设计并合成了四类含 CF_2O 桥键的新型化合物,其分子结构如图2.19.7所示。

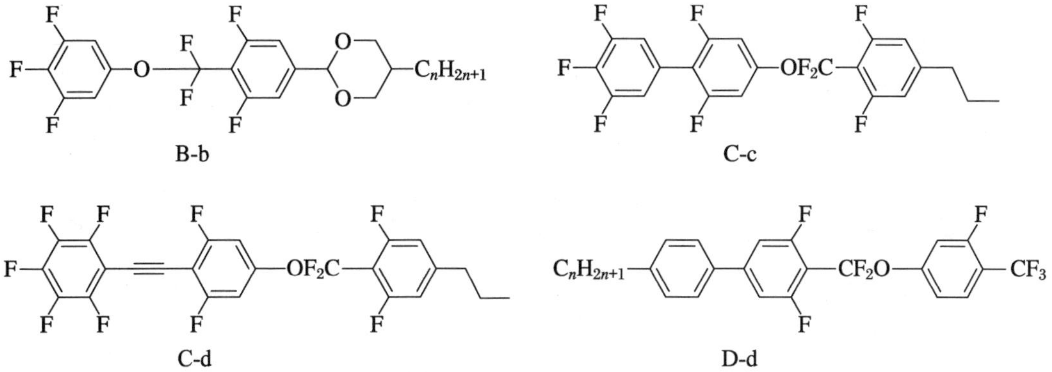

图2.19.7　四类含 CF_2O 桥键的新型化合物的分子结构

19.4.2　合成路线

本合成路线与19.3节中的不同在于引入了 CF_2O。19.3节利用4-溴-2,6-二氟苯基三氟磺酸二铳盐(48),毒性大。而本方法利用二溴二氟甲烷(CBr_2F_2)引入,然后转化为 CF_2O,环境大为改善。

1. B-b的合成路线

首先丙二酸二乙酯与正烷基溴生成正烷基取代的丙二酸二乙酯,然后经氢化铝锂还原成取代的丙二醇,再与3,5-二氟苯甲醛反应得到B7,B7经过正丁基锂拔氢后与二氟二溴甲烷反应得到B8,最后B8与3,4,5-三氟苯酚反应得到目标化合物B-b。其具体合成路线如图2.19.8所示。

也可参考图2.19.9和图2.19.10。

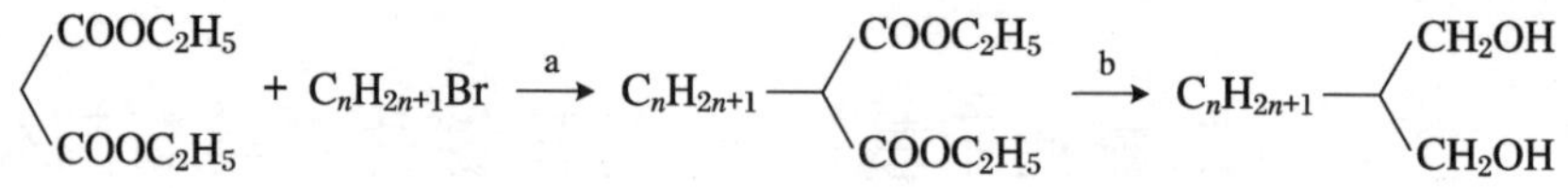

B1　B2　B3　B4

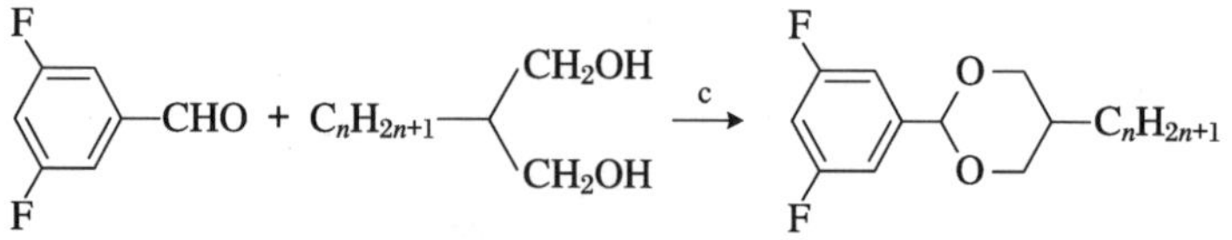

B5　B4　B7

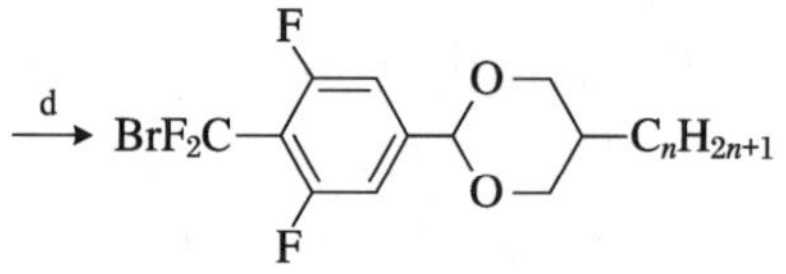

B8

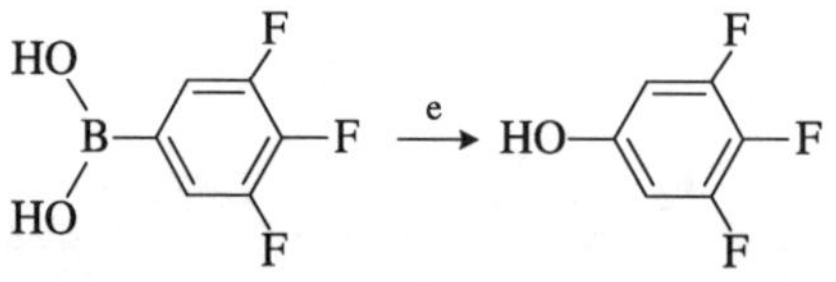

B9　B10

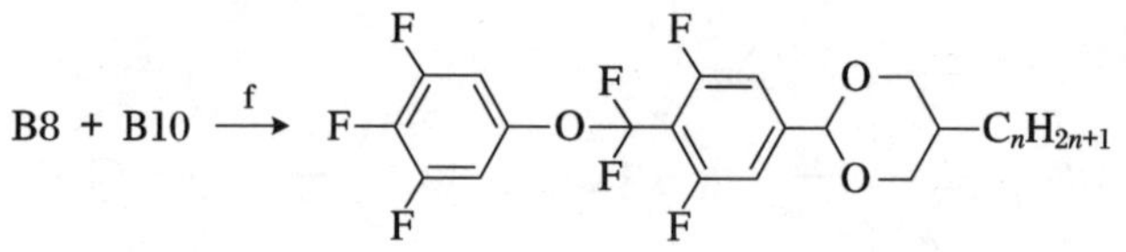

B-b

图 2.19.8　B-b 的合成路线

2-{4-[(3,4,5-三氟苯氧基)二氟甲基]-(3,5-二氟苯基)}-5-正烷基-1,3-二氧六环

反应试剂和条件:a. 无水乙醇,钠片;b. 氢化铝锂,四氢呋喃;

c. 对甲苯磺酸,甲苯,r.f.;d. 正丁基锂,四氢呋喃,二氟二溴甲烷;

e. 双氧水,冰醋酸,四氢呋喃;f. 四丁基溴化铵,碳酸钾,DMF

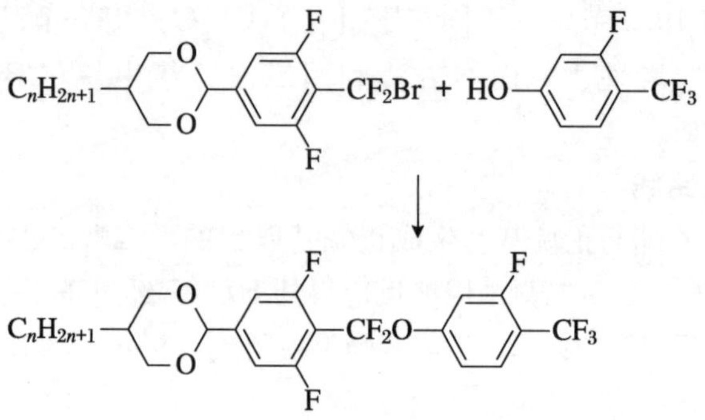

$n=2\sim6$

图 2.19.9　参考路线 1

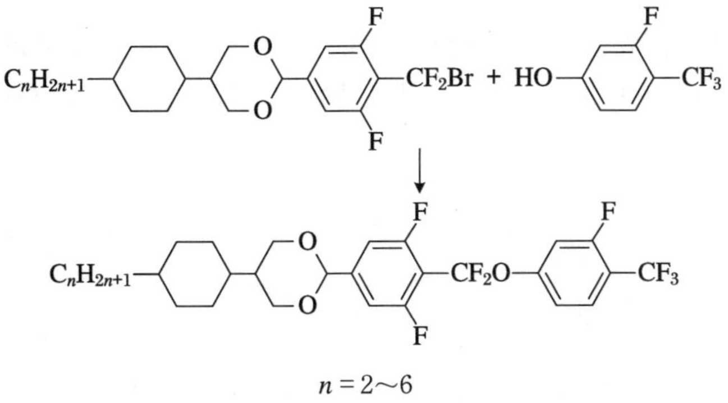

$n=2\sim6$

图 2.19.10　参考路线 2

2. C-c 的合成路线

首先 3,5-二氟溴苯做成格氏试剂与正丙醛反应生成 C3,然后 C3 经过脱水加氢后得 3,5-二氟正丙苯 C5,C5 经过正丁基锂拔氢后与二氟二溴甲烷反应得到化合物 C6,最后 C6 与 3,5-二氟苯酚反应再通过正丁基锂拔氢上碘后与 3,4,5-三氟苯硼酸通过 Suzuki 偶联反应得到新型化合物 C-c。其具体合成路线如图 2.19.11 所示。

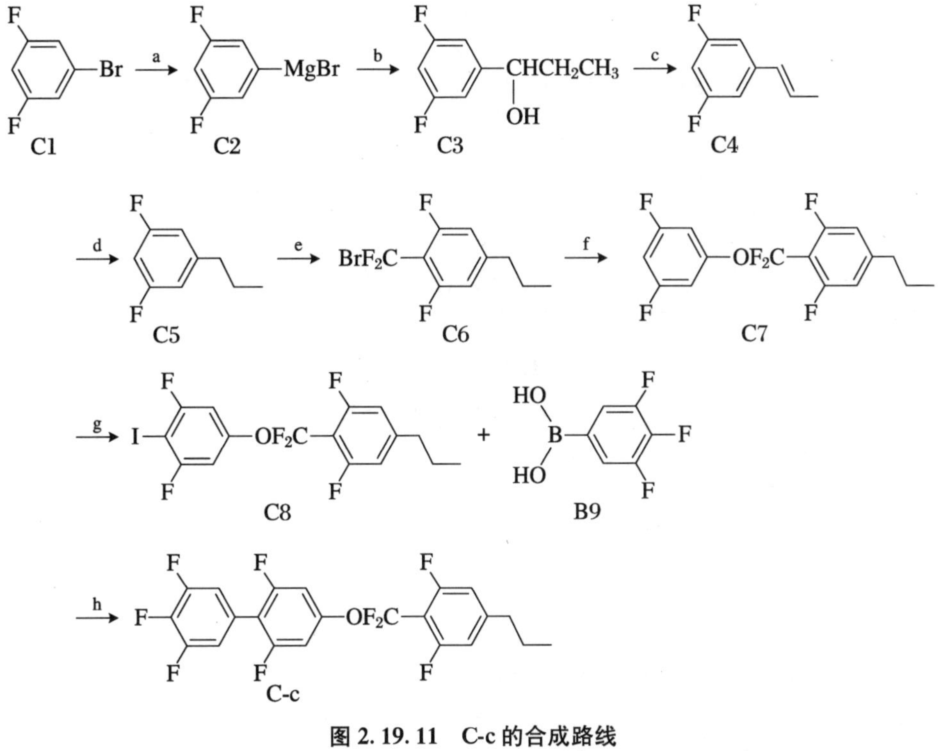

图 2.19.11　C-c 的合成路线

反应试剂和条件:a. 镁屑,四氢呋喃;b. 正丙醛,乙醚;c. 五氧化二磷,正己烷,50 ℃;
d. 钯碳,氢气,40 ℃;e. 正丁基锂,四氢呋喃,二氟二溴甲烷,−78 ℃;
f. 四丁基溴化铵,碳酸钾,DMF;g. 正丁基锂,四氢呋喃,单质碘,−78 ℃;
h. 四(三苯基膦)钯,碳酸钾,无水乙醇,r. f.

3. C-d的合成路线

化合物C-d的合成路线与目标化合物C-c类似，其最后一步是化合物C8与C10通过Sonogashira反应生成目标产物C-d。其具体合成路线如图2.19.12所示。

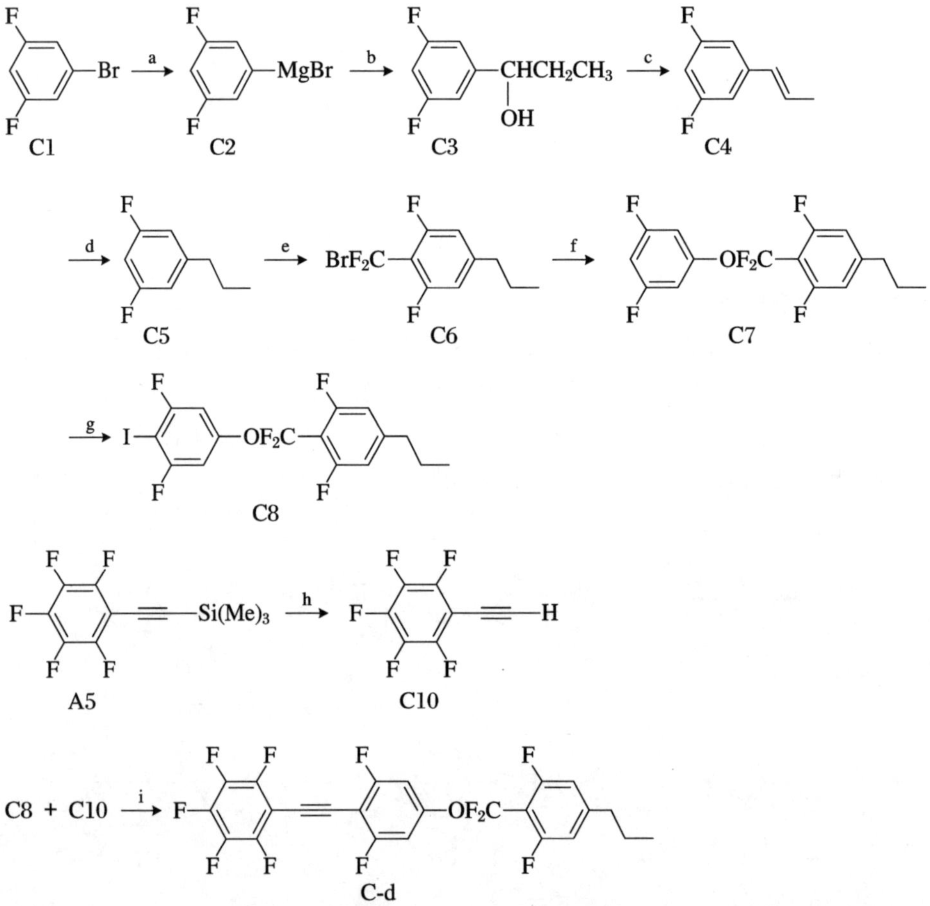

图2.19.12 C-d的合成路线

反应试剂和条件：a. 镁屑，四氢呋喃；b. 正丙醛，乙醚；c. 五氧化二磷，正己烷，50 ℃；d. 钯碳，氢气，40 ℃；e. 正丁基锂，四氢呋喃，二氟二溴甲烷，－78 ℃；f. 四丁基溴化铵，碳酸钾，DMF；g. 正丁基锂，四氢呋喃，单质碘，－78 ℃；h. 碳酸钾，DMF，r.t.；i. $Pd(PPh_3)_2Cl_2$，碘化亚铜，Et_3N，r.f.

4. D-d的合成路线

首先化合物D1与A8通过Suzuki偶联反应得到化合物D3，然后D3通过正丁基锂拔氢后与二氟二溴甲烷反应得到化合物D4，最后D4与D8在碳酸钾、DMF条件下生成目标化合物D-d。其具体合成路线如图2.19.13所示。

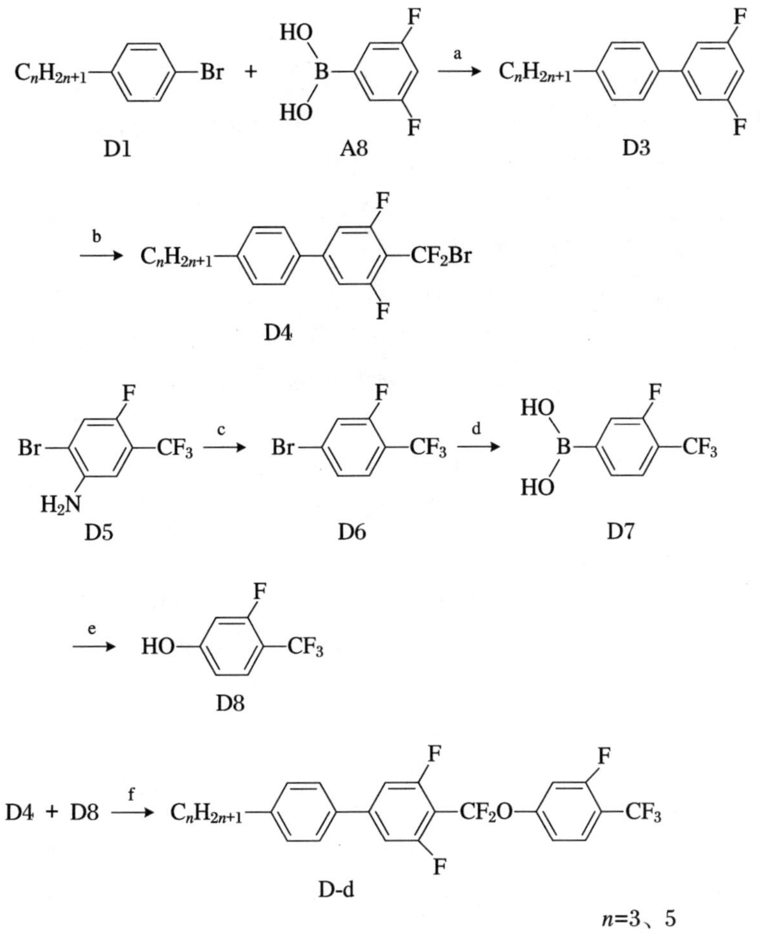

图 2.19.13　D-d 的合成路线

4-[(3-氟-4-三氟甲基苯氧基)二氟甲基]-3,5-二氟-4′-正烷基联苯

反应试剂和条件：a. 四(三苯基膦)钯，碳酸钾，无水乙醇，r.f.。b. 正丁基锂，四氢呋喃，二氟二溴甲烷，−78 ℃。c. 盐酸，水；亚硝酸钠，水；H_3PO_2。d. i-PrMgCl，四氢呋喃；硼酸三异丙酯。e. 双氧水，冰醋酸，四氢呋喃。f. 四丁基溴化铵，碳酸钾，DMF

19.4.3　合成操作

1. 目标化合物 B-b

(1) 2-戊基丙二酸二乙酯的合成：

在一干燥的 500 mL 三口烧瓶中加入钠片 11.5 g、无水乙醇 250 mL，装上回流冷凝管和滴液漏斗，等钠反应完全后，滴加丙二酸二乙酯 80.0 g，然后再滴加正戊基溴 83.0 g。加完后，回流半小时，加醋酸中和，过滤除去溴化钠固体。滤液除去溶剂，加入稀盐酸，用甲基叔丁基醚萃取，无水硫酸镁干燥，减压除去溶剂。所得物减压蒸馏(82～84 ℃/mmHg)，得到无

色液体 70.0 g,产率 61%。

(2) 2-戊基-丙-1,3-二醇(B4)的合成:

在一干燥的 500 mL 三口烧瓶中装上回流冷凝管和滴液漏斗,氮气保护下加入 $LiAlH_4$ 15.0 g、THF 250 mL,然后慢慢滴加 2-戊基丙二酸二乙酯 40.0 g。滴加完毕,回流 1 h,冷却,慢慢滴加 15 mL 水,再慢慢滴加 10% NaOH 水溶液,直到固体全部变成白色,过滤,滤液用无水硫酸镁干燥,减压除去溶剂,所得物减压蒸馏,得到无色液体 15.0 g,产率 59%。

(3) 3,5-二氟苯甲醛(B5)的合成:

在一干燥的 500 mL 三口烧瓶中加入镁屑 10.0 g、THF 300 mL,然后慢慢滴加 3,5-二氟溴苯 77.2 g,制成格氏试剂。冷却至 0 ℃以下,慢慢滴加 DMF 32 mL,然后让其自然升至室温,反应 4 h,加水,甲基叔丁基醚萃取,无水硫酸镁干燥,减压除去溶剂,所得物减压蒸馏,得到白色液体 41.0 g,产率 72%。

(4) 2-(3,5-二氟苯基)-5-戊基-1,3-二氧六环(7)的合成:

在 500 mL 单口烧瓶中加入 3,5-二氟苯甲醛 4.0 g、对甲苯磺酸 0.5 g、甲苯 150 mL、2-戊基-丙-1,3-二醇 4.6 g,然后回流分水,当不再有水出来时(约 3 h),停止加热。冷却,加入 K_2CO_3 2.5 g,搅拌 10 min,水洗,无水硫酸镁干燥,减压除去溶剂,用石油醚/二氯甲烷(体积比为 9∶1)的淋洗剂柱层析,所得固体用石油醚重结晶,得到产物 4.6 g,产率 61%。

MS(m/z,%):270.1(M^+,100.00),141.0(61.29)。^1H NMR(400 MHz,$CDCl_3$) δ:0.81～1.54(m,11H),2.25(m,1H),4.02(m,2H),4.04～4.30(m,2H),5.34(s,1H),6.97～7.04(m,3H)。

同系物的合成方法同上。

MS(m/z,%):242.1(M^+,100.00),141.0(61.29)。

(5) 2-(4-二氟溴甲基-3,5-二氟苯基)-5-戊基-1,3-二氧六环(8)的合成:

在 100 mL 三口烧瓶中装上滴液漏斗和低温温度计,氮气保护下加入 2-(3,5-二氟苯基)-5-戊基-1,3-二氧六环 2.2 g、干燥的四氢呋喃 40 mL,丙酮/液氮冷却至 −70 ℃,滴加正丁基锂 4 mL 后,控制温度在 −70 ℃左右反应 2 h,再滴加 CF_2Br_2 2.0 g,滴完控制温度在 −70 ℃左右反应 2 h。停止反应,自然升至室温,加 20 mL 水,甲基叔丁基醚萃取,无水硫酸镁干燥,减压除去溶剂,石油醚过柱,石油醚重结晶,得到产物 2.0 g,产率 65%。

MS(m/z,%):397.0(M^+,5.54),319.1(100.00)。^1H NMR(400 MHz,$CDCl_3$) δ:0.83～1.55(m,11H),2.35(m,1H),4.12(m,2H),4.14～4.40(m,2H),5.14(s,1H),6.97～7.05(m,2H)。

同系物 2-(4-二氟溴甲基-3,5-二氟苯基)-5-丙基-1,3-二氧六环的合成方法同上。

MS(m/z,%):369.0(M^+,5.67),291.1(100.00)。

(6) 目标化合物 B-b($n=5$)的合成:

在 100 mL 三口烧瓶中加入 2-{4-[(3-氟-4-三氟甲基苯氧基)二氟甲基]-3,5-二氟苯基}-5-戊烷基-1,3-二氧六环 2.0 g、3,4,5-三氟苯酚 0.8 g、四丁基溴化铵 1.0 g、碳酸钾 2.5 g、DMF 50 mL,加上回流冷凝管,90～100 ℃之间反应 3 h,冷却,加入 40 mL 水搅拌固体溶解,甲基叔丁基醚萃取,有机相水洗,无水硫酸镁干燥,减压除去溶剂,石油醚过柱,甲醇重结晶两次，得到白色晶体 0.5 g，产率 29%。

MS(m/z,%)：466.1(M^+,4.39)，319.1(100.00)。^1H NMR(400 MHz，$CDCl_3$) δ：0.89(t，J=6.4 Hz，3H)，1.29～1.31(m，6H)，1.55(s，2H)，2.08～2.11(m，1H)，4.12(m，2H)，3.49～4.25(m，4H)，5.36(m，1H)，6.93～6.96(m，2H)，7.12～7.15(m，2H)。

化合物 B-b(n=3)的数据如下：

MS(m/z,%)：438.1(M^+,0.98)，291.1(100.00)。^1H NMR(400 MHz，$CDCl_3$) δ：0.91(t，J=6.4 Hz，3H)，1.27～1.29(m，2H)，1.57(s，2H)，2.10～2.15(m，1H)，4.15(m，2H)，3.46～4.29(m，4H)，5.38(m，1H)，6.90～6.97(m，2H)，7.14～7.21(m，2H)。

2. 目标化合物 C-c、C-d

(1) 化合物 C3 的合成：

将 2.5 g 镁和 20 mL 干燥的四氢呋喃在氮气保护下加入 250 mL 三口烧瓶中，磁力搅拌，再将 19.3 g 3,5-二氟溴苯溶于 70 mL 干燥的四氢呋喃中并加入 100 mL 常压滴液漏斗中，滴入少量(10 mL)使镁屑激活。5 min 后升温并回流，继续滴加剩余的混合液，40 min 滴完，继续常温反应 1.5 h，滴加丙醛 5.8 g 和 60 mL 乙醚的混合液，10 min 滴完，加热回流2 h，冷却，慢慢加入 250 mL 饱和氯化铵溶液(过快会暴沸)，先会有沉淀生成，继续滴加，沉淀溶解。用甲基叔丁基醚萃取混合液两次，得有机相，再用水洗两次，干燥，旋干，用石油醚/乙酸乙酯(体积比为 20∶1)作淋洗剂过柱，得到淡黄色液体 13.4 g，产率 78%。

MS(m/z,%)：172.1(M^+,12.41)，143.0(100.00)。^1H NMR(400 MHz，$CDCl_3$) δ：0.82(t，J=7.2 Hz，3H)，1.60～1.68(m，2H)，2.23(s，1H)，4.48(t，J=6.4 Hz，1H)，6.58～6.79(m，3H)。

(2) 化合物 C5 的合成：

将 130 mL 正己烷和 28.4 g 五氧化二磷加入 250 mL 三口烧瓶中，机械搅拌，慢慢加入 13.4 g 1-(3,5-二氟苯基)-丙基-1-醇，加热至 50～60 ℃之间反应，2.5 h 后，点板反应完全，抽滤，得母液。将母液加入反应釜中，加催化量的 Pd/C，在 3 MPa 的氢气压力下常温搅拌过夜。气相跟踪，反应完全，抽滤，得母液旋干，减压蒸馏收集 20 mmHg/58～60 ℃的馏分 6.0 g，产率 50%。

(3) 化合物 C6 的合成：

将 4.0 g 3,5-二氟丙苯和 70 mL 干燥的四氢呋喃在氮气保护下加入 100 mL 三口烧瓶中，降温至 −78 ℃以下滴加 12 mL 正丁基锂，控制温度在 −70 ℃以下，20 min 滴完，继续低温反应 2 h，滴加 CF_2Br_2 8 mL，滴加时控制温度在 −70 ℃以下，5 min 滴完，继续反应 2 h，气相跟踪，反应完全，停止，自动升至常温，加入水 30 mL，用甲基叔丁基醚萃取有机相两次，干燥，旋干，用石油醚过柱，得到产品 6.3 g，产率 86%。

(4) 4′-[(3,5-二氟苯氧基)二氟甲基]-4-正丙基-3,5-二氟苯(化合物 C7)的合成：

将 4.5 g 2-(溴-二氟甲基)-1,3-二氟-5-丙基苯、2.3 g 3,5-二氟苯酚、1.1 g 四丁基溴化铵、4.5 g 碳酸钾和 80 mL DMF 加入 100 mL 三口烧瓶中，磁力搅拌，加热至 100 ℃左右反应 3 h，点板，反应完全，冷却，加入 60 mL 水搅拌使固体溶解，用甲基叔丁基醚萃取有机相 3 次，合并有机相，再用水洗一次，得有机相干燥，旋干，用石油醚过柱，得到无色液体 3.0 g，产率57%。

MS(m/z,%):334.1(M^+,2.42),205.1(100.00)。^1H NMR(400 MHz,$CDCl_3$) δ:0.95(t,$J=7.2$ Hz,3H),1.62～1.68(m,2H),2.59(t,$J=7.6$ Hz,2H),6.68～6.85(m,5H)。

(5) 化合物C8的合成:

在氮气保护下将0.4 g二异丙胺和30 mL四氢呋喃加入100 mL三口烧瓶中,降温至-5 ℃以下,滴加正丁基锂,滴完继续低温反应1 h,停止,待用。将1.0 g 2-[(3,5-二氟苯羟基)-二氟甲基]-1,3-二氟-5-丙基苯和30 mL干燥的四氢呋喃加入100 mL三口烧瓶中,氮气保护,降温至-78 ℃以下,滴加LDA,10 min滴完,继续低温反应2 h,自动升温至-60 ℃,滴加单质碘,滴完继续-60 ℃反应1.5 h后停止。自动升温至常温,加入50 mL饱和氯化铵溶液,分层。无机层用乙酸乙酯洗3次,合并有机相,再用硫代硫酸钠水溶液洗3次,将所得有机相干燥。旋干,用石油醚过柱,得到产品0.98 g,产率70%。

MS(m/z,%):460.0(M^+,12.98),205.1(100.00)。^1H NMR(400 MHz,$CDCl_3$) δ:0.95(t,$J=7.2$ Hz,3H),1.62～1.68(m,2H),2.59(t,$J=7.6$ Hz,2H),6.79～6.90(m,4H)。

(6) 目标化合物C-c的合成:

在100 mL干燥的三口烧瓶中加入化合物C8 0.8 g,加入溶剂无水乙醇60 mL,搅拌使原料溶解。加入化合物C9 0.34 g、催化量的$Pd(PPh_3)_4$与碳酸钾。加热回流条件下反应5 h后停止反应。反应液冷却至常温,抽滤,所得母液用甲基叔丁基醚和水混合萃取,得到有机相水洗一次,干燥,浓缩,石油醚过柱,得到目标化合物0.57 g,产率71%。

MS(m/z,%):464.1(M^+,11.03),205.1(100.00)。^1H NMR(400 MHz,$CDCl_3$) δ:0.96(t,$J=7.2$ Hz,3H),1.64～1.69(m,2H),2.61(t,$J=7.2$ Hz,2H),6.81～6.84(m,2H),6.97～6.99(m,2H),7.08～7.12(m,2H)。

(7) 目标化合物C-d的合成:

在100 mL干燥的三口烧瓶中加入化合物C8 0.8 g及溶剂三乙胺60 mL,搅拌使原料溶解。再加入化合物C10 0.37 g、催化量的$Pd(PPh_3)_2Cl_2$与CuI。加热回流条件下反应5 h后停止反应。反应液静置冷却至常温。抽滤,所得母液用甲基叔丁基醚和水混合萃取,得到有机相。水洗一次,干燥,浓缩,石油醚过柱,得到目标化合物0.55 g,产率60%。

MS(m/z,%):524.1(M^+,12.58),205.1(100.00)。^1H NMR(400 MHz,$CDCl_3$) δ:0.95(t,$J=7.2$ Hz,3H),1.61～1.68(m,2H),2.61(t,$J=8.0$ Hz,2H),6.80～6.83(m,2H),6.93～6.96(m,2H)。

3. 目标化合物D-d

(1) 化合物D3($n=5$)的合成:

在氮气保护下向干燥的250 mL三口烧瓶中加入D1($n=5$) 10.0 g和D2 7.7 g,然后加干燥的无水乙醇150 mL,搅拌使溶解。加入碳酸钾5.0 g、催化剂$Pd(PPh_3)_4$ 1.0 g,回流条件下反应5 h后停止反应。反应液抽滤后滤饼用甲基叔丁基醚洗涤两次,加少量水,甲基叔丁基醚萃取3次,合并有机相,用无水硫酸镁干燥。抽滤后用旋转蒸发仪除去溶剂,石油醚过柱，得到白色固体8.0 g，产率70%。

MS(m/z，%)：260.1(M^+，31.54)，203.1(100.00)。

同系物D3($n=3$)的合成方法同上。

MS(m/z，%)：232.1(M^+，31.54)，203.1(100.00)。

(2) 化合物D4($n=5$)的合成：

在氮气保护下向干燥的100 mL三口烧瓶中加入D3($n=5$) 5.0 g和干燥的THF 40 mL。用液氮/丙酮使溶液温度降低至-70 ℃，滴加含正丁基锂7.7 mL(2.5 mol/L)的30 mL THF混合液，控制反应液温度在70 ℃左右，滴加完毕后在70 ℃条件下反应2.5 h。滴加二氟二溴甲烷4.4 g，控制温度在70 ℃左右，滴加完毕反应2 h。加入少量氯化铵饱和溶液搅拌5 min，自然升至室温，向反应液中加少量水，甲基叔丁基醚萃取3次，合并有机相，无水硫酸钠干燥，过滤，减压除去溶剂，石油醚过柱，得到白色固体D4($n=5$)4.5 g，产率61%。

^{1}H NMR(400 MHz，$CDCl_3$) δ：0.88(t，$J=7.2$ Hz，3H)，1.45～1.64(m，6H)，2.55(t，$J=7.6$ Hz，2H)，6.98～7.03(m，2H)，7.15～7.18(m，2H)，7.36～7.38(m，2H)。

同系物D4($n=3$)的合成方法同上。

^{1}H NMR(400 MHz，$CDCl_3$) δ：0.91(t，$J=7.2$ Hz，3H)，1.47～1.69(m，2H)，2.59(t，$J=7.6$ Hz，2H)，6.88～7.07(m，2H)，7.13～7.19(m，2H)，7.46～7.50(m，2H)。

(3) 2-氟-4-溴-三氟甲基苯D6的合成：

称取75.0 g 4-氟-2-溴-5-三氟甲基苯胺D5加入1000 mL干燥的三口烧瓶中，将278 mL浓HCl与278 mL水配成的溶液于搅拌下滴入，15 min滴完，水浴加热，控制反应温度在60 ℃条件下反应4 h。停止加热，用冰水混合物使反应液温度降至0 ℃左右，滴加21.0 g $NaNO_2$和50 mL水配成的溶液，25 min滴完，反应液由白色转变为淡黄色，继续低温反应1 h。称92.4 g H_3PO_2于100 mL常压滴液漏斗中并滴入反应液中，25 min滴加完，此时反应液温度为15 ℃，再继续反应4 h，停止反应，水泵抽滤，母液用盐水萃取两次，所得有机相用无水硫酸镁干燥，减压蒸馏得到50.0 g无色液体(66～68 ℃/28 mmHg)。石油醚过柱，得到无色液体45.3 g，产率64%。

MS(m/z，%)：243.9(M^+，99.67)，241.9(100.00)。^{1}H NMR(400 MHz，$CDCl_3$) δ：7.41(d，$J=9.2$ Hz，2H)，7.48(t，$J=8.0$ Hz，1H)。

(4) 3-氟-4-三氟甲基苯硼酸D7的合成：

在氮气保护下将6.0 g 2-氟-4-溴-三氟甲基苯D6和10 mL干燥的THF加入100 mL干燥的三口烧瓶中，降温到-20 ℃，滴加35 mL i-PrMgCl/THF，10 min滴完，保温反应2 h。滴加5.3 g硼酸三异丙酯，5 min滴完，继续低温反应2 h，滴加3.6 g 30%的盐酸，-10 ℃下反应1 h。自然升至室温，减压蒸除THF，用乙酸乙酯和水的混合液溶解粗产物，分层，水相用乙酸乙酯萃取3次，合并有机相，用无水硫酸钠干燥，减压蒸除溶剂，所得固体用正己烷打浆，冷却后静置，抽滤，得到白色固体产物3.1 g，产率60%。

MS(m/z，%)：208.0(M^+，94.32)，144.0(100.00)。^{1}H NMR(400 MHz，氘代DMSO) δ：7.74～7.78(m，3H)，8.56(s，2H)。IR(KBr，ν_{max}，cm^{-1})：3390，3316，1630，1574，1515，

1415,1319,1138,1043,904,841,812,684,608。

(5) 3-氟-4-三氟甲基苯酚 D8 的合成:

将 2.1 g 3-氟-4-三氟甲基苯硼酸 D7 加入 100 mL 三口烧瓶中,加入冰醋酸 3.0 g 和 80 mL THF 使之溶解,磁力搅拌下,将 24.1 g(30%)双氧水从滴液漏斗中慢慢滴入,水浴控制温度低于 40 ℃,待温度稳定后常温反应 24 h,停止反应。加 15%的硫酸钠溶液和甲基叔丁基醚混合萃取 3 次,合并有机相,干燥,浓缩后用石油醚/二氯甲烷(体积比为 1∶1)作淋洗剂过柱,得到淡黄色液体 1.3 g,产率 71%。

MS(m/z,%):180.0(M^+,100.00),161.0(78.33),130.0(33.37)。^1H NMR(400 MHz,$CDCl_3$) δ:3.74~3.77(m,1H),6.53~6.57(m,3H)。

(6) 目标化合物 D-d($n=5$)的合成:

在一干燥的 100 mL 三口烧瓶中加入化合物 D4($n=5$) 2.0 g 和化合物 D8 1.0 g,加 70 mL DMF 搅拌使其溶解,加无水碳酸钾 1.0 g 和四丁基溴化铵 1.0 g。搅拌并加热,控制温度在 90~100 ℃之间反应 4 h,停止反应,冷却后加水使固体溶解。甲基叔丁基醚萃取 3 次,合并有机相,无水硫酸钠干燥。抽滤,减压除去溶剂,石油醚过柱,甲醇重结晶,最终得到白色晶体 1.6 g,产率 64%。

MS(m/z,%):460.1(M^+,1.98),281.1(100.00)。^1H NMR(400 MHz,$CDCl_3$) δ:0.97(t,$J=6.8$ Hz,3H),1.66~1.71(m,6H),2.65(m,2H),7.18~7.64(m,9H)。

同系物 D-d($n=3$)的合成方法同上。

MS(m/z,%):488.1(M^+,1.83),309.1(100.00)。^1H NMR(400 MHz,$CDCl_3$) δ:0.95(t,$J=6.8$ Hz,3H),1.69~1.73(m,2H),2.59(m,2H),7.21~7.68(m,9H)。

19.5 含有氧二氟亚甲基(CF_2O)桥键的三环超氟液晶(Q系列)化合物

19.5.1 分子结构

我们在利用 CF_3 取代基研究向列相超级含氟液晶方面取得了成功[12]。现在将 CF_3 取代基与 CF_2O 相结合,探索新的可能性。

含有氧二氟亚甲基(CF_2O)桥键的三环超氟液晶化合物的分子结构如图 2.19.14 所示。

Q C_nH_{2n+1}—(2,6-二氟苯)—(3,5-二氟苯)—CF_2O—(3-氟苯)—CF_3

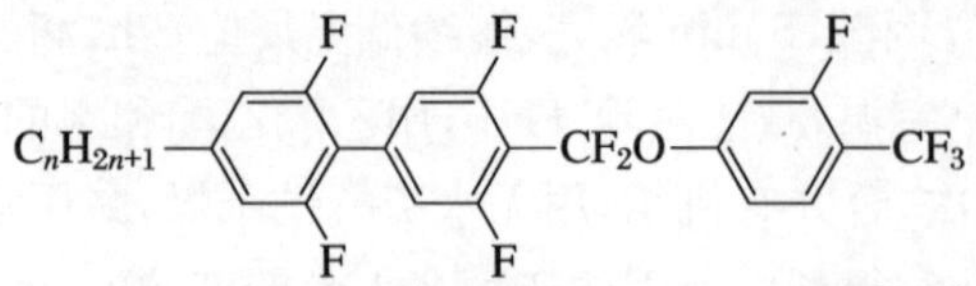

n=3、5

图 2.19.14 含有氧二氟亚甲基(CF_2O)桥键的三环超氟液晶化合物的分子结构

4-[(3-氟-4-三氟甲基苯氧基)二氟甲基]-4′-正烷基-3,5,2′,6′-四氟联苯

19.5.2　合成路线

1. Q(n = 3)的合成路线

Q(n = 3)的合成路线如图 2.19.15 所示。

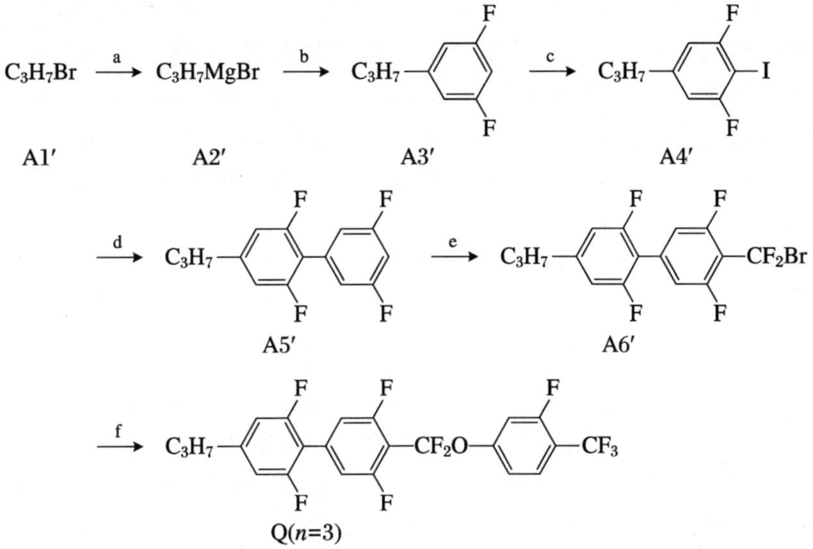

A1′ A2′ A3′ A4′ A5′ A6′ Q(n=3)

图 2.19.15　Q(n = 3)的合成路线

反应试剂和条件：a. 镁，四氢呋喃，50 ℃；b. 3,5-二氟溴苯，四氢呋喃，50 ℃；c. 碘，四氢呋喃，正丁基锂，－70 ℃；d. 3,5-二氟苯硼酸，$Pd(PPh_3)_4$，碳酸钾，无水乙醇，加热回流；e. 二氟二溴甲烷，四氢呋喃，正丁基锂，－70 ℃；f. 3-氟-4-三氟甲基苯酚，四丁基溴化铵，碳酸钾，N,N-二甲基甲酰胺，80 ℃

本合成利用二氟二溴甲烷作原料，工艺简单，而且本章中的三环超氟液晶化合物与其组成物脂溶性好，能避免低温时组分析出。

2. Q(n = 5)的合成路线

Q(n = 5)的合成路线如图 2.19.16 所示。

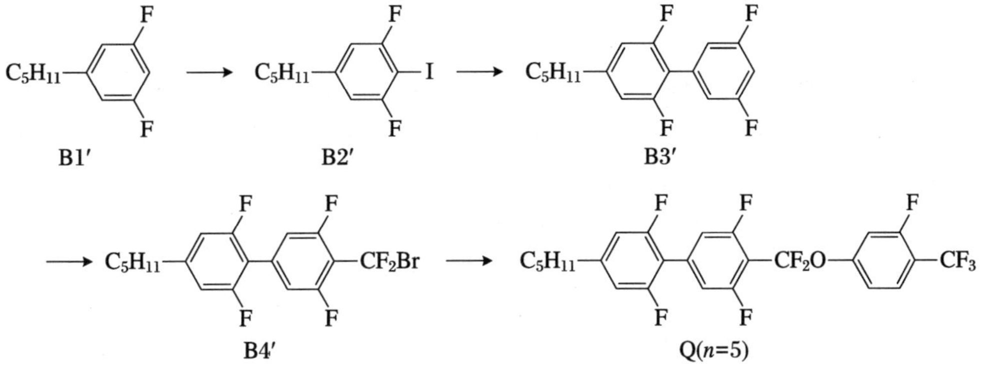

B1′ B2′ B3′ B4′ Q(n=5)

图 2.19.16　Q(n = 5)的合成路线

19.5.3 合成操作

1. 目标化合物 Q($n=3$)

(1) 化合物 A3′($n=3$)的合成：

在一干燥的 500 mL 四口烧瓶中，氮气保护下加入 Mg(24.2 g，1.02 mol)，随后加入 80 mL 干燥的四氢呋喃，再加入 1～3 滴 1，2-二溴乙烷进行激活，激活后将溴代正丙烷（104 g，0.84 mol)溶解在 300 mL 干燥的 THF 中，缓慢滴加到体系中，此反应体系在 50～60 ℃反应 1 h，然后再缓慢滴入四（三苯基膦）钯（0.8 g，0.0007 mol）和 3，5-二氟溴苯（80 g，0.421 mol)，反应混合液在 50～60 ℃继续反应 1 h，TLC 跟踪至反应完全。加水淬灭，反应液用乙酸乙酯萃取，用无水硫酸镁干燥，真空除去溶剂，再进行常压(140～150 ℃)蒸馏，得到无色透明液体 47 g，纯度 89.4%，产率 71.5%。

(2) 化合物 A4′($n=3$)的合成：

在一干燥的 2 L 四口烧瓶中，氮气保护下将化合物 A3′($n=3$)(45 g，0.29 mol)溶于 500 mL 干燥的 THF 中并冷却到 －70 ℃，向上述溶液中慢慢滴加正丁基锂(220 mL，0.351 mol，1.6 mol/L)，此混合溶液在上述温度下继续搅拌 2 h，碘(91 g，0.355 mol)在 300 mL 干燥的 THF 中，慢慢滴加到体系中，反应混合液升温至 －60 ℃并在此温度下继续反应 1 h，用硫代硫酸钠溶液淬灭。反应液用饱和 $Na_2S_2O_3$ 溶液洗两次，用乙酸乙酯萃取，有机相用无水硫酸镁干燥，然后过滤，旋干，得粗产品。再对粗产品减压蒸馏(80～82 ℃/2 mmHg)，然后用石油醚进行柱层析分离，得到无色透明液体 69 g，纯度 97.8%，产率 85%。

(3) 化合物 A5′($n=3$)的合成：

在一干燥的 500 mL 四口烧瓶中，氮气保护下加入化合物 A4′($n=3$)(40 g，0.142 mol)、3，5-二氟苯硼酸（27 g，0.174 mol)、Pd(PPh_3) $_4$ (0.5 g，0.00043 mol)、碳酸钾(29.5 g，0.213 mol)，随后加入 300 mL 无水乙醇，反应混合液加热回流 24 h，TLC 跟踪至反应完全。加水淬灭，反应液用乙酸乙酯萃取，用无水硫酸镁干燥，旋干，再用石油醚溶解，把不溶物过滤掉，旋干后用石油醚进行柱层析分离，得到无色透明液体 36 g，纯度 96.02%，产率 94.5%。

MS(m/z ，%)：268(M^+ ，42.82)，239.0(100.00)；219(21.45)。

(4) 化合物 A6′($n=3$)的合成：

在一干燥的 1 L 四口烧瓶中，氮气保护下将化合物 A5′($n=3$)(36 g，0.135 mol)溶于 400 mL 干燥的 THF 中并冷却到 －70 ℃。向上述溶液中慢慢滴加正丁基锂(101 mL，0.162 mol，1.6 mol/L)，此混合溶液在上述温度下继续搅拌 2 h，缓慢加入 CF_2Br_2 (42.6 g，0.203 mol) 并升温至 －60 ℃，反应混合液继续反应 1 h，加饱和氯化铵溶液淬灭。反应液用饱和氯化铵溶液和乙酸乙酯萃取，有机相再用饱和食盐水溶液洗两次，然后用无水硫酸镁干燥，过滤，旋干，得粗产物。再将粗产物用石油醚进行柱层析分离，得到淡黄色油状物 36 g，纯度 47%，产率 60%。

MS(m/z ，%)：398.0(M^+ ，1.01)，317(100.00)；288(41.72)；219(8.33)。

(5) 目标化合物 Q($n=3$)的合成：

在一干燥的 500 mL 四口烧瓶中，氮气保护下加入纯度 47% 的 A6′($n=3$)(32 g，0.081 mol)、3-氟-4-三氟甲基苯酚(16.28 g，0.09 mol)、K_2CO_3(13.83 g，0.10 mol)、四正丁基溴化铵($C_{16}H_{36}NBr$)(26.61 g，0.097 mol)，随后加入 360 mL DMF，反应混合液在 80 ℃条件下搅拌 4 h，TLC 跟踪至反应完全。用饱和氯化铵溶液进行淬灭，反应液用饱和氯化铵溶液和乙酸乙酯萃取，有机相再用饱和食盐水溶液洗两次，然后用无水硫酸镁干燥，旋干，得黄色油状物粗产物。将粗产物用石油醚进行柱层析分离得无色透明液体，再将无色透明液体用无水乙醇进行低温洗涤，得到无色透明液体 9 g，纯度 99.7%，产率 22.4%。

MS(m/z，%)：496(M^+，1.02)，317(100.00)；288(26.66)；219(6.73)。^1H NMR(400 MHz，$CDCl_3$) δ：0.958～0.994(t，$J=6.8$ Hz，3H)，1.649～1.705(m，2H)，2.601～2.639(m，2H)；6.838～6.861(m，2H)，7.136～7.202(m，4H)，7.601～7.643(m，1H)。

2. 目标化合物 Q($n=5$)

(1) 化合物 B2′的合成：

将 B1′(27 g，0.54 mol)溶于 250 mL THF 中，温度降到 −75 ℃后缓慢滴入 1.6 mol/L 的正丁基锂(110 mL，0.22 mol)，温度保持在 −75～−70 ℃，反应 2 h。将碘(55.8 g，0.176 mol) 溶于 250 mL THF 中，缓慢滴加，温度保持在 −60～−70 ℃，反应 3 h。反应完成，用 100 mL 水萃灭，纯度 58%。加 300 mL 水，200 mL 乙酸乙酯萃取，水相用乙酸乙酯(3×100 mL)萃取，合并有机相用 NaCl(3×200 mL)水洗，加 45 g 无水硫酸镁干燥，抽滤，旋干，进行减压蒸馏，得 50 g，纯度 54.4%。用石油醚过柱，得 18 g，纯度 86.65%，产率 39.3%。

(2) 化合物 B3′的合成：

将 B2′(18 g，0.0575 mol)加入 250 mL 三口烧瓶中，加入 3,5-二氟苯硼酸(10.9 g，0.069 mol)、0.2 g 的 dppf、碳酸钠(11.9 g，0.086 mol)，加热到 80 ℃回流。反应 2 h，取样检测。反应完全后，反应液用乙酸乙酯萃取，无水硫酸镁干燥，抽滤，旋转蒸发得 15 g，纯度 77.8%。用石油醚过柱，得 16 g(未旋干)，纯度 84.7%。

(3) 化合物 B4′的合成：

将 B3′(16 g，0.054 mol)溶于 200 mL THF 中，温度降到 −75 ℃后缓慢滴入 1.6 mol/L 的正丁基锂(40.5 mL，0.065 mol)，温度保持在 −75～−70 ℃，反应 2 h。通入二氟二溴甲烷(34.5 g，0.162 mol)，温度保持在 −60～−70 ℃，反应 2 h。反应完成，用 100 mL NH_4Cl 萃灭，加 300 mL 水，200 mL 乙酸乙酯萃取，水相用乙酸乙酯(3×100 mL)萃取，合并有机相用食盐(3×200 mL)水洗，加 20 g 无水硫酸镁干燥，抽滤，旋干，得黄色液体 22 g，纯度 77%。用石油醚过柱，得 19.4 g，纯度 81.8%，产率 84.5%。

(4) 目标化合物 Q($n=5$)的合成：

将 B4′(9 g，0.021 mol)和 150 mL DMF 加入 250 mL 三口烧瓶中，加入碳酸钾(7.3 g，0.053 mol)、四正丁基溴化铵(10.23 g，0.024 mol)、3-氟-4-三氟甲基苯酚(13.6 g，0.075 mol)，温度保持在 80 ℃，颜色变为红色，反应 4 h。反应完成，加 100 mL NH_4Cl 饱和溶液淬灭。用乙酸乙酯萃取，无水硫酸镁干燥，抽滤，旋干，得黄色液体 15 g，纯度 71.45%。

用石油醚过柱,得无色透明液体6 g,纯度98.5%。

将6 g的无色透明溶液用无水乙醇进行低温重结晶,得1.8 g,纯度99.5%,产率16.23%。

19.5.4 结果与讨论

1. 本研究的意义

本节介绍了含有氧二氟亚甲基(CF_2O)桥键的三环超氟液晶化合物及其组成物的制备方法和应用。它们与其他液晶化合物形成的组成物可用于TFT型液晶显示器。

本研究分别利用了不同的末端环。尤其是3-氟-4-三氟甲苯基团,与4′-正烷基-2′,3,5,6′-四氟联苯基,它们的极性的方向与分子长轴一致,有助于$\Delta\varepsilon$的增大。而且苯环上—CF_3的导入,不仅增大了极性,而且非常有助于脂溶性的改善,避免低温时组分析出。

在合成CF_2O结构的工艺中,利用二氟二溴甲烷作原料的方法,避免使用文献中报道的利用二硫化物的方法[3],工艺简单。

2. 室温超级含氟液晶的偶然发现

本节介绍的含有氧二氟亚甲基(CF_2O)桥键的三环超氟液晶化合物(Q系列)的两个同系物($n=3$、5)是对各自的液体产物低温重结晶纯化的结果。由于实验室的低温条件有限,因此收率不高。

热致液晶一般是熔点在室温以上的晶体,加热到熔点而融化为光学各向异性的流体。继续升温到某一更高温度(清亮点)变为各向同性的液体。三苯环的含氟液晶熔点在室温以上。我们发现化合物Q($n=3$)与Q($n=5$),熔点在10 ℃以上。

化合物Q($n=3$)的DSC曲线和热流曲线分别如图2.19.17和图2.19.18所示,化合物Q($n=5$)的DSC曲线和热流曲线分别如图2.19.19和图2.19.20所示。

化合物Q($n=3$)与Q($n=5$)在室温下皆为流体。

首先分析化合物Q($n=3$)的DSC图,从−50 ℃开始升温,熔点是27.60 ℃,吸热峰的峰值为30.20 ℃,降温过程在−3.30 ℃出现放热峰。

同系物Q($n=5$)是烷基链,比Q($n=3$)多两个碳原子,升温熔点是25.49 ℃,吸热峰的峰值为28.01 ℃,降温过程,放热峰的峰值为−12.38 ℃。对于液晶混合配方工艺,化合物Q($n=5$)更加有利。

19.5.5 小结

在合成CF_2O结构的工艺中,利用二氟二溴甲烷作原料的方法,工艺简单。在进行液晶组成物的制备时,成功地利用了高极性的三苯环含氟液晶。该化合物在稍高于10 ℃以上温度为液体。目前对于制备低温稳定性的TFT液晶混合物十分有利。

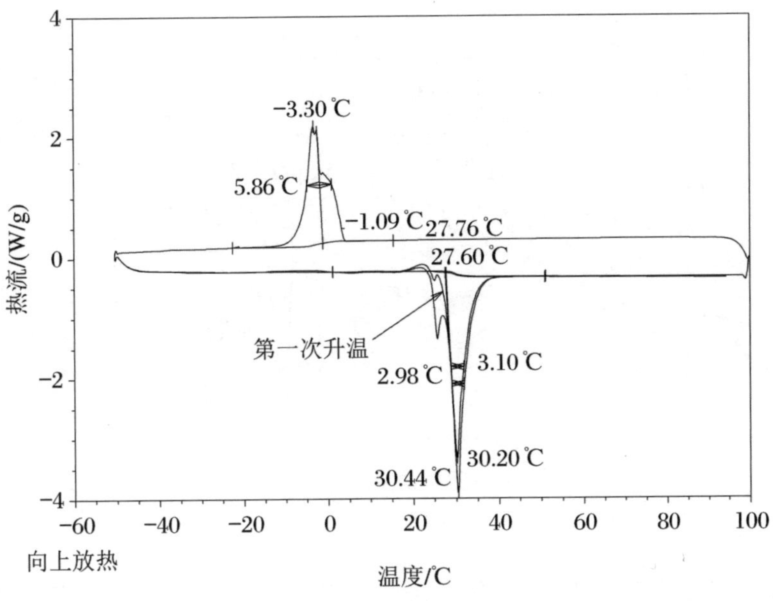

图 2.19.17　化合物 Q($n=3$)的 DSC 曲线

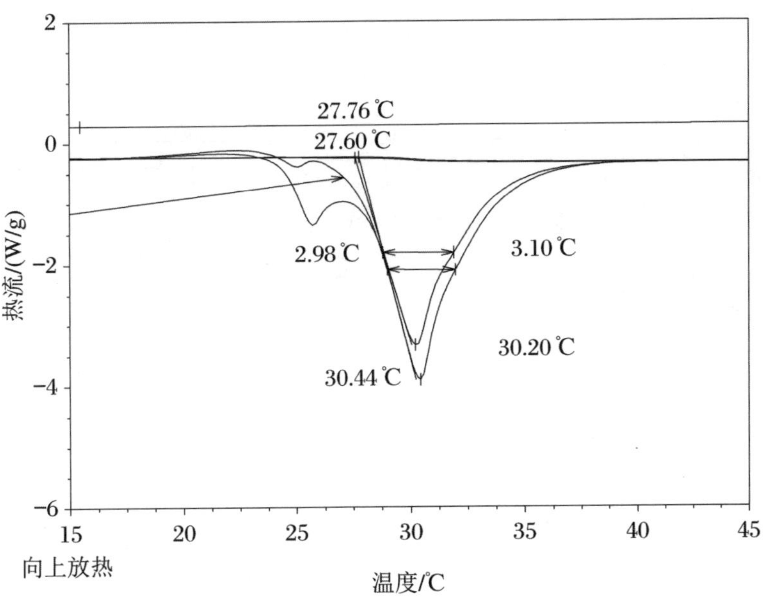

图 2.19.18　化合物 Q($n=3$)的热流曲线

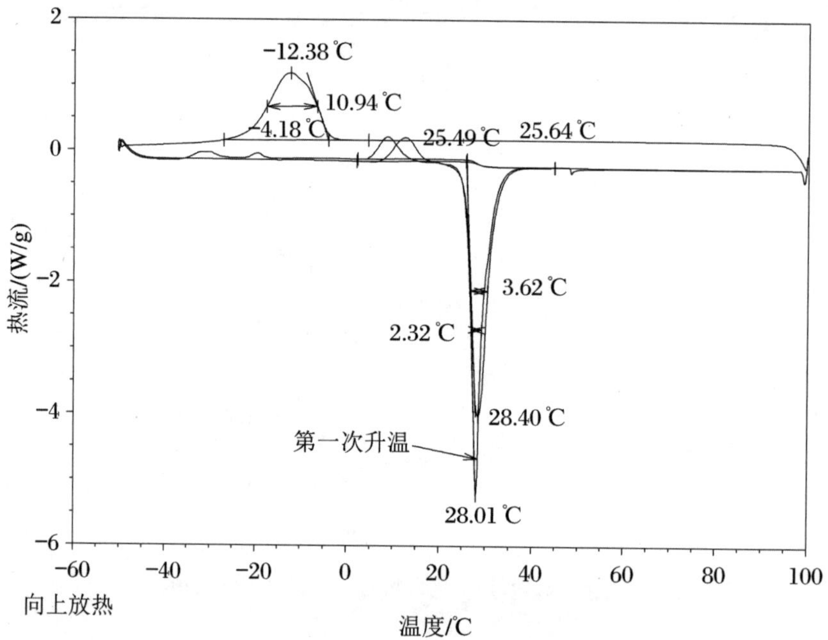

图 2.19.19 化合物 Q($n=5$)的 DSC 曲线

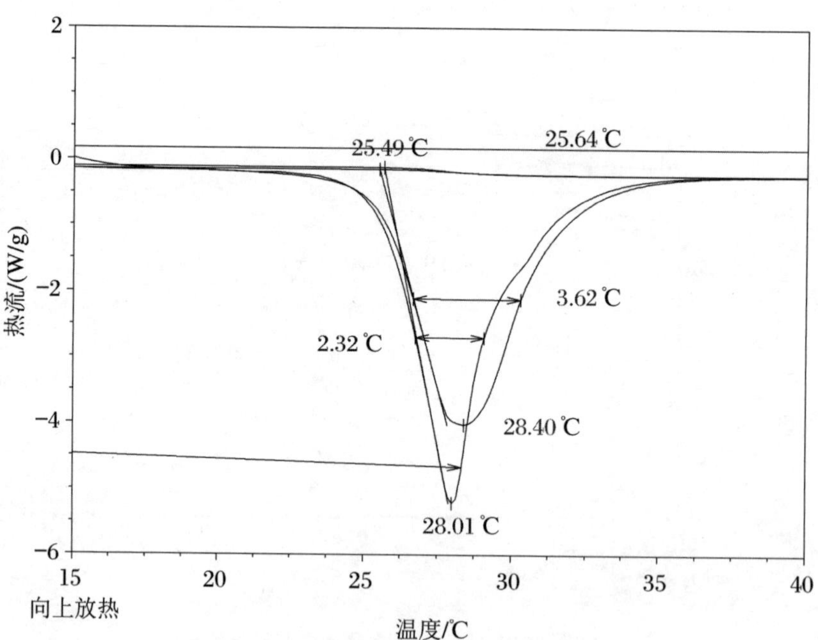

图 2.19.20 化合物 Q($n=5$)的热流曲线

19.6 含有单环己基的氧二氟亚甲基的四环液晶(R1 系列)化合物

19.6.1 分子结构

含有单环己基的氧二氟亚甲基的四环液晶化合物的分子结构如图 2.19.21 所示。

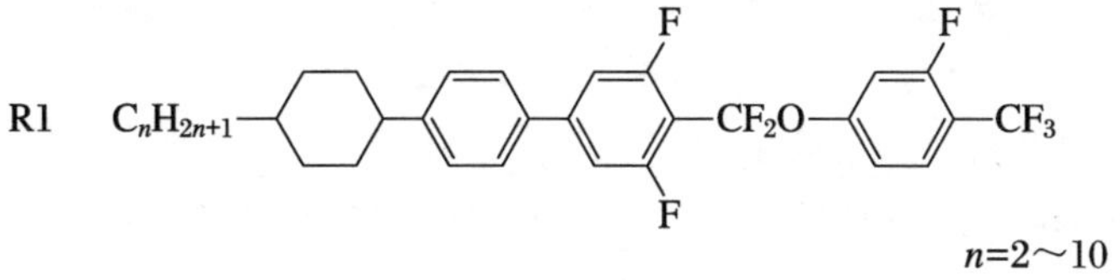

R1　C_nH_{2n+1}—[环己基]—[苯基]—[3,5-二氟苯基]—CF_2O—[3-氟苯基]—CF_3

n=2～10

图 2.19.21　含有单环己基的氧二氟亚甲基的四环液晶化合物的分子结构

4-[(3-氟-4-三氟甲基苯氧基)二氟甲基]-4′-(反式-4-正烷基环己基)-3,5-二氟联苯

19.6.2 合成路线

R1 系列化合物[13]的合成路线如图 2.19.22 所示。

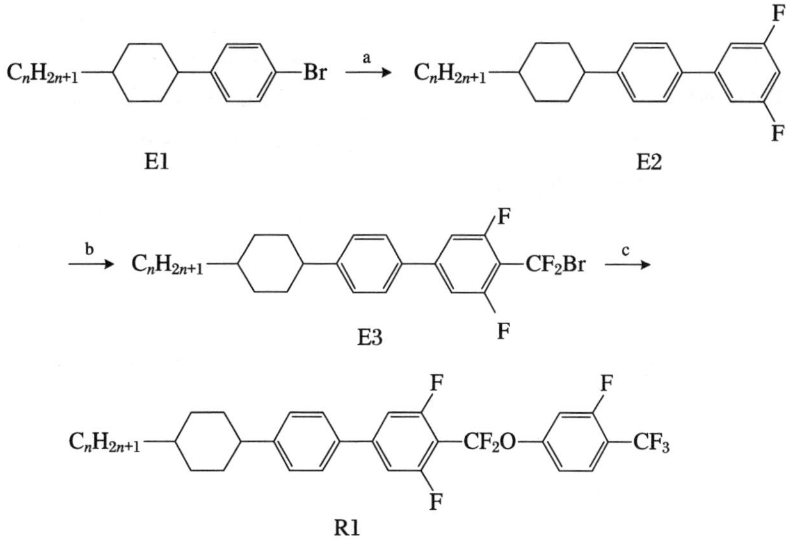

E1: C_nH_{2n+1}—[环己基]—[苯基]—Br $\xrightarrow{a}$ E2: C_nH_{2n+1}—[环己基]—[苯基]—[3,5-二氟苯基]

$\xrightarrow{b}$ E3: C_nH_{2n+1}—[环己基]—[苯基]—[3,5-二氟苯基]—CF_2Br $\xrightarrow{c}$

R1: C_nH_{2n+1}—[环己基]—[苯基]—[3,5-二氟苯基]—CF_2O—[3-氟苯基]—CF_3

图 2.19.22　R1 系列化合物的合成路线

19.6.3 合成操作

1. 目标化合物 R1($n=2$)

(1) 化合物E2($n=2$)的合成(a):

在一干燥的500 mL四口烧瓶中,氮气保护下加入化合物E1($n=2$)(35 g,0.131 mol)、反式-4-乙基环己基对溴苯、3,5-二氟苯硼酸(24.8 g,0.157 mol)、1,1′-双二苯基膦二茂铁二氯化钯[$PdCl_2$(dppf)](0.5 g,0.0007 mol)、碳酸钾(27.1 g,0.197 mol),随后加入300 mL无水乙醇,反应混合液加热回流24 h,TLC跟踪至反应完全。加水淬灭,反应液用乙酸乙酯萃取,用无水硫酸镁干燥,旋干,再用石油醚溶解,把不溶物过滤掉,旋干。旋干后用石油醚进行柱层析分离,得到白色晶体35 g,纯度99%,产率89%。

(2) 化合物E3($n=2$)的合成(b):

在一干燥的500 mL四口烧瓶中,氮气保护下将化合物E2($n=2$)(20 g,0.067 mol)溶于120 mL干燥的THF中并冷却到−70 ℃,向上述溶液中慢慢滴加正丁基锂(50 mL,0.0804 mol,1.6 mol/L),此混合溶液在上述温度下继续搅拌2 h,缓慢加入CF_2Br_2(21 g,0.1 mol)并升温至−60 ℃,反应混合液继续反应1 h,加饱和氯化铵溶液淬灭。反应液用饱和氯化铵溶液和乙酸乙酯萃取,有机相再用饱和食盐水溶液洗两次,然后用无水硫酸镁干燥,过滤,旋干,得粗产物。再将粗产物用石油醚进行柱层析分离,得到白色晶体26 g,纯度65%,产率90%。

(3) 目标化合物R1($n=2$)的合成(c):

在一干燥的500 mL四口烧瓶中,氮气保护下加入纯度65%的E3($n=2$)(26 g,0.06 mol)、3-氟-4-三氟甲基苯酚(12.9 g,0.072 mol)、K_2CO_3(12.5 g,0.09 mol)、四正丁基溴化铵($C_{16}H_{36}NBr$)(29 g,0.09 mol),随后加入200 mL的DMF,反应混合液在90 ℃条件下搅拌4 h,TLC跟踪至反应完全。用饱和氯化铵溶液淬灭,反应液用饱和氯化铵溶液和乙酸乙酯萃取,有机相再用饱和食盐水溶液洗两次,然后用无水硫酸镁干燥,旋干,得白色固体。将粗产物用石油醚进行柱层析分离,得白色固体。再将白色固体用石油醚/无水乙醇(体积比为50∶1)重结晶,得到白色晶体14 g,纯度99.93%,熔点78 ℃,清亮点102.2 ℃,产率44%。

2. 目标化合物 R1($n=3$)

(1) 化合物E2($n=3$)的合成:

在一干燥的500 mL四口烧瓶中,氮气保护下加入化合物E1(35 g,0.124 mol)、3,5-二氟苯硼酸(26.61 g,0.149 mol)、$Pd(PPh_3)_4$(0.7 g,0.0006 mol)、碳酸钾(25.6 g,0.181 mol),随后加入300 mL无水乙醇,反应混合液加热回流4 h,TLC跟踪至反应完全。加水淬灭,反应液用乙酸乙酯萃取,用无水硫酸镁干燥,旋干,再用石油醚溶解,把不溶物过滤掉,再旋干,旋干后用石油醚进行柱层析分离,得到无色透明液体39.8 g,纯度98.0%,产率102%。

(2) 化合物E3($n=3$)的合成:

在一干燥的 500 mL 四口烧瓶中，氮气保护下将化合物 E2($n=3$)(18.4 g，0.059 mol)溶于 200 mL 干燥的 THF 中并冷却到 −70 ℃，向上述溶液中慢慢滴加正丁基锂((44 mL，0.070 mol，1.6 mol/L)，此混合溶液在上述温度下继续搅拌 2 h，缓慢加入 CF_2Br_2(18.7 g，0.089 mol)并升温至 −60 ℃，反应混合液继续反应 1 h，TLC 跟踪至反应完全。加饱和氯化铵溶液淬灭。反应液用饱和氯化铵溶液和乙酸乙酯萃取，有机相再用饱和食盐水溶液洗两次，然后用无水硫酸镁干燥，过滤，旋干，得粗产物。再将粗产物用石油醚进行柱层析分离，得到白色固体 24 g，纯度 55%，产率 91%。

(3) 目标化合物 R1($n=3$)的合成：

在一干燥的 500 mL 四口烧瓶中，氮气保护下加入纯度 55% 的 E3($n=3$)(24 g，0.054 mol)、3-氟-4-三氟甲基苯酚(11.80 g，0.065 mol)、K_2CO_3(11.4 g，0.083 mol)、四正丁基溴化铵($C_{16}H_{36}NBr$)(26.8 g，0.083 mol)，随后加入 240 mL 的 DMF，反应混合液在 80 ℃条件下搅拌 4 h，TLC 跟踪至反应完全。用饱和氯化铵溶液进行淬灭，反应液用饱和氯化铵溶液和乙酸乙酯萃取，有机相再用饱和食盐水溶液洗两次，然后用无水硫酸镁干燥，旋干，得黄色油状物粗产物。将粗产物用石油醚进行柱层析分离，得到无色透明液体 21.2 g，纯度 99.80%，产率 74%。再用无水乙醇重结晶处理，烘干后得到白色固体 15.5 g，纯度 99.99%，熔点 83.7 ℃，清亮点 135 ℃，产率 50%。

19.7 含有双环己基的氧二氟亚甲基的四环液晶(R2 系列)化合物

19.7.1 分子结构

含有双环己基的氧二氟亚甲基的四环液晶化合物的分子结构如图 2.19.23 所示。

R2　C_nH_{2n+1}—(环己基)—(环己基)—(2,6-二氟苯基)—CF_2O—(3-氟苯基)—CF_3　n=2～10

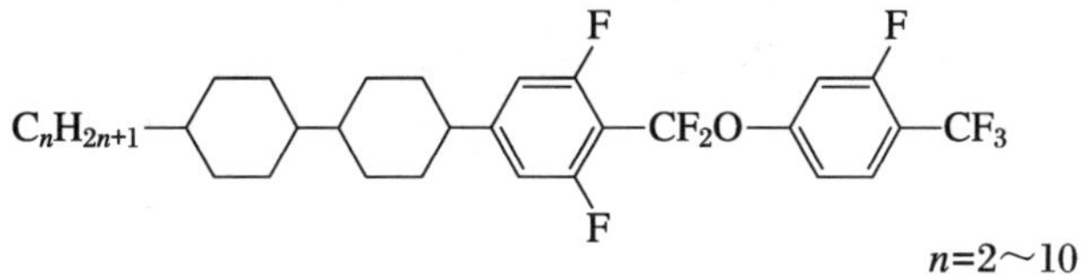

图 2.19.23　含有双环己基的氧二氟亚甲基的四环液晶化合物的分子结构

4-[(3-氟-4-三氟甲基苯氧基)二氟甲基]-1-(反式，反式-4′-正烷基双环己基)-3,5-二氟联苯

19.7.2 合成路线

R2 系列化合物[14]的合成路线如图 2.19.24 所示。

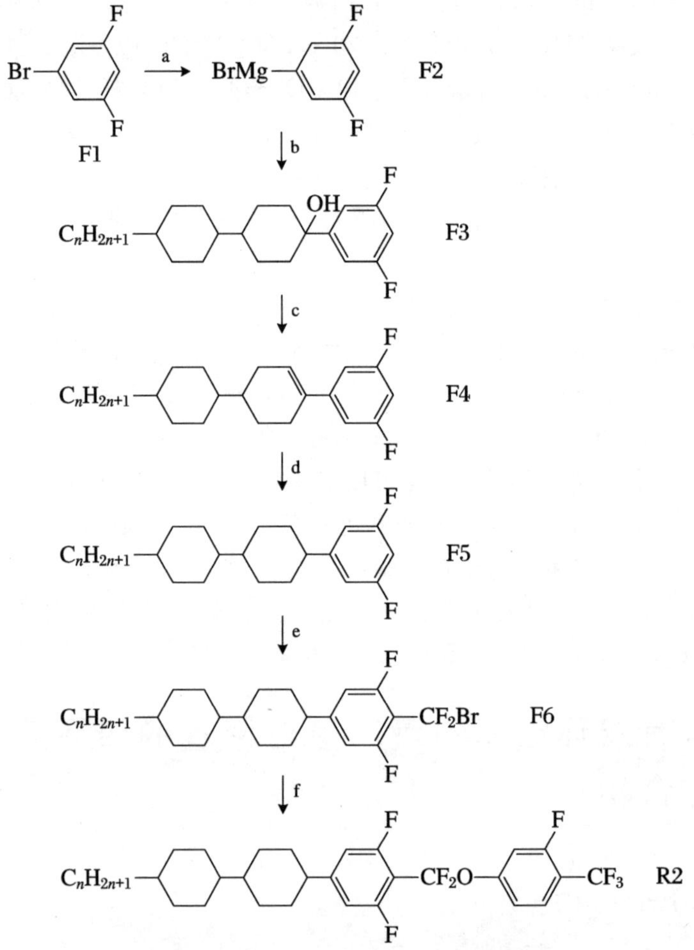

图 2.19.24 R2 系列化合物的合成路线

反应试剂和条件：a. 镁，四氢呋喃，50 ℃；b. 烷基双环己基酮（$n=2\sim10$），50 ℃，四氢呋喃；c. 甲苯，一水合对甲苯磺酸，加热回流；d. 氢气，钯碳；e. 二氟二溴甲烷，四氢呋喃，正丁基锂，－70 ℃；f. 3-氟-4-三氟甲基苯酚，四正丁基溴化铵，碳酸钾，N，N-二甲基甲酰胺，80 ℃

19.7.3 合成操作

1. 化合物 F3（$n=3$）

在一干燥的 500 mL 四口烧瓶中，氮气保护下加入 Mg（7.70 g，0.32 mol），随后加入 50 mL 干燥的四氢呋喃，再加入 1～3 滴 1，2-二溴乙烷进行激活，激活后将 3，5-二氟溴苯（50 g，0.26 mol）溶解在 120 mL 干燥的四氢呋喃中，缓慢滴加到体系中，此反应体系在 40～50 ℃下反应 2 h，待镁反应完全后再缓慢滴入丙基双环己基酮（71 g，0.32 mol），反应混合液在40～50 ℃ 下继续反应 2 h，TLC 跟踪至反应完全。加水淬灭，反应液用乙酸乙酯进行萃取，用无水硫酸镁进行干燥，过滤除去硫酸镁，旋转蒸发除去溶剂，得到淡黄色液体 80 g，纯度 87%，产率 91.4%。

2. 化合物 F4($n=3$)

将化合物 F2($n=3$)(98.6 g，0.29 mol)溶于 150 mL 甲苯中，倒入 500 mL 单口烧瓶中，加入一水合对甲苯磺酸(5.6 g，0.029 mol)，搅拌加热至回流，用分水器分出水分，取样分析，反应完全后，冷却至室温，加入 100 mL 水，分相，分出有机层，用 40 mL 甲苯萃取水相，合并有机相，再用饱和食盐水洗涤 3 次，无水硫酸镁干燥，过滤，旋转蒸发除去溶剂，然后再用石油醚进行柱层析分离，得到白色固体 74.1 g，纯度 99%，产率 80%。

3. 化合物 F5($n=3$)

用 200 mL 甲苯溶解化合物 F4($n=3$)(74.1 g，0.233 mol)，并加入 15 g Pd/C。装好高压釜通氮气检验气密性，0.5 MPa 压力保持 120 min 不变，放掉氮气，釜抽真空，重复两次，通入 H_2压力达到 0.5 MPa，设温度 35 ℃，反应 24 h，取样检测，反应完全后，抽滤产物除去 Pd/C，旋转蒸发，得到产物 70 g，纯度 98%，产率 93.8%。

4. 化合物 F6($n=3$)

在一干燥的 500 mL 四口烧瓶中，氮气保护下，将化合物 F5($n=3$)(24 g，0.075 mol)溶于 200 mL 干燥的 THF 中并冷却到 −70 ℃，向上述溶液中慢慢滴加正丁基锂((57 mL，0.162 mol，1.6 mol/L)，此混合溶液在上述温度下继续搅拌 2 h，缓慢加入 CF_2Br_2(24 g，0.141 mol)并升温至 −60 ℃，混合液继续反应 1 h，取样检测，反应完全后，加饱和氯化铵溶液淬灭。反应液用饱和氯化铵溶液和乙酸乙酯进行萃取，有机相再用饱和食盐水溶液洗两次，然后用无水硫酸镁干燥，过滤，旋干，得粗产物。再将粗产物用石油醚进行柱层析分离，得到淡黄色油状物 32.9 g，纯度 25%，产率 97.9%。

5. 化合物 R2($n=3$)

在一干燥的 500 mL 四口烧瓶中，氮气保护下加入纯度 25% 的 F6($n=3$)(32,9 g，0.073 mol)、3-氟-4-三氟甲基苯酚(7.9 g，0.04 mol)、K_2CO_3(15.4 g，0.11 mol)、四正丁基溴化铵($C_{16}H_{36}NBr$)(35.2 g，0.109 mol)，随后加入 200 mL N，N-二甲基甲酰胺，反应混合液在80 ℃条件下反应搅拌 4 h，取样检测，反应完全后，用饱和氯化铵溶液进行淬灭，反应液用饱和氯化铵溶液和乙酸乙酯进行萃取，有机相再用饱和食盐水溶液洗两次，然后用无水硫酸镁干燥，旋干，得黄色油状物粗产物。将粗产物用石油醚进行柱层析分离，无水乙醇重结晶，得到白色固体 2.6 g，纯度 99.6%，熔点 94 ℃，清亮点 157.4 ℃，产率 16%。

19.8　含有(1,1′,4′,1″)三联苯基与氧二氟亚甲基的四环液晶(R3 系列)化合物

19.8.1　分子结构

R3 系列化合物[15]的分子结构如图 2.19.25 所示。

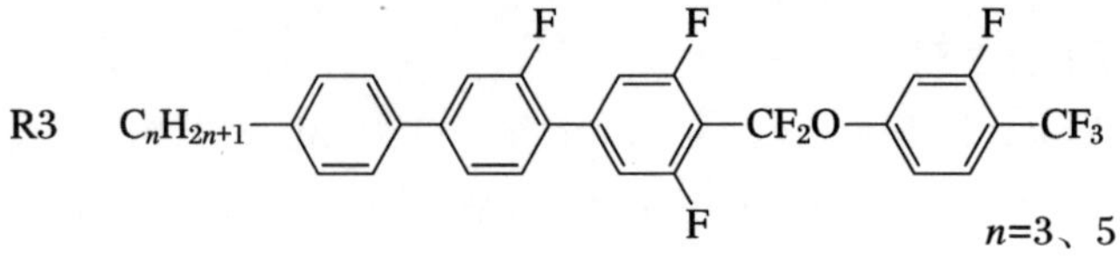

图 2.19.25 R3 系列化合物的分子结构

4-[(3-氟-4-三氟甲基苯氧基)二氟甲基]-4″-正烷基-3,5,2′-三氟-(1,1′,4′,1″)三联苯

19.8.2 合成路线

R3 系列化合物的合成路线如图 2.19.26 所示。

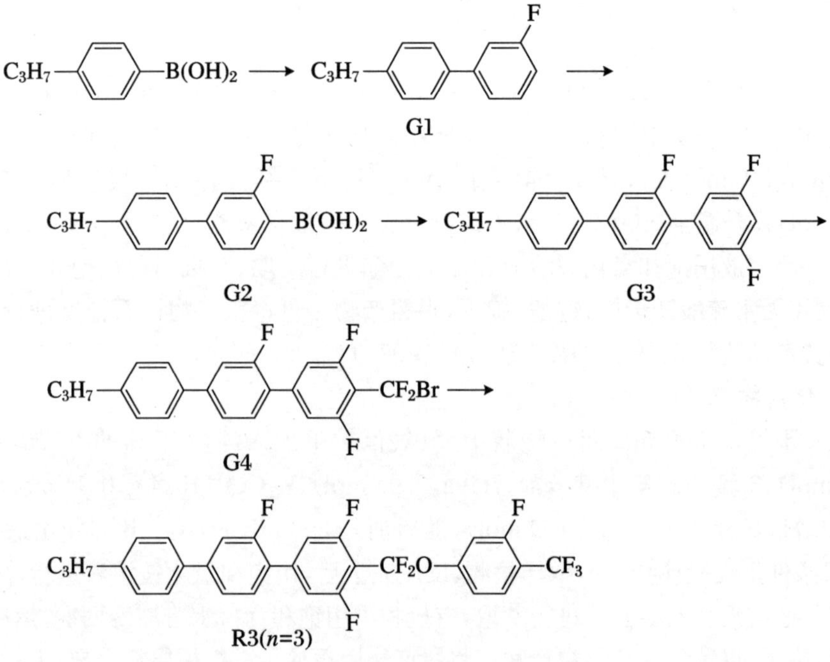

图 2.19.26 R3 系列化合物的合成路线

19.8.3 合成操作

1. 化合物 G1

将 4-丙基苯硼酸(40 g,0.244 mol)溶于 200 mL 无水乙醇中,再加入无水碳酸钾(40.4 g,0.292 mol)、1,1′-双二苯基膦二茂铁二氯化钯[$PdCl_2$(dppf)](1 g,0.0014 mol)和间氟溴苯(51.22 g,0.292 mol),加热回流。开始加热时颜色为红色,开始回流时颜色为橙黄色,反应 2 h,取样检测,反应完全后,加水淬灭,反应液用乙酸乙酯萃取,用无水硫酸镁干燥,旋干。

旋干后用石油醚过柱，得无色液体 45 g，纯度 97.9%，产率 87.9%。

2. 化合物 G2

将 G1(30 g，0.14 mol)投入 1000 mL 四口烧瓶中，加入 300 mL 干燥的 THF，再加入叔丁醇钾(15.8 g，0.14 mol)，开始降温至 −80 ℃，温度达到 −80 ℃时颜色为淡黄色。将正丁基锂(132 mL，0.210 mol，1.6 mol/L)缓慢滴入，温度控制在 −80～−75 ℃，滴加过程中颜色为墨绿色，滴完 1 h，再反应 2 h 颜色为墨绿色。将硼酸三异丙酯(80 g，0.42 mol)缓慢滴入，温度控制在 −80～−75 ℃，滴加过程中颜色为墨绿色，40 min 滴完，再反应 2 h 颜色为墨绿色，滴入 300 mL 浓度为 15%的稀盐酸使温度不超过 0 ℃，搅拌 1 h，停止反应。反应液用乙酸乙酯萃取，用硫酸镁干燥，减压旋干，用石油醚加热重结晶，得到淡黄色固体 26 g，产率 70.4%。

3. 化合物 G3

将 G2(26 g，0.101 mol)溶于 300 mL 乙醇中，再加入无水碳酸钾(13.9 g，0.101 mol)、1，1′-双二苯基膦二茂铁二氯化钯[$PdCl_2$(dppf)](1.5 g，0.002 mol)和 3，5-二氟溴苯(16.2 g，0.104 mol)，加热回流，开始加热时颜色为红色，开始回流时颜色为橙黄色，反应 3 h，取样检测，反应完全后，用水淬灭。反应液用乙酸乙酯萃取，用无水硫酸镁干燥，旋干。旋干后用石油醚过柱，得到白色固体 25 g，纯度 95%，产率 91.2%。

4. 化合物 G4

将 G3(25 g，0.077 mol)投入 1000 mL 四口烧瓶中，加入 300 mL 干燥的 THF，开始降温至 −80 ℃，温度达到 −80 ℃时颜色为淡黄色，将正丁基锂(72 mL，0.115 mol，1.6 mol/L)缓慢滴入，温度控制在 −80～−75 ℃，滴加过程中颜色为淡黄色，40 min 滴加完，再反应 2 h 颜色为淡青色，将二氟二溴甲烷(32.3 g，0.154 mol)缓慢通入，温度控制在 −75～−70 ℃，滴加过程中颜色由蓝色变为橙黄色，再反应 1.5 h 颜色为橙黄色，取样检测，反应完全后，用水淬灭，反应液用乙酸乙酯萃取，用无水硫酸镁干燥，旋干。旋干后用石油醚过柱，得到白色固体 23.7 g，纯度 93%，产率 67.8%。

5. 化合物 R3

将 3-氟-4-三氟甲基苯酚(7.12 g，0.0395 mol)溶于 180 mL DMF 中，加入无水碳酸钾(5.45 g，0.0395 mol)、四正丁基溴化铵(12.7 g，0.033 mol)、G4(15 g，0.033 mol)，加热温度到 90 ℃，开始加热时颜色为淡绿色，开始回流时颜色为淡橙色，反应 2 h，颜色为橙色，取样检测，反应完全后，用 10%的氯化铵水溶液淬灭，反应液用乙酸乙酯萃取，用无水硫酸镁干燥，旋干。旋干后用石油醚过柱，得到白色固体 11.3 g，纯度 83.1%，产率 56.3%。

再将 11.3 g 白色固体用无水乙醇进行加热重结晶，得到 10.3 g 纯度 99.9%的白色固体，重结晶产率 91%。

参考文献

[1] PAULUTH D，TARUMI K. J. Mater. Chem.，2004，14：1219.

[2] TALUMI K,FINKENZELLER U,SCHULER B. Jpn. J. Appl. Phys.,1992,31:2829.

[3] (a) SASAKI A,UCHIDA T,MIYAGAMI S. Jpn. Display,1986:62.
(b) SCHADT M. Jpn. Display,1992,13:11.

[4] BARTMANN E,HITTACHI R,KURMEIER H A,POETSCH E,PLACH H. 1989,DE-A4006921.

[5] KAZUTOSHI M,SHUICHI M,TUGUMITI A. Eur. Pat. Appl.,1988,EP 0844229A1.

[6] KAZUAKI T,EKKEHARD B.1996,DE 19531165A1.

[7] KONDO T,KOBAYASHI K,MATSUI S,TAKEUCHI.1998,DE-A19946228.

[8] KIRSCH P,TAUGERBECK A,PAULUTH D,BREMER M.2000,DE-A10010537.

[9] KIRSCH P, BREMER M, TAUGERBECK A, WALLMICHRATH T. Angew. Chem, 2001, 40:1480.

[10] 闻建勋,孙冲,秦川,田瑞文.中国发明专利,201110032056.1,2011.

[11] 肖智勇,闻建勋,杜宏军,邱绿洲.中国发明专利,201610608462.0,2016.

[12] 闻建勋,杜红军,王建新,肖智勇,邱绿洲.中国发明专利,201610567147.8,2016.

[13] 肖智勇,闻建勋,张标通,黄声凯,邱绿洲,丁荣文.中国发明专利,201710254706.4,2017.

[14] 肖智勇,张标通,闻建勋,邱绿洲,丁荣文.中国发明专利,201710278875.1,2017.

[15] 闻建勋,田瑞文,肖智勇,邹德平,邱绿洲,李昨东.中国发明专利,201910084970.7,2019.

第 20 章　含氟端链取代手性液晶

20.1　引言

含氟碳链化合物早已经在很多领域广泛使用，如表面涂层、防火涂料及灭火剂、表面活性剂等。但是由于含氟端链液晶主要形成近晶相，而早期液晶应用的主要是向列相，所以一直不被人们所重视。在一些有关含氟液晶的综述中，主要探讨的是含氟芳环液晶、含氟手性液晶、氟取代脂肪链液晶，而含氟端链液晶很少涉及[1]。氟碳链有两个很重要的性质：(1) 氟原子的半径较氢原子大，所以氟碳链的构象呈螺旋状。(2) 氟原子的电负性很大，导致氟碳链有很低的表面能和很低的内聚能密度，最终导致氟碳链有很强的憎油缔合能力。一般来说，除了三氟甲基在手性中心作为铁电液晶的端链以外，一般含氟端链都是直线型，因为支链会破坏液晶性。以下对不同结构的含氟端链液晶的结构和相变的关系作一综述。首先讨论多环体系中最简单的联苯衍生物，当多氟边链连接在联苯核上时，将全氟链与相对应的碳氢同系物相比较。例如以下结构[2]：

$$X(CX_2)_m—C_2H_4—spacer—C_6H_4—C_6H_4,\quad spacer = —N{=}N—, —SC(O)—$$

$$X = H, m = 4,6,8, \text{C-I},\quad X = F, m = 4,6,8, \text{Cr—LC—I}$$

可以看出，氟碳系列有液晶相，而碳氢系列没有液晶相。类似的液晶性差别也存在于类似结构的其他化合物中。对于不同结构的化合物，脂肪链上的氢原子为氟原子取代后，中间相变化的研究证明，含全氟烷基链的化合物与含少量氟的化合物不同，增加氟的数量对化合物的物理、化学性质有影响，如黏度和介电常数，而且很多结果证实了全氟代脂肪链中氟原子的引入压缩了向列相和胆甾相的范围[3]，增加了中间相的热稳定性和近晶相的温度范围[4]。但是 Fialkov 等人观察到 4-苯甲酸衍生物的边链上，所有氢原子都被氟化导致了在碳氢系列中观察到的液晶相压缩[5]。因此，上述结构的中间相不仅仅与全氟边链的存在有关，也与亚乙基间隔基有关。在很多情形下，由于刚性过大，全氟链直接连上液晶核会导致中间相的消失[6]，而在含氟链和液晶核中引入若干个亚甲基作为间隔基就可以避免这种情况出现。因此，引入多氟的边链，尤其是半含氟链，对获得近晶相有利。所以 Janulis 等人指出亚甲基间隔基对获得近晶 C 相更有利[7]。

一般认为含氟链液晶分子的整个分子分为两个部分：全氟部分和碳氢部分（包括芳香环和脂肪链）。分子中全氟链的位置和长度对液晶相有很大的影响。全氟链在分子的中部使分子不能有很好的分散排列，所以一般含氟链都位于末端。对于不同长度的多氟碳链，一般增加全氟碳链长度导致近晶 A 相压缩，最终导致近晶 C 相直接向液态转变。

在棒状分子的芳环上接侧链是获得向列相的常用方法，因为侧链可以破坏层状结构，从而使得近晶相无法形成。但是，当此结构的末端脂肪链被高度氟化后，即使侧链很长，所得到的仍然是近晶相[8]，而向列相却没有被观察到。这说明由于全氟边链形成近晶相的能力很强，使得很长的侧链也无法破坏其形成的层状结构。

由于含氟边链能够增强形成近晶相的能力，单个苯环的分子各向异性很小，在碳氟化合物中，单苯环化合物很难形成中间相，除非在分子间存在氢键。但最近，人们发现在不存在氢键的单环的全氟衍生物中也呈现出液晶性，例如如下的结构[9]，认为是由于氟碳链与饱和或者不饱和碳氢部分的不相容形成了微观相分离，导致了分子的层状排列，从而形成了单环含氟边链液晶。

$$F(CF_2)_{10}—C_2F_4COOC_6H_4NO_2\text{-}m \quad 或 \quad CN\text{-}m$$

尽管甾类液晶最早被发现，但在甾体中引入全氟边链却很晚。Murza 等人[10,11]首先报道全氟羧酸胆固醇酯(CPFA)[$C_{27}H_{45}OOC(CF)_mCF_3$]中有单变的中间相存在。本研究组[12-15]合成了全氟碳链苯甲酸胆固醇[$C_{27}H_{45}OOCC_6H_4(CF_2)_mCF_3$]等全氟端链甾族液晶，有很宽的互变液晶相存在。当氟碳链短时，出现胆甾相及近晶A相；当氟碳链增长时，则出现高级相。

20.2 目标化合物

I1 $C_2H_5HC(CH_3)CH_2COOC—C_6H_4—OOC—C_6H_4—OCH_2(CF_2)_4H$

I2 $H(F_2C)_4H_2COOC—C_6H_4—OOC—C_6H_4—OCH_2CH(CH_3)C_2H_5$

I3 $C_6H_{13}HC(CH_3)COOC—C_6H_4—OOC—C_6H_4—OCH_2(CF_2)_4H$

I4 $H(F_2C)_4H_2COOC—C_6H_4—OOC—C_6H_4—OCH(CH_3)C_6H_{13}$

I5 $(s,s)\text{-}C_2H_5HC(CH_3)CH(Cl)COO—C_6H_4—OOC—C_6H_4—OCH_2(CF_2)_4H$

I6 $C_5H_{11}—C_6H_4—COO—C_6H_4—COOCH_2(CF_2)_4H$

J $H_{2n+1}C_nO—C_6H_4—C_6H_4—COO—C_6H_4—COOCH_2(CF_2)_2H$ n=3～10、12、16

K　$H_{2n+1}C_nO$—⟨苯⟩—⟨苯⟩—COO—⟨苯⟩—$COOCH_2(CF_2)_4H$　n=3～10、12、16

L　$H_{2n+1}C_nO$—⟨苯⟩—⟨苯⟩—COO—⟨苯⟩—$COOCH_2(CF_2)_6H$　n=3～12、16

M　$H_{2n+1}C_nO$—⟨苯⟩—⟨苯⟩—$COOCH_2(CF_2)_6H$　n=4～10

N1　$H(F_2C)_4H_2COOC$—⟨苯⟩—OOC—⟨苯⟩—⟨苯⟩—$OCH_2CH(CH_3)C_2H_5$

N2　$H(F_2C)_6H_2COOC$—⟨苯⟩—OOC—⟨苯⟩—⟨苯⟩—$OCH_2CH(CH_3)C_2H_5$

N3　$H(F_2C)_4H_2COOC$—⟨苯⟩—⟨苯⟩—$OCH_2CH(CH_3)C_2H_5$

N4　$H(F_2C)_6H_2COOC$—⟨苯⟩—⟨苯⟩—$OCH_2CH(CH_3)C_2H_5$

O1　$H(F_2C)_4H_2COOC$—⟨苯⟩—OOC—⟨苯⟩—⟨苯⟩—$OCH_2CHFC_6H_{13}$

O2　$H(F_2C)_6H_2COOC$—⟨苯⟩—OOC—⟨苯⟩—⟨苯⟩—$OCH_2CHFC_6H_{13}$

P　$H_{2n+1}C_nO$—⟨苯⟩—⟨苯⟩—COO—⟨苯⟩—$OCH(CH_3)COOCH_2(CF_2)_4H$　n=6～8、10

20.3　化合物的合成路线

20.3.1　含氟端链 I 系列化合物

开始设计含氟端链液晶时，希望合成如化合物 29 那样的中间体。像合成化合物 13(分子结构：$C_6H_{13}H\overset{CH_3}{C}OOC$—⟨苯⟩—OOC—⟨苯⟩—$OCH_2(CF_2)_nH$)一样，我们设想用 DCC

作脱水剂在含氟醇与取代苯酚之间直接脱水得到中间体29，结果没有得到需要的化合物29。于是又选择了Mitsonubu反应来完成这一步反应，结果又没有得到需要的产物29，只能另找方法。如图2.20.1所示。

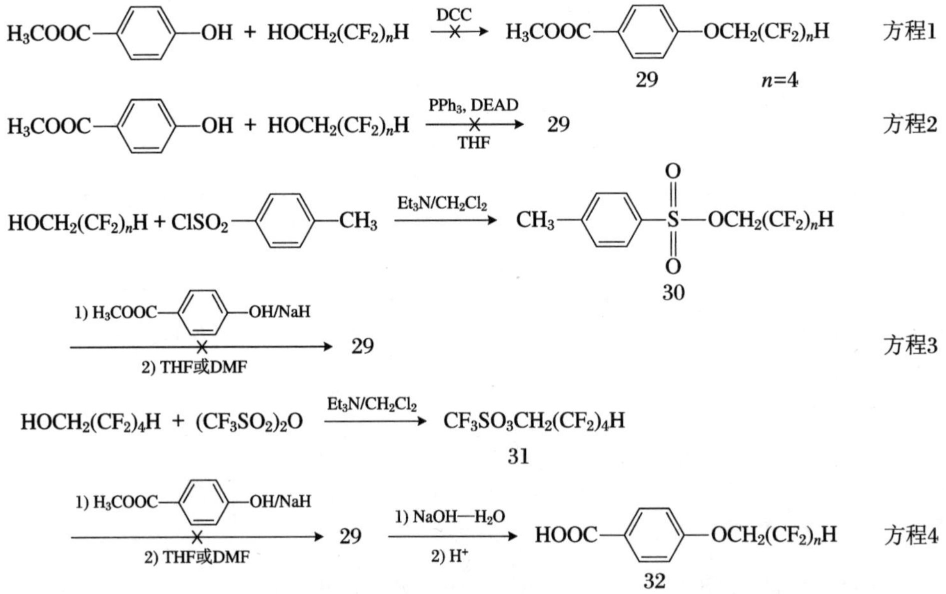

方程1：H_3COOC—C₆H₄—OH + $HOCH_2(CF_2)_nH$ —(DCC, ×)→ H_3COOC—C₆H₄—$OCH_2(CF_2)_nH$ (29, $n=4$)

方程2：H_3COOC—C₆H₄—OH + $HOCH_2(CF_2)_nH$ —(PPh₃, DEAD / THF, ×)→ 29

方程3：$HOCH_2(CF_2)_nH + ClSO_2$—C₆H₄—CH_3 —(Et_3N/CH_2Cl_2)→ CH_3—C₆H₄—$S(O)_2$—$OCH_2(CF_2)_nH$ (30)

—(1) H_3COOC—C₆H₄—OH/NaH; 2) THF或DMF, ×)→ 29

方程4：$HOCH_2(CF_2)_4H + (CF_3SO_2)_2O$ —(Et_3N/CH_2Cl_2)→ $CF_3SO_3CH_2(CF_2)_4H$ (31)

—(1) H_3COOC—C₆H₄—OH/NaH; 2) THF或DMF, ×)→ 29 —(1) NaOH—H_2O; 2) H^+)→ HOOC—C₆H₄—$OCH_2(CF_2)_nH$ (32)

图2.20.1 含氟端链液晶化合物的合成设想

I系列化合物共有六个，它们的共同特点是双环体系的酯类化合物。I系列化合物的合成路线如图2.20.2所示。

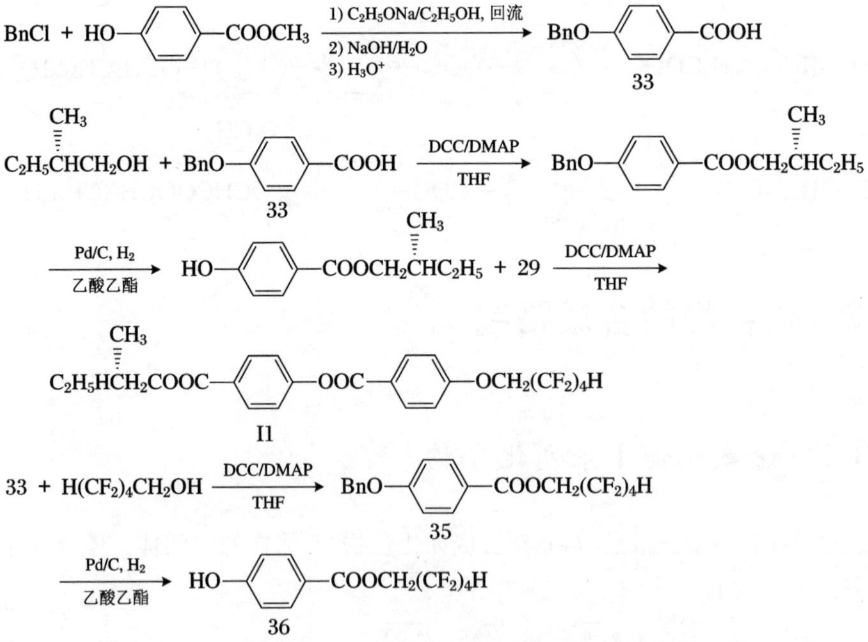

BnCl + HO—C₆H₄—$COOCH_3$ —(1) C_2H_5ONa/C_2H_5OH, 回流; 2) NaOH/H_2O; 3) H_3O^+)→ BnO—C₆H₄—COOH (33)

$C_2H_5CH(CH_3)CH_2OH$ + BnO—C₆H₄—COOH (33) —(DCC/DMAP / THF)→ BnO—C₆H₄—$COOCH_2CH(CH_3)C_2H_5$

—(Pd/C, H_2 / 乙酸乙酯)→ HO—C₆H₄—$COOCH_2CH(CH_3)C_2H_5$ + 29 —(DCC/DMAP / THF)→

$C_2H_5CH(CH_3)CH_2COOC$—C₆H₄—OOC—C₆H₄—$OCH_2(CF_2)_4H$ (I1)

33 + $H(CF_2)_4CH_2OH$ —(DCC/DMAP / THF)→ BnO—C₆H₄—$COOCH_2(CF_2)_4H$ (35)

—(Pd/C, H_2 / 乙酸乙酯)→ HO—C₆H₄—$COOCH_2(CF_2)_4H$ (36)

图2.20.2 I系列化合物的合成路线

$$36 + HOOC-C_6H_4-OCH_2\overset{CH_3}{C}HC_2H_5 \xrightarrow[THF]{DCC/DMAP} H(F_2C)_4H_2COOC-C_6H_4-OOC-C_6H_4-OCH_2\overset{CH_3}{C}HC_2H_5$$

I2

$$C_6H_{13}\overset{CH_3}{C}HOH + BnO-C_6H_4-COOH \xrightarrow[THF]{DCC/DMAP} C_6H_{13}H\overset{H_3C}{C}OOC-C_6H_4-OBn$$

$$\xrightarrow[\text{乙酸乙酯}]{Pd/C,\ H_2} C_6H_{13}H\overset{H_3C}{C}OOC-C_6H_4-OH + 32 \xrightarrow[THF]{DCC/DMAP}$$

$$C_6H_{13}H\overset{H_3C}{C}OOC-C_6H_4-OOC-C_6H_4-OCH_2(CF_2)_4H$$

I3

$$H_3COOC-C_6H_4-OH + C_6H_{13}\overset{CH_3}{C}HOH \xrightarrow[THF]{PPh_3,\ DEAD}$$

$$\underset{39}{H_3COOC-C_6H_4-O\overset{CH_3}{C}HC_6H_{13}} \xrightarrow[2)\ H^+]{1)\ NaOH/C_2H_5OH} \underset{40}{HOOC-C_6H_4-O\overset{CH_3}{C}HC_6H_{13}}$$

$$40 + 36 \xrightarrow[CH_2Cl_2]{DCC/PPy} H(F_2C)_4H_2COOC-C_6H_4-OOC-C_6H_4-O\overset{CH_3}{C}HC_6H_{13}$$

I4

$$(s,s)\text{-}C_2H_5H\overset{H_3C}{C}H\overset{Cl}{C}COO-C_6H_4-OH + 32 \xrightarrow[THF]{DCC/DMAP}$$

$$(s,s)\text{-}C_2H_5H\overset{H_3C}{C}H\overset{Cl}{C}COO-C_6H_4-OOC-C_6H_4-OCH_2(CF_2)_4H$$

I5

$$C_5H_{11}-C_6H_4-COOH + 36 \xrightarrow[THF]{DCC/DMAP}$$

$$C_5H_{11}-C_6H_4-COO-C_6H_4-COOCH_2(CF_2)_4H$$

I6

I1～I6 的相变如下：

I1：Cryst. →80.4 ℃→Iso.

I2：Cryst. →73.1 ℃→Iso.→49.6 ℃→SmA→48.4 ℃→Iso.

I3：Cryst. →66.9 ℃→Iso.

I4：Cryst. →40.8 ℃→Iso.→23.7 ℃→SmA→20.8 ℃→Cryst.

I5：Cryst. →52.0 ℃→Iso.

I6：Cryst. →48.7 ℃→Iso.

图 2.20.2(续)

利用4-丁氧基苯甲酸33进行缩合，合成I系列化合物。

I3与I1有类似的结构，增加了手性链的长度，结果I3还是没有液晶性，原因是I3中甲基的位置还是距离核结构较远。而I4中甲基的位置已经很靠近液晶核，有利于分子的紧密排列，从而形成液晶相。虽然I2与I4有液晶性，但只是温度范围很窄的单变液晶相。I5与I6也是在寻找这类含氟端链液晶化合物的过程中合成的，表征结果都没有液晶性。

结论：对化合物I1～I6的研究表明，含氟端链的引入破坏了化合物的液晶性，起码用2,2,3,3,4,4,5,5-八氟戊醇作液晶化合物的端链的情形是这样的。

20.3.2 含氟端链J、K、L系列化合物

J、K、L系列化合物的合成路线分别如图2.20.3～图2.20.5所示。

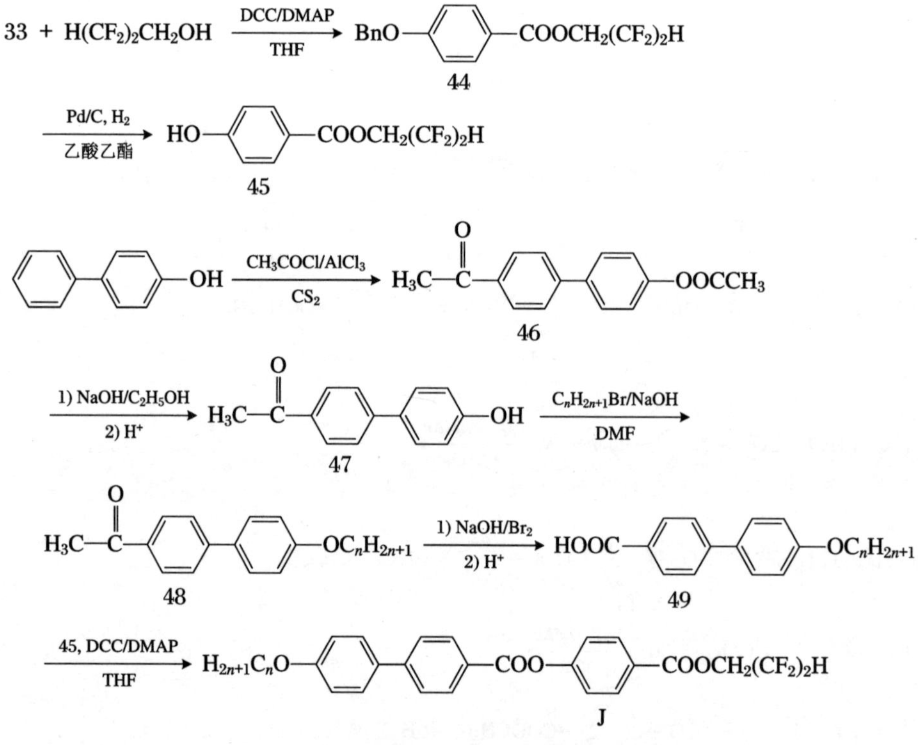

33 + $H(CF_2)_2CH_2OH$ $\xrightarrow[\text{THF}]{\text{DCC/DMAP}}$ BnO—C₆H₄—$COOCH_2(CF_2)_2H$ **44**

$\xrightarrow[\text{乙酸乙酯}]{Pd/C,\ H_2}$ HO—C₆H₄—$COOCH_2(CF_2)_2H$ **45**

C₆H₅—C₆H₄—OH $\xrightarrow[CS_2]{CH_3COCl/AlCl_3}$ H_3C—C(=O)—C₆H₄—C₆H₄—$OOCCH_3$ **46**

$\xrightarrow[\text{2) } H^+]{\text{1) } NaOH/C_2H_5OH}$ H_3C—C(=O)—C₆H₄—C₆H₄—OH **47** $\xrightarrow[\text{DMF}]{C_nH_{2n+1}Br/NaOH}$

H_3C—C(=O)—C₆H₄—C₆H₄—OC_nH_{2n+1} **48** $\xrightarrow[\text{2) } H^+]{\text{1) } NaOH/Br_2}$ HOOC—C₆H₄—C₆H₄—OC_nH_{2n+1} **49**

$\xrightarrow[\text{THF}]{\text{45, DCC/DMAP}}$ $H_{2n+1}C_nO$—C₆H₄—C₆H₄—COO—C₆H₄—$COOCH_2(CF_2)_2H$ **J**

图2.20.3 J系列化合物的合成路线

49 + 36 $\xrightarrow[\text{THF}]{\text{DCC/DMAP}}$ $H_{2n+1}C_nO$—C₆H₄—C₆H₄—COO—C₆H₄—$COOCH_2(CF_2)_4H$ **K**

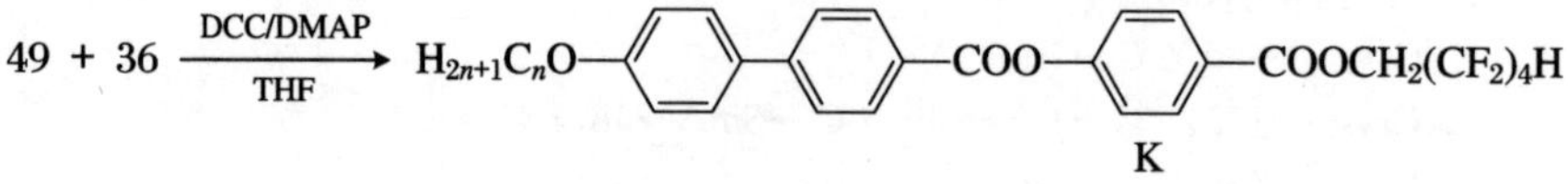

图2.20.4 K系列化合物的合成路线

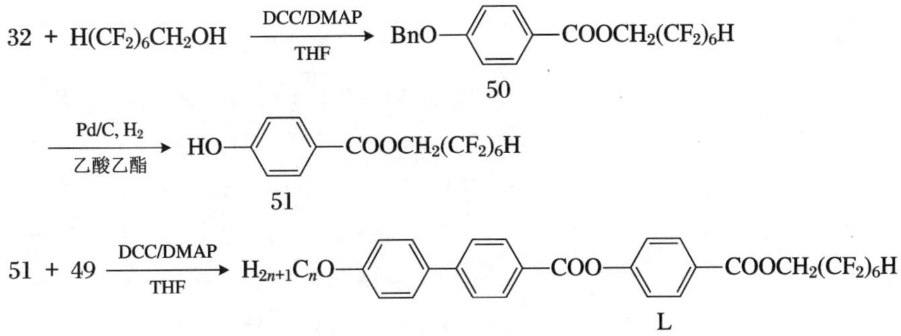

32 + $H(CF_2)_6CH_2OH$ $\xrightarrow[\text{THF}]{\text{DCC/DMAP}}$ BnO—⟨苯环⟩—$COOCH_2(CF_2)_6H$ (50)

$\xrightarrow[\text{乙酸乙酯}]{\text{Pd/C, }H_2}$ HO—⟨苯环⟩—$COOCH_2(CF_2)_6H$ (51)

51 + 49 $\xrightarrow[\text{THF}]{\text{DCC/DMAP}}$ $H_{2n+1}C_nO$—⟨苯环⟩—⟨苯环⟩—COO—⟨苯环⟩—$COOCH_2(CF_2)_6H$ (L)

图 2.20.5　L 系列化合物的合成路线

20.4　化合物的相变研究

20.4.1　含氟端链 J、K、L 系列化合物

为了研究 J、K、L 的性能，我们合成了 3 个不含氟的类似物：

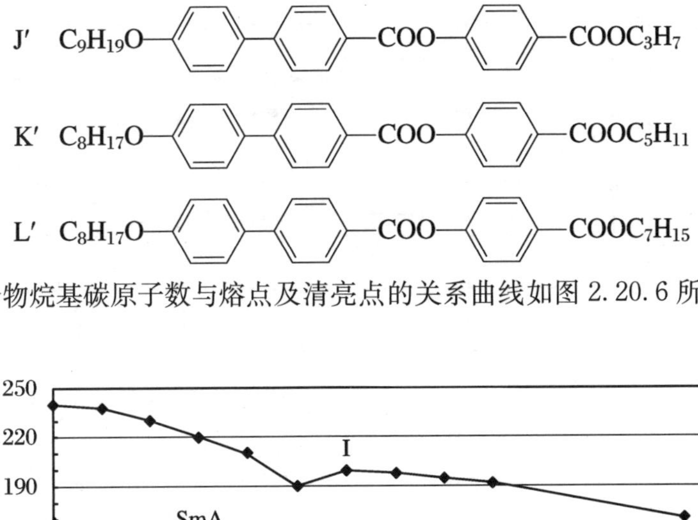

J′　$C_9H_{19}O$—⟨苯环⟩—⟨苯环⟩—COO—⟨苯环⟩—$COOC_3H_7$

K′　$C_8H_{17}O$—⟨苯环⟩—⟨苯环⟩—COO—⟨苯环⟩—$COOC_5H_{11}$

L′　$C_8H_{17}O$—⟨苯环⟩—⟨苯环⟩—COO—⟨苯环⟩—$COOC_7H_{15}$

J 系列化合物烷基碳原子数与熔点及清亮点的关系曲线如图 2.20.6 所示，相变温度见表 2.20.1。

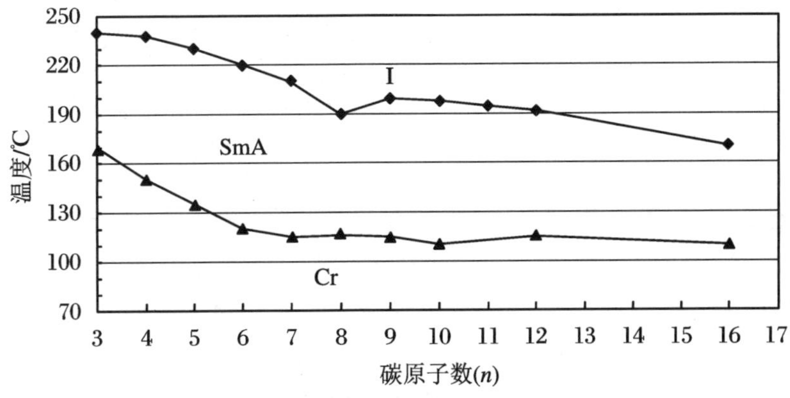

图 2.20.6　J 系列化合物烷基碳原子数与熔点及清亮点的关系曲线

表 2.20.1 J系列化合物的相变温度

化合物	n	相变温度/℃
J1	3	Cr 166.8 SmA 238.4 I 235.0 SmA 143.5 Recr
J2	4	Cr 147.5 SmA 234.7 I 231.4 SmA 116.1 Recr
J3	5	Cr 134.1 SmA 225.6 I 222.4 SmA 100.7 Recr
J4	6	Cr 117.5 SmA 216.8 I 213.1 SmA 87.9 Recr
J5	7	Cr 113.5 SmA 209.4 I 206.6 SmA 89.4 Recr
J6	8	Cr 115.4 SmA 185.1 I 184.6 SmA 111.3 Recr
J7	9	Cr 113.8 SmA 196.2 I 193.1 SmA 92.0 Recr
J8	10	Cr 106.5 SmA 195.2 I 192.3 SmA 93.8 Recr
J9	12	Cr 110.7 SmA 188.5 I 185.0 SmA 97.8 Recr
J10	16	Cr 102.2 SmA 149.7 I 148.6 SmA 84.4 Recr
J′	9	Cr 92.4 SmA 212 I 207.5 SmA 85.7 Recr

注 Cr:结晶相;SmA:近晶A相;SmC:近晶C相;I:各向同性;Recr:重结晶。

K系列化合物烷基碳原子数与相变温度的关系如图2.20.7所示,相变温度见表2.20.2。

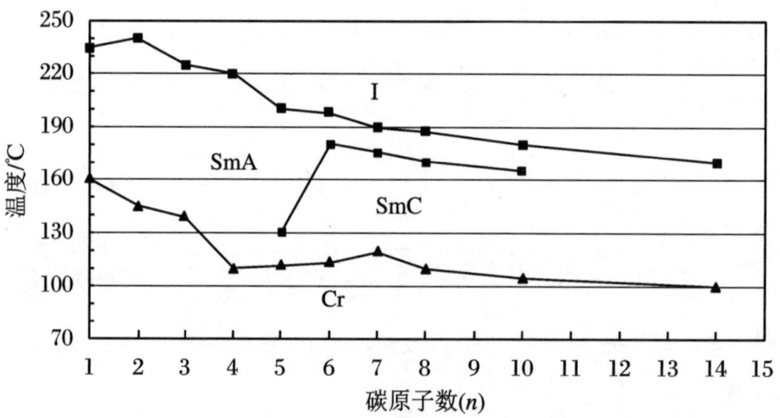

图 2.20.7 K系列化合物烷基碳原子数与相变温度的关系

表 2.20.2 K系列化合物的相变温度

化合物	n	相变温度/℃
K1	3	Cr 160.3 SmA 234.9 I 228.6 SmA 143.5 Recr
K2	4	Cr 143.5 SmA 236.6 I 234.1 SmA 124.2 Recr
K3	5	Cr 134.8 SmA 224.1 I 221.4 SmA 109.1 SmC 104.1 Recr
K4	6	Cr 115.2 SmA 215.1 I 212.1 SmA 99.4 SmC 81.4 Recr
K5	7	Cr 104.4 SmC 132.9 SmA 200.9 I 197.8 SmA 89.7 SmC 78.8 Recr
K6	8	Cr 106.4 SmC 179.4 SmA 197.9 I 195.3 SmA 176.6 SmC 89.0 Recr
K7	9	Cr 111.7 SmC 173.8 SmA 189.4 I 186.9 SmA 171.0 SmC 90.8 Recr

续表

化合物	n	相变温度/℃
K8	10	Cr 107.3 SmC 171.8 SmA 185.8 I 183.4 SmA 169.4 SmC 84.7 Recr
K9	12	Cr 101.2 SmC 160.9 SmA 177.6 I 175.2 SmA 158.6 SmC 78.6 Recr
K10	16	Cr 96.5 SmA 150.3 I 88.8 SmA 149.3 Recr
K′	8	Cr 90.5 SmA 201.7 I 197.5 SmA 87.5 Recr

注　Cr:结晶相;SmA:近晶 A 相;SmC:近晶 C 相;I:各向同性;Recr:重结晶。

L 系列化合物烷基碳原子数与相变温度的关系如图 2.20.8 所示,相变温度见表 2.20.3。

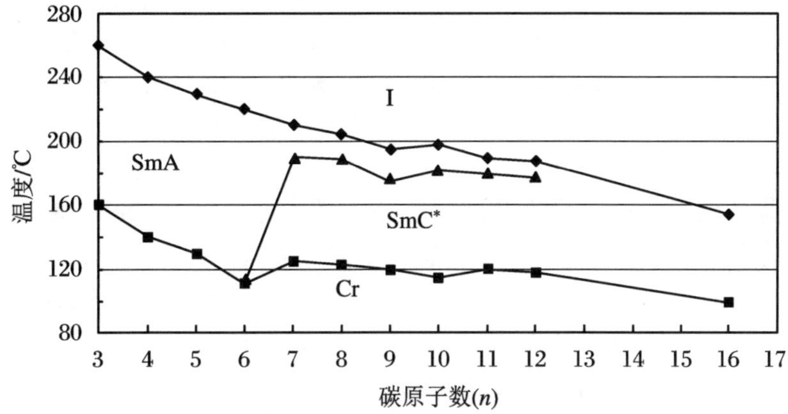

图 2.20.8　L 系列化合物烷基碳原子数与相变温度的关系

表 2.20.3　L 系列化合物的相变温度

化合物	n	相变温度/℃
L1	3	Cr 160.3 SmA 248.4 I 245 SmA 147.1 Recr
L2	4	Cr 137 SmA 240.5 I 237 SmA 116.9 Recr
L3	5	Cr 129.5 SmA 232.2 I 228.8 SmA 110.3 SmC 102.6 Recr
L4	6	Cr 106.6 SmC 113.2 SmA 220.6 I 218.1 SmA 103 SmC 90.2 Recr
L5	7	Cr 121.6 SmC 187.6 SmA 212.8 I 210.4 SmA 186.2 SmC 102.3 Recr
L6	8	Cr 120.1 SmC 187.3 SmA 203.3 I 201 SmA 185.2 SmC 99.7 Recr
L7	9	Cr 115.5 SmC 176.3 SmA 189.3 I 187.0 SmA 174.3 SmC 98.1 Recr
L8	10	Cr 113 SmC 182.2 SmA 190.5 I 118.1 SmA 180 SmC 97.6 Recr
L9	11	Cr 117.3 SmC 175.2 SmA 182.3 I 179.8 SmA 172.9 SmC 103.1 Recr
L10	12	Cr 116 SmC 171.3 SmA 177.8 I 175.1 SmA 169.4 SmC 95.5 Recr
L11	16	Cr 98.1 SmA 144.8 I 42.4 SmA 86.5 Recr
K′	8	Cr 83.3 SmC* 91.7 SmA 193.0 I 189.9 SmA 89.7 SmC* 51.0 Recr

注　Cr:结晶相;SmA:近晶 A 相;SmC:近晶 C 相;I:各向同性;Recr:重结晶。

为了研究端链上氟代对液晶行为的影响，也合成了不含氟的类似物J′，J′的熔点低于J7的熔点21.4℃，而清亮点则升高了15.8℃。我们的解释是：氟取代端链上的氢原子，分子的质量增加，分子晶格能增加，熔点升高。由于氟碳链的存在，分子间的滑移性增加，液晶相的稳定性下降。

从表2.20.2中可以看出，K系列化合物都有液晶性，没有向列相，而只有近晶相，所有的化合物都呈现近晶A相，碳链适中的化合物还呈现SmC相。即K4呈现单变SmC相，K5～K9有互变的SmC相，K5的SmC相范围较窄，K6～K9的SmC相很宽，是液晶相中的主要部分，这在一般的化合物中是比较少见的。但同样发现碳链长度过长对分子倾斜排列不利，只表现出SmA相。

表2.20.3的结果表明，L系列化合物有与K系列化合物相似的规律，即碳链较短（$n=3$、4）时，只表现出SmA相，当$n=5$时，表现出很窄的SmC相与很宽的SmA相，$n=7$～12的L系列化合物表现出很宽的SmC相，而SmA相收缩到很窄的范围。

我们同时合成了K6、L6两个化合物的不含氟类似物J′、K′，对比发现，与短含氟链的情形相似。氟在端链上的引入使化合物的熔点升高，比较L与K6会发现，氟在端链上的引入使熔点和清亮点同时升高。值得注意的是：含氟端链的液晶化合物L6的SmC相范围很宽。而不含氟的类似物只有很窄的SmC相范围，大部分液晶相范围是SmA相，可见含氟端链的存在使液晶分子更加容易呈倾斜排列而生成稳定的SmC相。氟引入液晶核的苯环上一般使熔点与清亮点下降，液晶相向近晶相转移，破坏近晶相的生成，两者刚好相反，可见氟引入液晶分子对液晶性的影响是相当复杂的。

对比表2.20.1～表2.20.3可以看出，随着含氟端链的增长，相变行为变得复杂，特别是碳链长度适中的化合物，如J6表现出很宽的SmA相，而K6表现出互变的SmA相和SmC相，而且以SmC相为主。L6与K6相似，但熔点和清亮点都升高了。

结论：含一个含氟端链的化合物呈现SmC相的条件是遵循“6+5”规则，即碳链长度不短于6个碳原子，含氟碳链不少于5个碳原子，当然这还有待合成更多的化合物来验证。

20.4.2　含氟端链M系列化合物

M系列化合物烷基碳原子数与相变温度的关系如图2.20.9所示，其分子结构和相变温度见表2.20.4。

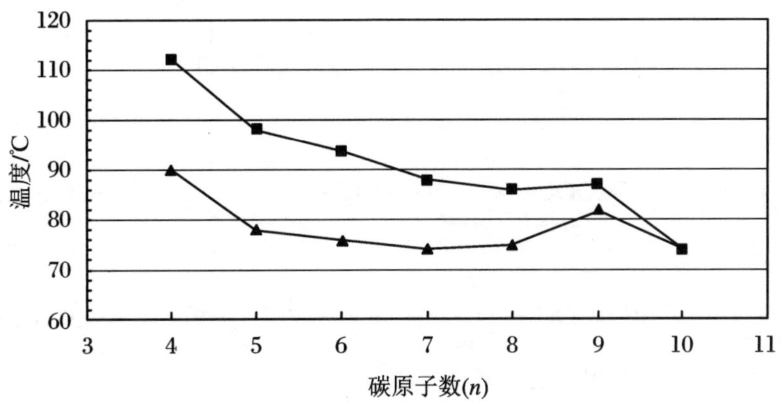

图 2.20.9　M 系列化合物烷基碳原子数与相变温度的关系

表 2.20.4　M 系列化合物的分子结构和相变温度

$H_{2n+1}C_nO-C_6H_4-C_6H_4-COOCH_2(CF_2)_6H$　　$n = 4 \sim 10$

化合物	n	相变温度/℃
M1	4	Cr 90.9 SmA 111.2 I SmA Recr
M2	5	Cr 79.1 SmA 97.4 I SmA Recr
M3	6	Cr 76.3 SmA 92.5 I SmA SmC Recr
M4	7	Cr 71.8 SmA 85.2 I SmA Recr
M5	8	Cr 74.3 SmA 81.2 I SmA Recr
M6	9	Cr 79.1 SmA 81.9 I SmA Recr
M7	10	Cr 71.2 SmA 71.9 I SmA Recr

注　Cr:结晶相;SmA:近晶 A 相;SmC:近晶 C 相;I:各向同性;Recr:重结晶。

20.4.3　含氟端链 N、O 系列化合物

N1　$H(F_2C)_4H_2COOC-C_6H_4-OOC-C_6H_4-C_6H_4-OCH_2CH(CH_3)C_2H_5$

N2　$H(F_2C)_6H_2COOC-C_6H_4-OOC-C_6H_4-C_6H_4-OCH_2CH(CH_3)C_2H_5$

N3　$H(F_2C)_4H_2COOC-C_6H_4-C_6H_4-OCH_2CH(CH_3)C_2H_5$

N4 $H(F_2C)_6H_2COOC$—⟨⟩—⟨⟩—$OCH_2CHC_2H_5$ (CH_3)

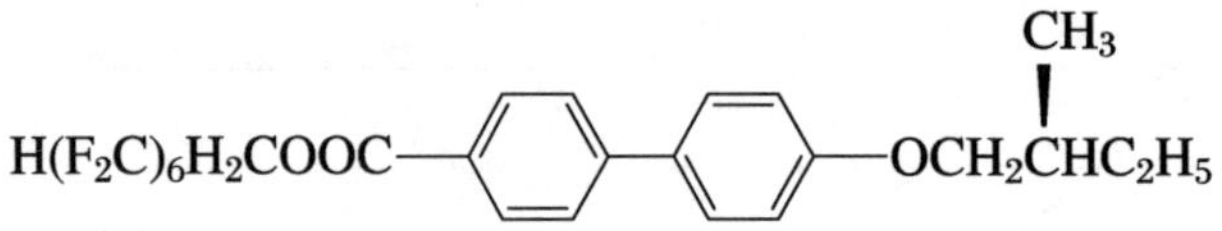

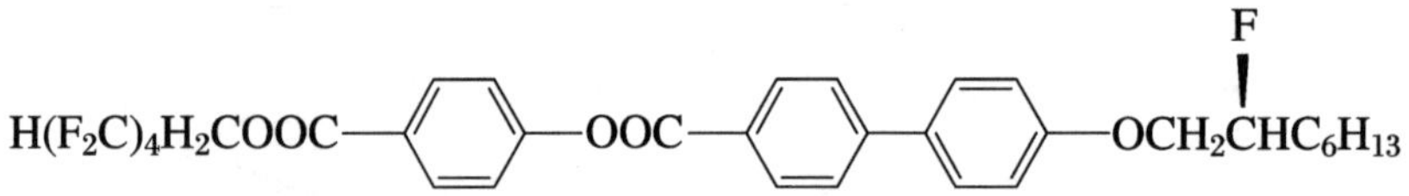

O1 $H(F_2C)_4H_2COOC$—⟨⟩—OOC—⟨⟩—⟨⟩—$OCH_2CHC_6H_{13}$ (F)

O2 $H(F_2C)_6H_2COOC$—⟨⟩—OOC—⟨⟩—⟨⟩—$OCH_2CHC_6H_{13}$ (F)

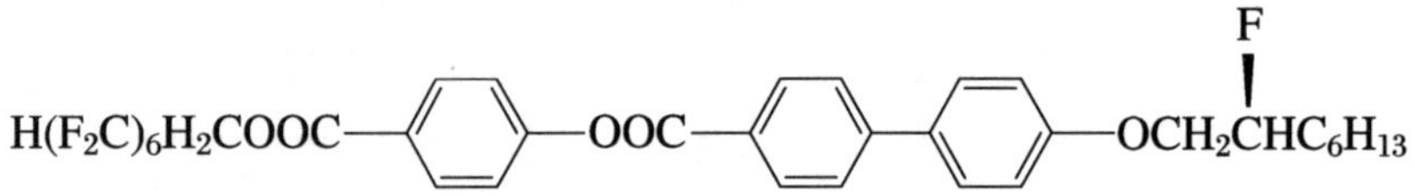

N、O 系列化合物的相变温度见表 2. 20. 5。

表 2. 20. 5 N、O 系列化合物的相变温度

化合物	相变温度/℃
N1	Cr 107. 3 SmA 199. 8 I 194. 9 SmA 88. 6 Recr
N2	Cr 116. 1 SmC* 135 SmA 199. 2 I 195. 4 SmA 134 SmC* 96. 3 Recr
O1	Cr 113. 2 SmC* 179. 0 SmA 191. 1 I 188. 5 SmA 175 SmC* 94. 0 $S_{?1}$ 87. 9 $S_{?2}$ 84. 1 Recr
O2	Cr 118. 4 SmC* 175. 2 SmA 188. 8 I 186. 6 SmA 171. 8 SmC* 100. 2 Recr

20.5 主要中间体的合成方法

20.5.1 中间体 29 的合成(p-$CH_3OOCC_6H_4OCH_2(CF_2)_4H$,化合物 29)

方法 1(利用 DCC 作脱水剂):将 251 g(10. 8 mmol)2,2,3,3,4,4,5,5-八氟五醇、1. 68 g 对羟基苯甲酸甲酯与 2. 67 g DDC 化合物一同封管,110 ℃反应 18. 5 h,常规处理没有得到化合物 29。

方法 2(Misonubou 反应):将 39. 4 g(16. 98 mmol)上述八氟五醇与 2. 58 g 对轻基苯甲酸甲酯、6. 67 g 三苯基膦、5 mL 乙醚混合,冷却到 0 ℃滴加 43. 3 g DEAD 与 15 mL 乙醚的混合液在室温下反应 30 h,常规处理没有得到化合物 29。

方法 3(利用对甲苯磺酸酯极性反转)。

20.5.2 化合物 30 的制备

方法 4(通过三氟甲磺酸酯进行极性反转):(A) 将 5. 778 g 八氟五醇与 7. 5 g 三乙胺和 2-二氯甲烷混合,冷却到 −20 ℃,滴加 4. 8 g 对甲苯磺酰氯与 50 mL 二氯甲烷的混合液,室温反应 1.5 h，常规处理得到 6.78 g 化合物 30，产率 71.4%。(B) 将 1.487 g 对羟基苯甲酸甲酯溶于 20 mL 新处理的 DMF 中，用氮气保护，加入 60%的 NaOH 0.391 g，在 120 ℃滴加 3.591 g 化合物 30(9.0 mmol)反应 20 h，TLC 跟踪至反应完全。一直没有很大的变化，常规处理没有得到需要的产物。

20.5.3　化合物 31($CF_3SO_3CH_2(CF_2)_4H$)的制备

将 6.44 g 八氟五醇与 8.393 g 三乙胺和二氯甲烷混合，冷却到 20 ℃，滴加 7.906 g 三氟甲磺酸酐，室温搅拌 2 h，加入水，分出有机层，水洗干燥后抽去溶剂。柱层析得到 6.59 g 化合物 31，产率 66.8%。

20.5.4　化合物 29 的制备

将 1.43 g 对羟基苯甲酸甲酯溶于 15 mL 新处理的 DME 中，氮气保护下加入 60%的 NaOH 0.378 g，滴加 3.28 g 化合物 31(9.0 mmol)，室温反应 1 h，加水，分出有机层，萃取干燥有机层，去溶剂，得到 3.5 g 化合物 29，产率 100%。

20.5.5　化合物 33($BnOC_6H_4COOH$)的合成

在通氮气 500 mL 的三口烧瓶中加入 100 mL 无水乙醇，冰浴冷却加入 Na 片 6.9 g (0.3 mol)。Na 反应完之后，滴加苄氯 37.8 g(0.3 mol)，室温反应回流 5.5 h，冷却，加入 70 mL 水和 16 g(0.4 mol)NaOH，搅拌过夜，酸化静置过滤，洗涤。固体用乙醇重结晶，得到白色固体 55.6 g，产率 29.81%。

^{1}H NMR(D6-丙酮/TMS) δ_H：4.36(s，2H)，5.33(s，1H)，7.18(d，2H)，7.53(m，5H)，8.07(d，2H)。

20.5.6　化合物 36 的合成

A：1.823 g 化合物 33，1.855 g(8.00 mmol)2，2，3，3，4，4，5，5 八氟五醇，2.14 g(10.4 mmol)DCC，DMAP，一粒晶体，30 mL CH_2Cl_2，25 mL THF。常规处理得到产物(化合物 35)2.59 g，产率 73.4%。

B：A 反应中得到的产物 2.57 g，乙酸乙酯 40 mL，盐酸 2 滴，Pd/C 0.264 g，氢气下室温搅拌，TLC 跟踪至反应完全。常规处理得到 2.001 g 化合物 36，产率 97.7%。

20.5.7　化合物 I1 的合成

^{1}H NMR($CDCl_3$/TMS) δ_H：0.85～2.10(m，9H，R)，4.18(t，$J = 6$ Hz，2H，OCH_2)，

4.58(t, $J=13$ Hz, 2H, OCH_2CF_2), 6.08(tt, $J_1=52$ Hz, $J_2=52$ Hz, 1H, CF_2H), 7.05(d, $J=9$ Hz, $2H_{arom}$), 7.30(d, $J=9$ Hz, $2H_{arom}$), 8.00～8.30(m, $4H_{arom}$)。元素分析：$C_{24}H_{22}F_8O_5$。理论值(%)：C 53.14，H 4.09，F 28.02；实测值(%)：C 53.00，H 3.98，F 28.42。IR(KBr, cm^{-1})：1736，1703，1606，1511，1467，1273，1210，1067，1711，851，810，760，690，543。MS(m/z, %)：335，($H(CF_2)CH_2OC_6H_4CO^+$，100%)，543(M^+)。$[\alpha]_D^{24}=0.13$($C=0.0289$ g/12 mL)。

20.5.8 中间体45的合成

A：称量1.347 g(6.13 mmol)化合物29与0.89 g(6.7 mmol)2,2,3,3-四氟丙醇、1.77 g(8.5 mmol)DCC、少量DMAP和25 mL THF加入50 mL烧瓶中，在0 ℃开始反应，自然升温。TLC跟踪至反应完全，过滤，去溶剂。硅胶柱层析，得到1.702 g白色粉末状固体(化合物44)，产率81.2%。

B：将上述化合物1.70 g溶于25 mL乙酸乙酯中，加入0.1 g Pd/C，在氢气气氛下室温反应6.5 h，TLC跟踪至反应完全。过滤，去溶剂，重结晶得到1.34 g白色粉末状固体(化合物45)，产率78.8%。

^{1}H NMR($CDCl_3$/TMS) δ_H：4.97(t, $J=13.9$ Hz, 2H, OCH_2), 6.22(tt, $J_1=52.2$ Hz, $J_2=5.4$ Hz, CF_2H), 6.68(s, 1H, OH), 7.06(d, $J=9$ Hz, $2H_{arom}$)。^{19}F NMR($CDCl_3$/TFA) δ_H：45.8(m, 2F), 62.0(d, $J=5$ Hz, 2F)。IR(KBr, cm^{-1})：3430，1706，1609，1594，1314，1315，1288，1234，1172，1114，857，766。

参考文献

[1] GUITTARD F, GIVENCHY E T, GERIBALDI S, CAMBON A. J. Fluorine Chem., 1999, 100: 85.

[2] DIELE S, LOSE D, KRUTH H, PELZL G, GUITTARD F, CAMBON A. Liq. Cryst., 1996, 21: 603.

[3] JANULIS E P, NOVACK J C, PAPAPOLYMEROU G A, TRISTANI-KENDRA M, HUFFMAAN W A. Ferroelectrics, 1985, 85: 375.

[4] IVASHCHENKO A V, KOVSHEV E I, LAAZAAREVA V T. Mol. Cryst. Liq. Cryst., 1981, 67: 235.

[5] KROMM P, COTRAIT M, NGUYEN H T. Liq. Cryst., 1966, 21: 95.

[6] TWIEG R J, BETTERTONH K, DIPIETRO R, GRAVERT D, NGUYEN C, NGUYEN H T, BABEAU A, DESTRDE C. SPIE, 1991, 1455: 86.

[7] JANULIS P, OSTEN D W, RADCLIFFE M D, et al. Liq. Cryst. Devices. Appl., 1992, 1665: 146.

[8] NGUYEN H T. Liq. Cryst., 1991, 10: 389.

[9] TAKENAKA S. J. Chem. Soc. Chem. Commun., 1992, 23: 1748.

[10] MURZA M M, BILDMOV K N, SHCHRBAKOVA M S. Zh Org Khim, 1978, 14: 544.

[11] YANO S, KATO M, MORIYA K. Mol. Cryst. Liq. Cryst., 1987, 144:285.
[12] WEN J X, CHEN H, SHEN Y H. Liq. Cryst., 1999, 26:1833.
[13] 陈宝铨.理学博士学位论文,中国科学院上海有机化学研究所,1997.
[14] 沈悦海.理学博士学位论文,中国科学院上海有机化学研究所,1999.
[15] 陈浩.理学硕士学位论文,中国科学院上海有机化学研究所,1999.

第21章　三氟甲基取代的单一向列相四环液晶

21.1　引言

本章介绍三氟甲基取代的含氟四环液晶的合成与液晶性的研究。

现在液晶显示器件广泛用于电脑监视器、手机以及液晶电视，越来越深刻地改变着我们的社会生活面貌。进入21世纪以来，随着液晶电视应用的普及，TFT（薄膜晶体管）模式的液晶显示器由于图像清晰、响应迅速以及色彩鲜艳，已经成为液晶平板显示的主流产品[1,2]。

随着液晶显示器性能的不断进步，对液晶的性能特性也提出越来越高的要求。“经典”的TN、TFT-LCD是有源矩阵型液晶显示器，为了克服最初的视角窄的缺点，20世纪90年代，发展了以下几种各具特征的扭曲向列显示模式：平面内开关模式（IPS）[3]、光学补偿弯曲模式（OCB）[4]、垂直取向模式（VA）等[5]。从70年代开始，多年来整个液晶显示领域经历了逐步发展过程，为市场接受的大面积彩色液晶电视早已经成为现实。

当然，液晶材料分子结构的形状对任何液晶显示器件的运作和品质都具有至高无上的重要性。尽管各种不同式样器件要求实质上类似的材料特征，但是要求的有意义的物理性质，其性能变化却非常大[6,7]。可通过分子设计及合成的手段将它们优化。有机化合物中的氟取代基之所以非常有趣，是因为极性与空间效应的结合，以及与大的碳氟键能的结合，后者给予含氟化合物以稳定性。20世纪80年代以来，在以前的含氟医药、农药的化学合成研究基础上，开展了有机氟化物的液晶研究及在液晶显示技术领域中的应用。后来的事实完全证明了有机氟化合物是最适合应用于TFT液晶的材料。现在已经用于显示技术的正性或负性液晶几乎都是氟原子取代氢原子的化合物以及少数OCF_3及$OCHF_2$为端基的化合物。然而，CF_3为末端基的液晶，因为易于产生近晶相，无法用于扭曲向列相的显示模式。很遗憾，CF_3取代的芳香化合物的许多优点得不到应用。例如，CF_3有高的极性，三氟甲基苯的$\Delta\varepsilon$高达12.9，高于强极性的氰基苯[8]，但是黏度只不过相当于非极性液晶的水平；CF_3取代的芳香化合物具有强亲脂性[9a]；CF_3取代的芳香化合物的耐紫外光，是因为CF_3的强拉电效应使芳香环整体电子密度下降，分子对光氧化反应稳定[9b]。正是由于CF_3有许多特点，因此可以通过分子设计及合成，达到优化液晶性质的目的。本章讨论3-氟-4-三氟甲基取代的双环己基联苯的合成方法以及分子结构与液晶性的关系[10,11]。

21.2　化合物的合成路线

本工作的目的是提供一种三氟甲基取代的含氟四环液晶化合物，双环己基联苯为液晶核含氟化合物。该液晶化合物 Gn 具有图 2.21.1 所示的分子结构。

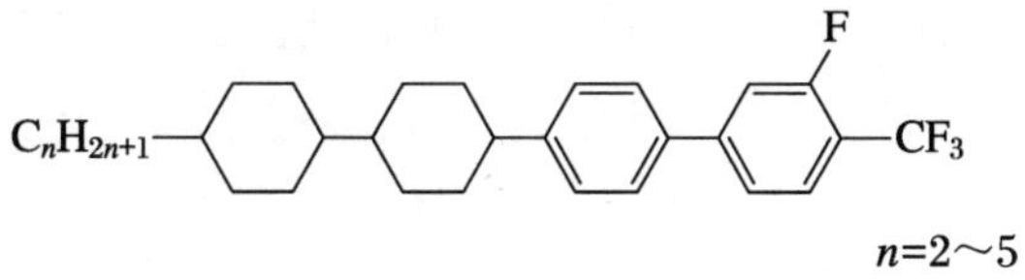

n=2～5

图 2.21.1　分子结构

该化合物的合成路线如图 2.21.2 所示。

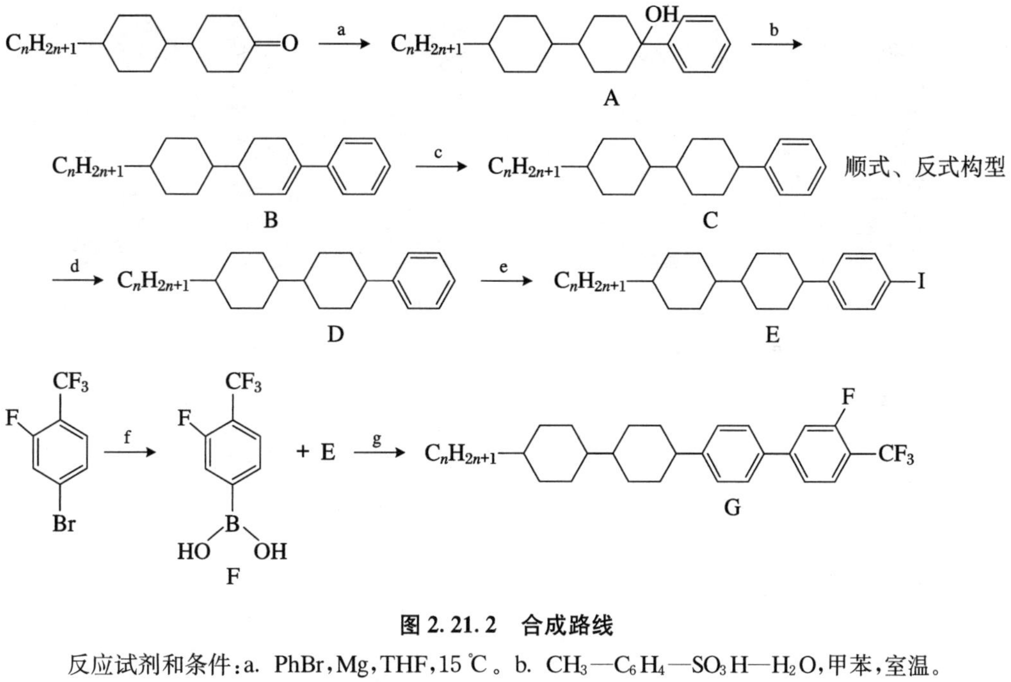

顺式、反式构型

图 2.21.2　合成路线

反应试剂和条件：a. PhBr，Mg，THF，15 ℃。b. CH_3—C_6H_4—SO_3H—H_2O，甲苯，室温。c. Pd/C，甲苯，H_2。d. DME，t-C_4H_9OK，室温。e. I_2，HIO_4，CH_3COOH，$ClCH_2CH_2Cl$，室温。f. i-PrMgCl，THF，硼酸三异丙酯。g. $Pd(PPh_3)_4$，K_2CO_3，C_2H_5OH。

最后一步反应利用铃木交叉反应

21.3 化合物的相变研究

21.3.1 液晶相织态结构观测

以化合物G3为例,将少量样品磨细,夹在两片玻片间,放在升温台上,等速加热到162 ℃融化后,再升至266 ℃清亮点以上出现黑屏。降温到200 ℃后恒温,将偏光显微镜置于放大200倍数进行观测,呈现如乱穿线状态的织态(threaded texture),为典型的向列相。如图2.21.3所示。

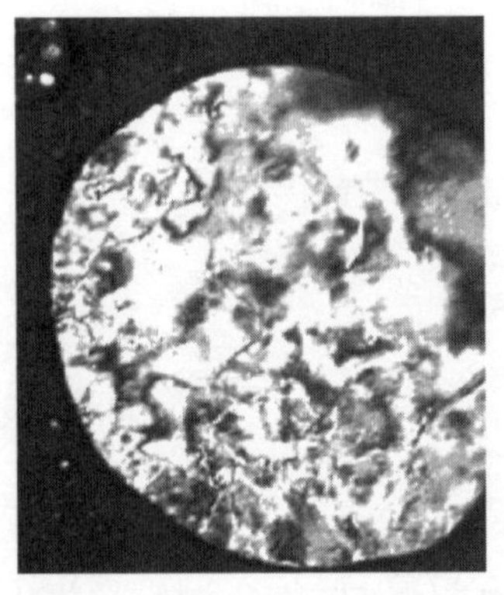

(a) 化合物G3液晶相不同部位的织构

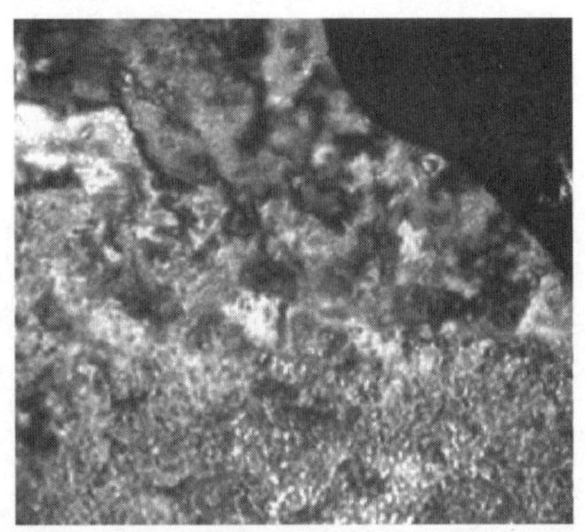

(b) 化合物G3偏光显微镜照片(温度200 ℃,放大倍数200)

图2.21.3 化合物G3液晶相织态结构观测

21.3.2 化合物Gn(n=2～5)差示扫描量热分析(DSC)

以n=2为例,图2.21.4是G2的DSC测试谱图。

观察偏光显微镜观测的液晶相织构可知该化合物是单一的向列相,化合物Gn都具有液晶性,且都呈现出与G3化合物相似的相态变化。其相变温度见表2.21.1。

表2.21.1 化合物Gn的相变温度

化合物	n	相变温度/℃
G2	2	Cr 156.73 N 242.60 I 241.78 N 153.70 Cr
G3	3	Cr 162.21 N 267.33 I 266.61 N 159.45 Cr
G4	4	Cr 151.54 N 260.47 I 259.47 N 149.02 Cr
G5	5	Cr 145.95 N 259.77 I 258.34 N 143.11 Cr

注 Cr:结晶相;N:向列相;I:各向同性液体。

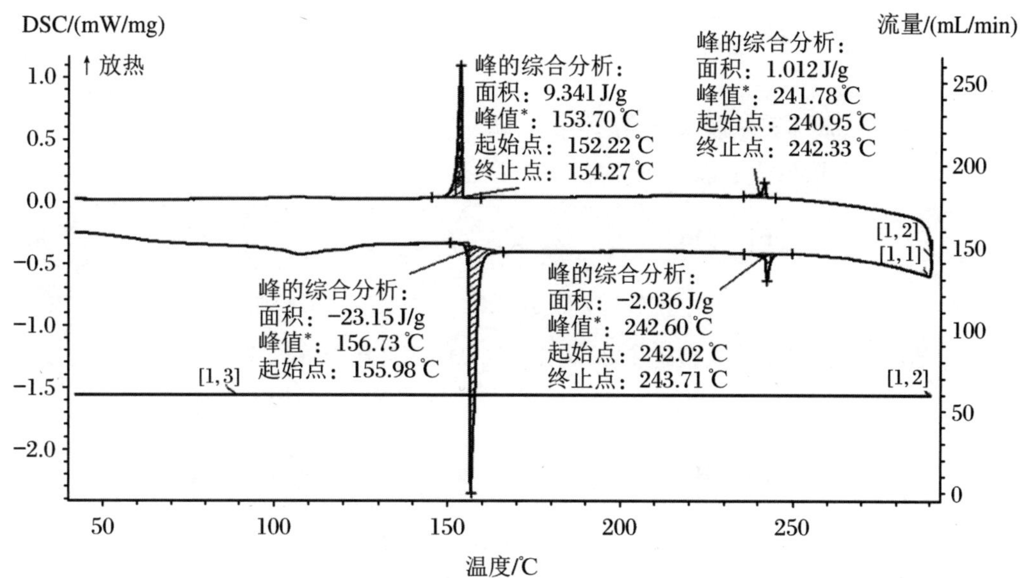

图 2. 21. 4　化合物 G2 的 DSC 测试谱图

通过表 2. 21. 1 作出了化合物 Gn 的相变温度(T)与端基碳链长度(n)的关系曲线，如图 2. 21. 5 所示，以便直观地看出化合物 Gn 中各个化合物的相变温度规律。

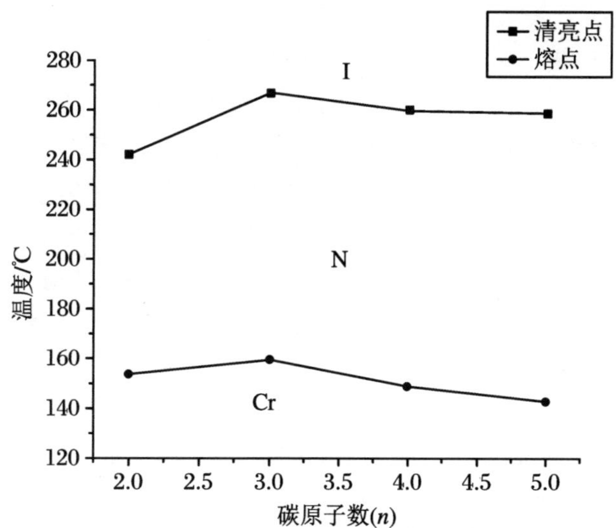

图 2. 21. 5　化合物 Gn 的相变温度与碳链长度的关系曲线

所有的化合物 Gn 都只有向列相，除了 G2 之外，液晶相温度区域都宽于 100 ℃。它们都具有很高的清亮点。例如，$n=3$ 时，清亮点最高，达到 267 ℃。

21.3.3 结果讨论

1. 液晶核双环己基联苯对液晶性的影响

1985 年，后藤发表了以下化合物 F1[12]：

F1 H_7C_3— —F

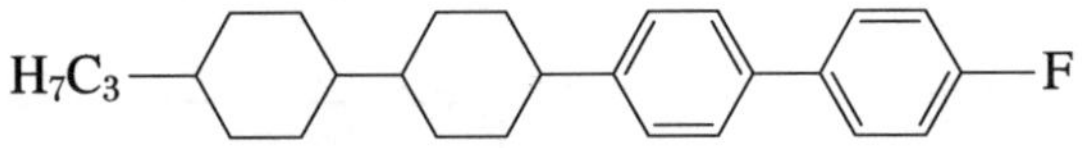

C 171 ℃ Sm 201 ℃ N 277 ℃ Cr

1988 年，Tanaka 等人报道了 3,4-二氟取代的双环己基联苯 F2[13]：

F2 H_9C_4— F —F

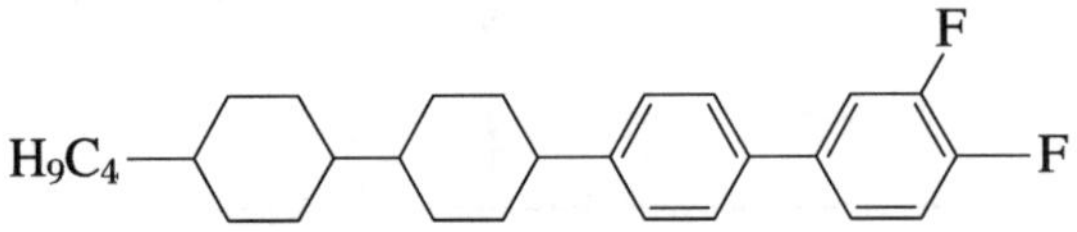

C 65 ℃ Sm 105 ℃ N 291 ℃ I

1995 年，Demus 等人报道了下列化合物 F3[14]：

F3 H_7C_3— F —F F

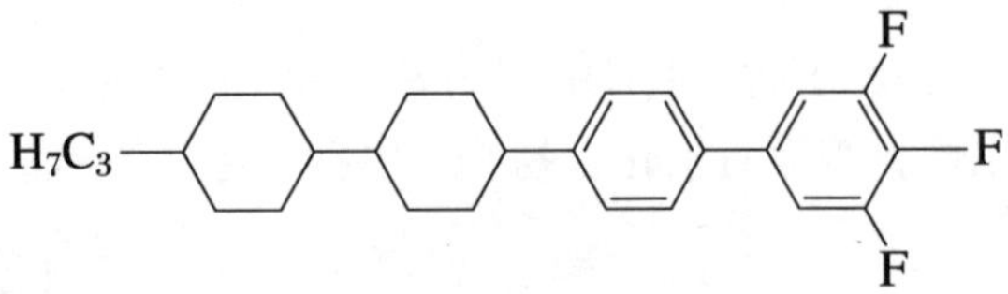

C 105 ℃ N 250 ℃ I

为了便于讨论，不至于使读者产生误解，有必要先定义液晶性。对于热致性液晶，所谓"液晶性"并没有严格的规定，只是指在某种场合下，在某种温度范围呈现液晶状态的意思。因而，在某种场合下，所谓"液晶性大"，即指液晶温度范围上限高这个事实[15a,b]。

文献指出 F1、F2、F3 的清亮点都在 250 ℃以上，说明液晶核的长度大，液晶性就大。对于化合物 F1 与 F2 之间的比较，当然极性大也有利于液晶性的增大。至于 F3，极性大反而液晶性减小，可以归结于分子长宽比减小，即因它的分子几何尺寸各向异性减小而导致。这样就不难解释，为何本章的 G3 有 267 ℃的清亮点，比化合物 F3 的清亮点高 17 ℃之多。另外，F3 的 $\Delta\varepsilon$ 为 12.8，而 G3 的该数值为 13.5。由于相对于 F3，化合物 G3 的分子的极性及长宽比都处于有利的状态，因此 G3 的液晶性比 F3 好就不难理解了。

2. 液晶相的变化问题

一般来说，末端有 CF_3 取代基的分子基本上会出现近晶 A 相或者近晶 B 相，至于本章所述出现高清亮点的向列相（N 相）的原因，我们曾经研究过末端含氟基团与液晶相的关系[16]。例如下列化合物：

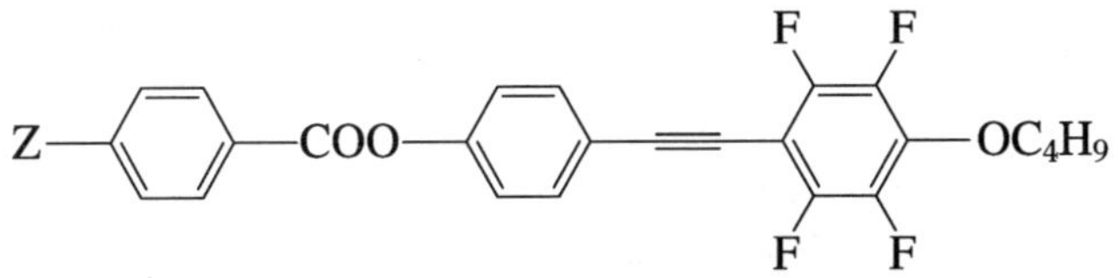

A：Z = CF_3，C 118 ℃ SmA 155 ℃ N 174 ℃ I

B：Z = OCF_3，C 145 ℃ SmA 145 ℃ N 204 ℃ I

C：Z = OCF_2H，C 93.5 ℃ N 202 ℃ I

化合物 A 与 B，由于存在 CF_3，出现强的近晶相 SmA，而化合物 C 的端基是二氟甲氧基，就不存在 SmA 相，该现象只与端基有关，与液晶核的结构无关[17,18]。

CF_3 取代基对液晶类型的影响的研究，是液晶氟化学中引人瞩目的课题。2000 年，竹中等人[19]就此专题发表了一篇综述，文中说“全氟烷基、三氟甲基类的氟碳链对所在分子液晶性的影响，引用 65 篇文献，得出以下结论：第一，在许多氟碳链衍生物中，易于发现 SmA、SmB(近晶 A、B 相)，其原因是在全氟碳链附近，有强烈的相互作用而产生相分离，强烈影响液晶的热稳定性及层状结构。第二，在液晶的末端存在三氟甲基的衍生物中，由于三氟甲基的附近的相互作用，易于形成分子层状结构，该作用大大增强了分子的近晶性”。Smart 指出[20]，全氟链相互之间存在亲氟效应(fluorophilic effect)，同时它们与碳氢链之间有疏氟效应(fluorophobic effect)。全氟碳链由于亲氟效应，总是喜欢聚集在一起，形成部分的双分子层(partially bilayer)使液晶产生层状结构。本章介绍的化合物 G，由于在三氟甲苯基的 CF_3 的邻位出现 F 原子取代，使排列相邻的液晶的末端基 CF_3 之间引力减弱。按照液晶化学的经典说法：“含有 3～4 个苯环、环己烷环的液晶，与二元环比较，它们的熔点高，清亮点也高。这些化合物如 4-烷基三联苯氰由侧面间与末端间的引力的相对强度所支配，即侧面间的引力较之于末端间的引力处于优势的场合下出现近晶相，而相反的场合则出现向列相。”[21]这样，本章中所描述的现象就可以理解了。

21.3.4　高温液晶讨论

高温液晶有 3 个乃至 4 个苯环，其中含有环己基环的液晶物质一般比 2 环性的物质熔点要高，同时清亮点也高。这些化合物如环己基联苯衍生物液晶、1，4-双环己基联苯衍生物、1，4-双环己基乙基联苯衍生物。由使用目的来看，可以说熔点低、熔解热小、清亮点高。当然黏度上升效果低的比较受欢迎，但是近晶性太强却不受欢迎。一般来说，代之以在分子长轴方向上没有氰基的物质，呈现出近晶相的强的倾向，反而要求黏度低，所以高温液晶的选择很困难。高温液晶的新物质的开发现在很活跃地进行着，还没法分出优劣。在这个领域领头的 CBC-53[A′]以及 BCH-52[B′](Merck 公司)的物性值见表 2.21.2。虽然黏度低，但是清亮点(S_4-I 点)依然高。大部分的液晶温度范围内还是显示了近晶相。为了改良这一点，CBC-55F[C′]和 BCH-52F[D′]在短轴方向上导入了 F 原子，但是前者 η 的增大，以及后者清亮点的降低的情况相当严重。[D′]应该是不能称作高温液晶的[15b]。

表 2.21.2 A′、B′、C′、D′的分子结构与物性值

序号	结构式	ΔH	η	$\Delta\varepsilon$	Δn
A′	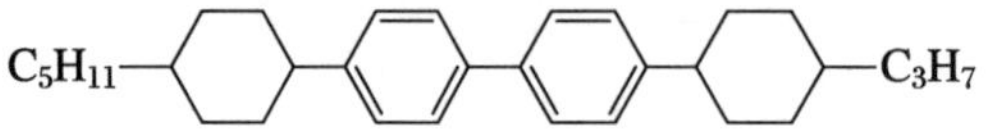 C_5H_{11}— —C_3H_7 C −10 ℃ S_2 55 ℃ S_3 232 ℃ S_4 251 ℃ N 311 ℃ I	2.6	42	+0.4	0.19
B′	 C_5H_{11}— —C_2H_5 C 34 ℃ S_4 146 ℃ N 164 ℃ I	2.2	20	+0.4	0.18
C′	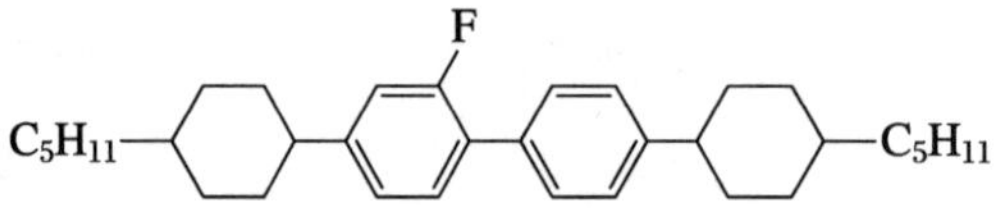 F C_5H_{11}— —C_5H_{11} C 80 ℃ N 278 ℃ I	—	52	—	0.17
D′	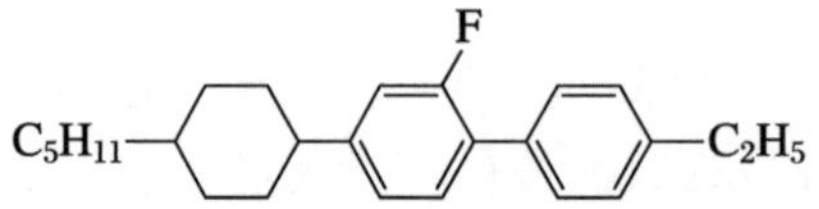 F C_5H_{11}— —C_2H_5 C 26 ℃ N 107 ℃ I	—	24	—	0.17

为了讨论以上现象，我们合成了下面的化合物(4′-正丙基双环己基)-4-三氟甲基联苯(化合物 E′)，其织构如图 2.21.6 所示。E′与 G3 比较，清亮点高 29.2 ℃，熔点低 25.7 ℃。而且出现近晶 A 相，温度宽度为 17.5 ℃。

E′ C_3H_7— —CF_3

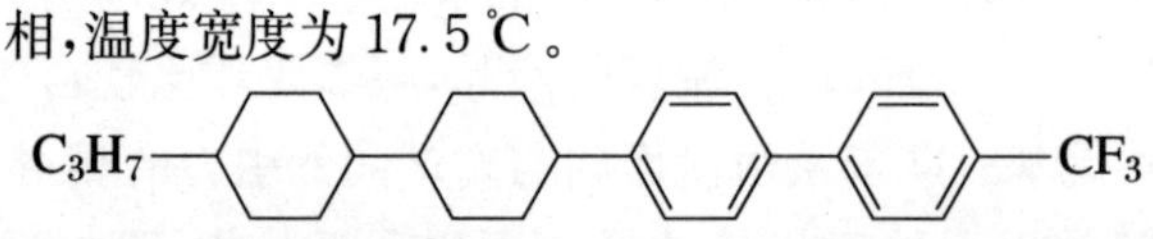

Cr 187.9 ℃ SmA 205.4 ℃ N 296.5 ℃ I 295 ℃ N 200.0 ℃ SmA 177.6 ℃ Cr

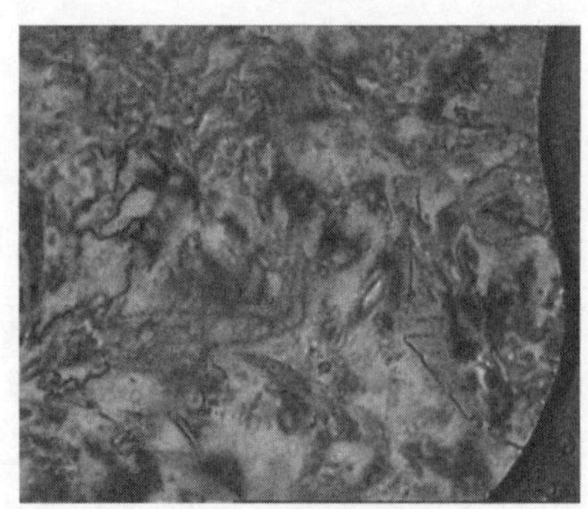

(a) 近晶相织构图

近晶相：偏光显微镜照片，温度 250 ℃，放大 100 倍

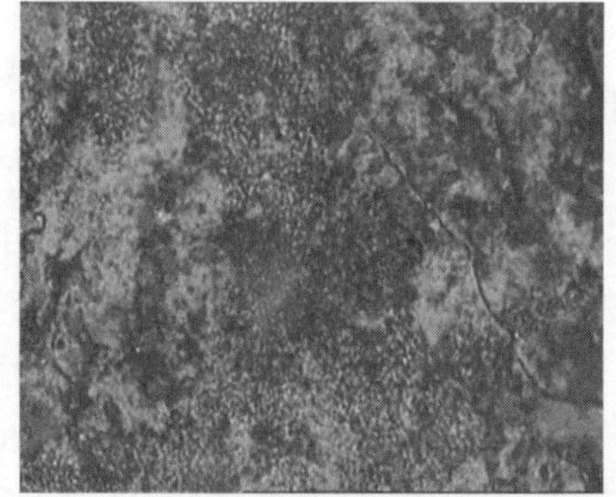

(b) 向列相织构图

向列相：偏光显微镜照片，温度 290 ℃，放大 100 倍

图 2.21.6 化合物 E′的织构图

21.4 化合物的合成方法

化合物的分析仪器为 Bruker 400(400 MHz)核磁共振仪、G2577A 型质谱仪。

利用 XPV-203E 型偏光显微镜和 Dimand-DSC 型差示扫描量热仪进行液晶相变的测定。

21.4.1 化合物 G4 的合成

1. [1′-羟基-4′-(反式-4″-正丁基环己基)环己基]苯(A4)

将镁屑(2.37 g,0.099 mol)及 100 mL 无水 THF 放进 250 mL 三口烧瓶内,搅拌下缓慢滴入 30 mL 溴苯(14.85 g,0.094 mol)的 THF 溶液,30 min 滴完,同时往反应瓶中通入氮气,保持反应温度在 30～35 ℃,反应 3 h,镁屑溶解完毕生成苯镁溴,成为黑棕色的均匀液体。

将 20.6 g(0.085 mol)4′-正丁基双环己酮溶于 50 mL 的四氢呋喃中并加到 250 mL 三口烧瓶中。将上述制好的格氏试剂用 250 mL 常压滴液漏斗滴入,控制温度在 40 ℃以下,40 min 滴完,再继续反应 3 h。气相色谱跟踪至反应完全。滴加 20 mL 10%的盐酸,用分液漏斗分液,用 20 mL 己烷萃取水相,合并有机相。依次用饱和碳酸氢钠水溶液、食盐水和水各 20 mL 洗涤,得到的有机相用硫酸镁干燥,旋干,得到固体 26 g,产率 97.1%。

2. [4′-(反式-4″-正丁基环己基)环己烯-1′-基]苯(B4)

称取 24.5 g(0.078 mol)上述化合物 A 和 1.6 g 对甲苯磺酸一水复合物加入 250 mL 三口烧瓶中,加入 80 mL 甲苯,搅拌回流,并用分水器分水。反应完全,加入 30 mL 水并搅拌,分液,用甲苯萃取水层物质,合并有机相。有机相依次用饱和碳酸氢钠水溶液、食盐水和水洗涤,得到的有机相用硫酸镁干燥,旋干,用石油醚重结晶,得到产品 18 g,产率 78%。

3. 顺反构型混合物 4-正丁基-[(双环己基)-4-基]苯(C4)

称取 18 g(0.061 mol)上述化合物 B 溶于 150 mL 甲苯中,加入反应釜,加催化量的 Pd/C,通入适量压力的氢气,并在 40 ℃下搅拌反应过夜,反应完全,抽滤除去固体残渣,减压蒸馏除去甲苯,得到顺反构型混合物产物 17.7 g,产率 97%。

4. 4-正丁基-[(反式,反式-双环己基)-4-基]苯(D4)

在 250 mL 三口烧瓶中,将 17.67 g 化合物 C 溶于 120 mL N,N-二甲基甲酰胺(DMF)中,再加入叔丁醇钾,在氮气保护下回流 5 h。用色谱跟踪,待顺式异构体转化为反式之后,冷却至室温,加入 150 mL 水及 150 mL 甲苯萃取两次。用 10%的盐酸、饱和碳酸氢钠水溶液洗涤,水洗后用硫酸镁干燥。减压蒸馏除去溶剂,得到固体残留物。用乙醇重结晶两次,得到白色固体产物 16.7 g,产率 94%。所述的化合物 C 和叔丁醇钾的摩尔比为 1∶(0.8～1.2)。

5. 4-丁基-[(反式,反式-双环己基)-4-基]碘苯(E4)

在 100 mL 三口烧瓶中,加入 5 g(16.8 mmol) 4-丁基-[(反式,反式-双环己基)-4-基]苯、3.05 g(12 mmol)碘、3.3 g(14.5 mmol)高碘酸二水复合物。再加入 8 mL 冰醋酸及 10 mL 1,2-二氯乙烷,在搅拌下油浴加热回流 5 h。待反应完全后,冷却至室温,加入 10%的亚硫酸氢钠水溶液 100 mL,搅拌,消除残留的碘。用甲苯萃取,得到有机相,用盐水洗两次。将有机相用硫酸镁干燥。减压除去溶剂,得到固体残留物。用乙醇/乙酸乙酯(体积比为 10∶1)混合溶液重结晶,得到产品 5 g,产率 70%。

6. 化合物 G4

3-氟-4-三氟甲基苯硼酸的合成:在氮气保护下,向 250 mL 三口烧瓶中加入 1.92 g (0.08 mol) 镁屑和 50 mL 干燥的 THF,滴几滴二溴乙烷激活。称取 16 g(0.066 mol)4-溴-2-氟-三氟甲基苯与 70 mL 干燥的 THF 混合溶液,激活后从滴液漏斗中滴入,20 min 滴完。继续反应 40 min。停止待用。

在氮气保护下,将 13.2 g(0.07 mol)硼酸三异丙酯加到 250 mL 三口烧瓶中,再加入 50 mL THF,用冰盐浴降温至 −10 ℃。滴加制备好的格氏试剂,20 min 滴完后,保持温度不变继续反应 4 h 后停止反应。

搅拌下,往反应混合物中滴加浓盐酸,直到 pH<4,用乙酸乙酯和水混合萃取,分离得到有机相。减压蒸馏除去溶剂。将残留物溶解于氢氧化钠水溶液中,用乙酸乙酯洗涤,然后往得到的水相中加盐酸使 pH<4,再用乙酸乙酯萃取,合并有机相,无水硫酸钠干燥。用旋转蒸发仪除去溶剂得到粗产品,甲苯重结晶得到产品 1.7 g,产率 12%。

称取 4-丁基-[(反式,反式-双环己基)-4-基]碘苯 0.57 g(1.36 mmol)、3-氟-4-三氟甲基苯硼酸 0.3 g(1.44 mmol)、碳酸钾 0.2 g(1.45 mmol)、$Pd(PPh_3)_4$ 0.45 g(0.0375 mmol),加到 100 mL 三口烧瓶中。在氮气保护下,磁力搅拌,温度控制在 70 ℃左右进行反应,4 h 后反应完全。抽滤后,用甲基叔丁基醚和水混合萃取母液,合并有机相,用水洗有机相 5 次,然后用无水硫酸镁干燥。用旋转蒸发仪减压蒸馏,除去溶剂得到固体残留物。用石油醚作为淋洗剂硅胶过柱,得到白色固体 0.5 g。再用乙醇/乙酸乙酯(体积比为 40∶1)混合溶液重结晶,得到产品 0.34 g,产率 62%。

MS(m/z,%):460.3(M^+,100.00),460.3(100.00)。^1H NMR(400 MHz,$CDCl_3$) δ:0.87~0.91(m,5H),0.96~1.09(m,3H),1.17~1.29(m,10H),1.42~1.51(m,2H),1.74~1.96(m,8H),2.47~2.55(m,1H),7.32(d,$J=8.4$ Hz,2H),7.42(dd,$J=8.0$ Hz,$J=14.8$ Hz,2H),7.51(d,$J=8.0$ Hz,2H),7.64(t,$J=7.8$ Hz,1H)。

利用加热台偏光显微镜观察液晶相织构,证明为单相的向列相互变液晶,同时用 DSC 方法(NETZSCH DSC 200F 3)测定相变温度(℃)如下:

Cr 151.5 N 260.5 I 259.5 N 149.0 Cr

21.4.2　其他化合物的合成

1. 3-氟-4-三氟甲基-4′-{[反式,反式-4′-乙基(1,1′-双环己基)]-4-基}1,1′-联苯(G2)

MS(m/z,%):432(M^+,100.00),432(100.00)。^1H NMR(400 MHz,$CDCl_3$) δ:0.86～0.89(m,5H),0.96～1.12(m,4H),1.1～1.26(m,5H),1.42～1.51(m,2H),1.74～1.96(m,8H),2.47～2.55(m,1H),7.32(d,J=8.0 Hz,2H),7.42(q,J=8.0 Hz,2H),7.51(d,J=8.4 Hz,2H),7.63(t,J=7.8 Hz,1H)。IR(KBr,ν_{max},cm^{-1}):3422,2921,2850,1912,1626,1583,1496,1432,1403,1324,1252,1199,1131,1059,1027,986,897,820,711,551。

同类化合物的合成方法与化合物 G2 的合成方法相同。

2. 3-氟-4-三氟甲基-4′-{[反式,反式-4′-正丙基(1,1′-双环己基)]-4-基}1,1′-联苯(G3)

MS(m/z,%):446(M^+,100.00),446(100.00)。^1H NMR(400 MHz,$CDCl_3$) δ:0.86～0.90(m,5H),0.96～1.09(m,3H),1.14～1.33(m,8H),1.42～1.51(m,2H),1.74～1.96(m,8H),2.47～2.55(m,1H),7.32(d,J=8.4 Hz,2H),7.42(q,J=8.0 Hz,2H),7.51(d,J=8.0 Hz,2H),7.64(t,J=8.0 Hz,1H)。IR(KBr,ν_{max},cm^{-1}):3446,2922,2849,1913,1626,1583,1496,1434,1403,1324,1252,1199,1131,1059,1026,978,898,820,711,552。

3. 3-氟-4-三氟甲基-4′-{[反式,反式-4′-正戊基(1,1′-双环己基)]-4-基}1,1′-联苯(G5)

MS(m/z,%):474(M^+,100.00),474(100.00)。^1H NMR(400 MHz,$CDCl_3$) δ:0.87～0.90(m,5H),0.96～1.09(m,3H),1.15～1.33(m,12H),1.42～1.51(m,2H),1.74～1.96(m,8H),2.47～2.55(m,1H),7.32(d,J=8.4 Hz,2H),7.42(q,J=8.0 Hz,2H),7.51(d,J=8.0 Hz,2H),7.63(t,J=7.8 Hz,1H)。IR(KBr,ν_{max},cm^{-1}):3423,2921,2849,1912,1626,1584,1496,1435,1403,1324,1253,1199,1134,1059,1027,979,898,820,712,552。

21.5　结论

本章中介绍的三氟甲基取代的含氟双环己基联苯是一种新的向列相液晶。液晶性最优秀的 G3,清亮点高达 267 ℃。

一般的 CF_3 端基化合物中,相邻 CF_3 之间存在强烈的亲氟效应的引力作用,聚集在一起,使液晶的排列出现分层结果,形成近晶相。但是三氟甲苯的 CF_3 相邻位置有一个 F 原子取代的场合,使相邻的 CF_3 伙伴之间距离增加,亲氟效应失效,有利于破坏层状结构。而且分子间距离增大,侧向间相互引力减弱。两者的作用相互加强有利于形成向列相液晶。

自从 LCD 显示领域中应用有源矩阵技术之后,原来 CN 基为端基的芳基环己烷为母核的液晶材料,由于电压保持率不能满足应用,取而代之的是三氟甲基 CF_3 作为极性端基的液晶分子。进入 21 世纪以来,CF_3 极性端基以及 CF_2H 基、OCF_3 端基液晶已广泛应用于配方之中。但直到本工作专利发表之前,尚未出现本工作的单一向列相高温极性液晶[10,21]。

参考文献

[1] HIRD M. Chem. Soc. Rev.,2007,36:2070.
[2] PLAULUTH D,TALUMI K. J. Mater. Chem.,2004,14:1219.
[3] OH-E M,KONDO K. Appl. Phys. Lett.,1995,67:3895.
[4] PASHKOVSKY E E,LITVINA T G. Macromolecules,1995,28:1818.
[5] ISHINABE T,MIYASHITA T,UCHITA T. Jpn. J. Appl. Phys.,2002,41:4553.
[6] YUN Y,KIM B,SEO B,et al. US 7,2006,045:176 B2.
[7] BAHADUR B. World Scientific,Singapore,1990,1.
[8] PETROV V F. Liq. Cryst.,1995,19:729.
[9] (a) SMART B E. J. Fluor. Chem.,2001,109:3.
(b) 石川延男.含氟生理活性物质的开发和应用.闻建勋,闻宇清,译.上海:华东理工大学出版社,2000.
[10] 闻建勋,戴修文,蔡良珍,田瑞文,李继响.中国发明专利,201210088035.6,2012.
[11] WEN J X,TIAN R W,DAI X W. Liq. Cryst.,2017,44(10):1487-1493.
[12] 杉森滋,后藤泰行.4-卤代联苯基四环衍生物.日本特许 1985,S609228.
[13] TANAKA Y,TAKATSU H,TAKEUCHI K,TAMURA Y. Eur. Pat. Appl.,1988,EP 0291949A2.
[14] DEMUS D,GOTO Y,SAWADA S,et al. Mol. Cryst. Liq. Cryst.,1995,260:1.
[15] (a) 冈野光治,小林骏介.液晶(基础篇).东京:培风馆,1988:178.
(b) 冈野光治,小林骏介.液晶(基础篇).东京:培风馆,1988:200-201.
[16] 李衡峰,闻建勋.液晶与显示,2006,21:297.
[17] LI H F,WEN J X. Liq. Cryst.,2006,33:1127.
[18] 李衡峰,闻建勋.中南大学学报(自然科学版),2007,38:9.
[19] 竹中俊介,冈本浩明.含氟液晶化学.EKISHO,2000,4(4):337-349.
[20] SMART B E. Organofluorine Chemistry:Principles and Commercial Applications,1994:57.
[21] 松本正一,角田市良.液晶的基础及应用.株式会社工业调查会,1991:9,108.

附　　录

附录1　作者液晶研究论文发表目录(1990～2019)

[1] ZHANG Y D, WEN J X. A convenien synthesis of bis(polyfluorophenyl)butadiyne monomers[J]. Journal of Synthetic Organic, 1990(8):727-728.

[2] ZHANG Y D, WEN J X. Synthesis of fluoro-diacetylene monomers: 1,4-bis (2,4,6-tri-aryloxy-difluorophenyl) butadiynes[J]. Journal of Fluorine Chemistry, 1991, 51:433-437.

[3] ZHANG Y D, WEN J X. A convenient synthesis of fluoro-aromatic acetylene derivatives[J]. Journal of Fluorine Chemistry, 1990, 47:533-535.

[4] WEN J X, TIAN M G, CHEN Q. The Synthesis and mesomorphic properties of some novel fluorinated ferroelectric liquid crystal[J]. Ferroelectrics, 1993, 148: 129-138.

[5] XU Y L, CHEN Q, WEN J X. Synthesis and mesomorphic properties of the homologous series of 4′-bromophenyl 4″-[(4-n-alkoxy-2,3,5,6-tetrafluorophenyl) ethynyl] benzoates[J]. Liquid Crystals, 1993, 15(6):915-918.

[6] WEN J X, TIAN M Q, CHEN Q. Novel fluorinated liquid crystals. Part 1. Synthesis and mesomorphic properties of 4-(*n*-pentyloxycarbonyl)-phenyl 4-[(4-alkoxy-2,3,5,6-tetrafluorophenyl)ethynyl] benzoates[J]. 液晶通讯, 1993, 1(3): 13.

[7] 徐岳连，王惟力，陈齐，闻建勋. 新型含氟液晶的合成及相态研究[J]. 液晶通讯，1993，1(2).

[8] 闻建勋，尹慧勇，田民权，陈齐. 新型手性侧链全氟苯炔类液晶的合成及相变性质研究[J]. 液晶通讯，1994，2(2):93.

[9] 闻建勋，尹慧勇，田民权，陈齐. 4′-甲氧苯基 4″-[(4-正烷氧基-2,3,5,6-四氟苯基)乙炔基]苄基醚的合成及相变研究[J]. 液晶通讯，1994，2(2):98.

[10] 闻建勋，尹慧勇，田民权，陈齐. 4-[4-正烷氧基-2,3,5,6-四氟苯基)乙炔基]苄氧基苯甲酸正戊酯的合成及相变研究[J]. 液晶通讯，1994，2(2):103.

[11] 闻建勋，尹慧勇，田民权，陈齐. 4′-溴苯基 4″-[(4-正烷氧基-2,3,5,6-四氟苯基)乙炔基]苄基醚的合成及相变研究[J]. 液晶通讯，1994，2(2):108.

[12] XU Y L, WANG W L, CHEN Q, WEN J X. Novel fluorinated liquid crystals. The

synthesis and phase transition of 4′-n-heptylphenyl 4″-[(4-n-alkoxy-2,3,5,6-tetrafluorophenyl)ethynyl] benzoates[J].液晶通讯,1993,1(3):29.

[13] WEN J X,TIAN M Q,CHEN Q. Novel fluorinated liquid crystals. Part 2. Synthesis and mesomorphic behaviour of phenyl 4-[(4-*n*-alkoxy-2,3,5,6-tetrafluorophenyl)ethynyl] benzoates[J].液晶通讯,1993,1(3):21.

[14] WEN J X,TIAN M Q,CHEN Q. Novel Fluorinated Liquid Crystals. Part 3. Synthesis and mesomorphic behaviour of 4-chlorophenyl 4-(4′-n-alkoxy-2,3,5,6-tetrafluorobiphenyl-4-ethynyl) benzoates[J].液晶通讯,1993,1(3):17.

[15] XU Y L,CHEN Q,WEN J X. Synthesis and mesomorphic properties of the homologous series of ′-bromophenyl ″-[(4-n-alkoxy-2,3,5,6-tetrafluorophenyl)ethynyl] benzoates[J].液晶通讯,1993,1(3):25.

[16] XU Y L,WANG W L,CHEN Q,WEN J X. Novel Fluorinated Liquid Crystals. Synthesis and mesomorphic properties of 1-(4′-ethyl-biphenylyl)2-(4-alkoxy-2,3,5,6-tetrafluorophenyl) acetylenes[J].液晶通讯,1993,1(3):33.

[17] WEN J X,TIAN M Q,CHEN Q. Novel Fluorinated Liquid Crystal. Part 4. The effect of lateral polyfluoro-substitution on mesomorphic properties of novel fluorinated liquid crystal[J].液晶通讯,1993,1(3):21.

[18] XU Y L,CHEN Q,WEN J X. Novel Fluorinated Liquid Crystals. Part Ⅳ. The synthesis and phase transition of 4′-(*n*-alkoxycarbonyl)phenyl 4″-[(4-(s)-2′-methylbutoxy-2,3,5,6-tetrafluorophenyl) ethynyl] benzoates[J]. Mol. Cryst. Liq. Cryst.,1994,241:243-248.

[19] XU Y L,FAN P,CHEN Q,WEN J X. Novel Fluorinated Liquid Crystals. Part 3. Synthesis and mesomorphic behaviour of liquid crystals incorporating a 2,3,5,6-tetrafluorobiphenyl-4,4′-diyl unit[J]. J. Chem. Research(s),1994:240-241.

[20] WEN J X,TIAN M Q,CHEN Q. Novel Fluorinated Liquid crystals. Part Ⅵ. The synthesis and phase transition of novel cholesteric liquid crystals containing 1,4-tetrafluorophenylene units[J].Journal of Fluorine Chemistry,1994,68:117-120.

[21] WEN J X,XU Y L,CHEN Q. Novel fluorinated liquid crystals. Part Ⅰ. Synthesis of compounds possessing (p-substituted-tetrafluorophenyl) ethyne substituents as materials for liquid crystals[J].Journal of Fluorine Chemistry,1994,66:15-17.

[22] WEN J X,TIAN M Q,CHEN Q. Synthesis and mesomorphic properties of 4′-*n*-alkoxy-2,3,5,6-tetrafluorobiphenyl-4-carboxylic acid[J]. Journal of Fluorine Chemistry,1994,67:207-210.

[23] WEN J X,TIAN M Q,CHEN Q. Novel fluorinated liquid crystals Part Ⅱ. The synthesis and phase transitions of a novel type of ferroelectric liquid crystals containing 1,4-tetrafluorophenylene moiety[J].Liquid Crystals,1994,16(3):445-451.

[24] XU Y L,WANG W L,CHEN Q,WEN J X. The synthesis and phase transition of

4′-methylphenyl 4″-[(4-alkoxy-2,3,5,6-tetrafluorophenyl)ethymyl] benzoates[J]. Chinese Journal of Chemistry,1994,12(2).

[25] WEN J X,TIAN M Q,YU H B,GUO Z H,CHEN Q. Novel fluorinated liquid crystals. Part 9. Synthesis and mesomorphic properties of 4-(*n*-alkoxycarbonyl) phenyl 4-[(4-*n*-alkoxy-2,3,5,6-tetrafluorophenyl) ethynyl] benzoates[J]. J. Mater. Chem.,1994,4(2):327-330.

[26] WEN J X,YU H B,CHEN Q. Synthesis and mesomoirphic properties of 4-[(4-cyanophenyl) acetylenyl]-2,3,5,6-tetrafluorophenyl 4-*n*-alkoxybenzoates[J]. J. Mater. Chem.,1994,4(11):1715-1717.

[27] XU Y L,HU Y Q,CHEN Q,WEN J X. Synthesis and transition temperatures of liquid crystals incorporating a 1,4-tetrafluorophenylene unit[J]. Liquid Crystals, 1995,18(1):105-108.

[28] WEN J X,YIN H Y,CHEN Q. Synthesis and mesomorphic properties of n-butyl-4-[4-((4-*n*-alkoxyl-tetrafluorophenyl) ethynyl) benzyloxy] benzoates [J]. Chinese Journal of Chemistry,1995,13(6):515-519.

[29] 闻建勋,尹慧勇,陈齐.新型全氟苯环乙炔类手性液晶化合物的合成及相变性质研究[J].液晶通讯,1995,3(3):147-151.

[30] WEN J X,YIN H Y,TIAN M Q,CHEN Q. Synthesis and mesomorphic properties of 4-n-alkoxy 4′-[4((4-*n*-alkoxy-2,3,5,6-tetrafluorophenyl) ethynyl) benzyloxy] benzoates[J]. Liquid Crystals,1995,19(4):511-517.

[31] LU J Q,TIAN M Q,CHEN Q,WEN J X. Novel fluorinated liquid crystals. Part X. The synthesis and mesomorphic states of 1-(4-bromophenyl) 2-(4′-*n*-alkoxy-2,3,5,6-tetrafluorobiphenyl-4-yl) acetylene[J]. Liquid Crystals,1995,18(1):101-103.

[32] XU Y L,HU Y Q,CHEN Q,WEN J X. Synthesis and characterization of octafluorinated 1,2-(4,4′-dialkoxyaryl)acetylene monomers and 1,4-bis[(4′,4″-dialkoxyphenyl) ethynyl] benzene dimers[J]. J. Mater. Chem.,1995,5(2):219-221.

[33] WEN J X,YU H B,CHEN Q. Synthesis and mesomorphic properties of some homologues of fluorinated 4-chlorobenzoate-tolanes[J]. Liquid Crystals,1995,18(5):769-774.

[34] XU Y L,YIN H Y,WANG W L,CHEN Q,WEN J X. Synthesis and mesomorphic properties of 1-(4′-ethyl biphenylyl) 2-(4-alkoxy-2,3,5,6-tetrafluorophenyl) acetylenes[J]. Chinese Journal of Chemistry,1998(30):277-283.

[35] YIN H Y,WEN J X. Synthesis and mesomorphic properties of some novel chiral fluorinated liquid crystals containing a flexible oxymethylene linkage in the core [J]. Liquid Crystal,1996,21(2):217-223.

[36] CHEN B Q,WEN J X. Synthesis and mesogenic properties of 1-phenyl-4-(4-*n*-alkoxyphenyl-2,3,5,6-tetrafluorophenyl)-butadiynes[J]. Mol. Cryst. Liq.,1996,

289:141-148.

[37] XU Y L, WANG W L, CHEN Q, WEN J X. Synthesis and transition of novel fluorinated chiral liquid crystals containing 1,4-tetrafluorophenylene units[J]. Liquid Crystals, 1996, 21(1):65-71.

[38] XU Y L, WANG W L, CHEN Q, WEN J X. Synthesis and mesomorphic properties of *n*-alkyl 4-[4-(4-*n*-octyloxybenzyloxy-2,3,5,6-tetrafluorophenyl) ethynyl] benzoates[J]. Chinese Journal of Chemistry, 1996, 14(1):54-59.

[39] WEN J X, TIAN M Q, GUO Z, CHEN Q. Synthesis and phase-transition of 4-alkoxycarbonylphenyl 4′-*n*-alkoxy-2, 3, 5, 6-tetrafluorobinphenyl-4-carboxylates [J]. Mol. Cryst. Liq. Ctrys., 1996, 275:27-36.

[40] CHEN B Q, WEN J X. Synthesis and polymerization of reactive chiral liquid crystals bearing a tetrafluorophenylene in core structure[J]. Macromolecular Reports, 1996, A33(Suppls. 5&6):289-296.

[41] XU Y L, TIAN M Q, HOU G, CHEN Q, WEN J X. Novel fluorinated liquid crystals. Part Ⅷ. The synthesis and mesomorphic properties of 4′-*n*-alkoxyphenyl 4″-[(4-*n*-alkoxy-2, 3, 5, 6-tetrafluorophenyl) ethynyl] benzoates[J]. Mol. Cryst. Liq., 1996, 281(1):37-42.

[42] WANG X S, WEN J X. Studies of ferroelectric properties of novel liquid crystals with tetrafluorophenylene[J]. IEEE, 1996:931-937.

[43] 闻建勋.一种性能优越的液晶材料及显示技术[J].科学,1996,48(5):28-31.

[44] WANG X S, WEN J X. Ferroelectricity of novel liquid crystals with tetrafluorophenylene and biphenylene[J]. Mol. Cryst. Liq. Cryst., 1997, 300:9-19.

[45] 陈锡敏,闻建勋.端基为氰基的四氟联苯甲酸酯类新型液晶的合成及相变研究[J].液晶与显示,1997,12(1).

[46] 闻建勋.液晶的超分子系统及生物膜模拟[J].化学进展,1996,8(2).

[47] 陈锡敏,闻建勋.4-甲氧基苯酚 4′-正烷氧基-2′,3′,5′,6′-四氟联苯甲酸酯的合成及相变研究[J].液晶与显示,1997,12(1).

[48] WANG X S, WEN J X. Polarization measurement of novel liquid crystals with tetrafluorobiphenylene[J]. Jpn. J. Appl. Phys., 1997, 36(4A):2218-2221.

[49] 杨永刚,龚佾,陈宝铨,闻建勋.新型有机汞类液晶的合成及其相变研究[J].液晶与显示,1998,13(4).

[50] YANG Y G, WEN J X. Preliminary communication a novel series of liquid crystalline organomercury complex liquid crystals[J]. Liquid Crystals, 1998, 25(6): 765-766.

[51] CHEN B Q, YANG Y G, WEN J X. Synthesis and mesomorphic properties of 4-(1, 1, 7-trihydroperfluoroheptyloxycarbonyl) phenyl 4′-*n*-alkoxybiphenyl-4-carboxylate[J]. Liquid Crystals, 1998, 24(4):539-542.

[52] WANG X S, WEN J X. Mesomorphic properties of novel liquid crystals with tetrafluorobiphenylene[J]. Ferroelectrics, 1998, 207: 431-443.

[53] CHEN X M, YIN H Y, XU Y L, WEN J X. Synthesis and mesomorphic properties of novel tetrafluorinatec biphenyl acetylene liquid crystals with a blue phase[J]. Chinese Journal of Chemistry, 1998, 16(3).

[54] YANG Y G, WEN J X. The synthesis of cyclotriphosphazene liquid crystals[J]. Chinese Chemical Letters, 1998, 9(8): 727-729.

[55] YANG Y G, CHEN B Q, WEN J X. Synthesis and mesomorphic properties of semi-perfluorinated chain liquid crystals[J]. Liquid Crystals, 1999, 26(6): 893-896.

[56] CHEN X M, WEN J X. Preliminary communication: The mesomorphic anomaly of 4-[2-(4-alkoxy-2,3,5,6-tetrafluorophenyl) ethynyl] phenyl-trans-4-pentylcyclohexyl-1-carboxylates[J]. Liquid Crystals, 1999, 26(10): 1563-1565.

[57] SHEN Y L, WEN J X. Preliminary communication: Steryl polyfluorobenzoate liquid crystals[J]. Liquid Crystals, 1999, 26(9): 1421-1422.

[58] CHEN B Q, WEN J X. Synthesis and mesophase behaviour of mesogens bearing ω, α, α-trihydroperluoroalkoxy end tails[J]. Liquid Crystals, 1999, 26(8): 1135-1140.

[59] YANG Y G, WEN J X. Synthesis and mesomorphic properties of trifluorobenzoate liquid crystal[J]. Chinese Journal of Chemistry, 1999, 17(1): 70-79.

[60] WEN J X, CHEN H, SHEN Y H. Preliminary communication: The first series of ferroelectric steroidal fluorinated liquid crystal[J]. Liquid Crystals, 1999, 26(12): 1833-1834.

[61] CHEN X M, LI H F, CHEN Z, LOU J X, WEN J X. 2,3-Difluorinated phenyl and cyclohexane units in the design and synthesis of liquid crystals habing negative dielectric anisotropy[J]. Liquid Crystal, 1999, 26(12): 1743-1747.

[62] WEN J X, TANG G, YANG Y G. Synthesis and mesomorphic properties of [4-((4-*n*-alkoxy-2,3,5,6-tetrafluorophenyl) ethynyl) phenyl] fluoro-substituted benzoates[J]. Mol. Cryst. Cryst., 2000, 338: 21-33.

[63] LI H F, YANG Y G, WEN J X. Synthesis and mesomorphic properties of 4-[(4-*n*-alkoxy-2,3-difluorophenyl) ethynyl] phenyl fluoro-substituted benzoates[J]. Liquid Crystal, 2000, 27(11): 1445-1449.

[64] LI H F, YANG Y G, WEN J X. Synthesis and mesomorphic properties of some ferroelectric liquid crystals of lactate[J]. Chinese Journal of Chemistry, 2000, 18(6).

[65] 刘克刚，李衡峰，王侃，闻建勋. 末端氰基取代含氟二苯乙炔类液晶的合成与相变研究[J]. 液晶与显示，2001，16(1).

[66] YANG Y G, LI H F, WANG K, WEN J X. Synthesis and mesomorphic properties of fluoro-contained azo liquid crystals[J]. Liq. Cryst., 2001, 28: 375-379.

[67] YANG Y G, WANG K, WEN J X. Synthesis and mesomorphic properties of some fluorinated phenyl 4-[(4-*n*-alkoxyphenyl) ethynyl] benzoates[J]. Liq. Cryst., 2001, 28: 1553-1559.

[68] WANG K, SHEN Y H, YANG Y G, WEN J X. Synthesis and mesomorphic properties of steroidal liquid crystals containing perfluoroalkoxycarbonylphenyl units[J]. Liq. Cryst., 28, 2001: 1579-1580.

[69] TANG G, WANG K, YANG Y G, WEN J X. Synthesis and mesomorphic properties of 4-[(4-*n*-polyfluoroalkoxy-2,3,5,6-tetrafluorophenyl) ethynyl] phenyl fluoro-substituted benzoates[J]. Liq. Cryst., 2001, 28: 1623-1626.

[70] WANG K, YANG Y G, WEN J X. Synthesis and mesomorphic properties of mesogens containing 1, 1, 2, 2-tetrahydroperfluorodecaoxy terminal chains[J]. Liq. Cryst., 2001, 28: 1649-1653.

[71] WANG K, JÀKLI A, LI H F, YANG Y G, WEN J X. Synthesis and mesomorphic properties of resorcyl di [4-(4-alkoxy-2, 3-difluorophenyl) ethynyl] benzoate: a noval achiral antiferroelectric banana-shaped mesogen[J]. Liq. Cryst., 2001, 28: 1705-1708.

[72] YANG Y G, WEN J X. Synthesis and liquid crystalline properties of several compounds with semi-fluorocarbon chains[J]. Liq. Cryst., 2001, 28: 1735-1737.

[73] WANG K, CHEN B Q, YANG Y G, LI H F, LIU K G, WEN J X. Synthesis and mesomorphic properties of mesogens containing (4-polyfluoroalkoxy-2,3,5,6-tetraphenyl) ethynyl groups[J]. J. Fluor. Chem., 2001, 110: 37-42.

[74] YANG Y G, CHEN H, TANG G, WEN J X. Synthesis and mesomorphic properties of some fluorinated benzoate liquid crystals[J]. Mol. Cryst. Liq. Cryst., 2002, 373: 1-16.

[75] TANG G, YANG Y G, WEN J X. Synthesis and mesomorphic properties of some liquid crystals with 2, 3, 5, 6-tetrafluorophenylene unit[J]. Mol. Cryst. Liq. Cryst., 2002, 373: 17-24.

[76] YANG Y G, TANG G, WEN J X. Mesomorphic properties of a homologous series of liquid crystals with short fluorocarbon chains[J]. Mol. Cryst. Liq. Cryst., 2002, 373: 25-32.

[77] YANG Y G, WEN J X. Synthesis and properties of some semi-fluoroalkoxy chain liquid crystals[J]. Liq. Cryst., 2002, 29: 161-162.

[78] YANG Y G, WEN J X. Synthesis and mesomorphic properties of two semi-fluorocarbon chain liquid crystals[J]. Liq. Cryst., 2002, 29: 159-160.

[79] YANG Y G, WEN J X. Synthesis and mesomorphic properties of several series of fluorinated ester liquid crystals[J]. Liq. Cryst., 2002, 29: 255.

[80] 王侃，李衡峰，刘克刚，杜雅芸，闻建勋. 新型含氟偶氮苯类液晶的合成和相变研究

[J].液晶与显示,2001,16(2).

[81] 李衡峰,刘克刚,王侃,闻建勋.对三氟甲氧基肉桂酸酯类液晶的合成与相变研究[J].液晶与显示,2001,16(2).

[82] 李衡峰,刘克刚,王侃,闻建勋.含1,3,2-二氧硼杂环的二苯乙炔类液晶的合成与相变研究[J].液晶与显示,2001,16(3).

[83] 王侃,赵晨曦,李衡峰,刘克刚,闻建勋.含三氟乙氧基的二苯乙炔类液晶的合成和相变研究[J].液晶与显示,2001,16(3).

[84] LI H F,YU H B,LIU K G,WEN J X. Synthesis and mesomorphic properties of 4-((4-*n*-alkoxy-2,3,5,6-tetrafluorophenyl)ethynyl)phenyl methoxy-substituted benzoates[J]. Chinese Journal of Chemistry,2001,19(5).

[85] 刘克刚,李衡峰,沈悦海,王侃,闻建勋.新型含氟甾体类液晶的合成与相变研究[J].液晶与显示,2001,16(3).

[86] 王侃,沈悦海,韩腾,闻建勋.一类含不饱和侧链的氟代甾类液晶的合成和相变研究[J].液晶与显示,2001,16(4).

[87] LI H F,WEN J X. Fluorinated tolan-type nematic mesogens containing a 1,3-dioxan unit[J]. Liquid Cystals,2001,28(6):913-917.

[88] LIU K G,LI H F,WANG K,WEN J X. Synthesis and characterization of novel fluorinated bistolane-type liquid crystals[J]. Liquid Crystals, 2001, 28(10): 1463-1467.

[89] WANG K,LI H F,LIU K G,WEN J X. Mesomorphic properties of 4-(polyfluoroalkoxycarbonyl)phenyl-4-(4-*n*-heptoxy-2,3,5,6-tetrafluorophenyl) benzoates[J]. Liquid Crystals,2001,28(10):1573-1574.

[90] WANG K,LI H F,LIU K G,WEN J X. Mesogens containing p-polyfluoro-m-nitrobenzoate and 2,3-difluorotolane groups[J]. Liquid Crystals, 2001, 28(10): 1585-1586.

[91] 王侃,杨永刚,李衡峰,刘克刚,闻建勋.新型半含氟碳链液晶的合成和相变研究[J].液晶与显示,2001,16(4).

[92] CHEN X M,WANG K,LI H F,LIU K G,WEN J X. Synthesis and mesomorphic properties mesogens containing tetrafluorobiphenyl carboxylate groups[J]. Journal of the Chinese Chemistry Society,2001,48:1157-1162.

[93] 王侃,杨永刚,闻建勋.4-多氟烷氧基苯甲酸-4-多氟烷氧基酰基苯酚酯的合成和相变研究[J].液晶与显示,2002,17(1).

[94] 王侃,刘克刚,李衡峰,闻建勋.3-硝基-4-多氟烷氧基苯甲酸酯类液晶的合成和相变研究[J].液晶与显示,2002,17(2).

[95] SHEN Y H,WEN J X. A new route for synthesizing cholesterol analogs with fluorocarbon side chains and their liquid-crystalline aliphatic esters[J]. Journal of Fluorine Chemistry,2002,113(1):13-15.

[96] CHEN X M, WANG K, LI H F, WEN J X. Synthesis and mesomorphic properties of three-and four-ring liquid crystals containing cyclohexyl, phenyls pyridyl unit [J]. Liquid Crystals, 2002, 29(7): 989-993.

[97] CHEN X M, CHEN J K, WEN J X. Snthesis and mesomrophic properties of 4-cyanophenyl and 4-nitrophenyl 4-*n*-alkoxytetrafluorobiphenyl-4′-carboxylates[J]. Liquid Crystals, 2002, 29(8): 1097-1100.

[98] CHEN X M, WANG K, LI H F, WEN J X. Synthesis and mesomorphic properties of four-ring liquid crystals containing cyclohexyl, phenyl and pyridyl units[J]. Liquid Crystals, 2002, 29(8): 1105-1107.

[99] CHEN X M, CHEN J K, WEN J X. Synthesis and mesomorphic properties of 4-methoxyphenyl 4′-*n*-alkoxy-2′, 3′, 5′, 6′-tetrafluorobiphenyl-1-carboxylates[J]. Liquid Crystals, 2002, 29(9): 1177-1180.

[100] QIN C, RONG G B, WEN J X, VAJDA A, EBER N. Synthesis and mesomorphic properties of cholesteryl p-2, 2, 3, 3, 4, 4, 5, 5-octafluorophentoxybenzoate[J]. Liquid Crystals, 2004, 31(12): 1677-1679.

[101] YAO L H, LI H F, WEN J X. Synthesis and mesomorphic properties of fluorinated phenyl 4-[(4-*n*-alkoxy-2, 3-difluorophenyl) ethynyl] benzoates[J]. Liquid Crystals, 2005, 32(4): 527-531.

[102] LI H F, WEN J X. Synthesis and mesomorphic properties of tolane-based liquid crystalswith a fluorinated polar end group[J]. Liquid Crystals, 2006, 33(10): 1127-1131.

[103] 李衡峰，闻建勋. 对三氟甲氧基苯酯类液晶的合成和相变研究[J]. 液晶与显示，2006, 21(4).

[104] QIN C, RONG G B, YU H B, WEN J X. Synthesis and mesomorphic properties of some ω′-alkoxy-ω-benzoxypolyfluorotolane compounds[J]. Chinese Journal of Chemistry, 2006, 24: 910-916.

[105] QIN C, RONG G B, CHEN B Q, WEN J X. Synthesis and mesomorphic properties of chiral mesoge fluorinated alkyl terminal[J]. Chinese Journal of Chemistry, 2006, 24: 99-102.

[106] 李衡峰，闻建勋. 含氟极性端基取代的四氟二苯乙炔类液晶的合成与相变性质[J]. 中南大学学报(自然科学版)，2007, 38(1).

[107] YANG Y G, LI H T, WEN J X. The effect of a single atom in the terminal of fluorocarbon chain on liquid crystalline properties[J]. Liq. Cryst., 2007, 34: 1167-1174.

[108] YANG Y G, LI H T, WEN J X. Synthesis and mesomorphic properties of some chiral fluorinated liquid crystals[J]. Liq. Cryst., 2007, 34: 975-979.

[109] YANG Y G, LI H T, WEN J X. Synthesis and mesomorphic properties of some

liquid crystals with semi-fluorocarbon chains[J]. Mol. Cryst. Liq. Cryst.,2007,469:23-29.

[110] YANG Y G,LI H T,WEN J X. Synthesis and mesomorphic properties of chiral liquid crystals with semi-perfluorocarbon chains[J]. Mol. Cryst. Liq. Cryst.,2007,469:51-58.

[111] LI H T,WEN J X,YANG Y G. Mesomorphic properties of some liquid crystals with semi-fluorocarbon chains[J]. Mol. Cryst. Liq. Cryst.,2007,473:15-22.

[112] GUO Y M,LI B Z,YANG Y G,WEN J X. Synthesis and mesomorphic properties of some chiral fluorinated benzoates[J]. Mol. Cryst. Liq. Cryst.,2008,493:57-64.

[113] GUO Y M,BI L F,LI B Z,YANG Y G,WEN J X. Fluoro- and nitro-substitution effect of some chiral compounds[J]. Mol. Cryst. Liq. Cryst.,2008,493:65-70.

[114] LI Z M,SALAMON P,JAKLI A,WANG K,QIN C,YANG Q,LIU C,WEN J X. Synthesis and mesomorphic properties of resorcyl di [4-(4-alkoxy-2,3-difluorophenyl) benzoate[J]. Liq. Crystals,2010,37(4):427-433.

[115] CHEN X M,SHEN Y H,WEN J X. Synthesis and mesomorphic properties of tolane-based fluorinated liquid crystals with an acrylate linkage[J]. Molecular Crystals and Liquid Crystals,2010,528(1):138-146.

[116] 孙冲,秦川,闻建勋. 4-(2,3,5,6-四氟烷基取代基苯乙基)苯甲酸-4′-氟-4-联苯酯的合成及液晶性研究[J]. 液晶与显示,2011,26(3):267-273.

[117] SHEN Y H,CHEN X M,WEN J X. Liquid-crystalline derivatives of 3β-hydroxy-5-cholenic acid[J]. Molecular Crystals and Liquid Crystals,2011,537(1):76-84.

[118] 陈锡敏,闻建勋. 含氟二苯乙炔蓝相液晶研究[J]. 液晶与显示,2013,28(1):33-44.

[119] 曹秀英,赵敏,戴修文,闻建勋. 双环己基含氟二苯乙炔类负性液晶的合成及应用[J]. 液晶与显示,2013,28(6):843-848.

[120] 戴修文,曹秀英,蔡良珍,赵敏,闻建勋. 含有 2,3,5,6-四氟亚苯基负性液晶合成及液晶性研究[J]. 液晶与显示,2013,28(3):464-466.

[121] 蔡良珍,戴修文,闻建勋. 2,3,5,6-全氟亚苯基在液晶分子设计及合成上的一些应用[J]. 化学生产与技术,2013,28(4):501-509.

[122] DAI X W,CAI L Z,WEN J X. The Synthesis and mesomorphic properties of 4-*n*-alkoxyphenyl 4-[(4-*n*-alkoxy-2,3,5,6-tetrafluorophenyl) ethyl] benzoates[J]. Liquid Crystals,2013,40(8):1146-1150.

[123] 范程士,罗忠林,刘克刚,闻建勋. 含氟双二苯乙炔液晶的合成及液晶性[J]. 化学生产与技术,2014,21(109):1-6.

[124] 沈悦海,李继响,马亚云,闻建勋. 含氟甾体液晶研究[J]. 化学生产与技术,2014,21(110):1-11.

[125] 赵敏,曹秀英,闻建勋. 含 2,3,5,6-四氟亚苯基负性液晶合成及液晶性研究[J]. 化学

生产与技术,2014,21(114):1-4.

[126] 王建新,赵敏,闻建勋.(*L*)乳酸手性衍生物的含氟二苯乙炔液晶的合成[J].液晶与显示,2014,29:215-220.

[127] WEN J X,TIAN R W,DAI X W. Synthesis and mesomorphic properties of four-ring fluorinated liquid crystals with trifluoromethyl group[J]. Liq. Cryst.,2017,44(10):1487-1493.

[128] 肖智勇,邱绿洲,邹德平,丁荣文,闻建勋.一类特殊的二氟甲氧基三苯环超级氟液晶合成[J].化学生产与技术,2019,25(131):1-4.

附录 2 作者申请的液晶专利

1. 闻建勋,陈齐,郭志红,徐岳连,田民权,胡月青,余洪斌,张亚东.含全氟苯环的液晶化合物及制备方法.专利申请号:92108444.7(1992).

2. 闻建勋,陈锡敏.一种含环己基和全氟苯环的液晶化合物及制备.专利申请号:97106778.3(1997).

3. 闻建勋,沈悦海,冯遵杰.甾醇多氟芳香酸酯合成方法及其用途.专利申请号:98110842.3(1998).

4. 闻建勋,陈浩,张志刚.2,6-二氟-4-甲氧基苯氰的制备.专利申请号:98110689.7(1998).

5. 闻建勋,沈悦海.铁电型含氟甾类液晶、制备方法及其用途.专利申请号:99113424.9(1999).

6. 闻建勋,沈悦海,陈锡敏.3β-羟基-5-胆烯酸酯类衍生物、合成方法及用途.专利申请号:99119809.3(1999).

7. 闻建勋,沈悦海.甾醇衍生物、合成方法及其用途.专利申请号:99125751.0(1999).

8. 闻建勋,刘克刚,李衡峰.一种含烯氧链的含氟二苯乙炔液晶化合物及其制备方法.专利申请号:00111985.0(2000).

9. 闻建勋,李衡峰.含氟二苯乙炔类化合物、制备方法及用途.专利申请号:001115133.9(2000).

10. 闻建勋,刘克刚,李衡峰.含氟双二苯乙炔化合物、制备方法及用途.专利申请号:00125736.6(2000).

11. 闻建勋,李子明,秦川,王侃,杨青,刘琤.含氟香蕉形液晶化合物、合成方法及其用途.专利申请号:200910051103.X(2009).

12. 闻建勋,孙冲,荣园园,秦川,田瑞文.4-(2,3,5,6-四氟-R 取代基苯乙基)苯甲酸-4′-氟-4-联苯酯的含氟液晶.专利申请号:201010547224.6(2010).

13. 闻建勋,孙冲,荣园园,秦川,田瑞文.对烷基取代-四氟苯乙酸、合成方法及其用途.专利申请号:201010547265.5(2010).

14. 闻建勋，孙冲，秦川，田瑞文. 一种超氟取代并含有 CF_2O 桥键的液晶化合物、合成方法及应用. 专利申请号：201110032056.1(2011).

15. 闻建勋，戴修文，蔡良珍，李继响，闻宇清，周小敏. 一种 4-[(4-R 烷氧基-2,3,5,6-四氟苯基)乙基]苯甲酸(4-R^1 烷氧基)苯酯含氟液晶化合物、合成方法及应用. 专利申请号：201210008146.1(2012).

16. 闻建勋，戴修文，蔡良珍，田瑞文，李继响. 含氟四环液晶化合物、合成方法及应用. 专利申请号：2012100088035.6(2012).

17. 闻建勋，戴修文，曹秀英，范程士，蔡良珍，赵敏，李继响. 含有 2,3,5,6-四氟亚苯基的负性液晶、合成方法及应用. 专利申请号：201210359275.5(2012).

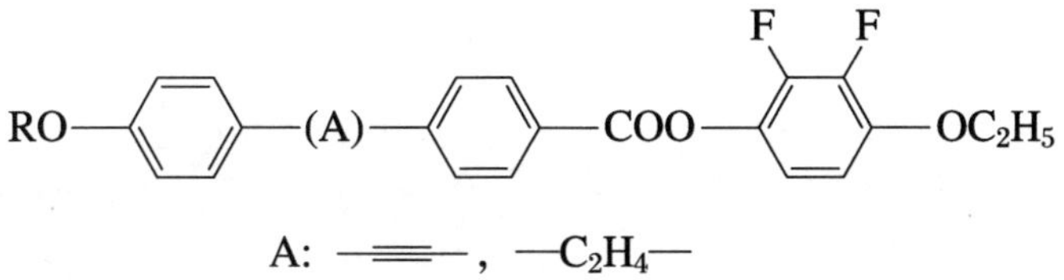

A: —≡—, —C_2H_4—

18. 闻建勋，戴修文，蔡良珍，范程士，李继响. 双环己基含氟二苯乙炔类负性液晶、合成方法及应用. 专利申请号：201210585813.2(2012).

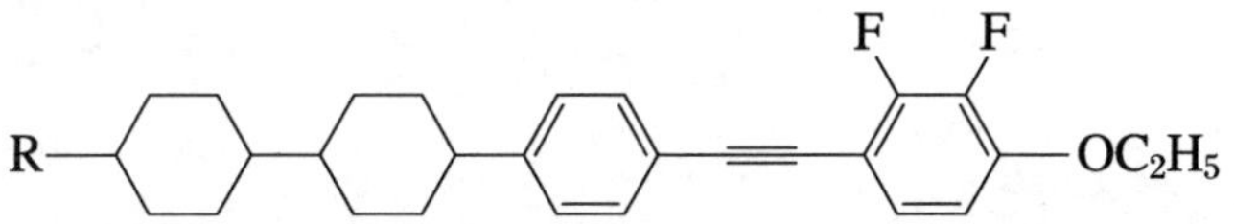

19. 闻建勋，曹秀英，赵敏，范程士. 含有 2,3,5,6-四氟二苯乙炔类的负性液晶、合成方法及应用. 专利申请号：201310298390.9(2013).

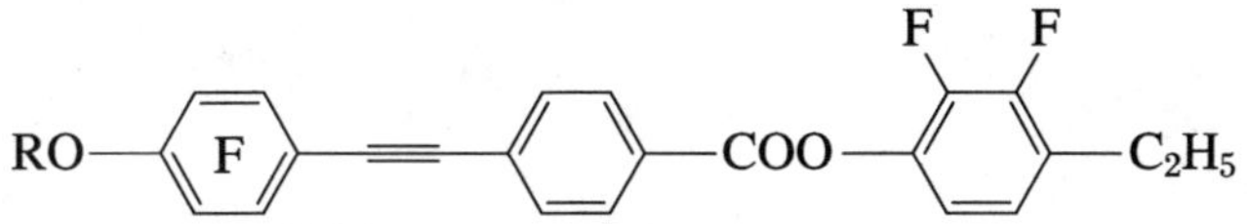

20. 楠本哲生，高津晴义(DIC 会社)，闻建勋. 1,7,8-三氟-2-萘酚的制造. 日本专利特许号：特开 2009-249367(2009).

21. 闻建勋，崔桅龙，曹秀英，赵敏，李继响. 含氟双二苯乙炔类向列型负性液晶、合成方法及应用. 专利申请号：201410392432.1(2014).

22. 闻建勋，李继响，王建新，杜宏军. 含有二氟甲氧基桥键的含氟液晶及其组合物. 专利申请号：201410621417.X(2014).

23. 闻建勋，田瑞文，肖智勇，邱绿洲，丁荣文，陈妹. 超氟负性液晶化合物和组合物、制备及在液晶显示器件中的应用. 专利申请号：201710972796.0(2017).

24. 闻建勋，田瑞文，肖智勇，邹德平，邱绿洲，李昨东. 含有三联苯的二氟亚甲基醚的四环液晶化合物. 专利申请号：201910084970.7(2019).

25. 肖智勇，闻建勋，杜宏军，邱绿洲. 三环超氟液晶化合物的应用. 专利申请号：201610608462.0(2016).

26. 闻建勋，王建新，杜宏军，肖智勇，邱绿洲. 含有二氟甲氧基桥键及多氟联苯基的含氟液晶及其组合物.专利申请号:201610567147.8(2016).

27. 闻建勋,王建新,杜宏军,肖智勇.含有二氟甲氧基桥键与二噁基的含氟液晶及其组合物.专利申请号:201610567481.3(2016).

28. 肖智勇,闻建勋,张标通,黄声凯,邱绿洲,丁荣文.一种含有环己基的氧二氟亚甲基液晶.专利申请号:201710254706.4(2017).

29. 肖智勇,张标通,闻建勋,邱绿洲,丁荣文.一种含有双环己基的氧二氟亚甲基液晶及合成方法.专利申请号:201710278875.1(2017).

附录 3　日本液晶学会前会长高津晴义博士文章

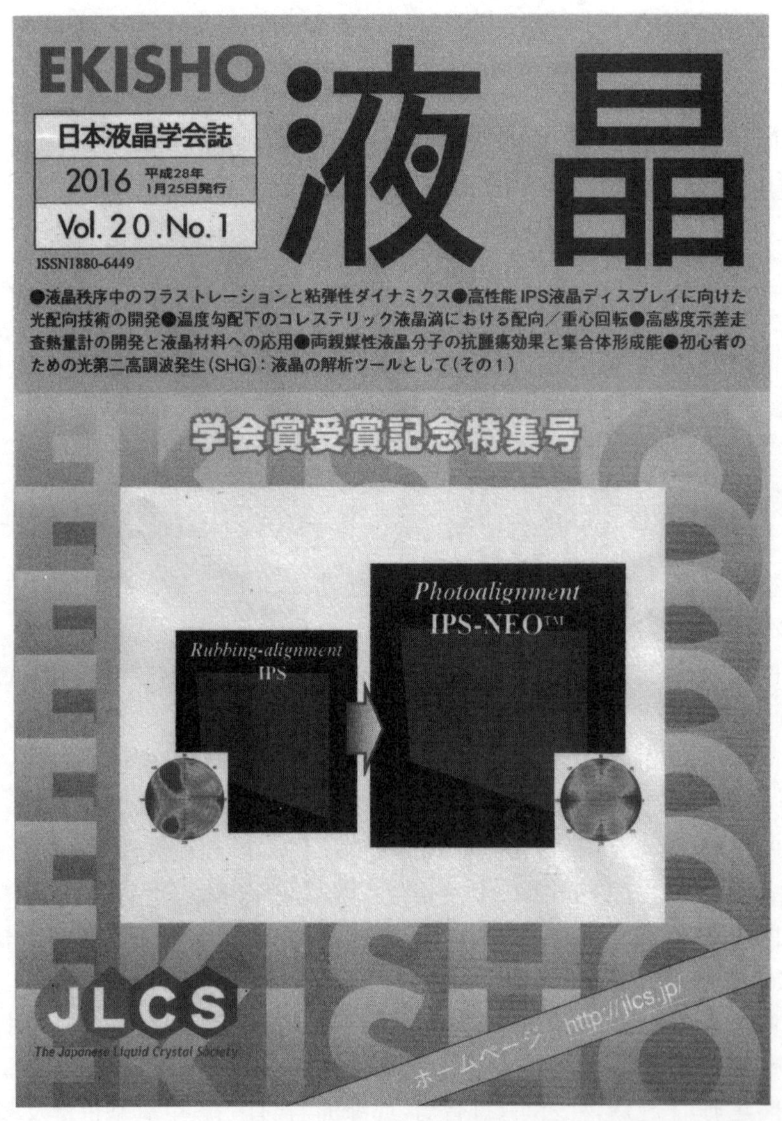

巻頭言

「液晶」の明日を拓く技術革新

DIC株式会社・顧問
高津晴義

世界初の液晶電卓が発売された1973年に，私は液晶材料の開発に従事することになった．当時は，新しい液晶材料といっても，どう分子設計してよいか，全くわからなかったが，Gray先生が発明したビフェニル液晶がお手本だった．その後，電卓用液晶の開発競争に明け暮れていたが，当時から液晶テレビは，関係者の夢であった．夢の液晶テレビといっても，14インチ程度の大きさのものをイメージしていた．1983年に発売された液晶テレビは，2.7インチで，'おもちゃ'のレベルであったが，当時は動画が映るだけで，インパクトがあった．その液晶テレビも現在は，32インチ，40インチが主流となり，50インチ台も最近の売れ筋となり，100インチクラスのものも発売されている．平均40インチとしても，最初に発売されたものと比較して，面積にして200倍以上に拡大し，それが，年間に2億台以上も出荷されているのである．

当初の夢をはるかに超える液晶テレビを現実のものにし，膨大な市場を創出したのは，新モードの開発やTFT駆動，パネル製造装置，各種部材における数多くの技術革新である．VAモードやIPSモードの開発のような大きなブレークスルーによるところ大であるが，それを可能とした位相差フィルムや液晶材料の開発の貢献も大きい．また，毎年の新製品で，少しずつ液晶層の厚み（セル厚）を薄くして応答速度を速くしたり，コストダウンによって価格を下げたりする継続的な努力の結果によるところも大きい．セル厚を薄くすると製造の歩留りが悪くなり，解決にたいへんな苦労となる．当初8μm程度であったが，今や，約3μmの大型テレビが作られている．また，価格の低下も著しく，10万円以下の52インチテレビも販売されている．

液晶材料の開発の分野においても，多くの液晶化合物が開発され，その一部は画期的なディスプレイの性能改善を可能とした．実際に使用されている液晶は，10～20種類の液晶化合物の混合物で，個々の液晶化合物は最先端の有機合成の手法を使って作られている．その化合物の純度は，かつては99%程度でよしとしていたが，今や数ppmの不純物も管理するほどレベルアップしている．常識を覆す合成ルートにより，一気にコストダウンが達成された例もある．我々は，ナフタレン環に三つフルオロ基を導入したトリフルオロナフタレン誘導体でn型TFT液晶事業に参入したが，三つ目のフルオロ基を導入するフッ素化反応のコストが下がらず量産で苦労していた．通常使用されるフッ素化剤が高価で質量が大きいので，効率がよろしくない．フッ素ガスでの直接フッ素化は，反応のコントロールができず，環そのものを分解してしまうというのが常識で，フッ素化反応の専門家の一致した見解であった．しかし，中国の聞建勛先生により，この直接フッ素化が成功した．反応したトリフルオロナフタレン中間体が溶媒に不溶で結晶として析出し，それ以上の反応が進行しないのである．フッ素ガスボンベを並べた5トン釜使用量産に立ち会ったときは，驚きと感激の入り混じった気持ちであった．常識にとらわれすぎると，ブレークスルーの芽を摘んでしまうかもしれないと痛感した．

現在，技術的にも市場的にも「液晶の明日が見えない」と言われているが，過去にもそのような時期はあった．その度ごとに，液晶ディスプレイの限界説を打破する技術革新が出現している．2018年は京都で国際液晶会議が開催される．1980年京都，2000年仙台につづく3回目の日本開催である．1980年は電卓戦争を，2000年は液晶モニター競争をリードした日本があった．しかし，現在，日本の液晶産業が衰退しているなかで，日本液晶学会関係者の並々ならぬ決意での開催である．世界が注目するこの学会は，革新的技術の発表の場として最高の舞台となる．日本液晶学会の皆さんのなかから，次の技術革新に繋がる研究発表がなされ，液晶の明日が拓かれることを心から期待する．

译文

开拓液晶的“明天”之技术革新

DIC株式会社　顾问
高津晴义

在世界上第一台液晶计算器上市的1973年，我开始从事液晶材料的开发。当时，可以说是新的液晶材料，我完全不知道该怎么设计分子，于是就把Gray先生发明的联苯液晶作为典范。那以后，一直致力于计算器用液晶的开发竞争。从那时开始，液晶电视就是许多人的梦想。虽说是梦想中的液晶电视，但能想到的也就14英寸(1英寸=2.54厘米)大小。1983年上市的液晶电视是2.7英寸，和玩具一样，仅能放映动画。现在主流的液晶电视是32英寸、40英寸，最近畅销的是50英寸，100英寸大小的也在销售了。即使把平均水平作为40英寸，和最初销售的比较，面积上也扩大了200倍以上。这种电视机每年的出货量是2亿台以上。

远远超过了当初梦想的液晶电视成为了现实，创造出了庞大的市场。原因就是新型材料的开发和TFT驱动、面板制造设备、各种构件上的很多的技术革新。最关键的是VA型和IPS型材料的开发等大的突破，将这些变为了可能。相位差膜和液晶材料的开发的贡献也很大。还有，在每年的新产品中，一点一点地降低液晶盒厚度(液晶盒间隙)以提高响应速度，依靠降低成本来降低价格等，大家都在持续的努力着。一旦将液晶盒厚度做薄，制造上的合格率就会降低，这个问题解决起来非常辛苦。开始是8 μm左右，现在做成了3 μm的大型电视机。而且，价格也显著下降了，连10万日元(约6000元)以下的52英寸电视机也在销售了。

在液晶材料的开发领域，已经开发出了很多的液晶化合物，其中一部分开创性地改善了显示屏的性能。实际被使用的液晶是10～20种液晶化合物的混合物，每个液晶化合物都是使用了最前端的有机合成手法做成的。化合物的纯度以前有99%就可以了，但是现在已经达到连百万分之一的杂质也可以控制的水平。还有依靠颠覆常识的合成方法来降低成本的例子。例如，我们引入3个氟原子到萘分子环上，制备三氟的衍生物液晶，目的是发展n型TFT液晶显示技术。但是在引入第3个氟原子时，成本非常高，无法工业量产，氟化反应做得非常艰苦。通常使用的氟化试剂，不但价格高而且用量大，所以效率不高。如果用氟气直接氟化，没办法控制反应。一般常识认为萘环会分解，这是氟化学专家的一致见解。但是，中国的闻建勋先生把直接氟化反应做成功了。由于反应了的三氟萘中间体在所选溶剂中不溶解，以结晶体的形式析出，因此进一步的副反应就无法进行下去。他将5升的反应釜与氟气铜瓶连接在一起，进行量产。我们到现场观察时，又惊讶又感激的心情混杂在一起。我们痛感，如果过分受常识限制，就可能没有突破。

现在，很多人在技术层面和市场层面都说“看不到液晶的明天”，过去也有这样的时期。

每一次，都会出现打破液晶显示器界限说的技术革命。国际液晶会议将于2018年在京都召开，是继1980年京都、2000年仙台之后第3次在日本召开。日本在1980年处于“计算器之战”中，2000年在液晶显示器竞争方面领先。但是现在日本的液晶产业在衰退，在这样的形势下日本液晶学会的相关人员有着非同寻常的决心。世界瞩目的这次学会，作为革新性的技术发表的平台，成为了最高的舞台。日本液晶学会的各位同仁都衷心期待着能看到推动下一次技术革新的研究发表，为液晶的明天开拓道路。

读《开拓液晶的“明天”之技术革新》有感

尺 短 寸 长

今天是2016年的除夕，天气非常好，我在书房里静静地翻阅网上的新闻报道。我留心到有关日本领事馆的报道，领事馆办公室的长桌上堆满了中国人的签证申请件。我想现在东京的银座商业繁华大街和秋叶原电器街一定是熙熙攘攘，到处可以听到带有中国不同方言口音的普通话。他们是我国改革开放中先富裕起来的一部分同胞。

这时，我突然收到张金龙先生的一封电子邮件，他是日本东扬公司的雇员。他说：“我刚从日本回来。你赶快看我的E-mail附件，那里写着你的事迹。”附件是两页纸，第一页是日文版日本液晶学会杂志《液晶》的彩色封面，注明是2016年20卷第1期，《学会赏受赏纪念特刊》；第二页是本期的卷头语，题目是《开拓液晶的“明天”之技术革新》，作者是日本液晶学会会长高津晴义博士，现在兼DIC公司的顾问。短短不过一页的卷头语，主要指出开发新的液晶材料对液晶技术的重要意义。为此他举出一个例子，这个例子的确和我有关。三氟萘是负性液晶的重要中间体。利用它开发了许多新的液晶，其中有一些合成物可能用于划时代的显示性能的改进。“例如，我们引入3个氟原子到萘分子环上，制备三氟的衍生物液晶，目的是发展n型TFT液晶显示技术。但是在引入第3个氟原子时，成本非常高，无法工业量产，氟化反应做得非常艰苦。通常使用的氟化试剂，不但价格高而且用量大，所以效率不高。如果用氟气直接氟化，没办法控制反应。一般常识认为萘环会分解，这是氟化学专家的一致见解。但是，中国的闻建勋先生把直接氟化反应做成功了。由于反应了的三氟萘中间体在所选溶剂中不溶解，以结晶体的形式析出，因此进一步的副反应就无法进行下去。他将5升的反应釜与氟气铜瓶连接在一起，进行量产。我们到现场观察时，又惊讶又感激的心情混杂在一起。我们痛感，如果过分受常识限制，就可能没有突破。”

原来是2007年的一件事。日本著名DIC公司内有一个液晶部，它的液晶场占有率是世界的第3位。他们开发了一类负性液晶，据说如果可以工业化，对液晶显示技术会有划时代的改进。但是他们在主要中间体的合成方面遇到了困难，完全利用实验室的方法，引入第3个氟原子时，氟化试剂昂贵使液晶的成本居高不下，无法进入市场。他们要寻找适于工业开发的价格有竞争力的氟化方法。他们在日本找了许多氟化学专家及著名公司都没有解决问题，他们又到中国来寻找，结果还是没有达到目的。从事中日氟化工交流工作的原田光惠女士在南京东路的新粤大酒店宴请DIC公司的朋友，为他们第二天回日本饯行，请我作陪。

我从上海有机所退休后建立了一个只有几个人的小公司，经济比较困难，连一个像样的实验室也没有。对于这样难度大的工作，原田女士最初没有敢推荐我。后来发现既然没有人能做，她便在宴会上推荐我试试，一方面解决我公司的经济困难，另一方面 DIC 公司的朋友在中国辛苦了一趟，回国有个交代，“找个黄牛当马骑”，也算是不虚此行。既然大家都没有办法，我反而没有精神压力。于是就出现了以上的故事。由于会用到氟气，很毒且很危险，因此实验时完全由我自己操作，不让别人进实验室，那年我 67 岁。高津博士当时是日本 DIC 公司的总经理，他得知我成功的消息后，立刻坐飞机到我的实验室观察我的操作。他一动不动地站在我身边凝视着反应，最后露出了笑容。

看了这篇文章，我才明白他当时的心情是惊讶和感激交织在一起的。总算是成功了。这个结果后来由 DIC 公司申请了日本专利，我是发明人之一。此后我和高津博士没有联系过，迄今 8 年时间过去了。除夕的上午，我反复看了这篇文章。高津先生作为日本液晶学会的会长，在发奖赏的特刊的卷头语中，竟然写了对一个外国人的称赞。我心情难以平静，写下这篇感想。随后给高津先生写了一封信，只有四个汉字：尺短寸长。我想他从汉字可以猜出意思，不过我还是加了一个英文解释：A foot may be too short in one case while an inch may be long enough in an other.

附录 4 液晶织构图及液晶平板显示照片

液晶向列相纹影织构

$C_6H_{13}O$—⟨苯环⟩—⟨F 苯环⟩—COO—⟨苯环⟩—$COO(CH_2)_5H$

冷却过程(90 ℃)，交叉偏振放大×100

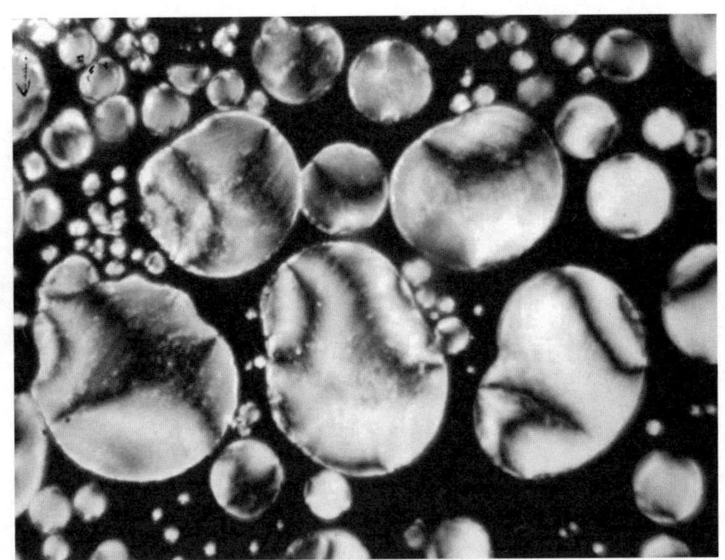

液晶向列相纹影织构

$n\text{-}C_{10}H_{21}O$—⟨苯环⟩—⟨苯环(F)⟩—COOH

加热过程(140 ℃),交叉偏振放大×100

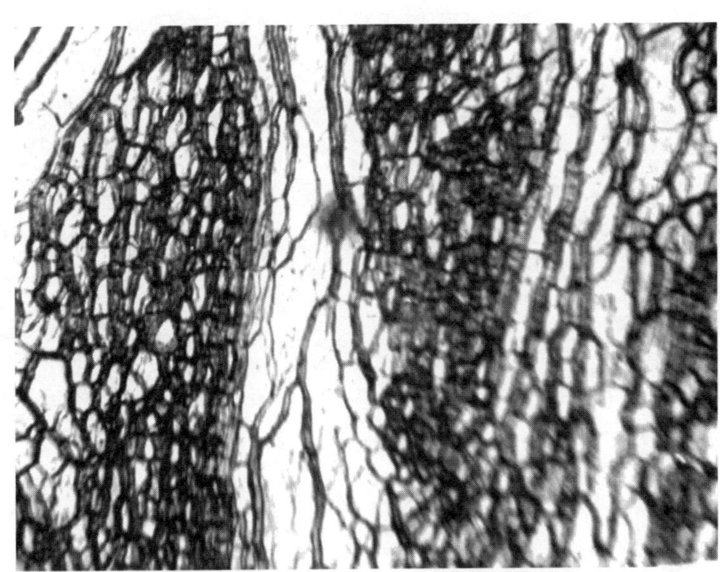

液晶胆甾相,具有油状条纹的马赛克织构

$n\text{-}C_{10}H_{21}O$—⟨苯环⟩—⟨苯环(F)⟩—COO—⟨苯环⟩—$COOCH_2\overset{*}{C}H(CH_3)C_2H_5$

加热过程(100 ℃),交叉偏振放大×100

近晶 A 型(SmA)液晶,焦锥扇形织构

C_mH_{2m+1}—(环己基)—COO—(苯基)—≡—(2,3-二氟苯基) （$m=5$）

降温过程(91.6 ℃),交叉偏振放大×100

铁电型液晶,破碎焦锥扇形织构 SmC*

n-$C_{12}H_{25}O$—(F-苯基)—≡—(苯基)—COO—(苯基)—$COOCH_2\overset{*}{C}H(CH_3)C_2H_5$

冷却过程,降温过程(70 ℃),交叉偏振放大×100

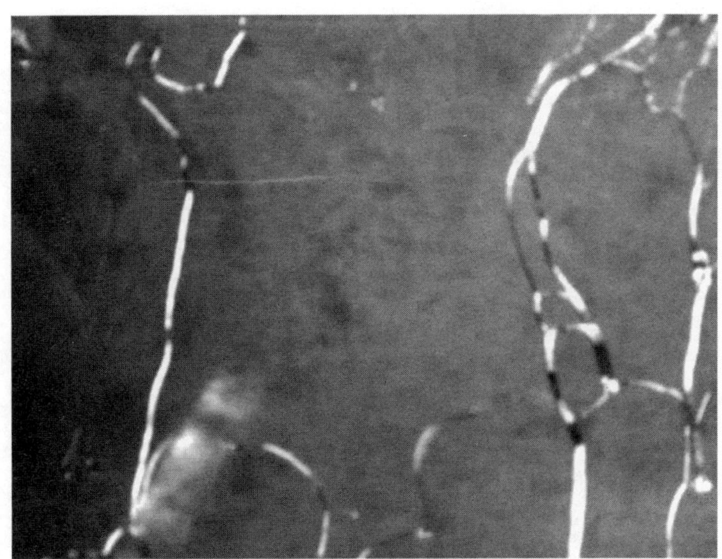

液晶

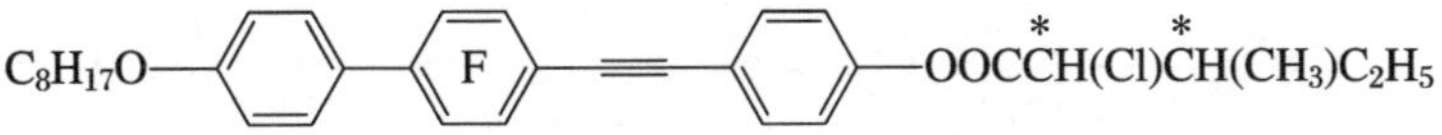

$C_8H_{17}O$—⟨苯环⟩—⟨F-苯环⟩—C≡C—⟨苯环⟩—$OOC\overset{*}{C}H(Cl)\overset{*}{C}H(CH_3)C_2H_5$

升温过程中，出现从胆甾相向蓝相结构的变化(127 ℃)，90°交叉偏振放大×100

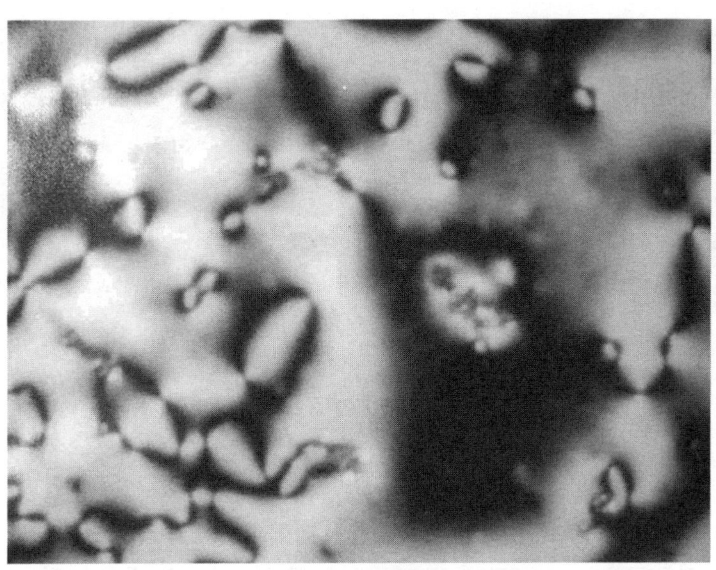

液晶向列相纹影织构

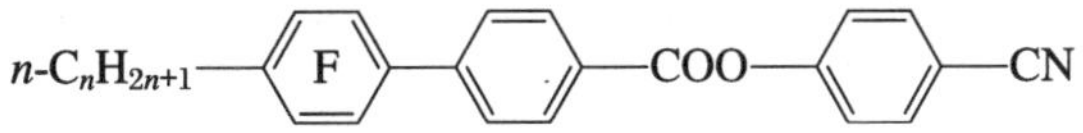

n-C_nH_{2n+1}—⟨F-苯环⟩—⟨苯环⟩—COO—⟨苯环⟩—CN　($n=3\sim7$)

90°交叉偏振放大×100

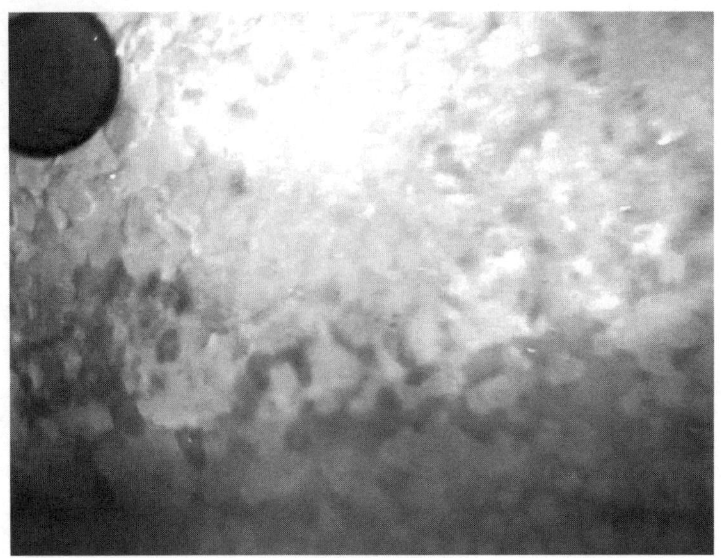

液晶蓝相织构

C_9H_{19}—⬡—⬡(F)—≡—⬡—$OOC\overset{*}{C}H(Cl)\overset{*}{C}H(CH_3)C_2H_5$

降温过程中，从 120 ℃至 6 ℃时呈现雾滴状蓝相结构，90°交叉偏振放大×100

液晶平板显示照片(IPS-TFT-LCD)

本显示板所用的混合材料高温、高极性。

液晶组分为C_nH_{2n+1}—⬡—⬡—⬡—⬡(F)—CF_3　　($n=2\sim5$)

专利申请号为 2012100088035.6(2012)